SI 단위

# 공기조화설비

신치웅 저

기문당

# 머 리 말

preface

우리나라는 1980년대 이후 생활권이 도시화되면서 건축물은 대형화, 고층화, 지능화되어가고 있으며, 사람의 욕구는 더욱 쾌적한 주거공간을 필요로 하게 되었다. 또한 산업은 공업화되면서 작업장의 쾌적한 공기는 물론 첨단 제품의 생산 과정에서 청정한 공기관리는 필수적인 요인이 되었다. 이러한 현상은 앞으로 더욱 심화될 전망이어서 공기조화 분야의 기술인력 수요는 더욱 급증할 것으로 본다.

공기조화설비에 관한 문헌은 1960년대에 냉·난방기술의 도입 이래 외국문헌에 의한 현장중심의 기술서적과 근래에는 몇 종류의 학습 서적이 출간되고 있으며, 단위는 중력단위를 사용하고 있다.

그런데 공공기관이나 각종 기술자격고시 등에서 모든 단위는 국제단위계(SI)를 사용하도록 되어 있다. 또한 교육인적자원부의 제7차 교육과정에서도 SI단위를 사용하고 있으며 이에 따라서 이 책은 국제단위계에 맞춰 수식을 전개하고, 각종 데이터를 정리하여 공기조화 입문을 위한 학습 서적으로 다음과 같이 엮었다.

제1장에서는 공기조화의 개요로서 공조장치의 구성과 보건용 공기조화 및 공업용 공기조화를 다루었으며, 설계외기조건과 습공기의 상태량을 파악하여, 습공기선도를 이해할 수 있도록 했다.

제2장에서는 냉·난방부하의 계산법을 CLTD법에 의해 요소별로 상세하게 제시했다.

제3장에서는 습공기선도상에 각종 공기조화 프로세스를 작도하고, 열량 및 물질의 이동량을 수식으로 산출할 수 있도록 했으며, 이해를 돕기 위해 예제를 많이 수록했다.

제4장에서는 공기조화의 열원방식과 각종 공조방식을 계통도를 통해 이해할 수 있도록 하고, 각각의 방식에 대한 특성을 비교함으로써 대상건물에 따라 적절한 공조방식을 선정할 수 있도록 했다.

제5장에서는 덕트에 대한 기초이론을 정립하고, 더 나아가 설계능력을 기르며, 간단한 시공법을 익히도록 했다.

제6장에서는 취출구 및 흡입구에 대한 공기유동을 해석하고, 각종 형식에 대한 특성을 기술했으며, 배치능력을 기르도록 했다.

제7장에서는 열원기기로서 각종 보일러와 열교환기의 종류 및 특성을 취급했으며, 냉열원기기로서는 각종 냉동기와 냉각탑 및 열펌프의 특성에 대해 취급했다.

제8장에서는 중앙식 공기조화기의 구성요소와 선정을 위한 계산능력에 도움이 되도록 했다.

제9장에서는 펌프와 송풍기에 대한 기초이론과 선정 및 설치·운전에 대한 능력을 기르도록 했다.

제10장에서는 공기조화배관설계의 기초이론과 각종 시스템 및 기기주변의배관법을 익히며, 배관재료와 기기의 선정 능력을 갖도록 했다.

제11장은 환기설비로서 각종 환기방식의 특징을 이해함으로써 목적에 따라 선정 및 환기량을 산출할 수 있도록 했다.

제12장은 지금까지 배운 능력을 종합할 수 있도록 공기조화설비 계획의 진행과정을 전개하였다.

이 책에 게재된 표와 그림은 가능한 한 국내자료를 사용하려 했으나, 불가피한 경우, 다른 저서로부터 인용했으며, 내용 중 혹시 미흡한 부분이 있을 것으로 사료된 바, 그 점에 대해서는 앞으로 수정·보완해 나갈 것을 약속드린다.

끝으로 이 책이 발간되기까지 주위에서 격려해 주신 동료 교수님들과 기문당에 감사드리는 바이다.

저 자

# 차 례

contents

## 제1장 공기조화의 기초



## 제2장 공기조화부하 계산



## 제3장 공기조화의 계산식과 프로세스

## 제4장 공기조화방식



## 제5장 덕트와 부속기구



## 제6장 취출구 및 흡입구와 기류분포

## 제7장 열원기기



## 제8장 중앙식 공기조화기



## 제9장 펌프 및 송풍기



## 제10장 공기조화배관

## 제11장 환기설비



## 제12장 공기조화 설비계획



## 부 록

제 1 장

# 공기조화의 기초

1-1 공기조화의 개요

1-2 열 환경

1-3 실내환경

1-4 설계 외부조건

1-5 열전달

1-6 결 로

1-7 습공기

# 1-1 공기조화의 개요

## [1] 공기와 인간

우리는 주위에 공기가 존재하고 있다는 것조차 의식하지 못하지만 그림 1-1과 같이 하루의 식단과 비교하면 많은 양의 공기를 호흡하고 있다.

또한 공기는 호흡하는 것 외에도 그림 1-2와 같이 생존을 위해 없어서는 안 될 존재이다. 그러나 급속한 경제성장 과정에서 산업은 공업화되고, 생활권은 도시화되면서 여러 가지 원인으로 오염은 심각해지고 있어서 향후 공기관리에 많은 관심과 대책이 필요하다.

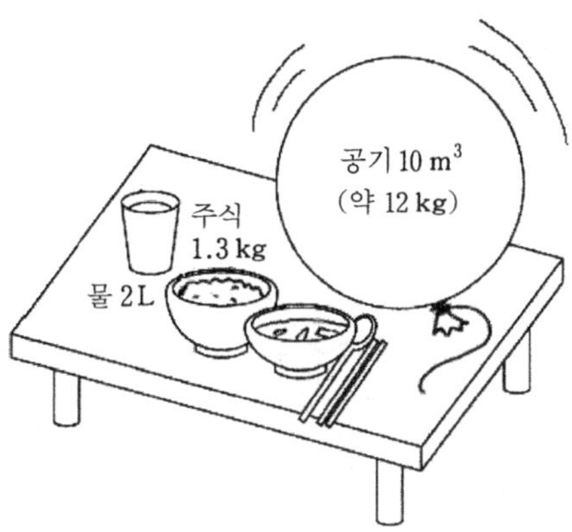


그림 1-1 ▸ 하루의 식단

그림 1-2 ▸ 공기의 역할

## [2] 공기조화

사람의 몸은 신진대사에 의하여 일정한 체온(약 36.5 ℃)을 유지하고, 활동하면서 몸 밖으로 열을 방출한다. 이때 몸 안에서 생산되는 열량이 방출되는 열량보다 많으면 더위를 느끼고, 반대로 방출되는 열량이 더 많으면 추위를 느낀다. 따라서 쾌적한 상태는 인체에서 생산된 열량과 방출되는 열량이 평형을 이룰 때이다.

인간은 쾌적한 주거환경이 필요하지만 외부조건(기온, 습도, 바람, 일사, 소음,

먼지 등)은 계절과 지역에 따라서 쾌적한 환경과 차이가 나므로 인체를 보호하기 위하여 그림 1-3과 같은 대피소(shelter)가 필요하다. 쉘터로서 옛날에는 간단한 방법으로 움막이나 동굴을 이용했으나 지금은 주택으로부터 현대식 빌딩에까지 변모하게 되었다.

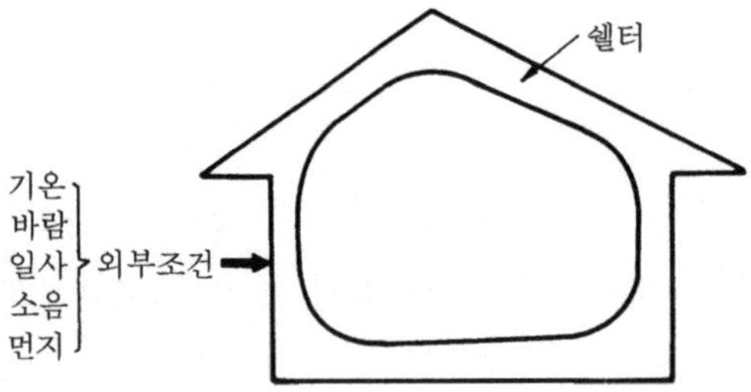


그림 1-3 ▸ 쉘터(shelter)

여기서, 쉘터의 구성 요소인 벽체나 창문 등이 완벽하지 못하면 그림 1-4의 (a), (b), (c), (d)와 같이 외부환경의 영향을 받게 된다. 이 때문에 그림 (e)와 같이 쉘터 내의 환경변화가 심하게 나타난다. 따라서 그림 1-5의 (a), (b), (c), (d)와 같이 단열벽, 기밀창, 방습벽 및 2중유리, 창에 루버(louver)나 블라인드(blind) 등에 의한 햇빛방지 등의 건축적인 방법을 강화하면 그림 (e)와 같이 실내의 환경조건은 외부의 영향을 비교적 적게 받는다.

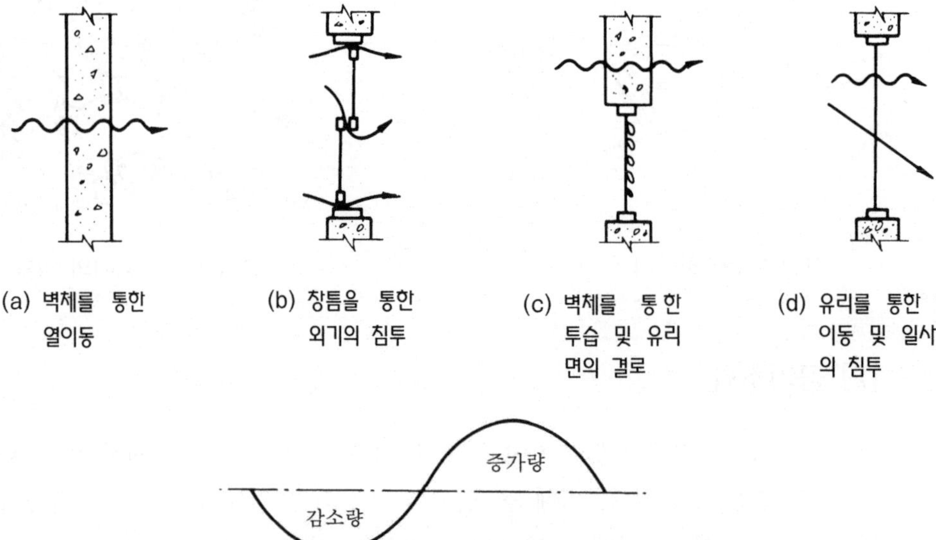


(a) 벽체를 통한 열이동

(b) 창틈을 통한 외기의 침투

(c) 벽체를 통한 투습 및 유리면의 결로

(d) 유리를 통한 열이동 및 일사열의 침투

(e) 실내환경의 변화

그림 1-4 ▸ 쉘터조건을 강화하지 않았을 때의 영향

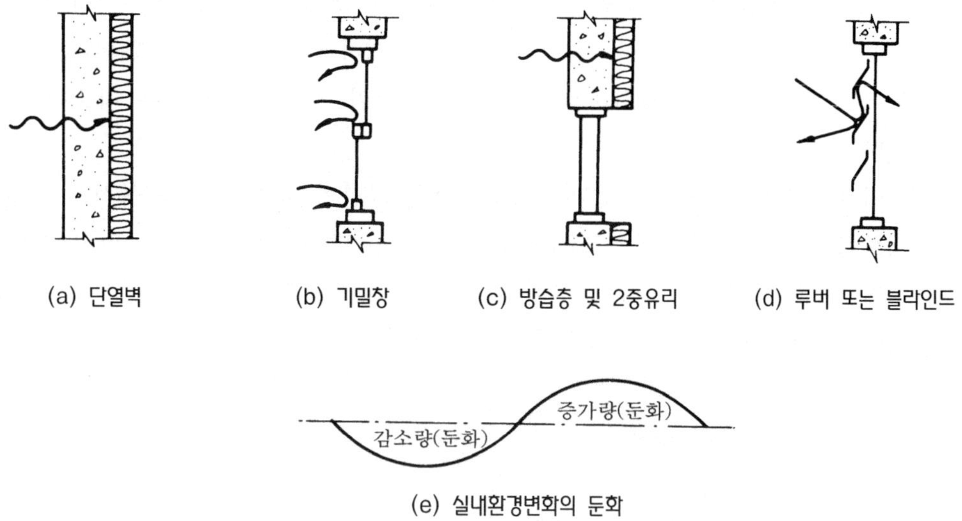


그림 1-5 ▸ 쉘터조건을 강화했을 때의 영향

요즈음은 주거용 건축물이나 산업용 생산현장에서 요구되는 환경은 더욱 까다롭고 다양한 조건을 요구하게 되었다. 그러나 건축적 방법으로는 이와 같이 까다로운 조건에 접근시킬 수 없다. 따라서 건축적인 방법으로 해결하지 못하는 범위는 기계적인 방법을 도입하게 되었다.

그림 1-6은 냉·난방을 위해 온도조절을 하는 경우에 건축적인 방법과 기계적인 방법의 상호 관계를 나타내고 있다.

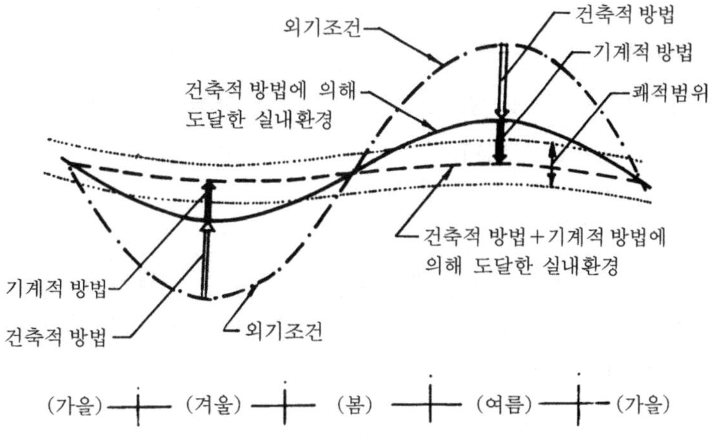


그림 1-6 ▸ 외부조건의 변화와 건축적 방법, 기계적 방법 및 쾌적범위의 관계

즉 외부의 나쁜 기상 조건에도 불구하고 건축적인 방법과 기계적인 방법에 의하여 실내 기온은 쾌적한 공기의 상태를 유지하게 된다. 또한 그림에서 알 수 있듯이 쉘터의 조건을 강화하면 그만큼 기계적인 방법의 부담량은 감소됨을 알 수 있다.

이와 같이 인위적으로 실내 또는 일정한 공간의 공기를 사용 목적에 적합한 상태로 조정하는 것을 「공기조화(air conditioning) 또는 줄여서 「공조」라고 한다.

여기에서 공기의 「적당한 상태」라는 것은 온도, 습도, 기류, 청정도를 조절하는 것이 주 목적이기 때문에 이것을 공기조화의 4요소라고 한다.

## [3] 공기조화의 분류

공기조화의 분류는 그 목적하는 대상에 따라, 보건용 공기조화(comfort air conditioning)와 산업용 공기조화(industrial air conditioning)로 구분되며, 세부적인 분류는 다음과 같다.

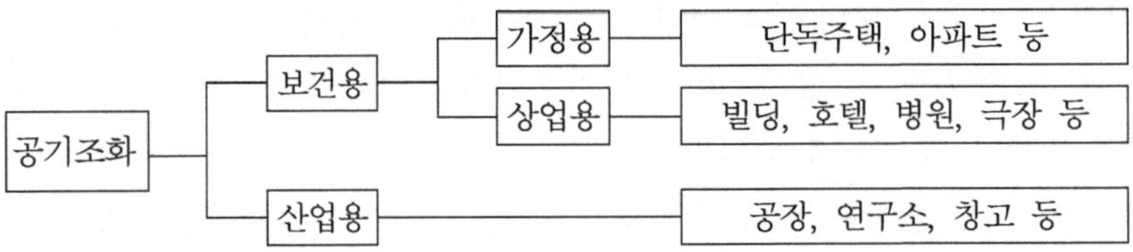


### (1) 보건용 공기조화

보건용 공기조화는 쾌감용 공기조화라고도 하며 사람을 적용 대상으로 한다. 즉 쾌적한 주거환경을 유지하여 보건·위생 및 근무 환경을 향상시키기 위함을 목적으로 한다. 그리고 적용 장소는 주거공간 및 사무소, 각종 점포, 오락실, 병원, 교통기관, 실내 작업장 등이다.

### (2) 산업용 공기조화

보건용 공기조화가 인체를 대상으로 하는 것에 비하여 산업용 공기조화는 생산 과정에 있는 물질을 대상으로 한다. 즉 물질의 온도·습도의 변화 및 유지와 환경의 청정화로 생산성 향상을 목적으로 한다.

응용 범위는 정밀기계공업의 가공과 조립, 측정실과 실험실, 반도체산업, 전산실, 제약, 제과, 양조, 섬유, 제지공업을 비롯하여 농작물의 성장촉진 및 억제, 제품창고, 수송 등으로 산업이 다양할수록 응용범위는 다양해지고 있다.

## [4] 공기조화설비의 개요

공기조화설비(공조설비)는 그림 1-7과 같이 열원장치, 열운반장치, 공기조화기(공조기), 터미널기구, 자동제어장치 등으로 구성된다.

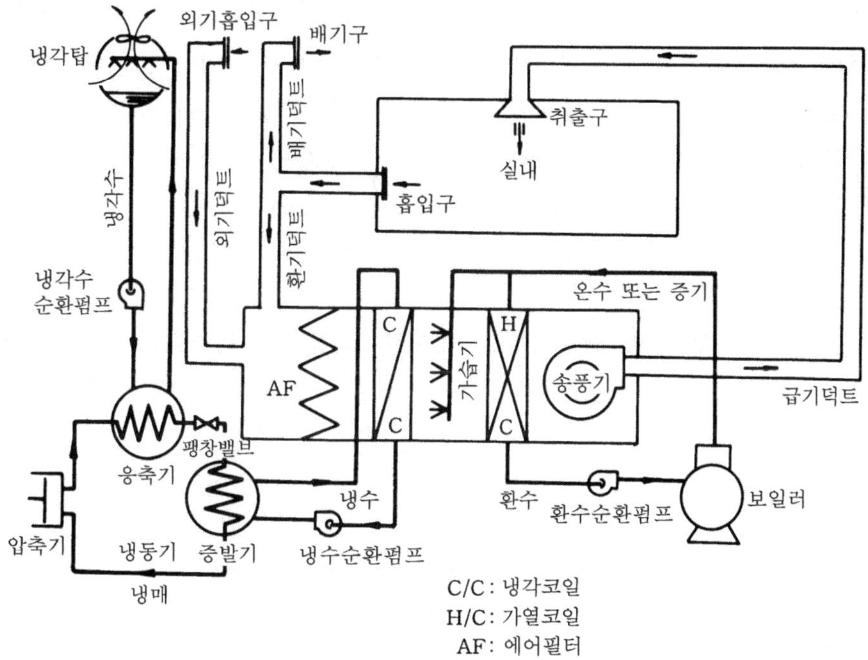


그림 1-7 ▸ 공기조화설비의 계통도

### (1) 열원장치

난방시 필요한 온열원장치로는 보일러를 사용하는 것이 일반적이며, 온수 및 증기를 공조기 내에 있는 가열코일로 공급하여 공기와 열교환시킴으로써 온풍으로 만든다.

또, 냉방시에는 냉열원으로 냉동기가 사용되며, 냉동기의 증발기에서 냉각된 냉수를 공조기의 냉각코일로 공급하여 공기와 열교환시킴으로써 냉풍을 만든다. 한편, 냉동기의 응축기는 냉각탑으로부터 공급되는 냉각수에 의해 냉각된다.

### (2) 열운반장치

공기조화장치에서 열을 운반하는 매개물질인 열매체는 공기와 물이며, 공기는 송풍기(fan)의 힘으로 덕트(duct)를 통해 운반되고, 물은 펌프(pump)의 힘으로 배관을 통해 운반된다.

이와 같이 열매체를 각 기기로 또는 기기에서 실내로 냉열이나 온열을 운반하는 송풍기, 펌프, 덕트, 배관 등을 열운반장치라고 한다.

(3) 공기조화기(공조기)

공기조화기는 실내로 공급되는 공기를 사용 목적에 적합하도록 만들기 위하여 여러 가지 기기로 구성되어 있다. 즉 실내로 재순환되는 환기와 신선한 외기를 혼합시키는 혼합실(mixing chamber), 난방시에 공기를 가열하기 위한 가열코일(heating coil), 냉방시에 공기를 냉각 · 감습을 위한 냉각코일(cooling coil), 공기 중에 혼합되어 있는 먼지 등의 불순물을 제거하는 필터(filter), 난방시 가습을 위해 물이나 증기를 분무하는 가습노즐(nozzle) 등이 조합되어 있다.

(4) 자동제어 장치

목적하는 실내 공기의 상태를 유지하며, 장치의 경제적인 운전을 위하여 위에 있는 각종 기기의 운전, 정지, 유량의 조절 등을 하는 밸브, 댐퍼, 각종 스위치 등을 말한다.

## 1-2 열 환경

### [1] 인체의 열생산

인체는 신진대사에 의해 열을 생산하는데, 신진대사량의 단위는 met로 표시하고, 1 met는 신체표면적 1 $m^2$당 1시간 동안에 58.2 $W/m^2$의 열로 변한다.

신진대사량은 표 1-1과 같이 활동량이 많을수록 증가하며, 1인당 인체로부터 생산되는 열량은 식 1-1과 같이 계산한다.

열생산량[W] = 신진대사량[met] × 신체표면적[$m^2$] × 환산계수 58.2[$W/m^2$] ···· (1-1)

여기서, 신체표면적은 보통 체격의 성인 남자인 경우 1.8 $m^2$으로 한다.

표 1-1 ▸ 인체로부터 열생산량

| 활동상태 | 신진대사량[met] | 열생산량[W] |
|---|---|---|
| 취 침 | 0.8 | 84 |
| 휴 식 | 1.0 | 105 |
| 사무 작업 | 1.4 | 147 |
| 보행[3.2 km/h] | 2.1 | 220 |
| 계단 내려오기 | 4.2 | 440 |
| 계단 오르기 | 6.1 | 639 |

## [2] 열평형과 방열형식

### (1) 열평형

인체의 열생산량 $q_M$[W]은 체온을 유지하면서 남는 열은 그림 1-8과 같이 대류($C$), 복사($R$), 증발($E$)의 형식으로 발산한다.

이때, 인체의 열생산량과 외부로 발산하는 열량이 같아서 평형을 이루면 쾌적하지만 평형을 이루지 못하면 표 1-2와 같은 반응을 한다.

그림 1-8 ▸ 인체의 열발산

표 1-2 ▸ 열평형 조건과 반응

| 조 건 | 상 태 식 | 현 상 | 반 응 |
|---|---|---|---|
| 평 형 | $q_M = C + R + E$ | 쾌적 | 정상 |
| 방열량 과대 | $q_M < C + R + E$ | 춥다 | 땀구멍을 막고 대사량 증가 |
| 방열량 과소 | $q_M > C + R + E$ | 덥다 | 땀구멍을 연다 |

(2) 방열의 형식

**① 대류에 의한 방열**

대류에 의한 방열량은 현열량으로서, 체온보다 주위의 공기온도가 낮을 때 공기의 유동에 의하여 방열된다. 방열량은 운동량이 많고 기류의 속도가 빠를수록 또 공기의 온도가 낮을수록 많아진다.

**② 복사에 의한 방열**

복사에 의한 방열량은 현열로서, 인체 주변의 온도가 낮을 때 공기의 유동과는 관계없이 전자파의 형식으로 방열되는 경우로서 인체의 운동량이 많고, 주변이 체온보다 낮을수록 증가된다.

**③ 증발에 의한 방열**

증발에 의한 방열량은 잠열로서 체 내의 수분이 땀으로 배출되어 증발되는 과정과 호흡을 할 때 입김으로도 방출된다. 방열량은 운동량이 많고, 주위의 온도가 높을수록 땀을 많이 흘리게 되므로 많아진다.

## [3] 열환경 지표

(1) 유효온도

실내공기로부터 온도감각을 느끼는 요소는 온도(건구온도)뿐만 아니라 습도와 기류도 포함된다. 따라서 그림 1-9와 같이 온도 · 습도 · 기류가 복합된 상태에서 느껴지는 감각적인 온도를 유효온도($ET$ ; Effective Temperature)라고 정의한다.

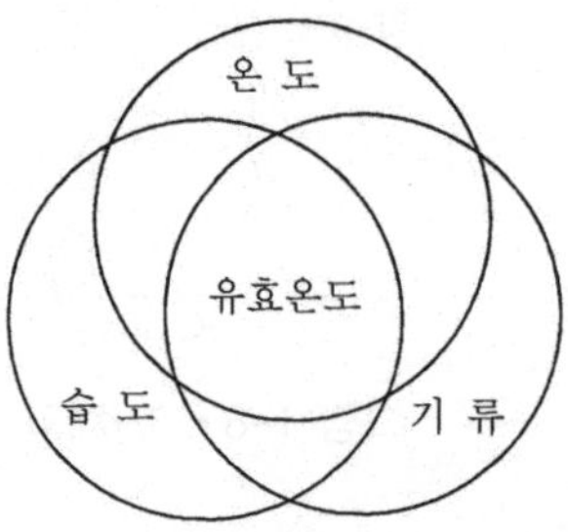


그림 1-9 ▸ 유효온도

ASHRAE(미국냉난방공조학회)에서는 일상생활을 하는 실내환경과 유사한 상대습도 50 %, 미풍속 0.25 m/s 에서 가벼운 옷을 입고 근육운동을 하지 않는 사람을 대상으로 그림 1-10과 같은 신유효온도 $ET^*$선도를 만들었다.

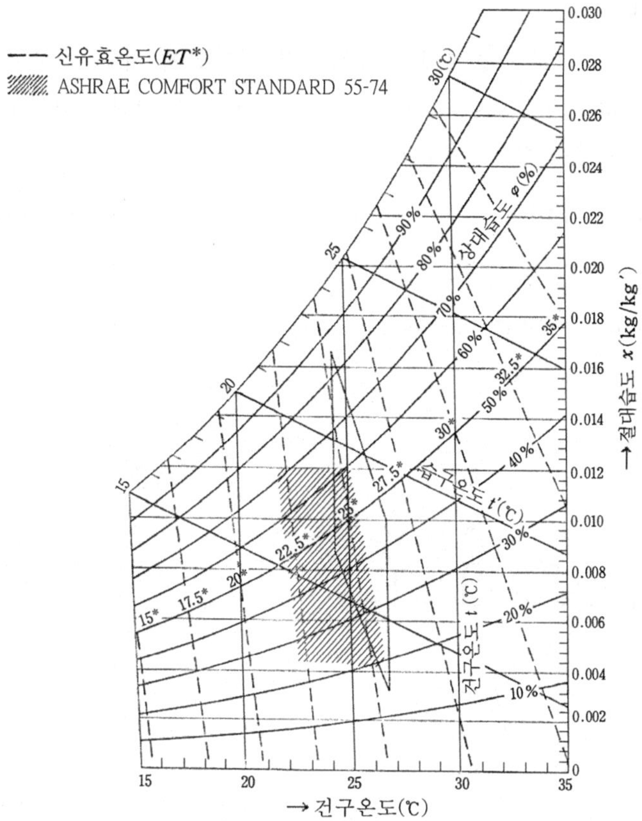


그림 1-10 ▸ 유효온도 $ET^*$선도

여기서 $ET^*$는 상대습도 50 % 선상의 숫자이며 등유효온도선을 점선으로 표시하였으며, 온도가 높을수록 습도의 영향을 많이 받는다.

그림에서 마름모꼴 부분은 조용히 앉아 있는 상태에서의 쾌적한 범위이고, 사선 부분은 가벼운 활동을 하는 경우의 쾌적한 범위이다.

### (2) 체감온도

겨울철에는 바람 때문에 더욱 춥게 느껴지는 경우가 많다. 동일한 기온에서도 바람이 세차게 불수록 몸으로 느끼는 체감온도가 낮아지기 때문이다. 풍속을 고려하여 체감온도 $t_W$ [℃]를 구하는 방법은 식 (1-2)와 같다.

$$t_W = 33 - 0.045(10.45 + 10\sqrt{w} - w) \cdot (33 - t) \quad \cdots\cdots (1\text{-}2)$$

여기서, $w$ ; 풍속[m/s]

$t$ ; 건구온도[℃]

### (3) 불쾌지수

체감온도가 주로 겨울철에 사용된다면 여름철에 자주 등장하는 용어는 불쾌지수($UI$ ; Uncomfort Index)이며, 식 (1-3)과 같이 나타낸다. 식에서와 같이 불쾌지수는 기온이 높고, 습할수록 높아진다.

$$UI = 0.72(t - t') + 40.6 \quad \cdots\cdots (1\text{-}3)$$

여기서, $v$ : 풍속[m/s]

$t$ : 기온(건구온도)[℃]

$t'$ : 습구온도[℃]

그림 1-11 ▸ 체감온도

그림 1-12 ▸ 불쾌지수

## 1-3 실내환경

### [1] 보건용 공조의 실내환경

#### (1) 실내 환경기준

우리가 살고 있는 공간의 공기는 알맞은 온도, 습도 및 기류와 오염되지 않은 쾌적한 공기를 원하고 있다. 그러나 장소에 따라서는 자연이나 인간에 의해 오염이 되므로 이러한 곳에서는 공기를 정화시켜야 한다.

따라서 연회장, 백화점, 사무실, 학교, 공동주택 등 공공장소의 쾌적하고 위생적인 실내환경을 유지하기 위해서는 이와 같은 오염물질의 허용치를 법적으로 규제하고 있다. 표 1-3은 건축법 시행규칙에 의한 중앙관리방식의 보건용 공기조화에서의 실내공기 기준이다.

표 1-3 ▸ 보건용 공기조화의 기준(건축법 시행규칙 제23조)

| 구 분 | 기 준 |
|---|---|
| 공기중에 섞여 있는 먼지량 | 공기 1 $m^3$당 0.15 mg 이하 |
| 일산화탄소(CO)의 함유율 | 10 ppm 이하(1백만분의 10 이하 ; 0.001 % 이하) |
| 탄산가스($CO_2$)의 함유율 | 1,000 ppm 이하(1백만분의 1,000 이하 ; 0.1 % 이하) |
| 상대습도 | 40 % 이상 70 % 이하 |
| 기류의 이동속도 | 0.5 m/s 이하 |
| 온도 | ① 17 ℃ 이상 28 ℃ 이하[1)]<br>② 거실 온도를 외기온도보다 낮게 유지할 경우에는 그 차가 현저하지 않게 할 것 |

【주】 1) 건축법 시행규칙에는 온도에 관한 사항은 없으나 일반적인 경우임

2) 표준대기의 CO 농도 ; 0.01~0.02 ppm, $CO_2$ 농도 ; 300 ppm

### (2) 냉 · 난방부하 계산용 실내조건

냉 · 난방 장치를 선정할 때 냉방시에는 실내로 취득되는 열량과 난방시 실내에서 외부로 손실되는 열량을 기준으로 선정하게 된다. 이때 쾌적성만 고려하여 난방을 할 때 높은 실내온도와, 냉방을 할 때 낮은 실내온도를 적용한다면 장치의 용량이 커지므로 많은 운전비가 소요된다.

따라서 실내 온 · 습도 조건은 실의 용도나 사람의 활동상태, 지역 등에 따라 차이는 있겠지만 에너지 절감을 위해서 표 1-4와 같은 기준을 적용한다.

표 1-4 ▸ 냉 · 난방 장치의 용량 계산을 위한 실내 온 · 습도 기준

| 구 분 | 난 방 | 냉 방 | |
|---|---|---|---|
| | 건구온도[℃] | 건구온도[℃] | 상대습도[%] |
| 공동주택 | 20~22 | 26~28 | 50~60 |
| 학교(교실) | 20~22 | 26~28 | 50~60 |
| 병원(병실) | 21~23 | 26~28 | 50~60 |
| 관람 · 집회시설(객석) | 20~22 | 26~28 | 50~60 |

표 1-4 ▸ 계 속

| 구 분 | 난 방 | 냉 방 | |
|---|---|---|---|
| | 건구온도[℃] | 건구온도[℃] | 상대습도[%] |
| 숙박시설(객실) | 20~24 | 26~28 | 50~60 |
| 판매시설 | 18~21 | 26~28 | 50~60 |
| 사무소 | 20~23 | 26~28 | 50~60 |
| 목욕장 | 26~29 | 26~29 | 50~75 |
| 수영장 | 27~30 | 27~30 | 50~70 |

【주】 건축물의 에너지절약 설계기준
(건설교통부 고시 제 2003-314호 2003, 3, 7)

## [2] 산업용 공조의 실내조건

### (1) 각종 산업용

각종 제조공업과 저장창고 등의 공조설비는 표 1-5와 같은 목적으로 필요하며, 산업의 다양화로 인하여 수요는 날로 증가 추세에 있다.

표 1-5 ▸ 산업용 공조의 목적

| 목 적 | 적 용 예 |
|---|---|
| 함수량의 조절 | 섬유, 제지, 목재, 피혁, 담배, 식품 |
| 건조 | 식품, 농수산물, 건조 속도 제어 |
| 화학반응 속도 조절 | 산화 속도 제어 |
| 생화학적 반응 조절 | 각종 발효산업 |
| 결정속도 조절 | 증발속도 조절 |
| 기계적 정밀도 유지 | 열팽창으로 인한 오차 감소 |
| 결로 방지 | 창고 등에서 제품 결로 방지 |
| 정전기 제거 | 습도 조절로 정전기 발생 방지 |
| 검사조건의 균일화 | 실험실 등의 고정밀도 항온 항습 |
| 압력 유지 | 외기의 유입이나 실내공기 유출 방지 |

### (2) 실험 및 측정실

물질은 온도의 상승에 따라 물리적 변화로서 팽창 및 수축을 하고, 화학적 변화의 반응속도가 다르게 나타난다. 따라서 정밀기계의 가공, 측정, 조립실 등의 실내조건은 열팽창에 의한 오차를 줄이기 위해 표준상태인 건구온도 20 ℃, 상대습도 65 %로 유지시킨다.

이와 같은 표준 온·습도는 용도에 따라 표 1-6과 같은 등급으로 구분되는데, 실험실에서는 정밀측정이나 재료실험실과 같이 일정한 온·습도 상태하에서 실험을 행하는 것과 환경 실험실과 같이 어떤 범위 내에서 온·습도가 변화되는 것(연간 기후 상태를 인위적으로 만들어내는 전천후 실험실을 포함한다) 등이 있다.

표 1-6 ▸ 실험실의 표준상태

(a) 표준 온도상태와 표준 습도상태

| 급 별 | | 표준 온·습도 | 허 용 차 |
|---|---|---|---|
| 표준 온도상태 | 1급 | 20 ℃ | ±1 ℃ |
| | 2급 | | ±2 ℃ |
| | 3급 | | ±5 ℃ |
| | 4급 | | ±10 ℃ |
| 표준 습도상태 | 1급 | 65 % | ±2 % |
| | 2급 | | ±5 % |
| | 3급 | | ±20 % |

(b) 표준 온·습도상태의 종별

| 류 별 | | 조 합 |
|---|---|---|
| 표준 온·습도상태 | 1류 | 표준온도상태 1급과 표준습도상태 1급 |
| | 2류 | 표준온도상태 2급과 표준습도상태 1급 |
| | 3류 | 표준온도상태 3급과 표준습도상태 2급 |

### (3) 클린룸(clean room)

공기 중의 미세먼지, 유해가스, 미생물 등의 오염물질까지도 극소로 만든 클린룸(clean room)은 정밀측정실이나 반도체산업, 필름공업 등에서 응용되며, 청정의 대상이 주로 미세먼지의 미립자인 경우를 공업용 클린룸(ICR ; Industrial Clean Room)이라 한다.

클린룸은 먼지의 미립자뿐만 아니라 세균, 곰팡이, 바이러스 등도 극히 제한시킨 무균실로서 수술실, 제약공장의 특별한 공정, 유전공학 등에 적용되고 있으며, 이를 바이오클린룸(BCR : Bio Clean Room)이라 한다.

클린룸에 등급을 나타내는 규격은 몇 가지 있으나 한 예로서 미연방규격에 의하면 그림 1-13과 같이 $1\,ft^3$의 공기체적 내에 있는 $0.5\,\mu m$ 크기의 입자수로 나타낸다. 예를 들면 Class 100인 경우는 그림에서와 같이 $1\,ft^3$의 체적 내에 $0.2\,\mu m$ 크기의 미립자가 750개, $0.3\,\mu m$ 크기가 300개, $0.5\,\mu m$ 크기가 100개까지 있다는 뜻이다. 한편, 특정 생산공정에서는 $0.1\,\mu m$ 또는 그 이하의 먼지까지도 제거해야 하는 경우도 있는데, 이러한 시스템을 Super Clean Room이라고 하며, 수요는 점점 증가하고 있다. 또한 표 1-7은 클린룸의 용도별 적용급수를 나타낸 것이다.

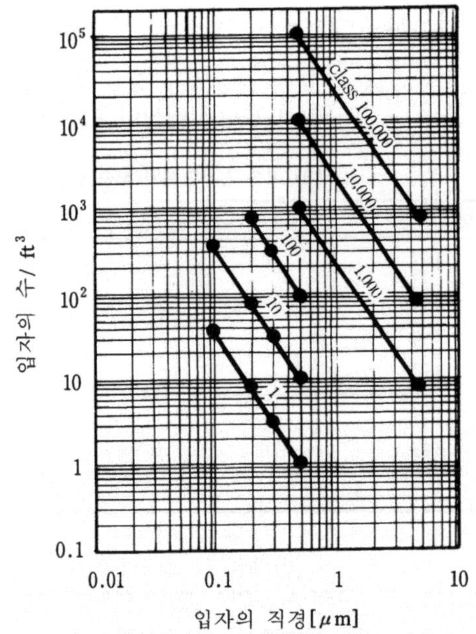


그림 1-13 ▸ 청정도의 class 조건

표 1-7 ▸ 용도별 적용 급수

| 구 분 | 적용대상 | 적 용 범 위 |
|---|---|---|
| ICR | IC, LSI 제조 | |
| | IC, LSI 조립 | |
| | 반도체 제조 | |
| | 반도체 조립 | |
| | 컬러브라운관 | |
| | 컴퓨터 | |
| | 인공위성 | |
| | 자동조절장치 | |
| | 고속 회전기계 | |
| | 초단파 정밀인쇄 | |
| | 소형 베어링 | |
| | 고성능 광학장치 | |
| | 사진필름 | |
| | 무진복 세탁실 | |
| | | Class 100 1,000 10,000 100,000 |

표 1-7▸ 계 속

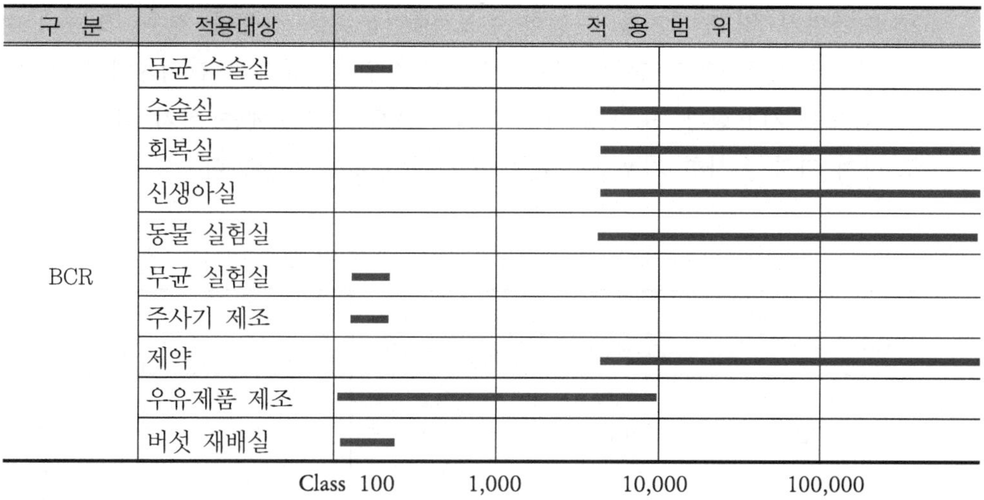


## 1-4 설계 외부조건

### [1] 냉난방설계용 외기조건

냉난방 설계에서 냉난방 장치의 용량계산을 위해 외기온도를 설정하는 과정에서 냉방시에는 외기의 최고온도를, 난방시에는 외기의 최저온도를 설계온도로 설정하면 일년 중에서 불과 몇 시간 일어날 수 있는 극히 높은 외기온도와 극히 낮은 외기온도를 충족시키기 위해 공조장치가 너무 커지게 된다.

그러므로 설계용 외기온도를 설정할 때 냉방 또는 난방기간(냉방 또는 난방기간의 총 시간) 동안에 일부의 시간은 설정온도를 벗어나도록 한다. 이 때 외기온도가 설계용 설정온도보다 벗어나는 시간 비율(%)을 「*TAC*[1]온도 위험률 %온도」라고 한다.

여기서 위험률을 높게 적용하면 공조장치의 용량은 적어져서 에너지 절감은 되지만 혹한기나 혹서기에 장치 용량이 부족하여 원활한 공기조화가 되지 않을 수 있다.

주 : 1) *TAC*(Technical Advisory Committee ; ASHRAE의 기술자문위원회)

냉 · 난방장치의 용량계산을 위한 외기조건은 각 지역별로 $TAC$ 온도 위험률 2.5 %(냉방기 및 난방기를 분리한 온도 출현분포를 사용할 경우) 또는 1 %(연간 총 시간에 대한 온도 출현분포를 사용할 경우)로 하거나 표 1-8에서 정한 외기 온 · 습도를 사용한다. 또한 표 1-8 이외의 지역인 경우에는 상기 위험률을 기준으로 하여 가장 유사한 기후조건을 갖는 지역의 값을 사용한다.

표 1-8 ▸ 냉 · 난방장치의 용량계산을 위한 설계 외기온 · 습도

| 구분 / 도시명 | 냉 방 | | 난 방 | |
|---|---|---|---|---|
| | 건구온도(℃) | 습구온도(℃) | 건구온도(℃) | 상대습도(%) |
| 서 울 | 31.2 | 25.5 | −11.3 | 63 |
| 인 천 | 30.1 | 25.0 | −10.4 | 58 |
| 수 원 | 31.2 | 25.5 | −12.4 | 70 |
| 춘 천 | 31.6 | 25.2 | −14.7 | 77 |
| 강 릉 | 31.6 | 25.1 | − 7.9 | 42 |
| 대 전 | 32.3 | 25.5 | −10.3 | 71 |
| 청 주 | 32.5 | 25.8 | −12.1 | 76 |
| 전 주 | 32.4 | 25.8 | − 8.7 | 72 |
| 서 산 | 31.1 | 25.8 | − 9.6 | 78 |
| 광 주 | 31.8 | 26.0 | − 6.6 | 70 |
| 대 구 | 33.3 | 25.8 | − 7.6 | 61 |
| 부 산 | 30.7 | 26.2 | − 5.3 | 46 |
| 진 주 | 31.6 | 26.3 | − 8.4 | 76 |
| 울 산 | 32.2 | 26.8 | − 7.0 | 70 |
| 포 항 | 32.5 | 26.0 | − 6.4 | 41 |
| 목 포 | 31.1 | 26.3 | − 4.7 | 75 |
| 제 주 | 30.9 | 26.3 | 0.1 | 70 |

【주】 건축물의 에너지절약설계기준(건설교통부고시 제2003-314호 2003. 1. 7)

## [2] 지중온도

지중온도는 계절의 변화에 의한 기온변화처럼 민감하게 빨리 변동하지는 않지만 시간이 지남에 따라 서서히 변화하며, 이는 땅속 깊이 들어갈수록 온도변화의 폭은 작다. 지중의 온도는 지하실이 없는 경우에 실의 바닥면으로부터 또는 지하실이 있는 경우에 지하실의 벽이나 바닥으로부터 냉난방부하 계산시 활용되고 또 매설배관의 경우에 동파의 위험을 예측할 수 있다. 우리나라 각 지방의 월별 지중온도는 기상대의 통계자료에 의하면 부록 4와 같으며, 서울지방에 대한 지중온도 분포는 그림 1-14와 같다.

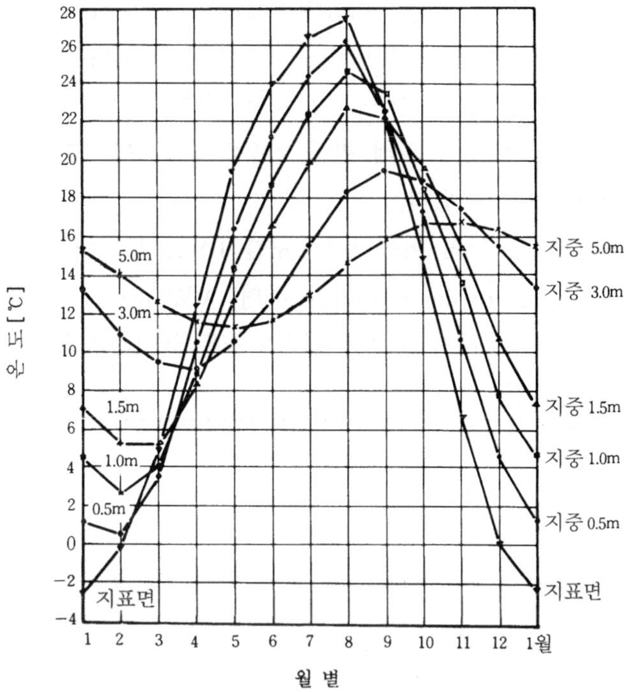


그림 1-14 ▸ 월별 지중온도(서울)

## 1-5 열전달

### [1] 전열의 방식

열이 이동하는 형식에는 전도(conduction), 대류(convection), 복사(radiation)의 3가지 현상으로서, 그림 1-15와 같이 구분되지만, 실제로는 대부분 이 세 가지가 복합된 형식으로 이동된다.

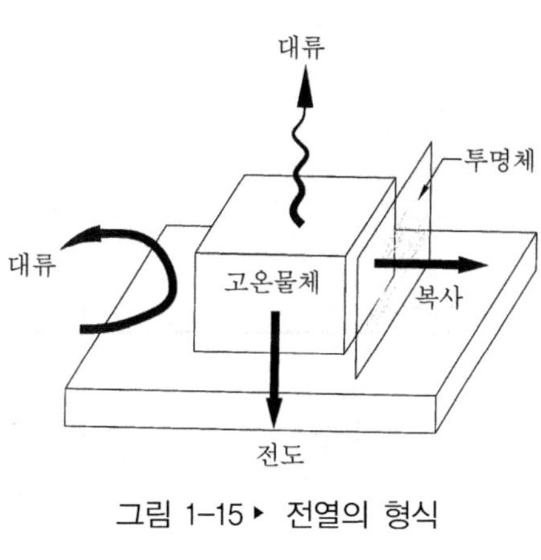


그림 1-15 ▸ 전열의 형식

#### (1) 전도

열전도란 물체에 온도차가 있을 때 온도가 높은 곳에서 낮은 곳으로 그 물체를 통하여 이동되는 현상을 말하며, 이동열량 $Q$[W]는 식 (1-4)와 같다.

이 현상은 온도차가 있으면 반드시 생기므로 기체나 액체 중에서도 일어나지만 기체나 액체와 같은 유체에서는 온도차에 의하여 밀도차가 생기고, 그 결과 유체의 흐름이 생기며, 이것에 의해 열이 이동하게 되므로 순수한 열전도는 고체 내에서만 일어난다고 할 수 있다.

이때 온도차 1 ℃, 열의 이동거리 1 m를 1시간 동안에 이동되는 열량을 그 물질의 열전도율(thermal conductivity)이라 하며, $\lambda$[W/m · K]로 표시하며, 건축용 재료로 사용되고 있는 몇 가지 재료의 열전도율은 표 1-9와 같다.

$$Q = \lambda \frac{A}{l}(t_1 - t_2) \quad \cdots\cdots (1\text{-}4)$$

여기서, $\lambda$ : 열전도율[W/m · K]

$A$ : 물체의 단면적[$m^2$]

$l$ : 물체의 길이[m]

$t_1$, $t_2$ : 고온부와 저온부의 온도[℃]

표 1-9 ▸ 재료의 열전도율 $\lambda$[W/$m^2$ · K]

| 재 료 명 | 열전도율 $\lambda$ | 재 료 명 | 열전도율 $\lambda$ |
|---|---|---|---|
| 동관 | 39 | 보통유리 | 0.78 |
| 알루미늄관 | 21 | 흙벽 | 0.78 |
| 강관 | 59 | 아스팔트방수층 | 0.73 |
| 경질염화비닐관 | 50 | 자갈 | 0.37 |
| 내열염화비닐관 | 47 | 기와 | 0.35 |
| 스테인리스관 | 16 | 발포콘크리트 | 0.17 |
| 화강암 | 3.5 | 합판 | 0.16 |
| 대리석 | 2.8 | 톱밥 | 0.13 |
| 콘크리트 | 1.6 | 콜크(C.K) | 0.049 |
| 신더콘크리트 | 1.6 | 암면(R.W) | 0.044 |
| 모르타르 | 1.4 | 석면(Ash) | 0.041 |
| 시멘트벽돌 | 1.4 | 유리면(G.W) | 0.037 |
| 골슬레이트 | 1.3 | 폴리스티렌폼(P.S) | 0.037 |
| 타일 | 1.3 | 폴리우레탄폼(P.U) | 0.023 |
| 규조토(사질점토) | 0.92 | 우레아포말알데히드 | 0.029 |
| 붉은벽돌 | 0.78 | | |

### (2) 대 류

대류는 그림 1-15와 같이 유체의 흐름에 의해서 열이 이동되는 것을 총칭한다.

유체의 흐름은 펌프나 송풍기 등에 의하여 강제적으로 일으키는 경우와 온도차에 의해서 생기는 밀도차로 인하여 자연적으로 일어나는 경우가 있다. 전자를 강제대류, 후자를 자연대류라 한다.

유체(기체와 액체)가 고체와 접촉하고 있을 때 온도차가 있으면 열이동이 일어나게 되는데, 이것은 대류만에 의한 것이 아니고 열전도를 동반하면서 일어나는 현상이다. 따라서 이를 열전달(heat transfer)이라 한다.

열전달에 의해 전달되는 열량 $Q$[W]는 다음 식으로 나타낸다.

$$Q = \alpha \cdot A(t_w - t_o) \quad \cdots\cdots (1\text{-}5)$$

여기서, $\alpha$ : 열전달률[$W/m^2 \cdot K$]

$A$ : 열전달 면적[$m^2$]

$t_w$ : 벽면의 온도[℃]

$t_o$ : 유체의 온도[℃]

따라서 위 식에서 열전달률 $\alpha$는 유체의 종류, 속도, 유로의 형상 등에 따라 값이 다르다. 실용적으로는 표 1-10과 같은 외벽과 내벽에서 냉·난방시 벽체 표면 열전달률을 사용한다.

표 1-10 ▸ 표면열전달률 $\alpha_i$, $\alpha_o$[$W/m^2 \cdot K$]

| 표면의 종류 | | 난방시 | 냉방시 |
|---|---|---|---|
| 천 장 | 내면($\alpha_i$) | 9.3 | 6.2 |
| 지 붕 | 외면($\alpha_o$) | 33.5[2)] | 22.7[1)] |
| 벽 | 내면($\alpha_i$) | 8.4 | 8.4 |
| 벽 | 외면($\alpha_o$) | 33.5[2)] | 22.7[1)] |

【주】 평균풍속 [1)]3.5m/s, [2)]7m/s

### (3) 복사

열복사는 그림 1-16과 같이 열에너지가 전자파의 형태로 물체로부터 방출되며, 이것이 다른 물체에 도달하여 흡수되면 열로 변하게 되는 현상이다. 따라서 중간물질을 필요로 하지 않는다.

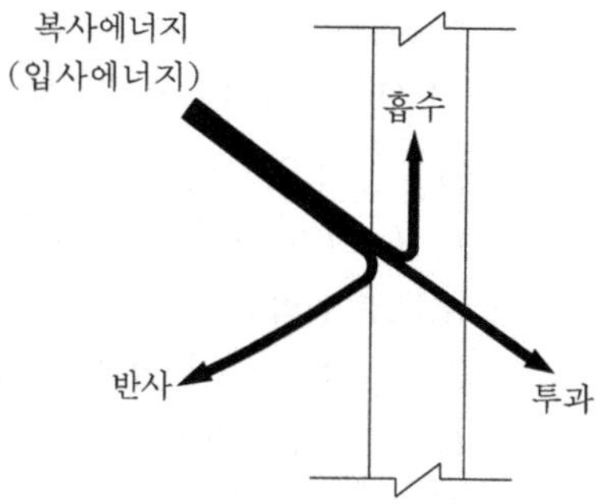


그림 1-16 ▸ 복사에너지의 분산

이 열복사에너지가 물체에 도달하면 그 일부는 표면에서 반사되며, 일부는 흡수되고 나머지가 투과된다. 입사에너지 중에서 반사되는 비율을 반사율 $\tau$, 흡수되는 비율을 흡수율 $\varepsilon$, 투과되는 비율을 투과율 $\gamma$라고 정의하면 이들의 합은 다음 식과 같다.

$$\tau + \varepsilon + \gamma = 1 \quad \cdots\cdots (1\text{-}6)$$

또, 불투명한 벽체같은 경우에는 투과량이 없으므로($\gamma = 0$) 다음과 같이 나타낼 수 있다.

$$\tau + \varepsilon = 1$$

## [2] 열관류(열통과)

그림 1-17과 같이 고체로 된 벽의 양쪽에 온도가 다른 유체가 있을 때 온도가 높은 쪽에서 낮은 쪽으로 열이 이동한다. 이때 이동되는 열량 $Q$[W]는 다음 식으로 나타낸다.

$$Q = K \cdot A\,(t_o - t_1) \quad \cdots\cdots (1\text{-}7)$$

여기서, $K$[W/m$^2$ · K]는 열관류율(coeficient of heat transmission)이라 하며, 일반 구조체에 대해서는 식 (1-8), 한 면이 토양에 접하고 있는 구조체에 대해서는 식 (1-9)와 같다.

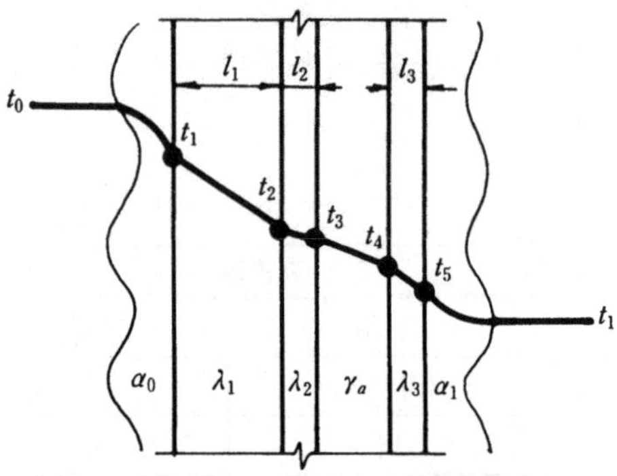


그림 1-17 ▸ 벽체의 열관류

$$K = \frac{1}{\dfrac{1}{\alpha_o} + \displaystyle\sum_{i=1}^{n} \frac{l}{\lambda} + \gamma_a + \dfrac{1}{\alpha_i}} \quad (1\text{-}8)$$

$$K = \frac{1}{\dfrac{l_e}{\lambda_e} + \displaystyle\sum_{i=1} \frac{l}{\lambda} + \gamma_a + \dfrac{1}{\alpha_i}} \quad (1\text{-}9)$$

식 (1-7), (1-8) 및 (1-9)에서

$A$ : 열전달 면적[m$^2$]
$t_i$, $t_o$ : 실내 · 외 공기의 온도[℃]
$\alpha_i$, $\alpha_o$ : 벽체 내 · 외의 표면 열전달률[W/m$^2$·K]
$\lambda$, $\lambda_e$ : 벽체 구성재료 및 토양의 열전도율[W/m · K]
$l$, $l_e$ : 구성재료 및 토양의 두께[m] (여기서, 토양의 두께 $l_e = 1.5$m로 한다.)
$\gamma_a$ : 벽체 공간에 있는 공기층의 전열저항(수직벽 공간에서 약 0.07m$^2$ · K/W)

# 1-6 결 로

## [1] 결로현상과 피해

### (1) 표면결로와 내부결로

습공기가 차가운 벽이나 천장, 바닥 등에 닿으면 공기중에 함유된 수분이 응축되어 그 표면에 이슬이 맺히는 현상을 결로현상이라 한다.

결로현상은 공기와 접한 물체의 온도가 그 공기의 노점온도 보다 낮을 때 일어나며, 온도가 0 ℃ 이하가 되면 결로 또는 결빙이 된다.

이와 같은 결로현상이 물체의 표면에서 발생되는 것을 표면결로라고 하며, 벽체 내의 어떤 층의 온도가 습공기의 노점온도보다 낮으면 그 층 부근에서 결로현상이 일어나는데 이것을 내부결로라고 한다.

결로가 잘 발생되는 곳은 난방시 단열이 잘 되지 않은 외벽이나 이곳에 이웃하는 내벽, 최상층의 천장, 유리창 등에서 표면결로가 잘 일어난다. 단열이 잘 된 벽체는 실내측의 표면온도가 높기 때문에, 즉 실내측의 벽 표면온도가 실내공기의 노점온도보다 높기 때문에 표면결로는 없으나 벽체 내의 온도는 외측으로 갈수록 낮아지므로 내부결로를 일으키기 쉽다.

### (2) 결로의 피해

표면결로 또는 내부결로는 벽체 및 구조체에 얼룩이 지고, 변색, 곰팡이의 발생, 부식이 심하며 구조체의 결빙과 해빙의 반복으로 강도의 저하 및 파손과 단열재의 단열성을 저해한다.

## [2] 표면결로의 방지온도

그림 1-18과 같이 난방시 외벽의 표면층 1 m²을 통해 이동하는 열전달량 $q_1$ [W/m²]과 열통과량 $q_2$[W/m²]는 동일한 양이며, 벽체 표면의 온도 $t_s$가 실내공기의 노점온도 $t_r''$보다 높으면 표면결로는 일어나지 않는다.

즉, 그림에서

$$q_1 = \alpha_i (t_r - t_s) \cdots\cdots (1\text{-}10)$$

$$q_2 = K(t_r - t_o) \cdots\cdots (1\text{-}11)$$

그런데 그림에서 열전달량 $q_1$과 열통과량 $q_2$는 동일하므로 $q_1 = q_2$로 놓으면 식 (1-10)과 식 (1-11)은 다음과 같이 표시할 수 있다.

$$\alpha_i (t_r - t_s) = K(t_r - t_o) \cdots\cdots (1\text{-}12)$$

따라서 식 (1-12)로부터 결로되지 않는 벽체의 온도조건은 식 (1-13)과 같이 나타낼 수 있다. 즉 구조체의 표면온도 $t_s$는 실내공기의 노점온도 $t_r''$보다는 높아야 결로되지 않는다.

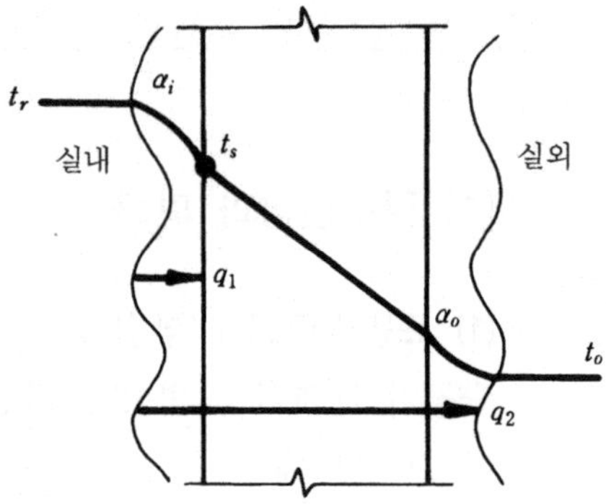

그림 1-18

$$t_r'' < t_s = t_r - \frac{K}{\alpha_i}(t_r - t_o) \cdots\cdots (1\text{-}13)$$

여기서, $t_r''$ : 실내공기의 노점온도[℃]

$t_s$ : 유리면 또는 벽면의 표면온도[℃]

$t_r$ : 실내공기의 온도[℃]

$t_o$ : 실외공기의 온도[℃]

$K$ : 유리 또는 벽의 열관류율[$W/m^2 \cdot K$]

$\alpha_i$ : 유리 또는 벽의 내표면 열전달률[$W/m^2 \cdot K$]

## [3] 결로 방지조건

앞에서 언급된 바와 같이 표면결로를 방지하기 위해서는 공기와의 접촉면 온도를 노점온도 이상으로 유지해야 한다.

이 방법으로 유리창의 경우에는 공기층이 밀폐된 2중유리(pair glass)를 사용하거나 벽체인 경우에는 단열재를 부착하여 벽면의 온도가 노점온도 이상이 되도록 한다. 한편 실내에서 발생되는 수증기량을 억제하고, 다습한 외기를 도입하지 않도록 한다.

또한 구조체의 내부결로를 방지하기 위해 습기가 구조체 내로 전달되는 것을 차단할 수 있도록 실내측에 방습막을 부착하는 것이 바람직하다. 방습막의 역할은 습기의 침투방지와 난방시 실내의 더운 공기가 유출되는 것을 방지한다.

**예제 1-1**

그림과 같이 콘크리트로 된 외벽의 실내측에 내장재를 부착했을 때 내장재의 실내측 표면에 결로가 일어나지 않을 정도의 내장재 두께 $l_2$[mm]를 구하시오.

단, 외기온도 $t_o$ : $-5$ ℃

실내온도 $t_r$ : 20 ℃

실내공기의 상대습도 $\varphi$ : 60 %

실내공기의 노점온도 $t_r''$ : 12 ℃

콘크리트 벽두께 $l_1$ : 100mm

콘크리트 열전도율 $\lambda_1$ : 1.62W/m·K

내장재의 열전도율 $\lambda_2$ : 0.17W/m·K

실외측 열전달률 $\alpha_o$ : 23.2W/m$^2$·K

실내측 열전달률 $\alpha_i$ : 9.28W/m$^2$·K

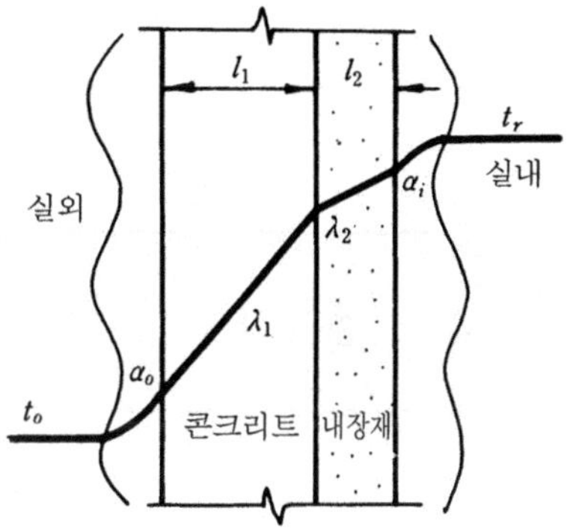


**풀이**

내장재의 표면온도를 $t_s$, 내장재를 포함한 벽체의 열관류율을 $K$[W/m$^2$·K]라고 하면 실내측과 내장재 사이의 열전달량 $q_1$과 벽 전체 두께를 통한 전열량 $q_2$는 동일하므로 식 (1-12)에 의해 식 (1-13)이 적용된다. 한편, 내장재의 결로온도 $t_s$는 실내공기의 노점온도 $t_r''$와 같을 때이므로 결로조건이 되도록 $t_s$에 $t_r''$를 대입시켜 벽체 전체의 열관류율 $K$를 구하여 열관류율에 관한 식으로 내장재의 두께를 구한다.

즉 식 (1-12) 또는 식 (1-13)에 의해

$$K = \frac{\alpha_i(t_r - t_s)}{t_r - t_o}$$

$$= \frac{9.28(20-12)}{20-(-15)} \fallingdotseq 2.97\text{W/m}^2\cdot\text{K}$$

열관류율에 관한 식은

$$K = \frac{1}{\dfrac{1}{\alpha_o} + \dfrac{l_1}{\lambda_1} + \dfrac{l_2}{\lambda_2} + \dfrac{1}{\alpha_i}}$$

여기에 주어진 조건을 대입하면

$$2.97 = \frac{1}{\frac{1}{23.2} + \frac{0.1}{1.62} + \frac{l_2}{0.17} + \frac{1}{9.28}}$$

$$\therefore\ l_2 \fallingdotseq 0.02\,\mathrm{m} = 20\,\mathrm{mm}$$

즉, 내장재의 두께가 20mm 이상이 되어야 주어진 실내 공기조건에서 결로가 일어나지 않는다.

## 1-7 습공기

### [1] 건공기와 습공기 및 포화공기

(1) 건공기와 습공기

우리의 생활 주변에 있는 공기의 성분은 체적 비율로서 질소($N_2$) 78 %, 산소($O_2$) 21 %, 아르곤(Ar) 0.6 %, 탄산가스($CO_2$) 0.03 % 정도와 눈으로 볼 수는 없지만 여기에 약 1 %의 수증기(수분)가 포함되어 있다. 공기 중에 수증기가 포함되어 있다는 것은 경험적으로 물이 끓은 수증기가 공기 중에서 사라진다던가 또는 여름에 차가운 물컵 표면에 물방울이 생기는 것을 보아도 알 수 있다(끓는 물에서 나오는 수증기가 보이는 것은 불포화된 습증기 때문이다).

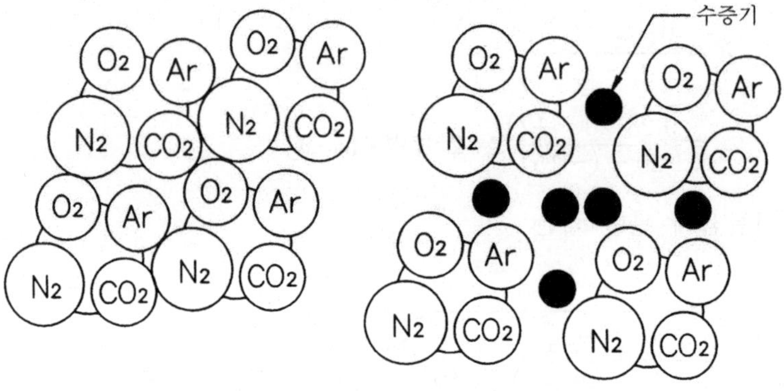


(a) 건공기 (b) 습공기

그림 1-19 ▸ 공기의 구성

여기서 수증기 이외의 성분은 화학적으로 결합되어 거의 일정한 양을 유지하지만 수증기는 공기와 결합되지 못하고 섞여 있으며 그 양도 기후에 따라 변화가 심하다. 그림 1-19와 같이 수증기를 함유하지 않은 공기를 건공기(dry air)라 하고, 수증기를 함유한 공기를 습공기(moist air)라 한다.

### (2) 포화공기

습공기의 상태를 결정하는 가장 기본적인 성질은 온도와 습도(수증기량)이다. 그런데 그림 1-20과 같이 습공기는 수증기량을 수용할 수 있는 한계가 있으며, 수분을 최대로 수용할 수 있는 상태의 공기를 포화공기(saturated air)라 한다.

또한 습공기는 온도가 높아지면 포화공기가 될 때까지는 더 많은 수증기를 흡수할 수 있다.

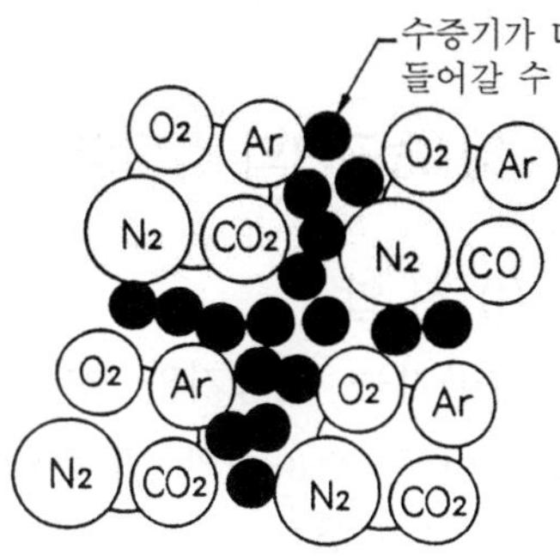


그림 1-20 ▸ 포화공기

## [2] 습공기의 조성

습공기의 조성 상태량을 알기 위하여 그림 1-21(a)와 같이 체적 $V\text{m}^3$인 용기에 공기(습공기)를 채웠다. 여기서 습공기의 양은 건공기 1kg에 수증기 $\chi$ kg이 모여서 이루어졌다면 질량은 $(1+\chi)$kg이고, 압력은 대기압력이므로 절대압력으로 101.325 kPa이다.

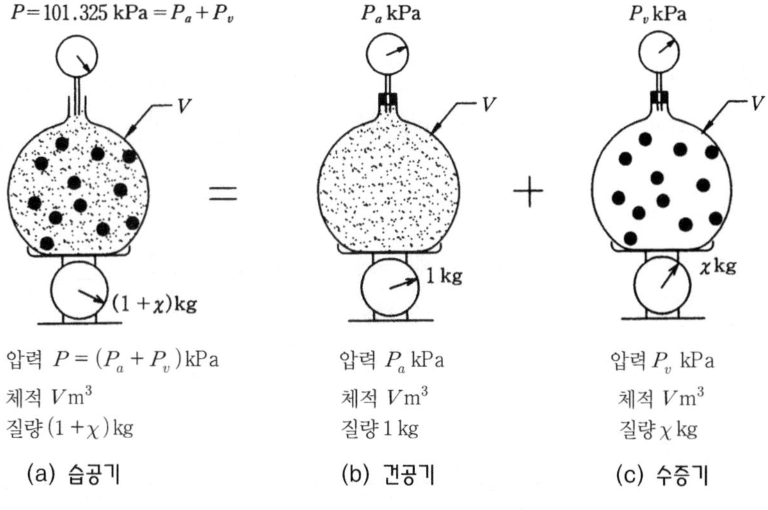


그림 1-21 ▸ 습공기의 조성

이 습공기의 조성을 알기 위하여 동일한 체적 $V\text{m}^3$인 용기 2개를 완전 진공상태로 준비한 후, 건공기와 수증기로 분리하여 각각 진공의 용기에 옮겨 놓았다고 가정하면 건공기는 그림 (b)와 같이 압력은 $P_a$[kPa], 질량은 1[kg], 체적은 $V$[m$^3$]으로 되고, 수증기는 그림 (c)와 같이 압력은 $P_v$[kPa], 체적은 $V\text{m}^3$, 질량은 $\chi$[kg]으로 된다. 따라서 습공기도 용기의 크기가 동일하므로 체적은 $V\text{m}^3$, 압력은 Dalton의 법칙에 의해 $P = P_a + P_v$[kPa], 질량은 $(1+\chi)$kg이 된다.

## [3] 습공기의 상태량

### (1) 전 압

습공기는 건공기와 수증기의 혼합기체로 구성되어 있으므로 습공기의 전압 $P$[kPa]는 Dalton의 법칙에 의해 건공기의 분압과 수증기 분압의 합으로 다음과 같이 나타낸다.

$$P = p_a + p_v [\text{kPa}] \qquad \text{(1-14)}$$

여기서, $p_a$ : 건공기의 분압 [kPa]

$p_v$ : 수증기의 분압 [kPa]

### (2) 건구온도와 습구온도

기온을 측정할 때 그림 1-22와 같이 온도계의 감열부가 건조된 상태에서 측정한 온도를 건구온도(dry bulb temperature)라 하며, 이 책에서는 $t$ [℃]로 표시한다. 그러나 이 감열부를 천으로 싸고 모세관 현상으로 물을 빨아올려 감열부가 젖게 한 뒤 측정한 온도를 습구온도(wet bulb temperature)라 하며 $t'$ [℃]로 표시한다.

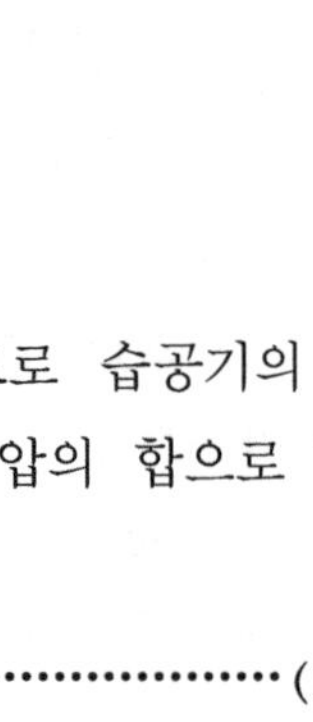

그림 1-22 ▸ 건습구온도계

습구온도계에서는 감열부에서 물이 증발될 때 증발잠열에 의해 열을 더 빼앗기게 되므로 건구온도보다 낮게 되는데 공기가 건조하고 기류의 이동속도가 빠를수록 증발현상이 활발하여 습구온도는 더 내려간다.

### (3) 노점온도

습공기가 어느 한계까지 냉각되면 그 속에 있던 수증기는 이슬방울로 응축되기

시작한다. 이 현상을 결로(sweating)라고 하며, 이때의 온도를 노점온도(dew point temperature)라 하며 $t''$[℃]로 표기한다. 이러한 현상은 경험적으로 한 여름에 해가 지면 대기는 열기가 식고 온도가 더 내려가면 이슬이 내린다거나 찬 물컵 표면에 물방울이 생기는 경우 또는 겨울철에 외기 온도가 낮아지면 유리창 표면에 이슬이 맺히는 현상들은 모두 공기의 온도가 노점온도 이하로 내려가기 때문에 생기는 결로현상들이다.

### (4) 절대습도(비습도)

공기 중에 포함된 수분의 양을 무게로 나타내는 방식으로 그림 1-21에서와 같이 습공기 중에 함유되어 있는 수증기의 양을 질량으로 표시하고 절대습도(비습도) $\chi$ (absolute humidity)라 한다.

즉 그림 1-23과 같이 습공기의 질량은 $(1+\chi)$kg이지만 여기에는 건공기가 1[kg] 들어 있고 수증기도 $\chi$ kg 들어 있다. 따라서 절대습도란 습공기를 구성하고 있는 건공기 1kg당 포함된 수증기의 질량 $\chi$ kg을 말하며, 이를 절대습도 $\chi$[kg/kg′]로 표시한다. 여기서kg′는 습공기 중에 건조공기의 질량을 의미한다. 즉 1kg′라는 의미는 습공기 $(1+\chi)$kg 중에 들어 있는 건조공기는 1kg이며, 이때 건조공기 1kg의 표현을 1kg′ 또는 1kg(DA)로 한다.

그러나 여기서 습공기 중의 수증기량 $\chi$[kg]은 건공기 질량 1[kg]에 비하여 매우 적으므로 공기의 질량을 말할 때 실용상으로 건공기와 습공기를 구분하지 않아도 된다(kg′ ≒ kg). 즉 "공기 1kg"의 의미는 "습공기$(1+\chi)$kg"을 뜻한다.

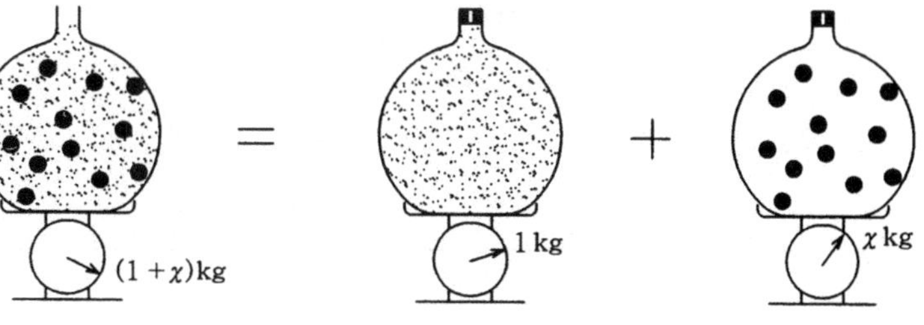


그림 1-23 ▸ 습공기 중의 절대습도

### (5) 포화도와 상대습도

공기는 가습될수록 습공기 내에 절대습도 $\chi$와 수증기 분압 $P_v$는 상승되어 최대로 포화상태까지 증가될 수 있다. 따라서 습공기의 습한 정도를 그림 1-24(a)와 같이 무게의 비율이나 그림 (b)와 같이 압력의 비율로 나타내면 감각적인 느낌을 줄 수 있다.

습공기는 절대습도 $\chi$[kg/kg′]를 가지고 있으나 포화상태까지 가습되면 포화공기의 절대습도는 $\chi_s$[kg/kg′]까지 올라간다면 그 비율을 식 (1-15)와 같이 나타내고 포화도 $\varphi_s$(degree of saturation)라 한다.

한편, 동일한 상태의 습공기는 수증기분압 $P_v$[kPa]를 가지고 있으나 포화상태까지 가습되면 포화공기의 수증기 분압은 $P_s$[kPa]까지 올라간다면, 그 비율을 식 (1-16)과 같이 나타내고 상대습도 $\varphi$(relative humidity)라 한다. 상대습도와 포화도는 0 %와 100 %에서는 일치하지만 그 외에도 약간의 차이가 있다.

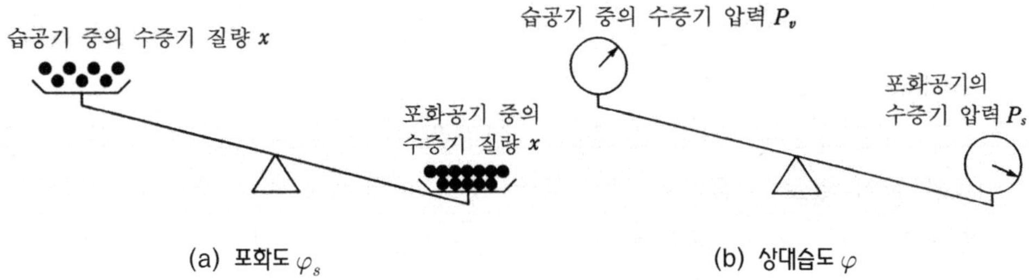


그림 1-24 ▸ 포화도[$\varphi_s$]와 상대습도[$\varphi$]

습공기의 포화도 $\varphi_s$는

$$\varphi_s = \frac{\chi}{\chi_s} \times 100\,[\%] \quad \cdots\cdots (1\text{-}15)$$

여기서, $\varphi_s$ : 포화도[%]

$\chi$ : $t$ ℃인 습공기의 절대습도[kg/kg′]

$\chi_s$ : $t$ ℃인 포화공기의 절대습도[kg/kg′]

습공기의 상대습도 $\varphi$는

$$\varphi = \frac{P_v}{P_s} \times 100\,[\%] \quad \cdots\cdots (1\text{-}16)$$

여기서, $\varphi$ : 상대습도[%]

$P_v$ : $t$ ℃인 습공기 중의 수증기 분압[kPa]

$P_a$ : $t$ ℃인 포화공기의 수증기 분압[kPa]

## (6) 비체적과 밀도

건공기 1 kg′에 수증기 $\chi$ kg을 함유한 습공기의 체적을 $V$[m$^3$]라고 하면 습공기의 비체적 $v$[m³/kg′]는 식 (1-17)과 같이 건공기 1 kg′을 가지고 있는 습공기가 차지하는 체적으로, 밀도 $\rho$[kg′/m³]는 그 역으로, 즉 단위체적[m³]당 질량으로 나타냄으로써 공기량을 무게 또는 체적으로 환산할 때 환산계수로 적합하다.

그러나, 수증기의 질량 $\chi$ kg은 건공기 1 kg′에 비해 아주 적으므로 $(1+\chi)$kg ≒ 1 kg으로 간주하여 실용적으로 비체적 $v$는 식 (1-17)과 같이 단위는 [m³/kg]으로, 밀도 $\rho$는 식 (1-18)과 같이 단위는 [kg/m³]으로 사용한다.

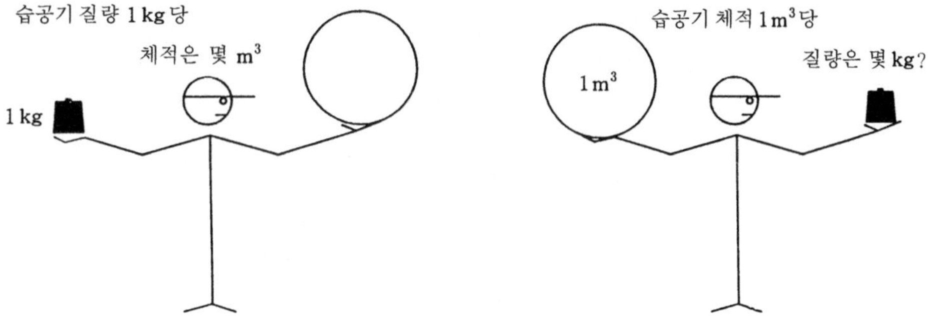


(a) 비체적 $v$ (b) 밀도 $\rho$

그림 1-25 ▸ 비체적[m³/kg]과 밀도 [$\rho$]

습공기의 비체적 $v$[m³/kg′, m³/kg]는

$$v = \frac{\text{건공기 1kg'의 체적} + \text{수증기 } \chi \text{ kg의 체적}}{\text{건공기 1kg'} + \text{습공기 } \chi \text{ kg}} [\text{m}^3/\text{kg}']$$

$$= \frac{\text{습공기 1kg의 체적}}{\text{습공기 1kg의 질량}} [\text{m}^3/\text{kg}] \quad \cdots\cdots (1\text{-}17)$$

습공기의 밀도 $\rho$[kg/m³]는

$$\rho = \frac{1}{v} [\text{kg/m}^3] \quad \cdots\cdots (1\text{-}18)$$

### (7) 공기의 엔탈피

공기조화에서 엔탈피(enthalpy)는 열량의 척도로서 열량계산 및 기기 선정시 절대적으로 필요한 열량 단위이다.

그림 1-26과 같이 방안에 있는 열기구는 실내 온도를 높이고 나머지는 수증기에 의해 습도를 높이고 있다. 여기서 온도계의 눈금으로 표현되는 열량을 현열량(감열량)이라 하고, 습도의 변화처럼 온도계의 눈금으로 나타나지 않고 숨어 있는 열량을 잠열량이라 하며, 현열량과 잠열량의 합인 전체열량, 즉 전열량을 엔탈피라

하며, 습공기 1kg에 대해서 단위는 kJ/kg′를 사용한다.

또한 공기의 엔탈피를 수치로 표기할 때 기준점은 건구온도 0[℃], 절대습도 0 [kg/kg′]인 건공기 1kg의 엔탈피를 0[kJ/kg′]로 한다.

즉, 전열량(enthalpy) = 현열량 + 잠열량 ································· (1-19)

그림 1-26 ▸ 습공기의 엔탈피

### (8) 건공기의 엔탈피

건공기는 이상기체와 동일하게 취급할 수 있으므로 건공기 1kg에 대한 엔탈피 $h_a$[kJ/kg′]는 열역학적으로 식 (1-20)과 같다.

$$\begin{aligned} h_a &= C_p \cdot t \\ &= 1.01t[\text{kJ/kg}] \quad \cdots\cdots \text{(1-20)} \end{aligned}$$

여기서, $C_p$ : 건공기의 정압비열[≒ 1.01kJ/kg·K]

$t$ : 건구온도[℃]

### (9) 수증기의 엔탈피

$t$ ℃인 수증기의 엔탈피는 0 ℃인 포화액의 증발잠열에 이 증기가 $t$ ℃까지 상승하는데 필요한 현열량의 합이다.

즉 $t$ ℃인 수증기 1kg의 엔탈피 $h_v$[kJ/kg]는

$h_v$ = 0 ℃에서 포화수의 증발잠열 +0 ℃의 증기가 공기의 온도까지 상승되는데 필요한 현열량

$$\begin{aligned} &= \gamma + C_{vp} \cdot t \\ &= 2{,}501 + 1.85t \quad \cdots\cdots \text{(1-21)} \end{aligned}$$

여기서, $\gamma$ : 0℃에서 포화수의 증발잠열[≒ 2,501kJ/kg]

$C_{vp}$ : 수증기의 정압비열[≒ 1.85kJ/kg·K]

### (10) 습공기의 엔탈피

습공기는 건공기에 수증기가 포함된 상태이므로 습공기의 엔탈피는 건공기의 엔탈피와 수증기의 엔탈피 합으로 나타낸다. 그러므로 절대습도 $\chi$[kg/kg′]인 습공기의 엔탈피 $h_w$[kJ/kg′]는 다음과 같다.

$$h_w = [\text{건공기 1kg의 엔탈피}] + [\text{수증기 } \chi \text{ kg의 엔탈피}]$$

$$= h_a + \chi \cdot h_V$$

$$= C_P \cdot t + \chi(\gamma + C_{VP} \cdot t)$$

$$= 1.01t + \chi(2{,}501 + 1.85) \quad \cdots\cdots (1\text{-}22)$$

여기서, $h_a$ : 건조공기의 엔탈피[kJ/kg]

$\chi$ : 습공기의 절대습도[kg/kg′]

**예제 1-2**

건구온도 27 ℃인 건공기 1kg에 수증기 0.015kg이 포함된 습공기의 엔탈피를 구하시오.

**풀이**

$$h_w = 1.01t + \chi(2{,}501 + 1.85)$$

$$= 1.01 \times 27 + 0.015(2{,}501 + 1.85 \times 27)$$

$$\fallingdotseq 65.5\,\text{kJ/kg}'$$

## [4] 습공기선도

습공기 $(1+\chi)$kg에 대한 상태를 결정해주는 성질들은 수증기의 분압 $P_v$, 절대습도 $\chi$, 상대습도 $\varphi$, 건구온도 $t$, 습구온도 $t'$, 노점온도 $t''$, 비체적 $v$, 엔탈피 $h$ 등이며, 습공기 1kg에 대한 위의 여러 가지 성질들을 하나의 선도에 나타낸 것을 습공기선도(Psychrometric Chart)라고 한다. 따라서 이와 같은 성질 중 2개만 알면 습공기선도에서 위치가 결정되므로 다른 성질들도 알 수 있다.

### (1) $h-\chi$ 선도(Molier Chart)

부록 1은 엔탈피 $h$를 경사축으로, 절대습도 $\chi$를 종축으로 취하여 기준선으로 하고, 각 상태량을 나타낸 선도로서 습공기의 상태변화를 이론적으로 해석하기 편리한 선도이다. 이 선도에서 온도선은 등간격으로 분할되지 않으므로 기준으로 하지 않는다.

### (2) 습공기선도의 기본 틀

$h-\chi$를 기준으로 하는 습공기선도의 기본 틀은 그림 1-27과 같이 수직축에 절대습도 $\chi$를, 경사축에는 엔탈피 $h$를 기준으로 하고 표준대기압 상태에서 포화공기선을 긋고 여기에 여러 가지 상태량의 선을 그려 넣은 것이다.

이 선도는 사용 온도에 따라 영역을 선정하는데 일반 공조용으로는 −5℃~45℃ 범위를 사용한다. 또한 절대습도가 0[kg/kg′]인 공기는 건공기이고, 습도가 포화상태에 이른 공기는 포화공기라 하며, 건공기와 포화공기 사이의 모든 공기를 습공기라 한다.

한편, 포화공기에 수분을 더 가하면 포화공기 속으로 수증기가 들어가지 못하고 공기의 구성체 밖에서 수증기들끼리 결합된 과포화상대인 무입공기, 즉 안개낀 공기가 된다.

또 습구온도 0℃ 이하로 냉각되면 안개방울이 얼어서 눈이 섞인 설입공기가 된다.

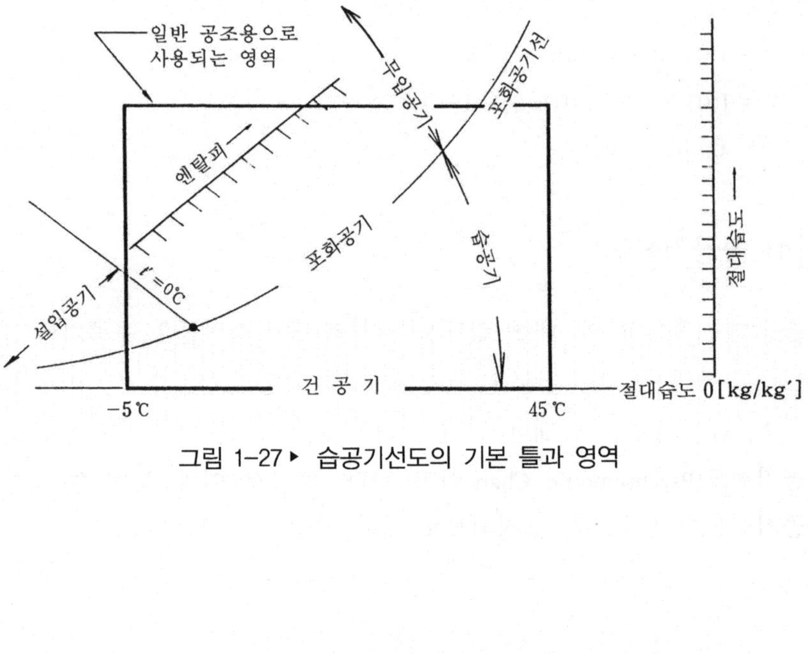


그림 1-27▸ 습공기선도의 기본 틀과 영역

## [5] 공기선도($h-\chi$ 선도 ; Molier Chart)의 구성

습공기선도의 구성을 설명하기 위하여 건구온도 30℃, 습구온도 20℃인 상태점을 $P$점이라 하면 그 구성은 다음과 같다.

### (1) 온도선(건구온도, 습구온도, 노점온도)

그림 1-28(a)는 습공기의 건구온도선으로서 $P$점의 건구온도는 하단에서 읽을 수 있고, 습구온도는 그림 (b)와 같이 좌측 상향점선으로 된 선과 포화공기선과의 교점에서 읽을 수 있으며, 노점온도는 그림 (c)와 같이 $P$점에서 좌측으로 그은 수평선과 포화공기선과의 교점에서 읽을 수 있다.

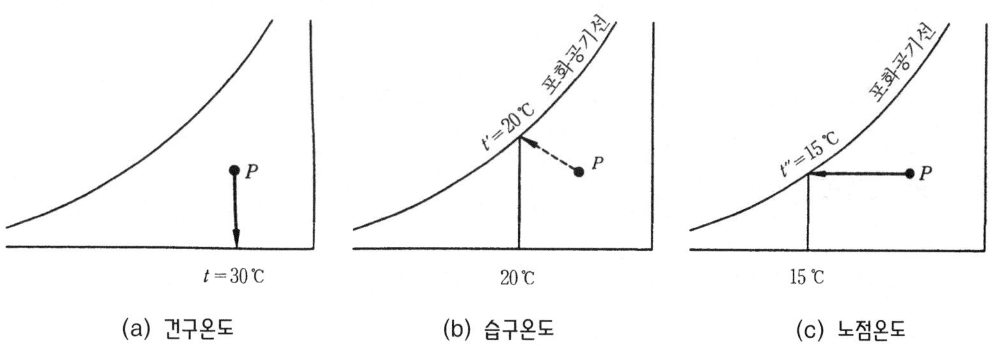


그림 1-28 ▸ 온도선의 구성

### (2) 절대습도(비습도)와 포화도

절대습도선은 그림 1-29와 같이 구성되며 $P$점(건구온도 30 ℃, 습구온도 20 ℃)의 절대습도는 우측 수평선상에서 $\chi=0.0105$[kg/kg′]를 읽을 수 있다. 즉 $P$점의 습공기는 건공기 1kg당 수증기를 0.0105kg 포함하고 있는 습공기이다. 한편 이 공기는 포화상태까지 가습되면 절대습도 $\chi_s=0.0270$[kg/kg′]를 읽을 수 있다.

부록 1의 습공기선도에는 포화도에 관한 선은 없으나 $P$점의 포화도는 우측 상향곡선이며 식 1-15에 의해 계산하면 포화도 $\varphi_s$는 39 %임을 알 수 있다.

### (3) 상대습도선

그림 1-30과 같이 $P$점에 관한 습공기의 상대습도는 우측상향의 경사곡선상에서 $\varphi=39\%$를 읽을 수 있다. 한편, 이 습공기의 수증기 분압은 우측에서 $P_v=1.65$[kPa], 포화상태까지 가습되면 포화공기의 수증기압력은 $P_s=4.23$[kPa]임을

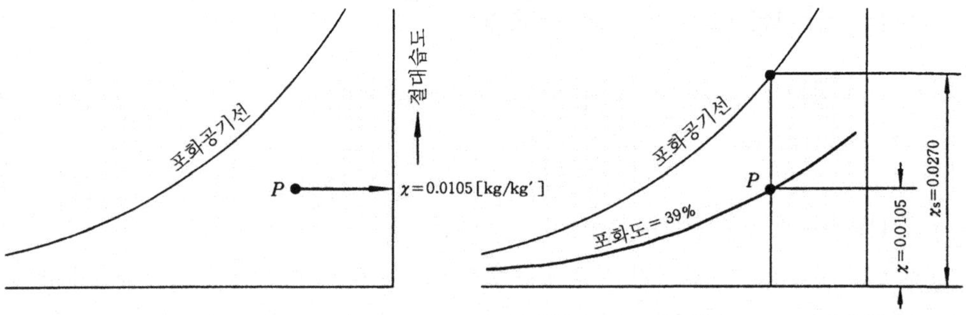


(a) 절대습도 (b) 포화도

그림 1-29 ▸ 절대습도와 포화도

알 수 있다. 따라서 식 1-16에 의해 계산하면 $P$점의 상대습도 $\varphi$는 39 % 임을 알 수 있다.

한편, 건조공기는 상대습도 $\varphi = 0$ %로서 가장 하단에 있는 수평선이고 상대습도가 점차 증가하여 포화상태가 되면 $\varphi = 100$ %로 되어 포화상태가 되므로 습공기의 포화곡선과 일치한다.

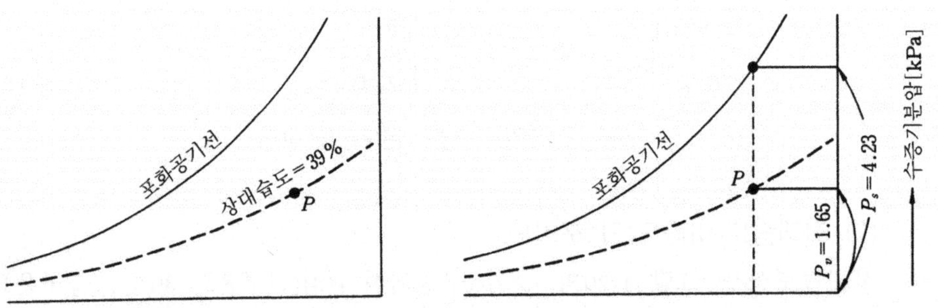


(a) (b)

그림 1-30 ▸ 상대습도선

### (4) 비체적선

그림 1-31과 같이 우측 하향으로 기울기가 급한 선이 습공기의 비체적선이고, 따라서 $P$점의 비체적 $v = 0.873[m^3/kg']$이다. 한편, 밀도는 식 (1-18)에 의해 $\rho \fallingdotseq 1.15[kg'/m^3]$임을 알 수 있다.

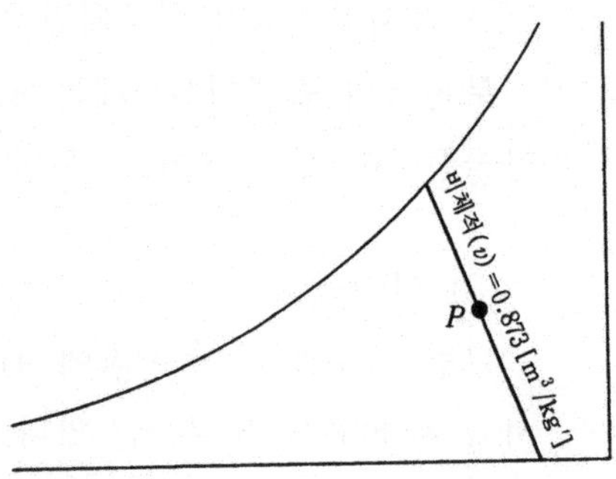


그림 1-31 ▸ 비체적선

### (5) 엔탈피선

그림 1-32와 같이 좌측 상단에 엔탈피기준선과 눈금이 있다. 따라서 $P$점에서 완만한 좌측상향 실선을 따라 읽으면 $h = 57.1[\text{kJ/kg}']$, 즉 $P$점의 습공기$(1+\chi)$kg이 가지고 있는 현열량과 잠열량의 합인 전열량(enthalpy)을 나타내는 선이다.

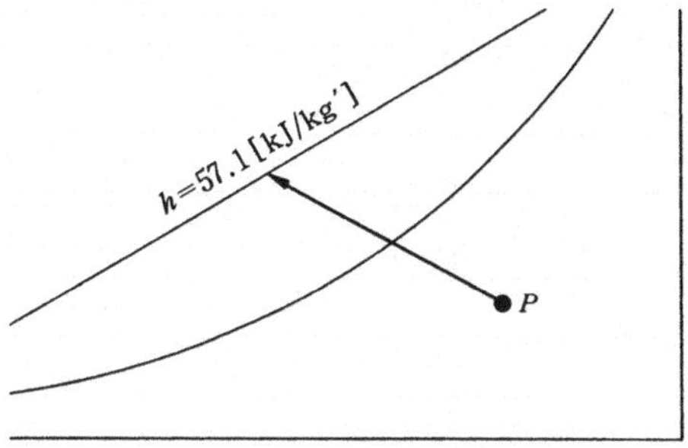


그림 1-32 ▸ 엔탈피선

### (6) 현열비

습공기가 상태변화된다는 것은 습공기선도상에서 상태점이 이동되는 것을 말하며, 그 방향은 온도성분인 현열량과 절대습도 성분인 잠열량에 따른다. 이때 현열량과 잠열량의 합인 전열량(enthalpy)에 대한 현열량의 비율을 현열비 $SHF$(Sensible Heat Factor)라 하고, 그림 1-33(a)와 같이 나타낸다. 한 예로서 그림 (b)와 같이 $P$ 상태의 습공기가 가열 및 가습되어 $Q$(건구온도 40 ℃, 상대습도 35 %) 상태점으로 변화되었다면 $P-Q$선을 기준점으로 평행 이동시켜 연장하면 좌측 또는 우측에서 전열량에 대한 현열량의 비율인 현열비 $SHF=41\ \%(0.41)$를 읽을 수 있다.

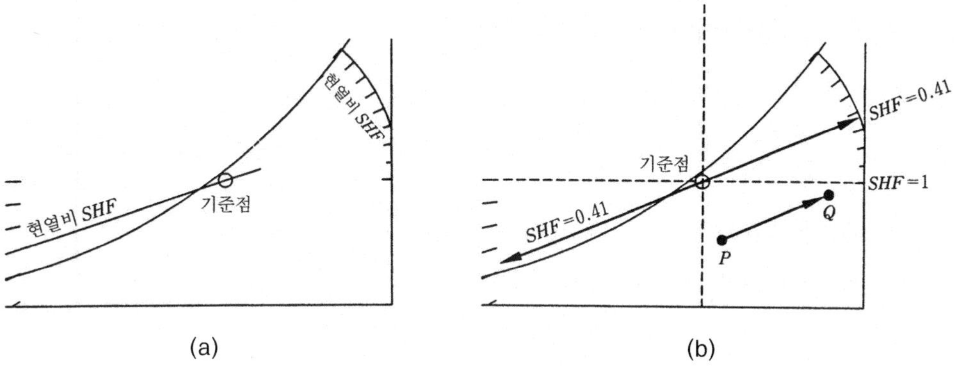


그림 1-33 ▸ 현열비($SHF$)

이와 같이 어느 방의 공조부하량에 의해 현열비를 알면 습공기선도에서 그 반대방향의 공기를 필요로 한다는 것을 알 수 있다.

### (7) 열수분비

습공기의 상태변화 성분을 절대습도 변화량에 대한 전열량의 변화량 비율로 나타내고, 이를 열수분비 $u$(moisture ratio)라 하며, 그림 1-34와 같이 읽는다. 즉 앞에서와 같이 $P$상태의 습공기가 가열 및 가습되어 $Q$상태점으로 변화되었다면 $P-Q$선을 기준점으로 평행 이동하여 열수분비 $u=4,290$[kJ/kg]을 읽을 수 있다.

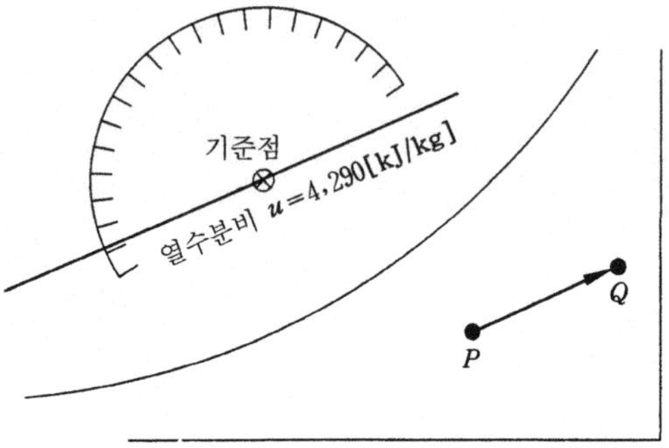


그림 1-34 ▸ 열수분비($u$)

따라서 어떤 상태변화 과정에서 열수분비를 알면 습공기선도상에서 변화되는 방향을 알 수 있고, 이는 3장에서 후술되는 열수분비 값으로 가습방향을 추적할 수 있다.

**예제 1-3**

오늘의 날씨는 건구온도 32 ℃, 습구온도 25 ℃이다. 습공기선도($h-\chi$)를 이용하여 i) 노점온도, ii) 상대습도, iii) 절대습도, iv) 엔탈피, v) 비체적을 각각 구하시오.

**풀이**

$h-\chi$ 선도상에서 공기의 상태점은 $p$와 같으며 상태량은 다음과 같다.

i) 노점온도 $t_p''=22.3$ ℃

ii) 상대습도 $\varphi_p=57$ %

iii) 절대습도 $\chi_p=0.017$ kg/kg′

iv) 엔탈피 $h_p=76$ kJ/kg′

v) 비체적 $v_p=0.888$ m$^3$/kg′

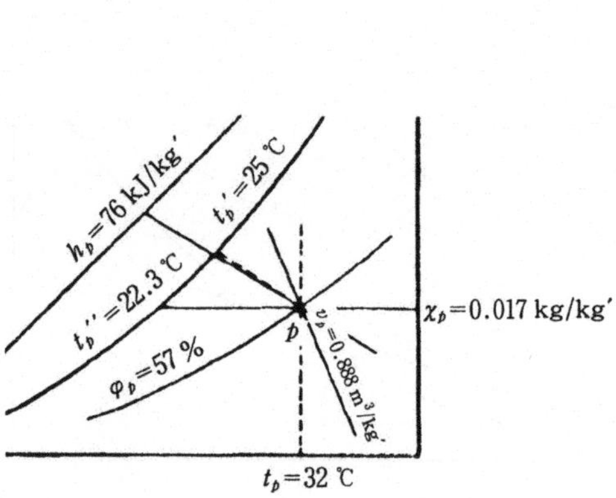

## (8) 습공기의 상태변화

우리 주위에 있는 습공기는 건구온도, 습구온도, 노점온도, 비체적, 엔탈피, 절대습도, 상대습도 등의 상태량을 가지고 있다. 그러나 이 습공기는 자연에 의하거나 인공적으로 가열되거나 냉각되기도 하고, 가습되거나 감습되기도 한다. 이러한 과정에서 습공기의 상태량인 온도, 습도, 비체적, 엔탈피 등은 변화한다.

그림 1-35에서 $p$점으로 표시된 상태량은 외부로부터 주어지는 영향의 종류에 따라 여러 가지의 방향으로 변화한다. 이때 상태량의 변화는 표 1-11과 같다.

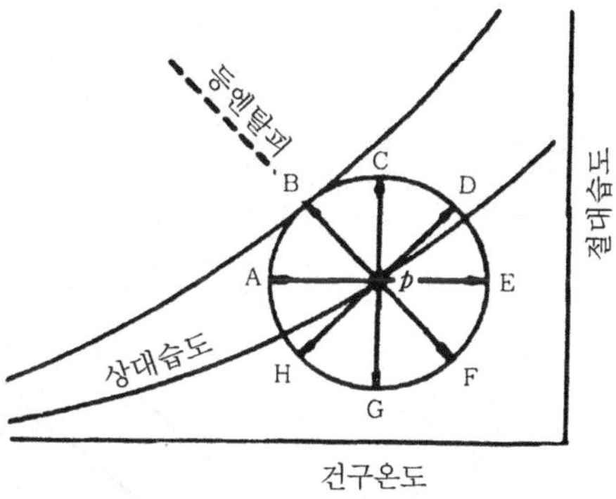


그림 1-35 ▸ 습공기의 각종 상태변화과정

표 1-11 ▸ 습공기의 상태변화

| 상태량 / 과정 | 건구온도 $t$ | 습구온도 $t'$ | 노점온도 $t''$ | 절대습도 $\chi$ | 상대습도 $\varphi$ | 엔탈피 $h$ | 비체적 $v$ | 변 화 |
|---|---|---|---|---|---|---|---|---|
| p → A | ↓ | ↓ | = | = | ↑ | ↓ | ↓ | 냉 각 |
| p → B | ↓ | ≒ | ↑ | ↑ | ↑ | = | ↓ | 냉각 · 가습 |
| p → C | = | ↑ | ↑ | ↑ | ↑ | ↑ | ↑ | 가 습 |
| p → D | ↑ | ↑ | ↑ | ↑ | ↑ | ↑ | ↑ | 가열 · 가습 |
| p → E | ↑ | ↑ | = | = | ↓ | ↑ | ↑ | 가 열 |
| p → F | ↑ | ≒ | ↓ | ↓ | ↓ | = | ↑ | 가열 · 감습 |
| p → G | ↑ | ↓ | ↓ | ↓ | ↓ | ↓ | ↓ | 감 습 |
| p → H | ↓ | ↓ | ↓ | ↓ | ↓ | ↓ | ↓ | 냉각 · 감습 |

【주】 ↓ : 감소, ↑ : 증가, = : 불변

**예제 1-4**

하루 중 기상변화는 최저기온 및 상대습도가 20℃, 55 %에서 31℃, 60%로 각각 변화하였다.
이때 i) 건구온도, ii) 습구온도, iii) 노점온도, iv) 절대습도, v) 상대습도, vi) 엔탈피, vii) 비체적의 변화량을 각각 구하시오.

**풀이**

습공기의 상태변화 과정은 다음 그림과 같고, 이에 따른 각 성질의 변화량은 다음과 같다.

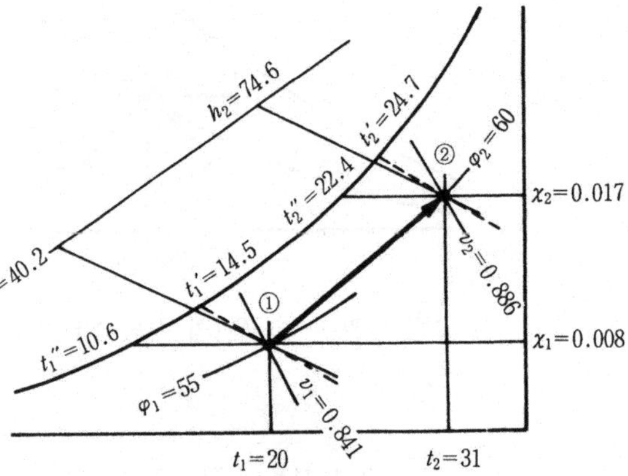


i) $\Delta t = t_2 - t_1$

$= 31 - 20 = 11$ ℃ (증가)

ii) $\Delta t' = t_2' - t_1'$

$= 24.7 - 14.5$

$= 10.2$ ℃ (증가)

iii) $\Delta t'' = t_2'' - t_1''$

$= 22.4 - 10.6$

$= 11.8$ ℃ (증가)

iv) $\Delta \chi = \chi_2 - \chi_1$

$= 0.017 - 0.008$

$= 0.009$kg/kg′℃ (증가)

v) $\Delta\varphi = \varphi_2 - \varphi_1$

$= 60 - 55 = 5\ \%$(증가)

vi) $\Delta h = h_2 - h_1$

$= 74.6 - 40.2$

$= 34.4\,\mathrm{kJ/kg'}$(증가)

vii) $\Delta v = v_2 - v_1$

$= 0.886 - 0.841$

$= 0.045\,\mathrm{m^3/kg'}$(증가)

## [6] 습공기표

습공기선도에서는 건공기와 포화공기를 포함한 습공기의 상태량을 2가지의 성질만 알면 읽을 수 있었다. 그러나 습공기표는 그림 1-36과 같이 건공기와 포화공기를 온도기준으로 끊어서 포화공기선과 건공기선의 교점에 대한 상태량을 표 1-12와 같이 나타내었다.

이 표는 표준대기압 상태 101.325kPa에서 측정된 것이므로 해발의 높이에 따라 차이가 나지만 일반공조용에서는 수정 없이 사용한다.

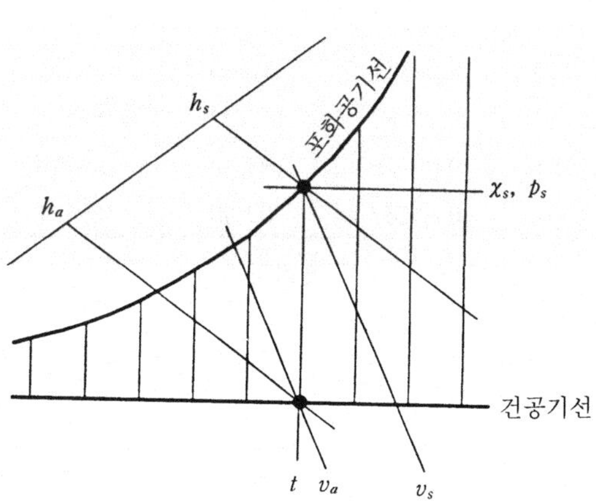


그림 1-36

표 1-12 ▸ 습공기표(표준대기압 101.325 kPa)

| $t$ [℃] | $P_s$ [kPa] | $x_s$ [kg/kg′] | $h_s$ [kJ/kg′] | $v_s$ [m³/kg′] | $h_a$ [kJ/kg′] | $v_a$ [m³/kg′] |
|---|---|---|---|---|---|---|
| 0.0 | 0.6018 | 0.00377 | 9.43 | 0.7785 | 0.00 | 0.7738 |
| 2.0 | 0.7055 | 0.00436 | 12.93 | 0.7849 | 2.01 | 0.7795 |
| 4.0 | 0.8129 | 0.00503 | 16.64 | 0.7915 | 4.02 | 0.7851 |
| 6.0 | 0.9346 | 0.00579 | 20.57 | 0.7982 | 6.03 | 0.7908 |
| 8.0 | 1.0720 | 0.00665 | 24.77 | 0.8050 | 8.04 | 0.7965 |
| 10.0 | 1.2270 | 0.00763 | 29.26 | 0.8120 | 10.05 | 0.8021 |
| 12.0 | 1.4014 | 0.00872 | 34.07 | 0.8191 | 12.06 | 0.8078 |
| 14.0 | 1.5973 | 0.00996 | 39.24 | 0.8265 | 14.07 | 0.8135 |
| 16.0 | 1.8168 | 0.01136 | 44.80 | 0.8341 | 16.08 | 0.8191 |
| 18.0 | 2.0624 | 0.01292 | 50.83 | 0.8419 | 18.09 | 0.8248 |
| 20.0 | 2.3366 | 0.01468 | 57.36 | 0.8510 | 20.10 | 0.8305 |
| 22.0 | 2.6422 | 0.01665 | 64.44 | 0.8585 | 22.11 | 0.8361 |
| 24.0 | 2.8921 | 0.01886 | 72.14 | 0.8673 | 24.12 | 0.8418 |
| 26.0 | 3.3597 | 0.02133 | 80.51 | 0.8765 | 26.13 | 0.8475 |
| 28.0 | 3.7782 | 0.02409 | 89.64 | 0.8862 | 28.14 | 0.8531 |
| 30.0 | 4.2415 | 0.02717 | 99.60 | 0.8963 | 30.15 | 0.8588 |
| 32.0 | 4.7534 | 0.03062 | 110.53 | 0.9070 | 32.16 | 0.8645 |
| 34.0 | 5.3180 | 0.03445 | 122.51 | 0.9183 | 34.17 | 0.8701 |
| 36.0 | 5.9400 | 0.03873 | 135.61 | 0.9303 | 36.18 | 0.8758 |
| 38.0 | 6.6240 | 0.04351 | 150.06 | 0.9431 | 38.19 | 0.8814 |
| 40.0 | 7.3750 | 0.04883 | 165.92 | 0.9568 | 40.20 | 0.8871 |
| 42.0 | 8.1985 | 0.05476 | 183.38 | 0.9714 | 42.21 | 0.8928 |
| 44.0 | 9.1001 | 0.06137 | 202.68 | 0.9871 | 44.22 | 0.8984 |

【주】 $P_s$, $x_s$, $h_s$, $v_s$ : 각 온도에 대한 포화공기의 수증기 분압, 절대습도, 엔탈피, 비체적

$h_a$, $v_a$ : 건공기의 엔탈피, 비체적

제 2 장

# 공기조화부하 계산

# 2-1 개 요

## [1] 용어의 정의

공기조화부하를 줄여서 공조부하라고 하며, 계산할 때 사용되는 용어와 계산의 흐름을 도시화하면 그림 2-1과 같다.

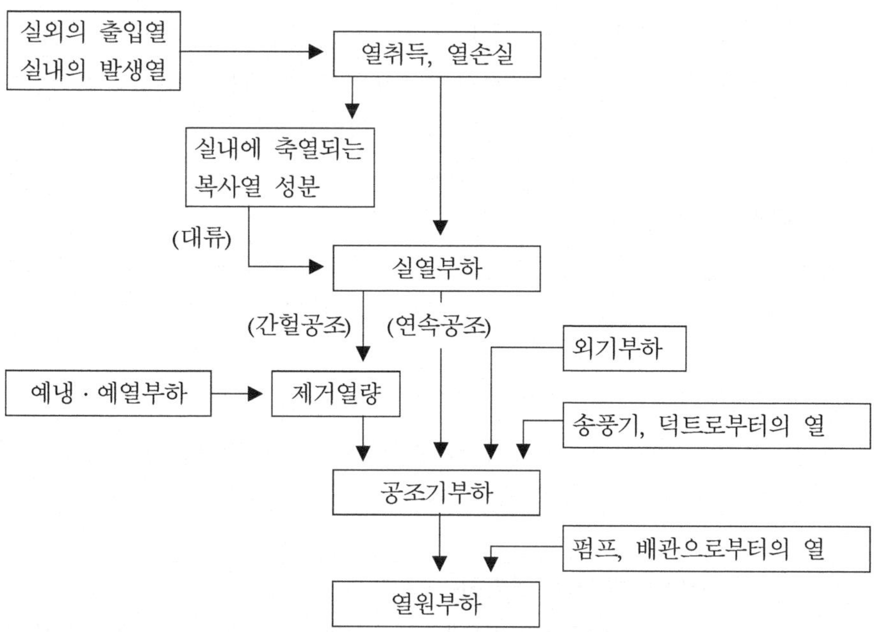


그림 2-1 ▸ 공조부하 계산의 흐름

### (1) 열취득/열손실

외부로부터 들어오거나 실내에서 발생한 열량을 열취득이라 하며, 반대로 실내에서 외부로 손실된 열량을 열손실이라고 한다.

### (2) 순간열취득/순간열손실

실내가 항상 일정한 온·습도로 유지되고 있을 때 어떤 시각에 실내로 들어오는 열량을 순간열취득이라고 하며, 나가는 열량을 순간열손실이라고 한다.

### (3) 실 열부하(실내부하)

실내의 온·습도를 일정하게 유지시키기 위하여 제거해야 할 열량 또는 공급해야 할 열량을 실 열부하라고 한다. 순간취득열량 중에는 동시에 실 열부하가 되는 양도 있지만 건물 구조체와 내장재 등에 축열되었다가 시간이 지나면서 서서히 방열되므로 실 열부하가 순간열취득량과 일치하지는 않는다.

### (4) 외기부하

환기를 위해 외기를 공조기로 도입하여 실내의 온·습도 상태까지 냉각·감습하거나, 가열·가습하는데 필요한 열량을 말한다.

### (5) 예냉부하/예열부하

실을 사용하는 시간동안만 공기조화를 하는 경우(간헐공조) 사용 시간 전(출근시간 이전)부터 공조기를 예냉 및 예열운전을 하게 되는데, 이 운전시간 동안에 냉각해야 할 열량을 예냉부하, 가열해야 할 열량을 예열부하라고 한다.

### (6) 공조기부하

공조기의 공기 냉각기나 가열기 등에서 처리해야 할 열부하를 말하며, 이것은 실 열부하 외에 외기부하, 송풍기와 덕트의 열부하, 재열부하 등을 포함한다.

### (7) 열원부하

공조기부하에 펌프 및 배관 등의 열부하를 더한 것으로서 이것은 냉동기나 보일러 용량을 결정하는데 이용된다.

### (8) 현열부하/잠열부하/전열부하

공기의 건구온도를 변화시키기 위하여 가열 또는 냉각하는 열부하를 현열부하라고 하며, 절대습도의 변화를 주기 위하여 가습 또는 감습하는 열부하를 잠열부하라고 한다. 또한 현열부하와 잠열부하를 합한 것을 전열부하라고 한다.

### (9) 최대열부하

공조설비의 용량을 결정하기 위하여 연중 가장 추운 날 또는 가장 더운 날로 가정된 설계용 외기조건을 이용하여 계산된 부하량을 최대열부하라고 한다.

### (10) 기간부하(연간부하)

기간부하(연간부하)는 지역별 기상자료를 이용하여 계절 또는 1년 동안에 발생되는 총 공조부하를 합한 것으로서 합리적인 공조설비의 계획과 연간 운전비를 산출하는데 활용된다.

### [2] 공조부하 계산의 목적

공기조화 부하는 설계에서 운영·관리에 이르기까지 필요하며, 다음과 같이 목적에 따라 정밀도를 다르게 한다.

(1) 기본계획 단계

공조시스템과 장비선정, 설비기기의 설치공간 확보(기계실, 공조실, 배관, 덕트 및 샤프트 등의 배치)를 위한 것으로서 개략적인 부하계산이 필요하다.

(2) 실시설계 단계

공조시스템의 결정, 공조장치의 용량선정, 배관과 덕트의 크기 결정 등 공조설비의 상세설계를 위하여 정밀한 계산이 필요하며, 이 자료들은 설계도서 중의 하나가 된다.

(3) 시공 단계

시공 도중에 변경사항이 발생하여 일부를 재설계해야 하는 경우 실시설계 정도의 정밀한 부하계산이 필요하다.

(4) 운영관리 단계

건물이 완공되어 운영되는 기간에도 용도변경이나 사용 상황변화에 따른 개·보수가 필요하면 이 때에도 정밀한 부하계산이 요구된다.

## 2-2 냉방부하

### [1] 냉방부하의 발생요인

그림 2-2와 같은 냉방장치의 계통에서 냉방부하의 종류와 발생요인은 표 2-1과 같다.

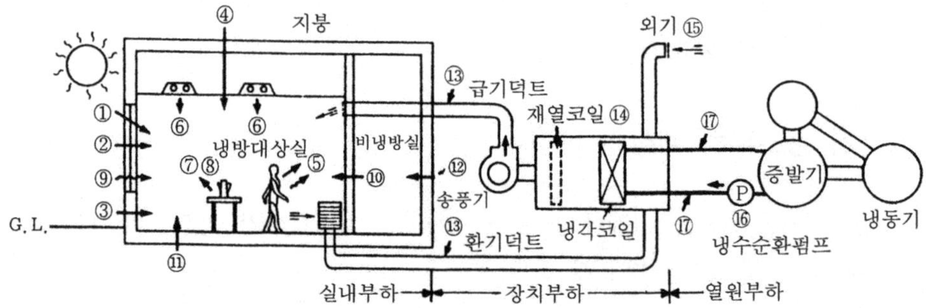


그림 2-2 ▸ 냉방부하의 종류와 발생 요인

표 2-1 ▸ 냉방부하의 종류와 발생 요인

| 구 분 | 부하의 발생 요인 | | 현열 | 잠열 | 그림 2-2의 기호 |
|---|---|---|---|---|---|
| 실내 취득열량 | 벽체로부터의 취득열량 | | ○ | | ③④⑩⑪ |
| | 유리로부터의 취득열량 | 직달일사에 의한 것 | ○ | | ① |
| | | 전도대류에 의한 것 | ○ | | ② |
| | 극간풍에 의한 취득열량 | | ○ | ○ | ⑨ |
| | 인체의 발생열량 | | ○ | ○ | ⑤ |
| | 기구로부터의 발생열량 | | ○ | ○ | ⑥⑦⑧ |
| 기기로부터의 취득열량 | 송풍기에 의한 취득열량 | | ○ | | ⑫ |
| | 덕트로부터의 취득열량 | | ○ | | ⑬ |
| 재열부하 | 재열기기의 가열량(취득열량) | | ○ | | ⑭ |
| 외기부하 | 외기의 도입으로 인한 취득열량 | | ○ | ○ | ⑮ |

## [2] 냉방부하와 기기 용량

표 2-1에서 실내 취득열량은 송풍기의 용량 및 송풍량을 산출하는 요인이 된다. 여기서 장치부하와 재열부하 및 외기부하를 합하면 냉각코일의 용량을 결정할 수 있다.

또한 그림 2-2에서 냉동기의 증발기와 공조기의 냉각코일에 접속되는 냉수 배관도 주위로부터 현열을 얻게 되는데, 이 부하를 배관부하라고 하며, 냉각코일 용량에 배관부하까지 합하면 냉동기의 용량이 된다.

즉 냉방부하와 기기용량과의 관계는 다음과 같다.

- 실내취득열량
- 기기로부터의 취득열량

} 송풍량 결정

- 재열부하
- 외기부하

} ································ 냉각코일의 용량 결정

- 냉수펌프 및 배관부하 ················································ } 냉동기의 용량 결정

## [3] 냉방부하 계산법

냉방부하 계산법은 여러 가지가 소개되고 있으나, 여기서는 국내에서 일반적으로 사용하는 *CLTD*/*CLF*/*SCL*법을 도입하기로 한다.

*CLTD*(Cooling Load Temperature Differential)는 냉방부하 온도차라고 정의하며, 벽체나 지붕 및 유리의 관류부하를 계산하는데 사용된다.

냉방부하 온도차는 실내·외 온도차로서 외기온도, 일사의 영향, 건물 구조체, 내장재 등에 따라 축열된 후 실내로 열발산을 하므로 시각에 따라 다르게 나타난다.

그림 2-3은 시각에 따른 실내·외 온도차와 *CLTD*[℃]를 건물 구조체의 경구조와 중구조로 구분하여 나타내었다. 여기서 보면 실내·외 온도차에 비하여 구조체가 중후하면 축열되어 냉방부하온도차는 낮아지고 시간이 지연됨을 알 수 있다.

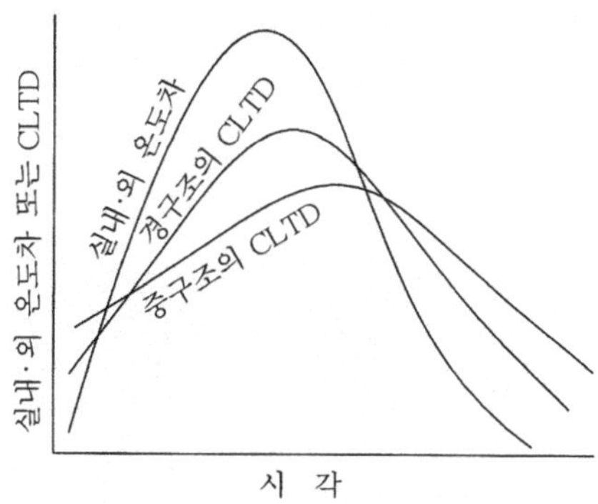


그림 2-3 ▸ 구조체에 따른 냉방부하 온도차(*CLTD*)[℃]

*CLF*(Cooling Load Factor)는 냉방부하계수라고 정의하는데, 인체, 조명기구, 실내에 있는 각종 발열기기로부터 취득된 열량이 건물 구조체, 내장재 등에 축열된 후 시간의 경과에 따라 서서히 냉방부하로 나타나는 비율을 말한다.

그림 2-4는 조명등을 켰을 때 발열량은 모두 냉방부하가 되지 않고 일부는 실내

에 저장되며, 조명등을 끈 경우에도 저장되었던 열이 냉방부하로 출현되는 현상을 나타내고 있다.

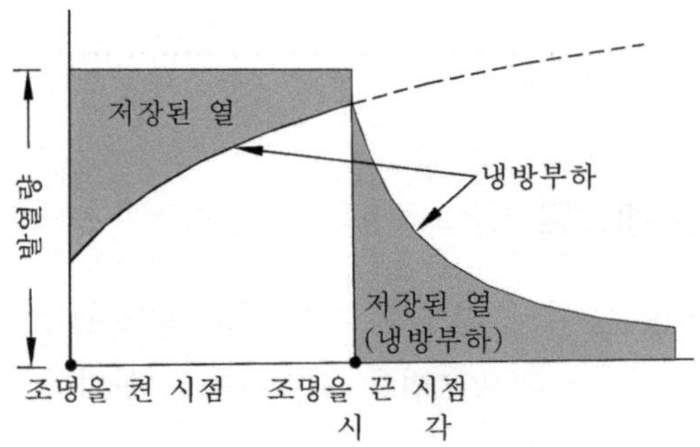


그림 2-4 ▸ 냉방부하계수($CLF$)

$SCL$(Solar Cooling Load)은 일사냉방부하라고 정의하며, 유리를 통해 들어오는 일사열량이 시각, 방위별, 건물 구조체의 종류, 내부차폐, 벽체 수, 바닥마감 유형 등의 영향을 감안하여 냉방부하로 나타나는 양을 뜻한다.

그림 2-5는 어느 방위의 유리창이 받는 일사량이 실제 일사냉방부하($SCL$)[W/m$^2$]로 나타나는 비교이다.

즉 $CLTD/CLF/SCL$법은 위의 3가지 요소들을 종합적으로 이용하여 냉방부하를 계산하는 방법으로서 수계산으로도 가능하다.

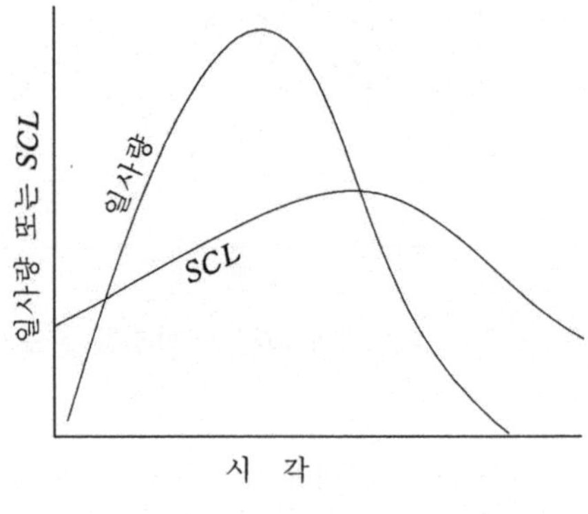


그림 2-5 ▸ 시각에 따른 일사량과 일사냉방부하($SCL$)[W/m$^2$]

# 2-3 냉방부하 계산

## [1] 일사를 받는 지붕 및 벽체의 관류부하

### (1) 일사를 받는 지붕의 관류부하 $q_W$[W]

일사(햇빛)를 받는 지붕의 관류에 의한 냉방부하는 다음 순서로 식 (2-1)에 의해 구한다.

① 건축 도면으로부터 지붕 면적 $A[m^2]$를 구한다.

② 지붕 구조체에 따른 열관류율 $K[W/m^2 \cdot K]$값을 계산한다.

③ 지붕 번호표(별표 2-1)에서 가장 비슷한 번호를 선택한다.
(별표 2-1에서 $K = 1/R$).

④ 선택된 지붕 번호에 해당하는 $CLTD$[℃]값을 표 2-2로부터 알 수 있다.

⑤ 설계조건이 실내온도 25.5 ℃, 평균 외기온도 29.4 ℃, 일교차 11.6 ℃가 아니면 식 (2-3)에 의해 $CLTD_{corr}$을 계산한다.

⑥ 식 (2-1 또는 2-2)에 의해 냉방부하를 최종적으로 계산한다.

$$q_W = K \cdot A(CLTD) \quad \cdots\cdots (2\text{-}1)$$

$$= K \cdot A(CLTD_{corr}) \quad \cdots\cdots (2\text{-}2)$$

여기서, $K$ : 지붕의 열관류율$[W/m^2 \cdot K](R = 1/K)$

$R$ : 열관류 저항$[m^2 \cdot K/W]$

$A$ : 지붕 면적$[m^2]$

$CLTD$ : 지붕의 냉방부하 온도차

$$CLTD_{corr} = CLTD + (25.5 - t_r) + (t_m - 29.4) \quad \cdots\cdots (2\text{-}3)$$

여기서, $CLTD_{corr}$ : 보정 냉방부하 온도차[℃]

$t_r$ : 실내온도[℃]

$t_m$ : 평균 외기온도[℃], [$t_m$ = 설계 외기온도 − (일교차/2)]
(설계 외기온도는 표 1-8에서 결정한다.)

표 2-2 ▸ 북위 36° 평지붕의 7월 기준 냉방부하온도차 $CLTD$[℃]

| 지붕 번호 | 시각 | | | | | | | | | | | | | | | | | | | | | | | |
|---|---|---|---|---|---|---|---|---|---|---|---|---|---|---|---|---|---|---|---|---|---|---|---|---|
| | 1 | 2 | 3 | 4 | 5 | 6 | 7 | 8 | 9 | 10 | 11 | 12 | 13 | 14 | 15 | 16 | 17 | 18 | 19 | 20 | 21 | 22 | 23 | 24 |
| 1 | 0 | −1 | −2 | −3 | −3 | −3 | 0 | 7 | 16 | 25 | 34 | 42 | 47 | 50 | 50 | 47 | 41 | 33 | 23 | 14 | 8 | 5 | 3 | 1 |
| 2 | 1 | 0 | −1 | −2 | −3 | −3 | −2 | 2 | 9 | 18 | 27 | 35 | 42 | 47 | 49 | 48 | 45 | 39 | 31 | 22 | 14 | 8 | 5 | 3 |
| 3 | 7 | 4 | 3 | 1 | 0 | −1 | −1 | 2 | 7 | 13 | 19 | 26 | 32 | 37 | 41 | 42 | 41 | 38 | 33 | 27 | 21 | 17 | 13 | 9 |
| 4 | 9 | 6 | 4 | 2 | 1 | −1 | −2 | −2 | 0 | 4 | 9 | 16 | 23 | 31 | 37 | 41 | 43 | 44 | 42 | 37 | 31 | 25 | 19 | 13 |
| 5 | 12 | 9 | 7 | 4 | 3 | 2 | 1 | 1 | 3 | 7 | 12 | 17 | 23 | 29 | 34 | 37 | 39 | 39 | 37 | 33 | 28 | 23 | 19 | 15 |
| 8 | 16 | 14 | 12 | 9 | 8 | 7 | 6 | 5 | 6 | 8 | 12 | 16 | 19 | 23 | 27 | 30 | 32 | 32 | 31 | 29 | 27 | 24 | 21 | 18 |
| 9 | 18 | 14 | 12 | 9 | 7 | 5 | 3 | 2 | 2 | 4 | 7 | 11 | 15 | 21 | 26 | 30 | 33 | 36 | 36 | 35 | 33 | 29 | 25 | 21 |
| 10 | 21 | 18 | 15 | 13 | 11 | 8 | 7 | 6 | 5 | 5 | 7 | 9 | 13 | 17 | 21 | 25 | 28 | 31 | 32 | 32 | 31 | 29 | 26 | 23 |
| 13 | 19 | 17 | 16 | 14 | 13 | 11 | 10 | 9 | 9 | 9 | 11 | 13 | 16 | 18 | 21 | 24 | 26 | 27 | 28 | 27 | 26 | 24 | 23 | 21 |
| 14 | 19 | 18 | 17 | 16 | 14 | 13 | 12 | 11 | 11 | 11 | 12 | 14 | 16 | 18 | 20 | 22 | 24 | 25 | 26 | 26 | 24 | 23 | 22 | 21 |

【주】 지붕번호는 별표 2-1에서 선택

### 예제 2-1

단열재 외부에 두께 50mm의 중량 콘크리트가 있고, 열관류율 $K$는 0.48[W/m$^2$·K]이며 반자가 있는 지붕 면적 200 m$^2$을 통한 관류에 의한 냉방부하를 구하시오. 단, 서울지방으로서 설계 외기온도 31.2 ℃, 실내 설계온도 26 ℃, 일교차 7.6 ℃이며, 15시를 기준으로 한다.

### 풀이

i ) 열관류저항 $R$을 계산한다.

$$R = \frac{1}{K} = \frac{1}{0.48} \fallingdotseq 2.1 \text{ m}^2 \cdot \text{K/W}$$

ii) 별표 2-1에서 지붕 구성 조건과 열관류저항 $R = 2.1$[m$^2$·K/W](1.8~2.6 범위)에 해당되는 지붕번호 4번을 선택한다.

iii) 설계 외기온도(표 1-8)과 일교차에 의해 평균 외기온도를 구한다.

$$t_m = \text{설계 외기온도} - (\text{일교차}/2)$$

$$= 31.2 - \frac{7.6}{2} = 27.4 \text{ ℃}$$

iv) 표 2-2에서 15시의 지붕번호 4번의 $CLTD$ 37 [℃]를 선택한다.

v ) 식 2-3에 의해 $CLTD_{corr}$를 계산한다.

$$CLTD_{corr} = CLTD + (25.5 - t_r) + (t_m - 29.4)$$
$$= 37 + (25.5 - 26) + (27.4 - 29.4) = 34.5\ ℃$$

vi) 식 (2-2)에 의해 관류부하를 계산한다.

$$q_W = K \cdot A(CLTD_{corr})$$
$$= 0.48 \times 200 \times 34.5 = 3{,}312\ \mathrm{W} \fallingdotseq 3.3\,\mathrm{kW}$$

### (2) 일사를 받는 외벽의 관류부하 $q_W$[W]

일사를 받는 외벽의 관류에 의한 냉방부하는 다음 순서로 식 (2-4)에 의해 구한다.

① 건축 도면으로부터 외벽 면적 $A$[m$^2$]와 방위를 구한다.

② 벽체 구조체에 따른 열관류율 K[W/m$^2$·K]값을 계산한다.

③ 외벽 번호를 별표 2-2 A, B, C로부터 가장 비슷한 유형을 선택한다 (별표 2-2 A, B, C, $R = 1/K$).

④ 선택된 벽체 번호에 해당되는 $CLTD$[℃]값을 표 2-3으로부터 알 수 있다.

⑤ 설계조건이 실내온도 25.5 ℃, 평균외기온도 29.4 ℃, 일교차 11.6 ℃가 아니면 식 (2-3)에 의해 $CLTD_{corr}$를 계산한다.

⑥ 식 (2-4 또는 2-5)에 의해 냉방부하를 최종적으로 계산한다.

$$q_W = K \cdot A(CLTD) \quad \cdots\cdots (2\text{-}4)$$
$$= K \cdot A(CLTD_{corr}) \quad \cdots\cdots (2\text{-}5)$$

여기서, $K$ : 외벽의 열관류율[W/m$^2$·K]($R = 1/K$)
$A$ : 외벽 면적[m$^2$]
$CLTD$ : 외벽의 냉방부하 온도차[℃](표 2-3)
$CLTD_{corr}$ : 보정 냉방부하 온도차[℃](식 2-3에 의해 계산)

**예제 2-2**

두께가 200 mm이며 열전도율($\lambda$)이 0.571 W/m·K인 저밀도 콘크리트블록과 2차 재료가 금속제 커버 벽체로 구성되며, 중량체가 단열재 외부에 위치하며, 벽체의 열관류율은 0.48[W/m$^2$·K]이다.

이 벽체가 남쪽에 위치된 경우 면적 200 m$^2$을 통한 관류에 의한 냉방부하를 구하시오.

단, 서울지방으로서 설계 외기온도 31.2 ℃, 실내 설계온도 26 ℃, 일교차 7.6 ℃이며, 13시를 기준으로 한다.

**풀이**

ⅰ) 열관류저항 $R$을 계산한다.

$$R = \frac{1}{K} = \frac{1}{4.8}$$

$$\fallingdotseq 2.1\text{m}^2 \cdot \text{K/W}$$

ⅱ) 별표 2-3에서 두께 200mm의 저밀도 콘크리트블록에서 열전도율(λ)이 0.571W/m·K에 해당되는 코드번호 C7를 선택한다.

ⅲ) 별표 2-2-C에서 "중량체가 단열재 외부에 위치한 경우"의 코드번호 "C7"과 2차재료가 "철재"인 경우 및 열관류저항($R$) $2.1\text{m}^2 \cdot \text{K/W}$(1.89~2.24범위)를 적용하여 벽체 번호 5를 선택한다.

ⅳ) 표 2-3의 벽 번호 5에서 남쪽(S) 13시를 적용하면 $CLTD$는 9℃이다.

ⅴ) 서울지방의 설계 외기온도 표 1-8과 일교차에 의해 평균 외기온도를 구한다.

$$t_m = \text{설계 외기온도} - (\text{일교차}/2)$$

$$= 31.2 - \frac{7.6}{2} = 27.4℃$$

ⅵ) 식 (2-3)에 의해 $CLTD_{corr}$를 계산한다.

$$CLTD_{corr} = CLTD + (25.5 - t_r) + (t_m - 29.4)$$

$$= 9 + (25.5 - 26) + (27.4 - 29.4) = 6.5℃$$

ⅶ) 식 (2-5)에 의해 관류부하를 계산한다.

$$q_W = K \cdot A(CLTD_{corr})$$

$$= 0.48 \times 200 \times 6.5 = 624 \text{ W}$$

표 2-3▸ 북위 36° 일사를 받는 외벽 7월기준 $CLTD$값

| 벽 | | 시각 | | | | | | | | | | | | | | | | | | | | | | | |
|---|---|---|---|---|---|---|---|---|---|---|---|---|---|---|---|---|---|---|---|---|---|---|---|---|---|
| 번호 | 방위 | 1 | 2 | 3 | 4 | 5 | 6 | 7 | 8 | 9 | 10 | 11 | 12 | 13 | 14 | 15 | 16 | 17 | 18 | 19 | 20 | 21 | 22 | 23 | 24 |
| 1 | N | 1 | 0 | -1 | -2 | -2 | -1 | 4 | 7 | 7 | 8 | 9 | 12 | 14 | 16 | 16 | 16 | 16 | 17 | 15 | 9 | 6 | 4 | 3 | 2 |
| | NE | 1 | 0 | -1 | -2 | -2 | 1 | 13 | 23 | 27 | 26 | 21 | 17 | 16 | 16 | 17 | 16 | 16 | 13 | 11 | 8 | 6 | 4 | 3 | 2 |
| | E | 1 | 0 | -1 | -2 | -2 | 1 | 14 | 27 | 34 | 36 | 33 | 27 | 20 | 17 | 17 | 17 | 16 | 13 | 11 | 8 | 6 | 4 | 3 | 2 |
| | SE | 1 | 0 | -1 | -2 | -2 | -1 | 7 | 17 | 24 | 29 | 31 | 29 | 25 | 20 | 18 | 17 | 16 | 13 | 11 | 8 | 6 | 4 | 3 | 2 |
| | S | 1 | 0 | -1 | -2 | -2 | -2 | 0 | 2 | 5 | 10 | 16 | 22 | 25 | 26 | 26 | 22 | 17 | 14 | 11 | 8 | 6 | 4 | 3 | 2 |
| | SW | 1 | 0 | -1 | -1 | -1 | -1 | 0 | 2 | 4 | 7 | 9 | 13 | 20 | 28 | 34 | 37 | 37 | 33 | 24 | 13 | 7 | 4 | 3 | 2 |
| | W | 1 | 1 | -1 | -1 | -1 | -1 | 0 | 2 | 4 | 7 | 9 | 12 | 15 | 23 | 33 | 41 | 45 | 43 | 33 | 17 | 8 | 5 | 3 | 2 |
| | NW | 1 | 0 | -1 | -1 | -1 | -1 | 0 | 2 | 4 | 7 | 9 | 12 | 14 | 16 | 22 | 29 | 35 | 36 | 30 | 16 | 8 | 4 | 3 | 2 |

표 2-3▸ 계 속

| 벽 | | 시각 | | | | | | | | | | | | | | | | | | | | | | | |
|---|---|---|---|---|---|---|---|---|---|---|---|---|---|---|---|---|---|---|---|---|---|---|---|---|---|
| 번호 | 방위 | 1 | 2 | 3 | 4 | 5 | 6 | 7 | 8 | 9 | 10 | 11 | 12 | 13 | 14 | 15 | 16 | 17 | 18 | 19 | 20 | 21 | 22 | 23 | 24 |
| 2 | N | 3 | 2 | 1 | 0 | -1 | -1 | -1 | 2 | 4 | 5 | 7 | 8 | 10 | 12 | 13 | 15 | 16 | 16 | 16 | 15 | 12 | 9 | 7 | 4 |
| | NE | 3 | 2 | 1 | 0 | -1 | -1 | 1 | 7 | 14 | 20 | 23 | 22 | 19 | 18 | 17 | 17 | 16 | 16 | 14 | 13 | 10 | 8 | 6 | 4 |
| | E | 3 | 2 | 1 | 0 | -1 | -1 | 1 | 8 | 17 | 26 | 30 | 31 | 29 | 25 | 21 | 19 | 18 | 17 | 15 | 13 | 11 | 8 | 6 | 4 |
| | SE | 3 | 2 | 1 | 0 | -1 | -1 | 0 | 4 | 11 | 17 | 23 | 27 | 28 | 26 | 23 | 21 | 19 | 17 | 15 | 13 | 11 | 8 | 6 | 4 |
| | S | 3 | 2 | 1 | 0 | -1 | -1 | -1 | -1 | 1 | 3 | 7 | 12 | 17 | 21 | 23 | 24 | 23 | 21 | 17 | 14 | 11 | 8 | 6 | 4 |
| | SW | 4 | 2 | 1 | 1 | -1 | -1 | -1 | -1 | 1 | 3 | 5 | 7 | 11 | 16 | 22 | 28 | 32 | 34 | 33 | 28 | 21 | 14 | 9 | 6 |
| | W | 4 | 3 | 2 | 1 | 0 | -1 | -1 | -1 | 1 | 3 | 5 | 7 | 9 | 13 | 18 | 26 | 33 | 38 | 41 | 36 | 27 | 18 | 12 | 7 |
| | NW | 4 | 2 | 1 | 1 | -1 | -1 | -1 | -1 | 1 | 3 | 5 | 7 | 9 | 12 | 14 | 18 | 24 | 29 | 32 | 31 | 23 | 16 | 11 | 7 |
| 3 | N | 4 | 3 | 2 | 1 | 1 | 0 | 1 | 3 | 4 | 5 | 6 | 8 | 9 | 11 | 13 | 14 | 14 | 15 | 15 | 13 | 11 | 9 | 7 | 6 |
| | NE | 4 | 3 | 2 | 1 | 0 | 0 | 3 | 9 | 14 | 18 | 19 | 18 | 17 | 17 | 17 | 17 | 16 | 16 | 14 | 12 | 10 | 8 | 7 | 5 |
| | E | 4 | 3 | 2 | 1 | 1 | 0 | 4 | 11 | 18 | 23 | 26 | 26 | 24 | 22 | 21 | 19 | 18 | 17 | 16 | 13 | 11 | 9 | 7 | 6 |
| | SE | 4 | 3 | 2 | 1 | 1 | 0 | 2 | 6 | 12 | 17 | 21 | 23 | 24 | 23 | 21 | 20 | 19 | 17 | 16 | 13 | 11 | 9 | 7 | 6 |
| | S | 4 | 3 | 2 | 1 | 1 | 0 | 0 | 1 | 2 | 4 | 8 | 12 | 16 | 19 | 21 | 21 | 20 | 18 | 16 | 14 | 11 | 9 | 7 | 6 |
| | SW | 6 | 4 | 3 | 2 | 1 | 1 | 0 | 1 | 2 | 3 | 5 | 7 | 11 | 16 | 21 | 26 | 29 | 31 | 29 | 24 | 19 | 15 | 11 | 8 |
| | W | 8 | 6 | 4 | 2 | 1 | 1 | 1 | 1 | 2 | 3 | 5 | 7 | 9 | 13 | 19 | 25 | 31 | 35 | 34 | 29 | 23 | 18 | 13 | 10 |
| | NW | 7 | 4 | 3 | 2 | 1 | 1 | 0 | 1 | 2 | 3 | 5 | 7 | 9 | 11 | 14 | 18 | 23 | 27 | 28 | 24 | 19 | 15 | 12 | 9 |
| 4 | N | 6 | 4 | 3 | 2 | 1 | 0 | 0 | 0 | 2 | 3 | 4 | 6 | 7 | 9 | 11 | 12 | 13 | 14 | 15 | 15 | 14 | 13 | 11 | 8 |
| | NE | 6 | 4 | 3 | 2 | 1 | 0 | 0 | 2 | 7 | 12 | 16 | 18 | 19 | 18 | 18 | 17 | 17 | 17 | 16 | 15 | 131 | 11 | 9 | 7 |
| | E | 6 | 4 | 3 | 2 | 1 | 1 | 0 | 2 | 8 | 14 | 21 | 25 | 27 | 26 | 24 | 22 | 21 | 19 | 18 | 16 | 4 | 12 | 9 | 8 |
| | SE | 6 | 4 | 3 | 2 | 1 | 1 | 0 | 1 | 4 | 9 | 14 | 19 | 22 | 24 | 24 | 23 | 21 | 19 | 18 | 16 | 14 | 12 | 9 | 8 |
| | S | 6 | 4 | 3 | 2 | 1 | 0 | -1 | -1 | 0 | 1 | 3 | 6 | 10 | 14 | 18 | 20 | 22 | 21 | 20 | 18 | 15 | 13 | 10 | 8 |
| | SW | 9 | 7 | 4 | 3 | 2 | 1 | 0 | 0 | 0 | 1 | 2 | 4 | 6 | 9 | 14 | 19 | 24 | 28 | 31 | 30 | 27 | 22 | 17 | 13 |
| | W | 12 | 8 | 6 | 4 | 2 | 1 | 0 | 0 | 0 | 1 | 3 | 4 | 6 | 8 | 12 | 17 | 23 | 29 | 33 | 35 | 33 | 28 | 22 | 16 |
| | NW | 10 | 7 | 5 | 3 | 2 | 1 | 0 | 0 | 0 | 1 | 2 | 4 | 6 | 8 | 11 | 13 | 17 | 22 | 26 | 28 | 27 | 23 | 18 | 14 |
| 5 | N | 7 | 6 | 4 | 3 | 3 | 2 | 1 | 2 | 3 | 3 | 4 | 6 | 7 | 8 | 9 | 11 | 12 | 13 | 13 | 14 | 13 | 12 | 10 | 8 |
| | NE | 7 | 6 | 4 | 3 | 3 | 2 | 2 | 4 | 8 | 11 | 14 | 16 | 16 | 16 | 16 | 16 | 16 | 16 | 16 | 14 | 13 | 12 | 10 | 8 |
| | E | 8 | 6 | 5 | 4 | 3 | 2 | 2 | 4 | 9 | 14 | 18 | 21 | 22 | 22 | 21 | 21 | 19 | 19 | 18 | 16 | 14 | 13 | 11 | 8 |
| | SE | 8 | 6 | 5 | 4 | 3 | 2 | 2 | 3 | 6 | 9 | 13 | 17 | 19 | 21 | 21 | 20 | 19 | 18 | 18 | 16 | 14 | 13 | 11 | 9 |
| | S | 8 | 6 | 5 | 4 | 3 | 2 | 1 | 1 | 1 | 2 | 4 | 6 | 9 | 12 | 15 | 17 | 18 | 18 | 17 | 16 | 14 | 13 | 11 | 9 |
| | SW | 12 | 9 | 7 | 6 | 4 | 3 | 2 | 2 | 2 | 2 | 3 | 4 | 6 | 9 | 13 | 17 | 21 | 24 | 26 | 26 | 23 | 20 | 17 | 14 |
| | W | 13 | 11 | 9 | 7 | 6 | 4 | 3 | 2 | 2 | 3 | 4 | 5 | 6 | 8 | 11 | 16 | 21 | 26 | 29 | 30 | 24 | 24 | 20 | 17 |
| | NW | 12 | 9 | 7 | 6 | 4 | 3 | 2 | 2 | 2 | 2 | 3 | 4 | 6 | 8 | 9 | 12 | 16 | 19 | 23 | 24 | 23 | 20 | 17 | 14 |
| 6 | N | 7 | 6 | 5 | 4 | 3 | 3 | 2 | 3 | 3 | 4 | 4 | 6 | 7 | 8 | 9 | 10 | 11 | 12 | 13 | 13 | 12 | 11 | 10 | 8 |
| | NE | 8 | 7 | 6 | 4 | 4 | 3 | 3 | 5 | 8 | 11 | 13 | 14 | 14 | 14 | 15 | 15 | 16 | 15 | 15 | 14 | 13 | 12 | 11 | 9 |
| | E | 9 | 7 | 6 | 5 | 4 | 3 | 3 | 6 | 9 | 14 | 17 | 19 | 20 | 20 | 19 | 19 | 19 | 18 | 17 | 16 | 14 | 13 | 12 | 10 |
| | SE | 8 | 7 | 6 | 5 | 4 | 3 | 3 | 4 | 7 | 9 | 13 | 16 | 18 | 18 | 19 | 18 | 18 | 18 | 17 | 16 | 14 | 13 | 11 | 10 |
| | S | 8 | 7 | 6 | 5 | 4 | 3 | 2 | 2 | 2 | 3 | 4 | 7 | 9 | 12 | 14 | 16 | 17 | 17 | 16 | 15 | 14 | 12 | 11 | 9 |
| | SW | 12 | 11 | 9 | 7 | 6 | 4 | 4 | 3 | 3 | 3 | 4 | 5 | 7 | 9 | 13 | 16 | 19 | 22 | 23 | 23 | 21 | 19 | 17 | 14 |
| | W | 14 | 12 | 10 | 8 | 7 | 6 | 4 | 4 | 4 | 4 | 4 | 6 | 7 | 8 | 11 | 15 | 19 | 23 | 26 | 26 | 24 | 22 | 19 | 17 |
| | NW | 12 | 10 | 8 | 7 | 6 | 4 | 4 | 3 | 3 | 3 | 4 | 5 | 6 | 8 | 9 | 12 | 15 | 18 | 21 | 22 | 20 | 18 | 16 | 14 |

표 2-3 ▸ 계 속

| 벽 | | 시각 | | | | | | | | | | | | | | | | | | | | | | | |
|---|---|---|---|---|---|---|---|---|---|---|---|---|---|---|---|---|---|---|---|---|---|---|---|---|---|
| 번호 | 방위 | 1 | 2 | 3 | 4 | 5 | 6 | 7 | 8 | 9 | 10 | 11 | 12 | 13 | 14 | 15 | 16 | 17 | 18 | 19 | 20 | 21 | 22 | 23 | 24 |
| 7 | N | 7 | 7 | 6 | 5 | 4 | 3 | 3 | 4 | 4 | 4 | 5 | 6 | 7 | 8 | 9 | 9 | 11 | 11 | 12 | 11 | 11 | 10 | 9 | 8 |
| | NE | 8 | 7 | 7 | 6 | 5 | 4 | 5 | 7 | 9 | 12 | 13 | 13 | 13 | 13 | 14 | 14 | 14 | 14 | 14 | 13 | 12 | 11 | 10 | 9 |
| | E | 9 | 8 | 7 | 7 | 6 | 5 | 6 | 8 | 12 | 14 | 17 | 18 | 18 | 18 | 18 | 17 | 17 | 17 | 16 | 15 | 14 | 13 | 12 | 11 |
| | SE | 9 | 8 | 7 | 6 | 6 | 4 | 5 | 6 | 8 | 11 | 13 | 15 | 16 | 17 | 17 | 17 | 17 | 16 | 16 | 14 | 13 | 12 | 11 | 10 |
| | S | 8 | 7 | 7 | 6 | 5 | 4 | 4 | 3 | 4 | 4 | 6 | 8 | 9 | 12 | 13 | 14 | 14 | 14 | 14 | 13 | 12 | 11 | 11 | 9 |
| | SW | 12 | 11 | 9 | 8 | 7 | 6 | 6 | 5 | 5 | 6 | 6 | 7 | 8 | 11 | 13 | 16 | 18 | 20 | 21 | 19 | 18 | 17 | 15 | 13 |
| | W | 14 | 12 | 11 | 9 | 8 | 7 | 6 | 6 | 6 | 6 | 6 | 7 | 8 | 9 | 12 | 16 | 19 | 22 | 23 | 22 | 21 | 19 | 17 | 16 |
| | NW | 11 | 10 | 9 | 8 | 7 | 6 | 5 | 5 | 5 | 5 | 6 | 6 | 7 | 8 | 10 | 12 | 14 | 17 | 19 | 18 | 17 | 16 | 14 | 13 |
| 8 | N | 9 | 8 | 7 | 6 | 5 | 4 | 3 | 2 | 2 | 2 | 3 | 4 | 4 | 6 | 7 | 8 | 9 | 11 | 12 | 12 | 13 | 13 | 12 | 11 |
| | NE | 10 | 8 | 7 | 6 | 5 | 4 | 3 | 3 | 3 | 6 | 8 | 11 | 13 | 14 | 15 | 16 | 16 | 16 | 16 | 16 | 15 | 14 | 13 | 11 |
| | E | 11 | 9 | 8 | 7 | 6 | 4 | 3 | 3 | 4 | 7 | 11 | 14 | 18 | 19 | 21 | 21 | 21 | 20 | 19 | 18 | 17 | 16 | 14 | 13 |
| | SE | 11 | 9 | 8 | 7 | 6 | 4 | 3 | 3 | 3 | 4 | 7 | 10 | 13 | 16 | 18 | 19 | 19 | 19 | 19 | 18 | 17 | 16 | 14 | 13 |
| | S | 11 | 9 | 8 | 6 | 5 | 4 | 3 | 2 | 2 | 2 | 2 | 3 | 4 | 7 | 9 | 12 | 14 | 16 | 17 | 17 | 16 | 15 | 14 | 12 |
| | SW | 17 | 14 | 12 | 9 | 8 | 6 | 5 | 4 | 3 | 3 | 3 | 3 | 4 | 6 | 7 | 10 | 14 | 17 | 21 | 23 | 24 | 23 | 22 | 19 |
| | W | 19 | 17 | 14 | 11 | 9 | 7 | 6 | 4 | 4 | 3 | 3 | 3 | 4 | 6 | 7 | 9 | 12 | 17 | 21 | 24 | 27 | 27 | 25 | 22 |
| | NW | 16 | 14 | 12 | 9 | 8 | 6 | 5 | 4 | 3 | 3 | 3 | 3 | 4 | 5 | 7 | 8 | 10 | 13 | 16 | 19 | 21 | 22 | 21 | 18 |
| 9 | N | 9 | 8 | 7 | 6 | 5 | 4 | 3 | 3 | 3 | 3 | 3 | 4 | 4 | 6 | 7 | 8 | 9 | 11 | 11 | 12 | 12 | 12 | 12 | 11 |
| | NE | 10 | 9 | 7 | 6 | 5 | 4 | 3 | 3 | 4 | 7 | 9 | 11 | 13 | 14 | 14 | 15 | 15 | 16 | 16 | 15 | 14 | 14 | 13 | 11 |
| | E | 11 | 9 | 8 | 7 | 6 | 4 | 4 | 4 | 5 | 8 | 11 | 14 | 17 | 18 | 19 | 19 | 19 | 19 | 19 | 18 | 17 | 16 | 14 | 13 |
| | SE | 11 | 9 | 8 | 7 | 6 | 4 | 3 | 3 | 4 | 6 | 8 | 11 | 13 | 16 | 17 | 18 | 18 | 18 | 18 | 18 | 17 | 16 | 14 | 13 |
| | S | 11 | 9 | 8 | 7 | 6 | 4 | 3 | 3 | 2 | 2 | 2 | 3 | 5 | 7 | 10 | 12 | 14 | 16 | 16 | 16 | 16 | 14 | 13 | 12 |
| | SW | 16 | 14 | 12 | 10 | 8 | 7 | 6 | 4 | 3 | 3 | 3 | 4 | 4 | 6 | 8 | 11 | 14 | 17 | 20 | 22 | 22 | 22 | 21 | 18 |
| | W | 19 | 17 | 14 | 12 | 10 | 8 | 7 | 5 | 4 | 4 | 4 | 4 | 4 | 6 | 7 | 9 | 13 | 17 | 21 | 23 | 25 | 25 | 23 | 21 |
| | NW | 16 | 14 | 12 | 10 | 8 | 7 | 6 | 4 | 3 | 3 | 3 | 3 | 4 | 6 | 7 | 8 | 11 | 13 | 16 | 19 | 20 | 20 | 19 | 18 |
| 10 | N | 9 | 9 | 8 | 7 | 6 | 6 | 4 | 4 | 4 | 4 | 5 | 6 | 6 | 7 | 7 | 8 | 9 | 10 | 11 | 11 | 12 | 11 | 11 | 11 |
| | NE | 10 | 9 | 8 | 7 | 7 | 6 | 5 | 5 | 6 | 8 | 9 | 11 | 12 | 13 | 13 | 13 | 14 | 14 | 14 | 14 | 13 | 13 | 12 | 11 |
| | E | 12 | 11 | 9 | 9 | 8 | 7 | 6 | 6 | 7 | 9 | 12 | 14 | 16 | 17 | 17 | 17 | 17 | 17 | 17 | 17 | 16 | 15 | 14 | 13 |
| | SE | 11 | 11 | 9 | 8 | 7 | 7 | 6 | 6 | 6 | 7 | 9 | 11 | 13 | 14 | 16 | 16 | 16 | 16 | 16 | 16 | 15 | 14 | 13 | 12 |
| | S | 11 | 9 | 8 | 8 | 7 | 6 | 5 | 4 | 4 | 4 | 4 | 5 | 6 | 8 | 9 | 11 | 13 | 13 | 14 | 14 | 13 | 13 | 12 | 11 |
| | SW | 15 | 13 | 12 | 11 | 9 | 8 | 7 | 7 | 6 | 6 | 6 | 6 | 6 | 7 | 9 | 11 | 13 | 16 | 18 | 19 | 19 | 18 | 17 | 16 |
| | W | 17 | 15 | 14 | 12 | 11 | 9 | 8 | 8 | 7 | 7 | 6 | 6 | 7 | 7 | 8 | 10 | 13 | 16 | 18 | 21 | 22 | 21 | 20 | 18 |
| | NW | 14 | 13 | 12 | 10 | 9 | 8 | 7 | 6 | 6 | 6 | 5 | 6 | 6 | 7 | 7 | 8 | 10 | 12 | 14 | 17 | 17 | 17 | 16 | 15 |
| 11 | N | 9 | 8 | 7 | 7 | 6 | 6 | 5 | 4 | 4 | 4 | 4 | 5 | 6 | 6 | 7 | 8 | 8 | 9 | 10 | 11 | 11 | 11 | 10 | 9 |
| | NE | 11 | 9 | 9 | 8 | 7 | 6 | 6 | 6 | 7 | 8 | 9 | 11 | 12 | 12 | 13 | 13 | 13 | 13 | 14 | 13 | 13 | 13 | 12 | 11 |
| | E | 12 | 11 | 10 | 9 | 8 | 7 | 7 | 7 | 8 | 9 | 12 | 14 | 15 | 16 | 17 | 17 | 17 | 17 | 17 | 16 | 16 | 15 | 14 | 13 |
| | SE | 12 | 11 | 9 | 9 | 8 | 7 | 6 | 6 | 7 | 7 | 9 | 11 | 13 | 14 | 15 | 16 | 16 | 16 | 16 | 16 | 15 | 14 | 13 | 12 |
| | S | 11 | 9 | 9 | 8 | 7 | 6 | 6 | 5 | 4 | 4 | 4 | 5 | 6 | 8 | 9 | 11 | 12 | 13 | 13 | 13 | 13 | 13 | 12 | 11 |
| | SW | 14 | 13 | 12 | 11 | 10 | 9 | 8 | 7 | 7 | 6 | 6 | 6 | 7 | 7 | 9 | 11 | 13 | 15 | 17 | 18 | 18 | 18 | 17 | 16 |
| | W | 17 | 15 | 14 | 13 | 11 | 10 | 9 | 8 | 8 | 7 | 7 | 7 | 7 | 8 | 9 | 11 | 13 | 15 | 18 | 19 | 21 | 20 | 19 | 18 |
| | NW | 14 | 13 | 12 | 11 | 9 | 8 | 7 | 7 | 6 | 6 | 6 | 6 | 6 | 7 | 8 | 8 | 10 | 12 | 14 | 16 | 17 | 17 | 16 | 15 |

표 2-3 ▸ 계 속

| 벽 | | 시 각 | | | | | | | | | | | | | | | | | | | | | | | |
|---|---|---|---|---|---|---|---|---|---|---|---|---|---|---|---|---|---|---|---|---|---|---|---|---|---|
| 번호 | 방위 | 1 | 2 | 3 | 4 | 5 | 6 | 7 | 8 | 9 | 10 | 11 | 12 | 13 | 14 | 15 | 16 | 17 | 18 | 19 | 20 | 21 | 22 | 23 | 24 |
| 12 | N | 8 | 8 | 7 | 7 | 6 | 6 | 5 | 5 | 5 | 5 | 5 | 5 | 6 | 6 | 6 | 7 | 8 | 8 | 9 | 9 | 10 | 10 | 9 | 9 |
| | NE | 11 | 9 | 9 | 8 | 8 | 7 | 6 | 7 | 7 | 9 | 10 | 11 | 12 | 12 | 12 | 12 | 13 | 13 | 13 | 13 | 13 | 12 | 12 | 11 |
| | E | 12 | 11 | 11 | 9 | 9 | 8 | 8 | 8 | 9 | 11 | 12 | 14 | 15 | 16 | 16 | 16 | 16 | 16 | 16 | 16 | 15 | 14 | 14 | 13 |
| | SE | 12 | 11 | 10 | 9 | 8 | 8 | 7 | 7 | 7 | 8 | 9 | 11 | 13 | 13 | 14 | 14 | 15 | 15 | 15 | 14 | 14 | 14 | 13 | 12 |
| | S | 10 | 9 | 9 | 8 | 7 | 7 | 6 | 6 | 5 | 5 | 6 | 6 | 7 | 8 | 9 | 11 | 12 | 12 | 12 | 12 | 12 | 12 | 11 | 11 |
| | SW | 14 | 13 | 12 | 11 | 10 | 9 | 8 | 8 | 7 | 7 | 7 | 7 | 7 | 8 | 9 | 11 | 13 | 14 | 16 | 17 | 17 | 17 | 16 | 15 |
| | W | 16 | 14 | 13 | 13 | 12 | 11 | 9 | 9 | 8 | 8 | 8 | 8 | 8 | 8 | 9 | 11 | 13 | 15 | 17 | 18 | 19 | 18 | 18 | 17 |
| | NW | 13 | 12 | 11 | 11 | 9 | 9 | 8 | 7 | 7 | 7 | 7 | 7 | 7 | 7 | 8 | 9 | 10 | 12 | 14 | 15 | 16 | 15 | 14 | 14 |
| 13 | N | 8 | 8 | 8 | 7 | 7 | 6 | 6 | 6 | 6 | 6 | 6 | 6 | 6 | 6 | 7 | 7 | 8 | 8 | 9 | 9 | 9 | 9 | 9 | 9 |
| | NE | 11 | 10 | 9 | 9 | 8 | 8 | 7 | 7 | 8 | 8 | 9 | 10 | 11 | 11 | 12 | 12 | 12 | 12 | 13 | 13 | 12 | 12 | 12 | 11 |
| | E | 13 | 12 | 11 | 11 | 10 | 9 | 9 | 8 | 9 | 10 | 11 | 13 | 14 | 14 | 15 | 15 | 15 | 16 | 16 | 15 | 15 | 14 | 14 | 13 |
| | SE | 12 | 11 | 11 | 10 | 9 | 9 | 8 | 8 | 8 | 8 | 9 | 11 | 12 | 13 | 13 | 14 | 14 | 14 | 14 | 14 | 14 | 14 | 13 | 13 |
| | S | 10 | 9 | 9 | 8 | 8 | 7 | 7 | 7 | 6 | 6 | 6 | 6 | 7 | 8 | 9 | 9 | 11 | 11 | 12 | 12 | 12 | 12 | 11 | 11 |
| | SW | 14 | 13 | 13 | 12 | 11 | 11 | 9 | 9 | 8 | 8 | 8 | 8 | 8 | 8 | 9 | 10 | 12 | 13 | 14 | 16 | 16 | 16 | 16 | 15 |
| | W | 16 | 15 | 14 | 13 | 12 | 12 | 11 | 10 | 9 | 9 | 9 | 9 | 9 | 9 | 9 | 11 | 12 | 13 | 15 | 17 | 17 | 18 | 17 | 17 |
| | NW | 13 | 12 | 12 | 11 | 10 | 9 | 9 | 8 | 8 | 7 | 7 | 7 | 7 | 8 | 8 | 9 | 9 | 11 | 12 | 13 | 14 | 14 | 14 | 13 |
| 14 | N | 11 | 10 | 9 | 8 | 7 | 6 | 5 | 4 | 3 | 3 | 3 | 3 | 4 | 4 | 6 | 6 | 7 | 8 | 9 | 11 | 11 | 12 | 12 | 11 |
| | NE | 12 | 11 | 9 | 8 | 7 | 6 | 5 | 4 | 4 | 5 | 6 | 8 | 10 | 12 | 13 | 13 | 14 | 14 | 15 | 15 | 15 | 14 | 14 | 13 |
| | E | 13 | 12 | 11 | 9 | 8 | 7 | 6 | 5 | 4 | 6 | 7 | 10 | 12 | 15 | 17 | 18 | 18 | 19 | 19 | 18 | 18 | 17 | 16 | 15 |
| | SE | 13 | 12 | 11 | 9 | 8 | 7 | 6 | 4 | 4 | 4 | 6 | 7 | 9 | 12 | 14 | 16 | 17 | 17 | 18 | 18 | 17 | 17 | 16 | 14 |
| | S | 13 | 11 | 10 | 9 | 8 | 7 | 6 | 4 | 4 | 3 | 3 | 3 | 4 | 5 | 7 | 8 | 11 | 12 | 14 | 15 | 15 | 15 | 14 | 14 |
| | SW | 18 | 17 | 15 | 13 | 12 | 10 | 8 | 7 | 6 | 5 | 4 | 4 | 4 | 4 | 6 | 7 | 9 | 12 | 15 | 18 | 19 | 21 | 21 | 20 |
| | W | 21 | 19 | 17 | 16 | 13 | 12 | 9 | 8 | 7 | 6 | 5 | 4 | 4 | 5 | 6 | 7 | 9 | 12 | 14 | 18 | 21 | 23 | 23 | 23 |
| | NW | 17 | 16 | 14 | 13 | 11 | 9 | 8 | 7 | 6 | 4 | 4 | 4 | 4 | 4 | 5 | 6 | 8 | 9 | 12 | 14 | 17 | 18 | 19 | 18 |
| 15 | N | 10 | 9 | 9 | 8 | 7 | 6 | 6 | 5 | 4 | 4 | 4 | 4 | 4 | 5 | 6 | 6 | 7 | 8 | 9 | 9 | 11 | 11 | 11 | 11 |
| | NE | 12 | 11 | 10 | 9 | 8 | 7 | 6 | 6 | 6 | 6 | 7 | 8 | 9 | 11 | 12 | 12 | 13 | 13 | 14 | 14 | 14 | 14 | 13 | 13 |
| | E | 14 | 13 | 12 | 11 | 9 | 8 | 7 | 6 | 6 | 7 | 8 | 10 | 12 | 14 | 16 | 17 | 17 | 17 | 18 | 17 | 17 | 17 | 16 | 15 |
| | SE | 13 | 12 | 11 | 10 | 9 | 8 | 7 | 6 | 6 | 6 | 7 | 8 | 9 | 11 | 13 | 14 | 15 | 16 | 16 | 17 | 16 | 16 | 15 | 14 |
| | S | 12 | 11 | 10 | 9 | 8 | 7 | 6 | 6 | 4 | 4 | 4 | 4 | 4 | 6 | 7 | 8 | 10 | 12 | 13 | 13 | 14 | 14 | 13 | 13 |
| | SW | 17 | 16 | 15 | 13 | 12 | 11 | 9 | 8 | 7 | 6 | 6 | 6 | 6 | 6 | 6 | 8 | 9 | 12 | 14 | 16 | 18 | 18 | 19 | 18 |
| | W | 19 | 18 | 17 | 16 | 14 | 12 | 11 | 9 | 8 | 7 | 7 | 6 | 6 | 6 | 7 | 8 | 9 | 11 | 14 | 17 | 19 | 21 | 21 | 21 |
| | NW | 16 | 15 | 14 | 13 | 12 | 10 | 9 | 8 | 7 | 6 | 6 | 5 | 5 | 6 | 6 | 7 | 8 | 9 | 11 | 13 | 15 | 16 | 17 | 17 |

【주】 벽번호는 별표 2-2A, B, C에서 선택

### (3) 일사를 받지 않는 칸막이, 천장, 바닥을 통한 관류부하 $q_W$[W]

일사를 받지 않는 칸막이, 천장, 바닥을 통한 관류에 의한 냉방부하는 식 (2-6)에 의해 구한다.

$$q_W = K \cdot A \cdot \Delta t \qquad \text{(2-6)}$$

여기서, $K$ : 칸막이, 천장, 바닥의 열관류율[W/m$^2$·K]

$A$ : 칸막이, 천장, 바닥의 면적[m$^2$]

$\Delta t$ : 인접실과의 온도차(표 2-4)

표 2-4 ▸ 칸막이, 천장, 바닥 등에 대한 온도차 $\Delta t$[℃]

| 칸막이, 천장, 바닥의 구분 | | 인접실과의 온도차 $\Delta t$[℃] |
|---|---|---|
| 인접실, 상층, 하층이 공조되고 있지 않을 때 | 일반 | $(t_o - t_r)/2$ |
| | 쇼윈도와 칸막이 | $(t_o - t_r)/2$ |
| | 필로티의 상부 바닥 | $(t_o - t_r)/2$ |
| | 보일러실 또는 조리실과의 칸막이[1)] | $\Delta t = 15 \sim 20$ |
| | 지면상의 바닥 | 0 |
| | 바닥 밑의 통풍이 없는 지상의 바닥 | 0 |
| 인접실, 상층, 하층이 공조되고 있을 때 | 일반 | 0 |
| | 인접실이 저온일 때 | 0 |
| | 인접실과의 온도차가 $\Delta t$ ℃일 때 | $\Delta t$ |

【주】 1) 칸막이 벽에 보일러 등의 복사열이 직접 도달할 때는 이것의 2배로 한다.

2) $t_o$, $t_r$ : 외기 및 실내온도

3) 비난방실의 온도 $t_m = (t_o + t_r)/2$

## [2] 유리의 관류부하 $q_{GT}$[W]

유리창의 관류부하는 햇빛을 고려하지 않고 실내 · 외의 온도차에 의해서만 이동되는 열량으로서 냉방부하는 다음 순서로 식 (2-7, 8)에 의해 구한다.

① 건축 도면으로부터 유리창의 면적 $A$[m$^2$]를 구한다.

② 유리창의 종류에 따른 열관류율 $K$[W/m$^2$·K]를 표 2-5에 의해 구한다.

③ $CLTD$[℃]값을 표 2-6으로부터 알 수 있다.

④ 설계조건이 실내온도 25.5 ℃, 평균외기온도 29.4 ℃, 일교차 11.6 ℃가 아니면 식 (2-3)에 의해 $CLTD_{corr}$를 계산한다.

⑤ 식 (2-7, 2-8)에 의해 냉방부하를 최종적으로 계산한다.

$$q_{GT} = K \cdot A(CLTD) \quad \cdots\cdots (2\text{-}7)$$

$$= K \cdot A(CLTD_{corr}) \quad \cdots\cdots (2\text{-}8)$$

여기서, $K$ : 유리의 열관류율[$W/m^2 \cdot K$]($R = 1/K$)

$A$ : 유리의 면적[$m^2$](새시 포함)

$CLTD$ : 유리의 전도에 의한 냉방부하 온도차[℃](표 2-6)

$CLTD_{corr}$ : 보정 냉방부하 온도차[℃](식 2-3에 의해 계산)

표 2-5 ▸ 각종 유리의 종류와 열관류율 $K$[$W/m^2 \cdot K$]

| 창 및 문의 종류 | | | 창틀 및 문틀의 종류별 열관류율[$W/m^2 \cdot K$] | | | | | | | |
|---|---|---|---|---|---|---|---|---|---|---|
| | | | 금속재 | | | | 목재 | | 플라스틱 | |
| | | | 열교 차단재[1] 미적용 | | 열교 차단재 적용 | | | | | |
| 유리의 공기층 두께[mm] | | | 6 | 12 | 6 | 12 | 6 | 12 | 6 | 12 |
| 창 | 복층유리[2] | | 4.19 | 3.80 | 3.60 | 3.30 | 3.30 | 3.00 | 3.30 | 3.00 |
| | 복층유리(low-E)[3] | | 3.70 | 3.20 | 3.10 | 2.60 | 2.90 | 2.40 | 2.90 | 2.40 |
| | 복층유리(아르곤 주입) | | 4.00 | 3.70 | 3.37 | 3.20 | 3.10 | 2.90 | 3.10 | 2.90 |
| | 복층유리(low-E, 아르곤 주입) | | 3.37 | 2.90 | 2.80 | 2.80 | 2.40 | 2.60 | 2.20 | 2.60 |
| | 삼중창(복층+단창) | | 3.37 | 3.20 | 2.90 | 2.60 | 2.60 | 2.40 | 2.60 | 2.40 |
| | 단창 | | 6.60 | | 6.10 | | 5.30 | | 5.30 | |
| 문 | 일반문 | 단열두께 20 mm 미만 | 2.70 | | 2.60 | | 2.40 | | 2.40 | |
| | | 단열두께 20 mm 이상 | 1.80 | | 1.70 | | 1.60 | | 1.60 | |
| | 유리문 / 단창문 | 유리비율[4] 50 % 미만 | 4.20 | | 4.00 | | 3.70 | | 3.70 | |
| | | 유리비율 50 % 이상 | 5.50 | | 5.20 | | 4.70 | | 4.70 | |
| | 유리문 / 복층창문 | 유리비율 50 % 미만 | 3.20 | 3.10 | 3.00 | 2.90 | 2.70 | 2.60 | 2.70 | 2.60 |
| | | 유리비율 50 % 이상 | 3.80 | 3.50 | 3.30 | 3.10 | 3.00 | 2.80 | 3.00 | 2.80 |
| | 방풍구조문 | | 3.80 | | | | | | | |

【주】 1) 열교 차단재(창호의 금속프레임 외부 및 내부 사이에 설치되는 폴리염화비닐 등 단열성을 가진 재료로 열의 흐름을 차단한 재료)

2) 복층유리는 이중창(단창+단창)을 포함한다.

3) low-emissive glass(에너지 절감형 유리)

4) 문의 유리 비율은 문 및 문틀을 포함한 면적에 대한 유리 면적의 비율을 말한다.

표 2-6 ▸ 유리의 전도에 의한 냉방부하온도차 $CLTD$[℃]

| 태양시($h$) | $CLTD$[℃] | 태양시($h$) | $CLTD$[℃] | 태양시($h$) | $CLTD$[℃] | 태양시($h$) | $CLTD$[℃] |
|---|---|---|---|---|---|---|---|
| 1 | 1 | 7 | −1 | 13 | 7 | 19 | 6 |
| 2 | 0 | 8 | 0 | 14 | 7 | 20 | 4 |
| 3 | −1 | 9 | 1 | 15 | 8 | 21 | 3 |
| 4 | −1 | 10 | 2 | 16 | 8 | 22 | 2 |
| 5 | −1 | 11 | 4 | 17 | 7 | 23 | 2 |
| 6 | −1 | 12 | 5 | 18 | 7 | 24 | 1 |

**예제 2-3**

서쪽에 위치한 금속제의 열교 차단재를 사용한 공기층 두께 6mm의 복층유리 창이 면적 10 $m^2$일 때 냉방시 관류취득열량을 구하시오.
단, 서울지방으로서 설계 외기온도 31.2 ℃, 실내 설계온도 26 ℃, 일교차 7.6 ℃ 이며, 13시를 기준으로 한다.

**풀이**

i) 유리의 열관류율은 표 2-5에서 3.60[$W/m^2 \cdot K$]을 적용한다.

ii) 표 2-6에서 13시에 $CLTD$는 7 ℃이다.

iii) 설계 외기온도 표 1-8과 일교차에 의해 평균 외기온도를 구한다.

$$t_m = \text{설계 외기온도} - (\text{일교차}/2) = 31.2 - \frac{7.6}{2} = 27.4 \text{ ℃}$$

iv) 식 (2-3)에 의해 $CLTD_{corr}$를 계산한다.

$$CLTD_{corr} = CLTD + (25.5 - t_r) + (t_m - 29.4)$$
$$= 7 + (25.5 - 26) + (27.4 - 29.4) = 4.5 \text{ ℃}$$

v) 식 2-8에 의해 관류부하를 계산한다.

$$q_{GT} = K \cdot A(CLTD_{corr}) = 3.6 \times 10 \times 4.5 = 162 \text{ W}$$

## [3] 유리의 일사부하 $q_{GR}$[W]

유리창을 통해 실내로 들어오는 햇빛의 양은 유리창을 가린 정도를 나타내는 차폐계수($SC$)와 시각 및 방위 등에 따라 차이가 난다. 또 실내로 들어온 일사량은 순간적으로 냉방부하가 되는 것이 아니고, 건물 구조체의 구성요소인 존 유형에 따라 일사냉방부하($SCL$)[$W/m^2$]는 표 2-8과 같다.

유리창을 통하여 들어오는 햇빛으로 인한 냉방부하는 다음 순서로 식 (2-9)에 의해 구한다.

① 건축 도면으로부터 유리의 면적 $A$[$m^2$]를 구한다.
② 유리창의 차폐계수 $SC$를 표 2-7에 의해 구한다.
③ 존 유형을 별표 2-4 B, C, D, E에서 읽는다.
④ 존 유형에 따른 유리의 냉방부하 $SCL$[$W/m^2$]값을 표 2-8에서 읽는다.
⑤ 식 (2-9)에 의해 일사부하를 계산한다.

$$q_{GR} = A(SC) \cdot (SCL) \cdots\cdots (2\text{-}9)$$

여기서, $A$ : 창의 유리 면적[$m^2$]

$SC$ : 유리창의 차폐계수(표 2-7)

$SCL$ : 일사 냉방부하[$W/m^2$] (표 2-8, 존 유형은 별표 2-4 B, C, D, E)

표 2-7 ▸ 각종 유리의 차폐계수($SC$)

| 유리창 (두께 mm) | | 차폐계수(SC) | | |
|---|---|---|---|---|
| | | 내부 blind 없음 | 밝은색 blind | 중간색 blind |
| 보통유리 | (3) | 1.0 | 0.53 | 0.64 |
| | (5) | 0.98 | 0.53 | 0.64 |
| | (6) | 0.97 | 0.53 | 0.64 |
| | (8) | 0.95 | 0.53 | 0.63 |
| | (12) | 0.92 | 0.53 | 0.62 |
| 흡열유리 | (3) | 0.86 | 0.53 | 0.61 |
| | (5) | 0.77 | 0.52 | 0.58 |
| | (6) | 0.73 | 0.51 | 0.56 |
| | (8) | 0.67 | 0.49 | 0.54 |
| | (12) | 0.57 | 0.47 | 0.49 |
| 복층유리 | 보통(3)+보통(3) | 0.91 | 0.52 | 0.61 |
| | 보통(5)+보통(5) | 0.88 | 0.52 | 0.61 |
| | 보통(6)+보통(6) | 0.86 | 0.53 | 0.61 |
| | 보통(8)+보통(8) | 0.83 | 0.53 | 0.60 |
| | 흡열(3)+보통(3) | 0.74 | 0.45 | 0.52 |
| | 흡열(5)+보통(5) | 0.63 | 0.41 | 0.46 |
| | 흡열(6)+보통(6) | 0.58 | 0.39 | 0.44 |
| | 흡열(8)+보통(8) | 0.50 | 0.39 | 0.40 |

표 2-8 ▸ 북위 36° 지역, 7월 유리창에 의한 일사 냉방부하 $SCL$[$W/m^2$]

| 존유형 | 방위 | 태양시 | | | | | | | | | | | | | | | | | | | | | | | |
|---|---|---|---|---|---|---|---|---|---|---|---|---|---|---|---|---|---|---|---|---|---|---|---|---|---|
| | | 1 | 2 | 3 | 4 | 5 | 6 | 7 | 8 | 9 | 10 | 11 | 12 | 13 | 14 | 15 | 16 | 17 | 18 | 19 | 20 | 21 | 22 | 23 | 24 |
| A | N | 0 | 0 | 0 | 0 | 0 | 79 | 91 | 88 | 101 | 114 | 123 | 126 | 129 | 123 | 114 | 101 | 104 | 114 | 38 | 19 | 9 | 3 | 3 | 0 |
| | NE | 0 | 0 | 0 | 0 | 0 | 249 | 407 | 498 | 398 | 265 | 183 | 158 | 142 | 129 | 117 | 101 | 82 | 54 | 22 | 9 | 6 | 3 | 0 | 0 |
| | E | 0 | 0 | 0 | 0 | 0 | 271 | 483 | 581 | 574 | 489 | 338 | 211 | 170 | 142 | 123 | 104 | 82 | 54 | 22 | 9 | 6 | 3 | 0 | 0 |
| | SE | 0 | 0 | 0 | 0 | 0 | 132 | 284 | 394 | 448 | 442 | 375 | 271 | 183 | 151 | 126 | 107 | 85 | 54 | 22 | 9 | 6 | 3 | 0 | 0 |
| | S | 0 | 0 | 0 | 0 | 0 | 25 | 54 | 76 | 114 | 167 | 221 | 252 | 249 | 214 | 164 | 120 | 91 | 57 | 22 | 9 | 6 | 3 | 0 | 0 |
| | SW | 0 | 0 | 0 | 0 | 0 | 25 | 54 | 76 | 95 | 110 | 120 | 180 | 284 | 385 | 445 | 454 | 401 | 268 | 101 | 47 | 25 | 13 | 6 | 3 |
| | W | 3 | 0 | 0 | 0 | 0 | 25 | 54 | 76 | 95 | 110 | 120 | 126 | 208 | 363 | 502 | 593 | 603 | 470 | 167 | 79 | 38 | 19 | 9 | 6 |
| | NW | 3 | 0 | 0 | 0 | 0 | 25 | 54 | 76 | 95 | 110 | 120 | 126 | 126 | 177 | 293 | 407 | 467 | 401 | 136 | 66 | 32 | 16 | 6 | 3 |
| | 수평면 | 0 | 0 | 0 | 0 | 0 | 63 | 208 | 379 | 540 | 678 | 776 | 830 | 836 | 792 | 697 | 562 | 391 | 208 | 88 | 41 | 22 | 9 | 6 | 3 |

표 2-8▸ 계 속

| 존유형 | 방위 | 태양시 | | | | | | | | | | | | | | | | | | | | | | | |
|---|---|---|---|---|---|---|---|---|---|---|---|---|---|---|---|---|---|---|---|---|---|---|---|---|---|
| | | 1 | 2 | 3 | 4 | 5 | 6 | 7 | 8 | 9 | 10 | 11 | 12 | 13 | 14 | 15 | 16 | 17 | 18 | 19 | 20 | 21 | 22 | 23 | 24 |
| B | N | 6 | 6 | 3 | 3 | 3 | 66 | 79 | 79 | 91 | 104 | 114 | 120 | 120 | 120 | 110 | 101 | 104 | 110 | 47 | 32 | 22 | 16 | 13 | 9 |
| | NE | 6 | 3 | 3 | 3 | 3 | 214 | 344 | 378 | 341 | 255 | 192 | 170 | 158 | 145 | 132 | 117 | 95 | 69 | 38 | 28 | 19 | 16 | 9 | 9 |
| | E | 6 | 6 | 3 | 3 | 3 | 230 | 410 | 498 | 508 | 451 | 334 | 237 | 199 | 173 | 151 | 129 | 107 | 79 | 44 | 32 | 22 | 16 | 13 | 9 |
| | SE | 6 | 6 | 3 | 3 | 3 | 114 | 243 | 337 | 391 | 394 | 350 | 268 | 202 | 173 | 151 | 129 | 104 | 76 | 44 | 32 | 22 | 16 | 13 | 9 |
| | S | 6 | 6 | 3 | 3 | 33 | 22 | 44 | 66 | 98 | 148 | 192 | 224 | 227 | 205 | 164 | 129 | 104 | 76 | 41 | 28 | 22 | 16 | 13 | 9 |
| | SW | 19 | 13 | 9 | 9 | 6 | 25 | 47 | 66 | 85 | 98 | 110 | 161 | 252 | 341 | 397 | 413 | 375 | 271 | 136 | 91 | 63 | 44 | 35 | 925 |
| | W | 25 | 19 | 16 | 13 | 9 | 28 | 50 | 69 | 85 | 101 | 79 | 117 | 189 | 319 | 442 | 523 | 542 | 445 | 199 | 132 | 91 | 63 | 47 | 35 |
| | NW | 19 | 16 | 13 | 9 | 6 | 25 | 47 | 66 | 85 | 98 | 110 | 117 | 120 | 164 | 265 | 363 | 416 | 369 | 155 | 101 | 69 | 50 | 35 | 25 |
| | 수평면 | 25 | 19 | 16 | 13 | 9 | 60 | 180 | 325 | 467 | 593 | 687 | 747 | 769 | 747 | 678 | 574 | 432 | 278 | 167 | 117 | 82 | 60 | 44 | 35 |
| C | N | 16 | 16 | 13 | 13 | 9 | 76 | 79 | 76 | 85 | 98 | 104 | 110 | 110 | 107 | 101 | 91 | 98 | 107 | 44 | 32 | 25 | 22 | 19 | 19 |
| | NE | 22 | 19 | 19 | 16 | 16 | 224 | 334 | 350 | 300 | 215 | 161 | 151 | 145 | 139 | 129 | 117 | 101 | 76 | 50 | 35 | 35 | 32 | 28 | 25 |
| | E | 28 | 25 | 25 | 22 | 19 | 243 | 404 | 467 | 457 | 391 | 281 | 196 | 177 | 164 | 148 | 136 | 117 | 91 | 63 | 47 | 47 | 41 | 38 | 35 |
| | SE | 25 | 25 | 22 | 19 | 16 | 126 | 243 | 322 | 360 | 353 | 306 | 230 | 174 | 155 | 142 | 126 | 110 | 85 | 57 | 41 | 41 | 38 | 35 | 28 |
| | S | 19 | 19 | 16 | 13 | 13 | 32 | 54 | 69 | 98 | 142 | 183 | 205 | 205 | 180 | 142 | 110 | 95 | 69 | 44 | 32 | 32 | 28 | 25 | 22 |
| | SW | 41 | 38 | 32 | 28 | 25 | 44 | 63 | 79 | 91 | 101 | 110 | 158 | 243 | 322 | 366 | 372 | 331 | 233 | 107 | 66 | 66 | 57 | 50 | 44 |
| | W | 50 | 47 | 41 | 38 | 35 | 50 | 69 | 85 | 98 | 107 | 114 | 117 | 186 | 309 | 416 | 486 | 489 | 385 | 151 | 88 | 88 | 76 | 66 | 57 |
| | NW | 38 | 35 | 32 | 28 | 25 | 44 | 63 | 79 | 91 | 101 | 110 | 114 | 114 | 158 | 252 | 341 | 385 | 328 | 117 | 66 | 66 | 57 | 47 | 44 |
| | 수평면 | 76 | 69 | 60 | 54 | 50 | 98 | 208 | 338 | 457 | 562 | 640 | 685 | 694 | 669 | 606 | 508 | 385 | 256 | 167 | 120 | 120 | 107 | 95 | 85 |
| D | N | 25 | 22 | 19 | 19 | 16 | 66 | 69 | 66 | 79 | 85 | 95 | 98 | 101 | 101 | 98 | 91 | 95 | 101 | 54 | 38 | 44 | 35 | 32 | 28 |
| | NE | 35 | 32 | 28 | 25 | 22 | 186 | 274 | 293 | 259 | 199 | 161 | 155 | 148 | 145 | 136 | 126 | 110 | 91 | 69 | 54 | 60 | 47 | 44 | 38 |
| | E | 47 | 41 | 38 | 35 | 32 | 205 | 331 | 388 | 391 | 347 | 265 | 205 | 189 | 180 | 167 | 151 | 136 | 114 | 88 | 69 | 79 | 63 | 57 | 50 |
| | SE | 41 | 38 | 35 | 32 | 28 | 114 | 205 | 268 | 303 | 306 | 274 | 221 | 177 | 164 | 155 | 142 | 126 | 104 | 79 | 63 | 69 | 57 | 50 | 47 |
| | S | 28 | 28 | 25 | 22 | 19 | 35 | 50 | 63 | 85 | 123 | 155 | 177 | 180 | 164 | 136 | 114 | 98 | 82 | 60 | 47 | 50 | 41 | 38 | 35 |
| | SW | 63 | 57 | 50 | 44 | 41 | 54 | 66 | 79 | 88 | 98 | 104 | 142 | 211 | 274 | 315 | 325 | 300 | 227 | 129 | 95 | 110 | 85 | 76 | 69 |
| | W | 79 | 69 | 63 | 57 | 50 | 63 | 76 | 85 | 95 | 104 | 107 | 114 | 167 | 265 | 353 | 413 | 423 | 350 | 174 | 123 | 142 | 107 | 98 | 88 |
| | NW | 57 | 54 | 47 | 44 | 38 | 50 | 63 | 76 | 85 | 95 | 101 | 107 | 107 | 142 | 218 | 290 | 328 | 290 | 133 | 91 | 107 | 82 | 73 | 66 |
| | 수평면 | 117 | 104 | 95 | 85 | 76 | 110 | 196 | 297 | 394 | 483 | 549 | 596 | 615 | 603 | 565 | 495 | 404 | 300 | 227 | 177 | 199 | 161 | 145 | 129 |

【주】 존유형은 별표 2-4 B, C, D, E에서 선택

### 예제 2-4

서쪽에 위치한 면적 10 $m^2$의 복층유리(보통유리6 mm + 6 mm)창에 대한 일사부하를 15시를 기준으로 하여 구하시오.

단, 다층건물의 중간층, 유리창이 있는 벽체 : 1개, 중간바닥유형 : 65mm 콘크리트, 천장 : 있음, 바닥마감 : 비닐, 칸막이 : 콘크리트 블록, 내부차폐 : 없음

**풀이**

i) 차폐계수 $SC$를 표 2-7에 의해 0.86을 적용한다.

ii) 존 유형은 별표 (2-4 E)의 매개변수를 적용하여 존 유형 D를 선택한다.

iii) 표 2-8에서 존 유형 D와 서쪽(W)의 15시를 적용하여 $SCL$값 353 [W/m$^2$]을 읽는다.

iv) 식 (2-9)에 의해 일사냉방부하를 계산한다.

$$q_{GR} = A(SC) \cdot (SCL)$$
$$= 10 \times 0.86 \times 353 = 3{,}035.8[\mathrm{W}] \fallingdotseq 3[\mathrm{kW}]$$

## [4] 인체 부하 $q_H$[W]

실내에 거주하는 사람으로부터 열취득으로 인한 냉방부하 $q_H$[W]는 대류와 복사에 의한 현열부하 $q_{HS}$[W]와 땀과 호흡으로 인한 수증기 증가분의 잠열부하 $q_{HL}$[W]로 구분되며, 다음 순서에 의해 계산된다.

① 실내에 거주하는 인원수를 구한다(표 2-9).

② 1인당 현열 발생량 $SHG_H$[W/인]와 잠열발생량 $LHG_H$를 표 2-10에 의해 구한다.

③ 인체에 관련된 존 유형을 별표 2-4 A~E에서 선택한다.

④ 인체에 관련된 냉방부하계수 $CLF$를 표 2-11에서 선택한다.

⑤ 식 (2-11)에 의해 현열부하와 식 (2-12)에 의해 잠열부하를 계산한다.

$$q_H = q_{HS} + q_{HL} \quad \cdots\cdots (2\text{-}10)$$

$$q_{HS} = N(SHG_H) \cdot (CLF) \quad \cdots\cdots (2\text{-}11)$$

$$q_{HL} = N(LHG_H) \cdot (CLF) \quad \cdots\cdots (2\text{-}12)$$

여기서, $N$ : 재실 인원수[명]
(표 2-9 : 바닥 면적당 인원수[인/m$^2$])

$SHG_H$, $LHG_H$ : 1인당 발생하는 현열과 잠열량[W/인]
(표 2-10)

$CLF$ : 인체발생 냉방부하계수
(표 2-11)

표 2-9 ▸ 바닥 면적당 재실 인원[인/$m^2$]

| 실 구분 | | 일 반 | 설계값 |
|---|---|---|---|
| 사무소건축 | 사무실 | 0.13~0.20 | 0.2 |
| | 회의실 | 0.20~0.50 | 0.5 |
| 백화점, 상점 | 일 반 | 0.25~1.00 | 0.5 |
| | 혼 잡 | 0.50~2.00 | 1.0 |
| | 한 산 | 0.13~0.25 | 0.2 |
| 레스토랑 | | 0.50~1.00 | 0.7 |
| 극장, 영화관의 객석 | | 1.40~2.50 | 2.0 |
| 학교의 일반 교실 | | 0.60~0.80 | 0.7 |
| 미술관 전시실 | | 0.25~0.50 | 0.4 |
| 도 서 관 | 일 반 | 0.33~0.56 | 0.5 |
| | 아 동 | 0.63~0.77 | 0.7 |

표 2-10 ▸ 인체 발생열량[W/h · 인]

| 상 태 | 적용 예 | 1인당 발생열 | 실내온도[℃] | | | | | | | | | | | |
|---|---|---|---|---|---|---|---|---|---|---|---|---|---|---|
| | | | 28℃ | | 27℃ | | 26℃ | | 25℃ | | 24℃ | | 23℃ | |
| | | | $SHG_H$ | $LHG_H$ | $SHG_H$ | $LHG_H$ | $SHG_H$ | $LHG_H$ | $SHG_H$ | $LHG_H$ | $SHG_H$ | $LHG_H$ | $SHG_H$ | $LHG_H$ |
| 정좌 | 극장 | 93 | 47 | 46 | 51 | 42 | 56 | 37 | 58 | 35 | 60 | 33 | 63 | 30 |
| 경작업 | 학교 | 105 | 48 | 57 | 51 | 54 | 56 | 49 | 59 | 46 | 64 | 41 | 67 | 37 |
| 사무업무 | 사무소, 호텔,백화점 | 119 | 48 | 71 | 52 | 67 | 57 | 62 | 60 | 59 | 65 | 54 | 69 | 50 |
| 섰다, 앉았다, 보행 | 은행 | 131 | 48 | 83 | 52 | 79 | 58 | 73 | 63 | 68 | 67 | 64 | 70 | 61 |
| 앉은작업 | 레스트랑 | 145 | 50 | 95 | 58 | 87 | 65 | 80 | 70 | 75 | 74 | 71 | 78 | 67 |
| 앉은작업 | 공장 경작업 | 198 | 50 | 148 | 58 | 140 | 65 | 133 | 71 | 127 | 78 | 120 | 84 | 114 |
| 보통댄스 | 댄스홀 | 226 | 58 | 168 | 65 | 161 | 72 | 154 | 79 | 147 | 86 | 140 | 92 | 134 |
| 보행(4.8 km/h) | 공장 중작업 | 264 | 71 | 193 | 79 | 185 | 87 | 177 | 94 | 170 | 100 | 164 | 108 | 156 |
| 볼링 | 볼링장 | 383 | 119 | 264 | 122 | 261 | 126 | 257 | 138 | 245 | 145 | 238 | 138 | 245 |

【주】 1) 성인 남자에 대해 성인 여자는 85 %, 어린이는 75 %로 한다.

2) 이 표는 ASHRAE Guide의 데이터를 동양인의 체격을 감안하여 90 %로 했음

표 2-11 ▸ 인체와 후드가 없는 기기에 의한 냉방부하 계수 $CLF$

| 존유형 | 연속 재실 가동 시간 | 재실자가 공간에 들어가거나 기기가 가동된 후 경과 시간 | | | | | | | | | | | | | | | | | | | | | | | |
|---|---|---|---|---|---|---|---|---|---|---|---|---|---|---|---|---|---|---|---|---|---|---|---|---|---|
| | | 1 | 2 | 3 | 4 | 5 | 6 | 7 | 8 | 9 | 10 | 11 | 12 | 13 | 14 | 15 | 16 | 17 | 18 | 19 | 20 | 21 | 22 | 23 | 24 |
| A | 2 | 0.75 | 0.88 | 0.18 | 0.08 | 0.04 | 0.02 | 0.01 | 0.01 | 0.01 | 0.01 | 0.00 | 0.00 | 0.00 | 0.00 | 0.00 | 0.00 | 0.00 | 0.00 | 0.00 | 0.00 | 0.00 | 0.00 | 0.00 | 0.00 |
| | 4 | 0.75 | 0.88 | 0.93 | 0.95 | 0.22 | 0.10 | 0.05 | 0.03 | 0.02 | 0.02 | 0.01 | 0.01 | 0.01 | 0.01 | 0.00 | 0.00 | 0.00 | 0.00 | 0.00 | 0.00 | 0.00 | 0.00 | 0.00 | 0.00 |
| | 6 | 0.75 | 0.88 | 0.93 | 0.95 | 0.97 | 0.97 | 0.23 | 0.11 | 0.06 | 0.04 | 0.03 | 0.02 | 0.02 | 0.01 | 0.01 | 0.01 | 0.01 | 0.00 | 0.00 | 0.00 | 0.00 | 0.00 | 0.00 | 0.00 |
| | 8 | 0.75 | 0.88 | 0.93 | 0.95 | 0.97 | 0.97 | 0.98 | 0.98 | 0.24 | 0.11 | 0.06 | 0.04 | 0.03 | 0.02 | 0.02 | 0.01 | 0.01 | 0.01 | 0.01 | 0.01 | 0.00 | 0.00 | 0.00 | 0.00 |
| | 10 | 0.75 | 0.88 | 0.93 | 0.95 | 0.97 | 0.97 | 0.98 | 0.98 | 0.99 | 0.99 | 0.24 | 0.12 | 0.07 | 0.04 | 0.03 | 0.02 | 0.02 | 0.01 | 0.01 | 0.01 | 0.01 | 0.01 | 0.00 | 0.00 |
| | 12 | 0.75 | 0.88 | 0.93 | 0.96 | 0.97 | 098 | 0.98 | 0.98 | 0.99 | 0.99 | 0.99 | 0.99 | 0.25 | 0.12 | 0.07 | 0.04 | 0.03 | 0.02 | 0.02 | 0.02 | 0.01 | 0.01 | 0.01 | 0.01 |
| | 14 | 0.76 | 0.88 | 0.93 | 0.96 | 0.97 | 0.98 | 0.98 | 0.99 | 0.99 | 0.99 | 0.99 | 0.99 | 1.00 | 1.00 | 0.25 | 0.12 | 0.07 | 0.05 | 0.03 | 0.03 | 0.02 | 0.02 | 0.01 | 0.01 |
| | 16 | 0.76 | 0.89 | 0.94 | 0.96 | 0.97 | 0.98 | 0.98 | 0.99 | 0.99 | 0.99 | 0.99 | 0.99 | 1.00 | 1.00 | 1.00 | 1.00 | 0.25 | 0.12 | 0.07 | 0.05 | 0.03 | 0.03 | 0.02 | 0.02 |
| | 18 | 0.77 | 0.89 | 0.94 | 0.96 | 0.97 | 0.98 | 0.98 | 0.99 | 0.99 | 0.99 | 0.99 | 1.00 | 1.00 | 1.00 | 1.00 | 1.00 | 1.00 | 1.00 | 0.25 | 0.12 | 0.07 | 0.05 | 0.03 | 0.03 |
| B | 2 | 0.65 | 0.74 | 0.16 | 0.11 | 0.08 | 0.06 | 0.05 | 0.04 | 0.03 | 0.02 | 0.02 | 0.01 | 0.01 | 0.01 | 0.01 | 0.00 | 0.00 | 0.00 | 0.00 | 0.00 | 0.00 | 0.00 | 0.00 | 0.00 |
| | 4 | 0.65 | 0.75 | 0.81 | 0.85 | 0.24 | 0.17 | 0.13 | 0.10 | 0.07 | 0.06 | 0.04 | 0.03 | 0.03 | 0.02 | 0.02 | 0.01 | 0.01 | 0.01 | 0.01 | 0.00 | 0.00 | 0.00 | 0.00 | 0.00 |
| | 6 | 0.65 | 0.75 | 0.81 | 0.85 | 0.89 | 0.91 | 0.29 | 0.20 | 0.15 | 0.12 | 0.09 | 0.07 | 0.05 | 0.04 | 0.03 | 0.02 | 0.02 | 0.01 | 0.01 | 0.01 | 0.01 | 0.01 | 0.00 | 0.00 |
| | 8 | 0.65 | 0.75 | 0.81 | 0.85 | 0.89 | 0.91 | 0.93 | 0.95 | 0.31 | 0.22 | 0.17 | 0.13 | 0.10 | 0.08 | 0.06 | 0.05 | 0.04 | 0.03 | 0.02 | 0.02 | 0.01 | 0.01 | 0.01 | 0.01 |
| | 10 | 0.65 | 0.75 | 0.81 | 0.85 | 0.89 | 0.91 | 0.93 | 0.95 | 0.96 | 0.97 | 0.33 | 0.24 | 0.18 | 0.14 | 0.11 | 0.08 | 0.06 | 0.05 | 0.04 | 0.03 | 0.02 | 0.02 | 0.01 | 0.01 |
| | 12 | 0.66 | 0.76 | 0.81 | 0.86 | 0.89 | 0.92 | 0.94 | 0.95 | 0.96 | 0.97 | 0.98 | 0.98 | 0.34 | 0.24 | 0.19 | 0.14 | 0.11 | 0.08 | 0.06 | 0.05 | 0.04 | 0.03 | 0.02 | 0.02 |
| | 14 | 0.67 | 0.76 | 0.82 | 0.86 | 0.89 | 0.92 | 0.94 | 0.95 | 0.96 | 0.97 | 0.98 | 0.98 | 0.99 | 0.99 | 0.35 | 0.25 | 0.19 | 0.15 | 0.11 | 0.09 | 0.07 | 0.05 | 0.04 | 0.03 |
| | 16 | 0.69 | 0.78 | 0.83 | 0.87 | 0.90 | 0.92 | 0.94 | 0.95 | 0.96 | 0.97 | 0.98 | 0.98 | 0.99 | 0.99 | 0.99 | 0.99 | 0.35 | 0.25 | 0.19 | 0.15 | 0.11 | 0.09 | 0.07 | 0.05 |
| | 18 | 0.71 | 0.80 | 0.85 | 0.88 | 0.91 | 0.93 | 0.95 | 0.96 | 0.97 | 0.98 | 0.98 | 0.99 | 0.99 | 0.99 | 0.99 | 0.99 | 1.00 | 1.00 | 0.35 | 0.25 | 0.19 | 0.15 | 0.11 | 0.09 |
| C | 2 | 0.60 | 0.68 | 0.14 | 0.11 | 0.09 | 0.07 | 0.06 | 0.05 | 0.04 | 0.03 | 0.03 | 0.02 | 0.02 | 0.01 | 0.01 | 0.01 | 0.01 | 0.01 | 0.01 | 0.00 | 0.00 | 0.00 | 0.00 | 0.00 |
| | 4 | 0.60 | 0.68 | 0.74 | 0.79 | 0.23 | 0.18 | 0.14 | 0.12 | 0.10 | 0.08 | 0.06 | 0.05 | 0.04 | 0.04 | 0.03 | 0.02 | 0.02 | 0.02 | 0.01 | 0.01 | 0.01 | 0.01 | 0.01 | 0.01 |
| | 6 | 0.61 | 0.69 | 0.74 | 0.79 | 0.83 | 0.86 | 0.28 | 0.22 | 0.18 | 0.15 | 0.12 | 0.10 | 0.08 | 0.07 | 0.06 | 0.05 | 0.04 | 0.03 | 0.03 | 0.02 | 0.02 | 0.01 | 0.01 | 0.01 |
| | 8 | 0.61 | 0.69 | 0.75 | 0.79 | 0.83 | 0.86 | 0.89 | 0.91 | 0.32 | 0.26 | 0.21 | 0.17 | 0.14 | 0.11 | 0.09 | 0.08 | 0.06 | 0.05 | 0.04 | 0.04 | 0.03 | 0.02 | 0.02 | 0.02 |
| | 10 | 0.62 | 0.70 | 0.75 | 0.80 | 0.83 | 0.86 | 0.89 | 0.91 | 0.92 | 0.94 | 0.35 | 0.28 | 0.23 | 0.18 | 0.15 | 0.12 | 0.10 | 0.08 | 0.07 | 0.06 | 0.05 | 0.04 | 0.03 | 0.03 |
| | 12 | 0.63 | 0.71 | 0.76 | 0.81 | 0.84 | 0.87 | 0.89 | 0.91 | 0.93 | 0.94 | 0.95 | 0.96 | 0.37 | 0.29 | 0.24 | 0.19 | 0.16 | 0.13 | 0.11 | 0.09 | 0.07 | 0.06 | 0.05 | 0.04 |
| | 14 | 0.65 | 0.72 | 0.77 | 0.82 | 0.85 | 0.88 | 0.90 | 0.92 | 0.93 | 0.94 | 0.95 | 0.96 | 0.97 | 0.97 | 0.38 | 0.30 | 0.25 | 0.20 | 0.17 | 0.14 | 0.11 | 0.09 | 0.08 | 0.06 |
| | 16 | 0.68 | 0.74 | 0.79 | 0.83 | 0.86 | 0.89 | 0.91 | 0.92 | 0.94 | 0.95 | 0.96 | 0.96 | 0.97 | 0.98 | 0.98 | 0.98 | 0.39 | 0.31 | 0.25 | 0.21 | 0.17 | 0.14 | 0.11 | 0.09 |
| | 18 | 0.72 | 0.78 | 0.82 | 0.85 | 0.88 | 0.90 | 0.92 | 0.93 | 0.94 | 0.95 | 0.96 | 0.97 | 0.97 | 0.98 | 0.98 | 0.99 | 0.39 | 0.99 | 0.39 | 0.31 | 0.26 | 0.21 | 0.17 | 0.14 |
| D | 2 | 0.59 | 0.67 | 0.13 | 0.09 | 0.08 | 0.06 | 0.05 | 0.05 | 0.04 | 0.04 | 0.03 | 0.03 | 0.02 | 0.02 | 0.02 | 0.01 | 0.01 | 0.01 | 0.01 | 0.01 | 0.01 | 0.01 | 0.01 | 0.00 |
| | 4 | 0.60 | 0.67 | 0.72 | 0.76 | 0.20 | 0.16 | 0.13 | 0.11 | 0.10 | 0.08 | 0.07 | 0.06 | 0.05 | 0.05 | 0.04 | 0.03 | 0.03 | 0.03 | 0.02 | 0.02 | 0.02 | 0.01 | 0.01 | 0.01 |
| | 6 | 0.61 | 0.68 | 0.73 | 0.77 | 0.80 | 0.83 | 0.26 | 0.20 | 0.17 | 0.15 | 0.13 | 0.11 | 0.09 | 0.08 | 0.07 | 0.06 | 0.05 | 0.05 | 0.04 | 0.03 | 0.03 | 0.03 | 0.02 | 0.02 |
| | 8 | 0.62 | 0.69 | 0.74 | 0.77 | 0.80 | 0.83 | 0.85 | 0.87 | 0.30 | 0.24 | 0.20 | 0.17 | 0.15 | 0.13 | 0.11 | 0.10 | 0.08 | 0.07 | 0.06 | 0.05 | 0.05 | 0.04 | 0.04 | 0.03 |
| | 10 | 0.63 | 0.70 | 0.75 | 0.78 | 0.81 | 0.84 | 0.86 | 0.88 | 0.89 | 0.91 | 0.91 | 0.27 | 0.22 | 0.19 | 0.17 | 0.14 | 0.12 | 0.11 | 0.09 | 0.08 | 0.07 | 0.06 | 0.05 | 0.05 |
| | 12 | 0.65 | 0.71 | 0.76 | 0.79 | 0.82 | 0.84 | 0.87 | 0.88 | 0.90 | 0.91 | 0.91 | 0.93 | 0.35 | 0.29 | 0.24 | 0.21 | 0.18 | 0.16 | 0.13 | 0.12 | 0.10 | 0.09 | 0.08 | 0.07 |
| | 14 | 0.67 | 0.73 | 0.78 | 0.81 | 0.83 | 0.86 | 0.88 | 0.89 | 0.91 | 0.92 | 0.92 | 0.94 | 0.95 | 0.95 | 0.37 | 0.30 | 0.25 | 0.22 | 0.19 | 0.16 | 0.14 | 0.12 | 0.11 | 0.09 |
| | 16 | 0.70 | 0.76 | 0.80 | 0.83 | 0.85 | 0.87 | 0.89 | 0.90 | 0.92 | 0.93 | 0.93 | 0.95 | 0.95 | 0.96 | 0.96 | 0.97 | 0.38 | 0.31 | 0.26 | 0.23 | 0.20 | 0.17 | 0.15 | 0.13 |
| | 18 | 0.74 | 0.80 | 0.83 | 0.85 | 0.87 | 0.89 | 0.91 | 0.92 | 0.93 | 0.94 | 0.94 | 0.95 | 0.96 | 0.97 | 0.97 | 0.97 | 0.98 | 0.98 | 0.39 | 0.32 | 0.27 | 0.23 | 0.20 | 0.17 |

【주】 존유형은 별표 2-4B, C, D, E에서 선택하며, 표의 값은 복사/대류 비율을 0.70/0.30으로 가정하여 계산됨.

**예제 2-5**

면적이 100 $m^2$인 교실의 인체 현열부하와 잠열부하를 구하시오. 이 때 실내 온도는 26 ℃이며, 연속 재실시간 8, 재실자가 교실에 들어온 후 3시간 경과된 시각을 기준으로 한다.

단, 존 유형은 다층건물의 중간층, 외벽체 : 1개, 중간바닥유형 : 65 mm 콘크리트, 천장 : 있음, 바닥마감 : 비닐, 칸막이 : 콘크리트 블록, 내부차폐 : 없다.

**풀이**

i) 인원수를 표 2-9를 적용하여 구한다.

$N = 0.7 \times 100 = 70$ 명

ii) 표 2-10에서 실내온도가 26 ℃일 경우 1인당 현열 발생량 56[W/인]과 잠열 발생량 49[W/인]을 적용한다.

iii) 인체에 관련된 존 유형을 별표 (2-4 E)에서 매개변수를 적용하여 존 유형 D를 선택한다.

iv) 표 2-11에서 연속 재실시간 8, 경과시간 3을 적용했을 때 냉방부하계수 $CLF$는 0.74를 구한다.

v) 식 (2-11, 2-12)에 의해 인체부하를 계산한다.

$q_{HS} = N(SHG_H) \cdot (CLF) = 70 \times 56 \times 0.74 = 2{,}901\text{W} \fallingdotseq 2.9\text{ kW}$

$q_{HL} = N(LHG_H) \cdot (CLF) = 70 \times 49 \times 0.74 = 2{,}538\text{W} \fallingdotseq 2.5\text{ kW}$

### [5] 조명기구 부하 $q_{EL}$[W]

실내 조명기구로부터 취득된 열량은 현열량으로서 점등(불을 켬) 순간에 모두 냉방부하로 나타나지 않고 점등 후 시간, 구조체의 구성 요소에 따라 서서히 나타난다.

조명기구로부터의 냉방부하 $q_{EL}$[W]은 다음 순서에 의해 계산된다.

① 조명기구의 소비전력[W]을 구한다(설치되지 않은 경우는 표 2-12 참조).

② 조명기구로부터의 발열량 $SHG_{EL}$[W]을 다음 조건에 따라 식 (2-14~17)로 계산한다.

③ 존 유형을 별표 2-4, A~E에 의해 결정한다.

④ 점등 시간에 의한 냉방부하계수($CLF$)를 표 2-13에 의해 선택한다.

⑤ 식 (2-13)에 의해 조명부하를 계산한다.

$$q_{EL} = (SHG_{EL}) \cdot (CLF) \quad \cdots\cdots (2\text{-}13)$$

여기서, $CLF$ : 조명의 냉방부하계수(표 2-13)

$SHG_{EL}$ : 조명에 의한 발열량[W]으로서 다음과 같이 구한다.

(1) 조명기구의 총 와트[W]수가 알려져 있는 경우

**① 백열등일 경우 ;**

$$SHG_{EL} = W \cdot f \quad \cdots\cdots (2\text{-}14)$$

**② 형광등일 경우 ;**

$$SHG_{EL} = W \cdot f \times 1.2 \quad \cdots\cdots (2\text{-}15)$$

(2) 조명기구의 총 와트[W]수를 모르는 경우

**① 백열등일 경우 ;**

$$SHG_{EL} = w \cdot A \cdot f \quad \cdots\cdots (2\text{-}16)$$

**② 형광등일 경우 ;**

$$SHG_{EL} = w \cdot A \cdot f \times 1.2 \quad \cdots\cdots (2\text{-}17)$$

여기서, $W$ : 조명기구의 총 와트[W]

$f$ : 점등률

1.2 : 형광등인 경우 안정기 발열량 20% 할증

$w$ : 단위면적당 조명 소비전력[$W/m^2$](표 2-12)

$A$ : 실내 면적[$m^2$]

표 2-12 ▸ 조도와 실의 단위면적당 소비전력[$W/m^2$]

| 건물의 종류 | | 조 도[lx] 일 반 | 조 도[lx] 고 급 | 조명전력[$W/m^2$] 일 반 | 조명전력[$W/m^2$] 고 급 |
|---|---|---|---|---|---|
| 사무소 | 사 무 실 | 500~400 | 700~800 | 20~30 | 50~55 |
| | 은 행 영 업 실 | 750~850 | 1,000~1,500 | 60~70 | 70~100 |
| 극 장 | 관 객 석 | 100~150 | 150~200 | 10~15 | 15~20 |
| | 로 비 | 150~200 | 200~250 | 10~15 | 20~25 |

표 2-12 ▸ 계 속

| 건물의 종류 | | 조 도[lx] | | 조명전력[W/m²] | |
|---|---|---|---|---|---|
| | | 일 반 | 고 급 | 일 반 | 고 급 |
| 상 점 | 점 포 내 | 500~600 | 800~1,000 | 30~40 | 55~70 |
| 백화점, 슈퍼마켓 | 1층, 지 하 실 | 800~1,200 | | 80~100 | |
| | 2 층 이 상 | 600~1,000 | | 60~80 | |
| 학 교 | 교 실 | 150~200 | 250~350 | 10~15 | 25~35 |
| 병 원 | 객 실 | 100~150 | 150~200 | 8~12 | 15~20 |
| | 진 료 실 | 300~400 | 700~1,000 | 25~35 | 50~70 |
| 호 텔 | 객 실 | 80~150 | 80~150 | 15~30 | 15~30 |
| | 로 비 | 100~200 | 100~200 | 20~40 | 20~40 |
| 공 장 | 작 업 장 | 150~250 | 300~450 | 10~20 | 25~40 |
| 주 택 | 거 실 | 200~250 | 250~350 | 15~30 | 25~35 |

표 2-13 ▸ 조명에 의한 냉방부하계수 *CLF*

| 존유형 | 연속 점등 시간 | 조명이 점등된 후의 경과 시간 | | | | | | | | | | | | | | | | | | | | | | | |
|---|---|---|---|---|---|---|---|---|---|---|---|---|---|---|---|---|---|---|---|---|---|---|---|---|---|
| | | 1 | 2 | 3 | 4 | 5 | 6 | 7 | 8 | 9 | 10 | 11 | 12 | 13 | 14 | 15 | 16 | 17 | 18 | 19 | 20 | 21 | 22 | 23 | 24 |
| A | 8 | 0.85 | 0.92 | 0.95 | 0.96 | 0.97 | 0.97 | 0.97 | 0.98 | 0.13 | 0.06 | 0.04 | 0.03 | 0.02 | 0.02 | 0.02 | 0.01 | 0.01 | 0.01 | 0.01 | 0.01 | 0.01 | 0.01 | 0.01 | 0.01 |
| | 10 | 0.85 | 0.93 | 0.95 | 0.97 | 0.97 | 0.97 | 0.98 | 0.98 | 0.98 | 0.98 | 0.14 | 0.07 | 0.04 | 0.03 | 0.02 | 0.02 | 0.02 | 0.02 | 0.02 | 0.02 | 0.01 | 0.01 | 0.01 | 0.01 |
| | 12 | 0.86 | 0.93 | 0.96 | 0.97 | 0.97 | 0.98 | 0.98 | 0.98 | 0.98 | 0.98 | 0.98 | 0.98 | 0.14 | 0.07 | 0.04 | 0.03 | 0.03 | 0.02 | 0.02 | 0.02 | 0.02 | 0.02 | 0.02 | 0.02 |
| | 14 | 0.86 | 0.93 | 0.96 | 0.97 | 0.98 | 0.98 | 0.98 | 0.98 | 0.98 | 0.98 | 0.99 | 0.99 | 0.99 | 0.99 | 0.15 | 0.07 | 0.05 | 0.03 | 0.03 | 0.03 | 0.02 | 0.02 | 0.02 | 0.02 |
| | 16 | 0.87 | 0.94 | 0.96 | 0.97 | 0.98 | 0.98 | 0.98 | 0.99 | 0.99 | 0.99 | 0.99 | 0.99 | 0.99 | 0.99 | 0.99 | 0.99 | 0.08 | 0.08 | 0.05 | 0.04 | 0.03 | 0.03 | 0.03 | 0.02 |
| B | 8 | 0.75 | 0.85 | 0.90 | 0.93 | 0.94 | 0.95 | 0.95 | 0.96 | 0.23 | 0.12 | 0.08 | 0.05 | 0.04 | 0.04 | 0.03 | 0.03 | 0.03 | 0.02 | 0.02 | 0.02 | 0.02 | 0.02 | 0.02 | 0.01 |
| | 10 | 0.75 | 0.86 | 0.91 | 0.93 | 0.94 | 0.95 | 0.95 | 0.96 | 0.96 | 0.97 | 0.24 | 0.13 | 0.08 | 0.06 | 0.05 | 0.04 | 0.04 | 0.03 | 0.03 | 0.03 | 0.03 | 0.02 | 0.02 | 0.02 |
| | 12 | 0.76 | 0.86 | 0.91 | 0.93 | 0.95 | 0.95 | 0.96 | 0.96 | 0.97 | 0.97 | 0.97 | 0.97 | 0.24 | 0.14 | 0.09 | 0.07 | 0.05 | 0.05 | 0.04 | 0.04 | 0.03 | 0.03 | 0.03 | 0.03 |
| | 14 | 0.76 | 0.87 | 0.92 | 0.94 | 0.95 | 0.96 | 0.96 | 0.97 | 0.97 | 0.97 | 0.97 | 0.98 | 0.98 | 0.98 | 0.25 | 0.14 | 0.09 | 0.07 | 0.06 | 0.05 | 0.05 | 0.04 | 0.04 | 0.03 |
| | 16 | 0.77 | 0.88 | 0.92 | 0.95 | 0.96 | 0.96 | 0.97 | 0.97 | 0.97 | 0.98 | 0.98 | 0.98 | 0.98 | 0.98 | 0.98 | 0.99 | 0.25 | 0.15 | 0.10 | 0.07 | 0.06 | 0.05 | 0.05 | 0.04 |
| C | 8 | 0.72 | 0.80 | 0.84 | 0.87 | 0.88 | 0.89 | 0.90 | 0.91 | 0.23 | 0.15 | 0.11 | 0.09 | 0.08 | 0.07 | 0.07 | 0.06 | 0.05 | 0.05 | 0.05 | 0.04 | 0.04 | 0.03 | 0.03 | 0.03 |
| | 10 | 0.73 | 0.81 | 0.85 | 0.87 | 0.89 | 0.90 | 0.91 | 0.92 | 0.92 | 0.93 | 0.25 | 0.16 | 0.13 | 0.11 | 0.09 | 0.08 | 0.08 | 0.07 | 0.06 | 0.06 | 0.05 | 0.05 | 0.04 | 0.04 |
| | 12 | 0.74 | 0.82 | 0.86 | 0.88 | 0.90 | 0.91 | 0.92 | 0.92 | 0.93 | 0.94 | 0.94 | 0.95 | 0.26 | 0.18 | 0.14 | 0.12 | 0.10 | 0.09 | 0.08 | 0.08 | 0.07 | 0.06 | 0.06 | 0.05 |
| | 14 | 0.75 | 0.84 | 0.87 | 0.89 | 0.91 | 0.92 | 0.92 | 0.93 | 0.94 | 0.94 | 0.95 | 0.95 | 0.96 | 0.96 | 0.27 | 0.19 | 0.15 | 0.13 | 0.11 | 0.10 | 0.09 | 0.08 | 0.08 | 0.07 |
| | 16 | 0.77 | 0.85 | 0.89 | 0.91 | 0.92 | 0.93 | 0.93 | 0.94 | 0.95 | 0.95 | 0.95 | 0.96 | 0.96 | 0.97 | 0.97 | 0.97 | 0.28 | 0.20 | 0.16 | 0.13 | 0.12 | 0.11 | 0.10 | 0.09 |
| D | 8 | 0.66 | 0.72 | 0.76 | 0.79 | 0.81 | 0.83 | 0.85 | 0.86 | 0.25 | 0.20 | 0.17 | 0.15 | 0.13 | 0.12 | 0.11 | 0.10 | 0.09 | 0.08 | 0.07 | 0.06 | 0.06 | 0.05 | 0.04 | 0.04 |
| | 10 | 0.68 | 0.74 | 0.77 | 0.80 | 0.82 | 0.84 | 0.86 | 0.87 | 0.88 | 0.90 | 0.28 | 0.23 | 0.19 | 0.17 | 0.15 | 0.14 | 0.12 | 0.11 | 0.10 | 0.09 | 0.08 | 0.07 | 0.06 | 0.06 |
| | 12 | 0.70 | 0.75 | 0.79 | 0.81 | 0.83 | 0.85 | 0.87 | 0.88 | 0.89 | 0.90 | 0.91 | 0.92 | 0.30 | 0.25 | 0.21 | 0.19 | 0.17 | 0.15 | 0.13 | 0.12 | 0.11 | 0.10 | 0.09 | 0.08 |
| | 14 | 0.72 | 0.77 | 0.81 | 0.83 | 0.85 | 0.86 | 0.88 | 0.89 | 0.90 | 0.91 | 0.92 | 0.93 | 0.94 | 0.94 | 0.32 | 0.26 | 0.23 | 0.20 | 0.18 | 0.16 | 0.14 | 0.13 | 0.12 | 0.10 |
| | 16 | 0.75 | 0.80 | 0.83 | 0.85 | 0.87 | 0.88 | 0.89 | 0.90 | 0.91 | 0.92 | 0.93 | 0.94 | 0.94 | 0.95 | 0.96 | 0.96 | 0.34 | 0.28 | 0.24 | 0.21 | 0.19 | 0.17 | 0.15 | 0.14 |

【주】 존유형은 별표 2-4 A, B, C, D, E에서 확인하며, 표의 값은 복사/대류 비율로 0.59/0.41을 가정하여 계산됨.

**예제 2-6**

교실 면적이 $100m^2$이며 형광등을 모두 점등하며 조도를 보통으로 할 때 조명부하를 구하시오.

단, 내부존이 구분되지 않는 다층건물의 중간층, 외벽체 : 1개, 중간바닥유형 : 65 mm 콘크리트, 천장 : 있음, 바닥마감 : 비닐, 칸막이 : 콘크리트 블록, 내부차폐 : 없음, 연속 점등시간 : 8시간, 점등 후 경과시간 : 5시간으로 한다.

**풀이**

i ) 표 2-12에서 조명전력 $13[W/m^2]$으로 하여 식 2-17에 의해 조명등의 발열량을 구한다.

$SHG_{EL} = w \cdot A \cdot f \times 1.2 = 13 \times 100 \times 1 \times 1.2 = 1{,}560W$

ii) 별표 2-4 E에서 매개변수를 적용하여 존 유형을 D형으로 정한다.

iii) 표 2-13에 존유형 D에 매개변수로 8시간 점등, 5시간 경과 후를 적용하면 냉방부하계수 $CLF$는 0.81이 된다.

iv) 식 2-13에 의해 조명에 의한 냉방부하를 계산한다.

$q_{EL} = (SHG_{EL}) \cdot (CLF) = 1{,}560 \times 0.81 \fallingdotseq 1{,}264W \fallingdotseq 1.3\,kW$

## [6] 동력에 의한 부하 $q_P[W]$

전동기나 기계가 작동될 때 발생되는 열량은 현열로서 상호 설치 위치에 따라 차이가 있으며, 계산순서는 다음과 같다.

① 전동기와 기계로부터 발생되는 열량 $SHG_P[W]$를 설치 상태를 고려하여 식 (2-19)에 의해 계산한다.

② 존 유형을 별표 2-4 A~E에 의해 결정한다.

③ 존유형과 가동 및 경과시간에 따른 냉방부하계수 $CLF$를 후드가 없을 경우는 표 2-11, 후드가 있는 경우는 표 2-15에 의해 선택한다.

④ 동력 및 기기 부하를 식 (2-18)에 의해 계산한다.

$$q_P = SHG_P(CLF) \quad \cdots\cdots (2\text{-}18)$$

$$SHG_P = P \cdot f_e \cdot f_o \cdot f_k \quad \cdots\cdots (2\text{-}19)$$

여기서, $SHG_P$ : 전동기 또는 기계의 발열량[W]

$P$ : 전동기의 정격출력[W](name plat에 표시된 출력)

$f_e$ : 전동기에 대한 부하율(모터출력/정격출력)

$f_o$ : 전동기 사용률

$f_k$ : 전동기와 기계의 사용 상태

$CLF$ : 동력 및 기계의 냉방부하계수(표 2-11, 표 2-15)

(1) 전동기와 기계가 모두 실내에 있는 경우

$$f_k = \frac{1}{\eta} \qquad \text{(2-20)}$$

여기서, $\eta$는 전동기 효율로서 다음과 같다.

$$\eta = \frac{\text{전동기의 출력}}{\text{전동기의 입력}} \qquad \text{(2-21)}$$

(2) 전동기는 실외에 있고, 기계는 실내에 있는 경우

$$f_k = 1 \qquad \text{(2-22)}$$

(3) 전동기는 실내에 있고, 기계는 실외에 있는 경우

$$f_k = \frac{1-\eta}{\eta} \qquad \text{(2-23)}$$

## [7] 기기부하 $q_A$[W]

실내에 있는 각종 열기구 및 사무용 기기 등으로부터의 취득열량은 건물 구조체의 구성 유형에 따라 다음과 같이 냉방 부하로 출현되며, 계산 순서는 다음과 같다.

① 실내에 있는 각종 열기구 및 사무용 기기의 발열량 $SHG_A$[W]를 구한다(표 2-14).

표 2-14 ▸ OA기기의 발열량 $SHG_A$[W]

| 기기 종류 | 발열량(현열)[W] |
|---|---|
| 퍼스널컴퓨터 | 547 |
| 오피스컴퓨터 | 1,251~2,267 |
| 워크스테이션 | 326 |
| 워드프로세서 | 640 |
| 팩 시 밀 리 | 361 |
| 광디스크장치 | 781 |
| 복 사 기 | 1,163~2,198 |

② 존 유형을 별표 2-4 A~E에서 결정한다.

③ 기기로부터의 냉방부하계수 $CLF$를 표 2-11, 2-15에서 구한다.

표 2-15 ▸ 후드가 있는 기기에 의한 냉방부하계수 *CLF*

| 존유형 | 연속가동시간 | 기기가 가동된 후의 경과 시간 | | | | | | | | | | | | | | | | | | | | | | | |
|---|---|---|---|---|---|---|---|---|---|---|---|---|---|---|---|---|---|---|---|---|---|---|---|---|---|
| | | 1 | 2 | 3 | 4 | 5 | 6 | 7 | 8 | 9 | 10 | 11 | 12 | 13 | 14 | 15 | 16 | 17 | 18 | 19 | 20 | 21 | 22 | 23 | 24 |
| A | 2 | 0.64 | 0.83 | 0.26 | 0.11 | 0.06 | 0.03 | 0.01 | 0.01 | 0.01 | 0.01 | 0.00 | 0.00 | 1.00 | 0.00 | 0.00 | 0.00 | 0.00 | 0.00 | 0.00 | 0.00 | 0.00 | 0.00 | 0.00 | 0.00 |
| | 4 | 0.64 | 0.83 | 0.90 | 0.93 | 0.31 | 0.14 | 0.07 | 0.04 | 0.03 | 0.03 | 0.01 | 0.01 | 0.00 | 0.01 | 0.00 | 0.00 | 0.00 | 0.00 | 0.00 | 0.00 | 0.00 | 0.00 | 0.00 | 0.00 |
| | 6 | 0.64 | 0.83 | 0.90 | 0.93 | 0.96 | 0.96 | 0.33 | 0.16 | 0.09 | 0.06 | 0.04 | 0.03 | 0.01 | 0.01 | 0.01 | 0.01 | 0.01 | 0.00 | 0.00 | 0.00 | 0.00 | 0.00 | 0.00 | 0.00 |
| | 8 | 0.64 | 0.83 | 0.90 | 0.93 | 0.96 | 0.96 | 0.97 | 0.97 | 0.34 | 0.16 | 0.09 | 0.06 | 0.03 | 0.03 | 0.01 | 0.01 | 0.01 | 0.01 | 0.01 | 0.01 | 0.00 | 0.00 | 0.00 | 0.00 |
| | 10 | 0.64 | 0.83 | 0.90 | 0.93 | 0.96 | 0.96 | 0.97 | 0.97 | 0.99 | 0.99 | 0.34 | 0.17 | 0.04 | 0.06 | 0.03 | 0.03 | 0.03 | 0.01 | 0.01 | 0.01 | 0.01 | 0.01 | 0.01 | 0.01 |
| | 12 | 0.64 | 0.83 | 0.90 | 0.94 | 0.96 | 0.97 | 0.97 | 0.97 | 0.99 | 0.99 | 0.99 | 0.99 | 0.10 | 0.17 | 0.06 | 0.06 | 0.04 | 0.03 | 0.03 | 0.03 | 0.01 | 0.01 | 0.01 | 0.01 |
| | 14 | 0.66 | 0.83 | 0.90 | 0.94 | 0.96 | 0.97 | 0.97 | 0.99 | 0.99 | 0.99 | 0.99 | 0.99 | 0.36 | 1.00 | 0.17 | 0.17 | 0.10 | 0.07 | 0.04 | 0.04 | 0.03 | 0.03 | 0.03 | 0.01 |
| | 16 | 0.66 | 0.84 | 0.91 | 0.94 | 0.96 | 0.97 | 0.97 | 0.99 | 0.99 | 0.99 | 0.99 | 0.99 | 1.00 | 1.00 | 1.00 | 1.00 | 0.36 | 0.17 | 0.10 | 0.07 | 0.04 | 0.04 | 0.04 | 0.03 |
| | 18 | 0.67 | 0.84 | 0.91 | 0.94 | 0.96 | 0.97 | 0.97 | 0.99 | 0.99 | 0.99 | 0.99 | 1.00 | 1.00 | 1.00 | 1.00 | 1.00 | 1.00 | 1.00 | 0.36 | 0.17 | 0.10 | 0.08 | 0.07 | 0.04 |
| B | 2 | 0.50 | 0.63 | 0.23 | 0.16 | 0.11 | 0.09 | 0.07 | 0.06 | 0.04 | 0.03 | 0.03 | 0.01 | 0.01 | 0.01 | 0.00 | 0.00 | 0.00 | 0.00 | 0.00 | 0.00 | 0.00 | 0.00 | 0.00 | 0.00 |
| | 4 | 0.50 | 0.64 | 0.73 | 0.79 | 0.34 | 0.24 | 0.19 | 0.14 | 0.10 | 0.09 | 0.06 | 0.04 | 0.04 | 0.03 | 0.01 | 0.01 | 0.01 | 0.01 | 0.01 | 0.00 | 0.00 | 0.00 | 0.00 | 0.00 |
| | 6 | 0.50 | 0.64 | 0.73 | 0.79 | 0.84 | 0.87 | 0.41 | 0.29 | 0.21 | 0.17 | 0.13 | 0.10 | 0.07 | 0.06 | 0.03 | 0.03 | 0.03 | 0.01 | 0.01 | 0.01 | 0.01 | 0.01 | 0.01 | 0.00 |
| | 8 | 0.50 | 0.64 | 0.73 | 0.79 | 0.84 | 0.87 | 0.90 | 0.93 | 0.44 | 0.31 | 0.24 | 0.19 | 0.14 | 0.11 | 0.07 | 0.07 | 0.06 | 0.04 | 0.03 | 0.03 | 0.01 | 0.01 | 0.01 | 0.01 |
| | 10 | 0.50 | 0.64 | 0.73 | 0.79 | 0.84 | 0.87 | 0.90 | 0.93 | 0.94 | 0.96 | 0.47 | 0.34 | 0.26 | 0.20 | 0.11 | 0.11 | 0.09 | 0.07 | 0.06 | 0.04 | 0.03 | 0.03 | 0.03 | 0.01 |
| | 12 | 0.51 | 0.66 | 0.73 | 0.80 | 0.84 | 0.89 | 0.91 | 0.93 | 0.94 | 0.96 | 0.97 | 0.97 | 0.49 | 0.34 | 0.20 | 0.20 | 0.16 | 0.11 | 0.09 | 0.07 | 0.06 | 0.05 | 0.04 | 0.03 |
| | 14 | 0.53 | 0.66 | 0.74 | 0.80 | 0.84 | 0.89 | 0.91 | 0.93 | 0.94 | 0.96 | 0.97 | 0.97 | 0.99 | 0.99 | 0.36 | 0.36 | 0.27 | 0.21 | 0.16 | 0.13 | 0.10 | 0.08 | 0.07 | 0.06 |
| | 16 | 0.56 | 0.69 | 0.76 | 0.91 | 0.86 | 0.89 | 0.91 | 0.93 | 0.94 | 0.96 | 0.97 | 0.97 | 0.99 | 0.99 | 0.99 | 0.99 | 0.50 | 0.36 | 0.27 | 0.21 | 0.16 | 0.14 | 0.13 | 0.10 |
| | 18 | 0.59 | 0.71 | 0.79 | 0.83 | 0.87 | 0.90 | 0.93 | 0.94 | 0.96 | 0.97 | 0.97 | 0.99 | 0.99 | 0.99 | 0.99 | 0.99 | 1.00 | 1.00 | 0.50 | 0.36 | 0.27 | 0.23 | 0.21 | 0.16 |
| C | 2 | 0.43 | 0.54 | 0.20 | 0.13 | 0.13 | 0.10 | 0.09 | 0.07 | 0.06 | 0.04 | 0.04 | 0.03 | 0.03 | 0.01 | 0.01 | 0.01 | 0.01 | 0.01 | 0.01 | 0.00 | 0.00 | 0.00 | 0.00 | 0.00 |
| | 4 | 0.43 | 0.54 | 0.63 | 0.33 | 0.33 | 0.26 | 0.20 | 0.17 | 0.14 | 0.11 | 0.09 | 0.07 | 0.06 | 0.04 | 0.03 | 0.03 | 0.03 | 0.03 | 0.01 | 0.01 | 0.01 | 0.01 | 0.01 | 0.01 |
| | 6 | 0.44 | 0.56 | 0.63 | 0.76 | 0.76 | 0.80 | 0.40 | 0.31 | 0.26 | 0.21 | 0.17 | 0.14 | 0.11 | 0.09 | 0.07 | 0.07 | 0.04 | 0.04 | 0.04 | 0.03 | 0.03 | 0.02 | 0.01 | 0.01 |
| | 8 | 0.44 | 0.56 | 0.64 | 0.76 | 0.76 | 0.80 | 0.84 | 0.87 | 0.46 | 0.37 | 0.30 | 0.24 | 0.20 | 0.13 | 0.11 | 0.11 | 0.07 | 0.07 | 0.06 | 0.06 | 0.04 | 0.03 | 0.03 | 0.03 |
| | 10 | 0.46 | 0.57 | 0.64 | 0.76 | 0.76 | 0.80 | 0.84 | 0.87 | 0.89 | 0.91 | 0.50 | 0.40 | 0.33 | 0.21 | 0.17 | 0.17 | 0.11 | 0.11 | 0.10 | 0.09 | 0.07 | 0.06 | 0.06 | 0.04 |
| | 12 | 0.47 | 0.59 | 0.66 | 0.77 | 0.77 | 0.81 | 0.84 | 0.87 | 0.90 | 0.91 | 0.93 | 0.94 | 0.53 | 0.34 | 0.27 | 0.27 | 0.19 | 0.19 | 0.16 | 0.13 | 0.10 | 0.09 | 0.09 | 0.07 |
| | 14 | 0.50 | 0.60 | 0.67 | 0.79 | 0.79 | 0.83 | 0.86 | 0.89 | 0.90 | 0.91 | 0.93 | 0.94 | 0.96 | 0.54 | 0.43 | 0.43 | 0.29 | 0.29 | 0.24 | 0.20 | 0.16 | 0.14 | 0.13 | 0.11 |
| | 16 | 0.54 | 0.63 | 0.70 | 0.80 | 0.80 | 0.84 | 0.87 | 0.89 | 0.91 | 0.93 | 0.94 | 0.94 | 0.96 | 0.97 | 0.97 | 0.97 | 0.44 | 0.44 | 0.36 | 0.30 | 0.24 | 0.22 | 0.20 | 0.16 |
| | 18 | 0.60 | 0.69 | 0.74 | 0.83 | 0.83 | 0.86 | 0.89 | 0.90 | 0.91 | 0.93 | 0.94 | 0.96 | 0.96 | 0.99 | 0.99 | 0.99 | 0.99 | 0.99 | 0.56 | 0.44 | 0.37 | 0.33 | 0.30 | 0.24 |
| D | 2 | 0.41 | 0.53 | 0.19 | 0.13 | 0.14 | 0.09 | 0.07 | 0.07 | 0.06 | 0.06 | 0.04 | 0.04 | 0.03 | 0.01. | 0.01 | 0.01 | 0.01 | 0.01 | 0.01 | 0.01 | 0.01 | 0.01 | 0.01 | 0.01 |
| | 4 | 0.43 | 0.53 | 0.60 | 0.66 | 0.29 | 0.23 | 0.19 | 0.16 | 0.14 | 0.11 | 0.10 | 0.09 | 0.07 | 0.04 | 0.04 | 0.04 | 0.04 | 0.04 | 0.03 | 0.03 | 0.03 | 0.02 | 0.01 | 0.01 |
| | 6 | 0.44 | 0.54 | 0.61 | 0.67 | 0.71 | 0.76 | 0.37 | 0.29 | 0.24 | 0.21 | 0.19 | 0.16 | 0.13 | 0.09 | 0.09 | 0.09 | 0.07 | 0.07 | 0.06 | 0.04 | 0.04 | 0.04 | 0.04 | 0.03 |
| | 8 | 0.46 | 0.56 | 0.63 | 0.67 | 0.71 | 0.76 | 0.79 | 0.81 | 0.43 | 0.34 | 0.29 | 0.24 | 0.21 | 0.14 | 0.14 | 0.14 | 0.10 | 0.10 | 0.09 | 0.07 | 0.07 | 0.06 | 0.06 | 0.06 |
| | 10 | 0.47 | 0.57 | 0.64 | 0.69 | 0.73 | 0.77 | 0.80 | 0.83 | 0.84 | 0.87 | 0.47 | 0.39 | 0.31 | 0.20 | 0.20 | 0.20 | 0.16 | 0.16 | 0.13 | 0.11 | 0.10. | 0.09 | 0.09 | 0.07 |
| | 12 | 0.50 | 0.59 | 0.66 | 0.70 | 0.74 | 0.77 | 0.81 | 0.83 | 0.86 | 0.87 | 0.89 | 0.90 | 0.50 | 0.30 | 0.30 | 0.30 | 0.23 | 0.23 | 0.19 | 0.17 | 0.14 | 0.13 | 0.13 | 0.11 |
| | 14 | 0.53 | 0.64 | 0.69 | 0.73 | 0.76 | 0.80 | 0.83 | 0.84 | 0.87 | 0.89 | 0.90 | 0.91 | 0.93 | 0.43 | 0.43 | 0.43 | 0.31 | 0.31 | 0.27 | 0.23 | 0.20 | 0.18 | 0.17 | 0.16 |
| | 16 | 0.57 | 0.66 | 0.71 | 0.76 | 0.79 | 0.81 | 0.84 | 0.86 | 0.89 | 0.90 | 0.91 | 0.93 | 0.93 | 0.96 | 0.96 | 0.96 | 0.44 | 0.44 | 0.37 | 0.33 | 0.29 | 0.26 | 0.24 | 0.21 |
| | 18 | 0.63 | 0.71 | 0.76 | 0.79 | 0.81 | 0.84 | 0.87 | 0.89 | 0.90 | 0.91 | 0.93 | 0.93 | 0.94 | 0.96 | 0.96 | 0.96 | 0.97 | 0.97 | 0.56 | 0.46 | 0.39 | 0.38 | 0.33 | 0.29 |

【주】 존유형은 별표 2-4 A~E에서 확인한다.

④ 식 (2-24)에 의해 계산한다.

$$q_{ES} = (SHG_A) \cdot (CLF) \quad \cdots\cdots (2\text{-}24)$$

여기서, $SHG_A$ : 기기로부터 발열량[W](표 2-14)

$CLF$ : 기기로부터 냉방부하계수(표 2-11, 2-15)

**예제 2-7**

단층 건물 내에 500W를 발열하는 PC 40대가 있을 때 컴퓨터로부터의 냉방부하를 구하시오.

단, 건물 : 단층, 외벽수 : 1개, 바닥마감 : 비닐, 칸막이 : 석고보드, 내부차폐 : 전부 차폐를 하며, PC는 6시간 연속 사용하며, 가동 후 5시간 경과된 시각을 기준으로 한다.

**풀이**

i ) PC로부터의 발열량을 구한다.

$SHG_{A=}$ $600 \times 40 = 24{,}000\text{W}$

ii) 별표 2-4 B의 매개변수를 적용하여 존 유형을 C로 정한다.

iii) 표 2-11의 존 유형 C에 매개변수로서 6시간 가동, 5시간의 경과 시간을 적용하여 냉방부하계수 $CLF$를 0.83으로 정한다.

iv) 식 (2-24)에 의해 냉방부하를 계산한다.

$q_{ES} = (SHG_A) \cdot (CLF) = 24{,}000 \times 0.83 = 19{,}920\text{W} \fallingdotseq 20\text{ kW}$

## [8] 틈새바람 부하 $q_I$[W]

출입문의 개폐시나 창틈을 통해 들어오는 외기로 인한 냉방부하는 실내 부하가 되며, 틈새바람 부하량 $q_I$[W]는 온도차에 의한 현열부하 $q_{IS}$[W]와, 습도차에 의한 잠열부하 $q_{IL}$[W]로서 다음과 같이 구한다.

한편, 근래에는 창문의 기밀이 강화되어 있고, 공조기에 도입되는 외기량이 틈새바람량보다 많은 경우에는 틈새바람에 의한 공조부하를 제외하는 것이 일반적이다.

$$q_I = q_{IS} + q_{IL} \quad \cdots\cdots (2\text{-}25)$$

$$q_{IS} = 0.34\,Q_I(t_o - t_r) \quad \cdots\cdots (2\text{-}26)$$

$$q_{IL} = 834\,Q_I(x_o - x_r) \quad \cdots\cdots (2\text{-}27)$$

여기서, 0.34 : 단위환산계수($\rho = 1.2\text{kg/m}^3$, $C_P = 1.01[\text{kJ/kg}\cdot\text{K}]$ 적용)

$$1.2 \times 1.01\left(\frac{1,000}{3,600}\right) \fallingdotseq 0.34$$

834 : 단위환산계수(0℃에서 물의 증발잠열 $\gamma$ = 2,501kJ/kg 적용)

$$1.2 \times 2,501\left(\frac{1,000}{3,600}\right) \fallingdotseq 836$$

$t_o$, $t_r$ : 외기 및 실내공기의 설계온도[℃]

$x_o$, $x_r$ : 외기 및 실내공기의 절대습도[kg/kg′]

$Q_I$ : 틈새공기량[$\text{m}^3$/h]

1 W : 1J/s

한편, 틈새공기량 $Q_I$[$\text{m}^3$/h]는 다음과 같이 구한다.

$$q_I = n \cdot V \quad \cdots\cdots (2\text{-}28)$$

여기서, $n$ : 환기횟수[회/h](표 2-16, 2-17)

$V$ : 실의 체적[$\text{m}^3$]

표 2-16 ▸ 실의 종류별 환기횟수 $n$[회/h]

| 실의 종류 | 환기횟수($n$) | 실의 종류 | 환기횟수($n$) |
|---|---|---|---|
| 1면이 외기에 접하고 창 또는 문이 있는 경우 | 1 | 외기에 접하는 창·문이 없는 경우 | 1/2~3/4 |
| 2면이 외기에 접하고 창 또는 문이 있는 경우 | 1.5 | 현 관 | 2~3 |
| 3면이 외기에 접하고 창 또는 문이 있는 경우 | 2 | 응접실 | 2 |
| 4면이 외기에 접하고 창 또는 문이 있는 경우 | 2 | 욕 실 | 2 |

표 2-17 ▸ 실의 용적기준 환기횟수 $n$[회/h]

| 실용적[$\text{m}^3$] | 500 미만 | 500~1,000 | 1,000~1,500 | 1,500~2,000 | 2,000~2,500 | 2,500~3,000 | 3,000~이상 |
|---|---|---|---|---|---|---|---|
| 환기횟수 $n$[회/h] | 0.7 | 0.6 | 0.55 | 0.5 | 0.42 | 0.4 | 0.35 |

## [9] 외기부하 $q_F$[W]

외기부하는 실내 공기의 오염을 희석시키기 위하여 공조기로 도입되는 외기로 인하여 발생하는 부하량으로서, 환기부하라고도 하며, 식 (2-29)와 같이 현열량과 잠열량으로 구성된다.

외기량 $Q_F$[m³/h]는 표 2-18을 적용할 수 있으며, 일반 공조에서는 개략적으로 실내로 공급되는 풍량의 20~30 % 정도를 적용한다. 한편 대상 실에 화장실, 주방 등의 국소환기가 있는 경우에는 계산 결과와 비교하여 많은 쪽을 택한다.

$$q_F = q_{FS} + q_{FL} \quad \cdots\cdots (2\text{-}29)$$

$$q_{FS} = 0.34\,Q_F(t_o - t_r) \quad \cdots\cdots (2\text{-}30)$$

$$q_{FL} = 834\,Q_F(x_o - x_r) \quad \cdots\cdots (2\text{-}31)$$

여기서, 0.34 : 단위환산계수

834 : 단위환산계수

$t_o$, $t_r$ : 실외 및 실내공기의 설계온도[℃]

$x_o$, $x_r$ : 실외 및 실내공기의 절대습도[kg/kg′]

$Q_F$ : 환기량[m³/h]

표 2-18 ▸ 바닥면적당 필요 외기량[m³/m²· h]

| 구 분 | 사무실 | 음식점<br>백화점 | 회의실 | 극장<br>(관객석) | 아파트 · 주택<br>호텔(객실) | 로비 · 홀 |
|---|---|---|---|---|---|---|
| 권장치 | 5 | 10 | 15 | 25 | 3 | 5 |
| 최소치 | 3 | 8 | 10 | 17 | 2 | 3 |

**예제 2-8**

바닥면적 1,000 m²인 사무실을 공조기로 냉방할 때 i) 도입 외기량, ii) 현열부하, iii) 잠열부하, iv) 전열부하를 구하시오.

단, 외기의 건구온도 : 31.2 ℃, 절대습도 : 0.0180 kg/kg′, 실내공기의 건구온도 : 26 ℃, 절대습도 0.0105 kg/kg′이다.

**풀이**

i) 도입 외기량은 표 2-18에 의해 권장치를 적용하면

$$Q_F = 5 \times 1{,}000 = 5{,}000\text{m}^3/\text{h}$$

ii) 현열부하는 식 (2-30)에 의해

$$q_{FS} = 0.34\,Q_F\,(t_o - t_r) = 0.34 \times 5{,}000\,(31.2 - 26) = 8{,}840\,\text{W}$$

iii) 잠열부하는 식 (2-31)에 의해

$$q_{FL} = 834\,Q_F\,(x_o - x_r) = 834 \times, 5{,}000\,(0.0180 - 0.0105) \fallingdotseq 31{,}275\,\text{W}$$

iv) 전열부하는 식 (2-29)에 의해

$$q_F = q_{FS} + q_{FL} = 8{,}840 + 31{,}275 = 40{,}115\,\text{W} \fallingdotseq 40\,\text{kW}$$

### [10] 송풍기와 덕트로부터의 취득열량

송풍기가 공기를 압축하는 과정에서 송풍기의 발생열이 급기로 전달되고, 급기 덕트가 비공조 공간에 배치된 경우에도 덕트를 통해 열취득이 된다.

이와 같은 원인으로 인한 취득열량의 계산은 매우 복잡하므로 개략적으로 산출할 때는 실내 취득 현열량의 15 % 정도로 한다.

## 2-4 난방부하

### [1] 개 요

우리나라의 기후는 겨울철에 한랭 · 건조하기 때문에 가열과 가습을 한다. 난방부하는 실의 열손실, 도입 외기에 의한 열손실, 덕트나 배관으로부터의 열손실 등을 모두 포함한다.

난방부하는 공기조화설비를 구성하는 가열기, 각종 방열기, 가습기, 송풍기, 펌프, 배관 및 덕트, 보일러 등의 각종 기기를 선정하는데 활용된다.

### [2] 난방부하의 발생 요인

난방부하의 요소들은 표 2-19와 같으며, 냉방부하에 비교하면 간단하다.

그 원인은 실내로부터 손실열량은 난방부하가 되지만 일사열량이나 인체발생열, 조명기구나 각종 기기 등의 발생열은 난방부하를 감소시키므로 부하계산에 포함시키지 않는다.

그러나 고층건물과 같이 유리창이 많아서 일사량이 많거나 재실인원 및 열발생 기기가 많은 경우는 실내부하에서 차감시켜야 한다.

표 2-19 ▸ 난방부하의 종류와 발생요인

| 부하의 종류 | 부하의 발생 요인 | 현 열 | 잠 열 |
|---|---|---|---|
| 실내 손실열량 | 외벽, 창유리, 지붕, 내벽, 바닥 | ○ | |
| | 틈 새 바 람 | ○ | ○ |
| 장치 손실열량 | 덕 트 | ○ | |
| 외 기 부 하 | 환 기 | ○ | ○ |

## 2-5 난방부하 계산

### [1] 외벽, 지붕, 바닥, 유리창을 통한 관류부하 $q_W$[W]

외기와 직접 접하고 있는 외벽 등을 통한 현열손실로서, 벽체의 열관류율과 실내·외 설계 온도차 및 방위계수를 적용하여 식 (2-32)와 같이 계산한다.

$$q_W = K \cdot A(t_r - t_o)k \quad \cdots\cdots (2\text{-}32)$$

한편, 대기복사에 의한 외기온도 보정을 하는 경우 ;

$$q_W = K \cdot A(t_r - t_o - \Delta t_a)k \quad \cdots\cdots (2\text{-}33)$$

여기서, $K$ : 외벽, 지붕, 바닥, 유리창의 열관류율[W/m$^2$·K] (K = 1/R)
$A$ : 외벽, 지붕, 바닥, 유리창의 면적[m$^2$]
$t_r$, $t_o$ : 실내 및 외기 설계온도[℃](표 1-4, 1-8)
$k$ : 방위계수(표 2-20)
$\Delta t_a$ : 대기복사에 의한 외기온도에 대한 보정온도[℃](표 2-21)

표 2-20 ▸ 방위계수

| 방 위 | N, NW, W | SE, E, NE, SW | S |
|---|---|---|---|
| $k$ | 1.1 | 1.05 | 1.0 |

표 2-21 ▸ 대기 복사에 의한 외기 온도의 보정 $\Delta t_a$[℃]

| | | |
|---|---|---|
| 외벽 및 창 | 3층 이하 | $\Delta t_a = 0$ |
| | 4~9층 { 주위에 건물이 있을 때 | 0 |
| | 4~9층 { 주위가 개방되어 있을 때 | 2 |
| | 9층 이상일 때 | 3 |
| 지붕 및 천장 | 지붕 구배 : 5/10 이상 | 4 |
| | 지붕 구배 : 5/10 이하 | 6 |
| 바닥, 내벽 | | 0 |

**예제 2-9**

15층에 위치한 실의 외벽이 북측에 위치할 때 난방시 벽체로부터의 손실열량을 구하시오. 단, 벽체의 면적은 60 m², 열관류율은 0.47W/m²·K이며, 실내온도 22 ℃, 외기온도는 −5 ℃이며, 복사성분을 고려한다.

**풀이**

식 (2-33) 및 표 1-20, 1-21에 의해

$$q_W = K \cdot A(t_r - t_o - \Delta t_a)k$$
$$= 0.47 \times 60 \times \{22 - (-5) - 3\} \times 1.1 \fallingdotseq 744.5\,\mathrm{W}$$

## [2] 칸막이, 천장, 바닥을 통한 관류부하 $q_W$[W]

직접 외기와 접하지 않고, 온도차가 있는 인접실이나 복도 등과 접하고 있는 칸막이벽, 천장, 바닥 등을 통한 현열손실로 인한 관류부하는 다음과 같다.

$$q_W = K \cdot A(t_r - t) \quad \cdots\cdots (2\text{-}34)$$

여기서, $K$ : 칸막이, 천장, 바닥의 열관류율[W/m²·K]

$A$ : 칸막이, 천장, 바닥의 면적[m²]

$t_r$, $t$ : 실내 및 인접실 또는 공간의 온도[℃]

## [3] 지면에 접하는 바닥 콘크리트나 지중벽을 통한 관류부하 $q_W$[W]

냉방부하의 계산시 지면과 접하는 벽 또는 바닥으로부터 취득열량은 일반적으로 고려하지 않지만 난방부하를 계산할 때는 다음의 계산 식으로 손실열량 $q_W$[W]를 구한다.

(1) 지상 0.6m~지하 2.4m까지

지상 0.6m 이상은 식 (2-32, 33)에 의해 계산되지만 지상 0.6m에서 지하 2.4m까지는 몇 개의 구간으로 나누어 다음 계산 식에 의한다.

$$q_w = k_p \cdot l_p (t_r - t_o) \quad \cdots\cdots (2\text{-}35)$$

여기서, $k_p$ : 표 2-22의 열손실량[W/m·K]

$l_p$ : 지하 벽체의 길이[m]

$t_r$, $t_o$ : 실내·외의 온도[℃]

표 2-22▸ 지하실 벽체의 구간별 손실열량 $k_p$[W/m·K]

| 구간별[m] | 지면에서 지상 0.6 m까지 | 지 면 | 지면에서 지하 0.6 m까지 | 지면에서 지하 1.2 m까지 | 지면에서 지하 1.8 m까지 | 지면에서 지하 2.4 m까지 |
|---|---|---|---|---|---|---|
| [W/m· K] | 1.56 | 1.00 | 1.30 | 1.56 | 1.81 | 2.01 |

(2) 지하 2.4m 이하인 경우

지하 2.4m 이하인 벽체나 바닥으로부터 손실열량은 다음과 같이 열관류의 형식으로 계산된다.

$$q_w = K \cdot A (t_r - t_g) \quad \cdots\cdots (2\text{-}36)$$

여기서, $A$ : 벽체 및 바닥의 면적[$m^2$]

$t_r$ : 실내온도[℃]

$t_g$ : 지중온도[℃](부록)

$K$ : 바닥 및 지하 2.4m 이하의 벽에 대한 열관류율[W/$m^2$·K](바닥은 0.284 W/$m^2$·K로, 벽은 0.455 W/$m^2$·K를 일반적으로 적용한다.)

예제 2-13

서울지방의 경우에 다음 그림과 같은 지하실의 한쪽벽에 대한 손실열량을 구하시오. 단, 실내온도는 20 ℃, 외기온은 − 12.7 ℃로 한다.

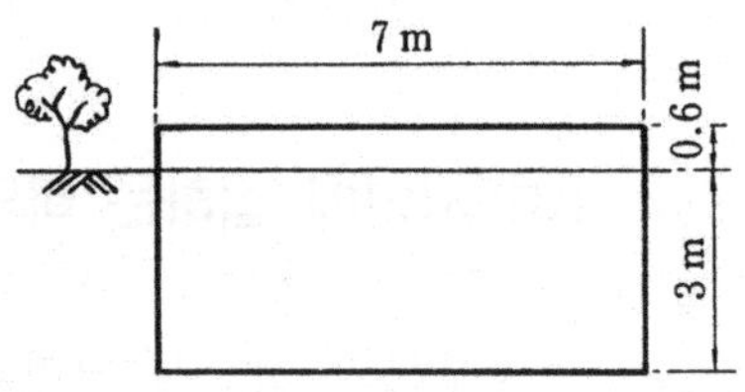

풀이

지상 0.6m에서 지하 2.4m까지는 식 (2-35)로, 지하 2.4 m 이하는 식 (2-36)에 의하며, 지중온도는 부록에 의해 1월달의 경우로 하면 13.1 ℃이다.

i ) 지상 0～0.6m 까지

$$q_{w1} = k_p \cdot l_p (t_r - t_o) = 1.56 \times 7 \times \{20 - (-12.7)\} \fallingdotseq 357.1\text{W}$$

ii) 지하 0～2.4m 까지

$$q_{w2} = K \cdot A (t_r - t_g) = 2.01 \times 7 \times \{20 - (-12.7)\} \fallingdotseq 460.1\text{W}$$

iii) 지하 2.4～3.0m까지

$$q_{w3} = K \cdot A (t_r - t_g)$$
$$= 0.455 \times (0.6 \times 7) \times (20 - 13.1) \fallingdotseq 13.2\text{W}$$

따라서 총 손실열량 $q_w$[W]는

$$q_w = q_{w1} + q_{w2} + q_{w3}$$
$$= 357.1 + 460.1 + 13.2 = 830.4\text{W}$$

## [4] 틈새바람에 의한 외기부하 $q_I$[W]

고층건물에서 1층의 경우는 로비를 통한 틈새바람이 많지만, 2층 이상은 창문의 기밀이 잘 되어 있을 경우는 일반적으로 고려하지 않는다.

틈새바람에 의한 부하 $q_I$[W]는 창문의 틈새나 출입문을 통해 들어오는 외기를 실내 공기의 상태까지 가열하기 위한 현열부하 $q_{IS}$[W]와, 가습을 위한 잠열량 $q_{IL}$[W]로 구분되며 다음과 같이 계산된다.

$$q_I = q_{IS} + q_{IL} \quad \cdots\cdots (2\text{-}37)$$

$$q_{IS} = 0.34 q_I (t_r - t_o) \quad \cdots\cdots (2\text{-}38)$$

$$q_{IL} = 834 q_I (x_r - x_o) \quad \cdots\cdots (2\text{-}39)$$

여기서, 0.34 : 단위환산계수

834 : 단위환산계수

$Q_I$ : 틈새바람에 의한 외기량[$m^3$/h]

$t_r$, $t_o$ : 실내 및 외기의 설계온도

$x_r$, $x_o$ : 실내 및 외기의 절대습도[kg/kg′]

### [5] 도입외기에 의한 외기부하 $q_F$[W]

틈새바람은 실내로 직접 들어오는 것에 비해 도입외기는 실내공기의 청정을 위해 공조기를 통해 인위적으로 유입하며, 부하계산 형식은 틈새바람의 경우와 같다.

여기서, 단위면적 $1m^2$당 외기 도입 외기량은 일반적으로 표 2-18과 같다.

$$q_F = q_{FS} + q_{FL} \quad \text{(2-40)}$$

$$q_{FS} = 0.34 Q_F (t_r - t_o) \quad \text{(2-41)}$$

$$q_{FL} = 834 Q_F (x_r - x_o) \quad \text{(2-42)}$$

여기서, 0.34 : 단위환산계수

834 : 단위환산계수

$Q_F$ : 도입 외기량[$m^3/h$]

$t_r$, $t_o$ : 실내 및 외기의 설계온도[℃]

$x_r$, $x_o$ : 실내 및 외기의 절대습도[kg/kg′]

### [6] 장치로부터의 손실열량

비공조 공간을 통과하는 덕트나 배관 등의 손실열량과 안전율을 감안하여 난방 장치로부터 손실열량은 실내 현열부하에 10 %를 가산한다.

그러나 인체와 조명부하 및 기기부하를 고려하지 않았으므로 무시하는 경향이 많다.

## 2-6 냉 · 난방부하의 개략값

건축물을 용도별로 냉 · 난방 부하를 계산하면 단위면적당 부하량[$W/m^2$]은 일반적으로 표 2-23의 범위 내에 있게 된다.

따라서 계산 결과를 이 표의 값과 비교하여 많은 차이가 있으면 계산 과정을 재검토한다.

표 2-23 ▸ 냉 · 난방 부하의 개략값[W/m$^2$]

| 건물의 종류 | 용도 등 | 냉방부하[W/m$^2$] | 난방부하[W/m$^2$] |
|---|---|---|---|
| 사 무 소 건 물 | 저 층 | 81~151 | 81~128 |
| | 고 층 | 116~198 | 116~223 |
| 주 택, 아 파 트 | 남 향 | 221~291 | 116~174 |
| | 북 향 | 163~233 | 151~203 |
| 극 장, 공 연 장 | 객 석 | 523~640 | 456~523 |
| | 무 대 | 116~174 | 221~276 |
| 백 화 점 | 1층 매 장 | 407~464 | 58~116 |
| | 일 반 매 장 | 302~407 | 58~105 |
| 호 텔 | 객 실, 로 비 | 81~186 | 116~163 |
| 병 원 | 병 실 | 93~105 | 116~174 |
| | 진 료 실 | 174~256 | 128~174 |
| | 수 술 실 | 345~768 | 465~930 |
| | 검 사 실 | 174~384 | 151~279 |

## 2-7 상당외기온도차(*ETD*)를 이용한 냉방부하 계산법

지금까지의 냉방부하 계산법은 *CLTD*/*CLF*/*SCL*법으로서 건물 구조체의 축열 성능을 고려하여 적용하였다.

즉 일사를 받는 지붕이나 외벽 및 유리의 관류부하를 구할 때는 *CLTD*를 적용하고, 유리의 일사부하는 *SCL*을, 인체 및 실내에서 발열되는 각종 기기부하에는 *CLF*를 적용했다.

냉방부하를 계산할 때 다른 한 방법으로서 상당외기온도차(*ETD* : Equivalent Temperature Difference)를 사용하는 방법이 있다.

이 방법은 일사를 받는 지붕이나 외벽의 경우에 일사의 영향으로 벽 외부의 온도가 상승되는데 이 온도를 상당외기온도라 하며, 실내 온도와 상당외기온도의 차이를 상당외기온도차 *ETD*라고 정의한다.

따라서 일사를 받는 지붕이나 외벽의 관류부하를 계산할 때 상당외기온도차를 적용한다.

또한 유리의 일사부하의 계산은 표준일사량 중 투과량과 유리에 흡수되어 실내로 대류형식으로 전달되는 성분을 실내부하로 계산한다.

냉방부하 계산법으로 $CLTD/CLF/SCL$법과 $ETD$법의 계산식을 요약하면 표 2-24와 같다.

표 2-24 ▸ $CLTD/CLF/SCL$법과 $ETD$법의 비교

| 구 분 | $CLTD/CLF/SCL$법 | $ETD$법 |
|---|---|---|
| 일사를 받는 지붕, 벽의 관류부하 | $q_W = K \cdot A(CLTD)$ | $q_W = K \cdot A(ETD)$ |
| 칸막이, 천장, 바닥의 관류부하 | $q_W = K \cdot A \cdot \Delta t$ | 좌 동 |
| 유리의 관류부하 | $q_{GT} = K \cdot A(CLTD)$ | $q_{GT} = K \cdot A \cdot \Delta t$ |
| 유리의 일사부하 | $q_{GR} = A(SC) \cdot (SCL)$ | $q_{GR} = A(SC) \cdot (SSG)$ |
| 인체부하 | $q_{HS} = N(SHG_H) \cdot (CLF)$<br>$q_{HL} = N(LHG_H) \cdot (CLF)$ | $q_{HS} = N(SHG_H)$<br>$q_{HL} = N(LHG_H)$ |
| 조명기구 부하 | $q_{EL} = (SHG_{EL}) \cdot (CLF)$ | $q_{EL} = SHG_{EL}$ |
| 동력 및 기계부하 | $q_P = SHG_P(CLF)$ | $q_P = SHG_P$ |
| 기기 부하 | $q_A = (SHG_A) \cdot (CLF)$ | $q_A = SHG_A$ |
| 틈새바람 부하 | $q_{IS} = 0.34Q_I(t_r - t_o)$<br>$q_{IL} = 834Q_I(x_r - x_o)$ | 좌 동 |
| 환기부하 | $q_{FS} = 0.34Q_F(t_o - t_r)$<br>$q_{FL} = 834Q_F(x_o - x_r)$ | 좌 동 |

$CLTD$ : 냉방부하온도차[℃]
$CLF$ : 냉방부하계수
$SCL$ : 일사냉방부하[W/m²]
$SC$ : 차폐계수
$ETD$ : 상당외기온도차[℃]
$SSG$ : 표준일사취득량[W/m²]
$K$ : 구조체의 열관류율[W/m² · K]
$A$ : 면적[m²]
$\Delta t$ : 온도차[℃]
$N$ : 인원수[인]
$SHG_H$ : 인체 현열발열량[W/인]
$LHG_H$ : 인체 잠열발열량[W/인]
$SHG_{EL}$ : 조명기구 취득열량[W]
$SHG_P$ : 동력기기 취득열량[W]
$SHQ_A$ : 기기 취득열량[W]
$Q_I, Q_F$ : 틈새바람, 환기량[m³/h]
$t_r$, $t_o$ : 실내, 외기 설계온도[℃]
$x_r$, $x_o$ : 실내, 외기절대습도[kg/kg]

별표 2-1 ▸ 표 2-2에서 사용된 지붕번호

| 중량체** 위치 | 반 자 | $R[m^2 \cdot K/W]$ $R=1/K$ | B7 (나무 25mm) | C12(중량 콘크리트 50mm) | A3 (철제 데크) | attic-ceiling 조합 |
|---|---|---|---|---|---|---|
| 단열재 내부에 중량체 | 무 | 0 ~0.9 | * | 2 | * | * |
| | | 0.9~1.8 | * | 2 | * | * |
| | | 1.8~2.6 | * | 4 | * | * |
| | | 2.6~3.5 | * | 4 | * | * |
| | | 3.5~4.4 | * | 5 | * | * |
| | | 4.4~5.3 | * | * | * | * |
| | 유 | 0 ~0.9 | * | 5 | * | * |
| | | 0.9~1.8 | * | 8 | * | * |
| | | 1.8~2.6 | * | 13 | * | * |
| | | 2.6~3.5 | * | 13 | * | * |
| | | 3.5~4.4 | * | 14 | * | * |
| | | 4.4~5.3 | * | * | * | * |
| 균일하게 위치한 중량재 | 무 | 0 ~0.9 | 1 | 2 | 1 | 1 |
| | | 0.9~1.8 | 2 | * | 1 | 2 |
| | | 1.8~2.6 | 2 | * | 1 | 2 |
| | | 2.6~3.5 | 4 | * | 2 | 2 |
| | | 3.5~4.4 | 4 | * | 2 | 4 |
| | | 4.4~5.3 | * | * | * | * |
| | 유 | 0 ~0.9 | * | 3 | 1 | * |
| | | 0.9~1.8 | 4 | * | 1 | * |
| | | 1.8~2.6 | 5 | * | 2 | * |
| | | 2.6~3.5 | 9 | * | 2 | * |
| | | 3.5~4.4 | 10 | * | 4 | * |
| | | 4.4~5.3 | 10 | * | * | * |
| 단열재 외부에 중량체 | 무 | 0 ~0.9 | * | 2 | * | * |
| | | 0.9~1.8 | * | 3 | * | * |
| | | 1.8~2.6 | * | 4 | * | * |
| | | 2.6~3.5 | * | 5 | * | * |
| | | 3.5~4.4 | * | 5 | * | * |
| | | 4.4~5.3 | * | * | * | * |
| | 유 | 0 ~0.9 | * | 3 | * | * |
| | | 0.9~1.8 | * | 3 | * | * |
| | | 1.8~2.6 | * | 4 | * | * |
| | | 2.6~3.5 | * | 5 | * | * |
| | | 3.5~4.4 | * | * | * | * |
| | | 4.4~5.3 | * | * | * | * |

【주】 * 주어진 매개변수의 조합으로 지붕 구성은 불가능함

** 50 mm 콘크리트는 중량구조체로 간주함

별표 2-2A ▸ 표 2-3을 위한 중량체가 단열재 내부에 위치한 벽의 유형

| 2차 재료 | $R[m^2 \cdot K/W]$ $R=1/K$ | 주요 벽 재료** | | | | | | | | | | | | | | |
|---|---|---|---|---|---|---|---|---|---|---|---|---|---|---|---|---|
| | | A1 | A2 | B7 | B10 | B9 | C1 | C2 | C3 | C4 | C5 | C6 | C7 | C8 | C17 | C18 |
| 스터코 혹은 플라스터 | 0~0.35 | * | * | * | * | * | * | * | * | * | * | * | * | * | * | * |
| | 0.35~0.44 | * | 5 | * | * | * | * | * | * | * | 5 | * | * | * | * | * |
| | 0.44~0.53 | * | 5 | * | * | * | 3 | * | * | 5 | 6 | * | * | 5 | * | * |
| | 0.53~0.62 | * | 5 | * | * | * | 4 | 2 | 2 | 5 | 6 | * | * | 6 | * | * |
| | 0.62~0.70 | * | 5 | * | * | * | 4 | 2 | 2 | 6 | 6 | 10 | 4 | 6 | * | 5 |
| | 0.70~0.84 | * | 6 | * | * | * | 5 | 2 | 2 | 6 | 6 | 11 | 5 | 10 | * | 10 |
| | 0.84~0.97 | * | 6 | * | * | * | 5 | 2 | 2 | 6 | 6 | 11 | 5 | 10 | * | 10 |
| | 0.97~1.14 | * | 6 | * | * | * | 5 | 2 | 2 | 10 | 7 | 12 | 5 | 11 | * | 10 |
| | 1.14~1.36 | * | 6 | * | * | * | 5 | 4 | 4 | 11 | 7 | 16 | 10 | 11 | * | 11 |
| | 1.36~1.59 | * | 6 | * | * | * | 5 | 4 | 4 | 11 | 7 | * | 10 | 11 | * | 11 |
| | 1.59~1.89 | * | 6 | * | * | * | 5 | 4 | 4 | 11 | 7 | * | 10 | 11 | 4 | 11 |
| | 1.89~2.24 | * | 6 | * | * | * | 5 | 4 | 4 | 11 | 11 | * | 10 | 11 | 4 | 11 |
| | 2.24~2.64 | * | 10 | * | * | * | 10 | 4 | 4 | 11 | 11 | * | 10 | 11 | 9 | 12 |
| | 2.64~3.08 | * | 10 | * | * | * | 10 | 5 | 5 | 11 | 11 | * | 11 | 12 | 10 | 16 |
| | 3.08~3.52 | * | 11 | * | * | * | 10 | 5 | 5 | 11 | 11 | * | 15 | 16 | 10 | 16 |
| | 3.52~4.05 | * | 11 | * | * | * | 10 | 9 | 9 | 16 | 11 | * | 15 | 16 | 10 | 16 |
| | 4.05~4.76 | * | * | * | * | * | * | * | * | * | * | * | 16 | * | 15 | * |
| 철제 혹은 다른 경량 사이딩 | 0~0.35 | * | * | * | * | * | * | * | * | * | * | * | * | * | * | * |
| | 0.35~0.44 | * | 3 | * | * | * | * | * | 2 | 3 | 5 | * | * | * | * | * |
| | 0.44~0.53 | * | 5 | * | * | * | 2 | * | 2 | 5 | 3 | * | * | 5 | * | * |
| | 0.53~0.62 | * | 5 | * | * | * | 3 | 1 | 2 | 5 | 5 | * | * | 5 | * | * |
| | 0.62~0.70 | * | 5 | * | * | * | 3 | 2 | 2 | 5 | 5 | 6 | 3 | 5 | * | 5 |
| | 0.70~0.84 | * | 6 | * | * | * | 4 | 2 | 2 | 5 | 5 | 10 | 4 | 6 | * | 5 |
| | 0.84~0.97 | * | 6 | * | * | * | 5 | 2 | 2 | 6 | 6 | 11 | 5 | 6 | * | 6 |
| | 0.97~1.14 | * | 6 | * | * | * | 5 | 2 | 3 | 6 | 6 | 11 | 5 | 6 | * | 6 |
| | 1.14~1.36 | * | 6 | * | * | * | 5 | 2 | 3 | 6 | 6 | 11 | 5 | 6 | * | 10 |
| | 1.36~1.59 | * | 6 | * | * | * | 5 | 2 | 3 | 6 | 6 | 12 | 5 | 6 | * | 11 |
| | 1.59~1.89 | * | 6 | * | * | * | 5 | 2 | 3 | 6 | 6 | 12 | 5 | 6 | 4 | 11 |
| | 1.89~2.24 | * | 6 | * | * | * | 5 | 2 | 3 | 6 | 7 | 12 | 6 | 11 | 4 | 11 |
| | 2.24~2.64 | * | 6 | * | * | * | 5 | 2 | 4 | 6 | 7 | 12 | 10 | 11 | 5 | 11 |
| | 2.64~3.08 | * | 10 | * | * | * | 6 | 4 | 4 | 10 | 7 | * | 10 | 11 | 9 | 11 |
| | 3.08~3.52 | * | 10 | * | * | * | 10 | 4 | 4 | 10 | 11 | * | 10 | 11 | 10 | 11 |
| | 3.52~4.05 | * | 11 | * | * | * | 10 | 4 | 5 | 11 | 11 | * | 10 | 11 | 10 | 16 |
| | 4.05~4.76 | * | * | * | * | * | * | * | * | * | * | * | 10 | * | 11 | 16 |
| 치장벽돌 | 0~0.35 | * | * | * | * | * | * | * | * | * | * | * | * | * | * | * |
| | 0.35~0.44 | 3 | * | * | * | * | * | * | * | * | 11 | * | * | * | * | * |
| | 0.44~0.53 | 5 | 11 | * | * | * | * | * | 6 | 11 | 12 | * | * | * | * | * |
| | 0.53~0.62 | 5 | 12 | 5 | * | * | 11 | * | 11 | 12 | 12 | * | * | 12 | * | * |
| | 0.62~0.70 | 5 | 12 | 6 | * | * | 12 | 6 | 12 | 12 | 13 | * | * | 12 | * | * |
| | 0.70~0.84 | 6 | 13 | 6 | 10 | * | 13 | 10 | 12 | 12 | 13 | * | 11 | * | * | 16 |
| | 0.84~0.97 | 6 | 13 | 6 | 11 | * | * | 11 | 12 | 13 | 13 | * | 16 | * | * | * |
| | 0.97~1.14 | 6 | 13 | 6 | 11 | * | * | 11 | 12 | 13 | 13 | * | * | * | * | * |
| | 1.14~1.36 | 6 | 13 | 6 | 11 | * | * | 11 | 13 | * | 13 | * | * | * | * | * |
| | 1.36~1.59 | 6 | 13 | 10 | 16 | * | * | 11 | 13 | * | 13 | * | * | * | * | * |
| | 1.59~1.89 | 6 | 14 | 10 | 16 | * | * | 11 | 13 | * | 14 | * | * | * | 16 | * |
| | 1.89~2.24 | 6 | 14 | 10 | 16 | * | * | 11 | 13 | * | 14 | * | * | * | 16 | * |
| | 2.24~2.64 | 6 | * | 11 | 16 | * | * | 12 | 13 | * | * | * | * | * | * | * |
| | 2.64~3.08 | 10 | * | 11 | * | * | * | 12 | 13 | * | * | * | * | * | * | * |
| | 3.08~3.52 | 10 | * | 11 | * | * | * | 16 | * | * | * | * | * | * | * | * |
| | 3.52~4.05 | 11 | * | 15 | * | * | * | 16 | * | * | * | * | * | * | * | * |
| | 4.05~4.76 | * | * | * | * | * | * | 16 | * | * | * | * | * | * | * | * |

【주】 * 주어진 매개변수의 조합으로 벽 구성은 불가능함

** 재료층에 대한 코드번호 정의는 별표 2-3을 참조

별표 2-2B ▸ 표 2-3을 위한 중량체가 균일하게 분포된 벽의 유형

| 2차 재료 | $R$[m$^2$·K/W]<br>$R=1/K$ | 주요 벽 재료** | | | | | | | | | | | | | | |
|---|---|---|---|---|---|---|---|---|---|---|---|---|---|---|---|---|
| | | A1 | A2 | B7 | B10 | B9 | C1 | C2 | C3 | C4 | C5 | C6 | C7 | C8 | C17 | C18 |
| 스터코 혹은 플라스터 | 0~0.35 | 1 | 3 | * | * | * | * | * | 1 | 3 | 3 | * | * | * | * | * |
| | 0.35~0.44 | 1 | 3 | 1 | * | * | 2 | * | 2 | 4 | 4 | * | * | 5 | * | * |
| | 0.44~0.53 | 1 | 4 | 1 | * | * | 2 | 2 | 2 | 4 | 4 | * | * | 5 | * | * |
| | 0.53~0.62 | 1 | * | 1 | * | * | 2 | 2 | * | * | * | 10 | 4 | 5 | * | 4 |
| | 0.62~0.70 | 1 | * | 1 | 2 | * | * | 4 | * | * | * | 10 | 4 | * | * | 4 |
| | 0.70~0.84 | 1 | * | 1 | 2 | * | * | * | * | * | * | 10 | 4 | * | * | 4 |
| | 0.84~0.97 | 1 | * | 1 | 2 | * | * | * | * | * | * | * | * | * | * | * |
| | 0.97~1.14 | 1 | * | 2 | 4 | 10 | * | * | * | * | * | * | * | * | * | * |
| | 1.14~1.36 | 1 | * | 2 | 4 | 11 | * | * | * | * | * | * | * | * | * | * |
| | 1.36~1.59 | 1 | * | 2 | 4 | 16 | * | * | * | * | * | * | * | * | * | * |
| | 1.59~1.89 | 1 | * | 2 | 4 | 16 | * | * | * | * | * | * | * | * | 4 | * |
| | 1.89~2.24 | 1 | * | 2 | 5 | * | * | * | * | * | * | * | * | * | 4 | * |
| | 2.24~2.64 | 2 | * | 2 | 5 | * | * | * | * | * | * | * | * | * | * | * |
| | 2.64~3.08 | 2 | * | 2 | 5 | * | * | * | * | * | * | * | * | * | * | * |
| | 3.08~3.52 | 2 | * | 2 | 9 | * | * | * | * | * | * | * | * | * | * | * |
| | 3.52~4.05 | 2 | * | 4 | 9 | * | * | * | * | * | * | * | * | * | * | * |
| | 4.05~4.76 | * | * | * | 9 | * | * | * | * | * | * | * | * | * | * | * |
| 철제 혹은 다른 경량 사이딩 | 0~0.35 | 1 | 3 | * | * | * | * | * | 1 | 3 | 2 | * | * | * | * | * |
| | 0.35~0.44 | 1 | 3 | 1 | * | * | 2 | * | 1 | 3 | 2 | * | * | 3 | * | * |
| | 0.44~0.53 | 1 | 4 | 1 | * | * | 2 | 1 | 2 | 4 | 4 | * | * | 3 | * | * |
| | 0.53~0.62 | 1 | * | 1 | * | * | 4 | 1 | * | * | * | 5 | 2 | 4 | * | 4 |
| | 0.62~0.70 | 1 | * | 1 | 2 | * | * | 2 | * | * | * | 5 | 2 | * | * | 4 |
| | 0.70~0.84 | 1 | * | 1 | 2 | * | * | * | * | * | * | 10 | 4 | * | * | 4 |
| | 0.84~0.97 | 1 | * | 1 | 2 | * | * | * | * | * | * | * | * | * | * | * |
| | 0.97~1.14 | 1 | * | 1 | 2 | 10 | * | * | * | * | * | * | * | * | * | * |
| | 1.14~1.36 | 1 | * | 1 | 4 | 11 | * | * | * | * | * | * | * | * | * | * |
| | 1.36~1.59 | 1 | * | 2 | 4 | 16 | * | * | * | * | * | * | * | * | * | * |
| | 1.59~1.89 | 1 | * | 2 | 4 | 16 | * | * | * | * | * | * | * | * | 2 | * |
| | 1.89~2.24 | 1 | * | 2 | 4 | * | * | * | * | * | * | * | * | * | 4 | * |
| | 2.24~2.64 | 1 | * | 2 | 5 | * | * | * | * | * | * | * | * | * | * | * |
| | 2.64~3.08 | 1 | * | 2 | 5 | * | * | * | * | * | * | * | * | * | * | * |
| | 3.08~3.52 | 1 | * | 2 | 5 | * | * | * | * | * | * | * | * | * | * | * |
| | 3.52~4.05 | 2 | * | 4 | 9 | * | * | * | * | * | * | * | * | * | * | * |
| | 4.05~4.76 | * | * | * | 9 | * | * | * | * | * | * | * | * | * | * | * |
| 치장벽돌 | 0~0.35 | 3 | 6 | * | * | * | * | * | * | * | 6 | * | * | * | * | * |
| | 0.35~0.44 | 3 | 10 | * | * | * | * | * | 5 | 10 | 10 | * | * | * | * | * |
| | 0.44~0.53 | 4 | 10 | 5 | * | * | 5 | * | 5 | 10 | 11 | * | * | 10 | * | * |
| | 0.53~0.62 | * | 11 | 5 | * | * | 10 | 5 | 5 | 11 | 11 | 15 | 10 | 10 | * | 10 |
| | 0.62~0.70 | * | 11 | 5 | 10 | * | 10 | 5 | 5 | 11 | 11 | 16 | 10 | 16 | * | 10 |
| | 0.70~0.84 | * | 11 | * | 11 | * | 10 | 5 | 5 | 16 | 11 | * | 10 | 16 | * | 16 |
| | 0.84~0.97 | * | 11 | * | 11 | * | 10 | 5 | 10 | 16 | 16 | * | 10 | 16 | * | 16 |
| | 0.97~1.14 | * | 16 | * | * | * | 10 | 9 | 10 | 16 | 11 | * | 11 | 16 | * | 16 |
| | 1.14~1.36 | * | 16 | * | * | * | 11 | 9 | 10 | 16 | 16 | * | 16 | 16 | * | * |
| | 1.36~1.59 | * | 16 | * | * | * | 15 | 9 | 10 | 16 | * | * | 15 | 16 | * | * |
| | 1.59~1.89 | * | 16 | * | * | * | 15 | 10 | 10 | * | 16 | * | 16 | * | 10 | * |
| | 1.89~2.24 | * | 16 | * | * | * | 16 | 10 | 10 | * | * | * | 16 | * | 15 | * |
| | 2.24~2.64 | * | 16 | * | * | * | 16 | 10 | 10 | * | 16 | * | * | * | 15 | * |
| | 2.64~3.08 | * | * | * | * | * | 16 | 10 | 15 | * | * | * | * | * | 16 | * |
| | 3.08~3.52 | * | * | * | * | * | 16 | 15 | 15 | * | * | * | * | * | 16 | * |
| | 3.52~4.05 | * | * | * | * | * | * | 15 | 16 | * | * | * | * | * | * | * |
| | 4.05~4.76 | * | * | * | * | * | * | 15 | * | * | * | * | * | * | * | * |

【주】 * 주어진 매개변수의 조합으로 벽 구성은 불가능함

** 재료층에 대한 코드번호 정의는 별표 2-3을 참조

별표 2-2C ▸ 표 2-3을 위한 중량체가 단열재 외부에 위치한 벽의 유형

| 2차 재료 | $R[m^2 \cdot K/W]$<br>$R=1/K$ | 주요 벽 재료** | | | | | | | | | | | | | | |
|---|---|---|---|---|---|---|---|---|---|---|---|---|---|---|---|---|
| | | A1 | A2 | B7 | B10 | B9 | C1 | C2 | C3 | C4 | C5 | C6 | C7 | C8 | C17 | C18 |
| 스터코 혹은 플라스터 | 0~0.35 | * | * | * | * | * | * | * | * | * | * | * | * | * | * | * |
| | 0.35~0.44 | * | 3 | * | * | * | * | * | 2 | 3 | 5 | * | * | * | * | * |
| | 0.44~0.53 | * | 3 | * | * | * | 2 | * | 2 | 4 | 5 | * | * | 5 | * | * |
| | 0.53~0.62 | * | 3 | * | * | * | 2 | 2 | 2 | 5 | 5 | * | * | 5 | * | * |
| | 0.62~0.70 | * | 3 | * | * | * | 2 | 2 | 2 | 5 | 5 | 10 | 4 | 6 | * | 5 |
| | 0.70~0.84 | * | 4 | * | * | * | 4 | 2 | 2 | 5 | 5 | 10 | 4 | 6 | * | 9 |
| | 0.84~0.97 | * | 4 | * | * | * | 4 | 2 | 2 | 5 | 6 | 11 | 5 | 10 | * | 10 |
| | 0.97~1.14 | * | 5 | * | * | * | 4 | 2 | 2 | 5 | 6 | 11 | 5 | 10 | * | 10 |
| | 1.14~1.36 | * | 5 | * | * | * | 4 | 2 | 2 | 5 | 6 | 11 | 5 | 10 | * | 10 |
| | 1.36~1.59 | * | 5 | * | * | * | 5 | 2 | 4 | 5 | 6 | 16 | 10 | 10 | * | 10 |
| | 1.59~1.89 | * | 5 | * | * | * | 5 | 4 | 4 | 5 | 6 | 16 | 10 | 10 | 4 | 11 |
| | 1.89~2.24 | * | 5 | * | * | * | 5 | 4 | 4 | 10 | 6 | 16 | 10 | 10 | 9 | 11 |
| | 2.24~2.64 | * | 5 | * | * | * | 5 | 4 | 4 | 10 | 10 | * | 10 | 11 | 9 | 11 |
| | 2.64~3.08 | * | 5 | * | * | * | 5 | 4 | 4 | 10 | 10 | * | 10 | 11 | 10 | 16 |
| | 3.08~3.52 | * | 5 | * | * | * | 9 | 4 | 4 | 10 | 10 | * | 10 | 15 | 10 | 16 |
| | 3.52~4.05 | * | 9 | * | * | * | 9 | 9 | 9 | 15 | 10 | * | 10 | 15 | 15 | 16 |
| | 4.05~4.76 | * | * | * | * | * | * | * | * | * | * | * | 15 | * | 15 | 16 |
| 철제 혹은 다른 경량 사이딩 | 0~0.35 | * | * | * | * | * | * | * | * | * | * | * | * | * | * | * |
| | 0.35~0.44 | * | 3 | * | * | * | * | * | 2 | 3 | 2 | * | * | * | * | * |
| | 0.44~0.53 | * | 3 | * | * | * | 2 | * | 2 | 3 | 2 | * | * | * | * | * |
| | 0.53~0.62 | * | 3 | * | * | * | 2 | 1 | 2 | 4 | 3 | * | * | 4 | * | * |
| | 0.62~0.70 | * | 3 | * | * | * | 2 | 2 | 2 | 4 | 3 | 5 | 2 | 5 | * | 4 |
| | 0.70~0.84 | * | 3 | * | * | * | 2 | 2 | 2 | 4 | 3 | 10 | 3 | 5 | * | 5 |
| | 0.84~0.97 | * | 3 | * | * | * | 2 | 2 | 2 | 5 | 3 | 10 | 4 | 5 | * | 5 |
| | 0.97~1.14 | * | 4 | * | * | * | 2 | 2 | 2 | 5 | 3 | 10 | 4 | 5 | * | 5 |
| | 1.14~1.36 | * | 4 | * | * | * | 2 | 2 | 2 | 5 | 4 | 11 | 5 | 5 | * | 6 |
| | 1.36~1.59 | * | 5 | * | * | * | 2 | 2 | 2 | 5 | 4 | 11 | 5 | 5 | * | 6 |
| | 1.59~1.89 | * | 5 | * | * | * | 2 | 2 | 2 | 5 | 4 | 11 | 5 | 5 | 4 | 10 |
| | 1.89~2.24 | * | 5 | * | * | * | 4 | 2 | 2 | 5 | 5 | 11 | 5 | 5 | 4 | 10 |
| | 2.24~2.64 | * | 5 | * | * | * | 4 | 2 | 2 | 5 | 5 | 11 | 5 | 10 | 5 | 10 |
| | 2.64~3.08 | * | 5 | * | * | * | 4 | 2 | 2 | 5 | 5 | 16 | 9 | 10 | 9 | 10 |
| | 3.08~3.52 | * | 5 | * | * | * | 4 | 4 | 4 | 9 | 5 | 16 | 9 | 10 | 10 | 10 |
| | 3.52~4.05 | * | 9 | * | * | * | 4 | 4 | 4 | 9 | 9 | 16 | 10 | 10 | 10 | 11 |
| | 4.05~4.76 | * | * | * | * | * | * | * | * | * | * | 16 | 10 | * | 10 | 15 |
| 치장벽돌 | 0~0.35 | * | * | * | * | * | * | * | * | * | * | * | * | * | * | * |
| | 0.35~0.44 | 3 | * | * | * | * | * | * | * | * | 11 | * | * | * | * | * |
| | 0.44~0.53 | 3 | 10 | * | * | * | * | * | 5 | 10 | 11 | * | * | * | * | * |
| | 0.53~0.62 | 3 | 11 | 5 | * | * | 10 | * | 5 | 11 | 11 | * | * | 11 | * | * |
| | 0.62~0.70 | 3 | 11 | 5 | * | * | 10 | 5 | 6 | 11 | 11 | * | * | 11 | * | * |
| | 0.70~0.84 | 3 | 11 | 5 | 10 | * | 10 | 5 | 10 | 11 | 11 | * | 10 | 11 | * | 16 |
| | 0.84~0.97 | 3 | 12 | 5 | 10 | * | 10 | 9 | 10 | 11 | 12 | * | 11 | 16 | * | 16 |
| | 0.97~1.14 | 4 | 12 | 5 | 10 | * | 10 | 10 | 10 | 12 | 12 | * | 15 | 16 | * | 16 |
| | 1.14~1.36 | 4 | 12 | 5 | 10 | * | 11 | 10 | 10 | 12 | 12 | * | 16 | * | * | 16 |
| | 1.36~1.59 | 5 | 12 | 5 | 15 | * | 11 | 10 | 10 | 16 | 12 | * | 16 | * | * | * |
| | 1.59~1.89 | 5 | 12 | 9 | 15 | * | 11 | 10 | 10 | 16 | 12 | * | 16 | * | 15 | * |
| | 1.89~2.24 | 5 | 12 | 10 | 15 | * | 11 | 10 | 10 | * | 12 | * | 16 | * | 15 | * |
| | 2.24~2.64 | 5 | * | 10 | 16 | * | 11 | 10 | 11 | * | * | * | 16 | * | 15 | * |
| | 2.64~3.08 | 5 | * | 10 | 16 | * | 15 | 10 | 11 | * | * | * | 16 | * | * | * |
| | 3.08~3.52 | 5 | * | 10 | 16 | * | 16 | 15 | 15 | * | * | * | * | * | * | * |
| | 3.52~4.05 | 9 | * | 15 | 16 | * | 16 | 15 | 15 | * | * | * | * | * | * | * |
| | 4.05~4.76 | * | * | * | * | * | * | 15 | * | * | * | * | * | * | * | * |

【주】 * 주어진 매개변수의 조합으로 벽 구성은 불가능함

** 재료층에 대한 코드번호 정의는 별표 2-3을 참조

별표 2-3 ▸ 별표 2-1, 2-2에 적용하기 위한 벽과 지붕에 쓰인 구성 재료의 열적 물성치와 코드번호

| 코드 번호 | 내 용 | 두께와 열적 물성치 | | | | | |
|---|---|---|---|---|---|---|---|
| | | $L$ | $\lambda$ | $\rho$ | $C_p$ | $R$ | Mass |
| A0 | 외표면 저항 | 0 | 0.000 | 0 | 0.00 | 0.059 | 0.00 |
| A1 | 25 mm 스터코 | 25 | 0.692 | 1858 | 0.84 | 0.037 | 47.34 |
| A2 | 100 mmm Face brick | 100 | 1.333 | 2002 | 0.92 | 0.076 | 203.50 |
| A3 | Steel sliding | 2 | 44.998 | 7689 | 0.42 | 0.000 | 11.71 |
| A4 | 12 mm Slag | 13 | 0.190 | 1121 | 1.67 | 0.067 | 10.74 |
| A5 | 외표면 저항 | 0 | 0.000 | 0 | 0.00 | 0.059 | 0.00 |
| A6 | 마감 | 13 | 0.415 | 1249 | 1.09 | 0.031 | 16.10 |
| A7 | 100 mm Face brick | 100 | 1.333 | 2002 | 0.92 | 0.076 | 203.50 |
| B1 | 중공층 저항 | 0 | 0.000 | 0 | 0.00 | 0.160 | 0.00 |
| B2 | 25 mm 단열 | 25 | 0.043 | 32 | 0.84 | 0.587 | 0.98 |
| B3 | 50 mm 단열 | 51 | 0.043 | 32 | 0.84 | 1.173 | 1.46 |
| B4 | 75 mm 단열 | 76 | 0.043 | 32 | 0.84 | 1.760 | 2.44 |
| B5 | 25 mm 단열 | 25 | 0.043 | 91 | 0.84 | 0.587 | 2.44 |
| B6 | 50 mm 단열 | 51 | 0.043 | 91 | 0.84 | 1.173 | 4.88 |
| B7 | 25 mm Wood | 25 | 0.121 | 593 | 2.51 | 0.207 | 15.13 |
| B8 | 65 mm Wood | 63 | 0.121 | 593 | 2.51 | 0.524 | 37.58 |
| B9 | 100 mm Wood | 100 | 0.121 | 593 | 2.51 | 0.837 | 60.02 |
| B10 | 50 mm Wood | 51 | 0.121 | 593 | 2.51 | 0.420 | 30.26 |
| B11 | 75 mm Wood | 76 | 0.043 | 593 | 2.51 | 0.628 | 45.38 |
| B12 | 75 mm Wood | 76 | 0.043 | 91 | 0.84 | 1.760 | 6.83 |
| B13 | 100 mm 단열 | 100 | 0.043 | 91 | 0.84 | 2.347 | 9.27 |
| B14 | 125 mm 단열 | 125 | 0.043 | 91 | 0.84 | 2.933 | 11.71 |
| B15 | 150 mm 단열 | 150 | 0.043 | 91 | 0.84 | 3.520 | 14.15 |
| B16 | 4 mm 단열 | 4 | 0.043 | 91 | 0.84 | 0.088 | 0.49 |
| B17 | 8 mm 단열 | 8 | 0.043 | 91 | 0.84 | 0.176 | 0.49 |
| B18 | 12 mm 단열 | 12 | 0.043 | 91 | 0.84 | 0.264 | 0.98 |
| B19 | 15 mm 단열 | 15 | 0.043 | 91 | 0.84 | 0.352 | 1.46 |
| B20 | 20 mm 단열 | 20 | 0.043 | 91 | 0.84 | 0.440 | 1.95 |
| B21 | 35 mm 단열 | 35 | 0.043 | 91 | 0.84 | 0.792 | 2.93 |
| B22 | 42 mm 단열 | 42 | 0.043 | 91 | 0.84 | 0.968 | 3.90 |
| B23 | 60 mm 단열 | 62 | 0.043 | 91 | 0.84 | 1.408 | 5.86 |
| B24 | 70 mm 단열 | 70 | 0.043 | 91 | 0.84 | 1.584 | 6.34 |
| B25 | 85 mm 단열 | 85 | 0.043 | 91 | 0.84 | 1.936 | 7.81 |
| B26 | 92 mm 단열 | 92 | 0.043 | 91 | 0.84 | 2.112 | 8.30 |
| B27 | 115 mm 단열 | 115 | 0.043 | 91 | 0.84 | 2.640 | 10.74 |

별표 2-3 ▸ 계 속

| 코드 번호 | 내 용 | 두께와 열적 물성치 | | | | | |
|---|---|---|---|---|---|---|---|
| | | $L$ | $\lambda$ | $\rho$ | $C_p$ | $R$ | Mass |
| C1 | 100 mm 단열 | 100 | 0.571 | 1121 | 0.84 | 0.178 | 113.70 |
| C2 | 100 mm 단열 | 100 | 0.381 | 609 | 0.84 | 0.266 | 61.98 |
| C3 | 100 mm 단열 | 100 | 0.813 | 977 | 0.84 | 0.125 | 99.06 |
| C4 | 100 mm 단열 | 100 | 0.727 | 1922 | 0.84 | 0.140 | 195.20 |
| C5 | 100 mm 단열 | 100 | 1.731 | 2243 | 0.84 | 0.059 | 227.90 |
| C6 | 200 mm Clay 타일 | 200 | 0.571 | 1121 | 0.84 | 0.352 | 227.90 |
| C7 | 200 mm 저밀도 콘크리트 블록 | 200 | 0.571 | 609 | 0.84 | 0.352 | 123.46 |
| C8 | 200 mm 고밀도 콘크리트 블록 | 200 | 1.038 | 977 | 0.84 | 0.196 | 198.62 |
| C9 | 200 mm 보통 벽돌 | 200 | 0.727 | 1922 | 0.84 | 0.279 | 390.40 |
| C10 | 200 mm 고밀도 콘크리트 | 200 | 1.731 | 2243 | 0.84 | 0.117 | 455.79 |
| C11 | 300 mm 고밀도 콘크리트 | 300 | 1.731 | 2243 | 0.84 | 0.176 | 683.20 |
| C12 | 50 mm 고밀도 콘크리트 | 50 | 1.731 | 2243 | 0.84 | 0.029 | 113.70 |
| C13 | 150 mm 고밀도 콘크리트 | 150 | 1.731 | 2243 | 0.84 | 0.088 | 341.60 |
| C14 | 100 mm 저밀도 콘크리트 | 100 | 0.173 | 641 | 0.84 | 0.587 | 64.90 |
| C15 | 150 mm 저밀도 콘크리트 | 150 | 0.173 | 641 | 0.84 | 0.880 | 97.60 |
| C16 | 200 mm 저밀도 콘크리트 | 200 | 0.173 | 641 | 0.84 | 1.173 | 130.30 |
| C17 | 200 mm 저밀도 콘크리트 | 200 | 0.138 | 288 | 0.84 | 1.467 | 58.56 |
| C18 | 200 mm 고밀도 콘크리트 블록 | 200 | 0.588 | 849 | 0.84 | 0.345 | 172.75 |
| C19 | 300 mm 저밀도 콘크리트 블록 | 300 | 0.138 | 304 | 0.84 | 2.200 | 92.72 |
| C20 | 300 mm 고밀도 콘크리트 블록 | 300 | 0.675 | 897 | 0.84 | 0.451 | 273.28 |
| E0 | 내표면 저항 | 0 | 0.000 | 0 | 0.00 | 0.121 | 0.00 |
| E1 | 20 mm 플라스터 또는 석고 | 20 | 0.727 | 1602 | 0.84 | 0.026 | 30.74 |
| E2 | 12 mm 슬래그 또는 돌 | 12 | 1.436 | 881 | 1.67 | 0.009 | 11.22 |
| E3 | 10 mm 펠트와 막 | 10 | 0.190 | 1121 | 1.67 | 0.050 | 10.74 |
| E4 | 천장 중공층 | 0 | 0.000 | 0 | 0.00 | 0.176 | 0.00 |
| E5 | 어쿠스틱 타일 | 19 | 0.061 | 481 | 0.84 | 0.314 | 9.27 |

【주】 $L$ = 두께[mm], $\rho$ = 밀도[kg/m$^3$], $R$ = 열저항[(m$^2$ · K)/W], $\lambda$ = 열전도율[W/(m · K)], $C_p$ = 비열[kJ/(kg · K)], Mass = 단위 면적당 중량[kg/m$^2$]

별표 2-4A ▸ 표 2-11, 2-13, 2-15의 $CLF$ 표를 사용하기 위한 존 유형(내부존 공간)

| 공간 위치 | 매 개 변 수 | | | 존 유 형 | |
|---|---|---|---|---|---|
| | 중간층 | 천장 유형 | 바닥마감 | 인체 및 기기 | 조 명 |
| 단 층 건 물 | N/A | N/A | 카펫 | C | B |
| | N/A | N/A | 비닐 | D | C |
| 최 상 층 | 65 mm 콘크리트 | 있음 | 카펫 | D | C |
| | 65 mm 콘크리트 | 있음 | 비닐 | D | D |
| | 65 mm 콘크리트 | 없음 | b | D | B |
| | 25 mm 목재 | A | b | D | B |
| 최 하 층 | 65 mm 콘크리트 | 있음 | 카펫 | D | C |
| | 65 mm 콘크리트 | b | 비닐 | D | D |
| | 65 mm 콘크리트 | 없음 | 카펫 | D | D |
| | 25 mm 목재 | b | 카펫 | D | C |
| | 25 mm 목재 | b | 비닐 | D | D |
| 중 간 층 | 65 mm 콘크리트 | N/A | 카펫 | D | C |
| | 65 mm 콘크리트 | N/A | 비닐 | D | D |
| | 25 mm 목재 | N/A | b | C | B |

【주】 b ; 이 경우 매개변수의 효과는 무시해도 좋음

별표 2-4B ▸ 표 2-8, 2-11, 2-13, 2-15의 $SCL$과 $CLF$ 표를 사용하기 위한 존 유형(단층 건물)

| 외벽체 개수 | 매 개 변 수 | | | 존 유 형 | | | 오 차 범 위 | |
|---|---|---|---|---|---|---|---|---|
| | 바닥 마감 | 칸막이벽 유형 | 내부 차폐 | 유리 일사 | 인체 및 기기 | 조명 | + | − |
| 1 또는 2 | 카펫 | 석고 | b | A | B | B | 9 | 2 |
| 1 또는 2 | 카펫 | 콘크리트 블록 | b | B | C | C | 9 | 0 |
| 1 또는 2 | 비닐 | 석고 | 전부 차폐 | B | C | C | 9 | 0 |
| 1 또는 2 | 비닐 | 석고 | 0~1/2 차폐 | C | C | C | 16 | 0 |
| 1 또는 2 | 비닐 | 콘크리트 블록 | 전부 차폐 | C | D | D | 8 | 0 |
| 1 또는 2 | 비닐 | 콘크리트 블록 | 0~1/2 차폐 | D | D | D | 10 | 6 |
| 3 | 카펫 | 석고 | b | A | B | B | 9 | 2 |
| 3 | 카펫 | 콘크리트 블록 | 전부 차폐 | A | B | B | 9 | 2 |
| 3 | 카펫 | 콘크리트 블록 | 0~1/2 차폐 | B | B | B | 9 | 0 |
| 3 | 비닐 | 석고 | 전부 차폐 | B | C | C | 9 | 0 |
| 3 | 비닐 | 석고 | 0~1/2 차폐 | C | C | C | 16 | 0 |
| 3 | 비닐 | 콘크리트 블록 | 전부 차폐 | B | C | C | 9 | 0 |
| 3 | 비닐 | 콘크리트 블록 | 0~1/2 차폐 | C | C | C | 16 | 0 |
| 4 | 카펫 | 석고 | b | A | B | B | 6 | 3 |
| 4 | 비닐 | 석고 | 전부 차폐 | B | C | C | 11 | 6 |
| 4 | 비닐 | 석고 | 0~1/2 차폐 | C | C | C | 19 | −1 |

【주】 b ; 이 경우 내부차폐에 의한 영향은 무시함

별표 2-4C ▸ 표 2-8, 2-11, 2-13, 2-15의 *SCL*과 *CLF* 표를 사용하기 위한 존 유형 (다층 건물의 최상층)

| 외벽체 개수 | 존 매개 변수 | | | | | 존 유형 | | | 오차범위 | |
|---|---|---|---|---|---|---|---|---|---|---|
| | 중간 바닥 유형 | 천장 유형 | 바닥 마감 | 파티션 유형 | 내부 차폐 | 유리 일사 | 인체 및 기기 | 조명 | + | − |
| 1 또는 2 | 65 mm 콘크리트 | 유 | 카펫 | 석고 | 전부 차폐 | A | A | B | 2 | 4 |
| | 65 mm 콘크리트 | 유 | 카펫 | 석고 | 반 이하 | A | A | B | 7 | −2 |
| | 65 mm 콘크리트 | 유 | 카펫 | 콘크리트 블록 | 전부 차폐 | B | A | C | 9 | 6 |
| | 65 mm 콘크리트 | 유 | 카펫 | 콘크리트 블록 | 반 이하 | B | A | C | 14 | 2 |
| | 65 mm 콘크리트 | 유 | 비닐 | 석고 | 전부 차폐 | B | A | C | 8 | 6 |
| | 65 mm 콘크리트 | 유 | 비닐 | 석고 | 반 이하 | C | A | C | 12 | 10 |
| | 65 mm 콘크리트 | 유 | 비닐 | 콘크리트 블록 | 전부 차폐 | C | B | D | 7 | 7 |
| | 65 mm 콘크리트 | 유 | 비닐 | 콘크리트 블록 | 반 이하 | C | B | D | 19 | 0 |
| | 65 mm 콘크리트 | 무 | 카펫 | 석고 | b | A | A | B | −4 | 4 |
| | 65 mm 콘크리트 | 무 | 카펫 | 콘크리트 블록 | b | A | A | C | 7 | 4 |
| | 65 mm 콘크리트 | 무 | 비닐 | 석고 | b | A | A | B | 7 | 4 |
| | 65 mm 콘크리트 | 무 | 비닐 | 콘크리트 블록 | 전부 차폐 | B | A | C | 8 | 6 |
| | 65 mm 콘크리트 | 무 | 비닐 | 콘크리트 블록 | 반 이하 | B | A | C | 10 | 6 |
| | 25 mm 목재 | b | b | 석고 | b | A | A | B | −3 | 3 |
| | 25 mm 목재 | b | b | 콘크리트 블록 | b | A | B | C | 13 | 3 |
| 3 | 65 mm 콘크리트 | 유 | 카펫 | 석고 | 전부 차폐 | A | B | B | 2 | 4 |
| | 65 mm 콘크리트 | 유 | 카펫 | 석고 | 반 이하 | A | A | B | 7 | −2 |
| | 65 mm 콘크리트 | 유 | 카펫 | 콘크리트 블록 | 전부 차폐 | A | A | C | 7 | −2 |
| | 65 mm 콘크리트 | 유 | 카펫 | 콘크리트 블록 | 반 이하 | B | A | C | 9 | 6 |
| | 65 mm 콘크리트 | 유 | 비닐 | 석고 | 전부 차폐 | B | A | C | 8 | 6 |
| | 65 mm 콘크리트 | 유 | 비닐 | 석고 | 반 이하 | C | A | C | 12 | 10 |
| | 65 mm 콘크리트 | 유 | 비닐 | 콘크리트 블록 | 전부 차폐 | B | A | C | 9 | 2 |
| | 65 mm 콘크리트 | 유 | 비닐 | 콘크리트 블록 | 반 이하 | C | A | C | 12 | 7 |
| | 65 mm 콘크리트 | 무 | 카펫 | b | b | A | A | B | 2 | 4 |
| | 65 mm 콘크리트 | 무 | 카펫 | 석고 | 전부 차폐 | A | A | B | 7 | 4 |
| | 65 mm 콘크리트 | 무 | 비닐 | 석고 | 반 이하 | A | A | B | 4 | 4 |
| | 65 mm 콘크리트 | 무 | 비닐 | 콘크리트 블록 | 전부 차폐 | A | A | B | 7 | 4 |
| | 65 mm 콘크리트 | 무 | 비닐 | 콘크리트 블록 | 반 이하 | B | A | B | 2 | 6 |
| | 25 mm 목재 | b | b | 석고 | b | A | A | B | −3 | 3 |
| | 25 mm 목재 | b | b | 콘크리트 블록 | b | A | A | B | 6 | 3 |
| 4 | 65 mm 콘크리트 | 유 | 카펫 | 석고 | 전부 차폐 | A | A | B | 9 | 6 |
| | 65 mm 콘크리트 | 유 | 카펫 | 석고 | 반 이하 | B | A | B | 6 | 4 |
| | 65 mm 콘크리트 | 유 | 비닐 | 석고 | 전부 차폐 | B | C | C | 7 | 14 |
| | 65 mm 콘크리트 | 유 | 비닐 | 석고 | 반 이하 | B | B | C | 24 | 4 |
| | 65 mm 콘크리트 | 무 | 카펫 | 석고 | 전부 차폐 | A | A | B | 4 | 6 |
| | 65 mm 콘크리트 | 무 | 카펫 | 석고 | 반 이하 | A | A | B | −6 | 6 |
| | 65 mm 콘크리트 | 무 | 비닐 | 석고 | 전부 차폐 | A | A | B | 4 | 6 |
| | 65 mm 콘크리트 | 무 | 비닐 | 석고 | 반 이하 | A | A | B | 7 | 0 |
| | 25 mm 목재 | b | b | b | b | A | B | B | 0 | 8 |

【주】 b ; 이 경우 매개변수들의 효과는 무시해도 좋음

별표 2-4D ▸ 표 2-8, 2-11, 2-13, 2-15의 $SCL$과 $CLF$ 표를 사용하기 위한 존 유형 (다층 건물의 1층)

| 외벽체 개수 | 존 매개 변수 | | | | | 존 유형 | | | 오차범위 | |
|---|---|---|---|---|---|---|---|---|---|---|
| | 중간 바닥 유형 | 천장 유형 | 바닥 마감 | 칸막이 벽 유형 | 내부 차폐 | 유리 일사 | 인체 및 기기 | 조명 | + | − |
| 1 또는 2 | 65 mm 콘크리트 | 유 | 카펫 | 석고 | 전부 차폐 | A | C | B | 7 | 1 |
| | 65 mm 콘크리트 | 유 | 카펫 | 석고 | 반 이하 | B | C | B | 9 | 2 |
| | 65 mm 콘크리트 | 유 | 카펫 | 콘크리트 블록 | 전부 차폐 | B | D | C | 9 | 2 |
| | 65 mm 콘크리트 | 유 | 카펫 | 콘크리트 블록 | 반 이하 | C | D | C | 0 | 0 |
| | 65 mm 콘크리트 | 유 | 비닐 | 석고 | 전부 차폐 | C | D | D | 19 | 0 |
| | 65 mm 콘크리트 | 유 | 비닐 | 석고 | 반 이하 | C | D | D | 26 | 0 |
| | 65 mm 콘크리트 | 유 | 비닐 | 콘크리트 블록 | b | D | D | D | 6 | 3 |
| | 65 mm 콘크리트 | 유 | 비닐 | 콘크리트 블록 | 전부 차폐 | D | D | D | 16 | 3 |
| | 65 mm 콘크리트 | 무 | 카펫 | 석고 | 반 이하 | B | C | B | 9 | 2 |
| | 65 mm 콘크리트 | 무 | 카펫 | 콘크리트 블록 | 전부 차폐 | C | D | C | 19 | 0 |
| | 65 mm 콘크리트 | 무 | 카펫 | 콘크리트 블록 | 반 이하 | C | D | C | 16 | 0 |
| | 65 mm 콘크리트 | 무 | 비닐 | 석고 | 전부 차폐 | C | D | D | 19 | 6 |
| | 65 mm 콘크리트 | 무 | 비닐 | 석고 | 반 이하 | D | D | D | 6 | 6 |
| | 65 mm 콘크리트 | 무 | 비닐 | 콘크리트 블록 | 전부 차폐 | C | D | D | 16 | 0 |
| | 65 mm 콘크리트 | 무 | 비닐 | 콘크리트 블록 | 반 이하 | D | D | D | 6 | 3 |
| | 25 mm 목재 | b | 카펫 | 석고 | 전부 차폐 | A | A | B | 2 | −2 |
| | 25 mm 목재 | b | 카펫 | 석고 | 반 이하 | B | A | B | 6 | 6 |
| | 25 mm 목재 | b | 카펫 | 콘크리트 블록 | 전부 차폐 | B | B | C | 6 | 6 |
| | 25 mm 목재 | b | 카펫 | 콘크리트 블록 | 반 이하 | C | B | C | 7 | 3 |
| | 25 mm 목재 | b | 비닐 | 석고 | 전부 차폐 | B | B | B | 18 | 6 |
| | 25 mm 목재 | b | 비닐 | 석고 | 반 이하 | C | B | B | 14 | 3 |
| | 25 mm 목재 | b | 비닐 | 콘크리트 블록 | 전부 차폐 | C | C | D | 14 | 3 |
| | 25 mm 목재 | b | 비닐 | 콘크리트 블록 | 반 이하 | D | C | D | 2 | 4 |
| 3 | 65 mm 콘크리트 | 유 | 카펫 | 석고 | 전부 차폐 | A | C | B | 7 | 1 |
| | 65 mm 콘크리트 | 유 | 카펫 | 석고 | 반 이하 | B | C | B | 9 | 2 |
| | 65 mm 콘크리트 | 유 | 카펫 | 콘크리트 블록 | b | B | C | B | 9 | 2 |
| | 65 mm 콘크리트 | 유 | 비닐 | 석고 | 전부 차폐 | C | D | C | 19 | 0 |
| | 65 mm 콘크리트 | 유 | 비닐 | b | 반 이하 | C | D | C | 26 | 0 |
| | 65 mm 콘크리트 | 유 | 비닐 | 콘크리트 블록 | 전부 차폐 | C | D | C | 19 | 0 |
| | 65 mm 콘크리트 | 무 | 카펫 | 석고 | b | B | C | B | 9 | 2 |
| | 65 mm 콘크리트 | 무 | 카펫 | 콘크리트 블록 | 전부 차폐 | B | C | B | 9 | 2 |
| | 65 mm 콘크리트 | 무 | 카펫 | 콘크리트 블록 | 반 이하 | C | C | B | 0 | 0 |
| | 65 mm 콘크리트 | 무 | 비닐 | 석고 | 전부 차폐 | C | D | C | 19 | 6 |

별표 2-4D▸ 계 속

| 외벽체 개수 | 존 매개 변수 | | | | | 존 유형 | | | 오차범위 | |
|---|---|---|---|---|---|---|---|---|---|---|
| | 중간 바닥 유형 | 천장 유형 | 바닥 마감 | 칸막이 벽 유형 | 내부 차폐 | 유리 일사 | 인체 및 기기 | 조명 | + | − |
| 3 | 65 mm 콘크리트 | 무 | 비닐 | b | 반 이하 | C | D | C | 26 | 0 |
| | 65 mm 콘크리트 | 무 | 비닐 | 콘크리트 블록 | 전부 차폐 | C | D | C | 19 | 0 |
| | 25 mm 목재 | b | 카펫 | 석고 | 전부 차폐 | A | A | B | 2 | −2 |
| | 25 mm 목재 | b | 카펫 | 석고 | 반 이하 | B | A | B | 6 | 6 |
| | 25 mm 목재 | b | 카펫 | 콘크리트 블록 | b | B | B | B | 6 | 6 |
| | 25 mm 목재 | b | 비닐 | 석고 | 전부 차폐 | B | B | C | 18 | 6 |
| | 25 mm 목재 | b | 비닐 | 석고 | 반 이하 | C | B | C | 14 | 3 |
| | 25 mm 목재 | b | 비닐 | 콘크리트 블록 | 전부 차폐 | C | B | C | 7 | 3 |
| | 25 mm 목재 | b | 비닐 | 콘크리트 블록 | 반 이하 | C | B | C | 14 | 3 |
| 4 | 65 mm 콘크리트 | 유 | 카펫 | 석고 | 전부 차폐 | A | B | B | 4 | −4 |
| | 65 mm 콘크리트 | 유 | 카펫 | 석고 | 반 이하 | B | B | B | 18 | 6 |
| | 65 mm 콘크리트 | 유 | 비닐 | 석고 | b | C | C | C | 19 | 3 |
| | 65 mm 콘크리트 | 무 | 비닐 | 석고 | b | B | C | C | 7 | 6 |
| | 65 mm 콘크리트 | 무 | 카펫 | 석고 | b | B | C | C | 31 | 6 |
| | 25 mm 목재 | b | 카펫 | 석고 | 전부 차폐 | A | B | A | 0 | 0 |
| | 25 mm 목재 | b | 비닐 | 석고 | 반 이하 | A | B | A | 12 | 0 |
| | 25 mm 목재 | b | 비닐 | 석고 | 전부 차폐 | B | B | B | 16 | 8 |
| | 25 mm 목재 | b | b | b | 반 이하 | C | B | B | 20 | 6 |

【주】 b ; 이 경우 매개변수들의 효과는 무시해도 좋음

별표 2-4E▸ 표 2-8, 2-11, 2-13, 2-15의 $SCL$과 $CLF$ 표를 사용하기 위한 존 유형 (다층 건물의 중간층)

| 외벽체 개수 | 존 매개 변수 | | | | | 존 유형 | | | 오차범위 | |
|---|---|---|---|---|---|---|---|---|---|---|
| | 중간 바닥 유형 | 천장 유형 | 바닥 마감 | 칸막이 벽 유형 | 내부 차폐 | 유리 일사 | 인체 및 기기 | 조명 | + | − |
| 1 또는 2 | 65 mm 콘크리트 | 유 | 카펫 | 석고 | b | B | B | C | 6 | 6 |
| | 65 mm 콘크리트 | 유 | 카펫 | 콘크리트 블록 | 전부 차폐 | C | C | C | 0 | 4 |
| | 65 mm 콘크리트 | 유 | 카펫 | 콘크리트 블록 | 반 이하 | C | C | C | 10 | 4 |
| | 65 mm 콘크리트 | 유 | 비닐 | 석고 | 전부 차폐 | C | C | D | 10 | 4 |
| | 65 mm 콘크리트 | 유 | 비닐 | 석고 | 반 이하 | D | D | D | 6 | 12 |
| | 65 mm 콘크리트 | 유 | 비닐 | 콘크리트 블록 | b | D | D | D | 3 | 7 |
| | 65 mm 콘크리트 | 무 | 카펫 | 석고 | b | B | B | D | 6 | 6 |
| | 65 mm 콘크리트 | 무 | 카펫 | 콘크리트 블록 | b | C | C | D | 10 | 4 |
| | 65 mm 콘크리트 | 무 | 비닐 | 석고 | 전부 차폐 | B | C | C | 11 | 6 |
| | 65 mm 콘크리트 | 무 | 비닐 | 석고 | 반 이하 | C | C | C | 9 | 7 |
| | 65 mm 콘크리트 | 무 | 비닐 | 콘크리트 블록 | b | C | C | D | 9 | −1 |
| | 25 mm 목재 | b | b | 석고 | b | A | A | A | 0 | 0 |
| | 25 mm 목재 | b | b | 콘크리트 블록 | b | B | A | B | 6 | 8 |
| 3 | 65 mm 콘크리트 | 유 | 카펫 | 석고 | b | B | B | C | 6 | 6 |
| | 65 mm 콘크리트 | 유 | 카펫 | 콘크리트 블록 | 전부 차폐 | B | C | C | 6 | 6 |
| | 65 mm 콘크리트 | 유 | 카펫 | 콘크리트 블록 | 반 이하 | C | C | C | 1 | 4 |
| | 65 mm 콘크리트 | 유 | 비닐 | 석고 | 전부 차폐 | C | D | D | 10 | 4 |
| | 65 mm 콘크리트 | 유 | 비닐 | 석고 | 반 이하 | D | D | D | 7 | 12 |
| | 65 mm 콘크리트 | 유 | 비닐 | 콘크리트 블록 | 전부 차폐 | C | D | D | 10 | −1 |
| | 65 mm 콘크리트 | 유 | 비닐 | 콘크리트 블록 | 반 이하 | D | D | D | 7 | 12 |
| | 65 mm 콘크리트 | 무 | 카펫 | 석고 | b | B | B | C | 6 | 6 |
| | 65 mm 콘크리트 | 무 | 카펫 | 콘크리트 블록 | 전부 차폐 | C | C | C | 1 | 4 |
| | 65 mm 콘크리트 | 무 | 카펫 | 콘크리트 블록 | 반 이하 | B | C | C | 6 | 6 |
| | 65 mm 콘크리트 | 무 | 비닐 | 석고 | 전부 차폐 | B | C | C | 11 | 6 |
| | 65 mm 콘크리트 | 무 | 비닐 | 석고 | 반 이하 | C | C | C | 9 | 7 |
| | 65 mm 콘크리트 | 무 | 비닐 | 콘크리트 블록 | 전부 차폐 | B | C | C | 11 | −2 |
| | 65 mm 콘크리트 | 무 | 비닐 | 콘크리트 블록 | 반 이하 | C | C | C | 9 | −1 |
| | 25 mm 목재 | b | b | 석고 | b | A | A | A | 0 | 0 |
| | 25 mm 목재 | b | b | 콘크리트 블록 | b | A | A | B | 10 | 0 |

별표 2-4E▸ 계 속

| 외벽체 개수 | 존 매개 변수 | | | | | 존 유형 | | | 오차범위 | |
|---|---|---|---|---|---|---|---|---|---|---|
| | 중간 바닥 유형 | 천장 유형 | 바닥 마감 | 칸막이벽 유형 | 내부 차폐 | 유리 일사 | 인체 및 기기 | 조명 | + | − |
| 4 | 65 mm 콘크리트 | 유 | 카펫 | 석고 | b | B | C | C | 6 | 6 |
| | 65 mm 콘크리트 | 유 | 비닐 | 석고 | 전부 차폐 | C | C | C | 14 | 6 |
| | 65 mm 콘크리트 | 유 | 비닐 | 석고 | 반 이하 | C | C | C | 26 | 6 |
| | 65 mm 콘크리트 | 무 | 카펫 | 석고 | b | B | A | C | 6 | 6 |
| | 65 mm 콘크리트 | 무 | 비닐 | 석고 | 전부 차폐 | B | A | C | 7 | 6 |
| | 65 mm 콘크리트 | 무 | 비닐 | 석고 | 반 이하 | B | A | C | 20 | 6 |
| | 25 mm 목재 | b | b | b | b | A | A | B | −2 | 2 |

【주】 b ; 이 경우 매개변수들의 효과는 무시해도 좋음

제 3 장

# 공기조화의 계산식과 프로세스

3-1 열평형식과 물질평형식

3-2 여러 가지 과정에 따른 습공기의 상태변화

3-3 송풍공기(코일출구 ; 취출공기) 상태

3-4 습공기선도상의 각종 프로세스

# 3-1 열평형식과 물질평형식

## [1] 난방장치에서 열평형(energy balance)식과 물질평형(mass balance)식

### (1) 열평형식

난방을 목적으로 하는 공조장치가 그림 3-1과 같을 때 $G$[kg/s]의 공기가 ①의 상태($h_1$, $x_1$, $t_1$)로 들어와서, 장치 내에 있는 가열코일(coil)에 의해 $q_H$[kW]의 열과, 가습노즐(nozzle)에 의해 $L$[kg/s]의 수분(수분의 엔탈피는 $h_L$[kJ/kg]이라고 하자)을 공급받아 가열·가습되어 ②의 상태($h_2$, $x_2$, $t_2$)로 되어 나간다. 이 과정을 습공기 선도상에 나타내면 그림 3-2와 같이 된다.

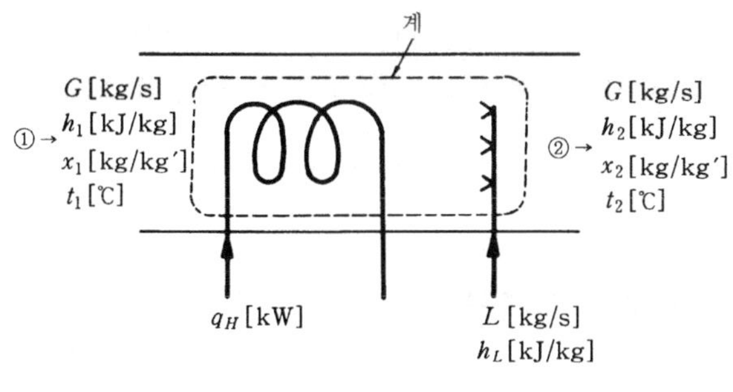


그림 3-1 ▸ 난방장치의 구성

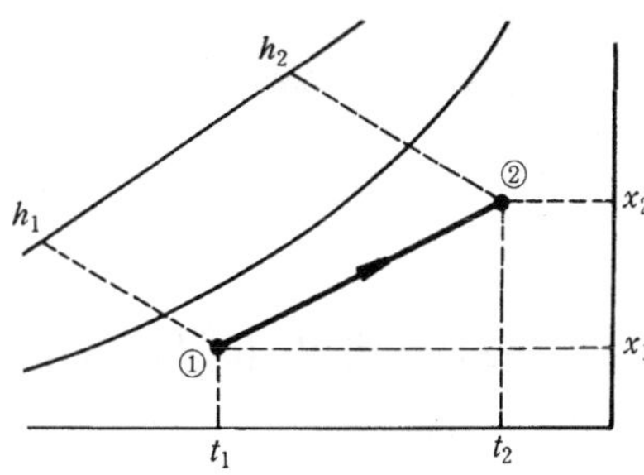


그림 3-2 ▸ 습공기선도상에서 상태변화 과정

그림 3-1에서 점선의 안쪽을 계(system)라 하면, 정상 유동과정에서 계로 들어오는 총 열량은 이 계(공조장치)를 빠져나가는 총 열량과 같다. 이 과정을 열평형식으로 정리하면 식 (3-1)과 같이 되며, 이 개념은 공기조화에서 열량계산의 기초가 된다.

즉 그림 3-1과 같은 장치에서 열평형식은 다음과 같다.

장치로 들어오는 총 열량 = 장치로부터 나가는 총 열량 ································· (3-1)

그림 3-1에서 장치로 들어오는 열량은 공기량 $G$[kg/s]가 엔탈피 $h_1$[kJ/kg]을 가지고 들어오며 가열코일로는 $q_H$[kW], 가습되는 물의 양 $L$[kg/s]이 엔탈피 $h_L$[kJ/kg]을 가지고 들어오며, 또 출구로 나가는 열량은 $G$[kg/s]의 공기가 엔탈피 $h_2$[kJ/kg]를 가지고 나간다.

그러므로 이를 식 (3-1)과 같은 열평형식으로 정리하면 식 (3-2)와 같은 계산식이 된다.

$$G \cdot h_1 + q_H + L \cdot h_L = G \cdot h_2 \quad \cdots\cdots (3\text{-}2)$$

여기서, $1\,\mathrm{kJ/s} = 1\,\mathrm{kW}$

(2) 물질평형식

그림 3-1에서 장치 내를 출입하는 물질의 양이 시간적으로 변화가 없는 정상류계라고 하면, 장치로 들어간 물질의 합은 장치로부터 나간 물질의 합과 같다. 여기에서 물질은 수분만을 거론한다면 장치로 들어간 수분의 합은 장치로부터 나간 수분의 합과 같게 된다. 이 과정을 물질평형식으로 식 (3-3)과 같이 정리한다.

| 장치로 들어가는 총 물질(수분)의 양 | = | 장치로부터 나가는 총 물질(수분)의 양 | ⋯⋯⋯⋯ (3-3) |
|---|---|---|---|

그림 3-1에서 장치로 들어오는 수분의 양은 공기 $G$[kg/s]가 절대습도 $x_1$[kg/kg′]을 가지고 들어오고, 또 가습노즐로 물 $L$[kg/s]이 들어오며, 한편 장치로부터 나가는 수분의 양은 공기 $G$[kg/s]가 절대습도 $x_2$[kg/kg′]를 가지고 나간다.

그러므로 이를 식 (3-3)과 같은 물질평형식으로 정리하면 식 (3-4)와 같다.

$$G \cdot x_1 + L = G \cdot x_2 \quad \cdots\cdots (3\text{-}4)$$

## [2] 냉방장치에서 열평형식과 물질평형식

(1) 열평형식

냉방을 목적으로 하는 공조장치에서는 그림 3-3과 같이 ①의 상태($h_1$, $x_1$, $t_1$)인 공기 $G$[kg/s]가 냉각코일에 의해 ②의 상태($h_2$, $x_2$, $t_2$)로 되어 나간다.

이때, 냉각코일의 표면온도가 통과하는 공기의 노점온도보다 낮으면 공기중의 수분이 응축되어 응축수받이를 통하여 $L$[kg/s]의 물이 장치로부터 계 밖으로 빠져 나간다.

이 과정을 습공기선도상에 표시하면 그림 3-4와 같고, 이 과정을 정상류과정으로 보고 열평형식으로 정리하면 다음과 같으며 식 (3-6)으로 정리할 수 있다.

| 장치로 들어오는 총 열량 | = | 장치로부터 나가는 총 열량 | ⋯⋯⋯⋯ (3-5) |
|---|---|---|---|

즉 계산식으로 다시 정리하면

$$G \cdot h_1 - q_C - L \cdot h_L = G \cdot h_2 \quad \cdots\cdots (3\text{-}6)$$

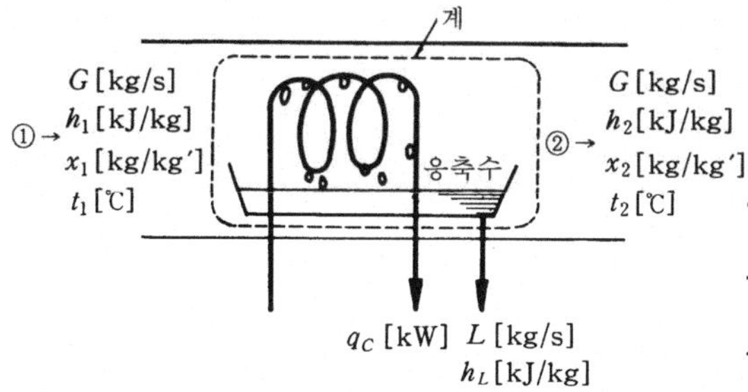


그림 3-3 ▸ 냉방장치의 구성

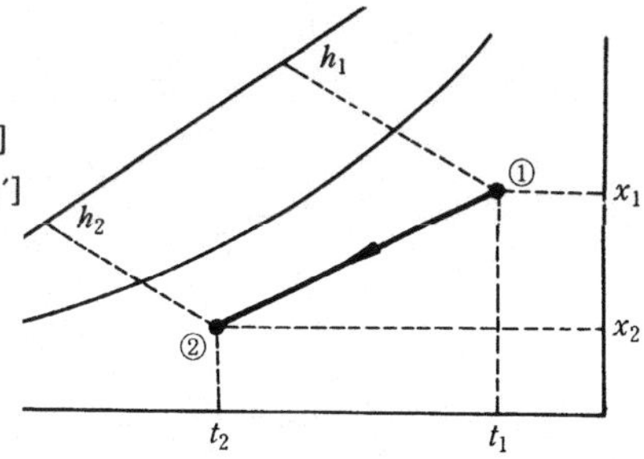


그림 3-4 ▸ 습공기선도상에서 상태변화 과정

(2) 물질평형식

앞 절에 있는 그림 3-3은 $G$[kg/s]의 공기가 수분 $x_1$[kg/kg']을 가지고 장치로 들어와서 $L$[kg/s] 만큼 응축되고 $x_2$[kg/kg']를 가지고 나간다.

이 과정도 정상류과정으로 보고 물질평형식으로 정리하면 다음과 같다.

| 장치로 들어오는 총 물질(수분)의 양 | = | 장치로부터 나가는 총 물질(분순)의 양 | ············ (3-7) |
|---|---|---|---|

즉 계산식으로 다시 정리하면

$$G \cdot x_1 - L = G \cdot x_2 \quad \cdots\cdots (3\text{-}8)$$

**예제 3-1**

어떤 장치는 가열 및 가습기가 있어서 2.8 kg/s의 습공기를 $h_1 = 21$ kJ/kg, $x_1 = 0.004$ kg/kg'로 받아들여 $h_2 = 84$ kJ/kg, $x_2 = 0.019$ kg/kg'로 변화시켜 내보낸다면, 장치에서 공기에 가해진 열량 $q_H$[kW]와 가습기의 가습량 $L$[kg/s]을 각각 구하시오. 단, 가습수는 20 ℃이다.

**풀이**

다음 그림과 같은 계를 출입하는 열평형식과 물질평형식을 각각 세우면,

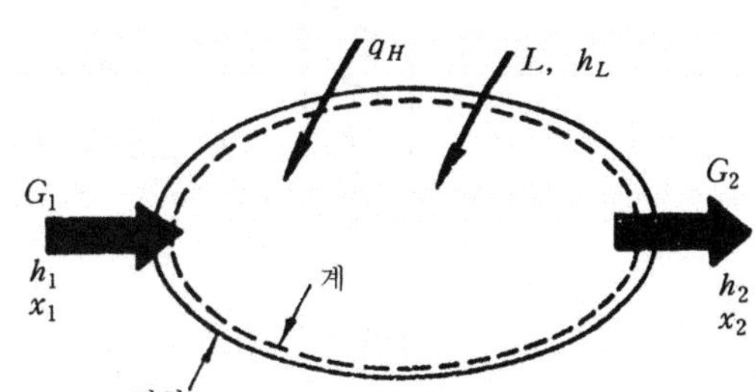


i) 물질평형식에 의하여 가습량 $L$[kg/s]은

$G_1 \cdot x_1 + L = G_2 \cdot x_2$

따라서 $L = G_{1=2}(x_2 - x_1)$

$= 2.8(0.019 - 0.004)$

$\fallingdotseq 0.042\,\mathrm{kg/s}$

ii) 열평형식에 의하여 가열량 $q_H$[kW]는

$G_1 \cdot h_1 + q_H + L \cdot h_L = G_2 \cdot h_2$

따라서 $q_H = G_{1=2}(h_2 - h_1) - L \cdot h_L$

$= 2.8(84 - 21) - 0.042 \times 4.19 \times 20$

$\fallingdotseq 173\,\mathrm{kW}$

여기서, 물의 엔탈피 $h_L$ = 물의 비열×수온

물의 비열 ; ≒ 4.19[kJ/kg·K]

## 3-2 여러 가지 과정에 따른 습공기의 상태변화

### [1] 가열(현열만에 의한 가열)

#### (1) 상태변화 과정

그림 3-5의 (a)와 같은 가열기는 외부로부터 현열량 $q_S$[kW]가 공급되며, 이로 인해 가열기로 들어오는 $G$[kg/s]의 습공기는 ①의 상태($t_1$, $h_1$, $x_1$)로 들어와서 ②의 상태($t_2$, $h_2$, $x_2$)로 변화하여 나간다.

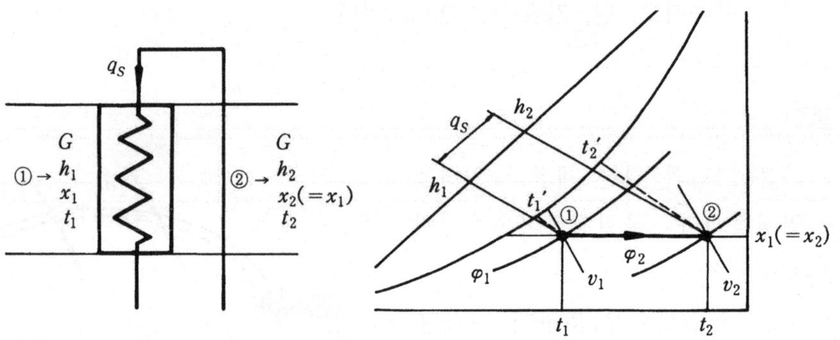


(a) 장치의 구성 (b) 상태변화 과정

그림 3-5 ▸ 현열만에 의한 가열

이때 외부로부터 공급되는 열이 전기가열기나 온수코일, 증기코일 또는 난로 등과 같이 현열만 있고 잠열이 없을 때 습공기의 상태변화 과정은 그림 3-5의 (b)와 같다.

현열만에 의한 가열과정은 그림 3-5의 (a)에서 보는 바와 같이 상태변화 ①→②과정으로서 절대습도 $x$와 노점온도 $t''$는 변화하지 않으며, 건구온도는 $t_1 \rightarrow t_2$, 엔탈피는 $h_1 \rightarrow h_2$, 습구온도는 $t_1' \rightarrow t_2'$, 상대습도는 $\varphi_1 \rightarrow \varphi_2$, 비체적은 $v_1 \rightarrow v_2$로 각각 변화하는 것을 알 수 있다.

### (2) 계산식

그림 3-5의 (a)에서 가열기로 가열한 열량을 산출하기 위해서는 이 장치에 대한 열평형식을 세우고, 이 식으로부터 가열량 $q_S$[kW]를 구하면 식 (3-10)과 같으며, 그림 3-5(b)에서는 이 과정 중에 습공기의 엔탈피 변화량($q_S = h_2 - h_1$)으로 표시된다.

즉 열평형식은

$$G \cdot h_1 + q_S = G \cdot h_2 \qquad \text{(3-9)}$$

식 (3-9)로부터 가열량 $q_S$[kW]는

$$\begin{aligned} q_S &= G(h_2 - h_1) \fallingdotseq 1.01G(t_2 - t_1) \\ &= 1.2Q(h_2 - h_1) \fallingdotseq 1.21Q(t_2 - t_1) \qquad \text{(3-10)} \end{aligned}$$

여기서, 1.01 : 공기의 단위질량[1kg] 당 정압비열(≒ 1.01kJ/kg·K)
1.2 : 공기의 밀도[kg/m³]
1.21 : 공기의 단위체적[1m³] 당 정압비열(≒ 1.21kJ/m³·K)

그림 3-5의 (b)와 같이 습공기가 현열변화만 하는 경우($\Delta x = 0$)에 가열량 $q_S$를 식 (3-11)과 같이 개략적으로 건조공기의 엔탈피 변화와 같이 나타냈다. 그 이유는 다음과 같이 온도변화에 따라 습공기 중에 포함되어 있는 수분($x$)의 엔탈피 변화량이 매우 적기 때문이다.

즉 그림 3-5에서 상태점 ②와 ①의 엔탈피 변화량 $\Delta h$는 다음과 같이 해석할 수 있다.

$$\begin{aligned} \Delta h &= h_2 - h_1 \\ &= (h_{a2} + x_2 \cdot h_{v2}) - (h_{a1} + x_1 \cdot h_{v1}) \\ &= \{C_p \cdot t_2 + x_2(\gamma + C_{vp} \cdot t_2)\} - \{C_p \cdot t_1 + x_1(\gamma + C_{vp} \cdot t_1)\} \\ &= \{1.01t_2 + x_2(2{,}501 + 1.85t_2)\} - \{1.01t_1 + x_1(2{,}501 + 1.85t_1)\} \end{aligned}$$

$$= 1.01(t_2 - t_1) + x_{2=1}(2{,}501 - 2{,}501) + 1.85x_{2=1}(t_2 - t_1)$$

$$\fallingdotseq 1.01(t_2 - t_1) \quad \cdots\cdots (3\text{-}11)$$

여기서, $h_1$, $h_2$ : ①과 ②상태에서 습공기의 엔탈피[kJ/kg]

$h_{a1}$, $h_{a2}$ : ①과 ②상태에서 건공기의 엔탈피[kJ/kg]

$h_{v1}$, $h_{v2}$ : ①과 ②상태에서 수증기의 엔탈피[kJ/kg]

$t_1$, $t_2$ : ①과 ②상태에서 습공기의 건구온도[℃]

$x_1$, $x_2$ : ①과 ②상태에서 습공기의 절대습도[kg/kg′]

$C_p$ : 건공기의 정압비열[≒ 1.01 kJ/kg·K]

$C_{vp}$ : 수증기의 정압비열[≒ 1.85 kJ/kg·K]

$\gamma$ : 0 ℃에서 물의 증발잠열[≒ 2,501 kJ/kg]

위 식에서 보는 바와 같이 $1.01(t_2 - t_1) \gg 1.85x(t_2 - t_1)$이므로 절대습도의 변화가 없는 현열변화인 경우에는 $\Delta h \fallingdotseq C_P \cdot \Delta t$로 해도 큰 차이는 없다.

## [2] 냉각(현열만에 의한 냉각)

### (1) 상태변화 과정

그림 3-6의 (a)와 같이 냉각기는 계 밖으로(외부로) 현열량 $q_S$[kW]를 방출하며, 이로 인해 계 내로 들어오는 $G$[kg/s]의 습공기는 ①의 상태($h_1$, $x_1$, $t_1$)에서 ②의 상태($h_2$, $x_2$, $t_2$)로 변화되어 나간다.

이 과정을 습공기선도상에 나타내면 그림 3-6의 (b)와 같다.

### (2) 계산식

그림 3-6의 (a)에 의한 열평형식은

$$G \cdot h_1 - q_S = G \cdot h_2 \quad \cdots\cdots (3\text{-}12)$$

따라서 냉각기에서 냉각된 열량 $q_S$[kW]는

$$q_S = G(h_1 - h_2) \fallingdotseq 1.01G(t_1 - t_2)$$

$$= 1.2Q(h_1 - h_2) \fallingdotseq 1.21Q(t_1 - t_2) \quad \cdots\cdots (3\text{-}13)$$

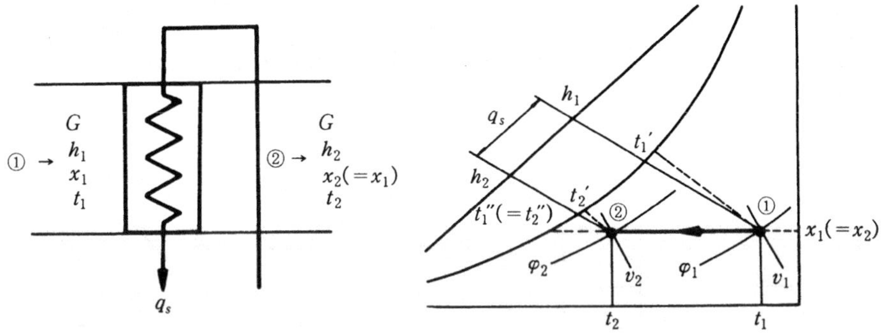


(a) 장치의 구성 (b) 상태변화 과정

그림 3-6 ▸ 현열만에 의한 냉각

**예제 3-2**

건구온도 35 ℃, 상대습도 45 % 인 습공기 5,000 m³/h를 포화공기의 상태까지 냉각시키기 위한 냉각열량을 구하시오.

**풀이**

상태변화 과정은 다음 그림과 같으며 이에 따른 계산식은 다음과 같다.

식 (3-13)에 의해

$$q_S = 1.2Q(h_1 - h_2)$$

$$= 1.2 \times \frac{5,000}{3,600}(76 - 62) \fallingdotseq 23.3\,\text{kW}$$

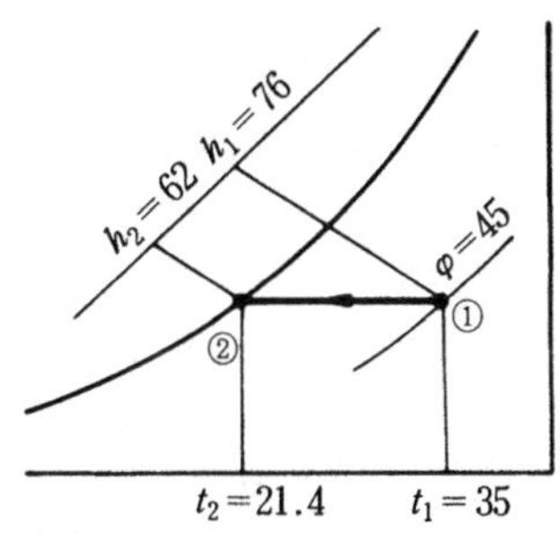


또는

$$q_S = 1.21Q(t_1 - t_2)$$

$$= 1.21 \times \frac{5,000}{3,600}(35 - 21.4) \fallingdotseq 22.9\,\text{kW}$$

위의 2가지 방법에서 결과에 약간의 차이가 있는 것은 선도에서 수치를 읽을 때의 오차 때문이다.

## [3] 가습(잠열만에 의한 가습)

### (1) 상태변화 과정

그림 3-7의 (a)와 같은 가습장치에서 계 내로 들어오는 $G$[kg/s]의 습공기를 가습하여 ①의 상태($h_1$, $x_1$, $t_1$)에서 ②의 상태($h_2$, $x_2$, $t_2$)로 변화시키고 있다.

이 과정을 습공기선도상에 나타내면 그림 3-7(b)와 같으며, 이때 가습물질 $L$[kg/s]이 공기의 건구온도에 변화를 주지 않고 가습효과만 준다면 습공기의 변화과정은 다음과 같다.

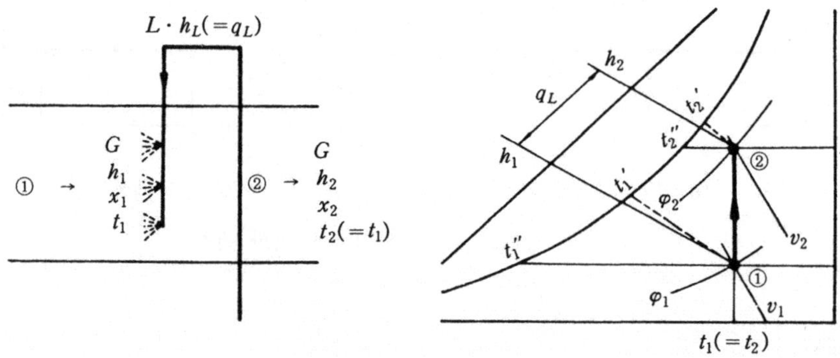


(a) 장치의 구성 (b) 상태변화 과정

그림 3-7 ▸ 잠열만에 의한 가습

즉 건구온도 $t$는 변화하지 않고, 절대습도는 $x_1 \rightarrow x_2$, 엔탈피는 $h_1 \rightarrow h_2$, 습구온도는 $t_1' \rightarrow t_2'$, 노점온도는 $t_1'' \rightarrow t_2''$, 상대습도는 $\varphi_1 \rightarrow \varphi_2$, 비체적은 $v_1 \rightarrow v_2$로 각각 변화한다.

### (2) 계산식

그림 3-7의 (a)에 의해 열평형식은

$$G \cdot h_1 + q_L = G \cdot h_2 \quad \cdots\cdots (3\text{-}14)$$

따라서 가습으로 인하여 공기에 가해진 가열량 $q_L$[kW]은 식 (3-14)에 의하여

$$\begin{aligned} q_L &= G(h_2 - h_1) = 2{,}501\,G(x_2 - x_1) \\ &= 1.2Q(h_2 - h_1) = 3{,}001\,Q(x_2 - x_1) \quad \cdots\cdots (3\text{-}15) \end{aligned}$$

그림 3-7의 (a)에 의한 물질평형식은

$$G \cdot x_1 + L = Gx_2 \quad \cdots\cdots (3\text{-}16)$$

따라서 가습증기량 $L$[kg/s]은 식 (3-16)에 의하여

$$\begin{aligned} L &= G(x_2 - x_1) \\ &= 1.2Q(x_2 - x_1) \quad \cdots\cdots (3\text{-}17) \end{aligned}$$

그림 3-7의 (b)와 같이 습공기가 잠열만의 변화($\Delta t = 0$)를 하는 경우 $\Delta h = 2{,}501\Delta x$

로 바꾸어도 큰 차이는 없다. 그 이유는 앞 식 (3-11)에서 언급한 바와 같은 형식으로 다음과 같이 해석할 수 있다.

$$\begin{aligned}\Delta h &= h_2 - h_1 \\ &= (h_{a2} + x_2 \cdot h_{v2}) - (h_{a1} + x_1 \cdot h_{v1}) \\ &= \{C_p \cdot t_2 + x_2(\gamma + C_{vp} \cdot t_2)\} - \{C_p \cdot t_1 + x_1(\gamma + C_{vp} \cdot t_1)\} \\ &= \{1.01t_2 + x_2(2{,}501 + 1.85t_2)\} - \{1.01t_1 + x_1(2{,}501 + 1.85t_1)\} \\ &= 1.01(t_2 - t_1) + 2{,}501(x_2 - x_1) + 1.85t_{2=1}(x_2 - x_1) \\ &\fallingdotseq 2{,}501(x_2 - x_1) \quad \cdots\cdots (3\text{-}18)\end{aligned}$$

위 식에서 보는 바와 같이 $2{,}501(x_2 - x_1) \gg 1.85t_2(x_2 - x_1)$이므로 건구온도의 변화가 없고 잠열변화만 있는 경우에는 $\Delta h \fallingdotseq 2{,}501\Delta x$로 놓아도 큰 차이는 없다.

## [4] 가열 · 가습

### (1) 상태변화 과정

그림 3-8의 (a)와 같이 장치 내에 가열기와 가습기가 조합되어 있다. 계 외부에서 $G$[kg/s]의 습공기가 ①의 상태($h_1$, $x_1$, $t_1$)로 들어와서 가열기로부터 현열량 $q_S$[kW]를 공급받아 ②의 상태($h_2$, $x_2$, $t_2$)로 변화된 후, 또 계 외부로부터 가습증기$L$[kg/s]을 공급받아 ③의 상태($h_3$, $x_3$, $t_3 = t_2$)로 변화된 후 계 밖으로 나간다. 이때 가습증기의 엔탈피는 $h_L$[kJ/kg]로 가정한다.

이 과정을 그림 3-8의 (b)와 같이 습공기선도상에 나타내면 변화과정은 ①→②→③으로 되며, 결국은 ①→③으로 변화된 결과와 같다.

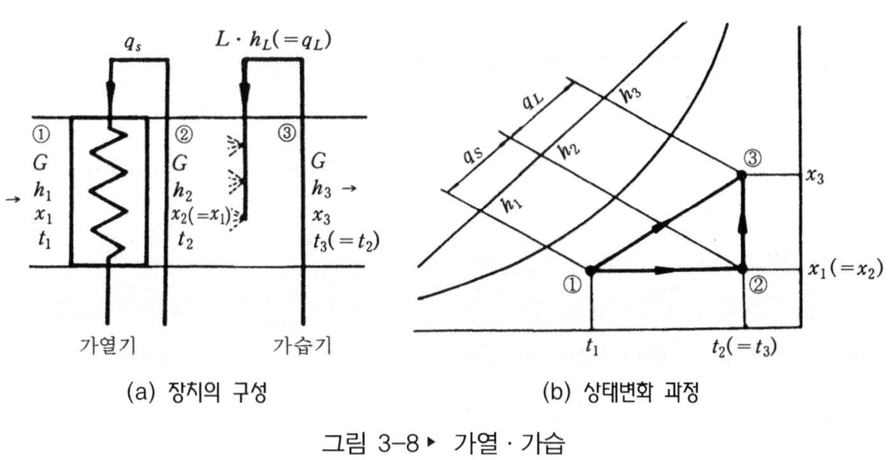


그림 3-8 ▸ 가열 · 가습

여기에서 과정 ①→②는 습공기의 현열변화이고, 과정 ②→③은 습공기의 잠열변화이며, 이의 합은 ①→③으로서 전열변화량이다.

(2) 계산식

그림 3-8(a)에서 가열기만을 하나의 계로 볼 경우 열평형식은

$$G \cdot h_1 + q_S = G \cdot h_2 \qquad (3\text{-}19)$$

따라서 식 (3-19)에 의해 가열기의 가열량인 현열량 $q_S$[kW]는

$$q_S = G(h_2 - h_1) = 1.01G(t_2 - t_1)$$
$$= 1.2Q(h_2 - h_1) = 1.21Q(t_2 - t_1) \qquad (3\text{-}20)$$

또 가습기만을 하나의 계로 볼 경우 열평형식은

$$G \cdot h_1 + q_L = G \cdot h_3 \qquad (3\text{-}21)$$

따라서 식 (3-21)에 의해 가습증기로 인해 가열된 잠열량 $q_L$[kW]은

$$q_L = G(h_3 - h_2) = 2{,}501G(x_3 - x_2)$$
$$= 1.2Q(h_3 - h_2) = 3{,}001Q(x_3 - x_2) \qquad (3\text{-}22)$$

그러므로 장치 전체의 가열량 $q_T$[kW]는

$$q_T = q_S + q_L$$
$$= G(h_3 - h_1)$$
$$= 1.2Q(h_3 - h_1) \qquad (3\text{-}23)$$

한편, 가습기에서의 물질평형식은

$$G \cdot x_2 + L = G \cdot x_3 \qquad (3\text{-}24)$$

따라서 가습기에서의 가습증기량 $L$[kg/s]은 식 (3-24)에 의해

$$L = G(x_3 - x_2)$$
$$= 1.2Q(x_3 - x_2) \qquad (3\text{-}25)$$

(3) 현열비($SHF$ : Sensible Heat Factor)

그림 3-8에서 보는 바와 같이 공조장치에서 공기에 가해지는 열량은 현열량 $q_S$와 잠열량 $q_L$이 있다. 현열비 $SHF$는 공기에 주어진 전체열량 $(q_S + q_L)$에 대한 현열량 $q_S$의 비율로 정의하며, 다음 식과 같이 나타낸다.

$$SHF = \frac{q_S}{q_S + q_L} \quad \cdots\cdots (3\text{-}26)$$

식 (3-26)에서 알 수 있는 바와 같이 공기에 주어지는 잠열량이 없으면(가습되지 않으면) $SHF=1$이 되어 습공기선도상에서 수평의 변화과정이 되며, 현열량이 없으면 $SHF=0$이 되어 습공기선도상에서 수직선상의 변화과정이 된다.

공기조화에서 실의 공기부하에 대한 $SHF$를 알면 그 실에 어떠한 성질의 공기를 공급시켜야 하는가를 판단할 수 있다.

### (4) 열수분비 또는 수분비 $u$ [kJ/kg]

습공기의 상태변화량 중 수분의 변화량과 엔탈피변화량의 비율을 열수분비 또는 수분비(moisture ratio) $u$로 정의하고, 식 (3-29)와 같이 나타낸다.

예를 들면 그림 3-8과 같이 상태 ①→③의 변화과정에서 열수분비는 다음과 같이 유도할 수 있다.

그림 3-8에서 열평형식에 의하면

$$G(h_3 + h_1) = q_S + L \cdot h_L \quad \cdots\cdots (3\text{-}27)$$

또 물질평형식은

$$G(x_3 - x_2) = L \quad \cdots\cdots (3\text{-}28)$$

따라서 식 (3-27)과 식 (3-28)에 의해 열수분비 $u$[kJ/kg]는

$$u = \frac{\text{엔탈피의 변화량}}{\text{수분의 변화량}}$$

$$= \frac{h_3 - h_1}{x_3 - x_{2=1}} = \frac{q_S + L \cdot h_L}{L} = \frac{q_S}{L} + h_L \quad \cdots\cdots (3\text{-}29)$$

**예제 3-3**

건구온도 20 ℃, 상대습도 50 %인 습공기 8,000 kg/h를 가열 · 가습하여 건구온도 30 ℃, 상대습도 50 %인 상태로 만들려고 할 때 i) 현열량, ii) 잠열량, iii) 전열량, iv) 가습증기량, v) 현열비, vi) 열수분비를 습공기선도를 이용하여 각각 구하시오.

**풀이**

다음 그림과 같이 가열 · 가습과정(①→③)은 가열과정(①→②)과 가습과정(②→③)으로 구분하여 도시하고, 각 상태점의 상태량으로 다음과 같이 계산할

수 있다.

i) 현열량 $q_S$[kW]는 식 (3-20)에 의해

$$q_S = G(h_2 - h_1) = \frac{8,000}{3,600}(54.1 - 39.0) \fallingdotseq 33.6\,\text{kW}$$

또는

$$q_S = 1.01G(t_2 - t_1) = 1.01 \times \frac{8,000}{3,600}(35 - 20) \fallingdotseq 33.7\,\text{kW}$$

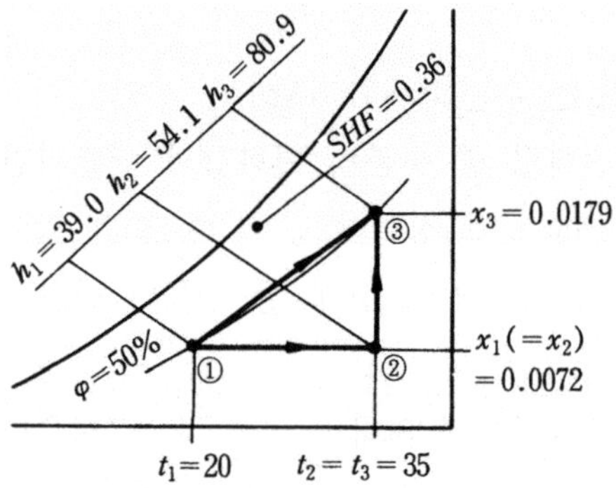


ii) 잠열량 $q_L$[kW]는 식 (3-22)에 의해

$$q_L = G(h_3 - h_2) = \frac{8,000}{3,600}(80.9 - 54.1) \fallingdotseq 59.6\,\text{kW}$$

또는

$$q_L = 2,501G(x_3 - x_2) = 2,501 \times \frac{8,000}{3,600}(0.0179 - 0.0072) \fallingdotseq 59.5\,\text{kW}$$

여기서, 59.6kW와 59.5kW가 일치하지 않는 것은 선도의 판독에 오차가 있기 때문이다.

iii) 전열량 $q_T$[kW]는

$$q_T = q_S + q_L = 33.6 + 59.6 = 93.2\,\text{kW}$$

iv) 가습증기량 $L$[kg/s]은 식 (3-25)에 의해

$$L = G(x_3 - x_2) = \frac{8,000}{3,600}(0.0179 - 0.0072) \fallingdotseq 0.024\,\text{kg/s}$$

v) 현열비 $SHF$는 식 (3-26)에 의해

$$SHF = \frac{q_S}{q_S + q_L} = \frac{33.6}{33.6 + 59.6} \fallingdotseq 0.36$$

vi) 열수분비 $u$는 식 (3-27)에 의해

$$u = \frac{h_3 - h_1}{x_3 - x_1} = \frac{80.9 - 39.0}{0.0179 - 0.0072} \fallingdotseq 3,916\,\text{kJ/kg}$$

## [5] 각종의 가습방법

습공기를 가습할 때 고압의 물을 그림 3-9의 (a)와 같이 순환수로 분무하는 경우, (b)와 같이 온수를 분무하는 경우가 있고, (c)와 같이 증기를 분무하는 경우가 있으며, 이들이 습공기선도상에서는 각각 그림 (d)와 같이 ①→②, ①→③, ①→④의 과정으로 상태변화를 한다.

### (1) 순환수에 의한 가습

그림 3-9에서 (a)는 물을 가열하거나 냉각을 하지 않고 펌프로 노즐을 통하여 공기 중에 분무하여 가습하는 방법이다. 이때 공기를 가습시키는 수분은 물이 노즐에 의해 분무된 수증기 상태이며, 수증기 상태로 되기 위해서는 주위의 공기로부터 증발잠열을 흡수해야 한다.

따라서 순환수의 분무로 인한 가습과정은 순환수는 공기로부터 증발잠열을 얻어서 다시 공기에 되돌려 주는(증기의 상태로 가습되므로), 즉 단열변화이다. 따라서 이 과정은 그림 3-9의 (d)에서 ①→②와 같이 습공기선도상에서는 $h_1 \fallingdotseq h_2$가 되어 엔탈피의 변화는 거의 없지만 건구온도는 감소한다.

순환수 분무과정에서 순환수의 온도는 입구공기와 동일하므로 $q_S = 0$이다. 만약 순환수의 온도가 $t$ [℃]라면 열수분비 $u$는 식 (3-29)에 의해 다음과 같이 나타낸다.

$$u = h_L = C \cdot t \quad \cdots\cdots (3\text{-}30)$$

여기서, $C$ : 순환수의 비열[≒ 4.19kJ/kg·K]

이 과정은 그림 (d)에서 ①→②와 같다. 예를 들어 10 ℃인 순환수를 분무한다면 물의 비열은 4.19kJ/kg·K 이므로 $u = 4.19 \times 10 = 41.9$[kJ/kg]의 열수분비 방향과 평행한 ①→②과정으로 냉각 · 가습이 된다.

### (2) 온수에 의한 가습

한편 그림 3-9의 (b)는 순환수를 가열하여 분무하는 방법이며, 예를 들면 80 ℃의 온수를 분무하여 가습한다면 습공기선도상에서 가습방향은 ①에서 열수분비 $u$에 평행한 ①→③방향으로 냉각 · 가습이 된다.

즉 이때의 열수분비 $u$[kJ/kg]는 다음과 같다.

$$u = C \cdot t = 4.19 \times 80 = 335.2 \text{ kJ/kg}$$

### (3) 증기가습

그림 3-9의 (c)는 증기를 분무하여 가습하는 방법으로 가습방향인 열수분비는 다

음과 같이 포화증기의 엔탈피와 같다.

$$u = \frac{\Delta h}{\Delta x} = \frac{\Delta x\,(2{,}501 + 18.5\,t_s)}{\Delta x}$$

$$= 2{,}501 + 1.85 t_s \qquad \cdots\cdots (3\text{-}31)$$

여기서, $t_s$ : 포화증기의 온도[℃]

2,501 : 0 ℃에서 물의 증발잠열[kJ/kg]

1.85 : 수증기의 정압비열[kJ/kg·K]

예를 들면 100 ℃ 포화증기의 열수분비는 다음과 같다.

$$u = 2{,}501 + 1.85 \times 100 = 2{,}686\ \text{kJ/kg}$$

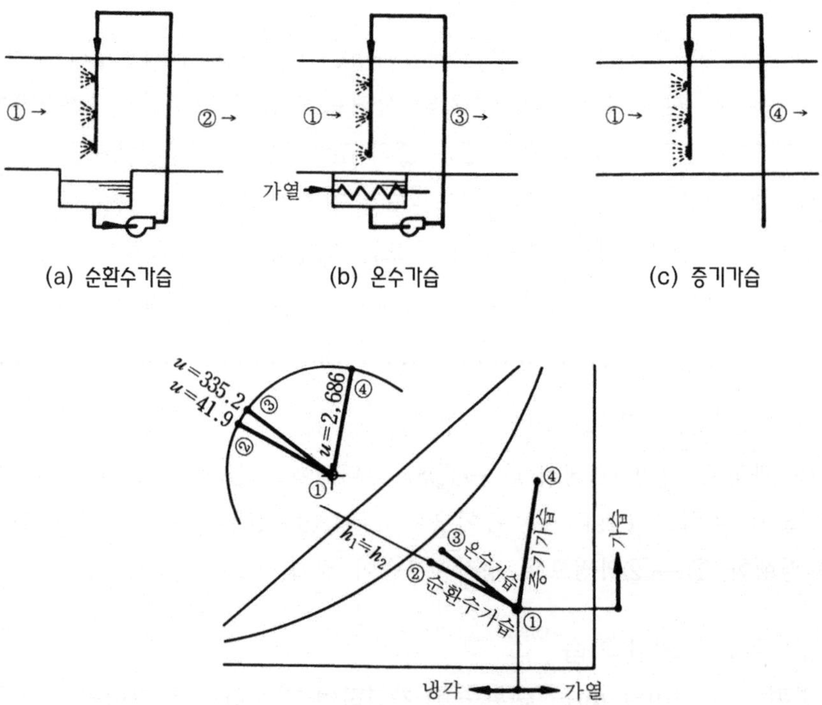


(a) 순환수가습 (b) 온수가습 (c) 증기가습

(d) 상태변화 과정

그림 3-9 ▸ 가습과정(순환수, 온수, 증기)

**예제 3-4**

건구온도 29 ℃, 상대습도 30 %인 공기 5,000 m³/h를 60 ℃인 온수로 가습하는 경우에 가습된 공기의 i) 상대습도, ii) 건구온도, iii) 습구온도를 구하시오. 단, 가습된 온수는 15 kg/h이다.

**풀이**

물질평형식에 의해 계산된 가습 후의 절대습도 $x_2$ 와 열수분비 $u$ 를 구하여 ① 로부터 그으면 교차점 ②에서 상태량을 읽는다.

물질평형식 ; $1.2Q \cdot x_1 + L = 1.2Q \cdot x_2$

따라서 $x_2 = x_1 + \dfrac{L}{1.2Q}$

$$= 0.0075 + \frac{15}{1.2 \times 5{,}000}$$

$$= 0.010\,\text{kg/kg}'$$

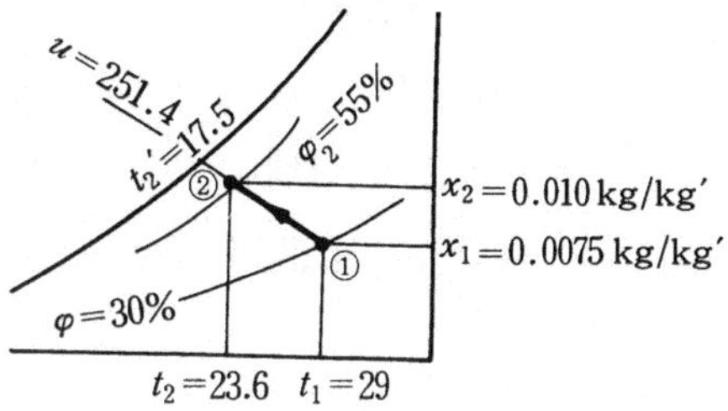


열수분비는 ; $u$ = 물의 비열×수온

$$= 4.19 \times 60 = 251.4\,\text{kJ/kg}$$

i ) 가습 후 상대습도 ; $\phi_2 = 55\,\%$

ii) 가습 후 건구온도 ; $t_2 = 23.6\,℃$

iii) 가습 후 습구온도 ; $t_2' = 17.5\,℃$

**예제 3-5**

앞의 예제와 같은 조건의 공기에 120 ℃ 의 증기를 75 kg/h 씩 가습한다면 가습된 공기의 i ) 절대습도, ii) 건구온도, iii) 상대습도, iv) 엔탈피는 각각 얼마인가?

**풀이**

앞의 예제와 같은 방법으로 가습 후의 절대습도 $x_2$와 열수분비 $u$ 의 교차점에서 상태량을 읽는다.

물질평형식 ;

$1.2Q \cdot x_1 + G_s = 1.2Q \cdot x_2$

따라서 $x_2 = x_1 + \dfrac{G_s}{1.2Q}$

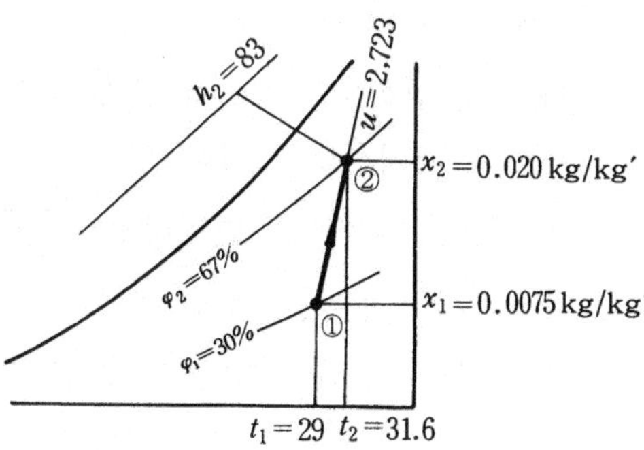


$$= 0.0075 + \frac{75}{1.2 \times 5{,}000} = 0.020\,\text{kg/kg}'$$

열수분비 ; $u = 2{,}501 + 1.85 \times t_s$

$$= 2{,}501 + 1.85 \times 120 = 2{,}723\,\text{kJ/kg}$$

i ) 가습 후 절대습도 ; $x_2 = 0.020\,\text{kg/kg}'$

ii) 가습 후 건구온도 ; $t_2 = 29$ ℃

iii) 가습 후 상대습도 ; $\phi_2 = 67$ %

iv) 가습 후 엔탈피 ; $h_2 = 83\,\mathrm{kJ/kg}$

## [6] 단열혼합

### (1) 상태변화 과정

그림 3-10과 같은 장치는 $G_1$[kg/s]의 공기가 ①의 상태($t_1$, $h_1$, $x_1$)로, $G_2$[kg/s]의 공기가 ②의 상태($t_2$, $h_2$, $x_2$)로 계 내로 들어와서 혼합되어 $G_3$[kg/s], 즉 ($G_1 + G_2$)의 혼합공기인 ③의 상태($t_3$, $h_3$, $x_3$)로 되어 나간다.

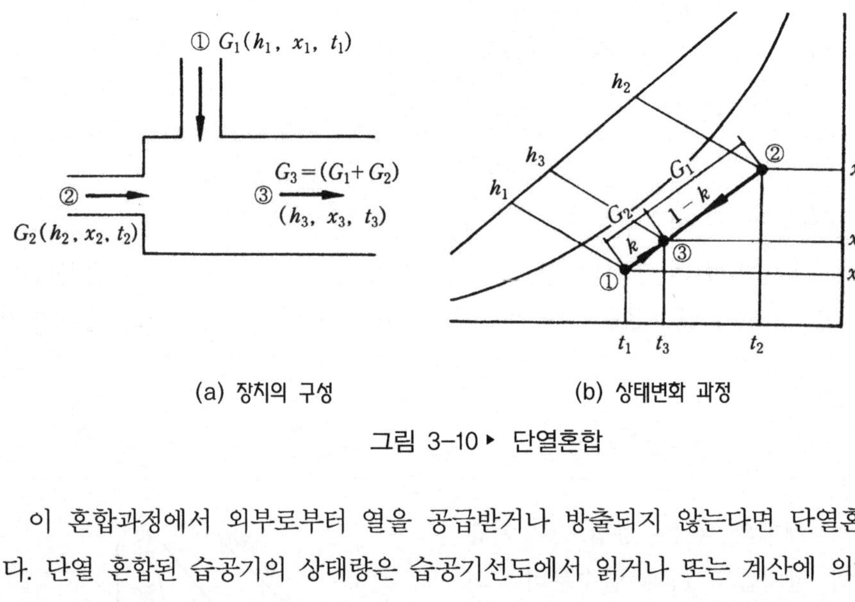


(a) 장치의 구성 (b) 상태변화 과정

그림 3-10 ▸ 단열혼합

이 혼합과정에서 외부로부터 열을 공급받거나 방출되지 않는다면 단열혼합이라 한다. 단열 혼합된 습공기의 상태량은 습공기선도에서 읽거나 또는 계산에 의해 구할 수 있다. 습공기선도에 의한 방법으로는 그림 3-10의 (b)와 같이 ①의 상태점과 ②의 상태점을 직선으로 연결하고, $\overline{②③}$ :$\overline{①③}$ = $G_1$ : $G_2$의 비율로 내분하는 점 ③이 혼합공기의 상태($t_3$, $h_3$, $x_3$)가 된다. 즉 그림에서 ①의 공기에 ②상태의 공기를 $k$의 비율($G_2$kg)로 혼합하면 ①상태의 공기비율은 $(1-k)$인 $G_1$kg이 된다.

### (2) 계산식

계산식으로는 그림 3-10의 (a)에서 열평형식과 물질평형식을 세워서 혼합공기의 상태량인 $h_3$, $t_3$, $x_3$를 각각 구할 수 있다.

즉 열평형식은

$$G_1 \cdot h_1 + G_2 \cdot h_2 = G_3 \cdot h_3 \quad \cdots\cdots (3\text{-}32)$$

또, 그림 (b)의 습공기선도상에서 보면 엔탈피와 건구온도 및 절대습도는 서로 비례하므로 온도와 습도를 식 (3-33) 및 식 (3-34)와 같은 형식으로 나타낼 수 있다.

$$C_p \cdot G_1 \cdot t_1 + C_p \cdot G_2 \cdot t_2 = C_p \cdot G_3 \cdot t_3 \quad \cdots\cdots (3\text{-}33)$$

$$G_1 \cdot x_1 + G_2 \cdot x_2 = G_3 \cdot x_3 \quad \cdots\cdots (3\text{-}34)$$

따라서 식 (3-32), (3-33), (3-34)를 이용하여 혼합공기의 상태량을 정리하면 각각 다음과 같다.

$$h_3 = \frac{G_1 \cdot h_1 + G_2 \cdot h_2}{G_3} = h_1 + (h_2 - h_1)\frac{①\sim③}{①\sim②}$$

$$= h_1 + (h_2 - h_1)\frac{G_2}{G_3} = h_1 + (h_2 - h_1)k \quad \cdots\cdots (3\text{-}35)$$

$$t_3 = \frac{G_1 \cdot h_1 + G_2 \cdot h_2}{G_3} = t_1 + (t_2 - t_1)\frac{①\sim③}{①\sim②}$$

$$= t_1 + (t_2 - t_1)\frac{G_2}{G_3} = t_1 + (t_2 - t_1)k \quad \cdots\cdots (3\text{-}36)$$

$$x_3 = \frac{G_1 \cdot x_1 + G_2 \cdot x_2}{G_3} = x_1 + (x_2 - x_1)\frac{①\sim③}{①\sim②}$$

$$= x_1 + (x_2 - x_1)\frac{G_2}{G_3} = x_1 + (x_2 - x_1)k \quad \cdots\cdots (3\text{-}37)$$

**예제 3-6**

건구온도 $t_1 = 28$ ℃, 상대습도 $\varphi_1 = 50\%$의 공기 80 kg과 건구온도 $t_2 = 37$ ℃, 상대습도 $\varphi_2 = 60\%$인 공기 20 kg을 단열혼합했을 때, 혼합공기의 ⅰ) 건구온도 $t_3$, ⅱ) 절대습도 $x_3$, ⅲ) 엔탈피 $h_3$를 각각 구하시오.

**풀이**

다음 그림과 같이 $\overline{②③}$ : $\overline{①③}$ = 80 : 20, 즉 4 : 1로 내분하는 점 ③을 구하여 $t_3$, $h_3$, $x_3$를 읽을 수 있다.

또는 습공기선도상의 ①, ②점의 상태량을 식 (3-35), (3-36), (3-37)에 각각 대입하여 구할 수 있다.

ⅰ) 건구온도 $t_3$

$$t_3 = 28 + (37 - 28)\frac{1}{4+1} = 29.8\ ℃$$

ⅱ) 절대온도 $x_3$

$$x_3 = 0.0118 + (0.0240 - 0.0118)\frac{1}{4+1} = 0.0142\ \mathrm{kg/kg'}$$

ⅲ) 엔탈피 $h_3$

$$h_3 = 58.5 + (99.3 - 58.5)\frac{1}{4+1} = 66.7\ \mathrm{kJ/kg}$$

## [7] 습코일과 건코일

그림 3-11의 (a)와 같은 냉각코일에서 입구공기 ①(건구온도 $t_1$, 노점온도 $t_1''$)이 냉각되는 과정은 그림 (b)와 같이 나타낼 수 있다.

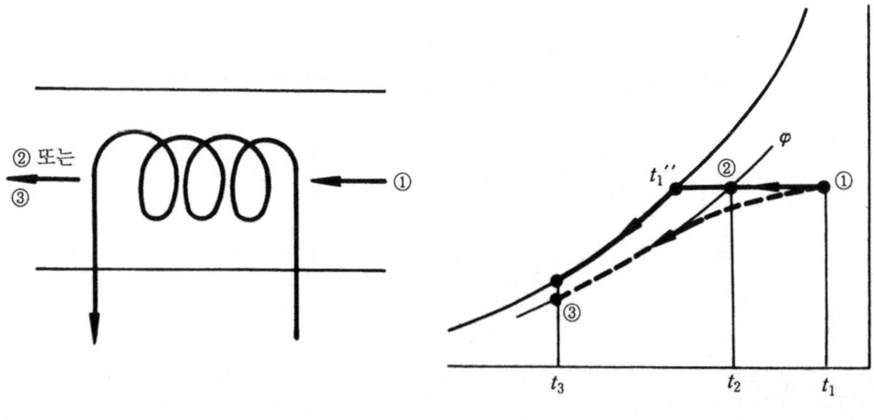


그림 3-11 ▸ 습코일과 건코일의 냉각과정

이때 코일의 표면온도가 입구공기의 노점온도인 $t_1''$ 보다 높은 $t_2$ 라면 그림 (b)에서 보는 바와 같이 ①→②의 수평성상으로, 즉 현열변화만 하게 된다. 따라서 습공기는 온도만 내려가고 절대습도의 변화는 없으므로 코일의 표면을 건조한 상태에서 냉각되는데, 이러한 코일을 건코일(dry coil)이라 한다.

그러나 코일의 표면온도가 통과공기의 노점온도보다 낮은 $t_3$ 라고 하면 ①의 공기는 $t_1''$까지는 수평선상으로 냉각(현열량 감소)된 후 계속하여 포화공기선을 따라 $t_3$ 까지(현열 및 잠열감소) 내려온다. 따라서 포화공기선을 따라 내려오는 과정에서 습공기 중에 있는 수분이 코일표면에 응축되는 습코일(wet coil)이 된다.

그러나 실제는 코일의 열수가 한정되므로 실용적으로는 표 3-1과 같이 코일출구 공기의 상대습도가 정해진다.

표 3-1 ▸ 냉수코일 출구공기의 상대습도[%]

| 입구에서 공기온도 | DB(t)<br>WB(t′) | 32℃<br>27℃ | 32<br>22 | 28<br>22 | 27<br>24 | 27<br>20 |
|---|---|---|---|---|---|---|
| 코일 열수 | 10 | 95~96 % | - | - | 95~96 | 94~95 |
| | 8 | 94~95 % | 92~95 | 95 | 92~95 | 94~95 |
| | 6 | 91~94 % | 90~91 | 92~94 | 90~94 | 91~93 |
| | 4 | - | 82~85 | 87~88 | | 85~89 |
| 입구에서 공기온도 | DB(t)<br>WB(t′) | 27<br>19 | 27<br>17 | 26<br>18.7 | 22<br>17 | 22<br>15 |
| 코일 열수 | 8 | 94~95 | 95 | 94~96 | 94~95 | 95 |
| | 6 | 92~94 | 90~91 | 91~94 | 92~94 | 93~95 |
| | 4 | 87~91 | 81~90 | 85~89 | 87~91 | 85~93 |

## [8] 바이패스 팩터($BF$)와 콘택트 팩터($CF$)

냉각코일이 습코일이며 코일 열수가 무한히 많고 통과공기의 속도가 무한히 느리다면 그림 3-12와 같이 ①의 공기는 냉각·감습되어 최종적으로 장치노점온도인 ⓢ점, 즉 포화공기의 $t_s$에 달한다. 여기서 작도의 편의상 $\overline{①ⓢ}$를 직선으로 연결한다.

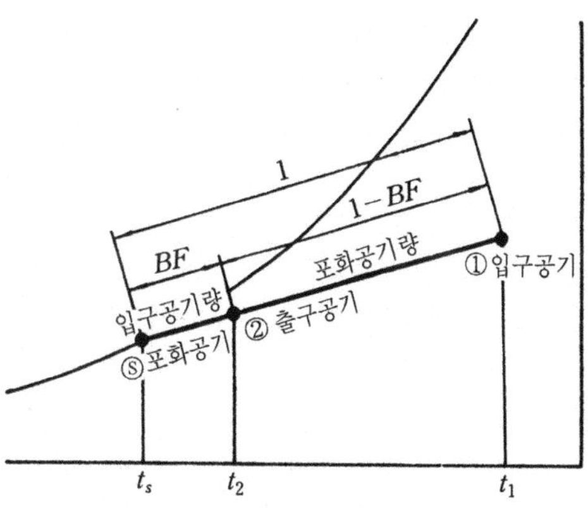


그림 3-12 ▸ 냉각코일에서 바이패스

그러나 실제로 코일의 열수는 4~8열 정도이며, 풍속은 2~3 m/s 정도로 되어 대부분의 공기는 코일에 접촉되어 열교환이 된 $t_s$의 상태(ⓢ점)로 되지만 일부의 공기는 코일과 접촉하지 못하고 ①의 상태로 빠져 나간다. 그러므로 출구공기는 ⓢ상태의 공기와 ①의 상태인 공기가 혼합된 ②의 상태가 된다.

이때 공기가 코일을 통과해도 코일과 접촉하지 못하고 지나가는 공기의 비율(전 공기에 대해)을 바이패스 팩터($BF$ ; By-pass Factor)라 하고, 전 공기에 대해 코일과 접촉한 비율을 콘택트 팩터($CF$ ; Contact Factor)라 하며 다음과 같은 관계식으로 표현한다.

즉 그림 3-12에서

$$\overline{ⓢ②} : \overline{②①} = BF : (1-BF)$$

$$\overline{ⓢ②} : \overline{ⓢ①} = BF : 1 \quad \cdots\cdots (3\text{-}38)$$

여기서, $1-BF=CF$이다.

또는

$$BF = \frac{\text{by-pass한 공기량}}{\text{코일을 통과한 공기량}}$$

$$= \frac{t_2 - t_s}{t_1 - t_s} = \frac{h_2 - h_s}{h_1 - h_s} = \frac{x_2 - x_s}{x_1 - x_s} \quad \cdots\cdots (3\text{-}39)$$

$BF$는 코일의 종류, 열수, 통과공기의 속도에 따라 다르며, 그 예는 표 3-2와 같다.

표 3-2 ▸ 냉각코일의 바이패스 팩터($BF$)

| 종 류 | 열 수 | 통과공기속도(m/s) | | | |
|---|---|---|---|---|---|
| | | 1.5 | 2.0 | 2.5 | 3.0 |
| 헤리컬핀 (에로핀) 8형 | 4 | 0.14 | 0.16 | 0.18 | 0.19 |
| | 5 | 0.09 | 0.10 | 0.11 | 0.12 |
| | 6 | 0.05 | 0.06 | 0.07 | 0.08 |
| | 7 | 0.03 | 0.04 | 0.05 | 0.06 |
| | 8 | 0.02 | 0.02 | 0.03 | 0.04 |
| 플레이트핀 8형 | 4 | 0.09 | 0.10 | 0.11 | 0.11 |
| | 5 | 0.05 | 0.05 | 0.06 | 0.07 |
| | 6 | 0.03 | 0.03 | 0.03 | 0.04 |
| | 7 | 0.02 | 0.02 | 0.02 | 0.02 |
| | 8 | 0.01 | 0.01 | 0.01 | 0.01 |

【주】 $BF$ 0.01은 바이패스공기량 1 %를 뜻함

**예제 3-7**

건구온도 30 ℃, 상대습도 50 %인 습공기 5,000 m³/h를 코일에 의해 냉각시킨다. 냉각코일의 표면온도가 10 ℃이며, 콘택트 팩터가 90 %라면 코일에 의해 제거된 ⅰ) 전열량[kW]와 ⅱ) 응축된 수분량 $L$[kg/h]은 얼마인가?

**풀이**

그림과 같이 초기의 공기상태 ①과 코일의 장치노점온도 10 ℃를 연결하고, 콘택트 팩터 90 %(바이패스 팩터 10 %)일 때의 출구공기온도 $t_2$는 다음과 같이 계산된다.

$$t_2 = t_s + (t_1 - t_s)BF$$
$$= 10 + (30 - 10) \times 0.1 = 12 \text{ ℃}$$

따라서 12 ℃와 선분 $\overline{①ⓢ}$ 와의 교점 ② 를 잡으면 상태량을 읽을 수 있다.

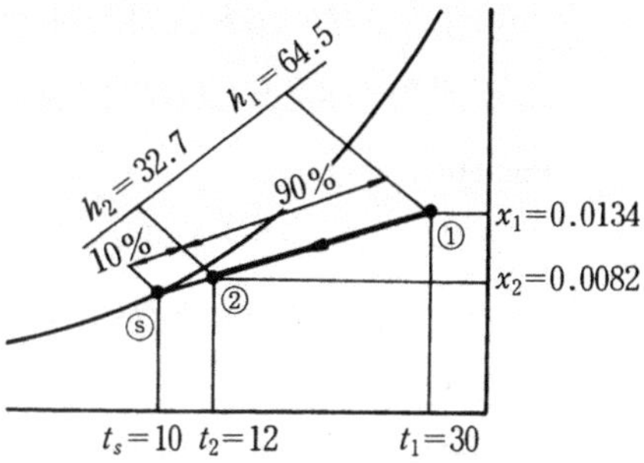


i) 전열량 $q$[kW]는

$$q = 1.2Q(h_1 - h_2)$$
$$= 1.2 \times \frac{5{,}000}{3{,}600}(64.5 - 32.7) \fallingdotseq 53 \text{ kW}$$

ii) 응축된 수분량 $L$[kg/h]은

$$L = 1.2Q(x_1 - x_2)$$
$$= 1.2 \times 5{,}000(0.0134 - 0.0082) = 31.2 \text{ kg/h}$$

## 3-3 송풍공기(코일출구 ; 취출공기)상태

실내공기와 취출공기와의 온도차를 취출온도차 $\Delta t_d$라 하며, 그 차는 표 3-3과 같이 취출구의 설치높이 및 취출구의 형식에 따라 다르다.

표 3-3 ▸ 취출온도차 $\Delta t_d$의 최고허용치[℃]

| 취출구 설치높이[m] | | 2 | 2.5 | 3 | 3.5 | 4 | 5 | 6 |
|---|---|---|---|---|---|---|---|---|
| 아네모스탯 | 원 형 | 13.4 | 15.2 | 16.3 | 17.0 | 17.3 | 17.7 | 17.8 |
| | 각 형 | 11.2 | 13.4 | 14.5 | 15.0 | 15.6 | 15.9 | 16.2 |
| 천장라인형 | SL 형 | 5.3 | 6.7 | 7.8 | 8.6 | 9.2 | 10.0 | 10.6 |
| 팬 형 | | 10.3 | 11.2 | 12.1 | 12.9 | 13.7 | 15.4 | 17.1 |
| 유니버설형 | 풍량대 | 6.4 | 7.4 | 8.4 | 9.2 | 10.1 | 12.0 | 13.8 |
| | 풍량소 | 9.2 | 10.0 | 11.0 | 11.9 | 12.9 | 14.8 | 16.6 |

## [1] 외기를 도입하지 않는 경우

냉방시에 그림 3-13과 같이 실내의 공기상태를 ①이라고 할 때 실내로 취출되는 공기 ②(코일 출구상태)는 실의 현열부하 및 잠열부하에 의해 계산된 현열비 $SHF$와의 평행선상에 있다.

ⓢ점은 $SHF$선과 포화공기선의 교점으로서 장치노점온도($ADP$ ; Apparatus Dew Point)라 한다.

한편, 코일 출구상태인 ②점을 구하는 방법은 주어진 조건에 따라 다음과 같은 방법이 있다.

첫째는 코일 입구상태인 ①에서 그은 실현열비 $SHF$평행선과 냉각코일 출구공기의 상대습도(표 3-1)와의 교점 ②를 출구공기의 상태로 한다.

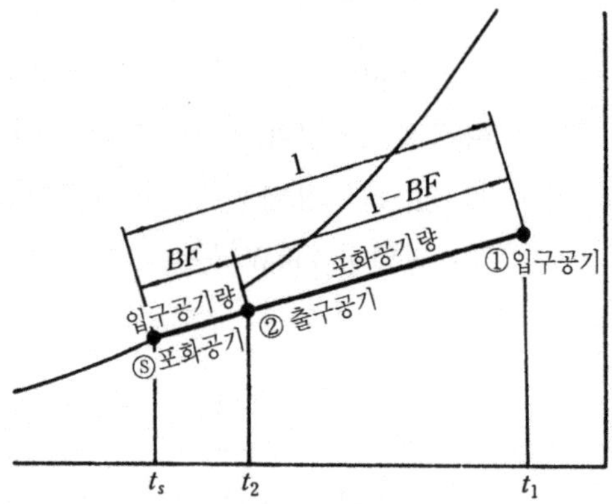


그림 3-13 ▸ 외기를 도입하지 않는 경우의 취출공기 상태

둘째는 ①에서 그은 실현열비 $SHF$ 평행선과 선분 $\overline{ⓢ②}$ : $\overline{②①}$을 $BF$ :$(1-BF)$가 되도록 ②점을 잡는다. 이때 $BF$는 표 3-2를 적용한다.

셋째는 실내공기 상태인 ①에서 실현열비 $SHF$ 평행선을 긋고 취출공기 온도차(표 3-3)와 교점 ②를 코일 출구상태로 한다.

**예제 3-8**

냉방시에 실의 현열취득량 $q_S = 30\,\text{kW}$, 잠열취득량 $q_L = 12\,\text{kW}$이며, 실내온도 $t_1 = 25\,℃$, 상대습도 $\varphi = 60\,\%$로 할 때 i) 취축공기의 상태량(건구온도, 엔탈피, 절대습도), ii) 장치노점온도를 각각 구하시오, 단, 실내공기와 취출공기의 온도차는 10 ℃로 한다.

**풀이**

그림과 같이 실내공기의 상태점 ①을 잡고 현열비 $SHF$평행선을 그어 실내공기와 취출공기의 온도차에 의해 건구온도 15 ℃선과의 교점을 취출공기의 상태로 한다.

$$SHF = \frac{30}{30+12} \fallingdotseq 0.71$$

ⅰ) 취출공기의 상태량($t_2$, $h_2$, $x_2$)

$t_2 = t_1 - 10℃ = 25 - 10 = 15℃$

$h_2 = 41.1 \mathrm{kJ/kg}$

$x_2 = 0.0103 \mathrm{kg/kg'}$

ⅱ) 장치노점온도 $t_s$ ; $SHF$선과 포화공기선과의 교점인 ⓢ점의 온도로서 $t_s = 14.2℃$를 읽을 수 있다.

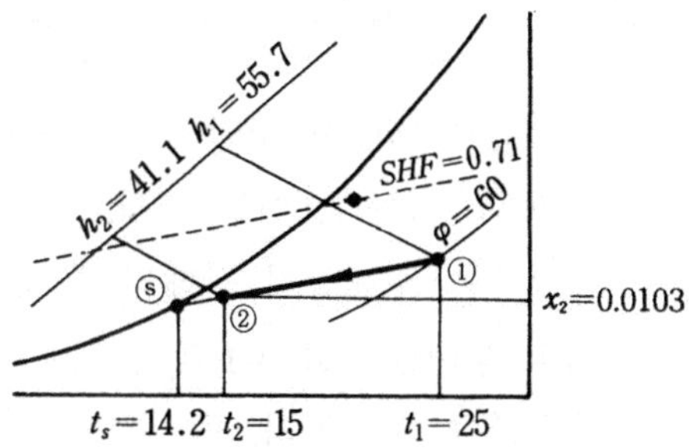


## [2] 외기를 도입하는 경우

그림 3-14와 같이 실내로부터 환기(return air) ①과 외기 ②가 혼합된 상태를 ③이라 할 때 혼합공기 ③은 냉각코일에 의해 냉각선을 따라 최종적으로 장치노점온도인 ⓢ점에 이른다. 이때 ③과 ⓢ를 직선으로 연결하고 총현열비($SHF_g$ ; Grand Sensible Heat Factor)라고 하며, 식 (3-40)으로 표시한다. 즉 총 현열비는 실내부하와 외기부하를 포함한 현열비를 말한다.

또, 실내조건인 ①에서 그은 $SHF$는 실현열비($SHF$ ; Room Sensible Heat Factor)로서 식 (3-41)로 표시된다. 이때 총 현열비선과 실 현열비선이 교차하는 점 ④를 코일출구공기의 조건, 즉 급기조건이 되며, $\overline{③ⓢ}$에 대한 $\overline{④ⓢ}$의 비율이 $BF$(by-pass factor)가 된다. 따라서 ④점은 코일출구, 즉 급기의 조건이 된다.

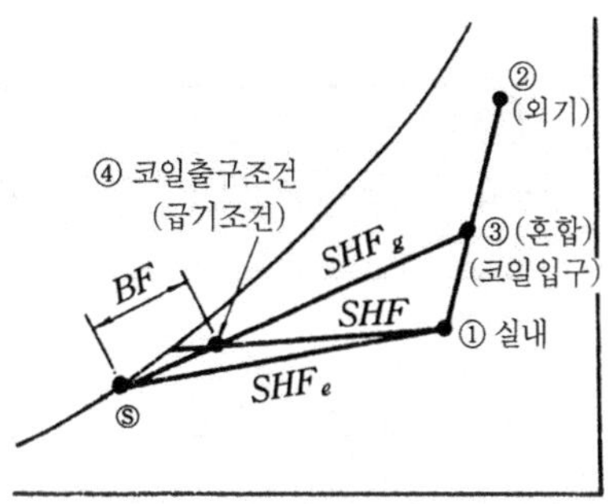


그림 3-14 ▸ 외기를 도입하는 경우에 현열비와 코일 출구(송풍공기)상태

한편, 실내측에서 볼 때는 코일을 거쳐 오는 공기 중에서 by-pass하여 냉각되지 않고 들어오는 공기도 하나의 부하가 된다. 따라서 이와 같은 값을 고려한 현열비를 유효현열비($SHF_e$ ; Effective Sensible Heat Factor)라 하며, $\overline{①ⓢ}$와 같으며, 식 (3-42)로 표시한다.

즉

$$SHF_g = \frac{\text{총 현열량}}{\text{총 현열량} + \text{총 잠열량}} \quad \cdots\cdots (3\text{-}40)$$

$$SHF = \frac{\text{실현열량}}{\text{실현열량} + \text{실잠열량}} \quad \cdots\cdots (3\text{-}41)$$

$$SHF_e = \frac{\text{유효실현열량}}{\text{유효실현열량} + \text{유효실잠열량}} \quad \cdots\cdots \text{(3-42)}$$

그림 3-14에서 코일출구상태는 주어지는 조건에 따라 다음과 같은 방법으로 결정할 수 있는데, 이들은 서로 약간의 차이는 있으나 실용적으로는 무시해도 된다.

첫째는 실내공기 상태인 ①에서 그은 실현열비 $SHF$평행선과 냉각코일 출구공기의 상대습도(표 3-1)와의 교점 ④를 출구공기의 상태로 한다.

둘째는 혼합공기, 즉 코일 입구상태인 ③점에서 그은 총현열비 $SHF_g$평행선과 선분 $\overline{ⓢ④}:\overline{④③}$을 $BF:(1-BF)$가 되도록 ④점을 잡는다. 이때 $BF$는 표 3-2를 적용한다.

셋째는 실내공기 상태인 ①에서 실현열비 $SHF$평행선을 긋고 취출공기 온도차(표 3-3)와 교점 ④를 코일 출구상태로 한다.

넷째는 실내공기 상태인 ①에서 그은 실현열비 $SHF$평행선과 코일 입구상태인 ③점에서 그은 총현열비 $SHF_g$평행선과의 교점 ④를 코일 출구상태로 한다.

## 3-4 습공기선도상의 각종 프로세스

### [1] 혼합 · 냉각

#### (1) 장치의 구성

그림 3-15의 (a)와 같은 공조장치는 ①의 상태($h_1$, $t_1$, $x_1$)인 환기량 $G_R$[kg/s]과 ②의 상태($h_2$, $t_2$, $x_2$)인 외기량 $G_O$[kg/s]가 혼합되어 ③의 상태($h_3$, $t_3$, $x_3$)인 혼합공기로 된 후 혼합공기량 $G$[kg/s]는 냉각코일을 지나는 동안 상태변화를 하여 ④의 상태($h_4$, $t_4$, $x_4$)로 되어 송풍기에 의해 실내로 취출된다.

이 과정을 습공기선도상에 작도하면 그림 (b)와 같다.

#### (2) 작도 과정

실내의 설계조건 및 외기조건에 따라 ① 및 ②점을 잡고 직선으로 연결한 후 실내의 환기량 $G_R$과 외기량 $G_O$의 혼합공기의 상태점 ③을 잡는다.

냉각기 출구상태인 ④점은 점 ①을 통과하는 $SHF$선상에 있으며, 그 위치는 앞절에서 언급된 방법으로 정한다.

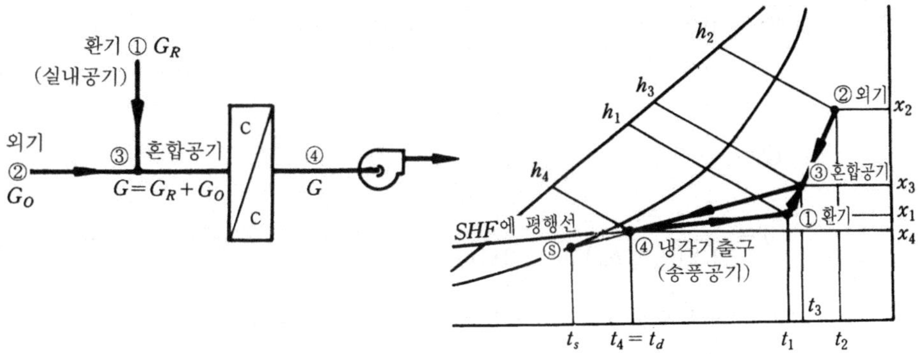


(a) 장치의 구성 (b) 상태변화 과정

그림 3-15 ▸ 혼합 · 냉각

(3) 계산식

냉각기에서의 계산식은 열평형식과 물질평형식에 의해 다음과 같이 계산할 수 있으며, 냉각기에서의 냉각열량 $q_C$[kW]는 다음과 같다.

$$q_C = \text{외기부하} + \text{실내취득부하}$$
$$= G(h_3 - h_1) + G(h_1 - h_4)$$
$$= G(h_3 - h_4)$$
$$= 1.2Q(h_3 - h_4) \quad \cdots\cdots (3\text{-}43)$$

냉각과정 중 감습량 $L$[kg/s]은

$$L = G(x_3 - x_4)$$
$$= 1.2Q(x_3 - x_4) \quad \cdots\cdots (3\text{-}44)$$

송풍량 $G$[kg/s], $Q$[m³/s]는 실내(또는 건물)부하에 의해 구한다. 그림 3-16과 같은 실(건물)의 현열부하를 $q_S$[kW], 잠열부하를 $q_L$[kW]이라고 할 때 실내로 출입하는 열평형식은 식 (3-45)와 같다. 따라서 이 식으로부터 송풍량 $G$[kg/s] 또는 $Q$[m³/s]는 식 (3-46)과 같다.

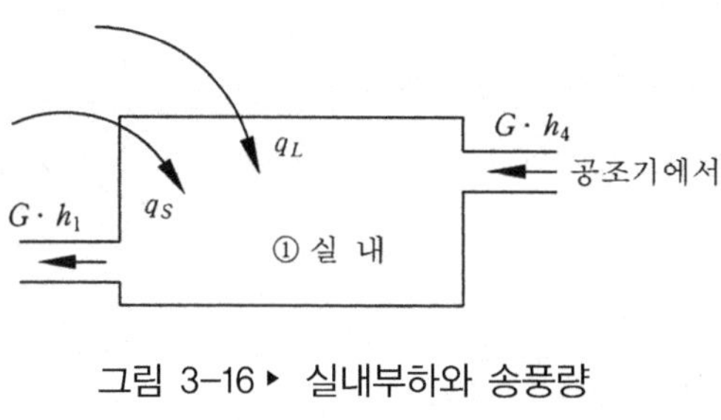


그림 3-16 ▸ 실내부하와 송풍량

| 실내로 들어오는 열량 | = | 실내에서 나가는 열량 |
|---|---|---|
| $q_S+q_L+G\cdot\ h_4$ | = | $G\cdot\ h_1$ |

················ (3-45)

$$G=\frac{q_S+q_L}{(h_1-h_4)}=\frac{q_S}{1.01(t_1-t_4)}$$

$$Q=\frac{q_S+q_L}{1.2(h_1-h_4)}=\frac{q_S}{1.21(t_1-t_4)} \quad \cdots\cdots (3\text{-}46)$$

냉각기의 출구온도를 $t_d$[℃]라고 하면 그림 3-15의 (b)에서 $t_4=t_d$이므로 식 (3-46)에 의해

$$t_d=t_1-\frac{q_S}{1.01G}$$

$$=t_1-\frac{q_S}{1.21Q} \quad \cdots\cdots (3\text{-}47)$$

**예제 3-9**

실내의 설계조건이 $t_1=26$ ℃, $\varphi_1=50$ %이고, 외기는 $t_2=32$ ℃, $\varphi_2=65$ %이며, 냉방부하는 현열량 5.8kW, 잠열량 0.58kW인 경우에 외기량과 환기량을 1 : 4로 혼합냉각하고, 취출온도를 16 ℃로 하는 경우에 다음을 구하시오.

i) 현열비($SHF$)

ii) 실내에 취출공기량 $G$[kg/s], $Q$[m³/s]

iii) 외기와 실내의 환기와 혼합공기 상태(온도, 절대습도)

iv) 냉각과정 중 감습량 $L$[kg/s]

v) 냉각코일에서의 냉각열량 $q_C$[kW]

**풀이**

그림과 같이 $\overline{①②}$선상에 $t_3$와의 교점(혼합점) ③을 잡는다. 또 $SHF$를 계산하여 $SHF$평행선과 취출공기의 온도($t_4=16$℃)선과의 교점을 취출공기상태점 ④로 한다. 여기서 $t_3$는 다음과 같이 계산한다.

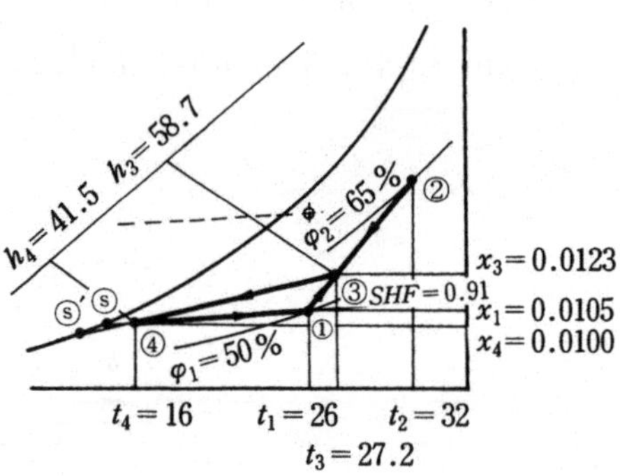


$$t_3=t_1+(t_2-t_1)k$$

$$=26+(32-26)\frac{1}{5}=27.2\ ℃$$

i) 현열비 $SHF$는

$$SHF = \frac{q_S}{q_S + q_L} = \frac{5.8}{5.8 + 0.58} \fallingdotseq 0.91$$

ii) 취출공기량 $G$[kg/s], $Q$[m³/s]는 식 (3-46)에 의해

$$G = \frac{q_S}{1.01(t_1 - t_4)} = \frac{5.8}{1.01(26 - 16)} \fallingdotseq 0.574\,\text{kg/s}$$

$$Q = \frac{q_S}{1.21(t_1 - t_4)} = \frac{5.8}{1.21(26 - 16)} \fallingdotseq 0.479\,\text{m}^3\text{/s}$$

iii) 혼합공기의 상태는 선도의 ③점에 대한 $t_3$ 및 $x_3$를 읽으면

$t_3 = 27.2$ ℃ , $x_3 = 0.0123\,\text{kg/kg}'$

iv) 냉각과정 중 감습량 $L$[kg/s]은 식 (3-44)에 의해

$$L = G(x_3 - x_4) = 0.574(0.0123 - 0.0100) \fallingdotseq 0.0013\,\text{kg/kg}'$$

v) 냉각코일에서의 냉각열량 $q_C$[kW]는 식 (3-43)에 의해

$$q_C = G(h_3 - h_4) = 0.574(58.7 - 41.5) \fallingdotseq 9.87\,\text{kW}$$

## [2] 혼합 · 냉각 · 재열

### (1) 장치의 구성

냉방시 실내공기의 오염이 심하여 취출공기량을 증가시킬 필요가 있을 때나, 흐린 날씨 · 장마철 등의 영향으로 일사량이 감소되거나 외기온도가 낮아져서 실내취득열량 중 현열량 $q_S$가 현저하게 감소하는 경우 또는 식당이라든가 사람이 많이 모이는 장소와 같이 실내취득 잠열부하 $q_L$이 매우 커지면 현열비 $SHF$값이 작아진다.

따라서 실내공기의 상태점에서 $SHF$와의 평행선을 그었을 때 포화공기선과 교차하지 않기 때문에 냉각코일의 표면온도 $t_s$를 구할 수 없다. 이러한 경우에는 그림 3-17과 같은 장치의 냉각기로 혼합공기를 냉각 · 감습시켜 절대습도를 낮춘 후에 재열기로 재열하여 $SHF$평행선과 교차하도록 한다. 재열방법으로는 보일러에서의 증기 또는 온수를 이용하는 외에 응축기로부터의 냉각수, 냉동기의 hot gas 등을 사용할 수 있다. 이에 따른 상태변화 과정은 그림 (b)와 같다.

### (2) 작도 과정

그림 3-17의 (b)에서 환기 ①과 외기 ②의 상태점을 결정하고, 혼합비율에 따라 혼합공기의 상태점 ③을 결정한다. 실내의 현열부하 $q_S$와 잠열부하 $q_L$에 의해

$SHF$를 계산하여 ①에서 $SHF$와 평행선을 긋고, 재열기 출구온도 $t_d(=t_5)$와 $SHF$평행선과의 교점을 ⑤로 한다. 다음 ⑤로부터 수평선을 긋고, ③에서 혼합공기의 냉각선을 그어 그 교점을 ④로 한다.

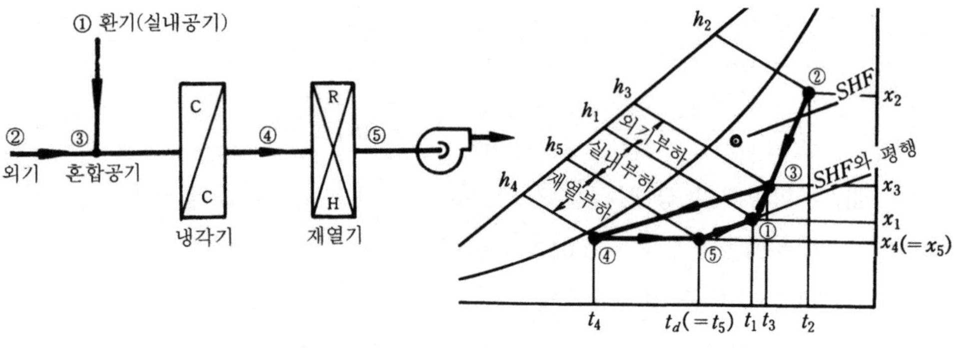


(a) 장치의 구성 (b) 상태변화 과정

그림 3-17 ▸ 혼합 · 냉각 · 재열

### (3) 계산식

장치에서의 계산식은 열평형식과 물질평형식에 의해 다음과 같이 한다.

냉각기에서의 냉각열량 $q_C$[kW]는

$$\begin{aligned} q_C &= \text{외기부하}+\text{실내취득부하}+\text{재열부하} \\ &= G(h_3 - h_1) + G(h_1 - h_5) + G(h_5 - h_4) \\ &= G(h_3 - h_4) \\ &= 1.2Q(h_3 - h_4) \quad \cdots\cdots (3\text{-}48) \end{aligned}$$

냉각과정 중 감습량 $L$[kg/s]은

$$\begin{aligned} L &= G(x_3 - x_4) \\ &= 1.2Q(x_3 - x_4) \quad \cdots\cdots (3\text{-}49) \end{aligned}$$

송풍량 $G$, $Q$[kg/s, m³/s]는

$$G = \frac{q_S + q_L}{h_1 - h_5} = \frac{q_S}{1.01(t_1 - t_5)}$$

$$Q = \frac{q_S + q_L}{1.2(h_1 - h_5)} = \frac{q_S}{1.21(t_1 - t_5)} \quad \cdots\cdots (3\text{-}50)$$

공조기 출구온도 $t_d(=t_5)$℃는

$$t_d = t_1 - \frac{q_S}{1.01G}$$

$$= t_1 - \frac{q_S}{1.21Q} \quad \cdots\cdots (3\text{-}51)$$

**예제 3-10**

앞의 예제 3-9와 같은 실내 및 외기조건인 경우에 실현열부하 $q_S = 50\,\text{kW}$, 실잠열부하 $q_L = 45\,\text{kW}$이며, 외기량과 환기량의 비율을 1 : 4로 할 경우에 i) 송풍공기량 $G$[kg/s] ii) 재열기부하 $q_{RH}$[kW], iii) 외기부하 $q_{OH}$[kW], iv) 실내부하 $q$[kW], 냉각기부하 $q_C$ [kW/h]를 각각 구하시오. 단, 바이패스 팩터($BF$)는 0.15, 냉각기의 표면온도는 7 ℃로 한다.

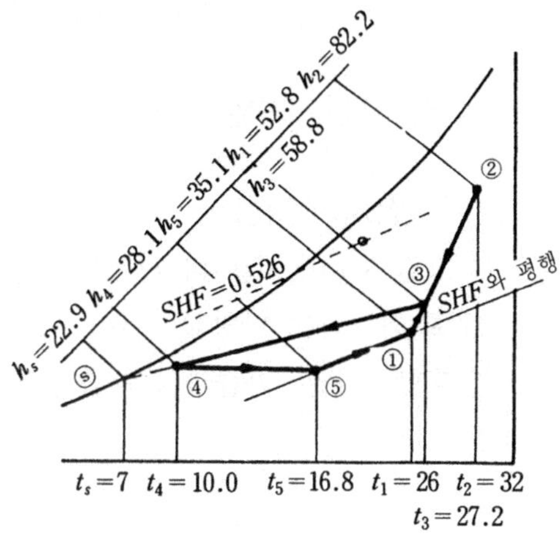


**풀이**

앞의 예제와 같이 ①, ② 및 ③을 잡고, ①에서 $SHF$평행선을 긋는다.

$$SHF = \frac{q_S}{q_S + q_L} = \frac{50}{50+45} = 0.526$$

점 ③으로부터 포화선상의 7 ℃(냉각코일의 표면온도)로 향하여 ③-ⓢ선을 긋고, 냉각코일의 출구 상태점인 ④의 온도를 다음 식으로 구한다.

$$t_4 = t_s + (t_3 - t_s) \times BF = 7 + (27.2 - 7) \times 0.15 = 10\,℃$$

④점에서 가열(재열)선을 그어서$SHF$평행선과의 교점을 송풍공기 ⑤로 한다.

i ) 송풍공기량 $G$[kg/s]는 식 (3-50)에 의해

$$G = \frac{q_S}{1.01(t_1 - t_5)} = \frac{50}{1.01(26 - 16.8)} \fallingdotseq 5.4\,\text{kW}$$

ii) 재열부하 $q_{RH}$[kW]는 식 (3-48)에 의해

$$q_{RH} = G(h_5 - h_4) = 5.4(35.1 - 28.1) \fallingdotseq 37.8\,\text{kW}$$

iii) 외기부하 $q_{OH}$[kW]는 식 (3-48)에 의해

$$q_{OH} = G(h_3 - h_1) = 5.4(58.8 - 52.8) \fallingdotseq 32.4\text{kW}$$

iv) 실내부하 $q$[kW]는

$$q = G(h_1 - h_5) = 5.4(52.8 - 35.1) \doteqdot 95.6\,\text{kW}$$

또는 $q = q_S + q_L = 50 + 45 = 95\text{kW}$

v) 냉각기 부하 $q_C$[kW]는 ii), iii), iv)를 모두 합하여

$$q_C = 38.8 + 32.4 + 95.6 \doteqdot 167\text{kW}$$

또는 $q_C = G(h_3 - h_4) = 5.4(58.8 - 28.1) \doteqdot 166\,\text{kW}$

## [3] 혼합 · 가열 · 가습

### (1) 장치의 구성

그림 3-18은 실내의 환기와 외기를 혼합한 후 가열 · 가습하여 송풍기에 의해 실내로 취출하는 난방장치이며, 가습방식은 그림 3-9와 같이 여러 가지 방식이 있다. 혼합 · 가열 · 가습과정을 습공기선도상에 나타내면 그림 (b)와 같다.

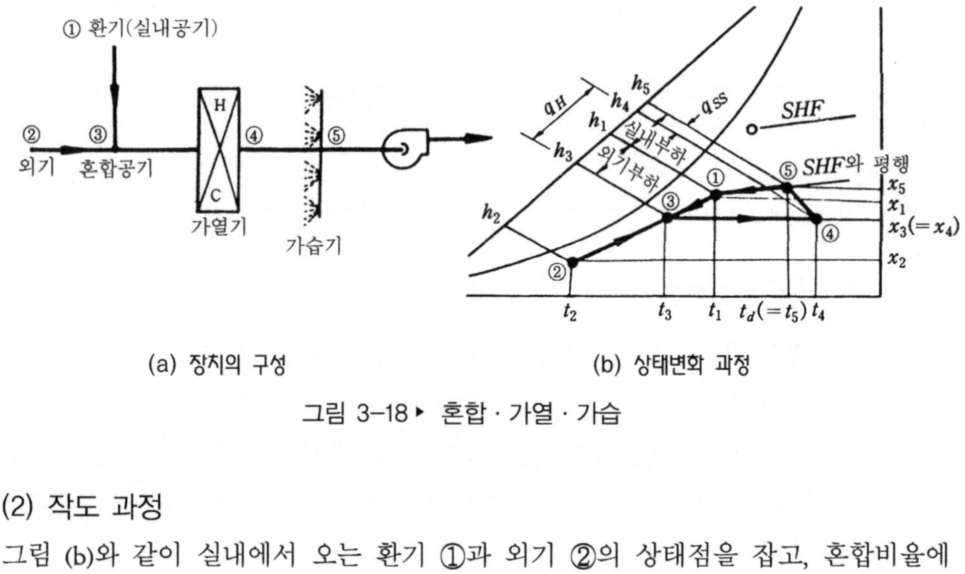


(a) 장치의 구성 (b) 상태변화 과정

그림 3-18 ▸ 혼합 · 가열 · 가습

### (2) 작도 과정

그림 (b)와 같이 실내에서 오는 환기 ①과 외기 ②의 상태점을 잡고, 혼합비율에 따라 ③을 결정한다.

실내의 현열부하 $q_S$ 및 잠열부하 $q_L$에 의해 $SHF$를 계산하여 실내공기 상태점인 ①로부터 $SHF$평행선을 긋고, 공조기 출구온도 $t_d(=t_5)$를 계산식으로 구하여 그 교점을 ⑤로 한다(또는 취출온도차에 의해 $t_5$를 구한다).

다음에 열수분비 $u$를 구하여 ⑤로부터 가습선의 방향을 긋고, ③점에서 가열방향인 수평선을 그어 그 교점을 가열기 출구상태 ④점으로 한다. 이때 열수분비는 가습물질에 따라 정해진다.

### (3) 계산식

장치 내에서 열평형식 및 물질평형식에 의해 다음과 같은 계산식을 세울 수 있다.

가열기의 가열량 $q_H$[kW]는

$$q_H = G(h_4 - h_3) = 1.01G(t_4 - t_3)$$
$$= 1.2Q(h_4 - h_3) = 1.21Q(t_4 - t_3) \cdots\cdots (3\text{-}52)$$

또한 가습에 의해 공기에 가해지는 열량 $q_{SS}$[kW]는 순환수를 분무할 경우에는 단열가습$(h_4 = h_5)$이므로 $q_{SS} = 0$이지만 증기나 온수에 의한 가습의 경우에는 다음과 같다.

$$q_{SS} = (h_5 - h_4) \cdots\cdots (3\text{-}53)$$

따라서 공조장치 전체의 가열량 $q_T$[kW]는 다음과 같이 실의 열손실과 외기부하의 합과 같다.

$$q_T = q_H + q_{SS}$$
$$= G(h_4 - h_3) + G(h_5 - h_4)$$
$$= G(h_5 - h_3)$$
$$= (q_S + q_L) + G_O(h_1 - h_2) \cdots\cdots (3\text{-}54)$$

가습기에서 가습수량 $L$[kg/s] 또는 가습증기량 $G_S$[kg/s]는 (단, 가습증기의 엔탈피는 $h_S$[kJ/kg])

$$L = G(x_5 - x_4)$$
$$= 1.2Q(x_5 - x_4) \cdots\cdots (3\text{-}55)$$

$$G_S = \frac{G(h_5 - h_4)}{h_S} \cdots\cdots (3\text{-}56)$$

송풍량 $G$, $Q$[kg/s, m³/s]는

$$G = \frac{q_S + q_L}{h_5 - h_1} = \frac{q_S}{1.01(t_5 - t_1)}$$

$$Q = \frac{q_S + q_L}{1.2(h_5 - h_1)} = \frac{q_S}{1.21(t_5 - t_1)} \cdots\cdots (3\text{-}57)$$

공조기 출구에서 공기의 온도 $t_d(= t_5)$는

$$t_d = t_1 + \frac{q_S}{1.01G}$$

$$= t_1 + \frac{q_S}{1.21Q} \cdots\cdots (3\text{-}58)$$

### 예제 3-11

다음과 같은 조건으로 연면적 2,500m²의 사무소 건축물을 난방하고자 할 때 습공기선도상에 process 과정을 설명하면서 다음을 구하시오. (단, 공조기의 구성은 환기와 외기의 혼합→가열→가습 과정으로 한다)

ⅰ) 혼합공기 온도, ⅱ) 현열비, ⅲ) 취출공기 온도, ⅳ) 열수분비, ⅴ) 송풍량, ⅵ) 가열코일 용량, ⅶ) 가습수량, ⅷ) 보일러 용량

| | |
|---|---|
| 실내조건 | $t_1 = 22$ ℃, $\phi_1 = 50$ % |
| 외기조건 | $t_2 = 1$ ℃, $\phi_2 = 50$ % |
| 실내 난방부하 | $q_S = 250$ kW, $q_L = 50$ kW |
| 공기 혼합비율 | 환기 3 : 외기 1 |
| 가습 | 20 ℃ 수가습 |
| 취출구 온도차 | 10 ℃ |

### 풀이

ⅰ) 실내 상태점 ①과 외기 상태점 ②를 연결한 신상에 혼합점 ③의 온도는 혼합비율에 의해 구한다.

$$t_3 = t_2 + (t_1 - t_2)k$$
$$= 1 + (22-1)\frac{3}{3+1}$$
$$= 16.75\ ℃$$

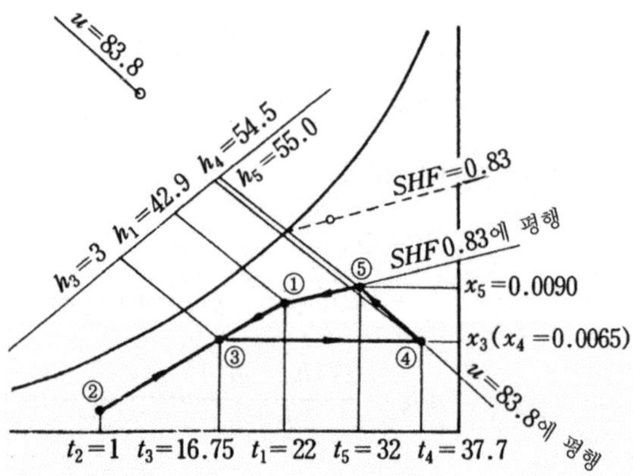


ⅱ) 식 (3-26)에 의해 현열비를 구하고 실내 상태점 ①로 평행이동시킨다.

$$SHF = \frac{q_S}{q_S + q_L} = \frac{250}{250+50} \fallingdotseq 0.83$$

ⅲ) 취출공기 온도는 실내공기와 온도차에 의해 구하고, 현열비선상에 정하면 ⑤점이 된다.

$$t_d = t_1 + \Delta t = 22 + 10 = 32\ ℃$$

ⅳ) 가습기의 열수분비는 식 (3-30)에 의해 구하여 가습기 출구상태인 ⑤점으로 평행이동시킨다.

$$u = C \times t = 4.19 \times 20 = 83.8\,\text{kJ/kg}$$

v) 송풍량은 실내부하 또는 실현열부하와 취출공기 온도차에 의해 구할 수 있다.

① $G = \dfrac{q_S + q_L}{h_5 - h_1} = \dfrac{250 + 50}{55.0 - 42.9} \fallingdotseq 24.8\,\text{kg/s}$

$= \dfrac{q_S}{1.01\Delta t} = \dfrac{250}{1.01 \times 10} \fallingdotseq 24.8\,\text{kg/s}$

② $Q = \dfrac{q_S + q_L}{1.2(h_5 - h_1)} = \dfrac{250 + 50}{1.2(55.0 - 42.9)} \fallingdotseq 20.7\,\text{m}^3/\text{s}$

$= \dfrac{q_S}{1.21\Delta t} = \dfrac{250}{1.21 \times 10} \fallingdotseq 20.7\,\text{m}^3/\text{s}$

vi) 가열코일 용량은 혼합점 ③으로부터 수평선과 열수분비선이 교차되는 ④점을 정하면 식 (3-52)에 의해 구할 수 있다.

$q_H = G(h_4 - h_3) = 24.8(54.5 - 33.3) \fallingdotseq 526\,\text{kW}$

$= 1.01\,G(t_4 - t_3) = 1.01 \times 24.8(37.7 - 16.75) \fallingdotseq 525\,\text{kW}$

vii) 가습수량은 가습 전후의 절대습도차에 의해 구한다.

$L = G(x_5 - x_4) = 24.8(0.0090 - 0.0065) = 0.065[\text{kg/s}] \fallingdotseq 223\,\text{kg/h}$

viii) 보일러 용량은 가열코일 용량에 15 %를 가산한다면

$q_B = q_H \times 1.15 = 526 \times 1.15 \fallingdotseq 605\,\text{kW}$

## [4] 예냉 · 혼합 · 냉각감습

### (1) 장치의 구성

그림 3-19(a)의 공조장치는 외기 ②를 예냉기(냉수코일이나 지하수를 이용한 에어워셔 등)로 냉각 · 감습하여 ③의 상태로 만든 후, 환기 ①과 혼합되어 ④의 상태로 냉각기에 들어가서 냉각 · 감습되어 ⑤의 상태로 송풍된다.

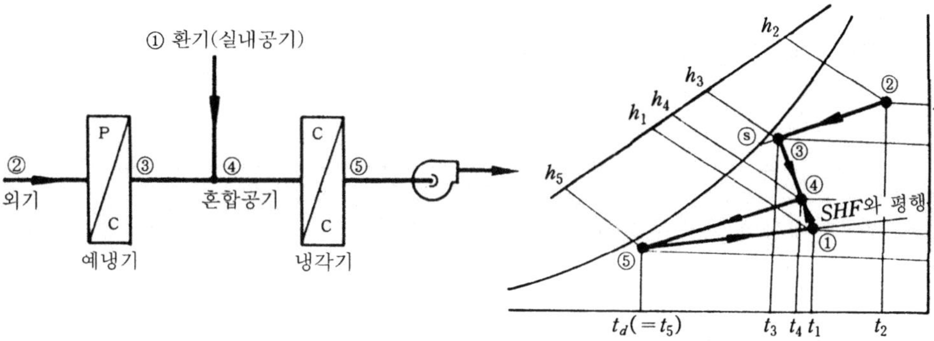


(a) 장치의 구성 (b) 상태변화 과정

그림 3-19 ▸ 예냉 · 혼합 · 냉각

이 방식은 공조기로 받아들이는 외기량은 많고, 실내를 저온으로 유지시켜야 할 경우에 사용되며, 외기부하의 대부분을 예냉기에서 처리하기 때문에 냉각기의 용량을 작게 할 수 있다. 이 장치에서 공기의 상태변화 과정을 습공기선도상에 나타내면 그림 (b)와 같다.

(2) 작도법

외기 ②와 실내환기 ①의 상태점을 잡는다. 외기 ②의 상태점과 예냉코일의 장치노점온도 또는 에어워셔의 노점온도에 의해 ⓢ점을 잡아 연결한 후 $\overline{②ⓢ}$ 선도상에 예냉기 출구상태 ③점을 예냉기 또는 에어워셔의 효율에 따라 정한다.

①과 ③의 연결선상에 혼합비율에 따라 ④점을 정한 후, 실의 현열부하 및 잠열부하에 의해 계산된 $SHF$평행선을 ①에서 긋고, 혼합공기인 ④에서 냉각선을 따라 그은 선과의 교점을 공조기 출구온도 $t_d(=t_5)$로 한다.

(3) 계산식

장치 내에서 열평형식 및 물질평형식에 의한 계산식은 다음과 같다.

냉각기에서의 냉각열량 $q_C$[kW]은

$$\begin{aligned} q_C &= \text{외기부하} + \text{실내취득열량} - \text{예냉부하} \\ &= G_O(h_2 - h_1) + G(h_1 - h_5) - G_O(h_2 - h_3) \\ &= G(h_4 - h_5) \\ &= 1.2Q(h_4 - h_5) \quad \cdots\cdots (3\text{-}59) \end{aligned}$$

공조장치의 총 냉각열량 $q_{TC}$는

$$\begin{aligned} q_{TC} &= \text{냉각기의 냉각열량} + \text{예냉기의 냉각열량} \\ &= G(h_4 - h_5) + G_O(h_2 - h_3) \quad \cdots\cdots (3\text{-}60) \end{aligned}$$

냉각기에서의 응축수량 $L_C$[kg/s]는

$$\begin{aligned} L_C &= G(x_4 - x_5) \\ &= 1.2Q(x_4 - x_5) \quad \cdots\cdots (3\text{-}61) \end{aligned}$$

예냉기에서의 응축수량 $L_P$[kg/s]는

$$\begin{aligned} L_P &= G_O(x_2 - x_3) \\ &= 1.2Q_O(x_2 - x_3) \quad \cdots\cdots (3\text{-}62) \end{aligned}$$

공조장치에서의 총 응축수량 $L_T$[kg/s]는

$$
\begin{aligned}
L_T &= L_C + L_P \\
&= G(x_4 - x_5) + G_O(x_2 - x_3) \\
&= 1.2Q(x_4 - x_5) + 1.2Q_O(x_2 - x_3) \quad \cdots\cdots (3\text{-}63)
\end{aligned}
$$

송풍량 $G$, $Q$[kg/s, m³/s]는

$$G = \frac{q_S + q_L}{h_1 - h_5} = \frac{q_S}{1.01(t_1 - t_5)}$$

$$Q = \frac{q_S + q_L}{1.2(h_1 - h_5)} = \frac{q_S}{1.21(t_1 - t_5)} \quad \cdots\cdots (3\text{-}64)$$

공조기 출구온도 $t_d(=t_5)$는

$$
\begin{aligned}
t_d &= t_1 + \frac{q_S}{1.01G} \\
&= t_1 + \frac{q_S}{1.21Q} \quad \cdots\cdots (3\text{-}65)
\end{aligned}
$$

**예제 3-12**

다음 계통도와 같은 장치로 냉방을 하는 경우에 i) 송풍량 $G$[kg/s] 및 외기량 $G_O$[kg/s], ii) 예냉기의 냉각열량 $q_P$[kW], iii) 냉각기에서 냉각열량 $q_C$[kW], iv) 공조장치의 총 냉각열량 $q_{TC}$[kW], v) 공조장치에서 응축수량 $L$[kg/s]을 각각 구하시오.

단, 실의 현열부하 $q_S = 200\,\text{kW}$, 잠열부하 $q_L = 50\,\text{kW}$이며, 예냉기의 장치노점온도 $t_s = 22\,℃$이며 $BF = 0.2$이다. 또한 외기와 환기의 비율은 1 : 1이고 냉각기 출구에서 공기의 상대습도는 95 %이다.

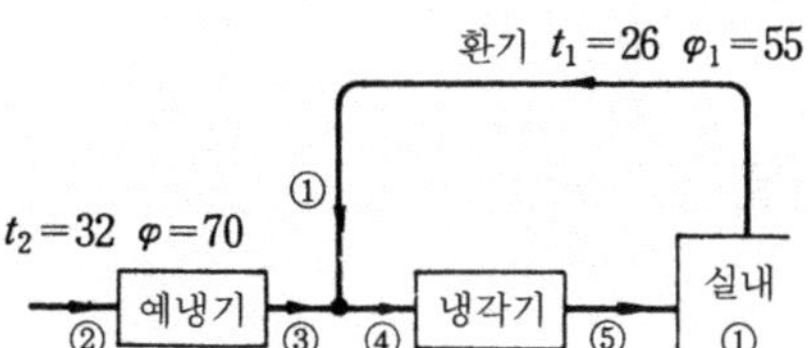


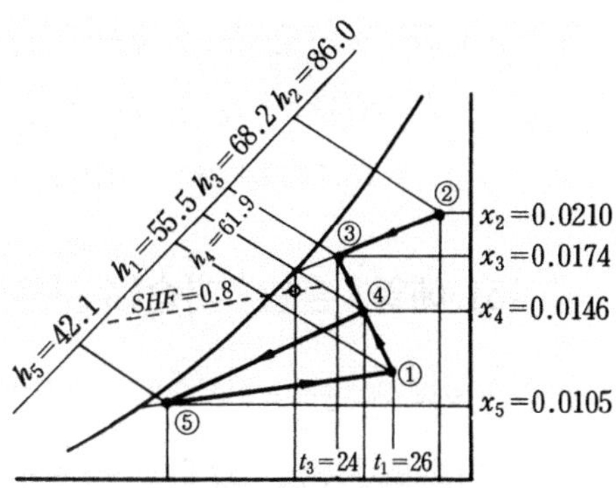

풀이

주어진 조건으로 습공기선도상에 외기 ②, 예냉기의 장치노점 ⓢ, 실내환기 ①을 잡고 예냉기 출구상태는 $t_3$의 계산 결과로, ④점은 외기와 환기의 혼합비율로 잡는다. 또한 $SHF$를 구하여 ①에서 $SHF$평행선을 그어서 냉각기의 출구상태 ($\varphi = 95\,\%$)를 잡고 냉각선 $\overline{④⑤}$를 연결한다.

여기서,

$$t_3 = t_s + (t_2 - t_s) \times BF$$
$$= 22 + (32 - 22) \times 0.2 = 24\ ℃$$

$$t_4 = 24 + (26 - 24) \times \frac{1}{2} = 25\ ℃$$

$$SHF = \frac{q_S}{q_S + q_L} = \frac{200}{200 + 50} = 0.8$$

따라서 각 점의 상태량에 의해 다음을 계산할 수 있다.

i ) 송풍량 $G$[kg/s]는 식 (3-64), 외기량 $G_O$[kg/s]는 혼합비율에 의해 구한다.

① $G = \dfrac{q_S + q_L}{h_1 - h_5} = \dfrac{q_S}{1.01(t_1 - t_5)} = \dfrac{200}{1.01(26 - 15.4)} = 18.7\,\text{kg/s}$

② $G_O = G \times \dfrac{1}{2} = 18.7 \times \dfrac{1}{2} = 9.35\,\text{kg/s}$

ii) 예냉기의 냉각열량 $q_P$[W]는 식 (3-60)에 의해 구한다.

$q_P = G_O(h_2 - h_3) = 9.35(86.0 - 68.2) \fallingdotseq 166.4\,\text{kW}$

iii) 냉각기의 냉각열량 $q_C$[kW]는 식 (3-60)에 의해 구한다.

$q_C = G(h_4 - h_5) = 18.7(61.9 - 42.1) \fallingdotseq 370.3\ \text{kW}$

iv) 공조장치의 총 냉각열량 $q_{TC}$는 냉각기와 예냉기의 냉각열량의 합이므로

$q_{TC} = q_C + q_P = 370.3 + 166.4 = 536.7\,\text{kW}$

v ) 공조장치의 총 응축수량 $L$[kg/s]는 식 (3-63)에 의해 구한다.

$L = G(x_4 - x_5) + G_O(x_2 - x_3)$

$= 18.7(0.0146 - 0.0105) + 9.35(0.0210 - 0.0174) \fallingdotseq 0.11\,\text{kg/s}$

## [5] 예열 · 혼합 · 가습(수분무) · 가열

### (1) 장치의 구성

외기온도가 극히 낮은 한랭지방의 경우에 가습효과를 높이고, 가열기의 용량을 줄일 수 있는 방법으로 그림 3-20(a)와 같은 공조장치를 사용한다. 외기 ②를 ③의

상태로 예열한 후 실내 환기 ①과 혼합하여 ④의 상태로 만들고, 여기에 순환수를 분무하여 ⑤의 상태로 가습하고 다시 가열기로 ⑥의 상태까지 가열하여 송풍한다.

그런데 혼합공기 ④를 순환수로 가습할 경우에는 그림 (b)에서 보는 바와 같이 가습량의 한계가 낮아서 현열비($SHF$)가 작은 때에는 이 방식이 부적당하다. 그러므로 현열비가 작은 경우에는 가열기와 가습기의 위치를 바꾸어 놓으면 그림 (b)에서 점선을 따라 ④→⑤→⑥의 과정을 거치게 되므로 가습기 효율이 낮은 경우라도 응용될 수 있다.

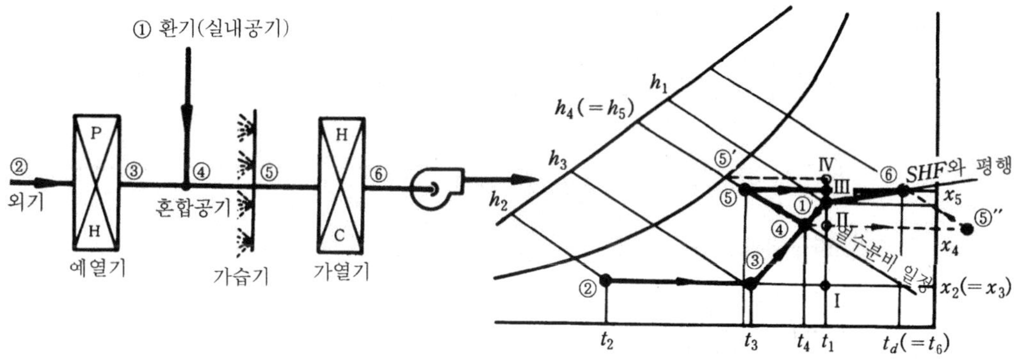


(a) 장치의 구성　　　　(b) 상태변화 과정

그림 3-20 ▸ 예열 · 혼합 · 가습 · 가열

### (2) 작도법

그림 (b)와 같이 외기 ②와 실내공기의 상태점 ①을 결정한 후, ①을 통과하는 수직선상에 Ⅰ, Ⅲ(Ⅲ점은 ①에서 그은 $SHF$평행선과 공조기 출구온도 $t_d(=t_6)$와의 교점인 ⑥으로부터의 수평선 ⑥→⑤와 ①을 통과하는 수직선상에 있다)을 구하고, ① Ⅰ : ① Ⅱ = $G$ : $G_O$로 나누는 점 Ⅱ를 구한다.

다음에 ⅡⅢ : ⅢⅣ = $\eta_S : 1-\eta_S$로 되는 점 Ⅳ를 구하고(여기서 $\eta_S$는 가습효율), Ⅳ점으로부터 수평선을 그어 ⑤′를 구하고, 이 점으로부터 열수분비선에 평행하게 (습구온도 일정선 ; 순환수 분무시) 그어 Ⅱ를 통과하는 수평선과의 교점을 ④로 한다. 그리고 $\overline{①④}$의 연장선과 ②에서 수평선을 그어서 만난 교점을 ③으로 한다.

### (3) 계산식

예열기에서의 예열량 $q_{PH}$[kW]는

$$q_{PH} = G_O(h_3 - h_2)$$
$$= 1.01\,G_O(t_3 - t_2)$$

$$= 1.21 Q_O (t_3 - t_2) \quad \cdots\cdots (3\text{-}66)$$

가열기에서의 가열량 $q_H$[kW]는

$$q_H = G(h_6 - h_5) = 1.01 G(t_6 - t_5)$$
$$= (q_S + q_L) + G_O(h_1 - h_2) - q_{PH} \quad \cdots\cdots (3\text{-}67)$$

총 가열량 $q_{TH}$[kW]는

$$q_{TH} = q_H + q_{PH} \quad \cdots\cdots (3\text{-}68)$$

송풍량 $G$, $Q$[kg/s, m³/s]는

$$G = \frac{q_S + q_L}{h_6 - h_1} = \frac{q_S}{1.01(t_6 - t_1)}$$

$$Q = \frac{q_S + q_L}{1.2(h_6 - h_1)} = \frac{q_S}{1.21(t_6 - t_1)} \quad \cdots\cdots (3\text{-}69)$$

공조기 출구온도 $t_d (= t_6)$는

$$t_d = t_1 + \frac{q_S}{1.01G}$$

$$= t_1 + \frac{q_S}{1.21Q} \quad \cdots\cdots (3\text{-}70)$$

가습기의 가습수량 $L$[kg/s]은

$$L = G(x_5 - x_4)$$
$$= 1.2Q(x_5 - x_4) \quad \cdots\cdots (3\text{-}71)$$

## [6] 혼합 · 냉각 · 바이패스

### (1) 장치의 구성

취출공기와 실내공기의 온도차가 너무 크면 불쾌감을 느끼게 된다. 따라서 온도차를 줄이기 위하여 그림 3-21의 (a)와 같이 실내로부터 오는 환기의 일부를 바이패스하여 냉각기를 거쳐 나오는 공기와 혼합하여 실내로 급기하는 구조로 만든다.

여기서 공조기 출구를 통과하는 전공기를 $G$[kg/s] 라 하고, $G$에 대한 바이패스량의 비율을 $k_B$라 하면 바이패스 공기량은 $k_B \cdot G$[kg/s] 가 된다. 또 $G$에 대한 외기량의 비율을 $k_O$라고 하면 외기량은 $k_O \cdot G$가 되고, 환기와 외기의 혼합공기량은 $G(1-k_B)$[kg/s] 가 된다. 이 혼합된 ③의 공기는 냉각코일로 ④의 상태까지 냉각시킨 후 바이패스공기 ①과 혼합하면 취출공기는 ⑤가 된다.

이 방식은 실내부하의 현열비 변화가 적은 실에 적용된다.

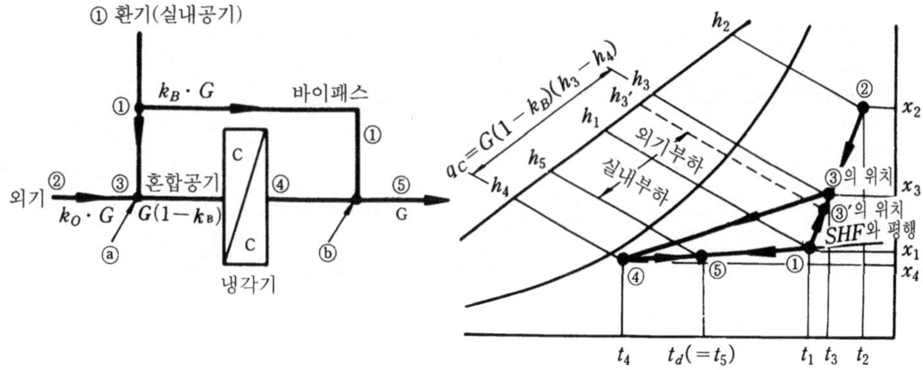


(a) 장치의 구성 (b) 상태변화 과정

그림 3–21 ▸ 혼합 · 냉각 · 바이패스

(2) 작도 과정

실내공기의 상태점 ①과 외기의 상태점 ②를 결정한 후 혼합비율에 따라 ③점을 잡고, ①에서 *SHF*평행선을 긋는다. ③점에서 냉각선을 따라 그어서 *SHF*평행선과의 교점을 냉각기 출구점 ④로 한다. ④의 상태공기량과 바이패스 공기량과의 비율에 의해 ⑤점을 결정하면 ⑤상태의 공기가 송풍공기의 상태이다.

(3) 계산식

바이패스 풍량을 $k_B G$[kg/s]라 하면 냉각기를 통과하는 풍량은 $G(1-k_B)$ [kg/s]가 되므로 냉각기에서의 냉각열량 $q_C$[kW]는 다음과 같이 나타낼 수 있다.

$$q_C = G(1-k_B)(h_3-h_4) \cdots\cdots (3\text{-}72)$$

여기서 $h_3$는 그림 3-21의 ⓐ 위치에서, $h_4$는 ⓑ위치에서의 열평형식에 의해 각각 다음과 같이 나타낼 수 있다.

즉 ⓐ위치에서의 열평형식은

$$G \cdot k_O \cdot h_2 + G(1-k_O-k_B)h_1 = G(1-k_B)h_3$$

$$\therefore\ h_3 = \frac{(1-k_B-k_O)h_1 + k_O \cdot h_2}{(1-k_B)}$$

또 ⓑ위치에서 열평형식은

$$k_B \cdot G \cdot h_1 + G(1-k_B)h_4 = G \cdot h_5$$

$$\therefore\ h_4 = \frac{h_5 - k_B \cdot h_1}{1-k_B}$$

여기서, $k_B = \dfrac{G_B}{G}$, $k_O = \dfrac{G_O}{G}$ 이다.

따라서 식 (3-72)에 위의 $h_3$, $h_4$를 대입하면 $q_C$는

$$q_C = G(h_1 - h_5) + k_O \cdot G(h_2 - h_1)$$

$$= (q_S + q_L) + G_O(h_2 - h_1) \quad \cdots\cdots (3\text{-}73)$$

한편, 작도에 의해 $q_C$를 구할 때는 그림 (b)에서 ①③′/①② $= k_O$가 되도록 ③′를 잡으면 냉각기 부하는

$$q_C = G(h_3' - h_5) \quad \cdots\cdots (3\text{-}74)$$

송풍량 $G$, $Q$[kg/s, m³/s]는

$$G = \frac{q_S + q_L}{h_1 - h_5} = \frac{q_S}{1.01(t_1 - t_5)}$$

$$Q = \frac{q_S + q_L}{1.2(h_1 - h_5)} = \frac{q_S}{1.21(t_1 - t_5)} \quad \cdots\cdots (3\text{-}75)$$

냉각기에서 감습량 $L$[kg/s]은

$$L = G(1-k_B)(x_3 - x_4)$$

$$= 1.2Q(1-k_B)(x_3 - x_4) \quad \cdots\cdots (3\text{-}76)$$

공조기 출구온도 $t_d(=t_5)$는

$$t_d = t_1 + \frac{q_S}{1.01G}$$

$$= t_1 + \frac{q_S}{1.21Q} \quad \cdots\cdots (3\text{-}77)$$

## [7] 계산시 유의사항

### (1) 일반적인 경우

① 단일덕트 방식에서는 실내 현열부하가 최대가 되는 피크부하를 구하고, 여기에 팬과 덕트부하를 고려하여 1.15배를 하여 $q_S$[kW]로 하고 송풍량을 구하

는 식에 대입하여 풍량 $G$[kg/s] 또는 $Q$[m$^3$/s]를 계산한다. 이때 취득열량의 단위가 W이면 kW로 환산한다.

② 냉 · 난방 장치로 난방을 하는 경우에는 냉방시에 구한 풍량을 다음 식에 적용하여 취출온도 $t_d$를 구한다.

$$t_d = t_r + \frac{q_S}{1.01G}$$

$$= t_r + \frac{q_S}{1.21Q} \quad \cdots\cdots (3\text{-}78)$$

여기서, $t_r$ : 실내 설정온도[℃]

$q_S$ : 난방시 최대 현열부하[kW]

③ 시스템이 난방만을 할 경우에는 실내온도와 취출공기 온도차($t_d - t_r$)를 먼저 정하고, 풍량 $G$[kg/s] 또는 $Q$[m$^3$/s]를 계산한다. 이때 취출공기 온도차는 취출구의 종류와 설치 높이에 따라 정한다.

### (2) 계산풍량보다 많은 풍량을 사용하고 싶을 때

다음과 같은 경우에는 열부하에 의한 계산풍량에 관계없이 이것보다 많은 풍량을 취한다.

① 극장 · 공연장 등 사람이 많이 모이는 곳이나 병원의 수술실 및 공장의 clean room과 같이 공기의 청정을 요구하는 곳.

② 사무소 건축 등의 빌딩건축에 있어서 북쪽 존은 냉방시의 취득열량이 적으므로 계산풍량도 적게 된다.
따라서 난방시 이 풍량을 사용하면 송풍량이 적어서 기류분포가 균일하지 못하다. 이 때문에 냉방부하에 의해 풍량을 계산하지 않고 바닥면적당 소요풍량으로 계산하기도 한다.

③ 빌딩건축의 내부 존(interior zone)은 부하가 적으므로 부하에 의해 계산된 풍량으로는 너무 적어서 실내기류가 정체되어 있는 느낌을 받게 되므로 풍량을 증가시킨다.

### (3) 계산풍량보다 적은 풍량을 사용하고 싶을 때

극히 부하가 큰 존(zone)에 대하여 덕트 공간 때문에 풍량을 적게 취하고 싶을 때가 있다. 이때는 그림 3-22와 같이 실내공기의 습도를 낮게 설정하면 취출온도차 ($t_1 - t_4$)가 ($t_1' - t_4'$)로 증가하므로 송풍량을 줄일 수 있다.

그러나 실내 · 외의 절대습도차가 증가하여 외기부하가 많아지고, 코일부하도 증가한다.

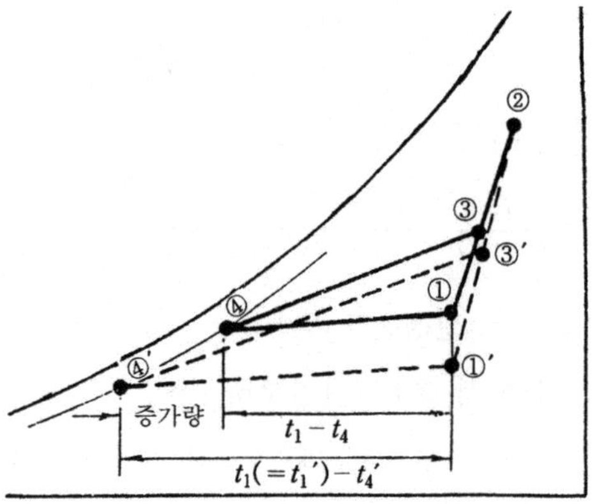


그림 3-22 ▸ 실내온도를 낮출 때 취출공기의 상태변화

제 4 장

# 공기조화방식

4-1 열원방식
4-2 공기조화방식의 분류
4-3 단일덕트방식
4-4 단일덕트 재열방식
4-5 2중덕트방식
4-6 변풍량방식
4-7 덕트 병용 패키지방식
4-8 각 층 유닛방식
4-9 팬코일 유닛방식
4-10 유인 유닛방식
4-11 복사냉난방방식
4-12 개별방식

# 4-1 열원방식

공기조화에서 사용되는 냉·온열원방식 및 냉열매(冷熱媒)와 온열매(溫熱媒)는 다음과 같은 종류가 있다.

## [1] 냉열매

### (1) 냉수

냉수를 냉열매로 하는 열원방식은 그림 4-1과 같이 냉동기의 증발기에서 냉매의 증발에 의해 냉각된 냉수를 기계실 또는 실내에 있는 유닛(unit)의 냉수코일로 순환시켜 공기를 냉각시키는 간접냉각 방식이다.

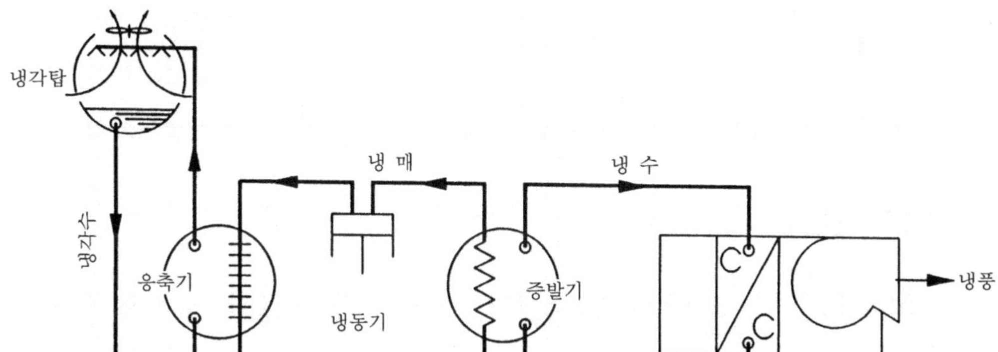


그림 4-1 ▸ 냉수를 냉열매로 하는 열원방식

이 방식의 장점은 냉매방식에 비하여 중앙공급이 용이하여 대규모 건물의 냉방에 적합하고, 외기도입 및 소음처리가 쉬우며 또한 중앙감시제어를 할 수 있으므로 보수·관리가 쉽다.

그러나 냉열의 수송동력비가 냉매방식에 비해 많이 들고, 개별 제어성이 좋지 않다.

따라서 냉수방식은 대규모 건축물에서 사용시간대가 동일한 중앙공급식 냉방에 적합하다.

(2) 냉 매

냉매를 유닛 내에서 직접 팽창시키는 열원시스템은 그림 4-2와 같이 냉각기(증발기)를 실내에 두고 공기를 냉각코일로 통과시켜 냉각시키는 직접냉각방식이다.

이 방식의 장점은 냉수방식에 비하여 현장설치가 간단하고, 냉매의 수송 동력비가 적게 들며, 개별 제어가 쉽다.

그러나 단점은 냉매배관이 길거나 대규모 건물과 같은 경우는 적합치 않으며, 설치 대수가 많으면 유지 · 관리가 힘들고, 외기 도입 및 소음처리가 곤란하다.

따라서 냉매를 냉열원으로 하는 방식은 소규모 건물에서 운전시간이 각 실마다 현저한 차이가 있는 경우의 냉방에 적합하다.

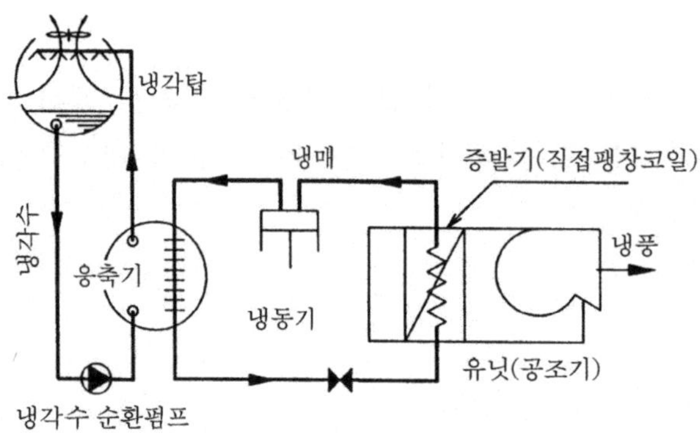


그림 4–2 ▸ 냉매를 냉열매로 하는 열원방식

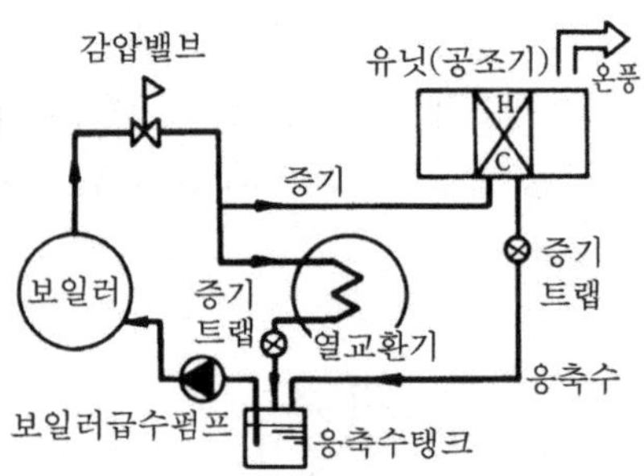


그림 4–3 ▸ 증기를 온열매로 하는 열원방식

## [2] 온열매

난방을 목적으로 하는 온열매는 다음과 같이 증기, 고온수, 중온수, 저온수 등이 있다.

(1) 증기

증기를 온열매로 하는 공기조화 계통은 그림 4-3과 같다.

이 방식은 보일러의 물을 가열증발시켜 그 증발잠열을 이용하는 방법으로서 배관을 통해 열교환기 또는 공조기에 수송되어 방열된 후 응축되어 환수된다.

증기방식의 장점은 설비비가 저렴하고 유지 · 보수가 용이하며, 열매(熱媒)의 온도가 높아서 방열면적이 적게 필요하며, 예열시간이 짧고 간헐난방에 대한 추종성이 좋다.

그러나 단점은 용량 제어가 어렵고 환수관이 잘 부식되며, 응축수에 의한 열손실이 크고, 소음 및 진동과 배관이 복잡한 점들이다.

따라서 비교적 큰 대규모 건물의 난방용으로 적합하다.

### (2) 고온수

고온수를 온열매로 하는 공기조화계통은 그림 4-4와 같이 보일러에서 1차측 온수인 고온수를 만들어 열교환기에서 2차측 온수인 중온수로 열교환하여 사용한다.

이 방식은 대량의 열을 장거리로 수송하는 경우에 물의 온도차를 높여 배관경을 줄일 수 있는 방법으로 대단위 플랜트에 이용된다.

고온수방식의 장점은 온도차를 크게 취할 수 있으므로 배관경을 줄일 수 있고 (재료비 절감), 증기에 비하여 배관부식이 적고 용량 제어가 쉽다.

그러나 단점은 보일러의 용량이 커지고, 예열시간이 길며 설비비가 많이 든다. 또한 고온이 되기 위해서는 고압이 요구되며, 이에 따른 높은 정밀도와 내압이 요구된다.

따라서 이 방식은 대규모 아파트 단지의 중앙공급 난방설비나 플랜트설비 등에 사용한다.

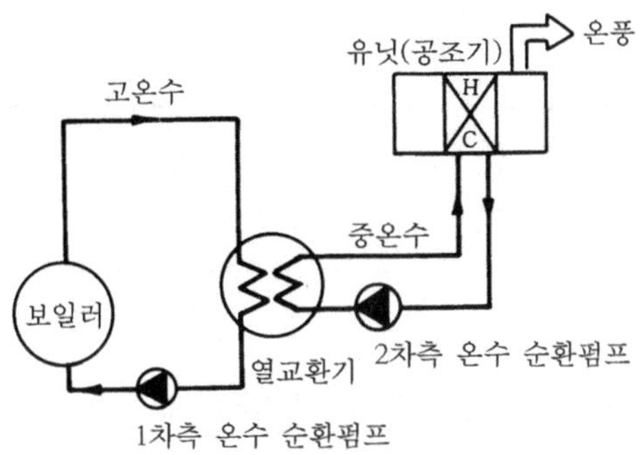


그림 4-4 ▸ 고온수를 온열매로 하는 열원방식

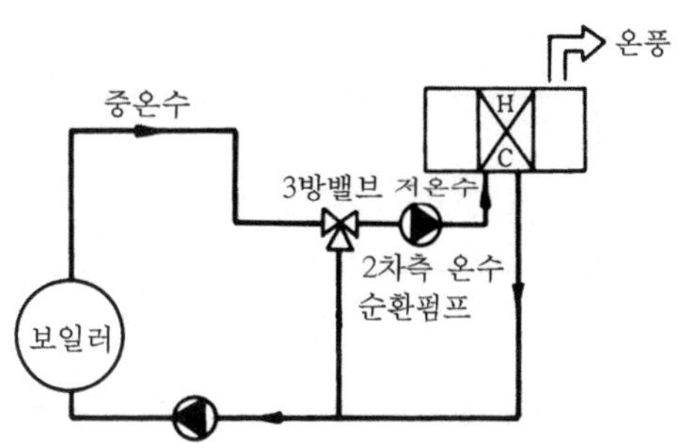


그림 4-5 ▸ 중온수를 온열매로 하는 열원방식

### (3) 중온수

중온수를 온열매로 하는 공조계통은 그림 4-5와 같이 보일러에서 생산된 1차측 온수인 중온수와 유닛을 순환하는 2차측 온수인 저온수를 부하에 따라서 3방밸브에 의해 혼합하여 순환시킨다.

이 방식의 장 · 단점은 고온수방식과 비슷하며, 중규모의 아파트단지 등에서 난방용으로 사용된다.

### (4) 저온수

저온수에 의한 온열원 방식의 계통은 그림 4-6과 같으며, 순환수의 온도를

70~80 ℃의 온도로 순환시킨다.

장점으로는 초기투자비가 저렴하고, 기계실의 설치면적이 적게 들며, 유지 · 관리가 쉽고 용량제어가 용이하다.

그러나 단점은 예열부하가 크고, 예열손실이 크다. 따라서 이 방식은 비교적 소규모 건물이나 개인 주택의 난방에 적용된다.

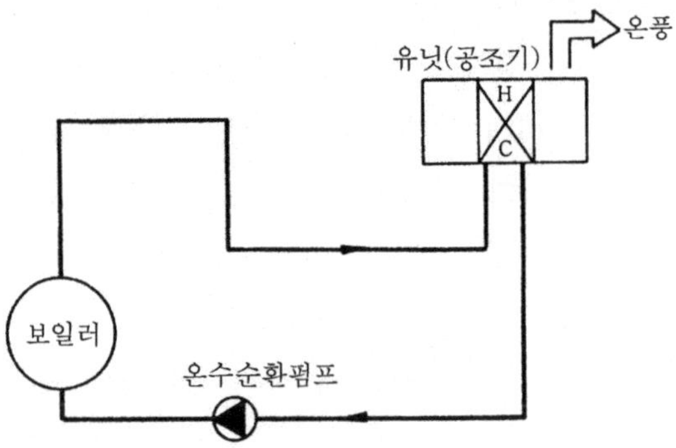


그림 4–6 ▸ 저온수를 온열매로 하는 열원방식

## 4–2 공기조화방식의 분류

공조방식은 분류법에 따라 다르지만 일반적으로 표 4-1과 같이 분류한다.

### [1] 열의 분배 방법에 의한 분류

#### (1) 중앙방식(central system)

각 실이나 존(zone)에 공급해야 할 공조용 열매체인 냉 · 온수 또는 냉 · 온풍을 만드는 장소를 중앙기계실이라고 하며, 중앙방식의 공조 시스템은 중앙기계실로부터 조화된 공기나 냉 · 온수를 각 실로 공급하는 방식으로 열을 운반하는 매체의 종류에 따라 전공기방식(all air system), 공기 · 수방식(air-water system), 전수방식(all water system)으로 분류된다.

이 방식들은 보일러나 냉동기, 공조기 등이 설치되어 있는 중앙기계실로부터 각 실로 덕트나 배관을 통해 냉 · 온풍이나 냉 · 온수를 공급해야 하므로 덕트 스페이스(duct space)나 파이프 스페이스(pipe space) 및 샤프트(shaft)가 있어야 한다.

그러나 열원기기가 중앙기계실에 집중되어 있으므로 유지관리가 편리하다.

따라서 이 방식은 주로 규모가 큰 건물에 적용된다.

표 4-1 ▸ 공조방식의 분류

<table>
<tr><th colspan="3">분 류</th><th colspan="2">명 칭</th></tr>
<tr><td rowspan="7">중앙방식</td><td rowspan="4">전공기방식</td><td rowspan="2">단일덕트방식</td><td>정풍량방식</td><td>말단에 재열기가 없는 방식<br>말단에 재열기가 있는 방식</td></tr>
<tr><td>변풍량방식</td><td>재열기가 없는 방식<br>재열기가 있는 방식</td></tr>
<tr><td>2중덕트방식</td><td colspan="2">정풍량 2중덕트 방식<br>변풍량 2중덕트 방식<br>멀티존 유닛방식</td></tr>
<tr><td colspan="3">덕트 병용의 패키지방식<br>각층 유닛방식</td></tr>
<tr><td>공기 · 수방식<br>(유닛 병용 방식)</td><td colspan="3">덕트 병용 팬코일 유닛방식<br>유인 유닛방식<br>복사 냉난방방식</td></tr>
<tr><td>전수방식</td><td colspan="3">팬코일 유닛방식</td></tr>
<tr><td>개별방식</td><td>냉매방식</td><td colspan="3">패키지방식<br>룸 쿨러방식<br>멀티유닛방식</td></tr>
</table>

(2) 개별방식(individual system)

개별방식은 각 층 또는 각 존에 각각 공기조화 유닛(unit)을 분산시켜 설치한 것으로서 개별 제어 및 국소운전이 가능하여 에너지 절약적이다.

그러나 각 유닛마다 냉동기를 갖추고 있어서 소음과 진동이 크며, 외기냉방을 할 수 없고 또 유닛이 여러 곳에 분산되어 있어 관리하는 것이 불편하다.

## [2] 운반되는 열매체에 의한 분류

(1) 전 공기방식(all air system)

전 공기방식에는 표 4-1과 같이 단일덕트방식, 2중덕트방식, 덕크 병용 패키지(package), 각층 유닛방식 등이 있다.

이 방식들은 그림 4-7과 같이 중앙공조기로부터 덕트를 통해 냉 · 온풍을 공급받는다.

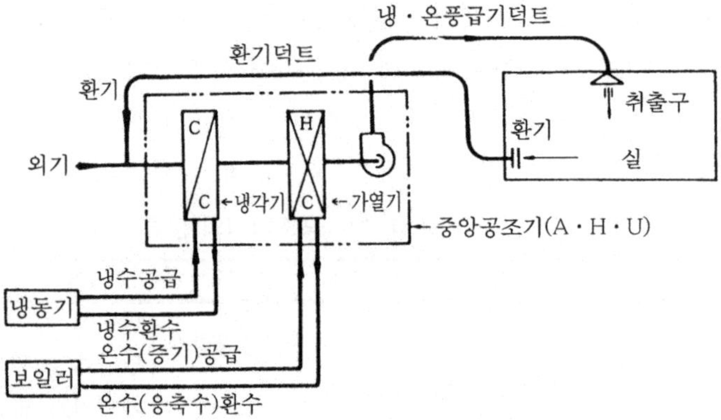


그림 4-7 ▸ 전공기 방식

전공기 방식의 특징은 송풍량이 많아서 실내 공기의 오염이 적고, 중간기에 외기냉방이 가능하다. 또한 실내에는 취출구나 흡입구를 설치하면 되므로 팬코일유닛(fan coil unit)과 같은 기구의 노출이 없어서 실내 유효면적을 넓힐 수 있고, 실내에 배관으로 인한 누수의 우려도 없다.

그러나 대형 덕트로 인한 덕트 스페이스가 필요하고, 열매체인 냉 · 온풍의 운반에 필요한 팬의 소요동력이 냉 · 온수를 운반하는 펌프동력보다 많이 들며, 또한 넓은 공조실을 필요로 한다.

이 방식의 적용은 10,000 $m^2$ 이하의 소규모 건축, 중규모 이상의 다층건축의 내부 존, 극장의 관객석과 같이 많은 풍량을 필요로 하는 곳, 병원의 수술실, 공장의 클린룸(clean room)과 같이 청정을 필요로 하는 곳에 적용된다.

### (2) 전 수방식(all water system)

전 수방식은 보일러로부터 증기 또는 온수나 냉동기로부터의 냉수를 각 실에 있는 유닛(FCU : 팬코일 유닛)으로 공급시켜 냉난방을 하는 것으로서 그림 4-8과 같이 배관에 의해 공조공간(실내)으로 냉 · 온수를 공급한다.

이 방식의 장점은 덕트 스페이스가 필요 없고, 열매체가 증기 또는 냉 · 온수이므로 열의 운송동력이 공기에 비해 적게 소요되며 또한, 각 실의 제어가 쉽다.

그러나 단점으로는 송풍공기가 없어서 실내공기의 오염이 심하며, 실내의 배관에 의해 누수될 우려가 있다.

이 방식의 적용은 객실, 업무용 사무실, 병실 등과 같이 극간풍이 비교적 많고, 재실인원이 적은 방에 적당하다.

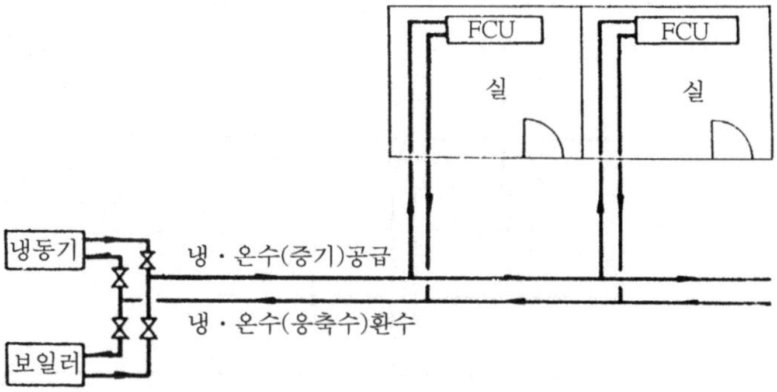


그림 4-8 ▸ 전 수방식(FCU : 코일유닛)

(3) 공기 · 수방식(air-water system)

공기 · 수방식은 공기방식과 수방식을 병용한 것이다. 이 방식의 종류는 표 4-1과 같이 덕트 병용 팬코일 유닛방식, 유인 유닛방식, 덕트 병용 복사냉난방방식 등이 있으며, 각각의 원리는 그림 4-9, 4-10, 4-11과 같다. 이 방식들은 전 공기방식과 전 수방식의 장점을 갖고 있으며, 서로의 단점을 보완시킨 방식이다.

즉 장점으로 페리미터 존(perimeter zone, exterior zone)과 같은 곳을 수배관에 의한 팬코일 유닛(FUC) 같은 것으로 냉 · 난방부하를 처리함으로써 덕트 덕트스페이스가 작아도 된다.

또 유닛 1대로 극소의 존을 만들 수 있어서 존의 구성이 용이하고, 수동으로 각 실의 온도제어를 쉽게 할 수 있으며, 열 운반 동력은 전 공기방식에 비하면 적게 든다.

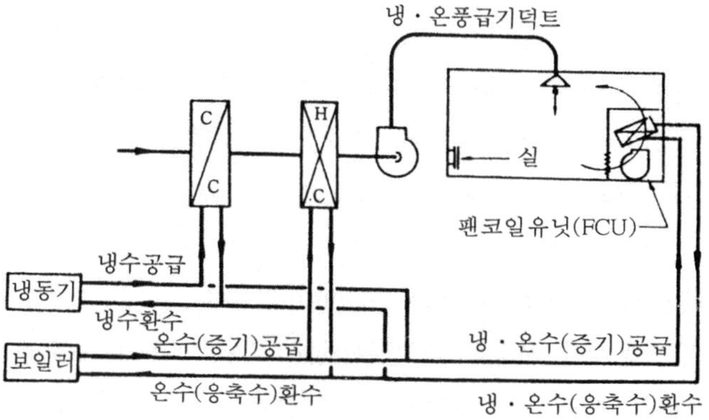


그림 4-9 ▸ 공기 · 수방식[덕트 병용 팬코일유닛 방식]

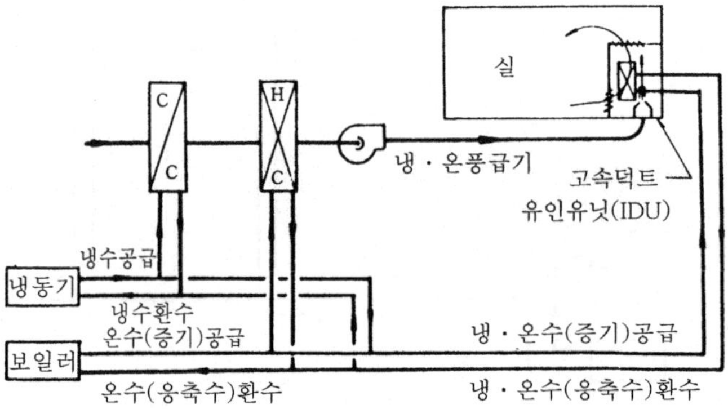


그림 4-10 ▸ 공기 · 수방식[IDU : 유인유닛]

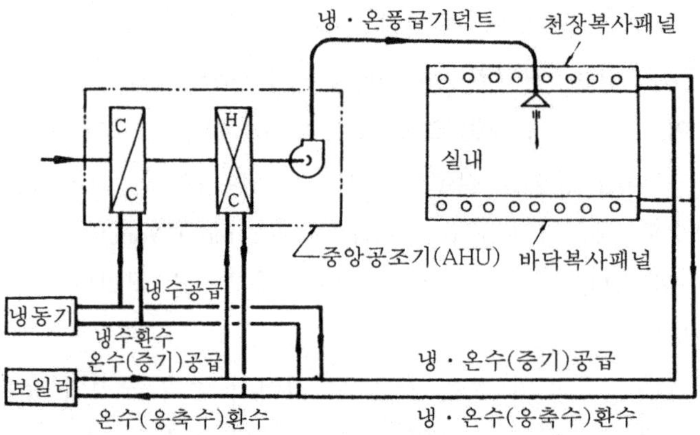


그림 4-11 ▸ 공기 · 수방식[덕트 병용 복사 냉 · 난방]

그러나 단점으로는 유닛 내의 필터(filter)가 저성능이므로 공기의 청정에 큰 도움이 못되며, 필터를 정기적으로 청소해야 한다. 또한 실내에 수배관이 있으므로 누수의 우려와 유닛의 소음 및 유닛의 설치 공간이 필요하다.

따라서 공기 · 수방식의 적용은 사무소건축, 병원, 호텔 등에서 외부 존은 수방식으로, 내부 존(interior zone)은 공기방식으로 하는 경우가 많다.

(4) 냉매방식(direct expansion system)

이 방식은 냉동기 또는 히트펌프(heat pump) 등의 열원을 갖춘 패키지 유닛(package unit)을 사용하는 방법으로 그 종류는 룸 쿨러(room cooler), 멀티 유닛형 룸 쿨러(multi unit type room cooler), 패키지형(package type) 등이 있으며, 또 사용목적에 따라 냉방용과 냉 · 난방용이 있다.

이 유닛들은 설치 위치에 따라 벽걸이형, 바닥설치형, 천장매립형 등이 있으며, 또 응축기의 냉각 방법으로는 공랭식, 수랭식이 있다.

### [3] 제어방식에 의한 분류

공기조화 공간의 온도, 습도 및 풍량 등을 제어하는 범위에 따라 다음과 같이 분류한다.

① 전체 제어방식
② 존별 제어방식
③ 개별 제어방식

### [4] 공급 열원에 의한 분류

① 단열원방식
② 복열원방식

냉방할 때는 냉동기만을, 난방을 할 때는 보일러만을 갖춘 경우를 단열원방식이라 한다.

복열원방식은 냉방시나 난방시에 냉동기와 보일러를 모두 갖추고 있어서 실내의 부하변동에 즉시 대응할 수 있는 방식으로 다음에 기술하는 2중덕트 방식이나 3관식, 4관식의 배관방식을 적용시켜 연간을 통해 냉·온수를 공급할 수 있도록 한다.

## 4-3 단일덕트방식

### [1] 시스템의 구성

단일덕트방식은 그림 4-12와 같이 공기방식으로 공조기(AHU ; Air Handling Unit)에서 조화된 냉풍 또는 온풍을 하나의 덕트를 통해 각 취출구로 송풍하는 가장 보편적인 방식이다.

공조기에는 가열기, 냉각기, 가습기, 에어 필터, 송풍기 등을 갖추고 있다.

## [2] 방식의 특징

(1) 장점(2중덕트방식과의 비교)

① 덕트가 1계통이므로 시설비가 적게 들고, 덕트 스페이스도 적게 차지한다.

② 냉풍과 온풍을 혼합하는 혼합상자가 필요 없으므로 소음과 진동도 적다.

③ 냉 · 온풍의 혼합손실이 없으므로 에너지 절약적이다.

④ 전 공기방식의 특성이 있다.

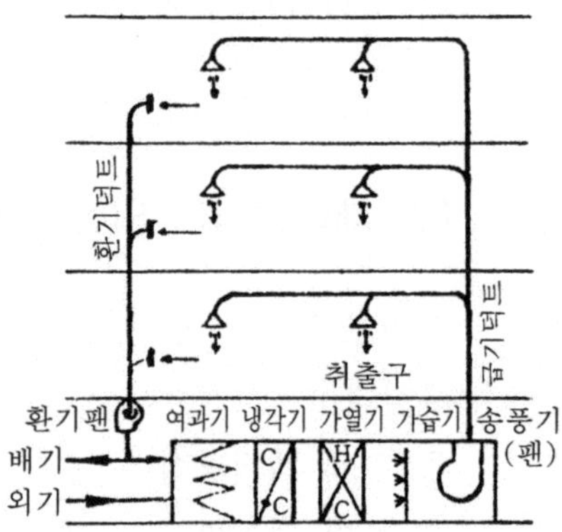


그림 4-12 ▸ 단일덕트방식(CAV방식)

(2) 단점

① 각 실이나 존의 부하변동에 즉시 대응할 수 없다.

② 부하특성이 다른 여러 개의 실이나 존이 있는 건물에 적용하기가 곤란하다.

③ 실내부하가 감소될 경우에 송풍량을 줄이면 실내 공기의 오염이 심하다.

# 4-4 단일덕트 재열방식

## [1] 시스템의 구성

일반적으로 단일덕트 정풍량방식은 냉방부하가 감소되어도 취출되는 냉풍량이 일정하므로 실내온도가 내려간다. 또 사람이 많이 모이는 장소라든가, 식당, 주방 등과 같이 잠열부하가 많이 발생되는 장소는 현열비($SHF$)가 적기 때문에 냉각기만 있는 공조기 출구공기는 습공기선도상에서 그려 보면 냉각된 공기와 $SHF$평행선과 교차하지 않는다.

따라서 냉각기 출구공기를 재열기(reheater)로 가열(재열) 후 송풍하므로 덕트 내의 공기를 말단재열기(terminal reheater) 또는 존별 재열기(zone reheater)를 설치하고, 증기 또는 온수로 송풍공기를 가열하여 취출한다.

그림 4-13의 (a)는 말단재열방식이고, 그림 (b)는 존별 재열방식이다.

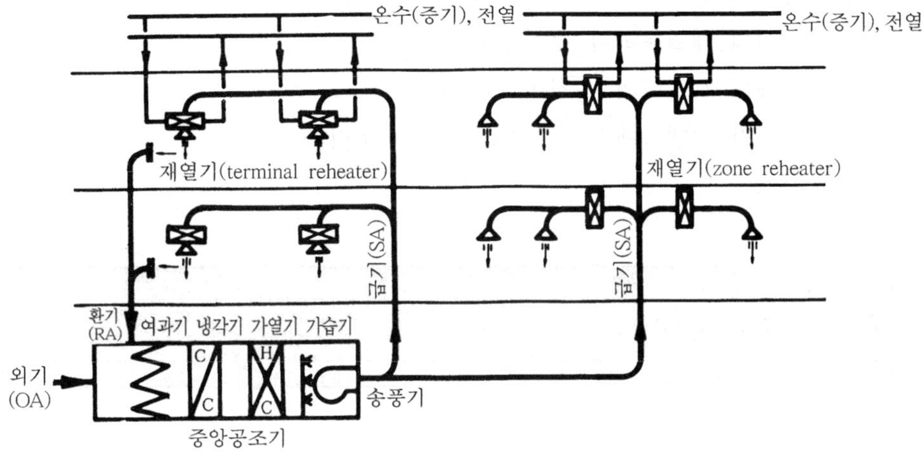


(a) 말단재열방식 (b) 존별 재열방식

그림 4-13 ▸ 단일덕트 재열방식

말단재열방식은 송풍되는 공기를 각 실 또는 각 취출구별로 재열기를 설치하고, 개별 제어를 실시함으로써 연간 온·습도 제어가 가능하다. 그러나 재열기의 수가 많아지고, 재열부하가 증대하기 때문에 설비비, 경상비가 존별 재열방식보다 많아진다.

그림 (b)는 중앙공조기로부터 각 존으로 송풍되는 공기를 존별로 설치된 재열기로 각 존의 부하특성에 따라 재열하는 것으로 설비비 및 경상비는 말단재열방식보다는 적게 소요된다.

따라서 단일덕트 재열방식은 여름에도 보일러를 가동해야 하는 방식으로 일반 공조용으로는 사용되지 않는다.

## [2] 방식의 특징

### (1) 장점

① 부하특성이 다른 여러 개의 실이나 존이 있는 건물에 적합하다.

② 잠열부하가 많은 경우나 장마철 등의 공조에 적합하다.

③ 설비비는 일반적으로 단일덕트(재열기 없는 경우) 방식보다는 많고, 2중덕트 방식보다는 적게 든다.

④ 전 공기방식의 특성이 있다.

### (2) 단점

① 재열기의 설비비 및 유지·관리비가 많이 든다.

② 재열기의 설치 공간이 필요하다.
③ 냉각기에 재열부하가 추가된다.
④ 여름에도 보일러의 운전이 필요하다.
⑤ 재열기가 실내측에 있는 경우 누수의 우려가 있다.

## 4-5 2중덕트방식

### [1] 시스템의 구성

2중덕트방식은 공조기에 냉각코일과 가열코일이 각각 있어서 냉방시나 난방시를 불문하고 냉풍 및 온풍을 만든다. 냉풍과 온풍은 각각 별개의 덕트를 통해 각 실이나 존으로 송풍하고, 냉·난방부하에 따라 혼합상자(mixing box ; air blender)에서 혼합하여 취출시키는 것으로 그림 4-14와 같은 방식이다.

또, 2중덕트방식의 일종으로 그림 4-15와 같이 공조기에서 송풍되는 냉·온풍을 혼합댐퍼(mixing damper)에 의해 일정한 비율로 냉·온풍을 혼합한 후 각 존 또는 실로 보내는 방식으로 이를 멀티존(multi zone)방식이라 한다.

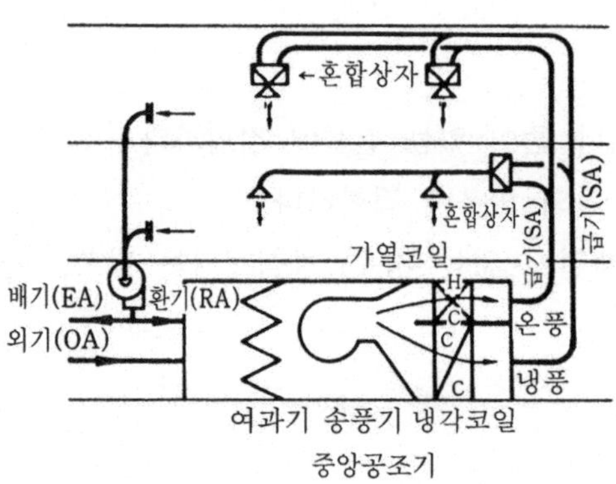


그림 4-14 ▸ 2중덕트방식

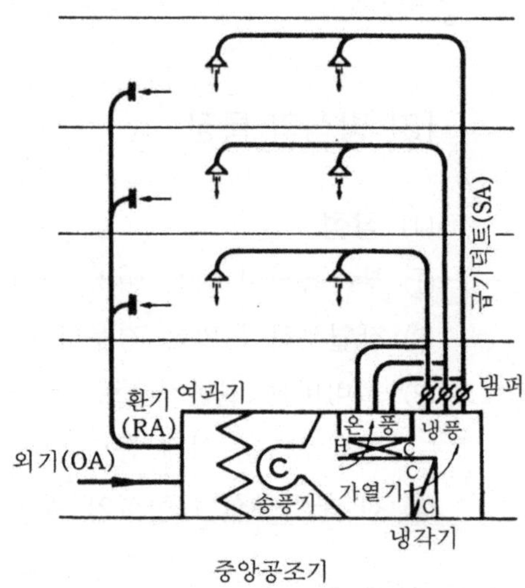


그림 4-15 ▸ 멀티존(multi zone)방식

### [2] 방식의 특징

#### (1) 장점

① 부하특성이 다른 다수의 실이나 존에도 적용할 수 있다.
② 각 실이나 존의 부하변동이 생기면 즉시 냉·온풍을 혼합하여 취출하므로 적응속도가 빠르다.
③ 방의 설계변경이나 완성 후 용도변경에도 쉽게 대처할 수 있다.
④ 실의 냉·난방부하가 감소되어도 취출공기의 부족현상은 없다.
⑤ 전 공기방식의 특성이 있다.

#### (2) 단점

① 덕트가 2개의 계통이므로 설비비가 많이 든다.
② 혼합상자에서 소음과 진동이 생긴다.
③ 냉·온풍의 혼합으로 인한 혼합손실이 있어서 에너지 소비량이 많다.
④ 덕트 샤프트 및 덕트 스페이스를 크게 차지한다.

## 4-6 변풍량방식

### [1] 시스템의 구성

변풍량방식(VAV ; Variable Air Volume System)에는 그림 4-16과 같이 단일덕트 변풍량방식과 나중에 언급될 그림 4-21의 2중덕트 변풍량방식(DDVAV ; Dual Duct Variable Air Volume System)이 있다.

단일덕트 변풍량방식은 취출구 1개 또는 여러 개에 변풍량 유닛(VAV unit)을 설치하여 각 실온에 따라 취출풍량을 제어한다. 이 방식은 실내부하가 감소되면 송풍량도 감소되기 때문에 부하가 극히 감소되면 실내공기의 오염이 심해진다. 따라서 단일덕트 변풍량방식의 단점을 보완한 것이 2중덕트 변풍량방식이다.

2중덕트 변풍량방식은 2중덕트와 혼합상자 및 변풍량유닛을 조합한 2중덕트 변풍량유닛을 사용하거나 또는 혼합상자와 변풍량유닛이 별개로 분리된 것을 사용하기도 한다.

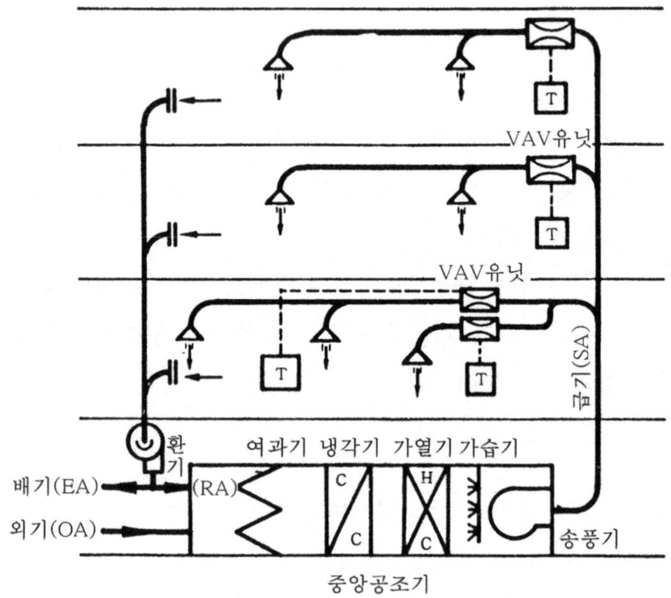


그림 4-16 ▸ 단일덕트 변풍량방식(VAV 방식)

## [2] 변풍량유닛

변풍량방식에서 터미널유닛을 변풍량유닛(VAV unit)이라 한다.

변풍량유닛은 풍량제어 방식에 따라 바이패스형(bypass type), 슬롯형(slote type), 유인형(induction type) 등이 있으며, 그 구조와 설치 예는 그림 4-17과 같다.

바이패스형은 그림 (a)와 같이 송풍공기 중 취출구를 통해 실내에 취출되고 남은 공기를 천장 내를 통하여 환기덕트로 되돌려 보낸다. 이때 취출공기량은 실내에 설치된 서머스탯 T에 의해 풍량조절 댐퍼(바이패스 댐퍼)를 조절한다. 이 방식의 장점은 송풍덕트 내의 정압제어가 필요 없고, 유닛의 소음발생이 적고, 천장 내의 조명으로 인한 발생열을 제거할 수 있다. 그러나 단점은 송풍동력을 절감시킬 수 없고, 덕트계통의 증설이나 개설에 대한 적응성이 적다.

슬롯형은 그림 (b)와 같이 부하의 감소에 따라 교축기구에 의해 풍량을 조절한다. 이 방식의 장점은 송풍동력의 절감이 가능하며, 정풍량 장치의 설치에 따른 덕트의 설계 및 시공이 쉽다. 그러나 단점은 덕트의 정압변화에 대응할 수 있는 정압제어가 필요하고, 또 유닛의 소음이 크다.

유인형은 그림 (c)와 같이 공조기에서 오는 1차공기의 분출에 의해 실내공기인 2차공기를 유인하여 취출한다. 이때 1차공기나 2차공기는 실내에 있는 서머스탯 T에 의해 각각의 댐퍼를 제어한다. 이 방식의 장점은 다른 방식에 비하여 덕트 치수가 작아지고, 난방시에는 실내 발생열을 열원으로 이용할 수 있다. 그러나 단점은 고압의 송풍기가 필요하고(고속덕트), 적용범위가 제한되며, 실내의 오염물 제거 성능이 낮다.

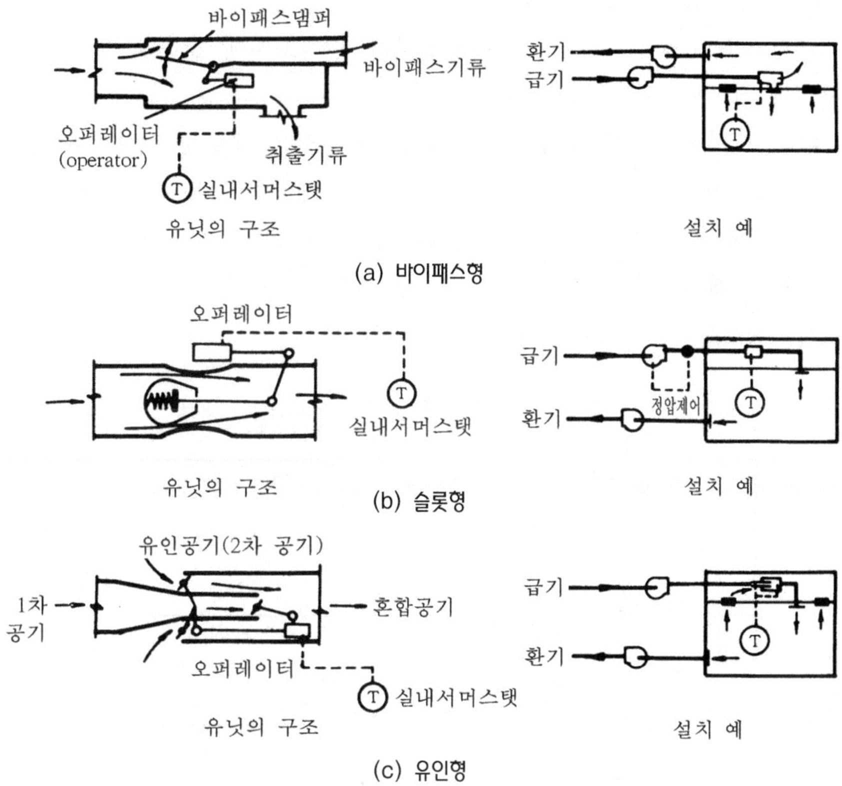


그림 4-17 ▸ 변풍량유닛 및 설치 예

## [3] 부하에 따른 송풍량 변화

### (1) 단일덕트 변풍량

변풍량유닛에 의한 송풍량은 그림 4-18과 같이 실내의 현열부하에 비례하여 풍량이 줄어들게 되어 극단적으로 실내부하가 발생하지 않으면 송풍공기량은 0에 접근한다.

그러나 송풍공기량이 없으면 실내의 오염도가 심하게 된다. 따라서 실

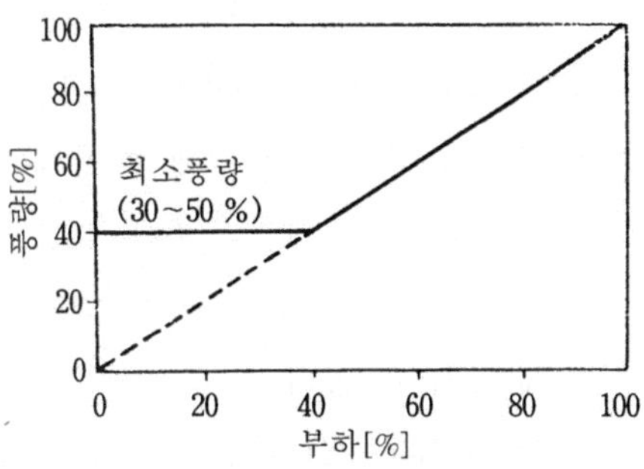


그림 4-18 ▸ 변풍량유닛의 풍량제어

내 현열부하가 최소치에 근접한 상태에서는 재실인원을 위해 최소 필요량의 풍량을 확보해야 한다. 따라서 변풍량유닛은 취급풍량의 30~50 %의 값을 최소풍량으로 하고, 이 풍량 이하로 감소되지 않도록 설정해야 한다.

### (2) 단일덕트 변풍량 재열방식

단일덕트 변풍량유닛은 실의 냉방부하가 최소치에 달해도 일정량의 최소냉풍량이 취출되므로 추위를 느끼게 된다.

따라서 변풍량 재열방식은 그림 4-19(a)와 같은 재열형 변풍량유닛으로 공급공기를 재열하여 취출한다. 그림 (b)는 부하변동에 따른 풍량과 취출온도와의 관계이다. 여기에서 보는 바와 같이 냉방부하가 감소되어 냉풍의 송풍량이 최소치까지 떨어지면 재열기에 온수·증기 등이 공급되어 취출온도를 높여주므로 송풍량을 감소시키지 않아도 실내온도는 낮아지지 않는다.

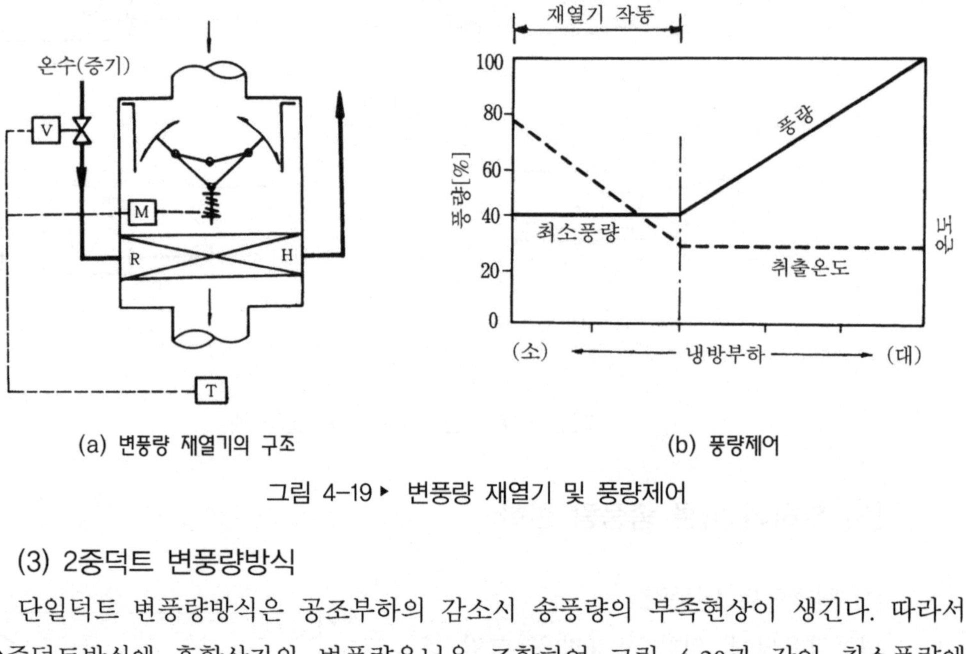


(a) 변풍량 재열기의 구조　　(b) 풍량제어

그림 4-19 ▸ 변풍량 재열기 및 풍량제어

### (3) 2중덕트 변풍량방식

단일덕트 변풍량방식은 공조부하의 감소시 송풍량의 부족현상이 생긴다. 따라서 2중덕트방식에 혼합상자와 변풍량유닛을 조합하여 그림 4-20과 같이 최소풍량에 있어서는 부하의 감소에 따라 온풍의 혼합량을 점차 늘리고, 냉풍은 줄인다.

이 유닛에는 냉·온풍을 혼합하기 위한 혼합상자와 풍량을 조절하기 위한 변풍량 장치가 조합되어 있다. 따라서 2중덕트방식의 특성과 변풍량방식의 특성을 동시에 갖추고 있다.

이 방식은 실내온도조절을 비교적 정확하게 하면서 일정량 이상의 송풍량을 확보해야 하는 실에 적용된다.

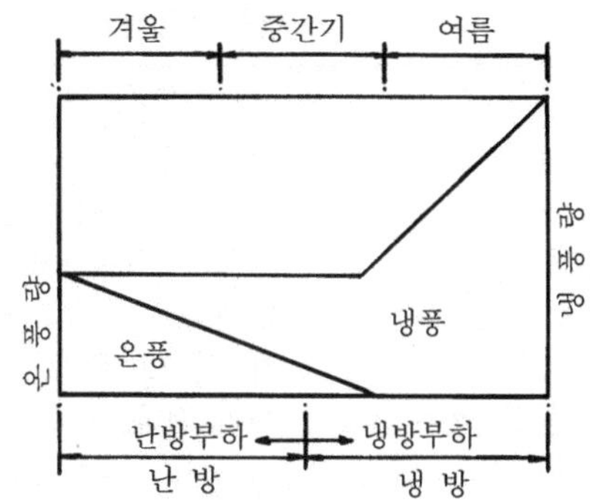


그림 4-20 ▸ 2중덕트 변풍량방식에 의한 풍량제어

그림 4-21은 2중덕트방식에서 혼합상자와 변풍량유닛을 다양하게 응용시킨 예이다. 그림 (a)는 혼합상자와 변풍량유닛을 조합시킨 예이고, 그림 (b)는 혼합상자로 냉·온풍을 혼합하여 송풍공기의 온도를 제어하며 각 실에는 변풍량유닛을 설치하여 취출풍량을 제어한다. 그림 (c)는 혼합상자만 설치한 경우이다. 한편 그림 (d)는 연중 냉방부하만 있는 실에 대해 변풍량유닛을 설치하여 풍량만을 제어한다. 또한 그림 (e)는 각 실마다 혼합상자만을 설치하고 부하에 따라 온도만을 제어한다.

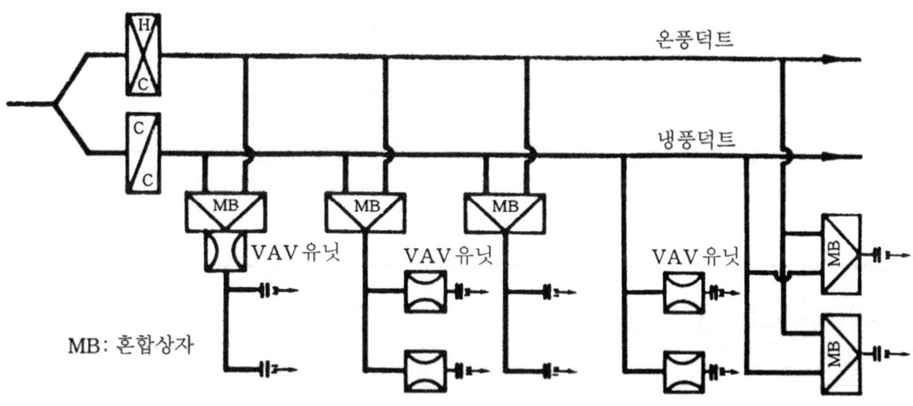


그림 4-21 ▸ 2중덕트 변풍량방식[DDVAV 방식]

## [4] 방식의 특징 비교

변풍량방식은 단일덕트 변풍량방식, 단일덕트 변풍량 재열방식, 2중덕트 변풍량방식 등이 있다.

이들의 특성은 표 4-2와 같다.

표 4-2 ▸ 변풍량방식의 특성 비교

| 특성 | 단일덕트 변풍량방식 | 단일덕트 변풍량 재열방식 | 2중덕트 변풍량방식 |
|---|---|---|---|
| 장점 | i) 실내부하가 적어지면 송풍량을 줄일 수 있으므로 에너지 절감효과가 크다.<br>ii) 각 실이나 존의 온도를 개별제어 하기가 쉽다.<br>iii) 대규모의 건물인 경우 공조기나 열원기기의 동시 가동률을 고려하면 효율적이다.<br>iv) 일사량 변화가 심한 페리미터 존에 적합하다.<br>v) 전 공기방식의 특성이 있다. | i) 실의 냉방부하가 감소되어도 실내온도는 설정치 이하로 내려가지 않는다.<br>ii) 각 실 및 존의 개별제어가 쉽다.<br>iii) 페리미터 존에 적합하다.<br>iv) 외기 풍량을 많이 필요로 하는 실(회의실) 등에 적합하다.<br>v) 전 공기방식의 특성이 있다. | i) 2중덕트방식의 특성을 갖는다.<br>ii) 정풍량 2중덕트 보다는 에너지 절감효과가 있다.<br>iii) 최소풍량이 취출되어도 실내온도는 설정 온도범위를 유지한다.<br>iv) 외기 풍량을 많이 필요로 하는 실에 적합하다.<br>v) 까다로운 실내조건을 만족시킬 수 있다.<br>vi) 전 공기방식의 특성이 있다. |
| 단점 | i) 변풍량유닛으로 인한 설비비가 많이 든다.<br>ii) 실내부하가 적어지면 송풍량이 적어지므로 실내공기의 오염도가 높다.<br>iii) 재열기가 없으면 최소풍량이 취출될 때 실내온도가 낮아져 춥다. | i) 재열기 설치로 인한 설비비가 많이 든다.<br>ii) 여름에도 보일러를 가동해야 한다.<br>iii) 재열부하가 발생한다.<br>iv) 실내에 있는 재열기 배관에서 누수의 우려가 있다.<br>v) 재열기의 설치공간이 필요하다. | i) 변풍량유닛으로 인한 설비비가 많이 든다.<br>ii) 변풍량유닛의 설치공간이 필요하다.<br>iii) 2중덕트방식에 의한 혼합손실이 있다. |

## 4-7 덕트 병용 패키지방식

### [1] 시스템의 구성

그림 4-22와 같이 각 층에 있는 패키지 공조기(PAC ; package type conditioner)로 냉·온풍을 만들어 덕트를 통해 각 실로 송풍한다.

패키지 내에는 냉매가 직접 팽창하는 직접팽창코일(DX coil : direct expansion coil), 즉 증발기가 있어서 냉풍을 만들 수 있고, 응축기는 옥상에 있는 냉각탑으로부터 공급되는 냉각수에 의해 냉각된다. 또 패키지 내에 있는 가열코일로는 지하실에 있

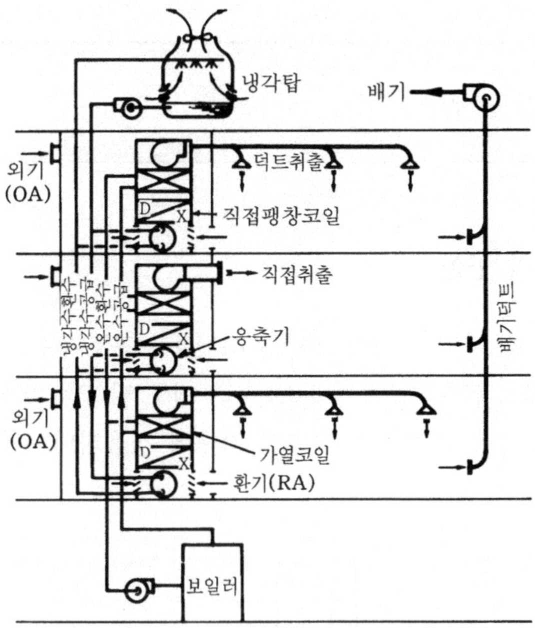


그림 4-22 ▸ 덕트 병용 패키지방식

는 보일러로부터 온수 또는 증기가 공급된다. 그러나 난방부하가 적은 경우는 전열기를 설치하므로 보일러를 생략하는 경우도 있다.

덕트 병용 패키지방식은 중 · 소규모의 건물이나 호텔 등에 응용되고 있다.

## [2] 방식의 특징

### (1) 장점

① 중앙기계실에 냉동기를 설치하는 방식에 비하여 설비비가 적게 든다.
② 운전을 위한 전문 기술자가 없어도 운전할 수 있다.
③ 중앙기계실의 면적을 적게 차지한다.
④ 냉방시 각 층은 독립적으로 운전할 수 있으므로 에너지 절감효과가 크다.
⑤ 급기를 위한 덕트 샤프트가 필요 없다.

### (2) 단점

① 패키지형 공조기가 각 층에 분산 · 배치되므로 유지 · 관리가 번거롭다.
② 실온제어가 2위치 제어이므로 편차가 크고, 또 습도제어가 불충분하다.
③ 15RT 이하의 소형은 송풍기 정압이 낮고, 고급의 필터를 설치할 때 부스터 팬(booster fan)을 필요로 한다.
④ 공조기로 외기의 도입이 곤란한 경우도 있다.

# 4-8 각 층 유닛방식

## [1] 시스템의 구성

각 층 유닛방식은 각 층마다 독립된 유닛(2차 공조기)을 설치하고, 이 공조기의 냉각코일 및 가열코일로는 중앙기계실로부터 냉수 및 온수(또는 증기)를 공급받는다.

이 방식은 대규모 건물이고 다층인 경우에 적용되며, 다음과 같은 몇 가지의 형식이 있다.

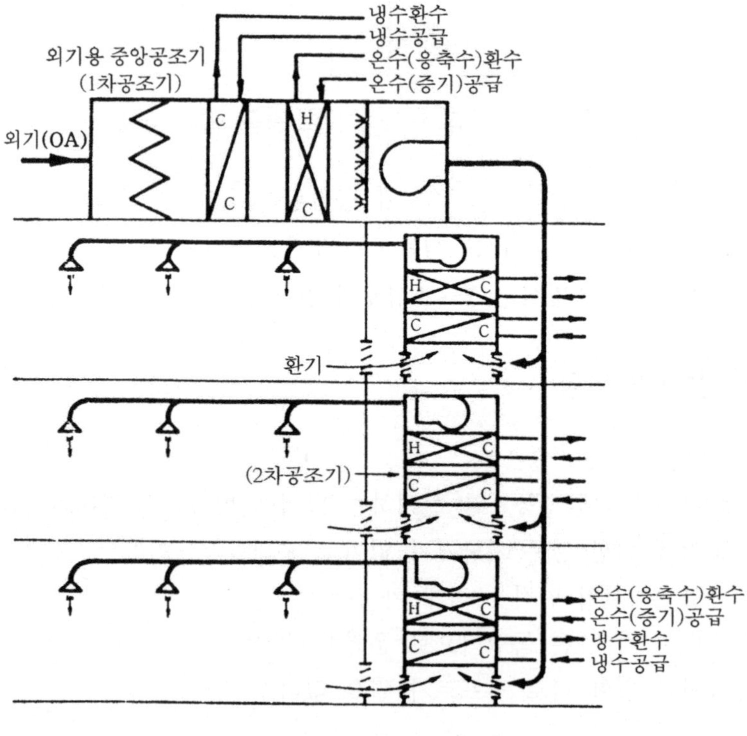


그림 4-23 ▸ 각층 유닛방식(a)

그림 4-23은 외기용 중앙공조기(1차공조기)가 1차공기(외기)를 가열 · 가습 또는 냉각 · 감습하여 각 층 유닛으로 보내면 환기와 혼합 · 가열 또는 혼합 · 냉각되어 취출된다. 따라서 환기덕트는 없어도 된다.

그림 4-24의 경우는 외기와 각 층으로부터 오는 환기를 중앙공조기(1차 공조기)

가 가열·가습 또는 냉각·감습하여 덕트를 통해 각 층에 있는 유닛(2차 공조기)으로 보내면 각 층의 부하특성에 따라 가열 또는 냉각하여 취출한다.

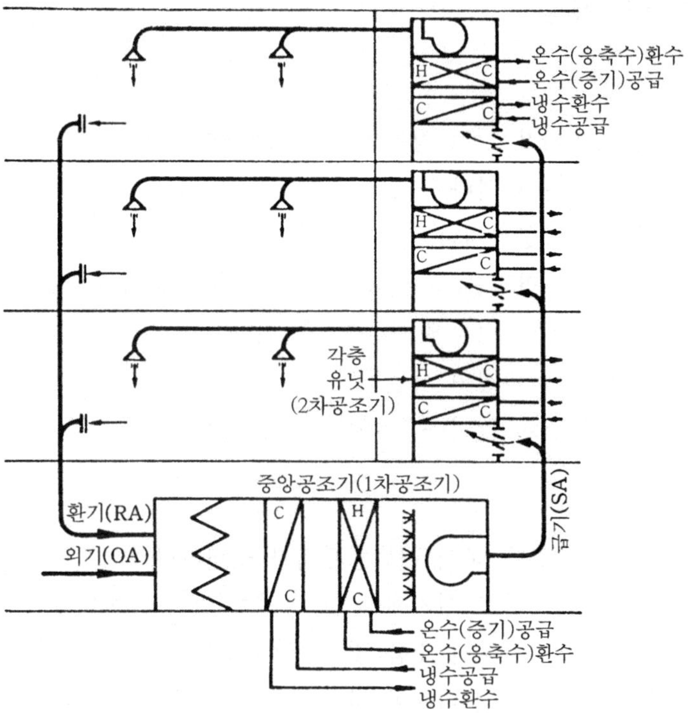


그림 4-24 ▸ 각층 유닛방식(b)

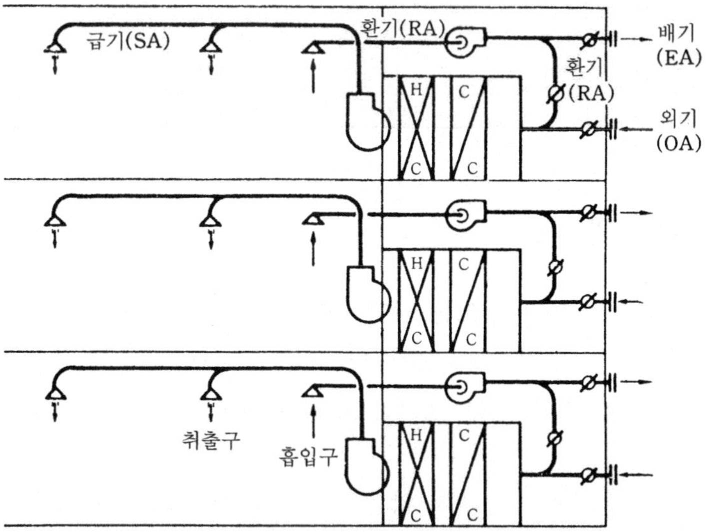


그림 4-25 ▸ 각층 유닛방식(c)

그림 4-25의 경우는 외기를 각 층에서 취입하기 때문에 중앙공조기(1차 공조기)는 별도로 갖추지 않는다.

### [2] 방식의 특징

#### (1) 장점

① 외기용 공조기가 있는 경우에는 습도제어가 쉽다.
② 외기를 도입하기 쉽다.
③ 1차 공기용 중앙장치나 덕트가 작아도 된다.
④ 중앙기계실의 면적을 적게 차지하고, 송풍기 동력도 적게 든다.
⑤ 각 층마다의 부하변동에 대응할 수 있다.
⑥ 각 층마다 부분운전이 가능하다.
⑦ 환기덕트가 필요 없거나 작아도 된다.

#### (2) 단점

① 공조기가 각 층에 분산되므로 관리가 불편하다.
② 각 층마다 공조기를 설치해야 할 공간이 있어야 한다.
③ 각 층의 공조기로부터 소음 및 진동이 있다.
④ 각 층에 수배관을 설치해야 하므로 누수의 우려가 있다.

## 4-9 팬코일 유닛방식

### [1] 시스템의 구성

팬코일 유닛에 의한 공조는 중앙공조방식 중 수방식으로서 중앙기계실의 냉·열원기기(냉동기, 보일러, 열교환기 및 축열조 등)로부터 냉수 또는 온수나 증기를 배관을 통해 각 실에 있는 팬코일 유닛(FCU)에 공급하여 실내공기와 열교환을 시킨다.

이 방식은 외기를 도입하지 않는 방식, 외기를 실내 유닛인 팬코일 유닛으로 직접 도입하는 방식, 덕트 병용의 팬코일 유닛방식이 있다.

### (1) 외기를 도입하지 않는 경우

소규모의 건물이나 주택 등과 같이 재실인원이 적은 경우에는 외기를 도입하지 않고 실내 유닛인 팬코일 유닛에 실내공기만을 순환시켜 냉각 또는 가열한다.

### (2) 팬코일 유닛으로 외기를 직접 도입하는 경우

그림 4-26과 같은 형식의 팬코일 유닛은 설치 장소의 벽을 통해 외기를 직접 도입하여 실내환기와 혼합·냉각 또는 가열하여 취출한다. 따라서 전자의 경우와 같이 외기의 부족현상은 없다. 그러나 중간기(봄, 가을)나 실내부하가 낮아지면 팬코일 유닛의 송풍시간이 줄어들거나 팬의 회전속도 제어로 송풍량이 적어지므로 외기 부족현상이 생긴다.

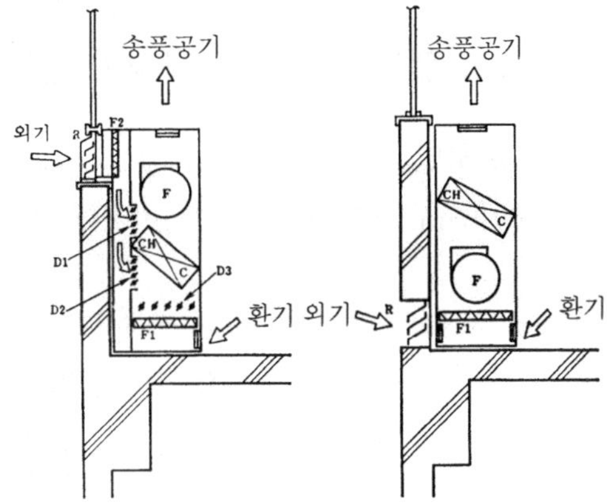


그림 4-26 ▸ 외기도입형 팬코일 유닛

### (3) 덕트 병용 팬코일 유닛방식

덕트 병용 팬코일 유닛방식은 공기·수방식에 의한 것으로 그림 4-27과 같다. 중앙공조기(1차 공조기)로는 1차 공기인 외기를 조화하여 덕트를 통해 각 실로

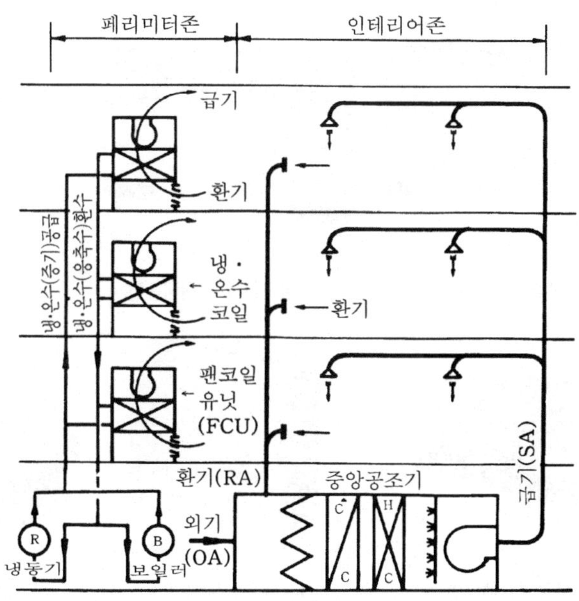


그림 4-27 ▸ 덕트 병용 팬코일 유닛(FCU)방식

공급하며, 실내 유닛인 팬코일 유닛으로는 실내환기를 조화한다. 여기서 중앙공조기는 냉방시에 외기를 냉각·감습하고, 난방시에는 외기를 가열·가습하여 실의 내부 존에 송풍한다. 또 팬코일 유닛은 건물의 외부존의 부하를 담당한다. 따라서 이 방식은 대형 건축물의 내부 존과 외부 존을 구분하여 공조하는 시스템에 적용시킬 때 편리하다.

## [2] 팬코일 유닛의 구성과 종류

팬코일 유닛의 주요 구성 요소는 그림 4-28과 같이 코일(냉각 및 가열코일), 송풍기(fan), 필터(filter)이며, 여기에 따른 각종 요소가 하나로 Unit화되어 있다.

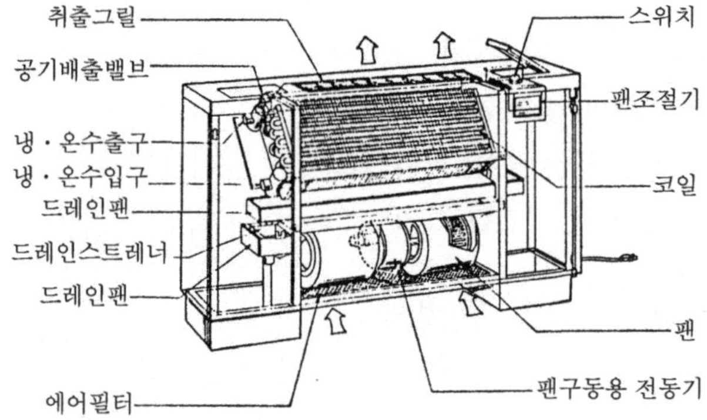


그림 4-28 ▸ 팬코일 유닛의 구성

그림 4-29 ▸ 팬코일 유닛의 종류

팬코일 유닛은 설치장소 및 취출기류의 방향에 따라 그림 4-29와 같이 분류된다.

그림 (a)는 바닥설치 상부취출형으로 창문 밑에 설치하여 스킨 로드(skin load)를 처리하게 되는데, 창이 낮은 경우는 (d)와 같은 형식을 사용한다. (b)는 바닥설치 전면취출형으로 창문 밑이나 벽 속에 부착시킬 수 있다. (c)는 천장걸이형으로 바닥에 설치할 수 없는 경우에 적합하며, (e)는 천장 속에 매립하는 천장매립형이며, (f)는 벽 속에 매립하는 벽매립형이다. 또한 (g)는 냉매를 직접 팽창시킬 수 있는 냉방 전용의 직접팽창형이다.

## [3] 방식의 특징

팬코일 유닛방식은 앞에서 기술한 바와 같이 3가지 방법이 있었다. 이들의 공통된 장 · 단점은 다음과 같으며, 3가지 방식의 비교는 표 4-3과 같다.

표 4-3 ▸ 팬코일 유닛방식의 특성 비교

| 구 분 | 외기도입이 없는 경우 | 외기를 직접 도입하는 경우 | 덕트 병용의 경우 |
|---|---|---|---|
| 실비비 | 적게 든다 | 비교적 적게 든다 | 많이 든다 |
| 중앙 기계실 면적 | 작다 | 작다 | 크다 |
| 덕트설비 | 필요없다 | 외기 인입덕트 필요 | 필요하다 |
| 실내 유효면적 | 크다 | 크다 | 작다 |
| 동력비 | 적게 든다 | 적게 든다 | 많이 든다 |
| 조닝 | 어렵다 | 어렵다 | 쉽다 |
| 습도제어 | 어렵다 | 어렵다 | 쉽다 |
| 외기량 확보 | 어렵다 | 비교적 쉽다 | 쉽다 |

### (1) 장점

① 각 실의 유닛은 수동으로도 제어할 수 있고, 개별 제어가 쉽다.
② 유닛을 창문 밑에 설치하면 콜드 드래프트(cold draft)를 줄일 수 있다.
③ 덕트방식에 비해 유닛의 위치 변경이 쉽다.
④ 펌프에 의해 냉 · 온수를 이송하므로 송풍기에 의한 공기의 이송동력보다 적게 든다.
⑤ 덕트 샤프트나 스페이스가 필요 없거나 작아도 된다.
⑥ 중앙기계실의 면적이 작아도 된다.

### (2) 단점

① 각 실에 수배관으로 인한 누수의 우려가 있다.
② 외기량이 부족하여 실내공기의 오염이 심하다.
③ 팬코일 유닛 내에 있는 팬으로부터의 소음이 있다.
④ 유닛 내에 있는 필터를 주기적으로 청소해야 한다.

## 4-10 유인 유닛방식

### [1] 시스템의 구성

유인 유닛방식(IDU ; Induction Unit System)의 시스템은 그림 4-30에 나타낸 것과 같이 1차 공기를 처리하는 중앙공조기, 송풍덕트(고속덕트)와 각 실에는 유인 유닛 및 냉·온수(증기)를 공급하는 배관에 의해 구성된다. 여기서 1차 공기는 보통 외기만 통과하지만 때로는 실내환기와 외기를 혼합하여 통과하는 경우도 있다.

이 방식은 건물의 내부 존을 단일덕트 정풍량방식 또는 단일덕트 변풍량방식으로 하고, 외부존에는 유인 유닛을 혼용하여 설치하기도 한다.

유인 유닛에는 1차 공조기에서 냉각·감습 또는 가열·가습한 1차 공기를 고속·고압으로 유닛 내로 보내면, 유닛 내에 있는 노즐을 통해 분출될 때 유인작용으로 2차 공기(실내공기)를 혼합하여 분출한다. 이때, 2차 공기는 흡입구와 노즐 사이에 설치된 냉·온수 코일에 의해 냉각 또는 가열된다.

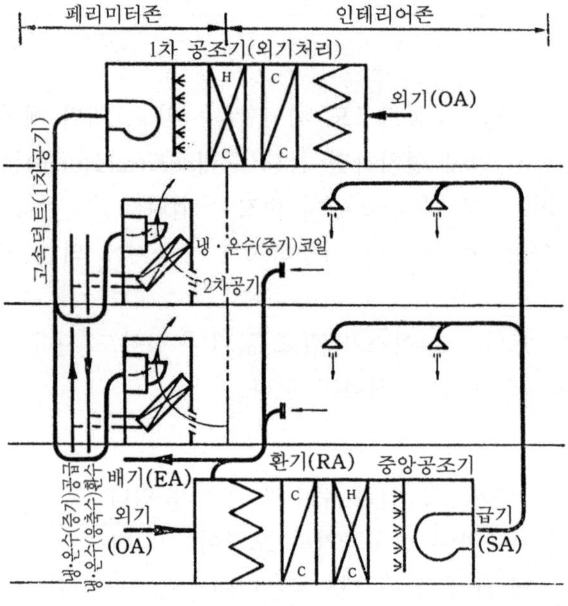


그림 4-30 ▸ 유인유닛(페리미터 존)+저속단일덕트(인테리어 존)

한편, 유인 유닛으로 들어오는 1차 공기를 PA(Primary Air), 2차 공기를 SA(Secondary Air) 1차 공기와 2차 공기가 혼합된 합계공기를 TA(Total Air)라 하며, (TA)/(PA)의 비를 유인비 $k$라고 한다. 유인비 $k$는 일반적으로 3~4이며, 유닛의 양측으로부터 SA를 흡입하는 double coil식일 때는 6~7로 한다.

이 방식의 응용은 고층 사무소 빌딩, 호텔, 회관 등의 외부 존에 적용된다. 근래의 건물은 유리창이 많아서 태양에 의한 일사량의 변화는 계절, 시각, 방위에 따라 변화가 심하여 겨울철에도 냉방을 해야 하는 존이 생긴다. 따라서 냉·온수를 준비하여 부하의 변동에 대응하도록 한 방식이다.

### [2] 방식의 특징

#### (1) 장점

① 각 유닛마다 제어가 가능하므로 개별실 제어가 가능하다.
② 고속덕트를 사용하므로 덕트 스페이스를 작게 할 수 있다.
③ 중앙공조기는 1차 공기만 처리하므로 규모를 작게 할 수 있다.
④ 유인 유닛에는 동력(전기)배선이 필요 없다.
⑤ 실내부하의 종류에 따라 조닝을 쉽게 할 수 있고, 부하변동에 따른 적응성이 좋다.

#### (2) 단점

① 각 유닛마다 배수관을 해야 하므로 누수의 우려가 있다.
② 유닛은 값이 비싸고 소음이 있다.
③ 유닛 내에 있는 필터는 자주 청소를 해야 한다.
④ 외기냉방의 효과가 적다.
⑤ 유닛 내에 있는 노즐이 막히기 쉽다.

## 4-11 복사냉난방방식

### [1] 시스템의 구성

복사열을 이용한 냉난방방식은 바닥, 천장 또는 벽면을 복사면으로 하여 실내

현열부하의 50~70 %를 처리하도록 하고, 나머지의 현열부하와 잠열부하는 중앙공조기로부터 덕트를 통해 공급되는 공기로 처리한다.

복사면은 냉 · 온수를 통하게 하는 패널(panel)을 사용하거나 파이프를 바닥 및 벽 등에 매설하는 경우와 전기히터를 사용하는 경우 또는 연소가스가 바닥 구조체의 온돌을 통하게 하는 경우가 있다.

우리나라의 경우 온돌은 복사난방법의 하나로, 뜨거운 연소가스가 온돌바닥을 가열하면 방바닥을 통해 복사열이 실내로 발산되도록 하는 역사적으로 오래된 우리나라 고유의 방법이다. 한편, 근래에는 열의 운반매체로서 온수를 사용한 바닥패널 또는 바닥매설에 의한 복사난방을 행한다. 그러나 냉방목적으로의 냉각패널

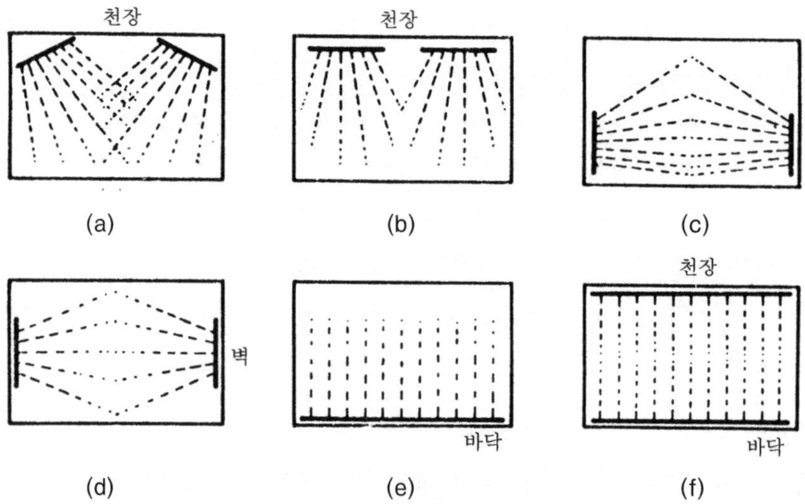


그림 4-31 ▸ 복사패널의 설치위치 예(그림은 실의 입면도임)

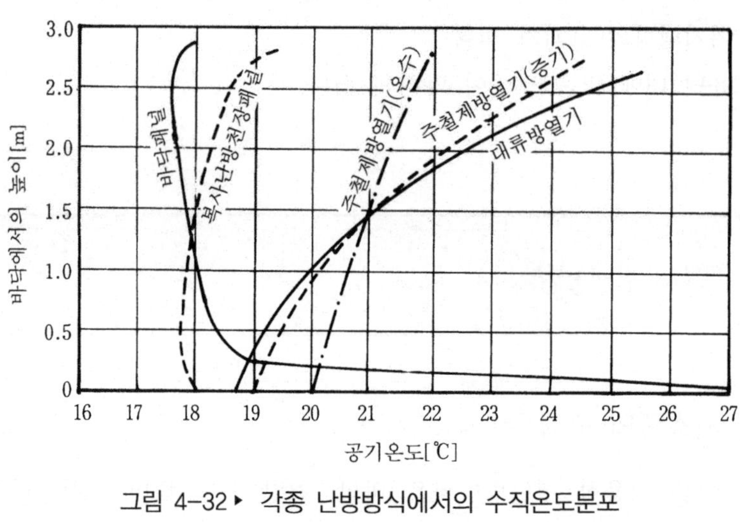


그림 4-32 ▸ 각종 난방방식에서의 수직온도분포

을 사용할 경우 우리나라는 여름이 고온·다습한 기후이기 때문에 복사면에 공기 중의 수분이 결로하는 경향이 있어서 사용하는 예가 거의 없다.

일반적으로 공기조화에서의 복사냉난방은 냉·온수가 패널에 공급되고, 덕트를 통해 공기가 실내로 공급되는 공기·수방식을 말하며, 시스템의 구성은 그림 4-11과 같다.

여기서 복사패널은 바닥이나 천장에 설치하게 되는데 난방을 위한 온수패널은 바닥에 냉방을 위한 냉수패널은 천장에 설치한다(그림 4-31).

한편, 각종 난방방식에서 수직온도분포의 비교는 그림 4-32와 같다.

### [2] 방식의 특징

#### (1) 장점

① 현열부하가 큰 경우에 효과적이다.
② 쾌감도가 높고 외기 부족현상이 적다.
③ 냉방시 조명부하 및 일사에 의한 부하를 쉽게 처리할 수 있다.
④ 바닥에 기기를 배치하지 않아도 되므로 이용 공간이 넓다.
⑤ 건물의 축열을 기대할 수 있다.
⑥ 덕트 스페이스 및 열운반 동력을 줄일 수 있다.

#### (2) 단점

① 단열시공이 완벽해야 한다.
② 시설비가 많이 든다.
③ 방의 모양을 바꿀 때 융통성이 적다.
④ 냉방시에는 패널에 결로의 우려가 있다.
⑤ 풍량이 적어서 보통 이상의 풍량을 필요로 하는 경우에는 적당하지 않다.

## 4-12 개별방식

### [1] 사이클 해석

#### (1) 냉동사이클

개별식 공조방식으로 냉방을 하기 위해서는 그림 4-33(a)와 같은 냉동기에 의한 냉방장치가 필요하다.

냉방장치에서 각 위치에서 냉매의 상태변화 과정을 몰리에르 선도(Mollier Chart) 상에 나타내면 그림 (b)와 같은 냉동사이클이 형성된다. 즉 증발기에서 증발(①→②), 압축기로 압축(②→③), 응축기에서 응축(③→④), 팽창밸브로 팽창(④→①)과정을 형성하게 된다. 이때 냉매 $G$[kg/s]가 순환하면서 실내측의 증발기에서 흡열한 열량을 냉동능력 $q_R$[kW]이라 하며, 식 (4-1)과 같이 나타내고, 이 열을 이용하여 냉방을 하게 된다.

$$q_R = G(h_2 - h_1) \qquad (4-1)$$

여기서, $G$ : 순환되는 냉매량[kg/s]

$h_1$, $h_2$ : 증발기 입구, 출구에서 냉매의 엔탈피[kJ/kg]

(1kJ/s = 1kW)

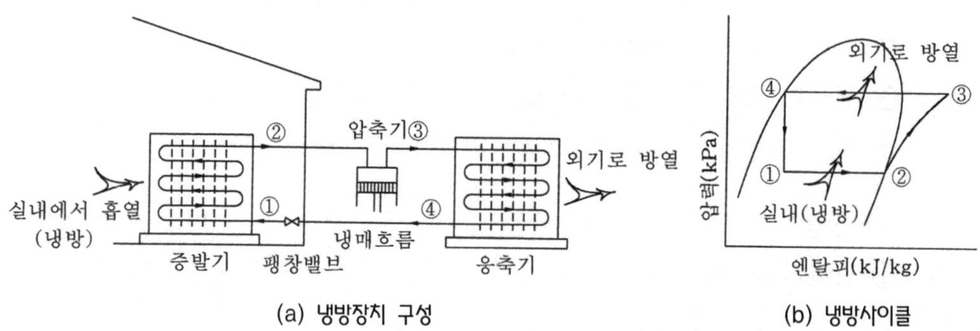


(a) 냉방장치 구성 (b) 냉방사이클

그림 4-33 ▸ 냉방시스템

### (2) 열펌프(heat pump)

냉동사이클을 가열목적으로 작동시키는 경우를 열펌프라고 하는데, 그림 3-34(a)와 같은 냉방장치에서 냉매의 흐름 방향을 바꾸면 그림 (a)와 같이 실외에 있는 응축기는 증발기로 변하여 외기로부터 열을 얻고, 실내에 있는 증발기는 응축기로 변하여 열을 방출하게 되는데, 이 열을 이용하여 난방을 할 수 있다. 이때 냉매 $G$[kg/s]가 순환되면서 실내측의 응축기에서 방열한 열량 $q_H$[kW]를 가열능력이라 하며, 식 (4-2)와 같이 나타내고, 이 열을 이용하여 난방을 하게 된다.

$$q_H = G(h_3 - h_4) \qquad (4-2)$$

여기서, $G$ : 순환되는 냉매량[kg/s]

$h_3$, $h_4$ : 응축기 입구, 출구에서 냉매의 엔탈피[kJ/kg]

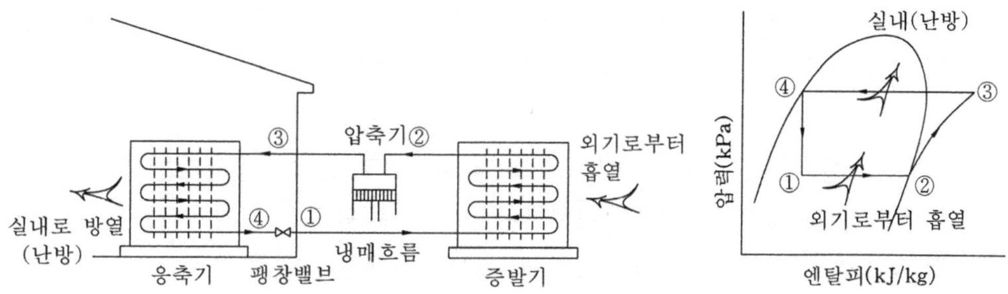


(a) 난방장치 구성 (b) 난방사이클

그림 4-34 ▸ 난방시스템

그림 4-35는 냉동사이클을 여름에는 냉방용으로, 겨울에는 히트 펌프로 전환시켜 난방용으로 운전하는 예이다. 그림에서와 같이 냉방용 사이클에서 냉매의 흐름 방향을 4방밸브에 의해 바꾸어 놓으면 증발기쪽은 응축기로, 응축기쪽은 증발기로 각각 기능이 바뀐다.

히트 펌프의 특징은 낮은 온도의 열원인 공기, 물, 폐수, 폐열 등으로부터 높은 온도의 열을 얻을 수 있고, 성적계수가 높으면 하나의 장치로도 가열과 냉각에도 이용되며, 연소가스로부터의 공해가 없는 등의 장점이 있다. 그러나 우리나라와 같이 전력요금이 비싼 경우에는 가열 목적으로는 적당하지 않지만 심야전력요금이 할인될 경우에는 축열조를 이용하면 경제성이 있다.

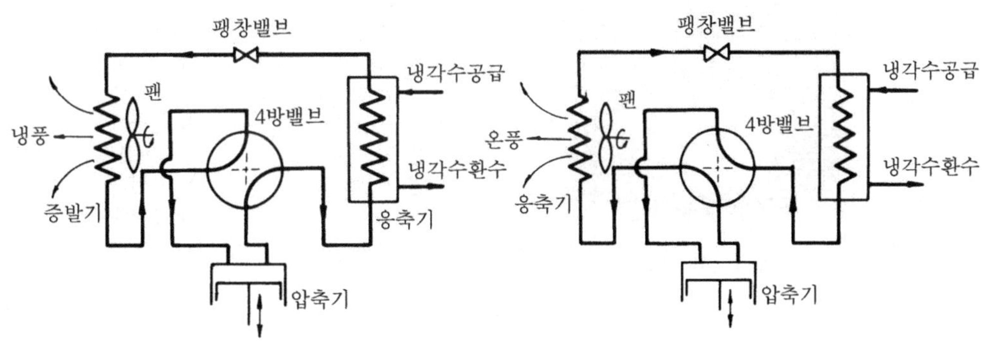


그림 4-35 ▸ 히트 펌프(heat pump)의 방식

## [2] 패키지 공조기(packaged airconditioner)

패키지 공조기의 기본형은 그림 4-36과 같이 냉동사이클의 구성요소인 압축기, 응축기, 팽창밸브, 증발기와 공조기의 구성품인 송풍기, 필터 등을 하나의 케이스 내에 갖추고 있다. 증발기는 냉매가 직접 팽창되며, 냉각코일의 역할을 한다. 응축

기의 냉각은 냉각탑에서 공급되는 냉각수로 하는 수냉식과 응축코일을 건물 밖에 있는 공랭식 응축기로 연결하여 응축시키는 방식이 있다.

패키지 공조기를 난방용으로 사용할 때는, 냉각코일 위쪽에 그림 4-37과 같은 가열코일을 케이스 내에 별도로 설치하고, 외부로부터 공급되는 온수 · 증기(그림 a) 또는 전열코일(그림 b)로 가열한다. 또 히트 펌프형의 경우에는 증발기가 응축기(가열코일)로 되도록 4방밸브를 조작하면 난방이 가능하다.

가습을 필요로 할 때는 패키지 내에 가습팬의 물을 전열코일이나 증기로 가열

(a) 실내 유닛

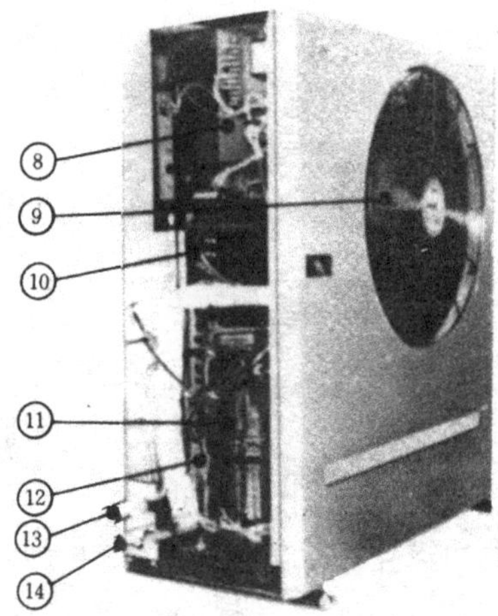

(b) 실외 유닛

| | |
|---|---|
| ① 송풍기 | ⑧ 컨트롤 박스 |
| ② 송풍기용 전동기 | ⑨ 송풍기 |
| ③ 보조전기가열기 | ⑩ 컨트롤 박스 |
| ④ 직접팽창코일 | ⑪ 압축기 |
| ⑤ 모세관 | ⑫ 4방밸브 |
| ⑥ 드레인 판 | ⑬ 냉매가스 접속구 |
| ⑦ 컨트롤 박스 | ⑭ 냉매액 접속구 |

그림 4-36 ▸ 패키지형 공조기의 내부 구조

(a) 온수 · 증기코일

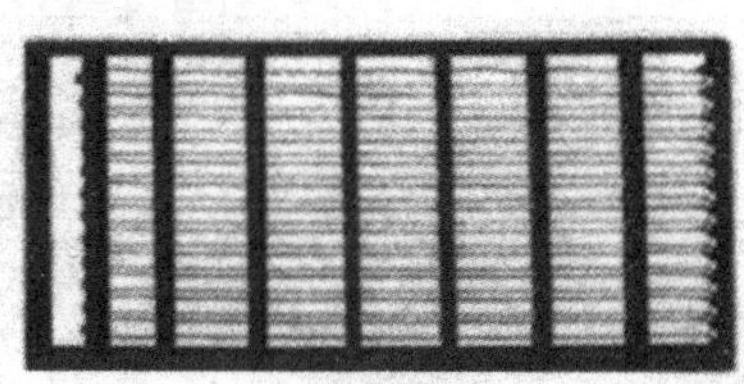

(b) 전열코일

그림 4-37 ▸ 가열코일

하여 증발시키거나 수분무 또는 증기의 분무에 의한다.

조화된 공기는 패키지 상부에 있는 취출구를 통해 실내로 직접 취출시키지만, 여러 개의 방으로 분배시킬 경우에는 덕트를 이용한다.

한편, 패키지의 구성품 중에서 소음과 진동의 원인이 되는 압축기를 응축기와 함께 포함시킨 것을 실외기기(그림 4-36(b))라 하며, 이것을 밖으로 분리시키고, 증발기 및 송풍기를 포함한 기기를 실내기기(그림 4-36(a))라 하여 실내로 분리하는 경우가 많으며, 실외기기는 공랭식으로 한다. 이 형식도 냉방전용과 가열코일을 설치하는 경우, 히트 펌프로 작동하는 경우가 각각 있다.

## [3] 룸 쿨러(room cooler)

룸 쿨러는 그림 4-38과 같이 창문에 설치하는 창설치형(window type)과 그림 4-39와 같은 스플릿형(split type), 그림 4-40과 같은 멀티유닛형(multi unit type) 등이 있다.

창설치형은 실내측에 증발기와 시로코팬이 있어서 실내공기를 냉각하여 취출하도록 한다. 이때 증발코일은 습코일이며 따라서 공기 중의 수분이 응축되어 드레인팬에 고이면 밖으로 배출시킨다. 한편, 실외측에는 압축기, 응축기, 축류팬이 있어서 외기를 순환시켜 응축기를 냉각시킨다. 이 형식은 외벽 쪽에 창문이 있을 경우에 설치가 가능하다.

스플릿형은 실외측 유닛을 외벽 밖에 설치하고, 냉매배관으로 연결시킨 것으로서 설치장소에 외창이 없는 경우에 적합하다. 그러나 실외측 유닛을 설치할 장소가 필요하다.

멀티유닛형은 그림 4-40의 (a)와 같이 실외에 압축기와 응축기를 갖춘 실외측 유닛 1대로 여러 대의 실내유닛(증발기와 송풍기를 갖춤)에 냉매배관을 통하여 냉

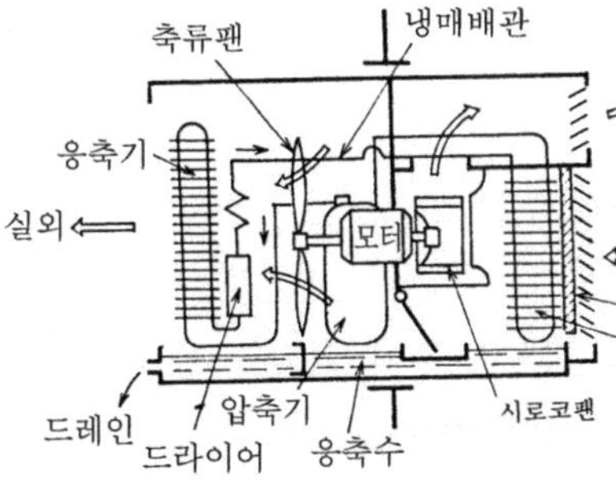

그림 4-38 ▸ 창설치형(window type)룸 쿨러

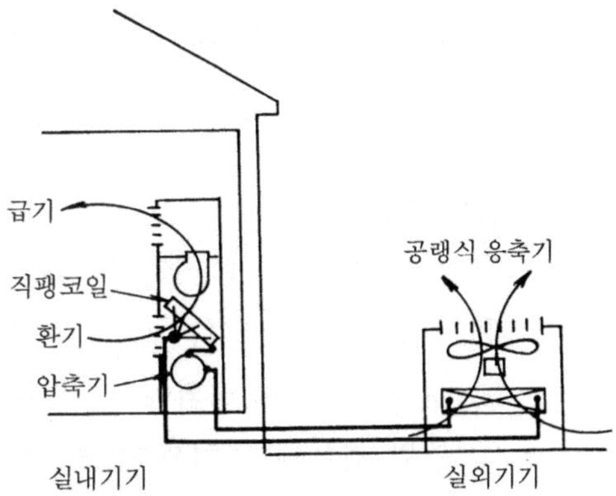

그림 4-39 ▸ 분리형(split type)룸 쿨러

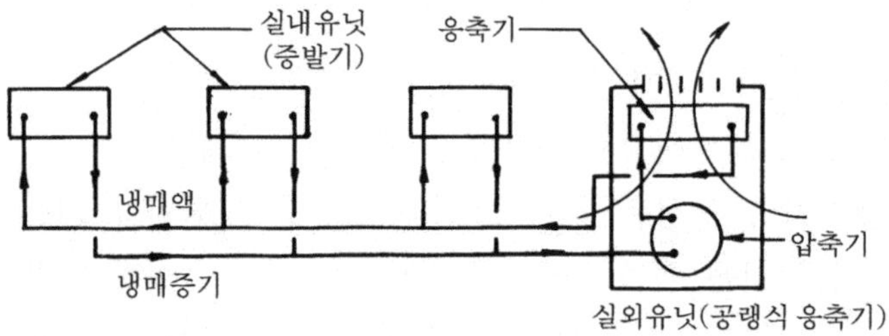


(a) 계통도

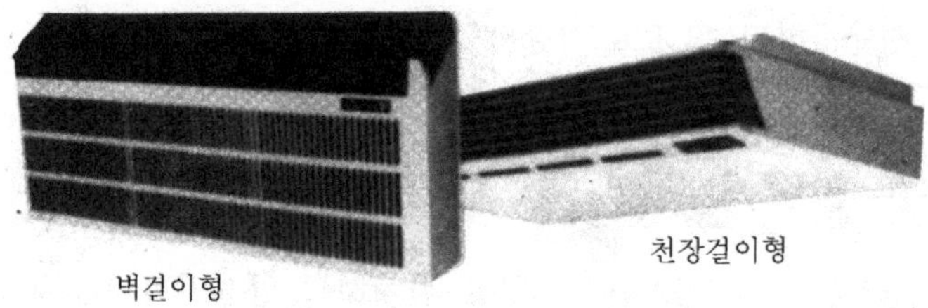


(b) 실내유닛

그림 4-40 ▸ 멀티유닛형(multi unit type)룸 쿨러

매를 공급하는 형식이다. 실내유닛의 형식은 그림 (b)와 같은 천장걸이형과 벽걸이형이 있다.

## [4] 개별방식의 특징

### (1) 장점

① 설치 및 철거가 간편하다.

② 운전조작이 쉽고, 유지관리에 특별한 기술을 필요로 하지 않는다.

③ 제품이 규격화되어 있고, 용도 및 용량에 따라 쉽게 선택할 수 있다.

④ 히트 펌프식은 냉 · 난방을 겸할 수 있다.

⑤ 개별제어가 쉽다.

### (2) 단점

① 설치 장소에 제한을 받는다(창문, 벽, 옥외유닛).

② 실내에 유닛의 설치면적을 차지한다.

③ 실내유닛이 분리되어 있지 않는 경우는 소음과 진동이 있다.

④ 주위 건물에 피해를 주는 경우도 있다(응축기의 열풍).

⑤ 외기량이 부족하다.

제 5 장

# 덕트와 부속기구

# 5-1 덕트의 기초이론

## [1] 공기의 유량

그림 5-1과 같은 덕트를 통해 흐르는 공기의 양이 시간이 지남에 따라 변화하지 않고, 일정하게 흐르는 정상류과정이라고 한다면, 단면 ①을 통과하는 공기의 양은 단면 ②를 통과하는 공기의 양과 동일하다.

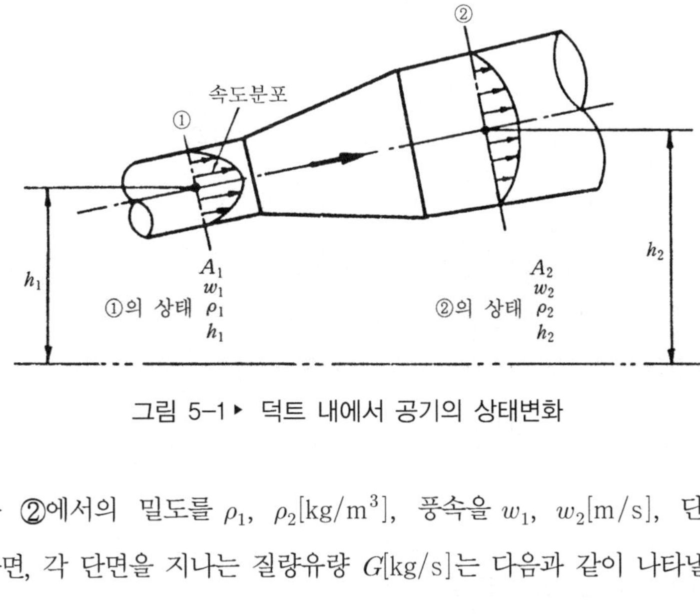


그림 5-1 ▸ 덕트 내에서 공기의 상태변화

단면 ①과 ②에서의 밀도를 $\rho_1$, $\rho_2$[kg/m$^3$], 풍속을 $w_1$, $w_2$[m/s], 단면적을 $A_1$, $A_2$[m$^2$]라 하면, 각 단면을 지나는 질량유량 $G$[kg/s]는 다음과 같이 나타낼 수 있다.

$$G = \rho_1 \cdot w_1 \cdot A_1 = \rho_2 \cdot w_2 \cdot A_2 \quad \cdots\cdots (5-1)$$

또, 식 (5-1)에서 $\rho_1 = \rho_2$라고 하면, 단위시간당 흐르는 공기량을 체적으로 나타내는 체적유량 $Q$[m$^3$/s]는 다음과 같이 나타낼 수 있다.

$$Q = w_1 \cdot A_1 = w_2 \cdot A_2 \quad \cdots\cdots (5-2)$$

여기서, $G$ : 질량유량[kg/s]

$Q$ : 체적유량[m$^3$/s]

$\rho_1$, $\rho_2$ : 단면 ① 및 ②에서의 밀도[kg/m$^3$]

$w_1$, $w_2$ : 단면 ① 및 ②에서의 평균속도[m/s]

$A_1$, $A_2$ : 단면 ① 및 ②에서의 단면적[m$^2$]

**예제 5-1**

그림과 같은 덕트에서 i) 단면 ①의 풍량 $Q_1$[m$^3$/s], $G_1$[kg/s]과, ii) 단면 ②의 풍량 $Q_2$[m$^3$/s], 풍속 $w_2$[m/s]를 구하시오. 단 공기의 밀도는 1.2[kg/m$^3$]이다.

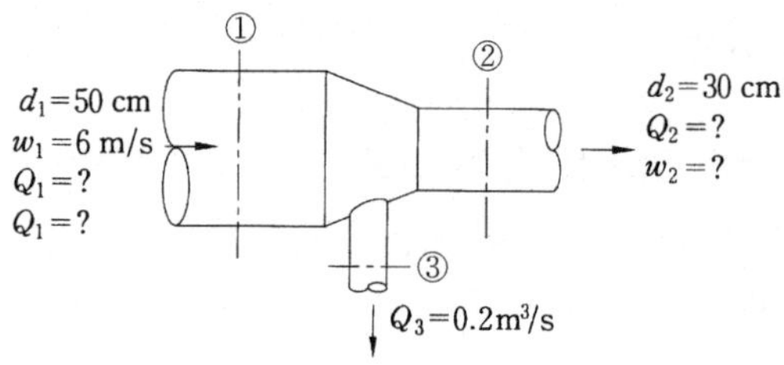


**풀이**

i) 단면 ①에서의 풍량은 식 (5-1, 5-2)에 의해

$$Q_1 = w_1 \cdot A_1 = 6 \times \frac{\pi}{4} \times 0.5^2 \fallingdotseq 1.18 \text{ m}^3/\text{s}$$

$$G_1 = \rho \cdot Q_1 = 1.2 \times 1.18 \fallingdotseq 1.42 \text{ kg/s}$$

ii) 단면 ②에서의 풍량과 풍속은

$$Q_2 = Q_1 - Q_3 = 1.18 - 0.2 \fallingdotseq 0.98 \text{ m}^3/\text{s}$$

$$w_2 = \frac{Q_2}{A_2} = \frac{0.98}{\frac{\pi}{4} \times 0.3^2} \fallingdotseq 13.87 \text{ m/s}$$

## [2] 덕트 내의 공기유동과 압력

그림 5-1과 같은 덕트에 공기가 흐를 때 단면 ①과 ②에는 속도에 의해 생기는 운동에너지와 압력에너지 및 위치에너지가 있다.

여기서 운동에너지에 해당되는 압력을 동압이라 하는데, 동압은 바람이 불 때 우산을 쓰고 가기 힘든 것과 같이 바람 방향으로 인해 생기는 압력이다. 또 바람과는 관계없이 존재하는 압력을 정압이라고 하는데 정압은 고무풍선과 같이 방향에 관계없이 밀고 나오려는 압력으로서 덕트의 취출구에서 공기가 나오는 것은 정압 때문이다.

한편 기체의 경우에 위치에너지는 운동에너지(동압)나 압력에너지(정압)에 비해 양이 극히 적으므로 이를 무시하면 식 (5-3)과 같이 두 단면에서 에너지의 양은 같다. 즉 그림 5-1과 같이 덕트의 단면적을 확대시키면 풍속이 감소되어 동압은 낮아지는 반면 정압은 증가된다. 즉 동압 $P_V$[Pa]와 정압 $P_S$[Pa]의 합을 전압 $P_T$[Pa]라 하며, 단면 ①과 ②에서 전압의 양은 동일하다.

전압=단면 ①에서의 동압+정압=단면 ②에서의 동압+정압

$$\left.\begin{aligned} P_T &= \frac{w_1^2}{2}\rho + P_{S1} = \frac{w_2^2}{2}\rho + P_{S2} \\ &= P_{V1} + P_{S1} = P_{V2} + P_{S2} \\ &= P_{T1} = P_{T2} \end{aligned}\right\} \cdots\cdots (5-3)$$

여기서, $w_1$, $w_2$ : 단면 ①과 ②에서의 풍속[m/s]

$P_{S1}$, $P_{S2}$ : 단면 ①과 ②에서의 정압[Pa]

$P_{V1} = \frac{w_1^2}{2}\rho$, $P_{V2} = \frac{w_2^2}{2}\rho$ : 단면 ①과 ②에서의 동압[Pa]

$P_{T1}$, $P_{T2}$ : 단면 ①과 ②에서의 전압[Pa]

그러나 실제로는 공기가 흐르는 도중에 마찰손실이 있는데, 이 마찰손실을 $\Delta P$[Pa]라고 하면 그림 5-2 또는 식 (5-4)와 같이 우측 항의 정압을 소모시킨다. 따라서 덕트 길이가 길수록 정압은 점점 낮아지는데, 여기에 관련된 식들은 다음과 같다.

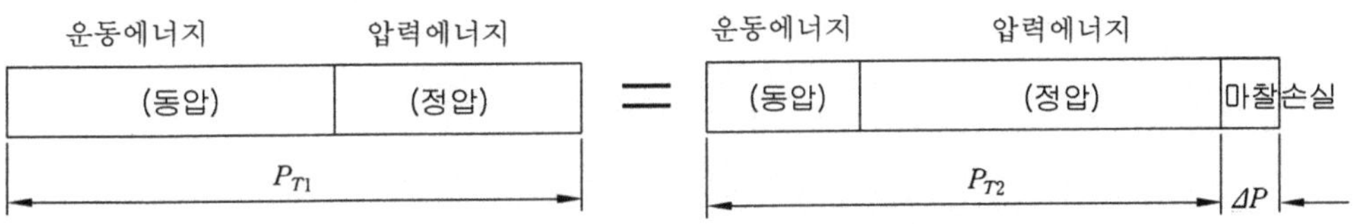


그림 5-2

전압=단면 ①에서의 동압+정압=단면 ②에서의 동압+정압+덕트 마찰저항

$$\left.\begin{aligned} &\frac{w_1^2}{2}\rho + P_{S1} = \frac{w_2^2}{2} + P_{S2} + \Delta P \\ &P_{V1} + P_{S1} = P_{V2} + P_{S1} + \Delta P \\ &P_{T1} = P_{T2} + \Delta P \\ &\Delta P = P_{T1} + P_{T2} \end{aligned}\right\} \cdots\cdots (5-4)$$

여기서, $\Delta P$ : 덕트의 마찰저항 손실압력[Pa]$(=P_{T1} - P_{T2})$

한편, 전압과 정압 및 동압의 측정은 그림 5-3과 같이 U자관을 사용하여 수주

(물기둥 높이 mmAq)로 나타낼 수 있다. 동압을 $P_V$[Pa] 또는 수주 $h_V$[mm]로 측정되면 식 (5-5)에 의해 풍속 $w$[m/s]를 알 수 있고, 또한 풍속을 알면 식 (5-6)에 의해 덕트를 통과하는 풍량 $Q$[m³/s]를 계산할 수 있다.

$$w = 1.29\sqrt{P_V} = 1.29\sqrt{9.8 \times h_V} \quad \cdots\cdots (5-5)$$

$$Q = w \times A = w \times \frac{\pi}{4}d^2 \quad \cdots\cdots (5-6)$$

여기서, $P_V$ : $\frac{w^2}{2}\rho$[Pa], (따라서 $w = 1.29\sqrt{P_V}$)

$h_V$ : 수주(물기둥 높이)[1mmAq = 9.8 Pa]

$A$ : 덕트 단면적[m²]

$d$ : 덕트 직경[m]

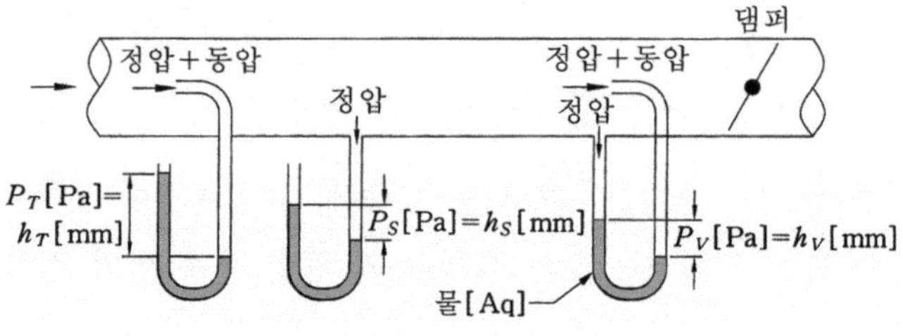


그림 5-3 ▸ 전압, 정압, 동압 측정

**예제 5-2**

직경 50cm인 덕트 내의 동압을 측정한 결과 10mmAq이다. i) 풍속 $w$[m/s]와 ii) 풍량 $Q$[m³/s]를 각각 구하시오.

**풀이**

i) 풍속 $w = 1.29\sqrt{9.8 \times h_V} = 1.29\sqrt{9.8 \times 10} \fallingdotseq 12.8\,\text{m/s}$

ii) 풍량 $Q = w \times A = w \times \frac{\pi}{4}d^2 = 12.8 \times \frac{3.14}{4} \times 0.5^2 \fallingdotseq 2.5\,\text{m}^3/\text{h}$

**예제 5-3**

덕트 내에 흐르는 공기의 풍속은 12 m/s, 정압은 수주 25 mmAq이다. i) 전압을 Pa단위로 구하고, ii) 전압을 수주[mmAq]로 환산하시오. 단 공기의 밀도는 1.2 kg/m³이다.

**풀이**

i ) 전압은 식 (5-3)에 의하며, 수주 1mmAq는 9.8Pa이므로

$$P_T = \frac{w^2}{2}\rho + P_S = \frac{12^2}{2} \times 1.2 + 25 \times 9.8 = 331.4\text{Pa}$$

ii) 전압 331.4 Pa를 수주 $h_T$[mmAq]로 환산하면

$$h_T = \frac{P_T}{g} = \frac{331.4}{9.8} \fallingdotseq 33.8\text{mmAq}$$

### [3] 직관부 마찰저항

식 (5-4)에서 마찰저항 $\Delta P$는 덕트 내에 공기가 흐를 때 생기는 직관부에서의 마찰저항과 덕트의 변형부에서 생기는 국부저항의 합이 된다.

이때 덕트의 단면이 원형일 때 직관부 마찰저항은 덕트의 구성재료에 따른 마찰저항계수, 길이, 평균속도, 비중량 등의 증가에 따라 상승하고, 덕트직경에는 반비례한다. 즉 이 관계를 식으로 나타내면 다음과 같다.

$$\Delta P_f = \lambda \cdot \frac{l}{d} \cdot \frac{w^2}{2} \cdot \rho \quad \cdots\cdots (5-7)$$

여기서, $\Delta P_f$ : 직관부 마찰저항[Pa]

$\lambda$ : 관 마찰저항계수(내면이 거친 재료일수록 크다)

$l$ : 덕트의 길이[m]

$d$ : 덕트의 직경[m]

$\rho$ : 공기의 밀도[≒ 1.2 kg/m³]

$w$ : 평균속도[m/s]

## 5-2 덕트의 마찰저항선도

실용적으로 덕트의 설계시 그림 5-4를 이용하여 풍량, 마찰손실, 풍속 등의 관계에 의해 덕트치수를 결정하게 되는데, 이 선도는 재료의 거칠은 정도에 따라 수치가 다르다.

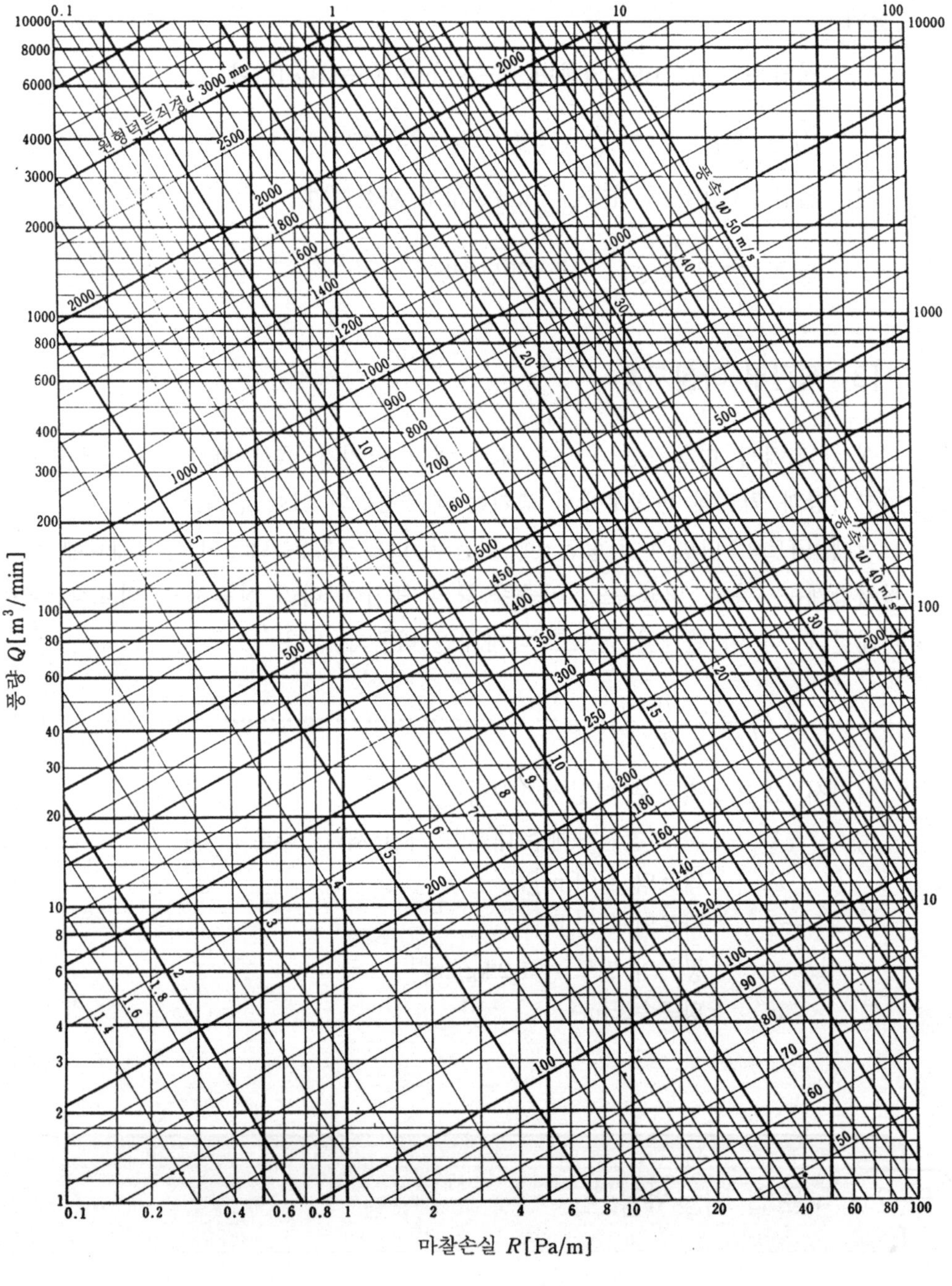


그림 5-4 ▸ 덕트 마찰손실선도

그림 5-4는 표준공기(건구온도 20 ℃, 상대습도 60 %, 표준대기압 760 mmHg) 상태에서 아연도금 강판제(조도 $\varepsilon = 0.18$ mm)의 단면이 원형인 덕트에 대해 작성된 것으로 선도의 구성은 그림 5-5와 같다.

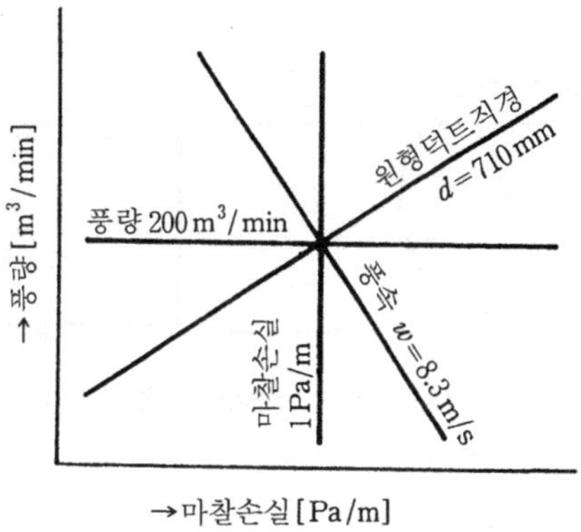


그림 5-5 ▸ 마찰손실선도의 구성

가로축은 원형덕트의 길이 1 m당 마찰손실(압력강하)[mmAq/m]을 나타내며, 세로축은 풍량 $Q$[m$^3$/min]를 나타내고 대수눈금으로 되어 있다. 선도에 따라서 풍량을 m$^3$/h 단위 또는 kg/h, kg/min 등으로 나타낸다.

선도 내에서 우하향경사선은 풍속 $w$[m/s]를, 우상향경사선은 덕트의 직경 $d$[cm]를 나타낸다.

예를 들면 덕트 길이 1 m당 마찰손실이 $R = 1$ Pa/m가 되는 조건에서 풍량 200 m$^3$/min을 통과하게 하려면 그림 5-5와 같이 덕트 직경은 710 mm이어야 하며, 이 때의 풍속은 8.3 m/s가 된다.

## 5-3 원형덕트에서 장방형덕트의 환산

동일한 풍량을 송풍할 때 덕트의 마찰손실은 단면이 원형인 원형덕트가 가장 적다.

따라서 송풍기의 필요동력도 적게 든다. 그러나 덕트가 지나가는 천장 내에서는 그림 5-6과 같이 건물 구조체인 보(beam)라든가 배관 및 기타의 장애물이 있고, 또 층고를 낮게 하기 위하여 덕트가 차지할 수 있는 높이는 극히 제한된다. 따라서 원형덕트를 4각덕트로 변형시키기 위하여 폭 $a$를 늘이면 높이 $b$를 줄여도 같은 효과를 올릴 수 있다.

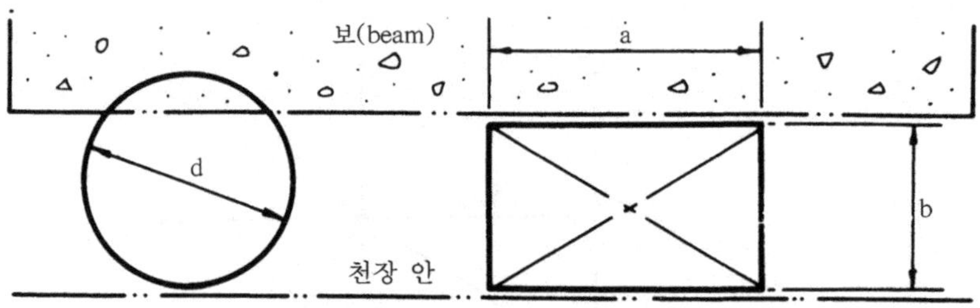


그림 5-6▸ 원형덕트를 4각덕트로 변화

앞의 그림 5-4에 의하면 원형덕트의 직경 $d$를 구할 수 있었다. 따라서 이 원형덕트를 4각덕트로 변형시킬 때, 원형덕트의 직경과 변형시킬 수 있는 4각덕트의 장변치수 $a$와 단변치수 $b$와의 관계식은 다음과 같다.

$$d = 1.3\left\{\frac{(a \cdot b)^5}{(a+b)^2}\right\}^{1/8} \quad \cdots\cdots (5-8)$$

여기서, $d$ : 원형덕트의 직경 또는 상당직경

$a$ : 4각덕트의 장변길이

$b$ : 4각덕트의 단변길이

표 5-1은 식 (5-8)에 의해 원형덕트의 직경 $d$를 4각덕트의 장변치수 $a$와 단변치수 $b$로 환산한 것으로서, 실용적으로 덕트설계시에는 이 표를 많이 이용한다. 이 환산표를 이용하여 장방형덕트의 장변치수와 단변치수를 규격화시키기 위하여 표 5-2와 같은 표준치수 또는 권장치수로 통일화시켰다.

따라서 표 5-2에서와 같이 굵은선 내에 해당하는 장변치수와 단변치수를 권장하며, ○표를 한 것에 해당되는 치수는 표준치수로 권장한다. 이 때문에 덕트치수는 임의의 치수가 아닌 규격화된 치수가 되므로 제작이나 시공에도 편리하다. 이때 표준치수는 100~300 mm까지는 25 mm씩 증가되며, 300~800 mm까지는 50 mm씩, 800 mm 이상은 100 mm씩 증가된다.

한편, 그림 5-7은 아스펙트비에 따른 원형덕트와 장방형덕트의 관계를 선도로 나타낸 것이다.

이 선도의 구성은 좌측의 세로축에는 4각덕트의 장변치수 $a$와 상단의 가로축에는 4각덕트의 단변치수 $b$가 있고, 그 내부에는 원형덕트의 직경치수 $d$가 있다.

동일한 원형덕트에 대한 4각덕트의 장변과 단변의 치수는 여러 가지로 조합할 수 있는데, 장변과 단변의 비를 아스펙트비(aspect ratio)라 하며, 보통 4 : 1 이하가 바람직하지만 8 : 1을 넘지 않는 범위로 한다.

표 5-1 ▸ (a) 장방형 덕트의 환산표[임의의 단위]

$a$ : 장변치수, $b$ : 단변치수

| $a$ \ $b$ | 10 | 12 | 14 | 16 | 18 | 20 | 22 | 24 | 26 | 28 | 30 | 32 | 34 | 36 | 38 | 40 | 42 | 44 | 46 | 48 | 50 |
|---|---|---|---|---|---|---|---|---|---|---|---|---|---|---|---|---|---|---|---|---|---|
| 10 | 10.9 | | | | | | | | | | | | | | | | | | | | |
| 12 | 11.9 | 13.1 | | | | | | | | | | | | | | | | | | | |
| 14 | 12.9 | 14.2 | 15.3 | | | | | | | | | | | | | | | | | | |
| 16 | 13.7 | 15.1 | 16.3 | 17.5 | | | | | | | | | | | | | | | | | |
| 18 | 14.5 | 16.0 | 17.3 | 18.5 | 19.7 | | | | | | | | | | | | | | | | |
| 20 | 15.2 | 16.8 | 18.2 | 19.5 | 20.7 | 21.9 | | | | | | | | | | | | | | | |
| 22 | 15.9 | 17.6 | 19.1 | 20.4 | 21.7 | 22.9 | 24.1 | | | | | | | | | | | | | | |
| 24 | 16.6 | 18.3 | 19.8 | 21.3 | 22.6 | 23.9 | 25.1 | 26.2 | | | | | | | | | | | | | |
| 26 | 17.2 | 19.0 | 20.6 | 22.1 | 23.5 | 24.8 | 26.1 | 27.2 | 28.4 | | | | | | | | | | | | |
| 28 | 17.7 | 19.6 | 21.3 | 22.9 | 24.4 | 25.7 | 27.1 | 28.2 | 29.5 | 30.6 | | | | | | | | | | | |
| 30 | 18.3 | 20.2 | 22.0 | 23.7 | 25.2 | 26.7 | 28.0 | 29.3 | 30.5 | 31.6 | 32.8 | | | | | | | | | | |
| 32 | 18.8 | 20.8 | 22.7 | 24.2 | 26.0 | 27.5 | 28.9 | 30.1 | 31.4 | 32.6 | 33.8 | 35.0 | | | | | | | | | |
| 34 | 19.3 | 21.4 | 23.3 | 25.1 | 26.7 | 28.3 | 29.7 | 31.0 | 32.3 | 33.6 | 34.8 | 36.0 | 37.2 | | | | | | | | |
| 36 | 19.8 | 21.9 | 23.9 | 25.8 | 27.4 | 29.0 | 30.5 | 32.0 | 33.3 | 34.6 | 35.8 | 37.0 | 38.2 | 39.4 | | | | | | | |
| 38 | 20.3 | 22.5 | 24.5 | 26.4 | 28.1 | 29.8 | 31.4 | 32.8 | 34.2 | 35.5 | 36.7 | 38.0 | 39.2 | 40.4 | 41.6 | | | | | | |
| 40 | 20.7 | 23.0 | 25.1 | 27.0 | 28.8 | 30.5 | 32.1 | 33.6 | 35.1 | 36.4 | 37.6 | 39.0 | 40.2 | 41.4 | 42.6 | 43.8 | | | | | |
| 42 | 21.1 | 23.4 | 25.6 | 27.6 | 29.4 | 31.2 | 32.8 | 34.4 | 35.9 | 37.3 | 38.6 | 39.9 | 41.1 | 42.4 | 43.6 | 44.8 | 45.9 | | | | |
| 44 | 21.5 | 23.9 | 26.1 | 28.2 | 30.0 | 31.9 | 33.5 | 35.2 | 36.7 | 38.1 | 39.5 | 40.8 | 42.0 | 43.4 | 44.6 | 45.8 | 46.9 | 48.1 | | | |
| 46 | 21.9 | 24.3 | 26.7 | 28.7 | 30.6 | 32.5 | 34.2 | 35.9 | 37.4 | 38.9 | 40.3 | 41.7 | 43.0 | 44.3 | 45.6 | 46.8 | 47.9 | 49.1 | 50.3 | | |
| 48 | 22.3 | 24.8 | 27.2 | 29.2 | 31.2 | 33.1 | 34.9 | 36.6 | 38.2 | 39.7 | 41.2 | 42.6 | 43.9 | 45.2 | 46.5 | 47.8 | 48.9 | 50.2 | 51.3 | 52.6 | |
| 50 | 22.7 | 25.2 | 27.6 | 29.8 | 31.8 | 33.7 | 35.5 | 37.3 | 38.9 | 40.4 | 42.0 | 43.5 | 44.8 | 46.1 | 47.4 | 48.8 | 49.8 | 51.2 | 52.3 | 53.6 | 54.7 |
| 52 | 23.1 | 25.6 | 28.1 | 30.3 | 32.4 | 34.3 | 36.2 | 38.0 | 39.6 | 41.2 | 42.8 | 44.3 | 45.7 | 47.1 | 48.3 | 49.7 | 50.8 | 52.2 | 53.3 | 54.6 | 55.8 |
| 54 | 23.4 | 26.1 | 28.5 | 30.8 | 32.9 | 34.9 | 36.8 | 38.7 | 40.3 | 42.0 | 43.6 | 45.0 | 46.5 | 48.0 | 49.4 | 50.6 | 51.8 | 53.2 | 54.3 | 55.6 | 56.8 |
| 56 | 23.8 | 26.5 | 28.9 | 31.2 | 33.4 | 35.5 | 37.4 | 39.3 | 41.0 | 42.7 | 44.3 | 45.8 | 47.3 | 48.8 | 50.1 | 51.5 | 52.7 | 54.1 | 55.3 | 56.5 | 57.8 |
| 58 | 24.2 | 26.9 | 29.3 | 31.7 | 33.9 | 36.0 | 38.0 | 39.8 | 41.7 | 43.4 | 45.0 | 46.6 | 48.1 | 49.6 | 51.0 | 52.4 | 53.7 | 55.0 | 56.2 | 57.5 | 58.8 |
| 60 | 24.5 | 27.3 | 29.8 | 32.2 | 34.5 | 36.5 | 38.6 | 40.4 | 42.3 | 44.0 | 45.8 | 47.3 | 48.9 | 50.4 | 51.8 | 53.3 | 54.6 | 55.9 | 57.1 | 58.5 | 59.8 |
| 62 | 24.8 | 27.6 | 30.2 | 32.6 | 35.0 | 37.1 | 39.2 | 41.0 | 42.9 | 44.7 | 46.5 | 48.0 | 49.7 | 51.2 | 52.6 | 54.2 | 55.5 | 56.8 | 58.0 | 59.4 | 60.7 |
| 64 | 25.2 | 27.9 | 30.6 | 33.1 | 35.5 | 37.6 | 39.7 | 41.6 | 43.5 | 45.5 | 47.2 | 48.7 | 50.4 | 52.0 | 53.4 | 55.0 | 56.4 | 57.7 | 59.0 | 60.3 | 61.6 |
| 66 | 25.5 | 28.3 | 31.0 | 33.5 | 35.9 | 38.1 | 40.2 | 42.2 | 44.1 | 46.0 | 47.8 | 49.5 | 51.1 | 52.8 | 54.2 | 56.8 | 57.2 | 58.6 | 59.9 | 61.2 | 62.5 |
| 68 | 25.8 | 28.7 | 31.4 | 33.9 | 36.3 | 38.6 | 40.7 | 42.8 | 44.7 | 46.6 | 48.4 | 50.2 | 51.8 | 53.5 | 55.0 | 56.6 | 58.0 | 59.5 | 60.8 | 62.1 | 63.4 |
| 70 | 26.1 | 29.1 | 31.8 | 34.3 | 36.8 | 39.1 | 41.3 | 43.3 | 45.3 | 47.2 | 49.0 | 50.9 | 52.5 | 54.2 | 55.8 | 57.3 | 58.8 | 60.3 | 61.7 | 63.0 | 64.3 |
| 72 | 26.4 | 29.4 | 32.3 | 34.8 | 37.3 | 39.6 | 41.8 | 43.8 | 45.9 | 47.8 | 49.7 | 51.5 | 53.2 | 54.9 | 56.5 | 58.0 | 59.6 | 61.1 | 62.6 | 64.9 | 65.2 |
| 74 | 26.7 | 29.7 | 32.5 | 35.2 | 37.6 | 40.0 | 42.3 | 44.4 | 46.4 | 48.4 | 50.3 | 52.1 | 53.9 | 55.6 | 57.2 | 58.8 | 60.4 | 61.9 | 63.3 | 64.8 | 66.1 |
| 76 | 27.0 | 30.0 | 33.0 | 35.6 | 38.1 | 40.5 | 42.8 | 44.9 | 47.0 | 49.0 | 50.8 | 52.7 | 54.6 | 56.3 | 57.9 | 59.5 | 61.2 | 62.7 | 64.1 | 65.6 | 67.0 |
| 78 | 27.3 | 30.5 | 33.3 | 36.0 | 38.5 | 40.9 | 43.3 | 45.5 | 47.5 | 49.5 | 51.5 | 53.3 | 55.2 | 57.0 | 58.6 | 60.3 | 62.0 | 63.4 | 64.9 | 66.4 | 67.9 |
| 80 | 27.6 | 30.7 | 33.6 | 36.2 | 38.9 | 41.3 | 43.8 | 46.0 | 48.0 | 50.1 | 52.0 | 53.9 | 55.6 | 57.6 | 59.3 | 61.0 | 62.7 | 64.1 | 65.7 | 67.2 | 68.7 |

표 5-1 ▸ (b) 장방형 덕트의 환산표(임의의 단위)

$a$ : 장변치수, $b$ : 단변치수

| $a$ \ $b$ | 50 | 55 | 60 | 65 | 70 | 75 | 80 | 85 | 90 | 95 | 100 | 110 | 120 | 130 | 140 | 150 | 160 | 170 | 180 | 190 | 200 |
|---|---|---|---|---|---|---|---|---|---|---|---|---|---|---|---|---|---|---|---|---|---|
| 50 | 54.7 | | | | | | | | | | | | | | | | | | | | |
| 55 | 57.3 | 60.1 | | | | | | | | | | | | | | | | | | | |
| 60 | 59.8 | 62.8 | 65.7 | | | | | | | | | | | | | | | | | | |
| 65 | 62.2 | 65.3 | 68.3 | 71.1 | | | | | | | | | | | | | | | | | |
| 70 | 64.3 | 67.7 | 70.7 | 73.7 | 76.5 | | | | | | | | | | | | | | | | |
| 75 | 66.6 | 70.0 | 73.2 | 76.3 | 79.2 | 82.0 | | | | | | | | | | | | | | | |
| 80 | 68.7 | 72.2 | 75.4 | 78.8 | 81.8 | 84.7 | 85.0 | | | | | | | | | | | | | | |
| 85 | 70.7 | 74.3 | 77.7 | 81.0 | 84.2 | 87.3 | 90.2 | 92.9 | | | | | | | | | | | | | |
| 90 | 72.6 | 75.1 | 79.9 | 83.3 | 86.6 | 89.7 | 92.7 | 95.6 | 98.4 | | | | | | | | | | | | |
| 95 | 74.4 | 78.3 | 82.0 | 85.5 | 88.9 | 92.1 | 95.2 | 98.2 | 101 | 104 | | | | | | | | | | | |
| 100 | 76.2 | 80.2 | 84.0 | 87.6 | 91.1 | 94.4 | 97.6 | 101 | 104 | 107 | 109 | | | | | | | | | | |
| 105 | 77.9 | 82.0 | 85.9 | 89.7 | 93.2 | 96.7 | 100 | 103 | 107 | 109 | 112 | | | | | | | | | | |
| 110 | 79.6 | 83.8 | 87.8 | 91.6 | 95.3 | 98.8 | 102 | 106 | 108 | 112 | 114 | 120 | | | | | | | | | |
| 115 | 81.2 | 85.5 | 89.6 | 93.2 | 97.3 | 101 | 104 | 108 | 111 | 114 | 117 | 123 | | | | | | | | | |
| 120 | 82.7 | 87.2 | 91.4 | 95.5 | 99.3 | 103 | 107 | 110 | 113 | 117 | 119 | 125 | 131 | | | | | | | | |
| 125 | 84.3 | 88.8 | 93.1 | 97.3 | 101 | 105 | 109 | 112 | 116 | 119 | 122 | 128 | 134 | | | | | | | | |
| 130 | 85.8 | 90.4 | 94.8 | 99.0 | 103 | 107 | 111 | 114 | 118 | 120 | 124 | 130 | 136 | 142 | | | | | | | |
| 135 | 87.2 | 91.9 | 96.4 | 101 | 105 | 109 | 113 | 116 | 120 | 123 | 127 | 133 | 139 | 145 | | | | | | | |
| 140 | 88.6 | 93.4 | 98.0 | 102 | 107 | 111 | 115 | 118 | 122 | 126 | 129 | 135 | 142 | 147 | 153 | | | | | | |
| 145 | 90.0 | 94.9 | 99.6 | 104 | 108 | 113 | 116 | 120 | 124 | 128 | 131 | 138 | 144 | 150 | 156 | | | | | | |
| 150 | 91.3 | 96.3 | 101 | 106 | 110 | 114 | 118 | 122 | 126 | 130 | 133 | 140 | 146 | 153 | 158 | 164 | | | | | |
| 160 | 93.9 | 99.1 | 104 | 109 | 114 | 118 | 122 | 126 | 130 | 134 | 137 | 144 | 151 | 157 | 163 | 169 | 175 | | | | |
| 170 | 96.5 | 102 | 107 | 112 | 117 | 121 | 125 | 130 | 134 | 138 | 141 | 149 | 155 | 161 | 168 | 174 | 180 | 186 | | | |
| 180 | 98.9 | 104 | 110 | 115 | 119 | 124 | 129 | 133 | 137 | 141 | 145 | 153 | 160 | 166 | 173 | 179 | 185 | 191 | 197 | | |
| 190 | 101 | 107 | 112 | 117 | 122 | 128 | 132 | 136 | 141 | 145 | 149 | 156 | 164 | 171 | 178 | 184 | 190 | 196 | 202 | 208 | |
| 200 | 103 | 109 | 115 | 120 | 125 | 130 | 135 | 139 | 144 | 148 | 152 | 159 | 168 | 175 | 182 | 188 | 195 | 201 | 207 | 213 | 219 |
| 210 | 106 | 111 | 118 | 123 | 128 | 133 | 138 | 143 | 147 | 152 | 156 | 163 | 172 | 179 | 187 | 193 | 200 | 206 | 212 | 218 | 224 |
| 220 | 108 | 114 | 120 | 125 | 131 | 136 | 141 | 146 | 150 | 155 | 159 | 167 | 176 | 183 | 191 | 197 | 204 | 210 | 217 | 223 | 229 |
| 230 | 110 | 116 | 122 | 128 | 133 | 138 | 143 | 150 | 153 | 158 | 162 | 171 | 179 | 187 | 195 | 202 | 209 | 216 | 222 | 228 | 234 |
| 240 | 112 | 119 | 124 | 130 | 136 | 141 | 146 | 151 | 156 | 161 | 165 | 174 | 183 | 191 | 199 | 206 | 213 | 220 | 227 | 233 | 239 |
| 250 | 114 | 120 | 126 | 132 | 138 | 143 | 149 | 154 | 159 | 164 | 168 | 178 | 186 | 194 | 202 | 210 | 217 | 224 | 233 | 238 | 244 |
| 260 | 115 | 122 | 128 | 134 | 140 | 146 | 151 | 156 | 162 | 166 | 171 | 181 | 190 | 199 | 206 | 214 | 221 | 228 | 236 | 242 | 249 |
| 270 | 117 | 124 | 130 | 137 | 143 | 148 | 154 | 159 | 164 | 169 | 174 | 184 | 193 | 201 | 210 | 218 | 225 | 233 | 240 | 247 | 253 |
| 280 | 119 | 126 | 132 | 139 | 145 | 151 | 156 | 162 | 167 | 172 | 177 | 186 | 196 | 205 | 213 | 221 | 229 | 237 | 244 | 251 | 258 |
| 290 | 121 | 128 | 134 | 141 | 147 | 153 | 159 | 164 | 170 | 175 | 180 | 190 | 199 | 208 | 217 | 225 | 233 | 241 | 248 | 255 | 262 |
| 300 | 122 | 129 | 136 | 143 | 149 | 155 | 161 | 167 | 172 | 177 | 183 | 193 | 202 | 211 | 220 | 229 | 237 | 244 | 252 | 259 | 266 |

표 5-2 ▸ 4각덕트의 표준치수 및 권장치수[단위 : mm]

| 단변＼장변 | 100 | 125 | 150 | 175 | 200 | 225 | 250 | 275 | 300 | 350 | 400 | 450 | 500 | 550 | 600 | 650 | 700 | 750 | 800 | 900 | 1,000 | 1,100 | 1,200 | 1,300 | 1,400 | 1,500 | 1,600 | 1,700 | 1,800 | 1,900 | 2,000 | 2,100 | 2,200 |
|---|---|---|---|---|---|---|---|---|---|---|---|---|---|---|---|---|---|---|---|---|---|---|---|---|---|---|---|---|---|---|---|---|---|
| 100 | ○ | ▨ | ○ | ▨ | ○ | ▨ | ○ | ▨ | ○ | ▨ | ▨ | | | | | | | | | | | | | | | | | | | | | | |
| 125 | | ▨ | ▨ | ▨ | ▨ | ▨ | ▨ | ▨ | ▨ | ▨ | ▨ | ▨ | ▨ | | | | | | | | | | | | | | | | | | | | |
| 150 | | | ○ | ▨ | ○ | ▨ | ○ | ▨ | ○ | ▨ | ○ | ○ | ▨ | ▨ | ▨ | | | | | | | | | | | | | | | | | | |
| 175 | | | | ▨ | ▨ | ▨ | ▨ | ▨ | ▨ | ▨ | ▨ | ▨ | ▨ | ▨ | ▨ | ▨ | ▨ | | | | | | | | | | | | | | | | |
| 200 | | | | | ○ | ▨ | ○ | ▨ | ○ | ▨ | ○ | ▨ | ○ | ▨ | ○ | ▨ | ▨ | ▨ | ▨ | | | | | | | | | | | | | | |
| 225 | | | | | | ▨ | ▨ | ▨ | ▨ | ▨ | ▨ | ▨ | ▨ | ▨ | ▨ | ▨ | ▨ | ▨ | ▨ | ▨ | | | | | | | | | | | | | |
| 250 | | | | | | | ▨ | ▨ | ○ | ○ | ○ | ○ | ○ | ▨ | ○ | ▨ | ○ | ▨ | ▨ | ▨ | ▨ | | | | | | | | | | | | |
| 275 | | | | | | | | ▨ | ▨ | ▨ | ▨ | ▨ | ▨ | ▨ | ▨ | ▨ | ▨ | ▨ | ▨ | ▨ | ▨ | ▨ | | | | | | | | | | | |
| 300 | | | | | | | | | ○ | ▨ | ○ | ○ | ○ | ▨ | ○ | ▨ | ▨ | ▨ | ○ | ○ | ▨ | ▨ | ▨ | | | | | | | | | | |
| 350 | | | | | | | | | | ○ | ▨ | ▨ | ○ | ▨ | ▨ | ▨ | ○ | ▨ | ▨ | ▨ | ○ | ▨ | ▨ | ▨ | ▨ | | | | | | | | |
| 400 | | | | | | | | | | | ○ | ▨ | ▨ | ▨ | ○ | ▨ | ▨ | ▨ | ○ | ▨ | ▨ | ▨ | ○ | ▨ | ▨ | ▨ | ▨ | | | | | | |
| 450 | | | | | | | | | | | | ○ | ▨ | ▨ | ▨ | ▨ | ○ | ▨ | ▨ | ○ | ▨ | ▨ | ▨ | ○ | ▨ | ▨ | ▨ | ▨ | ▨ | | | | |
| 500 | | | | | | | | | | | | | ○ | ▨ | ○ | ▨ | ▨ | ▨ | ○ | ▨ | ○ | ▨ | ▨ | ▨ | ▨ | ○ | ▨ | ▨ | ▨ | ▨ | ▨ | | |
| 550 | | | | | | | | | | | | | | ▨ | ▨ | ▨ | ▨ | ▨ | ▨ | ▨ | ▨ | ▨ | ▨ | ▨ | ▨ | ▨ | ▨ | ▨ | ▨ | ▨ | ▨ | ▨ | ▨ |
| 600 | | | | | | | | | | | | | | | ○ | ▨ | ▨ | ▨ | ▨ | ○ | ▨ | ▨ | ○ | ▨ | ○ | ▨ | ▨ | ▨ | ▨ | ▨ | ▨ | ▨ | ▨ |
| 650 | | | | | | | | | | | | | | | | ▨ | ▨ | ▨ | ▨ | ▨ | ▨ | ▨ | ▨ | ▨ | ▨ | ▨ | ▨ | ▨ | ▨ | ▨ | ▨ | ▨ | ▨ |
| 700 | | | | | | | | | | | | | | | | | ○ | ▨ | ▨ | ▨ | ○ | ▨ | ▨ | ▨ | ○ | ▨ | ▨ | ▨ | ▨ | ▨ | ▨ | ▨ | ▨ |
| 750 | | | | | | | | | | | | | | | | | | ▨ | ▨ | ▨ | ▨ | ▨ | ▨ | ▨ | ▨ | ▨ | ▨ | ▨ | ▨ | ▨ | ▨ | ▨ | ▨ |
| 800 | | | | | | | | | | | | | | | | | | | ○ | ▨ | ▨ | ▨ | ○ | ▨ | ▨ | ▨ | ▨ | ▨ | ▨ | ▨ | ▨ | ▨ | ▨ |
| 900 | | | | | | | | | | | | | | | | | | | | ○ | ▨ | ▨ | ▨ | ▨ | ▨ | ▨ | ▨ | ▨ | ▨ | ▨ | ▨ | ▨ | ▨ |
| 1,000 | | | | | | | | | | | | | | | | | | | | | ○ | ▨ | ▨ | ▨ | ▨ | ▨ | ▨ | ▨ | ▨ | ▨ | ▨ | ▨ | ▨ |
| 1,100 | | | | | | | | | | | | | | | | | | | | | | ▨ | ▨ | ▨ | ▨ | ▨ | ▨ | ▨ | ▨ | ▨ | ▨ | ▨ | ▨ |
| 1,200 | | | | | | | | | | | | | | | | | | | | | | | ▨ | ▨ | ▨ | ▨ | ▨ | ▨ | ▨ | ▨ | ▨ | ▨ | ▨ |
| 1,300 | | | | | | | | | | | | | | | | | | | | | | | | ▨ | ▨ | ▨ | ▨ | ▨ | ▨ | ▨ | ▨ | ▨ | ▨ |
| 1,400 | | | | | | | | | | | | | | | | | | | | | | | | | ▨ | ▨ | ▨ | ▨ | ▨ | ▨ | ▨ | ▨ | ▨ |
| 1,500 | | | | | | | | | | | | | | | | | | | | | | | | | | ▨ | ▨ | ▨ | ▨ | ▨ | ▨ | ▨ | ▨ |
| 1,600 | | | | | | | | | | | | | | | | | | | | | | | | | | | ▨ | ▨ | ▨ | ▨ | ▨ | ▨ | ▨ |
| 1,700 | | | | | | | | | | | | | | | | | | | | | | | | | | | | ▨ | ▨ | ▨ | ▨ | ▨ | ▨ |
| 1,800 | | | | | | | | | | | | | | | | | | | | | | | | | | | | | ▨ | ▨ | ▨ | ▨ | ▨ |
| 1,900 | | | | | | | | | | | | | | | | | | | | | | | | | | | | | | ▨ | ▨ | ▨ | ▨ |
| 2,000 | | | | | | | | | | | | | | | | | | | | | | | | | | | | | | | ▨ | ▨ | ▨ |
| 2,100 | | | | | | | | | | | | | | | | | | | | | | | | | | | | | | | | ▨ | ▨ |
| 2,200 | | | | | | | | | | | | | | | | | | | | | | | | | | | | | | | | | ▨ |

【주】 굵은 테두리 내는 권장치수, ○표는 표준치수는 나타낸다.

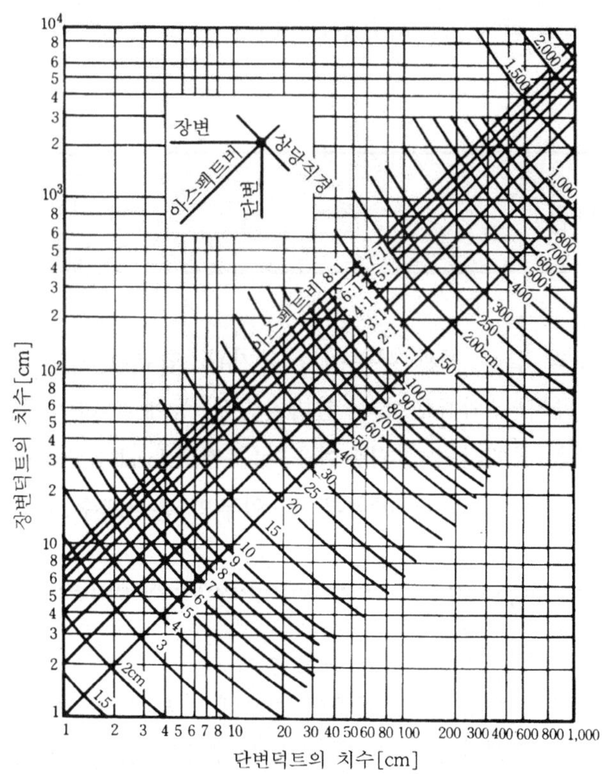


그림 5-7 ▸ 원형덕트를 4각덕트로 환산하는 선도

**예제 5-4**

송풍량 2,000 $m^3/h$(≒ 33.3 $m^3/min$)를 마찰손실 1 Pa/m(≒ 0.1 mmAq/m)로 송풍하기 위한 i) 원형덕트의 직경, ii) 장방형 덕트의 장변을 60 cm로 할 때 단변치수, iii) 아스펙트비를 2 : 1로 할 때 장변 및 단변치수를 구하시오.

**풀이**

i) 원형덕트의 직경은 그림 5-4에 의해

$d = 365$ mm $= 36.5$ cm

ii) 식 (5-8)에 $d = 36.5$ cm, $a = 60$ cm를 대입하여 단변치수 $b$를 구할 수 있지만 표 5-1의 환산표를 이용하면

$b = 20$cm

이 치수는 표 5-2에서 표준치수에 해당된다.

iii) 그림 5-7에서 상당직경 36.5 cm와 아스펙트비 2 : 1과의 교점에 상당하는 장변 및 단변치수는

$a = 50$ cm, $b = 25$ cm

이 치수도 표 5-2에서 표준치수이다.

## 5-4 국부저항

덕트의 엘보와 같은 곡관 부분이나 분기관, 합류관, 기타의 단면변화가 있는 곳 등은 흐르는 공기의 와류현상과 관마찰손실 등에 의하여 직관부보다 압력손실이 크다. 이와 같은 곳에서의 압력손실을 국부저항(local resistance) $\Delta P_L$[Pa]이라 하고 다음 식으로 표시하며, 덕트 변형부 중 일부의 손실계수는 표 5-3과 같다.

$$\Delta P_L = \zeta \frac{w^2}{2} \rho \qquad (5-9)$$

여기서, $\zeta$ : 국부저항손실계수(표 5-3)

$w$ : 풍속[m/s](분기관의 경우에는 분기 전 본관 내에서의 풍속을 합류관에서는 합류 후 본관 내에서의 풍속을 취한다)

$\rho$ : 공기의 밀도(≒ 1.2kg/$m^3$)

### 표 5-3 ▸ 국부저항손실계수(일부 예)

1. 엘보의 저항계수($\zeta$)

(a) 원형단면, 원호형 엘보

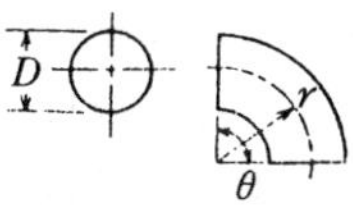


| $r/D$ | 0.5 | 0.75 | 1.0 | 1.5 | 2.0 | 2.5 |
|---|---|---|---|---|---|---|
| $\zeta$(90°) | 0.71 | 0.33 | 0.22 | 0.15 | 0.13 | 0.12 |

$\zeta_\theta = K \cdot \zeta(90°)$

| $\theta$ [°] | 0 | 20 | 30 | 45 | 60 | 75 | 90 | 110 | 130 | 150 | 180 |
|---|---|---|---|---|---|---|---|---|---|---|---|
| $K$ | 0 | 0.31 | 0.45 | 0.60 | 0.78 | 0.90 | 1.0 | 1.13 | 1.20 | 1.28 | 1.40 |

(b) 원형단면, 마디형 엘보

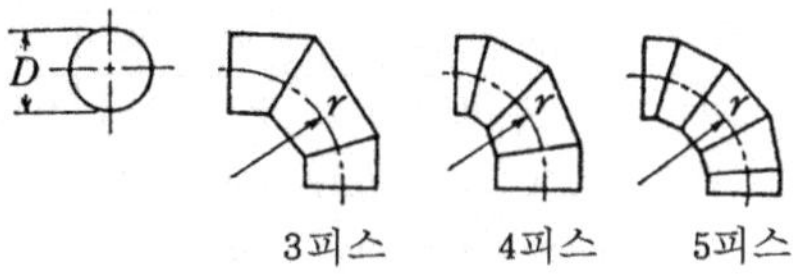


| 피스수 | $r/D$ | | | | |
|---|---|---|---|---|---|
| | 0.5 | 0.75 | 1.0 | 1.5 | 2.0 |
| 5 | – | 0.46 | 0.33 | 0.24 | 0.19 |
| 4 | – | 0.50 | 0.37 | 0.27 | 0.24 |
| 3 | 0.90 | 0.54 | 0.42 | 0.34 | 0.33 |

(c) 원형단면, 직각엘보

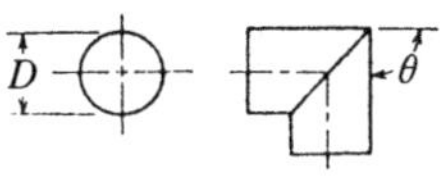


| $\theta$ [°] | 20 | 30 | 45 | 60 | 70 | 90 |
|---|---|---|---|---|---|---|
| $\zeta$ | 0.13 | 0.16 | 0.32 | 0.56 | 0.81 | 1.2 |

(d) 장방형단면, 원호형엘보

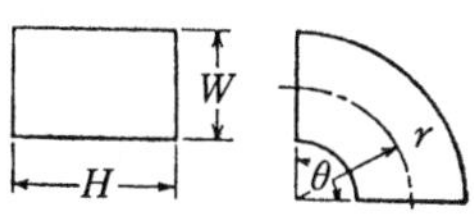


$\zeta$(90°)

| $r/W$ | ($H/W$) | | | | | | | | | | |
|---|---|---|---|---|---|---|---|---|---|---|---|
| | 0.25 | 0.5 | 1.0 | 1.5 | 2.0 | 3.0 | 4.0 | 5.0 | 6.0 | 7.0 | 8.0 |
| 0.5 | 1.3 | 1.0 | 0.93 | 0.95 | 0.99 | 1.1 | 1.2 | 1.3 | 1.4 | 1.5 | 1.6 |
| 0.75 | 0.61 | 0.46 | 0.39 | 0.38 | 0.39 | 0.41 | 0.43 | 0.46 | 0.49 | 0.51 | 0.54 |
| 1.0 | 0.36 | 0.26 | 0.21 | 0.20 | 0.20 | 0.20 | 0.21 | 0.22 | 0.23 | 0.23 | 0.24 |
| 1.5 | 0.18 | 0.12 | 0.09 | 0.08 | 0.08 | 0.07 | 0.07 | 0.08 | 0.08 | 0.08 | 0.08 |
| 2.0 | 0.11 | 0.07 | 0.05 | 0.04 | 0.04 | 0.04 | 0.04 | 0.04 | 0.04 | 0.04 | 0.04 |
| 2.5 | 0.07 | 0.04 | 0.03 | 0.03 | 0.02 | 0.02 | 0.02 | 0.02 | 0.02 | 0.02 | 0.02 |
| 3.0 | 0.05 | 0.03 | 0.02 | 0.02 | 0.02 | 0.01 | 0.01 | 0.01 | 0.01 | 0.01 | 0.01 |

$\zeta_\theta = K \cdot \zeta(90°)$

| $\theta$ [°] | 0 | 20 | 30 | 45 | 60 | 75 | 90 | 110 | 130 | 150 | 180 |
|---|---|---|---|---|---|---|---|---|---|---|---|
| $K$ | 0 | 0.31 | 0.45 | 0.60 | 0.78 | 0.90 | 1.0 | 1.13 | 1.20 | 1.28 | 1.40 |

2. 확대관의 저항계수($\zeta$)

(a) 원형단면, 원추형확대관

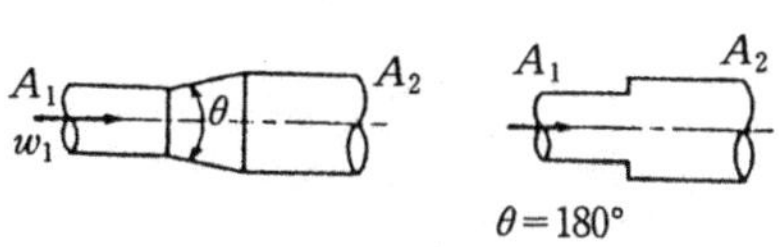


| $A_1/A_2$ | $\theta$ [°] | | | | | | |
|---|---|---|---|---|---|---|---|
| | 10 | 20 | 30 | 40 | 60 | 90 | 180 |
| 0.1 | 0.12 | 0.29 | 0.52 | 0.75 | 0.93 | 0.89 | 0.83 |
| 0.2 | 0.10 | 0.23 | 0.41 | 0.59 | 0.74 | 0.70 | 0.65 |
| 0.3 | 0.07 | 0.18 | 0.31 | 0.40 | 0.57 | 0.54 | 0.50 |
| 0.4 | 0.06 | 0.13 | 0.23 | 0.33 | 0.41 | 0.39 | 0.37 |
| 0.5 | 0.04 | 0.06 | 0.10 | 0.15 | 0.18 | 0.17 | 0.16 |
| 0.6 | 0.03 | 0.06 | 0.10 | 0.15 | 0.18 | 017 | 0.16 |

(b) 장방형단면, 원추형확대관

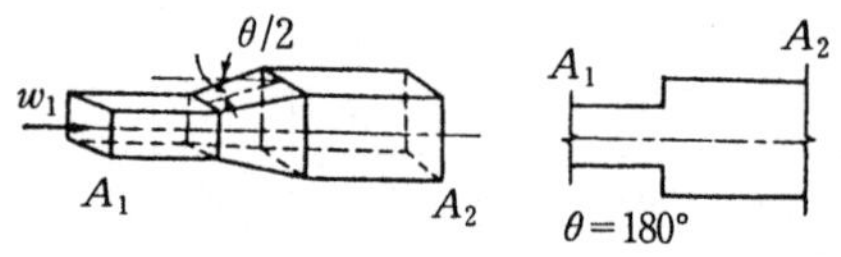


| $A_1/A_2$ | θ [°] | | | | | | |
|---|---|---|---|---|---|---|---|
| | 10 | 20 | 30 | 40 | 60 | 90 | 180 |
| 0.1 | 0.15 | 0.36 | 0.68 | 0.85 | 0.89 | 0.89 | 0.89 |
| 0.2 | 0.12 | 0.29 | 0.54 | 0.67 | 0.70 | 0.70 | 0.70 |
| 0.3 | 0.09 | 0.22 | 0.40 | 0.51 | 0.54 | 0.54 | 0.54 |
| 0.4 | 0.07 | 0.16 | 0.27 | 0.38 | 0.40 | 0.40 | 0.40 |
| 0.5 | 0.05 | 0.11 | 0.26 | 0.27 | 0.27 | 0.27 | 0.27 |
| 0.6 | 0.03 | 0.11 | 0.21 | 0.26 | 0.27 | 0.27 | 0.27 |

(c) 장방형단면, 평면확대관

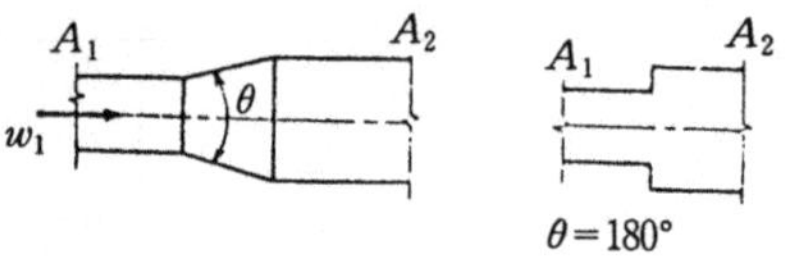


| $A_1/A_2$ | θ [°] | | | | | | |
|---|---|---|---|---|---|---|---|
| | 10 | 20 | 30 | 40 | 60 | 90 | 180 |
| 0.1 | 0.12 | 0.29 | 0.52 | 0.75 | 0.93 | 0.89 | 0.83 |
| 0.2 | 0.10 | 0.23 | 0.41 | 0.59 | 0.74 | 0.70 | 0.65 |
| 0.3 | 0.07 | 0.18 | 0.31 | 0.40 | 0.57 | 0.54 | 0.50 |
| 0.4 | 0.05 | 0.13 | 0.23 | 0.33 | 0.41 | 0.39 | 0.37 |
| 0.5 | 0.04 | 0.09 | 0.16 | 0.23 | 0.29 | 0.29 | 0.26 |
| 0.6 | 0.03 | 0.06 | 0.10 | 0.15 | 0.18 | 0.17 | 0.16 |

5. 축소관의 저항계수($\zeta$)

원형 및 장방형단면 축소관

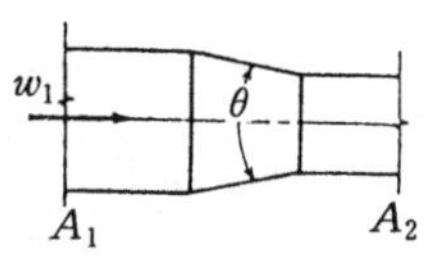


| $A_2/A_1$ | θ [°] | | | |
|---|---|---|---|---|
| | 30 | 40 | 50 | 60 |
| 0.1 | 0.2 | 0.3 | 0.5 | 0.7 |
| 0.2 | 0.2 | 0.3 | 0.5 | 0.7 |
| 0.3 | 0.2 | 0.3 | 0.5 | 0.6 |
| 0.4 | 0.2 | 0.3 | 0.4 | 0.6 |
| 0.5 | 0.1 | 0.2 | 0.4 | 0.5 |
| 0.6 | 0.1 | 0.2 | 0.3 | 0.4 |
| 0.7 | 0.1 | 0.2 | 0.3 | 0.4 |
| 0.8 | 0.1 | 0.1 | 0.2 | 0.3 |
| 0.9 | 0 | 0.1 | 0.1 | 0.1 |

**예제 5-5**

다음 조건에서 그림과 같은 장방형덕트의 국부저항손실은 몇 Pa인가?

$w = 10\text{m/s}$

$W = 500\text{mm}$

$H = 250\text{mm}$

$r = 500\text{mm}$

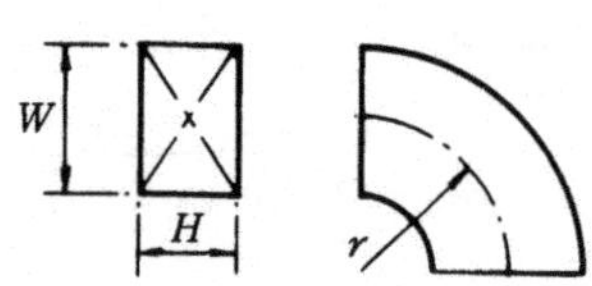

**풀이**

표 5-3의 1. (d)에서 $H/W = 0.5$, $r/W = 1$ 이므로 국부저항손실계수 $\zeta$는 0.26이다. 따라서

$$\Delta P_T = \zeta \frac{w^2}{2} \cdot \rho = 0.26 \frac{10^2}{2} \times 1.2$$
$$= 15.6\,\mathrm{Pa}$$

**예제 5-6**

다음 그림과 같이 장방형덕트가 점차 축소될 때 공기의 압력손실[Pa]을 구하시오.

$\theta = 30°$

$w_1 = 12\,\mathrm{m/s}$

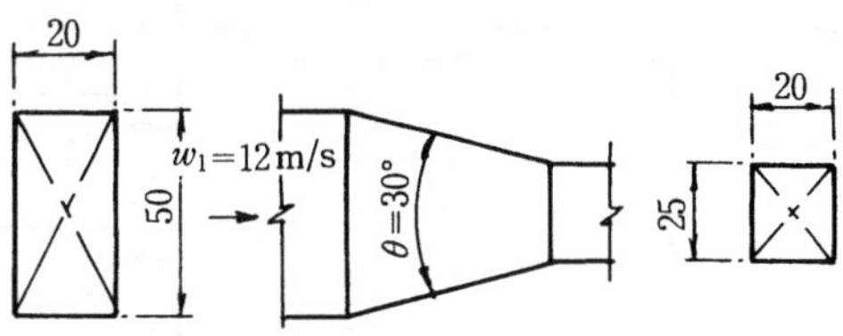


**풀이**

입구측의 단면적 $A_1$과 출구측의 단면적

$A_2$의 비율은

$$\frac{A_2}{A_1} = \frac{25 \times 20}{50 \times 20} = 0.5$$

따라서 표 5-3의 3에 의해 $A_2/A_1 = 0.5$, $\theta = 30°$일 때 $\zeta = 0.1$을 얻어서 다음 식으로 구한다.

$$\Delta P_T = \zeta \frac{w^2}{2} \rho$$
$$= 0.1 \times \frac{12^2}{2} \times 1.2 = 8.64\,\mathrm{Pa}$$

# 5-5 덕트의 종류와 배치

## [1] 덕트의 종류 및 부속기구

덕트의 종류를 그 속에 흐르는 공기의 종류에 따라 분류하면 공조기에서 조화된 공기를 실내로 보내는 급기덕트, 실내공기를 다시 공조기로 되돌려 보내는 환기덕트, 실내의 공기를 외부로 버리는 배기덕트, 외기를 공조기로 도입하는 외기덕트 등으로 그림 5-8과 같이 구분된다.

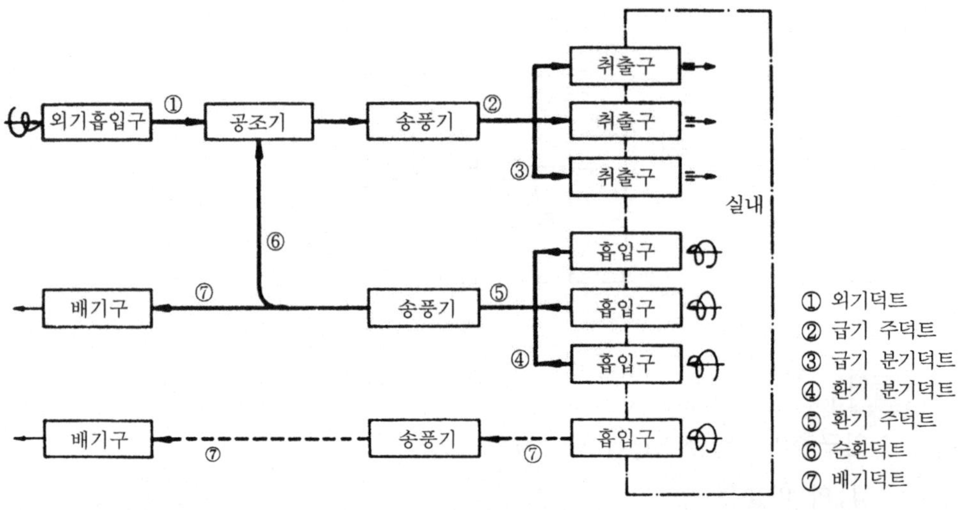


그림 5-8 ▸ 덕트의 종류

또 송풍공기의 흐름 속도에 따라 저속덕트와 고속덕트로도 구분되는데, 그림 5-9의 (a)와 (b)는 저속덕트와 고속덕트 및 부속기구의 설치 예이다. 이 그림에서 보는 바와 같이 저속덕트는 천장 내의 덕트스페이스를 줄이기 위하여 장방형 덕트를 사용했으나, 고속덕트는 관마찰저항을 줄이기 위하여 단면이 원형이고, 또 고속으로 인하여 발생된 소음을 줄이기 위하여 소음상자를 갖추고 있다.

송풍기의 입구 및 출구측에는 송풍기의 진동이 덕트로 전달되지 않도록 캔버스 이음(canvas connection)을 하며, 풍량조정이나 점검을 해야 할 곳에는 점검구를 설치한다. 화재시 덕트를 통해 방화구역으로 불이 번지지 않도록 덕트의 통로를 차단하는 방화댐퍼를 설치하고, 그 벽은 방화벽으로 한다.

덕트 내에 흐르는 공기는 국부저항을 적게 받도록 변형이나 분기부를 처리하고, 원형덕트와 취출구 사이의 이음은 작업을 간편하게 하기 위하여 유연한 플렉시블 덕트(flexible duct)를 사용한다.

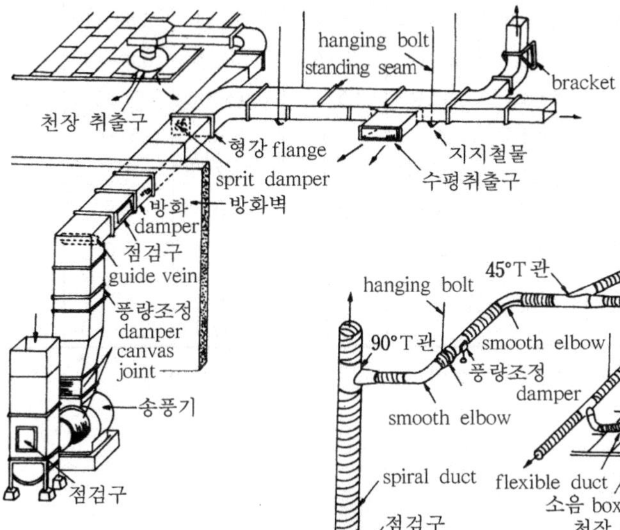


(a) 저속덕트

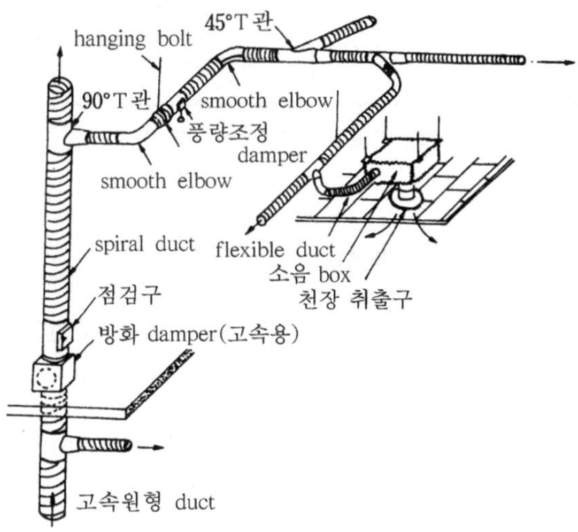


(b) 고속덕트

그림 5-9 ▸ 덕트와 그 부속의 배치

## [2] 덕트 및 기기의 풍속

같은 양의 공기가 덕트를 통해 송풍될 때 풍속을 높게 하면 덕트의 단면치수가 작아도 되므로 설치 스페이스를 적게 차지한다. 그러나 고속으로 인한 소음, 진동 및 송풍기의 동력이 많이 들고, 덕트구조의 강도도 높여야 한다. 따라서 일반 건물에서는 저속(보통 주덕트의 풍속은 15 m/s 이하) 덕트를 사용하며, 공장이나 창고 등과 같이 소음이 별로 문제가 되지 않는 곳이나 차량, 선박, 고층빌딩 등 설치 스페이스를 크게 취할 수 없는 곳에는 고속덕트(보통 15 ~ 20 m/s)를 사용한다.

표 5-4는 저속덕트와 고속덕트의 용도별 각 기기의 적정 풍속을 나타낸 것이다.

표 5-4▸ 덕트 및 기기 내의 풍속[m/s]

| 구 분 | 저 속 덕 트 | | | | | | 고 속 덕 트 | |
|---|---|---|---|---|---|---|---|---|
| | 권 장 풍 속 | | | 최 대 풍 속 | | | 권 장 | 최 대 |
| | 주 택 | 공공건물 | 공 장 | 주 택 | 공공건물 | 공 장 | 임대빌딩 | |
| 공기 취입구* | 2.5 | 2.5 | 2.5 | 4.0 | 4.5 | 6.0 | 3.0 | 5.0 |
| 팬 흡입구 | 3.5 | 4.0 | 5.0 | 4.5 | 5.5 | 7.0 | 8.5 | 16.5 |
| 팬 취출구 | 5~8 | 6.5~10 | 8~12 | 8.5 | 7.5~11 | 8.5~11 | 12.5 | 25 |
| 주덕트 | 3.4~4.5 | 5~6.5 | 6~12 | 4~6 | 5.5~10 | 6.5~15 | 12.5 | 30 |
| 분기덕트 | 3.0 | 3~4.5 | 4~9 | 3.5~4 | 4~8 | 5~11 | 10 | 22.5 |
| 분기입형덕트 | 2.5 | 3~3.5 | 4 | 1.5 | 4~6 | 5~8 | | |
| 필터* | 1.25 | 1.5 | 1.75 | 2.5 | 1.75 | 1.75 | 1.75 | 1.75 |
| 가열코일* | 2.25 | 2.5 | 3.0 | 2.25 | 3.0 | 3.5 | 3.0 | 3.5 |
| 냉각코일* | 2.25 | 2.5 | 2.5 | 2.5 | 2.5 | 3.0 | 2.5 | 2.5 |
| 에어워셔 | 2.5 | 2.5 | 2.5 | 2.5 | 2.5 | 2.5 | 2.5 | 2.5 |
| 환기덕트 | | | | 3.0 | 50~7.5 | 7.5~9.0 | 저 | 속 |

【주】 *표는 전면적 풍속, 기타는 자유면적(free area)에 대한 풍속임

## [3] 덕트의 배치

송풍기에서부터 덕트와 단말기인 취출구의 배치계획은 건축설계계획과 함께 이루어져야 한다.

덕트의 배치방식은 그림 5-10의 (a), (b)와 같은 간선덕트방식, (c)와 같은 개별덕트방식, (d)와 같은 환상덕트방식으로 구분되며, 또 그림 5-14의 (a)와 같은 개별입상덕트방식과 (b)와 같은 수평덕트방식으로 구분된다.

간선덕트방식은 주덕트인 입상덕트로부터 각 층에서 분기되어 각 취출구로 취출관을 연결한다.

이 방식은 보통 그림 5-10의 (a)와 같은 천장에서 취출하는 것이 일반적이지만 (b)와 같이 벽취출방식도 있다. 전자는 실내공기의 분포도는 좋으나 덕트 스페이스를 많이 차지하고, 후자는 덕트 스페이스는 적게 필요하지만 실내에서 기류의 분포가 좋지 않고 덕트가 지나가는 복도 등의 천장을 거실보다 낮게 시공해야 한다.

개별 덕트방식은 그림 5-10의 (c)와 같이 입상덕트(주덕트)에서 각개의 취출구로 덕트를 통해 분산하여 송풍하는 방식으로, 각 실의 개별 제어성은 우수하다. 그러나 덕트 스페이스를 많이 차지하고, 공사비도 많이 소요되므로 특별한 경우가 아니면 일반적으로 적용하지 않는다.

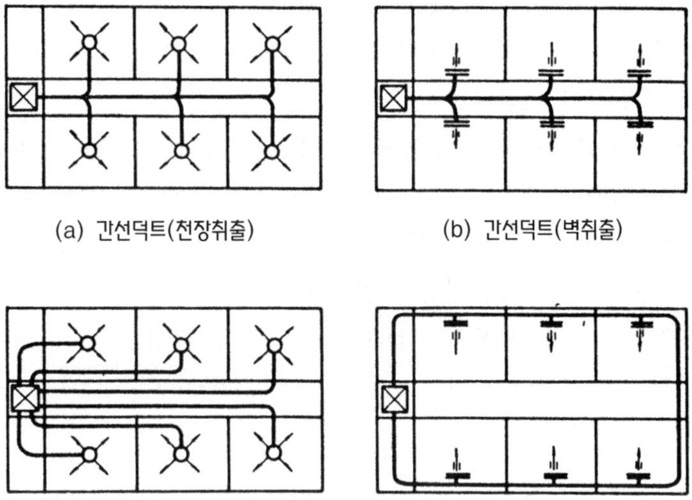

(a) 간선덕트(천장취출) (b) 간선덕트(벽취출)

(c) 개별 덕트(천장취출) (d) 환상덕트(벽취출)

그림 5-10 ▸ 덕트의 배치법(평면도)

환상덕트방식은 그림 5-10의 (d)와 같이 2개의 덕트 말단을 루프(loop)상태로 연결함으로써 양쪽 덕트의 정압이 균일하게 된다. 따라서 덕트말단에 가까운 취출구에서 송풍량의 언밸런스를 개선할 수 있다. 이 방식은 공장의 급배기에 사용된다.

그림 5-11의 (a)와 같은 개별 입상덕트방식은 호텔, 오피스빌딩 등에서 공기 · 수방식인 덕트 병용 팬코일 유닛방식이나 유인유닛방식 또는 고속덕트의 입상덕트용으로 사용된다.

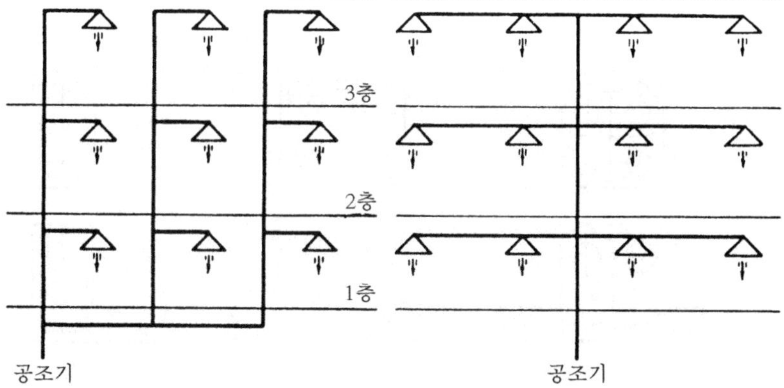


(a) 개별 입상덕트방식 (b) 수평덕트방식

그림 5-11 ▸ 덕트의 배치법(입면도)

이 방식은 각층의 천장 내에 횡주덕트를 수용하지 않으므로 실의 천장높이를 높게 할 수 있다. 그러나 입상덕트가 분산되므로 여러 개의 덕트샤프트로 인한 샤프트의 소요면적이 커진다.

그림 5-11의 (b)와 같은 수평덕트방식은 입상덕트가 한 곳에 있으므로 전자에 비하여 샤프트가 작아도 되지만 각 실의 천장 내에 횡주덕트를 수용해야 하므로 덕트 스페이스를 크게 차지하며, 때로는 덕트가 보를 관통해야 하는 경우도 있다. 보의 관통은 여러 가지의 제한을 받는다.

즉 슬리브의 직경, 관통수, 위치 등은 구조체의 강도에 큰 영향을 주므로 건축 구조설계시 확인되어야 한다.

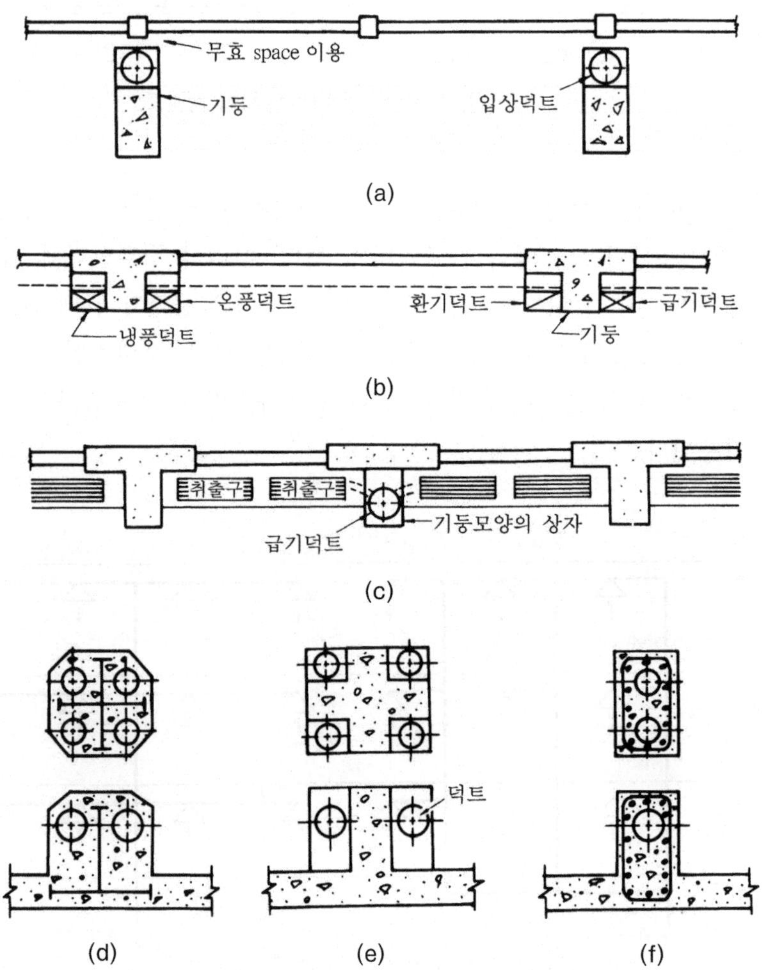


그림 5-12 ▸ 각개 입상덕트의 배치 예(평면도)

그림 5-12는 각개 입상덕트 배치의 여러 가지 예이다. 그림에서 (a)는 창측의 기둥에서 무효스페이스를 이용하여 유인유닛 등에 덕트를 접속하는 경우이고, (b)는 기둥의 양측에 냉풍·온풍덕트를 또는 급기와 환기덕트를 넣는다. (c)의 방법은 2개의 기둥 사이에 기둥모양의 틀을 짜고 그 속에 덕트를 넣는다. (d)의 방법은 기둥의 철골 사이에 덕트를 넣고 콘크리트를 한 것이며, (e)는 기둥의 모서리를 이용하여 외관상 무리가 없도록 처리했으며, (f)는 철근콘크리트기둥 내부에 각개 입상덕트를 배치했다.

또한, 그림 5-13은 각개 입상덕트방식에 의한 취출방식으로, (a)는 단일덕트방식에 의한 천장취출이고, (b)는 2중덕트방식에서의 혼합유닛에 의한 취출이며, (c)는 기둥 내의 입상덕트로부터 축류취출이다.

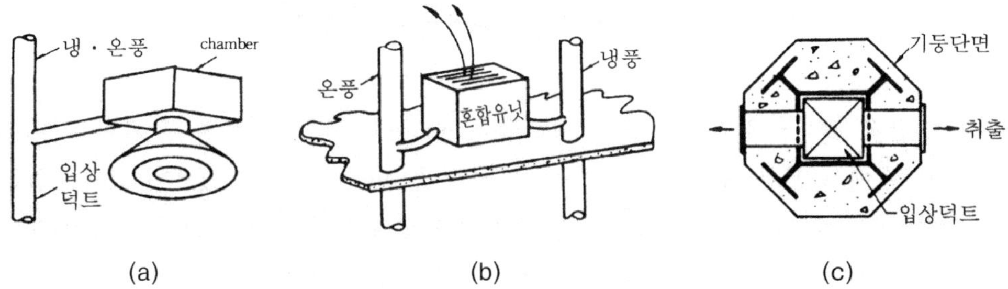


그림 5-13 ▸ 각개 입상덕트에서의 취출 예

그림 5-14는 횡형덕트의 예로서, (a)는 복도의 내림천장에 간선덕트를 두고 좌측은 벽취출구로, 우측은 지관에 의해 천장취출구로 연결했다.

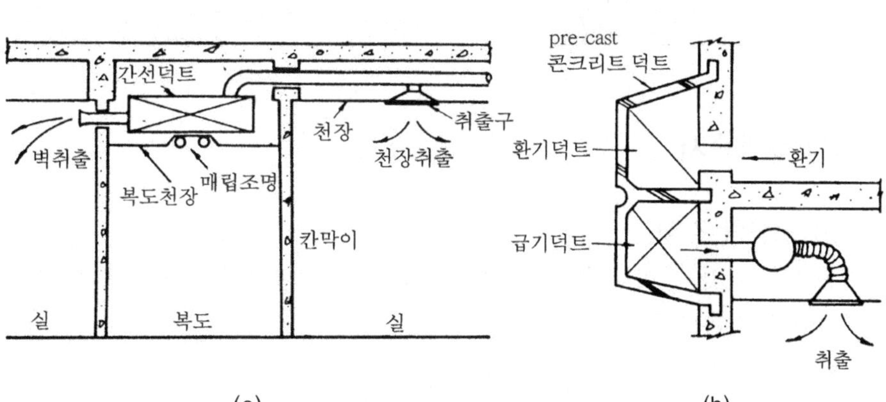


그림 5-14 ▸ 횡형덕트의 배치응용 예

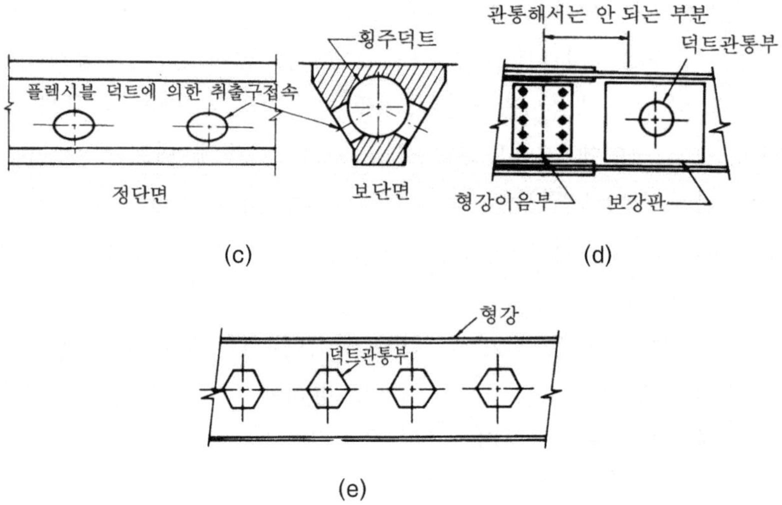


그림 5-14 ▸ 횡형덕트의 배치응용 예(계속)

한편, (b)는 외벽면에 프리캐스트(precast) 콘크리트 덕트를 부착한 것이며, (c)는 보 속에 덕트를 수용하는 경우로서 천장 높이를 높일 수 있으며, (d)는 철골구조물의 빔을 관통해야 하는 경우에 보강판으로 관통부를 보강하며, 슬리브를 끼운다. (e)는 형강 자체에 많은 관통구멍이 뚫려 있는 허니콤 빔(honey-comb beam)으로서 덕트 배치가 비교적 자유롭다.

## 5-6 덕트의 설계법

### [1] 설계순서

#### (1) 송풍량 결정

송풍량은 각 실이나 존(zone)에서 계산된 냉난방부하를 적용하여 식 (3-46)에 대입시켜 계산한다.

또 건축법규나 재실인원의 흡연량을 참고하여 도입 외기량을 구하고, 또 양자의 밸런스를 고려하여 배기 및 외기량을 결정한다.

### (2) 취출구 및 흡입구의 위치 결정

실의 공기분포가 균일하도록 취출구의 위치, 형식, 크기, 필요한 수량을 정한다.

### (3) 덕트 경로 결정

공조기 및 송풍기의 위치와 덕트의 경로를 정한다. 덕트의 경로는 실의 용도, 사용시간, 부하의 특성 등을 감안하여 존별로 계통화시키고, 송풍저항을 줄일 수 있는 방법을 구상한다.

### (4) 덕트의 치수 결정

덕트의 치수는 다음에 기술하는 5-6[2]항에 의해 결정된다.

### (5) 송풍기 선정

덕트계통의 마찰저항을 구하여 송풍기 정압과, (1)항에서의 필요풍량으로 송풍기의 용량 및 형식을 결정한다.

### (6) 설계도 작성

(4)항에 이어 덕트의 상세치수를 정하고, 설계도를 작성한다.

## [2] 덕트의 치수 결정법

덕트치수의 결정법은 등속법, 등마찰손실법 등이 있다.

### (1) 등속법

이 방식은 덕트 내의 풍속을 일정하게 유지할 수 있도록 덕트 치수를 결정하는 방법이다. 따라서 덕트 치수는 송풍 속도가 정해지면 그림 5-4와 같은 덕트마찰손실선도에서 정해진 송풍량에 해당되는 수평선과 표 5-5에 의한 필요 풍속선과의 교점에 상당하는 덕트 직경을 구할 수 있다.

이 덕트는 어느 위치에서나 풍속이 일정하므로 덕트를 통해 먼지나 산업용 분말을 이송시키는데 적당하다.

이 방식은 각 구간마다 압력손실이 다르다. 따라서 송풍기 용량을 구하기 위해서는 전체 구간의 압력손실을 구해야 하는 번거로움이 있다.

표 5-5는 각종 분진이 침적되지 않고 이송될 수 있는 풍속이다.

표 5-5 ▸ 덕트 내에서 분진이 침적되지 않는 풍속[m/s]

| 분진의 종류 | 항 목 | 풍 속 |
|---|---|---|
| 매우 가벼운 분진 | 가스, 증기, 연기, 차고 등의 배기가스 배출 | 10 |
| 중정도 비중의 건조분진 | 목재, 섬유, 곡물 등의 취급시 발생된 먼지배출 | 15 |
| 일반 공업용 분진 | 연마, 연삭, 스프레이 도장, 분체작업장 등의 먼지배출 | 20 |
| 무거운 분진 | 납, 주조작업, 절삭작업장 등에서 발생된 먼지배출 | 25 |
| 기 타 | 미분탄의 수송 및 시멘트 분말의 수송 | 20~35 |

**예제 5-7**

공작기계인 연삭기에서 발생되는 분진을 작업장 밖으로 배출하려고 할 때 그림의 단면 ①, ②, ③의 원형덕트 직경을 등속법으로 구하시오.
단, 분진이 이송될 수 있는 풍속은 20 m/s이다.

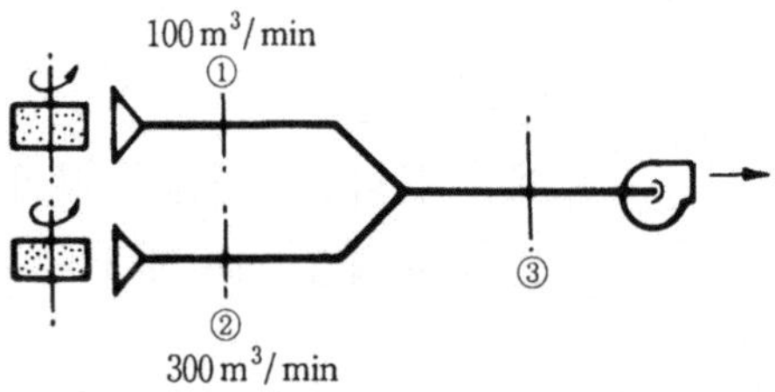


**풀이**

그림 5-4를 이용하여 20 m/s선과 단면 ①, ②, ③을 통과하는 풍량과의 교점에 상당하는 덕트 직경을 다음 그림과 같이 구한다.

$d_1 = 32\,\text{cm}$

$d_2 = 55\,\text{cm}$

$d_3 = 65\,\text{cm}$

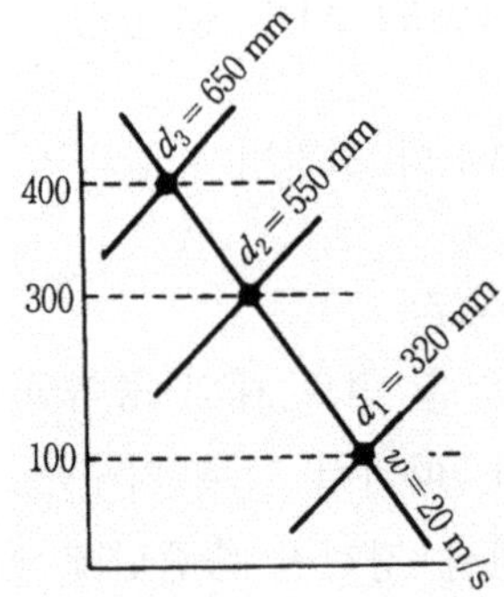


### (2) 등마찰손실법

이 방법은 덕트의 단위길이당 마찰손실이 일정한 상태가 되도록 덕트마찰손실선도(그림 5-4)에서 직경을 구하는 방법으로 쾌적용 공조의 경우에 흔히 적용된다.

저속덕트의 단위길이당 마찰손실(압력손실)은 그림 5-15와 같이 같은 실의 소음제한이 엄격한 주택이나 음악감상실과 같은 곳은 0.7 Pa/m(≒ 0.07mmAq/m), 일반 건축은 1 Pa/m(≒ 0.1mmAq/m), 공장이나 기타의 소음제한이 없는 곳은 1.5 Pa/m(≒ 0.15mmAq/m)로 한다.

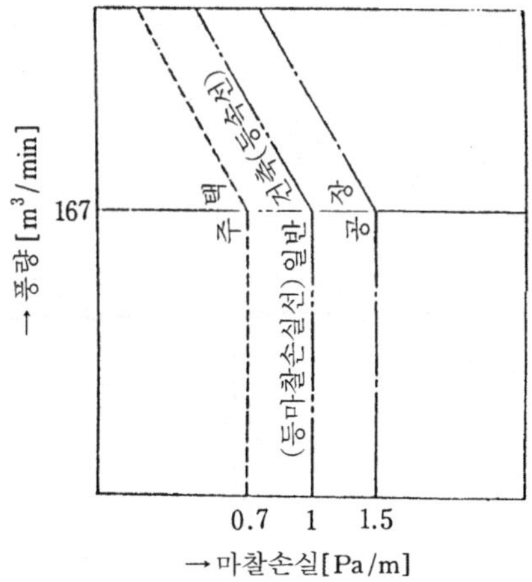


그림 5-15 ▸

또 등마찰손실법으로 많은 풍량을 송풍하면 소음발생이나 덕트의 강도상에도 문제가 있어서 풍량이 $167\,m^3/min(=10{,}000\,m^3/h)$ 이상이 되면 등속법으로 하기도 한다.

이 방법의 단점은 주간(主幹)덕트에서 분기된 분기덕트가 극히 짧은 경우에는 분기덕트의 마찰저항이 적으므로 분기덕트 쪽으로 필요 이상의 공기가 흐르게 된다. 따라서 이 현상을 막기 위하여 개량등마찰손실법으로 덕트치수를 정하기도 한다.

즉 그림 5-16과 같이 주간덕트는 등마찰손실법으로 하고, 분기관이 있을 때는 주간덕트의 말단에서 분기점까지의 압력손실과 분기점에서 분기덕트 말단까지의 압력손실이 동일하게 되도록 분기덕트 1 m당 압력손실을 구하여 분기덕트의 크기를 결정한다.

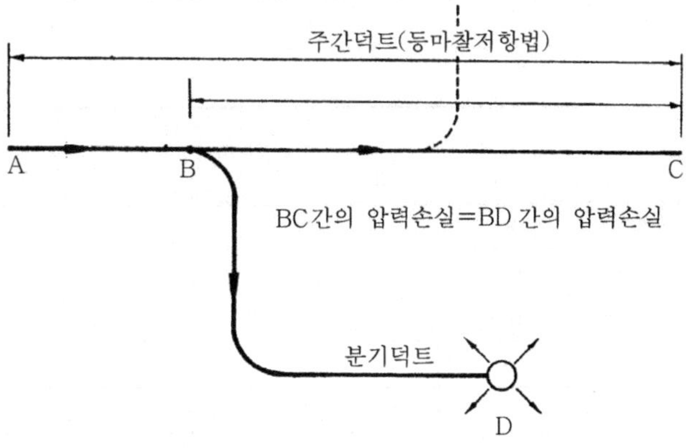


그림 5-16 ▸ 개량등마찰저항법에 의한 덕트치수 결정법

예제 5-8

그림과 같은 4각덕트의 단변치수 $b$를 20cm로 할 때, ⅰ) 장변 $a$의 치수를 등마찰손실 1Pa/m로 하여 구하시오.

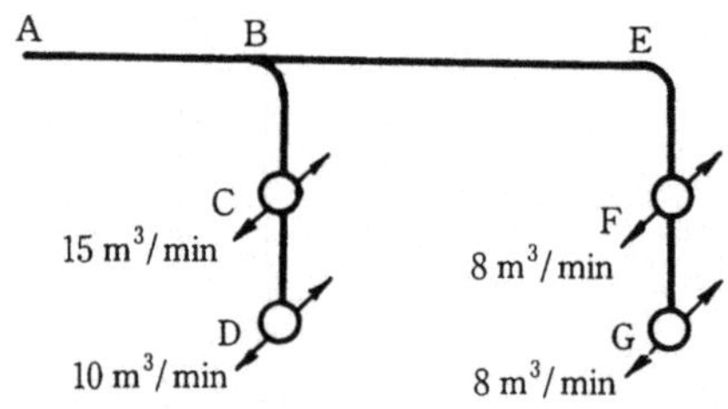


풀이

그림 5-4의 덕트마찰손실선도에 의해 다음 그림과 같이 덕트의 상당직경을 구하여 표 5-1에 의해 4각덕트로 환산하면 다음 표의 $a \times b$와 같다.

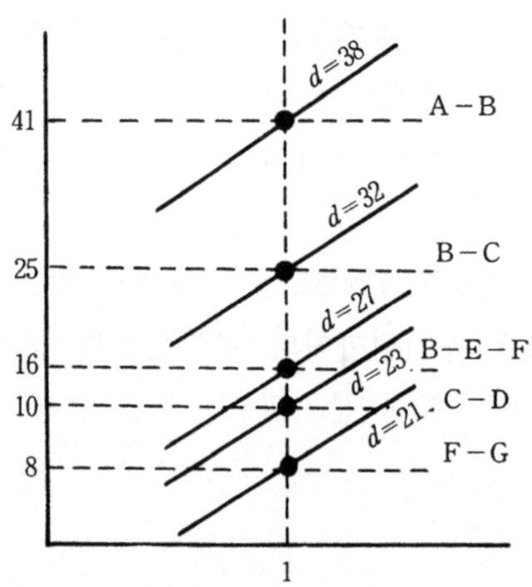


| 구간 | 풍량 [$m^3$/min] | 직경[cm] 그림 5-4 적용 | 직경[cm] 표 5-1 적용 | 장방형 a×b [cm] |
|---|---|---|---|---|
| F−G | 8 | 21 | 21.9 | 20×20 |
| B−E−F | 16 | 27 | 27.5 | 32×20 |
| C−D | 10 | 23 | 23.9 | 24×20 |
| B−C | 25 | 32 | 32.5 | 46×20 |
| A−B | 41 | 38 | 38.1 | 66×20 |

【주】 표 5−1의 직경은 그림 5−4에서 구한 직경보다 작지 않은 것을 적용한다.

### (3) 덕트의 약설계법

공조설비의 기본계획시 덕트 샤프트나 덕트 스페이스의 개략적인 크기를 정하기 위해서 또는 짧은 시간 내에 덕트의 개략적인 설계를 해야 할 경우에는 표 5-6의 풍량[$m^3/m^2 \cdot h$]에 바닥면적[$m^2$]을 곱하여 필요풍량[$m^3/h$]을 정하고, 그 송풍량을 표 5-7에 적용시켜 원형덕트 또는 장방형덕트의 치수를 정한다.

한편, 송풍기의 용량을 결정하기 위한 송풍기 풍량은 필요풍량에 10 %를 가산하고, 송풍기 정압($P_s$)은 장치에 따라 차이는 있으나 일반적으로 표 5-8의 범위에서 정한다.

표 5-8의 송풍기 필요정압은 각 층 유닛(unit)식이나 배기팬(fan)이 있는 경우 또는 고속덕트 등의 경우에 그대로 적용하면 큰 오차가 생기므로 다음 식으로 약산한다.

$$P_S = P_D + P_A \quad \cdots\cdots (5-10)$$

여기서, $P_S$ : 송풍기의 필요정압[Pa]

$P_D$ : 덕트의 저항[Pa]

$P_D = R \cdot l\,(1+k)$

$R$ : 덕트 내에서 단위길이당 압력강하[= 1 Pa/m]

$l$ : (가장 먼 곳에 있는 취출구까지 송풍덕트의 연장길이)+(가장 먼 곳에 있는 흡입구까지의 환기덕트의 연장길이)[m]

$k$ : 국부저항의 비율

$k = 0.5$(굴곡부, 분기가 적을 때)

$= 1.0$(굴곡부, 분기가 많을 때)

$P_A$ : 에어필터, 에어워셔, 가열코일 등의 공기조화장치 저항의 합계[Pa]

표 5-6 ▸ 공조용 표준풍량

| 건물의 종류 | 취출구 위치 | 소요풍량[$m^3/m^2 \cdot h$] 및 환기횟수 $n$ [회/$h$] | |
|---|---|---|---|
| | | 난 방 시 | 냉 방 시 |
| 주 택 | 벽면 하부(수평취출) | 8∼16($n$ = 3∼6) | |
| | 벽면 하부(상향취출) | 8∼16($n$ = 3∼6) | 16∼24($n$ = 6∼9) |
| | 벽면 상부(수평취출) | 13∼24($n$ = 5∼9) | 16∼24($n$ = 6∼9) |
| 사무실, 상점, 식당 | 벽면 상부(수평취출) | 13∼22($n$ = 5∼8) | 16∼33($n$ = 6∼12) |
| 극장, 공회당 | 벽면 상부(수평취출) | 30∼60($n$ = 5∼10) | 30∼72($n$ = 6∼12) |

표 5-7 ▸ 덕트의 치수($R=1\text{Pa/m}$, 단, $Q>10{,}000\text{m}^3/\text{h}$에서는 $w=8\text{m/s}$)

| 풍량 [m³/h] | 덕트의 치수 [cm] 원형 | 장방형 | 풍량 | 치 수 | | 풍량 | 치 수 | | 풍량 | 치 수 | |
|---|---|---|---|---|---|---|---|---|---|---|---|
| | | | 1,400 | 31.6 | 62×15<br>43×20 | 5,500 | 52.8 | 82×30<br>59×40 | 20,000 | 94 | 128×60 |
| 100 | 11.7 | 12×10<br>20×6 | 1,600 | 33.1 | 70×15<br>48×20 | 6,000 | 54.5 | 88×30<br>63×40 | 35,000 | 106 | 168×60 |
| 200 | 15.2 | 20×10<br>40×6 | 1,800 | 34.6 | 53×20<br>34×30 | 7,000 | 57.5 | 70×40<br>56×50 | 30,000 | 114 | 198×60 |
| 300 | 17.5 | 28×10<br>36×8 | 2,000 | 36.0 | 58×20<br>36×30 | 8,000 | 60.3 | 78×40<br>62×50 | 35,000 | 125 | 245×60 |
| 400 | 19.5 | 35×10<br>48×8 | 2,500 | 39.2 | 70×20<br>44×30 | 9,000 | 63.0 | 86×40<br>68×50 | 40,000 | 132 | 285×60 |
| 500 | 21.3 | 42×10<br>26×15 | 3,000 | 41.8 | 50×30<br>36×40 | 10,000 | 66 | 94×40<br>74×50 | 45,000 | 143 | 250×75 |
| 600 | 22.7 | 50×10<br>30×15 | 3,500 | 44.4 | 56×30<br>42×40 | 12,000 | 74 | 94×50 | 50,000 | 151 | 280×75 |
| 800 | 25.2 | 38×15 | 4,000 | 46.5 | 62×30<br>46×40 | 14,000 | 79 | 88×60 | 60,000 | 165 | 270×90 |
| 1,000 | 27.6 | 46×15<br>32×20 | 4,500 | 48.8 | 70×30<br>46×40 | 16,000 | 86 | 105×60 | 70,000 | 178 | 280×100 |
| 1,200 | 29.5 | 54×15<br>38×20 | 5,000 | 51.0 | 76×30<br>56×40 | 18,000 | 89 | 113×60 | 80,000 | 190 | 290×110 |

표 5-8 ▸ 송풍기의 필요정압[Pa]

| 설비구분 | 규 모 | 필요정압 $P_S$[Pa] |
|---|---|---|
| 환기설비 | 일 반 | 100~200 |
| | 대규모 장치 | 300~400 |
| 공기조화설비<br>(리턴덕트 유, 리턴팬 무) | 소규모(300 m² 이내) | 400~500 |
| | 중규모(20,000 m² 이내) | 600~750 |
| | 대규모(20,000 m² 이상) | 650~1,100 |
| | 고속덕트(중규모) | 1,000~1,500 |
| | 고속덕트(대규모) | 1,500~2,500 |

## 5-7 덕트의 제작과 시공

### [1] 덕트 공정

덕트공사는 설계, 제작, 시공 및 T · A · B(Testing, Adjusting, Balancing) 과정을

거치게 되는데, 그 공정은 표 5-9와 같다.

즉 설계사무소에서 공조부하계산에 의해 설계도면이 작성되면 덕트 전문 시공업체는 시공 가능한 상세도면을 작성하여 덕트 생산업체에 주문하고, 덕트 생산업체는 제작된 제품을 공사현장으로 납품하게 된다. 시공업체는 제품을 검수하고, 시방서에 의해 설치하면 최종적으로 T · A · B 전문업체가 성능을 시험하게 된다.

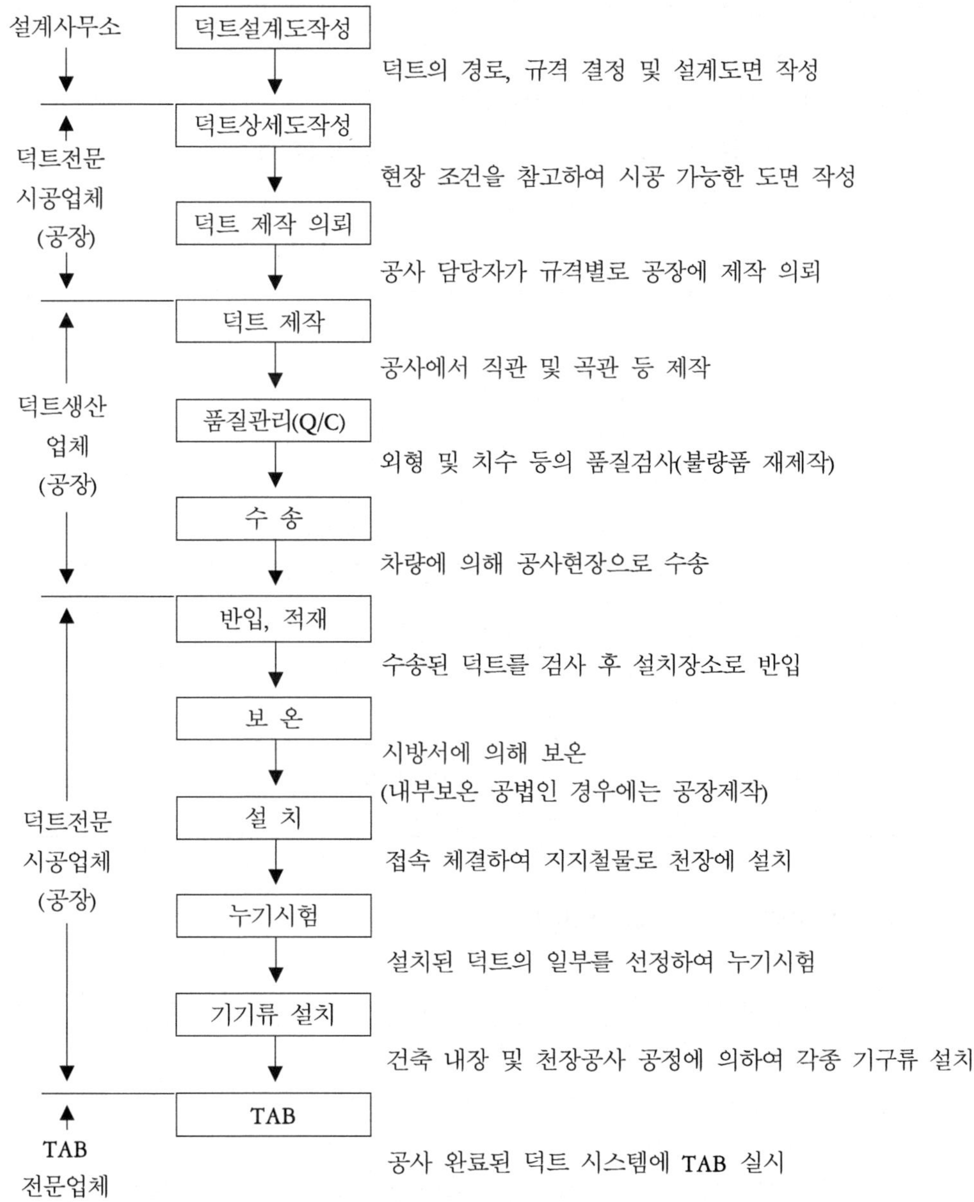


표 5-9 ▸ 덕트 공정

## [2] 덕트재료

덕트재료는 일반적으로 아연도금 강판을 사용하지만 그밖에 열간압연 박강판 및 냉간압연 강관, 동판, 알루미늄판, 스테인리스 강판, 염화비닐 등이 사용되고 있고, 또 글라스울(glass wool) 및 건물 구조체를 이용하는 콘크리트 덕트 등이 있다.

아연도금 강판은 일명 함석(KS D 3506)이라고도 하며, 이는 가격이 싸고, 가공이 쉬우며, 강도가 높기 때문에 많이 사용된다. 사용 용도는 부식성이 적은 일반 공조용 및 환기용 덕트, 공조기의 케이싱(casing), 풍량조절 댐퍼, 급배기용 루버(louver), 덕트 행거(hanger) 등에 사용된다.

열간압연 박강판(KS D 3501)과 냉간압연 강판(KS D 3512)은 고온의 공기 및 가스가 통과하는 덕트 및 방화댐퍼, 보일러의 연도 등에 사용된다.

알루미늄판은 평판으로 사용되는 경우보다 골판으로 성형하여 플렉시블 덕트(flexible duct)로 사용되며, 글라스울은 단열성이 좋아 덕트의 단열재 및 흡음재로 사용되며, 글라스울판에 알루미늄 박지나 염화비닐을 접착하여 저압용 덕트로 사용하기도 한다(일명 fiber glass duct라 한다).

표 5-10은 덕트제작용 아연도금 강판의 두께를 제시하고 있다.

표 5-10 덕트치수와 아연도금 강판재의 판두께[mm]

| 장방형덕트의 장변[mm] | 판 두 께 [mm] | 판 두 께 No | 원형덕트지름 [mm] | 판두께 [mm] | 스파이럴 덕트지름[mm] | 판두께 [mm] |
|---|---|---|---|---|---|---|
| 450 이하 | 0.5 | 26 | 500 이하 | 0.5 | 200 이하 | 0.5 |
| 460~750 | 0.6 | 24 | 510~700 | 0.6 | 210~600 | 0.6 |
| 760~1,500 | 0.8 | 22 | 710~1,000 | 0.8 | 610~800 | 0.8 |
| 1,510~2,200 | 1.0 | 20 | 1,010~1,200 | 1.0 | 810~1,000 | 1.0 |
| 2,210~ | 1.2 | 18 | 1,210~ | 1.2 | | |

## [3] 시공도 작성시 유의사항

덕트의 시공도는 제작과 시공시 필수적인 도면으로서, 기능과 공법에 따라 다음 사항을 검토하고, 경제성도 고려해야 한다.

① 덕트의 경로는 될 수 있는 한 최단거리로 한다.

② 설치시에 작업공간을 고려한다.

③ 필요한 치수를 기입한다(덕트의 종·횡치수, 취출구의 위치, 취출구의 종류와 풍량, 주위 장애물과의 거리, 적절한 분기 및 변형과 치수, 주변 기기의 설치 위치 등).

④ 댐퍼의 조작 및 점검은 가능한 위치에 있도록 한다.
⑤ 소음과 진동을 고려한다.
⑥ 기타 설비(조명기구, 스피커, 스프링클러 등)와의 공간을 고려한다.
⑦ 덕트 내로 배관과 같은 장애물의 통과는 없는지 살핀다.
⑧ 단열 및 도장공사의 필요성을 검토한다.
⑨ 취출구와 분기부의 위치는 적절한가 검토한다.
⑩ 실내의 공기분포와 취출구 및 흡입구의 위치와의 관계를 검토한다.
⑪ 진동이나 소음의 전파는 없는지 검토하고, 필요할 때에는 캔버스(canvas) 이음 또는 플렉시블(flexible) 이음 및 방진, 소음장치를 한다.

## [4] 시공의 표준

### (1) 덕트의 확대 및 축소

덕트가 지나가는 도중에 어떠한 장애물이 있거나 보(beam)를 지나갈 때 또는 필요에 따라서는 덕트의 단면을 변화시킬 필요가 있다.

이때 단면변화를 급격히 하면 기류의 와류현상이 생기므로 완만하게 해야 한다. 즉 단면적비가 75 % 이하의 확대 및 축소를 하는 경우에는 정압손실을 줄이기 위해 그림 5-17의 (a)와 같이 확대의 경우는 15° 이하로(고속덕트에서는 8° 이하), 축소의 경우에는 30° 이하(고속덕트에서는 15° 이하)로 하며, 부득이하게 이 각도를 넘을 경우에는 가이드 베인을 설치한다. 그러나 덕트의 단면적비 75 % 이상의 경우에는 원칙적으로 그림 (b)와 같이 점차 확대 및 축소관을 사용하지 않아도 된다.

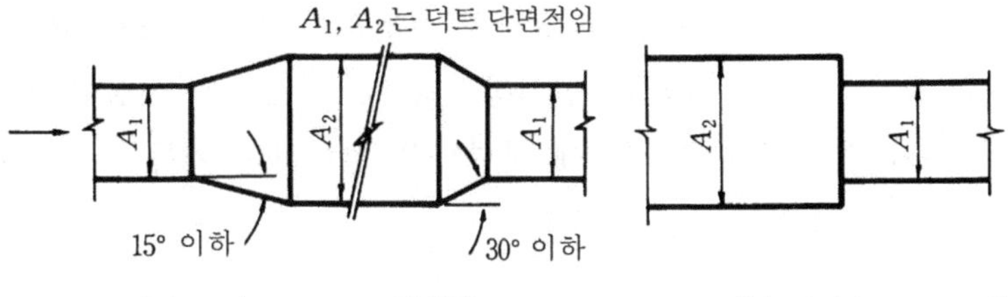


(a) $A_1/A_2 \leq 0.75$의 경우 (b) $A_1/A_2 \geq 0.75$의 경우

그림 5-17 ▸ 확대 및 축소

4각덕트에서 단면을 변형시킬 때 이음부는 그림 5-18의 (a)와 같이 한쪽면 $F$가 구배인 경우와 그림 (b)와 같이 양면 $F$가 구배인 경우에 연결부의 길이 $L$은 각각 다음과 같이 취한다.

그림 (a)와 같이 한쪽면 $F$가 구배인 경우

$(A-C) \geqq (B-D)$일 때 $L=(A-C)\times 7$

$(A-C) \leqq (B-D)$일 때 $L=(B-D)\times 7$

그림 (b)와 같이 한쪽면 $F$가 구배인 경우

$(A-C) \geqq (B-D)$일 때 $L=(A-C)\times 3.5$

$(A-C) \leqq (B-D)$일 때 $L=(B-D)\times 3.5$

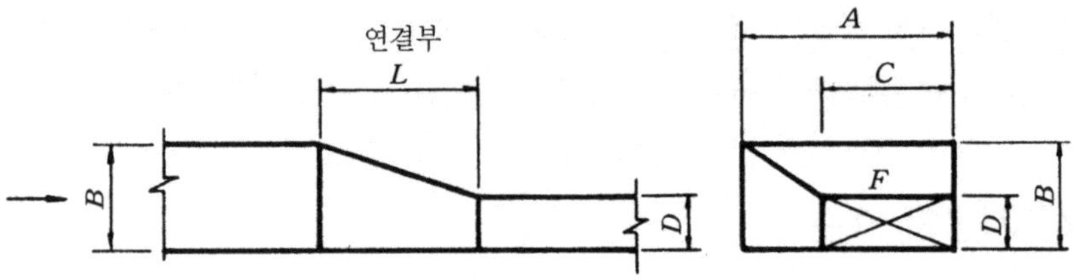


(a) 한쪽면 F가 구배인 경우

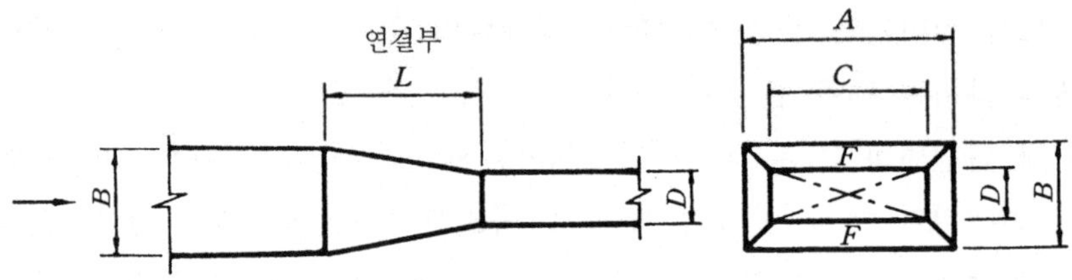


(b) 양쪽면 F가 구배인 경우

그림 5-18 ▸ 덕트치수의 변경

한편, 그림 5-19와 같이 덕트의 도중에 재열기와 같은 코일을 넣을 경우에는 코일 입구쪽의 연결부 경사는 최대 30°, 출구쪽의 연결부는 최대 45°를 초과하지 않도록 한다. 경사도가 너무 크면 코일을 통과하는 기류분포가 균등하지 못하여 전열효과가 좋지 못하다. 그러나 설치장소의 사정으로 그 이상이 될 때에는 그림에서 보는 바와 같이 코일 입구측에 분류판을 설치하여 기류를 골고루 분포시킨다.

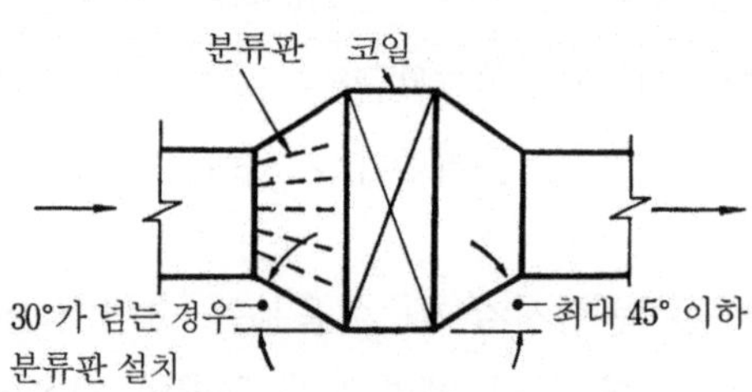


그림 5-19 ▸ 덕트 내에 코일을 넣는 경우

### (2) 덕트 내의 장애물

덕트 내에 배관이나 기타의 장애물이 지나가면 기류에 저항을 주고, 소음과 진동이 생기게 되는데, 고속덕트의 경우에는 그 영향이 더 크다. 그러나 부득이한 경우에는 그림 5-20과 같은 방법을 취하여 장애물로부터의 저항을 최대로 줄인다.

그 방법으로 직경 100mm 이상의 장애물에는 이즈먼트(easement)라 하는 유동저항 완화용의 유선형 커버를 그림 (a), (b), (c)와 같이 씌운다. 이때, 이즈먼트의 길이 $L$은 장애물 직경의 6배 이상으로 한다.

그림 (d), (e)와 같은 각형 물체가 통과하는 경우에는 덕트를 두 가닥으로 분류시키거나 변형시켜야 한다. 덕트가 변형 또는 분류되는 경우에는 원래의 덕트 단면적이 확보되어야 한다. 그림 (f)는 장애물(파이프 등)의 단면적이 덕트 단면적의 20% 이상인 경우에 덕트를 두 가닥으로 분류시킨 후 다시 합류시킨 경우이다.

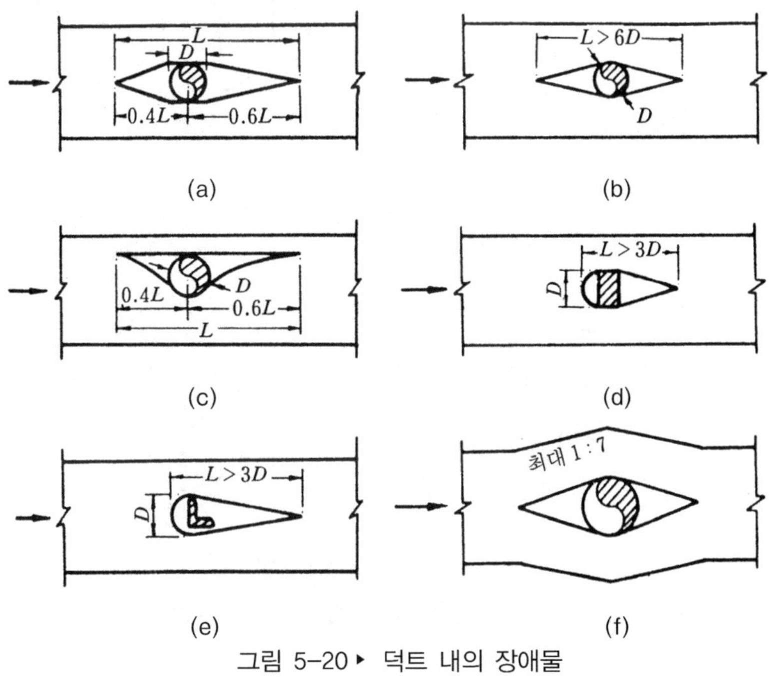


그림 5-20 ▸ 덕트 내의 장애물

### (3) 덕트의 굴곡

각형 덕트의 엘보는 그림 5-21과 같이 여러 가지의 형식이 있다.

그림 (a)는 내측과 외측이 원형인 베인 없는 원형 엘보이다. 엘보는 덕트폭 $W$에 대한 내측반경 $R$의 비율, 즉 $R/W$가 적을수록 굴곡부의 국부손실이 커지므로 내측의 곡률반경이 $R \geq W$가 되도록 한다.

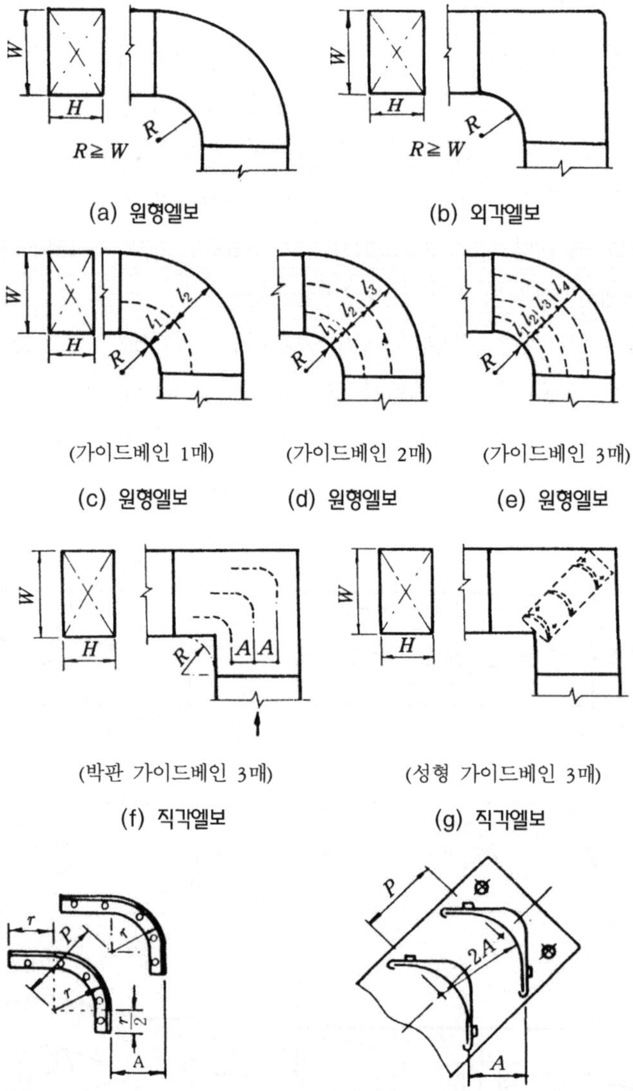


(a) 원형엘보 (b) 외각엘보

(가이드베인 1매) (가이드베인 2매) (가이드베인 3매)

(c) 원형엘보 (d) 원형엘보 (e) 원형엘보

(박판 가이드베인 3매) (성형 가이드베인 3매)

(f) 직각엘보 (g) 직각엘보

(h) 가이드베인 상세도

그림 5-21 ▸ 장방형 덕트의 굴곡부

그림 (b)의 경우는 외측은 직각이고, 내측의 곡률반경 $R \geq W$가 되도록 한 베인 없는 엘보이고 (c), (d), (e)와 같이 내측이 곡률반경을 덕트폭 $W$보다 작게 취할 경우에는 베인을 부착한다.

원형덕트의 엘보는 그림 5-22와 같은 형식으로서 직경 $D$와 곡률반경 $R$의 비율 $(R/D)$이 클수록 기류의 마찰손실계수는 적어지나 일반적으로 1.5를 많이 사용한다.

그림 (a)는 이음매가 없는 90° 스무스 엘보(smooth elbow)이고, (b)는 45° 스무스 엘보이다. 또 이음매 있는 엘보로서 그림 (c)는 90° 3-피스 엘보(3-piece elbow), 그림 (d)는 90° 5-피스 엘보, 그림 (e)는 45° 3-피스 엘보이다.

한편, 그림 (f)는 마이트 엘보(mite elbow)로서 베인이 있는 경우와 없는 경우가 있으나 기류의 마찰저항이 커서 특수한 경우가 아니면 사용하지 않는다.

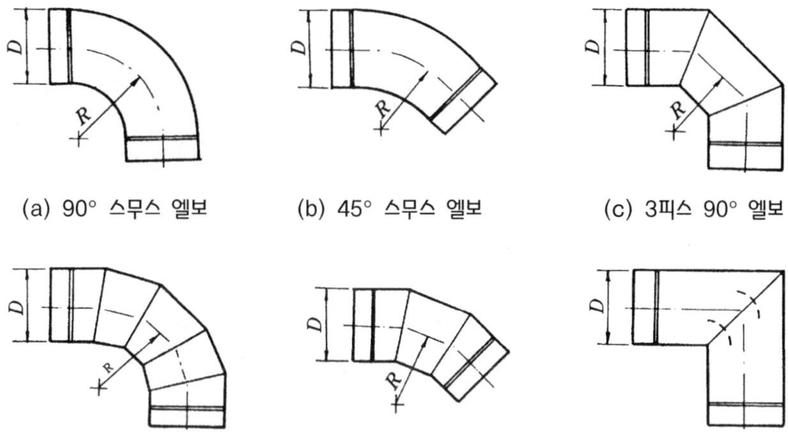


(a) 90° 스무스 엘보 (b) 45° 스무스 엘보 (c) 3피스 90° 엘보

(d) 5피스 90° 스무스 엘보 (e) 3피스 45° 스무스 엘보 (f) 2피스 90° 엘보

그림 5-22 ▸ 원형덕트의 굴곡부

(4) 덕트의 분기

덕트의 분기는 벤드(bend)형 분기와 직각분기가 있다.

벤드형 분기는 그림 5-23의 (a)와 같은 1방향의 분기와 (b)와 같은 2방향의 분기법이 있다. 벤드형 분기에서 배분되는 풍량의 비율이 1 : 10 이내에서는 주덕트의 분기부 치수에 비례한다.

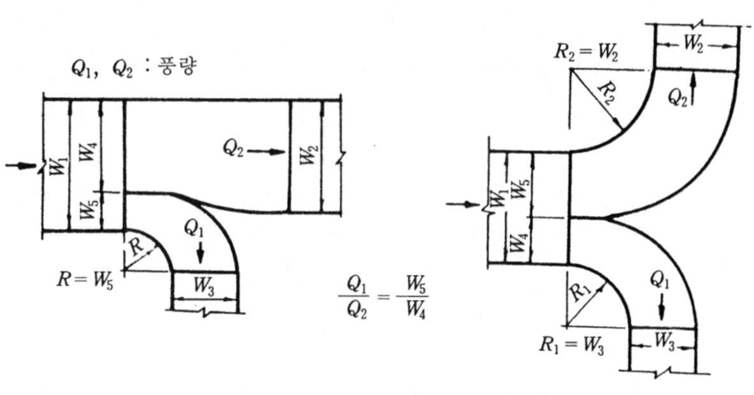


(a) 1방향 분기 (b) 2방향 분기

그림 5-23 ▸ 덕트의 벤드(bend)형 분기

즉 $\frac{Q_1}{Q_2} = \frac{W_5}{W_4}$

한편, 주덕트의 장변치수 $W_1$과 분기점의 $W_5$의 치수비율은 $W_5 / W_1 \geq 0.3$으로 제한된다. 벤드형 분기는 제작에 많은 시간이 소요되므로 최근에는 그림 5-24와 같은 직각분기를 많이 사용한다.

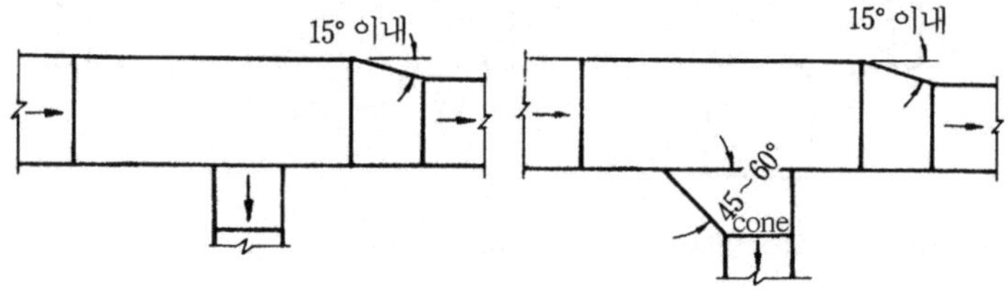


(a) 직각분기 (b) cone 붙임 직각분기

그림 5-24 ▸ 장방형덕트의 직각분기

그림 (a)는 직각분기부를 접속한 경우로서 직각부에서의 마찰손실이 크다. 따라서 그림 (b)와 같이 분기부에 콘(cone)을 붙인다.

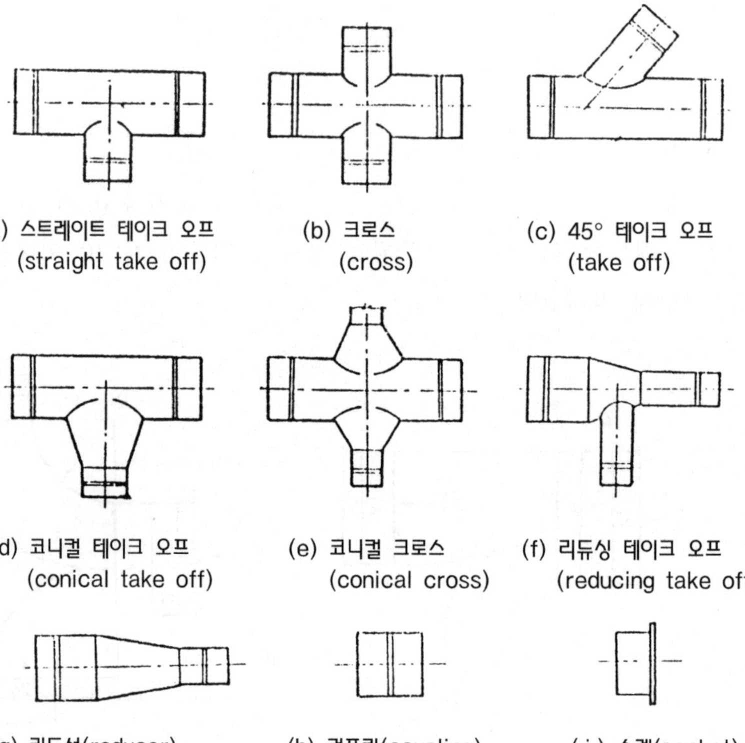

(a) 스트레이트 테이크 오프 (straight take off)
(b) 크로스 (cross)
(c) 45° 테이크 오프 (take off)
(d) 코니컬 테이크 오프 (conical take off)
(e) 코니컬 크로스 (conical cross)
(f) 리듀싱 테이크 오프 (reducing take off)
(g) 리듀서(reducer)
(h) 커플링(coupling)
(i) 소켓(socket)

그림 5-25 ▸ 원형덕트의 분기 및 이음매

원형덕트(스파이럴 덕트)의 분기부 및 이음의 종류는 그림 5-25와 같은 종류가 공장에서 제작된다.

4각덕트에서 엘보 직후의 분기는 그림 5-26의 (a)와 같이 $A \geq 8W$로 한다. 그러나 $A \leq 8W$의 경우에는 엘보에 안내깃(guide vane)을 부착한다.

또 $A < 4W$의 경우에는 그림 (b)와 같이 상하분할분기로 한다. 원형덕트의 경우에 엘보에서 엘보, 엘보에서 스트레이트 테이크 오프(straight take off) 또는 코니컬 테이크 오프(conical take off)까지는 관직경의 6배 이상($6D$)으로 한다(그림 5-27, 5-28).

그러나 장소의 제약 등으로 $6D$의 거리를 취할 수 없을 경우에는 코니컬 테이크 오프를 사용하여 그 간격을 $1/2D$까지 줄일 수 있다.

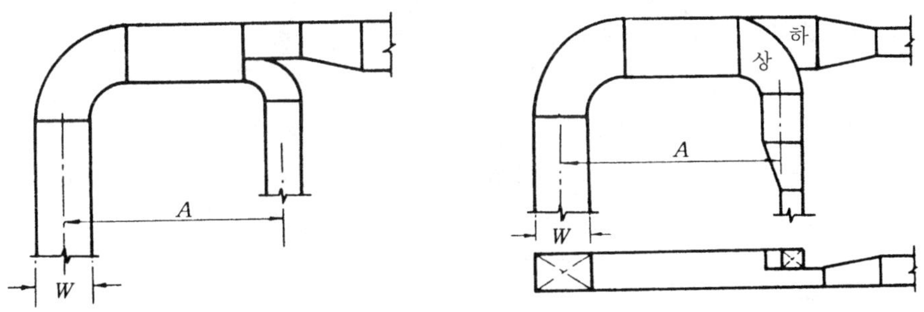


(a) $A \leq 8\text{W}$이면 엘보 내에 가이드 베인을 둔다. (b) $A < 4\text{W}$면 상하분할을 한다.

그림 5-26 ▸ 장방형덕트의 엘보 직후에서 분기

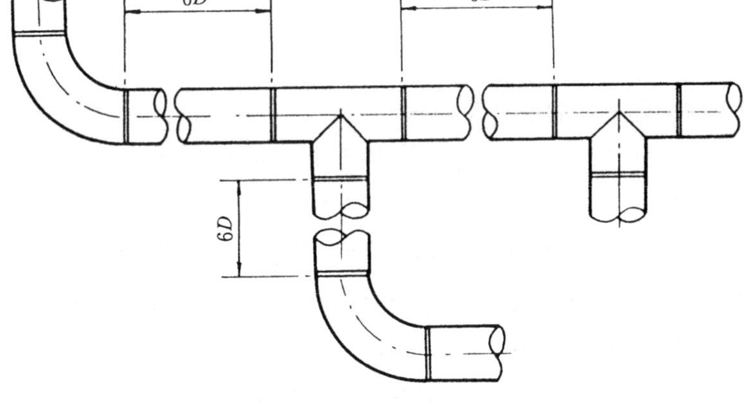


그림 5-27 ▸ 원형덕트에서 엘보 및 스트레이트 티(straight tee)의 접속

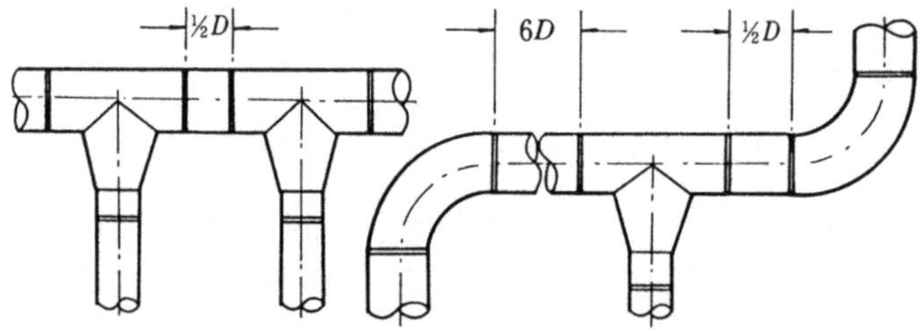


그림 5-28 ▸ 원형덕트에서 코니컬 티(conical tee)의 접속

그림 5-29는 덕트의 분기방식에 따라 굴곡부에서 발생하는 와류의 상태를 나타낸 것이다. 그림에서 (a)~(d)의 방식은 와류가 생기므로 (e)~(h)의 방식을 택한다.

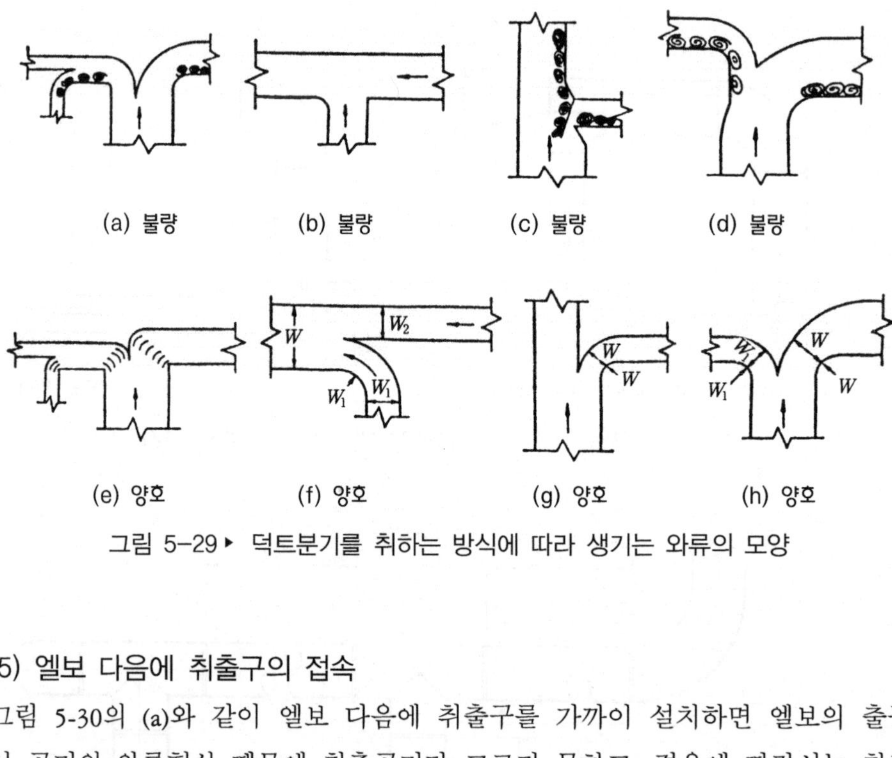


그림 5-29 ▸ 덕트분기를 취하는 방식에 따라 생기는 와류의 모양

### (5) 엘보 다음에 취출구의 접속

그림 5-30의 (a)와 같이 엘보 다음에 취출구를 가까이 설치하면 엘보의 출구쪽에서 공기의 와류현상 때문에 취출공기가 고르지 못하고, 경우에 따라서는 취출구 내에 부분적인 부압이 생겨 실내공기를 끌어들이는 결과를 가져오기도 한다.

따라서 (b)와 같이 엘보 내에 가이드 베인을 설치하거나 다음과 같이 엘보에서 적정거리를 지난 후 취출구를 설치한다.

또, 직관덕트에서 한쪽으로 취출하는 경우에는 그림 5-31과 같이 취출측의 덕트면을 평면으로 한다.

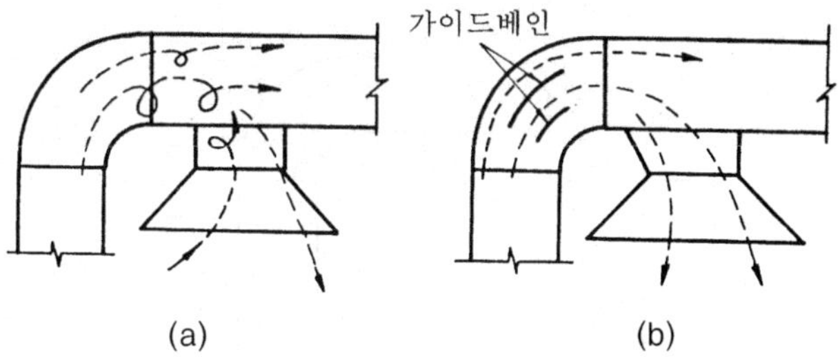


그림 5-30 ▸ 엘보 직후에 취출구 설치

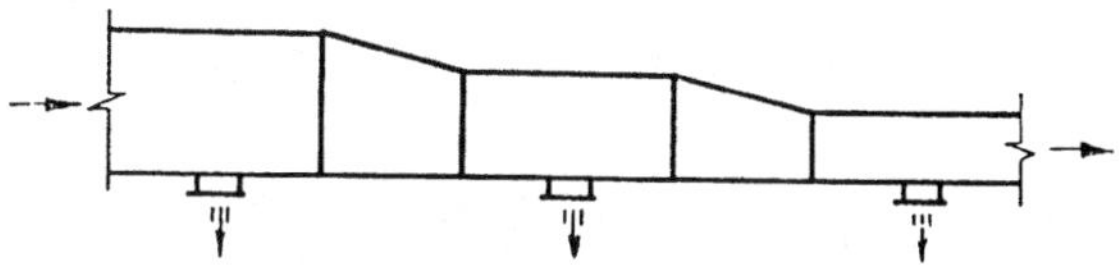

그림 5-31 ▸ 직관덕트에 취출구 설치

또한, 그림 5-32의 경우와 같이 엘보 다음에 취출구를 접속할 때 취출구의 위치 $A$는 다음과 같이 정한다.

그림 (a)와 같이 베인 없는 엘보를 사용할 때는

$A \geqq 8W$

그림 (b)와 같이 베인 부속 엘보를 사용할 때는

$A = (4 \sim 8)W$

그림 (c)와 같이 베인 부속 직각엘보를 사용할 때는

$A \geqq 4W$

그림 (d)와 같이 2개의 근접한 엘보를 사용할 때는 그림 (a), (b), (c)의 경우와 원칙적으로 동일하다.

그림 (e)와 같이 2개의 45° 엘보를 사용할 때는 베인의 유무에 관계 없이

$A > B$

$B \geqq 8W$

### (6) 송풍기 흡입측에 덕트의 접속

송풍기의 성능은 흡입측에 덕트의 접속방식에 따라 큰 변화를 가져온다. 즉 흡입측의 접속부분에서 덕트의 급격한 변화가 있거나 기류의 방향전환은 와류를 일으키고 따라서 송풍기 저항이 증가하게 된다.

예를 들면, 그림 5-33에서 (a), (b), (c)는 흡입구 접속부분이 급격한 확대 및 축소되어 있으므로 좋지 못하다.

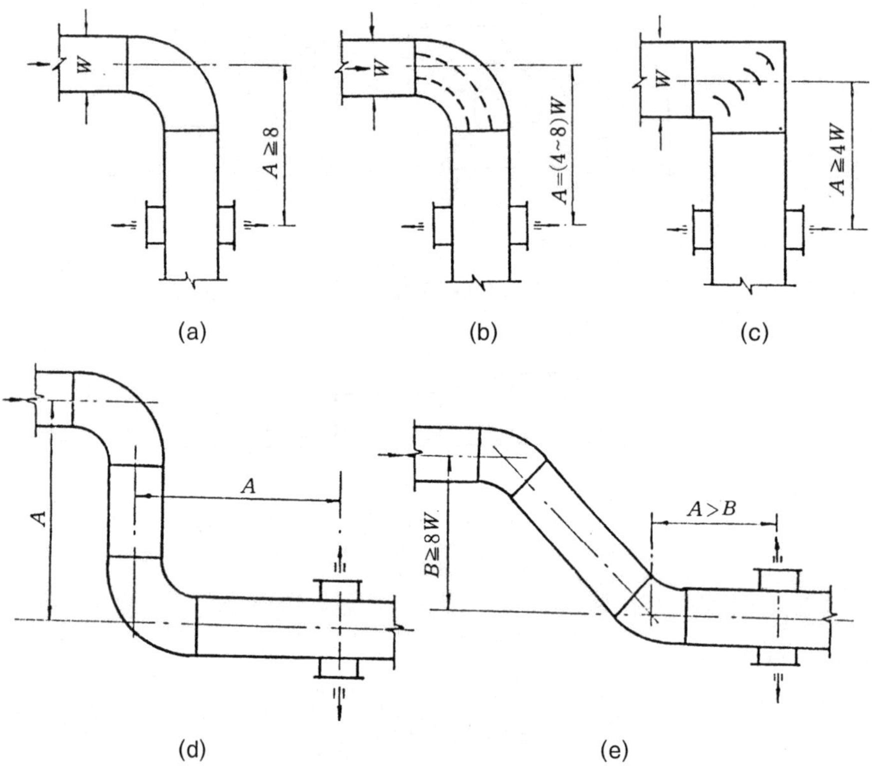


그림 5-32 ▸ 엘보 다음에 취출구의 접속

따라서 (d), (e), (f), (g)와 같이 평행하거나 완만한 확대 및 축소 또는 곡면을 갖는 축소연결부로 하는 것이 좋다.

흡입구측에 베인을 부착할 때 (h)와 같은 경우에는 흡입기류와 송풍기로부터 돌아나오는 기류가 충돌하게 된다. 따라서 (i)와 같이 베인의 설치각도를 바꾸어 준다.

또 그림 (j)와 같이 흡입구 가까이에서 굴곡이 심하면 (k)와 같이 베인을 설치하여 기류를 안정시킨다.

덕트 내에 축류송풍기(axial flow fan)를 설치할 때 입구측을 (l)과 같이 하면 또한 와류가 생긴다. 따라서 (m)과 같이 입구측에 벨마우스(bell mouth)로 하거나, (n)과 같이 입구로부터 팬의 날개부분까지 $3D$ 이상의 길이를 취한다.

### (7) 송풍기 출구측에 덕트의 접속

송풍기 출구는 흡입구보다는 접속덕트의 형상에 따른 송풍기에 미치는 영향은 비교적 적으나 고려되어야 할 사항은 그림 5-34와 같다.

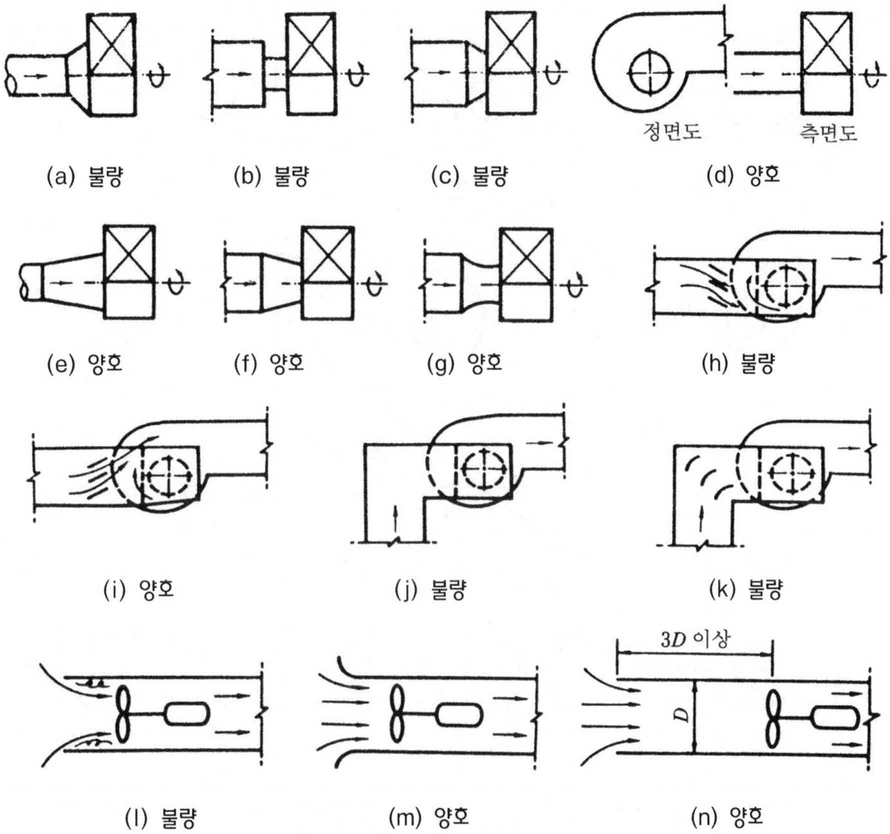


그림 5-33 ▸ 송풍기 흡입측에 덕트의 접속방법

그림 (a), (b)는 급격한 단면확대로 인하여 와류현상이 생긴다. 따라서 (c), (d), (e)와 같이 완만한 확대로 한다(확대각도는 10~20°).

그림 (f), (g)는 송풍기의 회전방향과 덕트의 굴곡방향이 반대로 되어 있고, 송풍기 출구에서 덕트의 엘보까지 거리가 너무 짧아서 와류현상이 크다. 이러한 경우에는 (h), (i), (j)와 같이 송풍기의 설치방향을 바꾸어 회전방향과 기류의 방향을 동일 방향으로 하고, 굴곡부 베인을 설치하기도 한다.

그림 (k)와 같이 송풍기 출구에서 축방향으로 방향을 바꿀 때는 (l)과 같이, 또 (m)과 같이 축방향으로 분기할 때에도 (n)과 같이 베인을 설치한다.

그림 (o)는 송풍기 출구측에 코일을 삽입하는 경우로서 급속한 확대관은 피하고, (p)와 같이 완만한 확대로 한다.

일반적으로 송풍기 출구에서 직관덕트의 길이는 송풍기 출구측 장변길이의 1.5~2.5배로 한다.

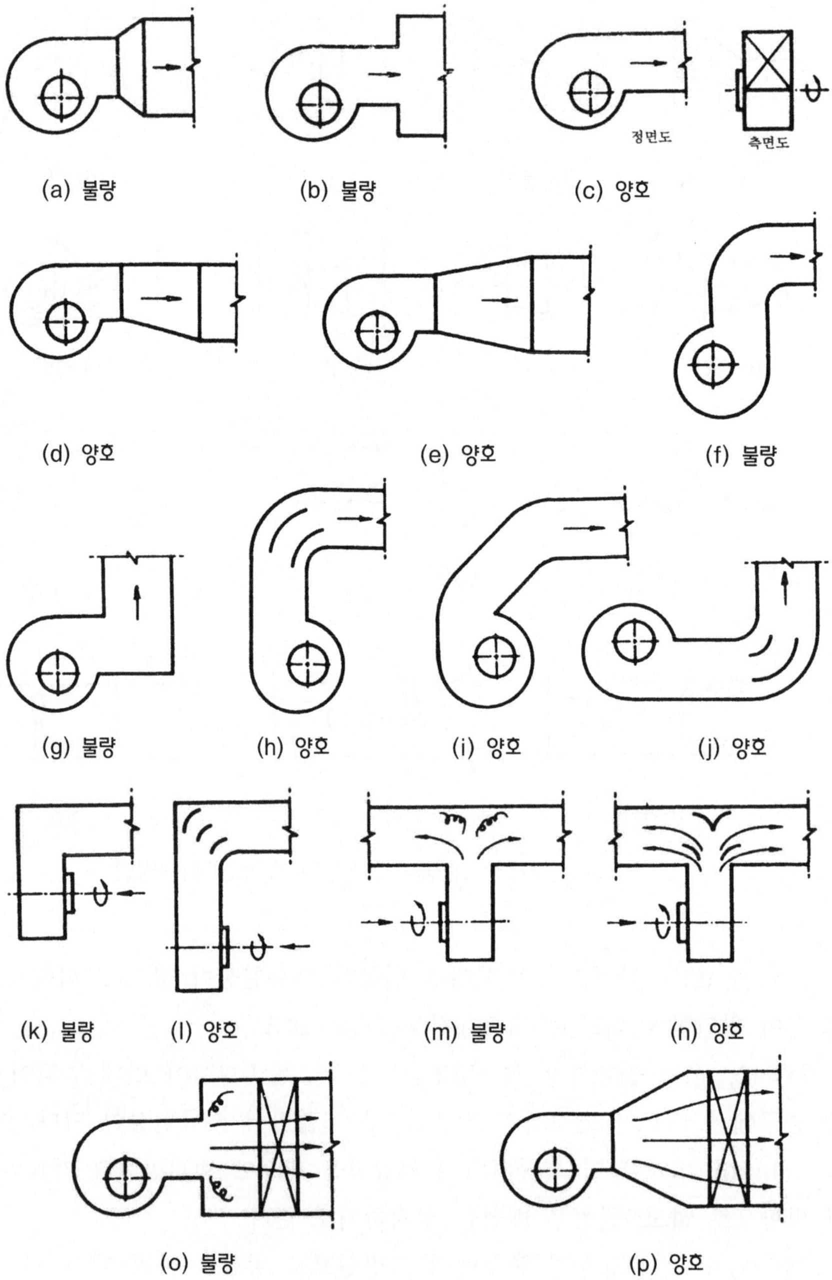


그림 5-34 ▸ 송풍기 출구측에 덕트의 접속방법

### (8) AHU의 출구와 덕트의 접속

그림 5-35는 공조기(AHU)의 출구와 덕트의 접속방법을 나타낸 것이다.

그림에서 $F$로 표시된 주관덕트와의 연결에 쓰이는 이음새의 경사는 1/7 이하로 하고, 엘보에 사용되는 베인은 2중베인으로 하며 또한, 직관부의 길이 $A$는 송풍기 출구에서 장변치수 $W$의 1.5~2.5배로 한다. 즉 $A = (1.5 \sim 2.5)W$로 한다.

송풍기의 회전방향은 앞 절에서 언급된 바와 같이 엘보 내의 기류방향과 동일하도록 하며, 송풍기의 출구가 여러 개 있을 때는 이를 합류시켜 공기의 저항을 줄일 수 있고, 주덕트로 연결되는 곳은 캔버스 이음(canvas connection, flexible duct connection)을 하여 송풍기의 진동이 덕트로 전달되지 않도록 한다.

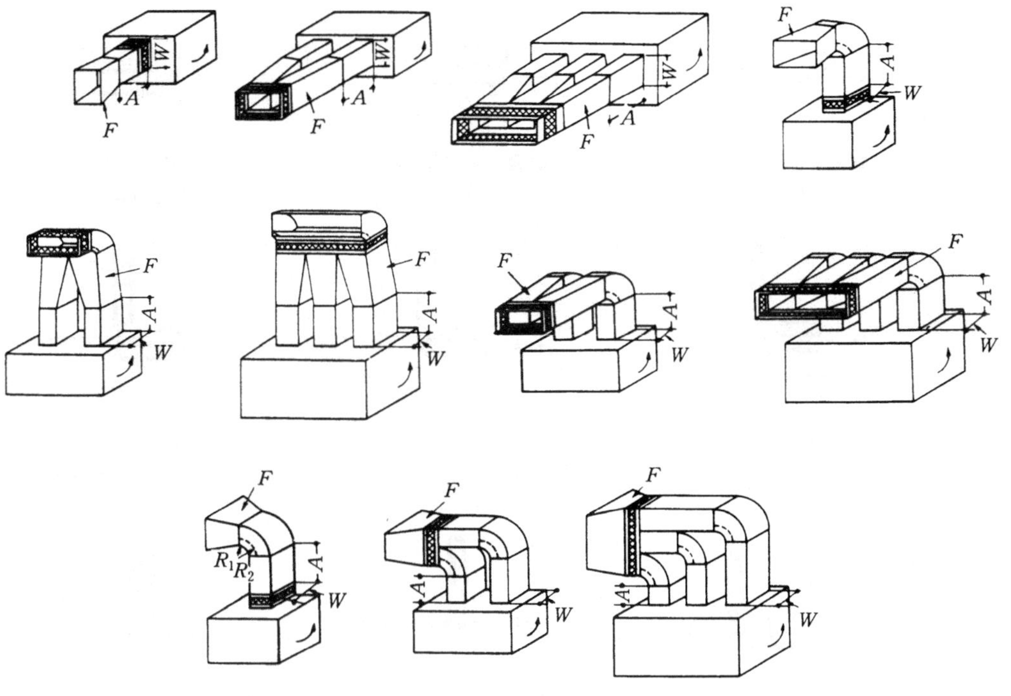


그림 5-35 ▸ AHU의 출구와 덕트의 접속방법

## 5-8 덕트의 조립

### [1] SMACNA 공법

아연도금 강판재를 사용한 장방형 덕트를 제작할 때 기존에는 시공현장에서 직접 제작하여 조립했으나, 이 방식은 호환성이 없고, 공사현장의 이동에 따른 제작기계의 이동, 작업장 확보, 도심지의 소음, 제작 기능에 따른 정밀도, 공기의 단축 등에 문제성이 있었으며, 요즈음과 같이 대형화된 건물의 덕트 제작을 수(手)가공에만 의존할 수 없게 되었다. 따라서 이러한 불합리성을 개선하기 위하여 덕트의 연결부를 공장에서 전문적으로 제작하고, 건설현장에서는 조립만을 하는 SMACNA[1]공법을 개발하게 되었다.

그림 5-36은 SMACNA공법에 의한 장방형덕트의 가로방향 조립방법이고, 그림 5-37은 세로방향의 조립방법, 그림 5-38은 원형덕트의 접속방법을 도시한 것이다.

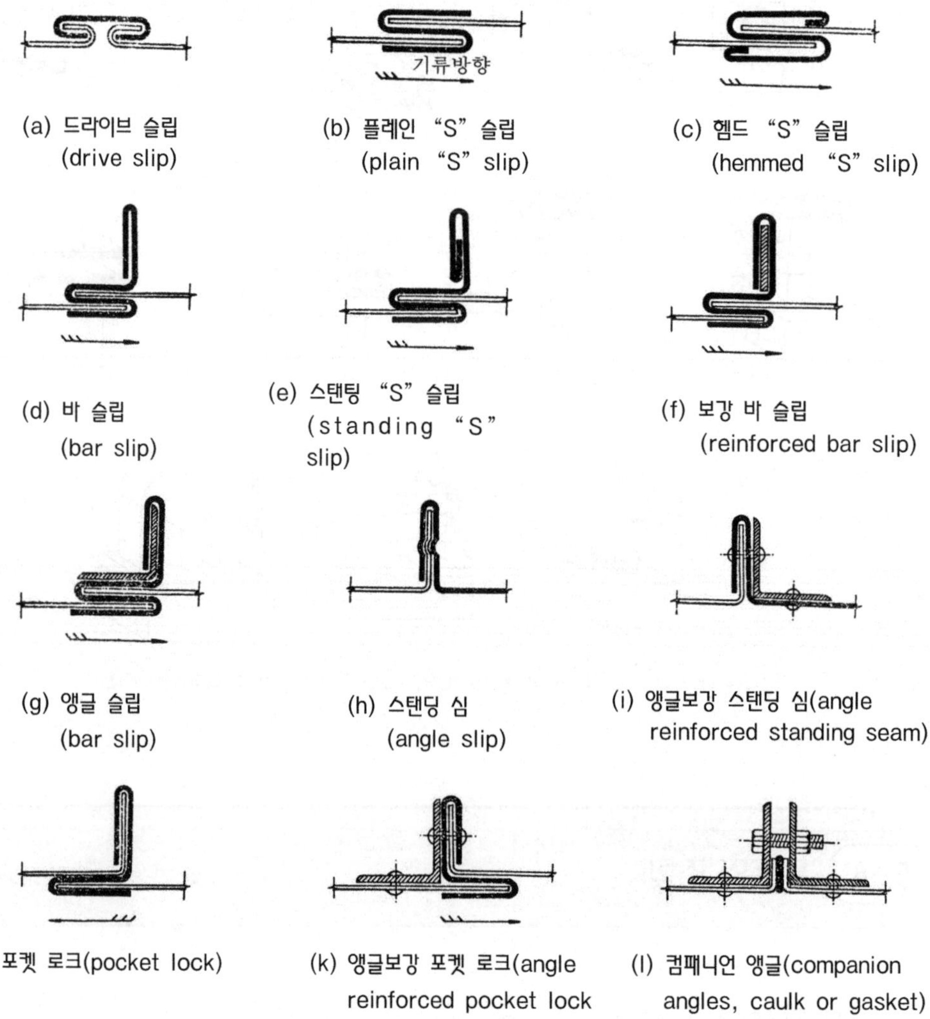


(a) 드라이브 슬립 (drive slip)
(b) 플레인 "S" 슬립 (plain "S" slip)
(c) 헴드 "S" 슬립 (hemmed "S" slip)
(d) 바 슬립 (bar slip)
(e) 스탠팅 "S" 슬립 (standing "S" slip)
(f) 보강 바 슬립 (reinforced bar slip)
(g) 앵글 슬립 (bar slip)
(h) 스탠딩 심 (angle slip)
(i) 앵글보강 스탠딩 심(angle reinforced standing seam)
(j) 포켓 로크(pocket lock)
(k) 앵글보강 포켓 로크(angle reinforced pocket lock
(l) 컴패니언 앵글(companion angles, caulk or gasket)

그림 5-36 ▸ SMACNA 공법에 의한 덕트의 가로방향 조립법

주 : 1) Sheet Metal and Air Conditiong Contractor's National Association의 약자

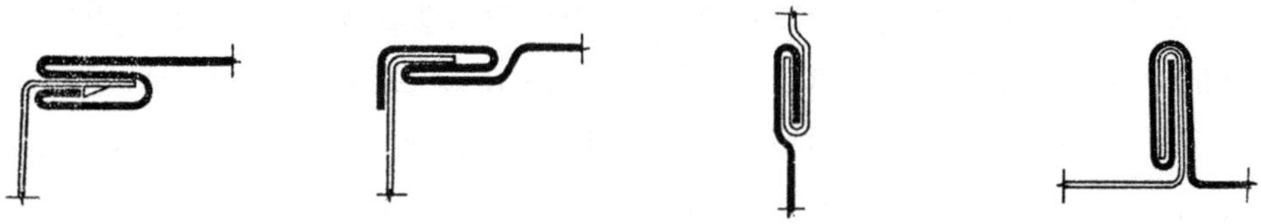

(a) 버튼 펀치 스냅 로크(button punch snap lock) (b) 피치버그 로크 (pittsburgh lock) (c) 아크메 로크(acme lock · grooved seam) (d) 더블 심 (double seam)

그림 5-37 ▸ SMACNA 공법에 의한 덕트의 세로방향 조립법

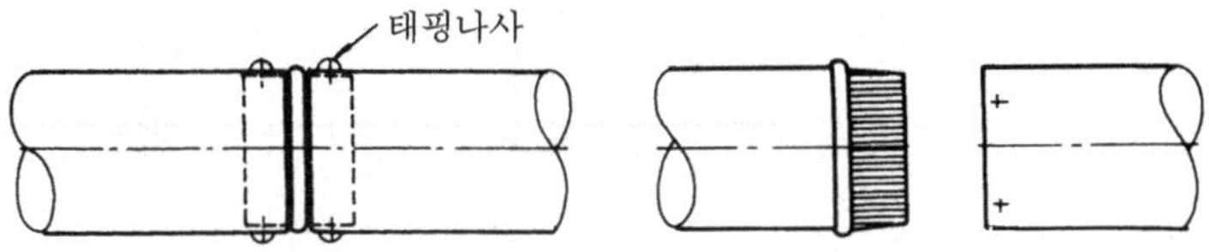


(a) 비드 슬리브 이음 (beaded sleeve joint) (b) 비드 크림프 이음 (beaded crimp joint)

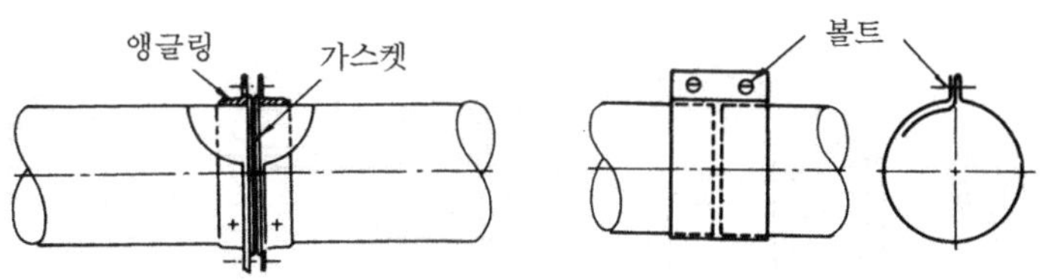


(c) 컴패니언 플랜지 이음 (companion flange joint) (d) 드로 밴드 이음 (draw band joint)

(e) 스파이럴 심 (sprial seam) (f) 맞대기 용접 이음 (butt welded seam) (g) 아크메 로크 그로브 심 (acme lock grooved seam)

그림 5-38 ▸ 원형덕트의 이음

## [2] 프로파일 플랜지(profile flange) 시공법

재래공법이나 SMACNA 공법의 경우에 덕트와 덕트의 접속은 앵글접속을 하게 된다. 그러나 이 작업은 현장가공이 많고, 숙련도에 따라 작업정밀도의 차이가 크다.

따라서 덕트의 치수에 따른 몇 종류의 이음쇠가 공장에서 생산되며, 사용자는 선정하여 현장에서 조립만 하면 된다.

그림 5-39는 프로파일 플랜지에 의해 접속된 부분의 해체도로서, 각부의 기능과 구조는 다음과 같다.

공기의 누설을 막기 위해 플랜지 사이에 가스켓(gasket)을 넣고 드라이브 크리트(drive cleat)를 씌운 후 코너 플레이트(corner plate)를 플랜지 사이에 끼우고 볼트너트로 조인다. 그리고 공기의 누설을 막기 위해 프레스 조인트(press joint) 작업을 하고, 덕트 내부에서 덕트의 판재와 플랜지 끝부분은 접착제(sealant)로 마감하여 공기의 누설을 방지한다.

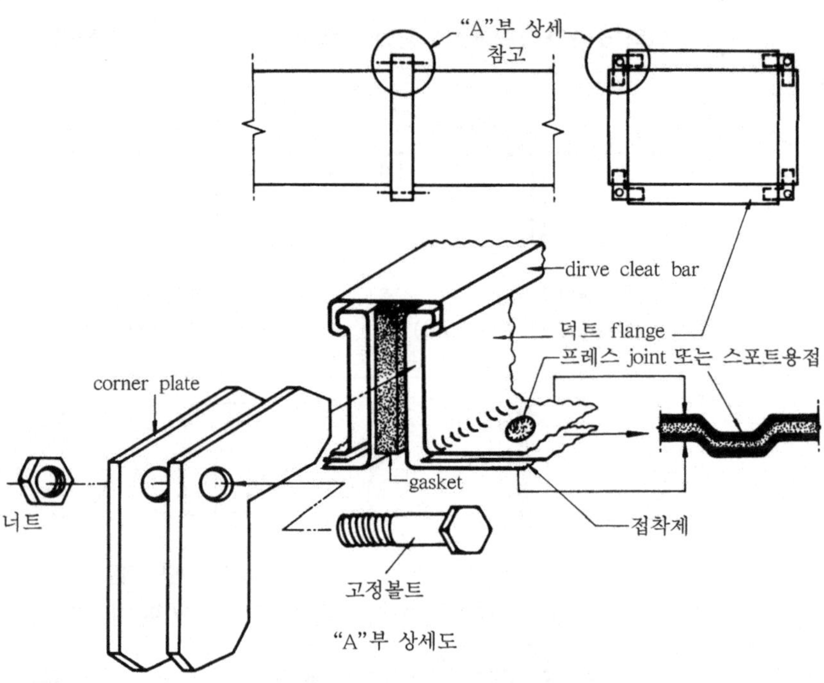


그림 5-39 ▸ 프로파일 플랜지

## [3] 파이버 글라스 덕트의 조립 및 이음

파이버 글라스 덕트(fiber glass duct)는 그림 5-40과 같이 덕트의 재료에 V홈, L홈을 전용공구로 내고, 그 홈에 접착제를 칠한 후 접어 붙이고, L홈 부분에 표피재(表皮材 ; 덕트의 겉부분)를 팽팽하게 잡아 당기면서 50~60mm 간격으로 스테이플링(stapling)을 한다. 그리고 그 위에 접착테이프를 붙인다.

이와 같이 파이버 글라스 덕트는 조립작업이 간단한 장점이 있다.

그림 5-41은 파이버 글라스 덕트의 각종 이음법이다. 여기서 그림 (a)는 덕트 내경이 450mm 이하의 경우에 적용되는 것으로서 이음쇠를 사용하지 않고 접합부에 접착제를 칠하고 접착 후 접착테이프로 감는다.

그림 (b)는 4각덕트의 연결시 이음쇠를 사용하는 경우이다. 덕트의 단면에 접착

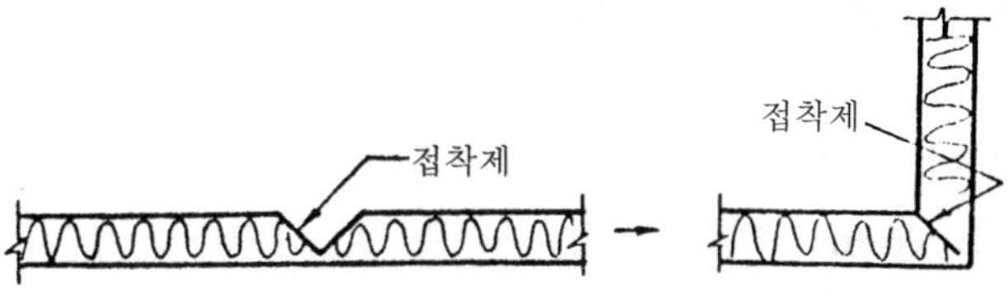


(a) V홈 코너 조립

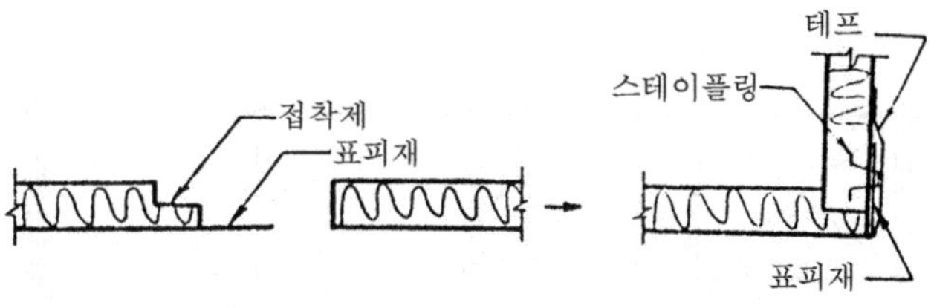


(b) L홈 코너 조립

그림 5-40 ▸ 파이버 글리스 덕트의 조립

제를 칠하고 이음쇠를 끼운다. 이때, 이음쇠(connector)에 있는 텍(tack)을 하나씩 걸어서 덕트의 하류측 및 상류측으로 뒤집어 구부려 꽂는다. 이와 같이 조립이 끝나면 접착테이프를 감는다.

그림 (c)는 내경이 500mm 이상의 원형덕트에 니플(nipple)을 이용한 경우이다. 이때도 덕트 단면에 접착제를 칠하고 니플에 끼운다. 이때, 니플이 접합부 중앙에 위치하도록 니플의 돌기부를 세워야 한다. 이와 같이 되었으면 접착테이프를 감는다.

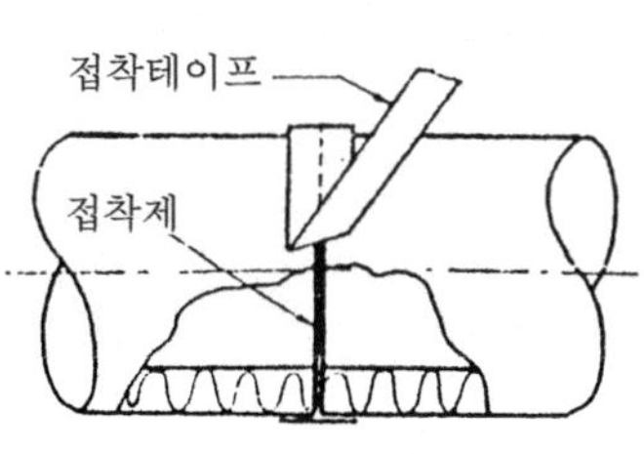


(a) 이음쇠를 쓰지 않는 경우

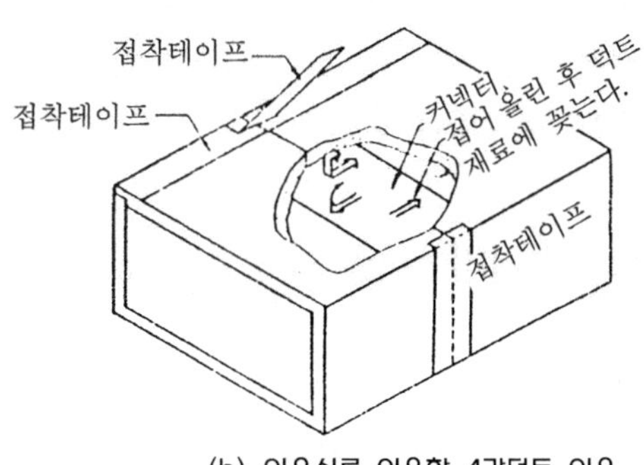


(b) 이음쇠를 이용한 4각덕트 이음

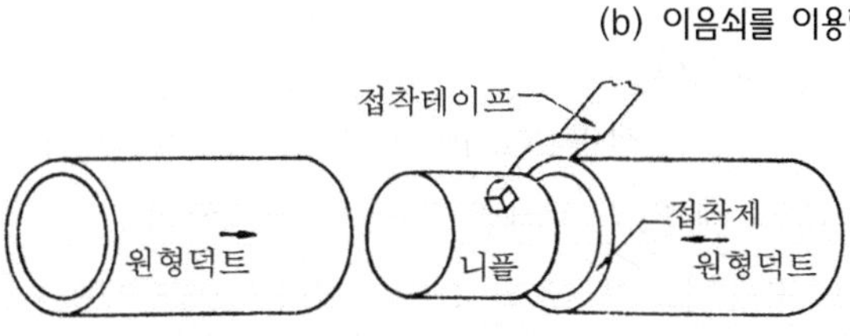


(c) 니플을 이용한 원형덕트의 이음

그림 5-41 ▸ 파이버 글라스 덕트의 이음

## [4] 덕트의 보강

장방형덕트의 보강을 위해서는 그림 5-36의 이음방식과 같이 이음부분에 각종 슬립(slip)이나 심(seam) 또는 앵글(angle)로 보강하거나 그림 5-42에서 보는 바와 같이 다이아몬드 브레이크(diamond break) 또는 홈형 보강(rib break)을 한다.

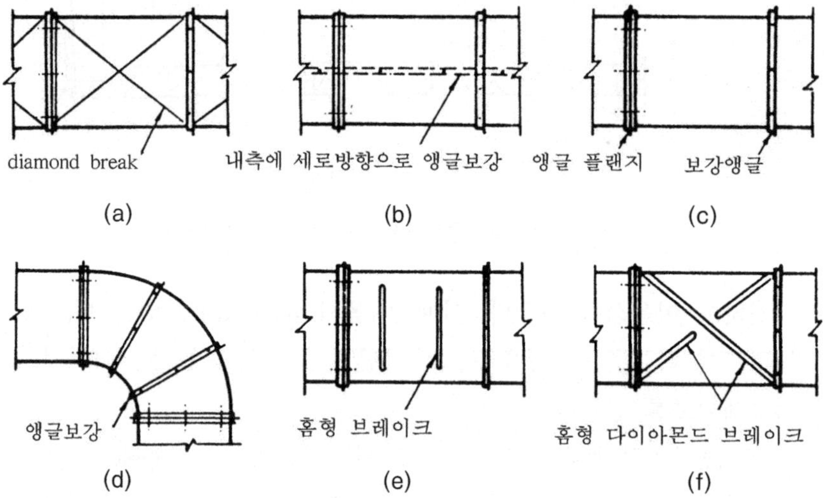


그림 5-42 ▸ 덕트의 보강

보강 앵글은 덕트 외부에 가로방향으로 대는 것이 일반적이고, 리벳(rivet)으로 고정하지만 폭이 1,500 mm 이상인 경우는 그림 (b)와 같이 덕트 내부에 세로방향으로도 보강해야 한다.

## [5] 공기의 누설

### (1) 누설량

덕트에서 공기의 누설은 덕트 내의 정압감소로 인한 송풍기의 동력손실 및 송풍공기의 손실을 초래한다.

덕트계통에서 공기의 누설량은 제작과 조립 및 시공방법에 따라 크게 달라지므로 누기 등급에 따라 사전에 철저한 준비가 필요하다.

누설량은 일반 저속덕트인 경우 10 % 이하, 고속덕트는 1 % 이하, 클린룸이나 방사성 물질의 배기덕트 등은 0 %를 보증해야 한다.

그 이상이 되면 시공기술이나 공법, 제품관리 등의 적절한 조치를 취한다.

### (2) 누설의 원인과 그 대책

누설의 원인은 크게 나누어 플랜지, 패킹, 실(seal), 심(seam)에 관련된 사항으로 생각할 수 있다.

그림 5-43은 누설이 생기는 요소들을 도시한 것이다.

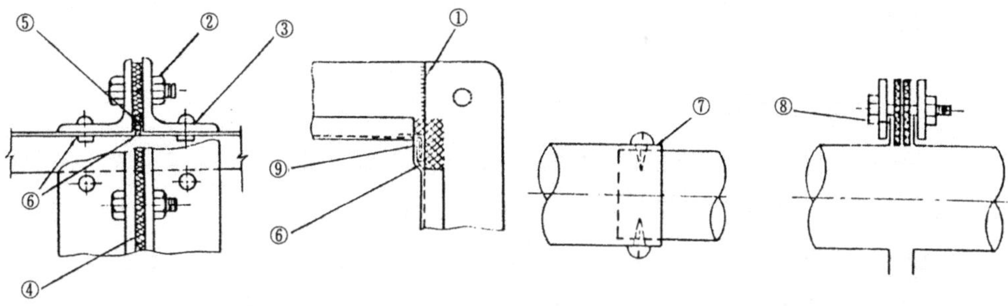


(a) 장방형덕트의 누설　　　(b) 원형덕트의 누설

그리 5-43 ▸ 덕트의 누설원인

그림에서 ①은 플랜지와 플랜지를 용접한 부분으로 용접부에 돌기물이 있거나 용착이 불량한 것을 체결볼트로 무리하게 조이면 틈이 생긴다.

②의 체결볼트는 전 둘레를 대각선 방향의 순서로 고르게 조인다. 한쪽면만 너무 조이면 상대편 방향에서 누설이 생긴다. 또한 체결볼트를 빠뜨리지 않도록 한다.

③은 앵글과 덕트 판재를 체결하는 리벳으로, 리벳 자체의 불량이나 작업의 미숙으로 틈이 생기지 않도록 한다.

④는 플랜지와 플랜지 사이의 패킹으로 틈새가 없도록 한다. 특히 패킹과 패킹의 연결부에 주의한다.

⑤는 덕트 끝의 접어올린 부분에 패킹이 채워지도록 한다.

⑥은 리벳의 내측 또는 플랜지와 철판 사이에는 실재료(sealant)를 바른다. 이때 외측에 바르는 것은 큰 효과가 없다.

⑦은 삽입부의 간극이 너무 큰 경우이다. 접합부는 점도가 높은 실재료를 바른다.

⑧은 원형덕트에서 플랜지 접속을 하는 경우에 원형덕트의 끝에서 접어올린 치수가 적으면 원형플랜지가 덕트 끝부분을 충분히 누르지 못한다.

⑨는 심부분에 틈새가 있을 경우와 또는 버튼 펀치 심(button punch seam)의 스냅 로크(snap lock) 부분의 불량으로 인한 누설도 주의해야 한다. 따라서 심부분은 실재료를 덕트 내부에서 바른다.

## 5-9 덕트의 부속기기

### [1] 댐 퍼

#### (1) 풍량조절댐퍼

풍량조절댐퍼(VD ; Volume Damper)는 그림 5-44와 같은 것으로서 주덕트의 주요 분기점, 송풍기 출구측에 설치되며, 날개의 열림 정도에 따라 풍량조절 또는 폐쇄의 역할을 하며, 날개의 구조에 따라 그림 5-45와 같이 구분한다. 날개의 작동은 댐퍼축과 연결된 레버 핸들(lever handle)이나 웜기어 핸들(worm gear handle)을 사용하여 수동으로 조절하거나 전동모터(modulating type)와 연결시켜 자동으로 제어하기도 한다.

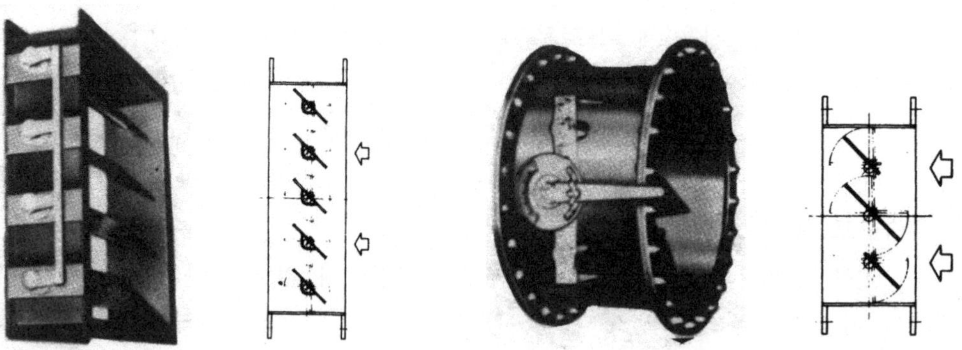

(a) 장방형　　(b) 원형

그림 5-44 ▸ 풍량조절 댐퍼

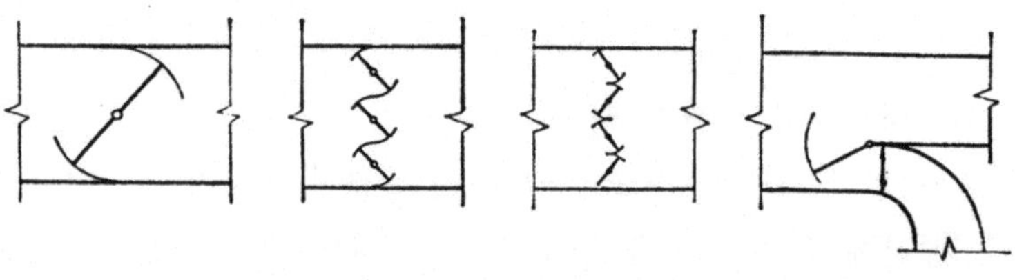

(a) 버터플라이 댐퍼　(b) 평행익형 댐퍼　(c) 대향익형 댐퍼　(d) 스플릿 댐퍼

그림 5-45 ▸ 각종 댐퍼

그림에서 (a)는 날개가 1개인 버터플라이 댐퍼(butterfly damper)로서 주로 소형덕트에서 개폐용으로 사용되며, 풍량조절용으로도 사용된다. 장점은 구조가 간단하고 완전히 닫았을 때 공기의 누설이 적다. 그러나 단점으로는 운전중에 개폐조작에 큰 힘을 필요로 하며, 날개가 중간 정도 열렸을 때 댐퍼의 하류측에 와류가 생기므로 풍량조절용으로는 적당하지 않다.

그림 (b)와 (c)는 여러 개의 날개를 갖는 루버댐퍼로서 (b)를 평행익형댐퍼, (c)를 대향익형댐퍼라 한다.

평행익형은 주로 대형 덕트의 개폐용으로 사용되며, 여러 장의 날개가 서로 링키지(linkage)되어 있으므로 1개의 댐퍼축으로 여러 개의 날개가 동시에 작동된다. 날개가 여러 장으로 분할됨으로써 기류가 정숙하여 풍량조절용으로 적당하다. 단점으로는 완전히 닫아도 틈이 많이 생겨 누설이 많고, 중간 정도로 열려 있을 때는 하류측에 편류가 심하여 비례조정으로는 적당하지 못하다.

(c)의 경우는 날개가 서로 마주보는 대향익형으로서 (b)의 경우와 마찬가지로 각 날개는 링키지되어 있으며, 풍량조절용으로 많이 사용된다. 단점으로는 완전히 닫아도 공기의 누설이 많고, 동일 용량을 조절할 때 압력손실은 평행익형보다 크다.

그림 (d)은 스플릿 댐퍼(split damper)로서 분기부에 설치하여 풍량조절용으로 사용된다. 장점은 구조가 간단하여 값이 싸고, 주덕트의 압력강하도 적지만 단점으로는 정밀한 풍량조절은 불가능하며, 누설이 많아 폐쇄용으로 사용하지 않는다.

### (2) 방화댐퍼

방화댐퍼(FD ; Fire Damper)는 화재가 발생했을 때 덕트를 통해 다른 곳으로 화재가 번지는 것을 방지하기 위하여 방화구역을 관통하는 덕트 내에 설치된 차단장치이다.

방화댐퍼는 작동상태 및 설치위치에 따라 그림 5-46과 같이 구분된다.

(a)는 루버(louver)형의 방화댐퍼로서 대형의 4각덕트에 설치된다. 여러 개의 날개는 링키지되어 있어서 퓨즈가 녹으면(퓨즈의 용융온도는 72 ℃) 여러 개의 루버는 동시에 닫힌다. (b), (c), (d)는 피벗(pivot)형으로, 기류의 방향에 따라 (b)는 수평기류형, (c)는 하향 수직기류용, (d)는 상향 수직기류형으로 구분된다. 날개(blade)는 1장으로 피벗(회전축)에 고정되어 스프링이 눌림을 받고 있다. 화재시 퓨즈가 녹으면 날개는 피벗을 중심으로 회전하여 덕트를 폐쇄한다.

그림 (e)는 슬라이드(slide)형으로 퓨즈가 녹으면 댐퍼는 자중으로 내려와서 차단하게 되어 있다. 또 (f)는 스윙(swing)형으로 퓨즈가 녹으면 댐퍼의 자중으로 회전하여 덕트를 차단한다.

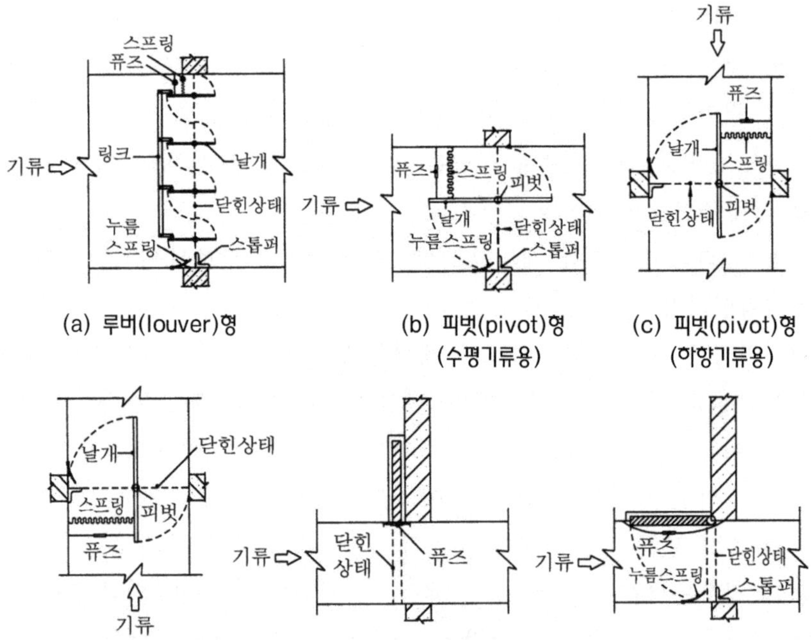


(a) 루버(louver)형 (b) 피벗(pivot)형 (수평기류용) (c) 피벗(pivot)형 (하향기류용)

(d) 피벗(pivot)형 (상향기류용) (e) 슬라이드(slide)형 (f) 스윙(swing)형

그림 5-46 ▸ 방화댐퍼의 종류와 구조

### (3) 방연댐퍼

방연댐퍼(SD ; Smoke Damper)는 연기감지기와의 연동으로 되어 있는 댐퍼를 말하며, 작동은 실내에 설치된 연기감지기로 화재의 초기에 발생된 연기를 탐지하여 방연댐퍼로 덕트를 폐쇄시킴으로써 다른 구역으로 연기의 침투를 방지한다.

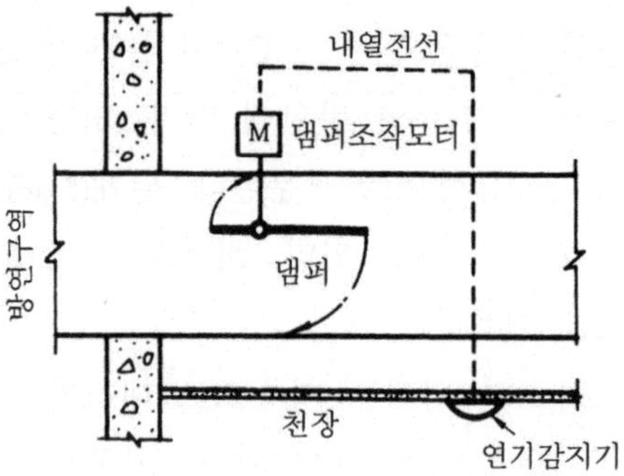


그림 5-47 ▸ 방연댐퍼

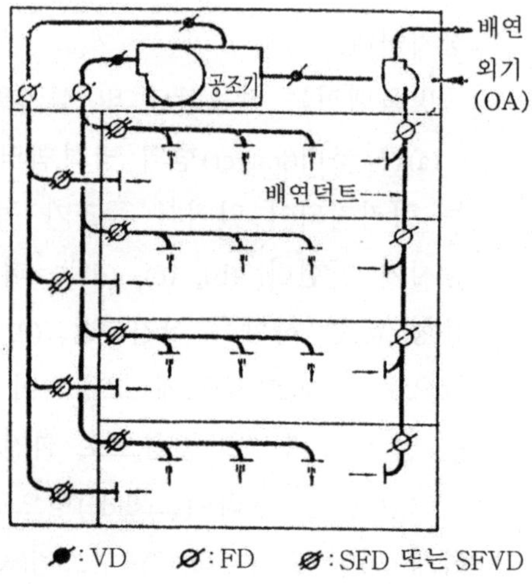


그림 5-48 ▸ FD, SFD(SFVD)의 배치 예

그림 5-47은 방연댐퍼의 구성을 나타낸 것으로써 연기감지기와 함께 감온퓨즈를 갖추면 방화댐퍼의 기능도 겸하게 되는 방연 · 방화댐퍼(SFD ; Smoke and Fire Damper)이다. 또 방연댐퍼(SD), 방화댐퍼(FD), 풍량조절댐퍼(VD)의 기능을 겸한 것을 방연 · 방화 · 풍량조절댐퍼(SFVD)라고 한다.

그림 5-48은 VD, FD, SFD 또는 SFVD의 배치 예이다.

## [2] 챔버 및 소음 엘보

그림 5-49와 같이 공조기와 덕트의 접속부분 또는 취출구 직전에 에어 챔버(air chamber)를 설치한다. 에어 챔버는 덕트가 몇 개로 분기되거나 취출할 때 기류를 안정시키기 위한 목적이며, 또 기류를 타고 나오는 소음을 줄이기 위해서는 챔버 내벽면에 흡음재, 섬유류, 다공판의 순서로 내장한 소음챔버 또는 소음엘보가 사용된다. 소음챔버는 내부의 표면적이 클수록 소음효과가 좋기 때문에 덕트 단면적의 10~20배 정도로 확대된 구조로 만든다. 따라서 동압이 낮아지고, 전압의 강하가 심하다.

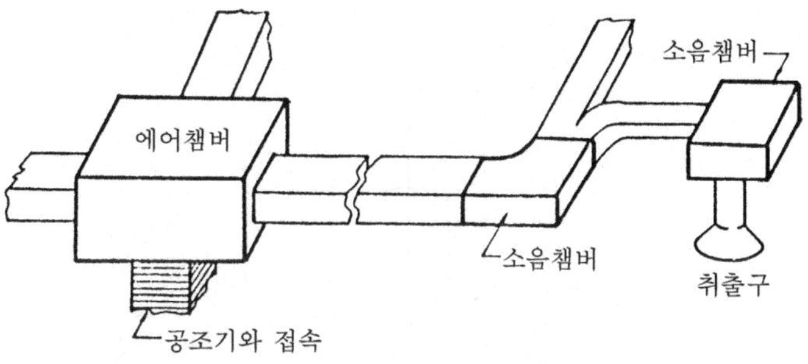


그림 5-49 ▸ 에어 챔버(air chamber) 및 소음엘보

## [3] 점검구 및 측정구

### (1) 점검구

덕트의 주요 요소의 점검이나 조정을 위하여 점검구(access door)를 설치한다.

점검구가 필요한 곳은 방화댐퍼의 퓨즈를 교체할 수 있는 곳, 풍량조절댐퍼의 점검 및 조정할 수 있는 곳, 말단 코일이 있는 곳, 덕트의 말단(먼지의 제거가 가능한 곳), 에어 챔버가 있는 곳 등이며, 공조기에도 주요 부분에는 설치한다.

점검구는 공기의 누설을 방지할 수 있도록 패킹을 하며, 덕트가 보온된 곳에서는 점검구도 보온한다.

(2) 측정구

덕트 내의 풍속(풍량), 온도, 압력, 먼지 등을 측정하기 위하여 측정구를 설치할 필요가 있다.

피토관으로 동압을 측정하기 위한 측정구는 엘보와 같은 곡관부에서 덕트폭의 7.5배 이상 떨어진 장소를 택한다. 만약, 이와 같은 장소가 없으면 정류베인을 설치하고 베인으로부터 덕트폭 이상 떨어진 곳을 선정한다.

## [4] 신축이음

송풍기와 덕트가 직접 연결된 상태에서는 송풍기의 진동이 덕트로 쉽게 전달된다.

따라서 그림 5-50과 같이 송풍기 입구 및 출구를 덕트에 접속할 때 신축이음(flexible connection, canvas connection)을 한다.

신축이음부는 저속덕트에서 1겹, 고속덕트에서는 2겹으로 되어 있으며, 송풍기 흡입측은 부압이 되므로 이음부의 변형을 막기 위해 내부에 피아노선이 있는 것을 사용한다.

또한 4각덕트의 신축이음 상세는 그림 5-51의 (a), 원형덕트는 (b)와 같다.

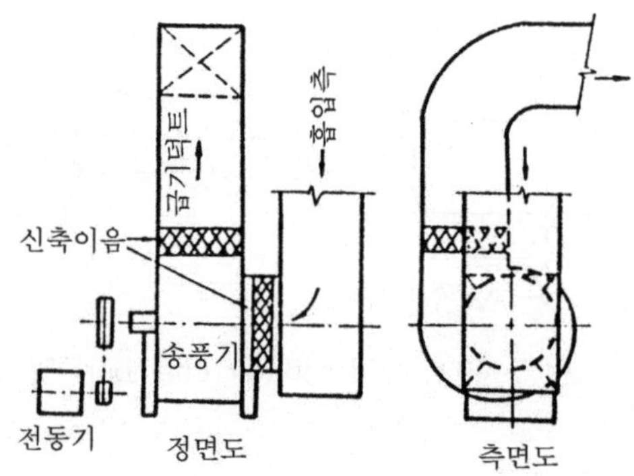


그림 5-50 ▸ 송풍기와 덕트의 신축이음

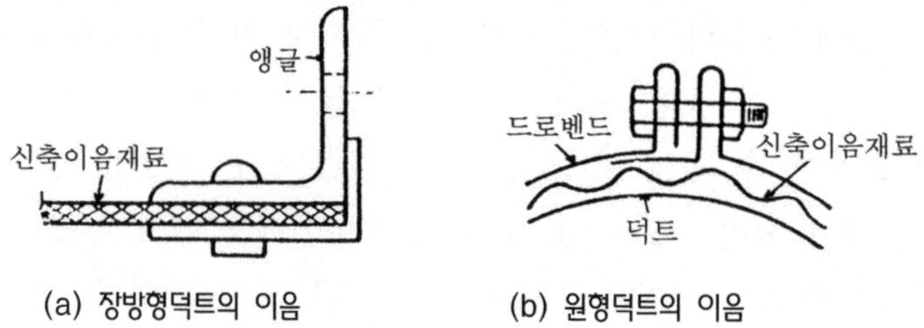


(a) 장방형덕트의 이음 (b) 원형덕트의 이음

그림 5-51 ▸ 신축이음의 상세

## 5-10 덕트의 지지 및 고정

### [1] 지지 및 고정구

덕트를 지지 및 고정할 때는 경우에 따라 여러 가지의 철물이 사용된다.

그림 5-52는 콘크리트 인서트(insert)로서 (a)와 (b)는 콘크리트를 치기 전에 인서트 배치도면에 따라 철물을 배치하거나 고정한 후 콘크리트를 친다. 그림 (c)는 강력인서트로서 봉강의 행거볼트 끝에는 나사로 체결된다. 또 그림 5-53은 공장에서 생산되는 인서트로서 거푸집에 배치시킨 후 콘크리트를 친다.

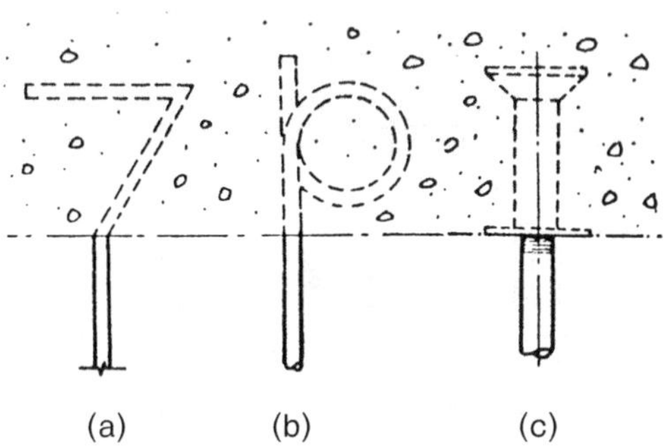


그림 5-52 ▸ 콘크리트 인서트(insert)

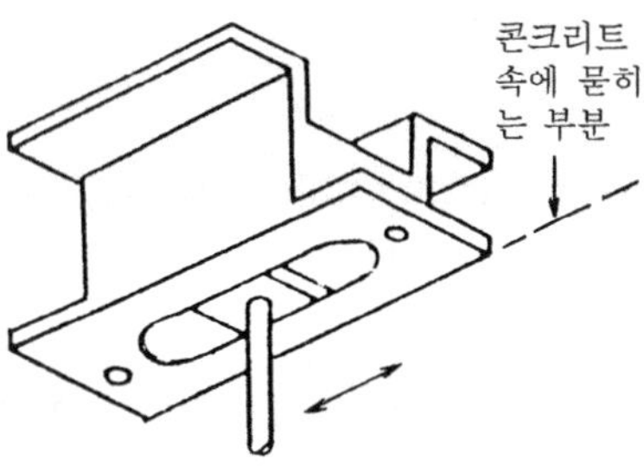


그림 5-53 ▸ 공장생산형 인서트

그림 5-54는 이미 굳어 있는 콘크리트에 핀이나 스터드(stud)를 화약류의 폭발력을 이용할 수 있는 타정공구로 쏘아서 박는다.

그림 5-55는 앵커의 종류로서 (a)는 케미컬 앵커(chemical anchor)이고, (b)는 익스팬션 앵커(expansion anchor)로서 이미 굳은 콘크리트에 적용된다. (a)는 해머드릴로 구멍을 뚫고 레진 캡슐(resin capsule)을 넣은 후 해머드릴의 조(jaw)에 나사봉을 물리고 회전 및 충격을 주면서 밀어 넣는다. 또 (b)는 해머드릴로 뚫은 구멍에 익스팬션 앵커를 넣고 너트를 조이면 앵커의 끝부분이 팽창되어 고정된다. 조임너트의 끝에는 3~4개의 나사산이 나오도록 하여 연결나사 봉과는 롱 너트(long nut)로 연결한다.

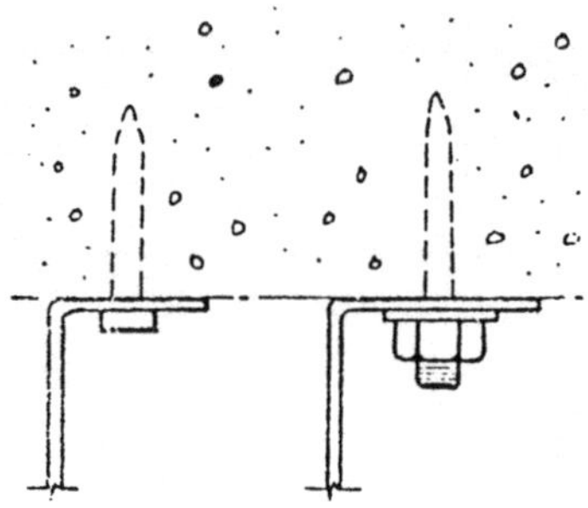

(a) 때려박음 핀 (drive pin)　(b) 나사머리 스터드 (thread stud)

그림 5-54 ▸ 타정공구로 쏘아 박는 인서트

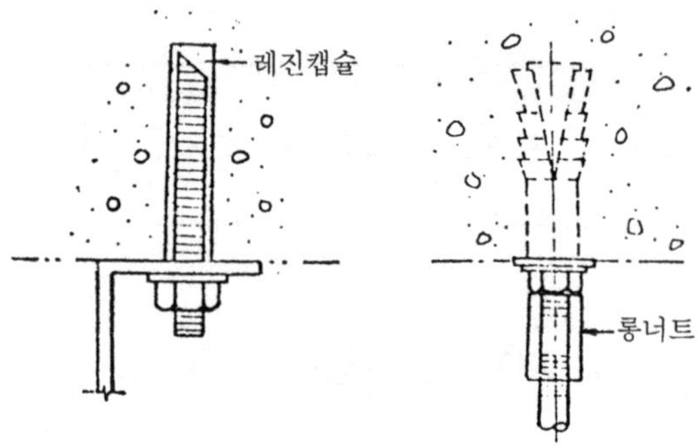


(a) 케미컬 앵커 (chemical anchor)　(b) 익스팬션 앵커 (expansion anchor)

그림 5-55 ▸ 앵커의 방식

그림 5-56은 철골구조물에 각종 고정철물을 이용하는 경우이다. 그림에서 (c), (d)는 C-클램프(C-clamp)를 이용하는 경우이고, (e)는 볼트를 구조물에 용접하는 경우이다.

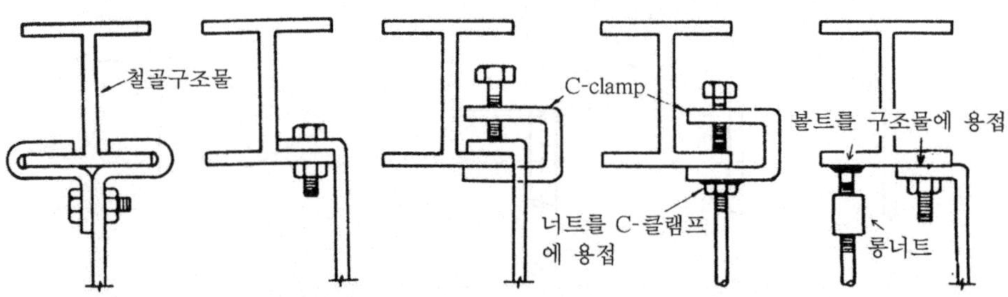


(a)　(b)　(c)　(d)　(e)

그림 5-56 ▸ 철골구조물에 각종 고정방법

## [2] 지지 및 고정방법

덕트를 천장이나 벽, 바닥 등에 설치할 때 앞에서와 같은 철물과 봉강, 형강, 평철 또는 띠강 등을 이용하여 지지 및 고정을 하게 된다.

덕트의 지지라 함은 횡주덕트의 경우에 덕트의 자중 및 외부의 진동에 견딜 수 있도록 하는 수직방향의 지지를 말한다. 따라서 덕트의 수평방향(덕트의 직각방향 · 덕트의 단면방향 또는 덕트축과 직각인 방향), 축방향(공기의 흐름방향)의 요동은 저지하지 못한다.

그림 5-57의 (a)는 횡주덕트를 지지하는 방법으로 좌측상단은 천장에, 우측상단은 보(beam)에 인서트나 앵커로 각각 지지한 예이다.

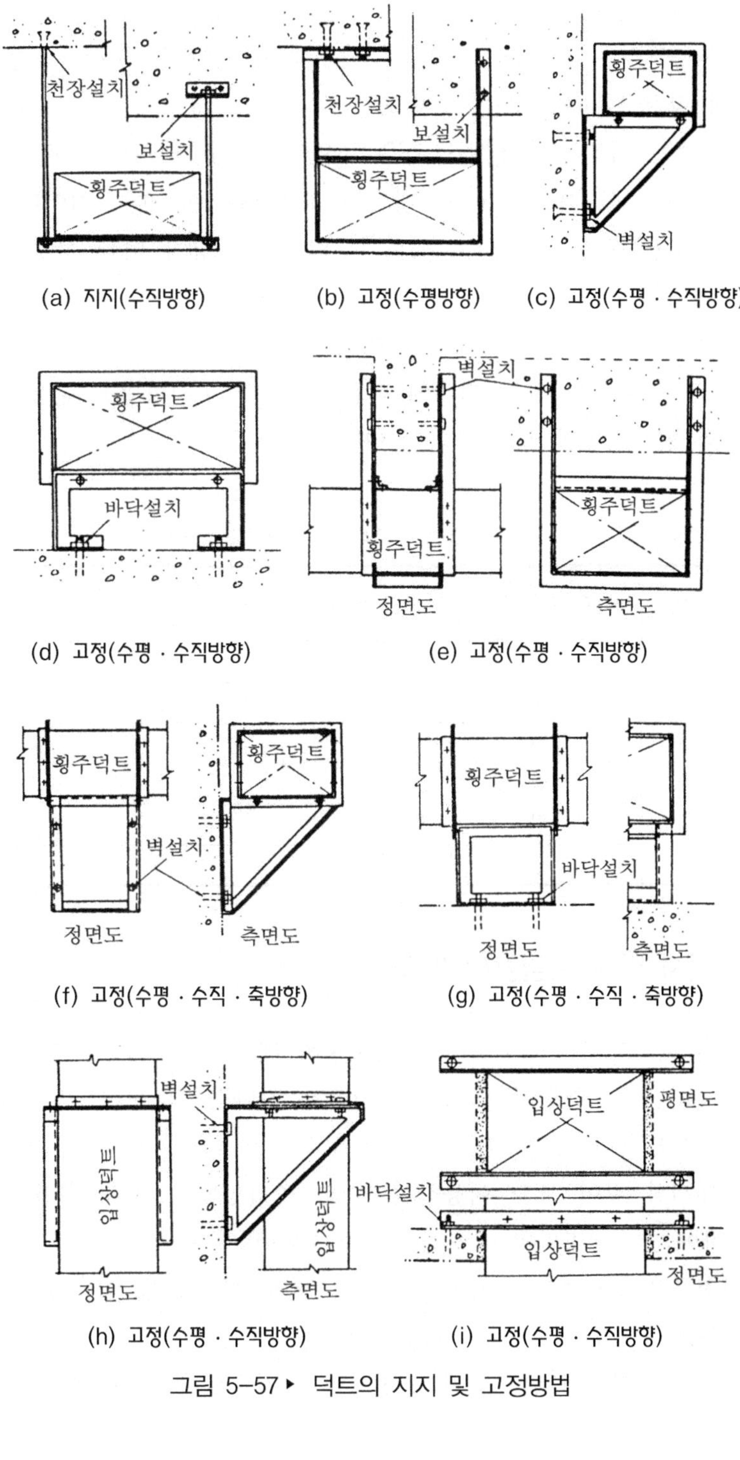


(a) 지지(수직방향) (b) 고정(수평방향) (c) 고정(수평 · 수직방향)

(d) 고정(수평 · 수직방향) (e) 고정(수평 · 수직방향)

(f) 고정(수평 · 수직 · 축방향) (g) 고정(수평 · 수직 · 축방향)

(h) 고정(수평 · 수직방향) (i) 고정(수평 · 수직방향)

그림 5-57 ▸ 덕트의 지지 및 고정방법

그림 (b)~(i)까지는 각종 고정방법을 도시한 것으로 (b)는 횡주덕트의 수평방향 고정을 위하여 천장 및 보에 고정구를 설치하는 예이다.

(c)와 (d)는 횡주덕트의 수평 · 수직방향 고정을 위하여 (c)는 벽에, (d)는 바닥에 고정철물을 설치한 예이다.

(e) (우측도면은 좌측도면의 측면도임)는 횡주덕트의 수평 · 축방향 고정을 위하여 보에 고정구를 설치하는 예이다.

(f) (우측은 측면도)와 (g) (우측은 측면도)는 횡주덕트의 수평 · 수직 · 축방향 고정을 위하여 (f)는 벽설치, (g)는 바닥에 고정구를 설치하는 예이다.

그림 (h) (우측은 측면도)는 세로덕트의 수평방향에 대한 설정을 위하여 벽설치를 한 예이고, (i) (위 도면은 평면도)는 세로덕트의 수평 · 수직방향의 고정을 위하여 바닥에 고정철물을 설치하는 예이다.

이와 같이 덕트의 설치 위치에 따른 지지 및 고정방법을 분류하여 그림 5-57의 관련도와 연관시키면 표 5-12와 같다.

표 5-11 ▸ 덕트의 지지 및 고정방법

| 덕트의 구분 | 지지 및 고정 | 방 향 | 설치 위치에 따른 관련 도면 | | |
|---|---|---|---|---|---|
| | | | 보 · 천장 | 벽 | 바 닥 |
| 횡주덕트 | 지 지 | 수직 | a | | |
| 횡주덕트 | 고 정 | 수평 | b | | |
| 횡주덕트 | 고 정 | 수평 · 수직 | | c | d |
| 횡주덕트 | 고 정 | 수평 · 축 | | | |
| 횡주덕트 | 고 정 | 수평 · 수직 · 축 | e | f | g |
| 입상덕트 | 고 정 | 수평 · 수직 | | h | i |

## [3] 지지 및 고정철물의 배치

덕트의 배치에 따른 지지 및 고정철물의 배치 예를 그림 5-58과 같이 제시한다.

그림 (a)는 보 · 천장 밑으로 횡주덕트가 지나갈 때 지지 및 고정철물을 배치하는 경우이다.

그림에서와 같이 보를 이용하여 수평 · 축방향의 고정과 수평방향의 고정을 하고, 천장에는 수직방향의 지지철물이 설치되어 있다.

지지철물은 일반적으로 엘보, 분기부, 챔버, 말단코일, 댐퍼류가 있는 곳 등에는 추가된다.

그림 (b)는 횡주덕트를 벽에 고정시키는 경우로서 축방향의 고정간격이 수평 ·

수직방향에 대한 고정간격의 4배로 취한 경우이다.

그림 (c)는 바닥 위에 설치되는 횡주덕트의 고정으로 축방향의 고정간격이 수평 · 수직방향 고정철물 간격의 4배로 취한 경우이다.

그림 (d)는 입상덕트를 벽에 고정하는 경우로서 바닥을 관통하는 경우이고, 그림 (e)는 바닥이 없는 덕트 샤프트를 통과하는 입상덕트의 설치 예이다.

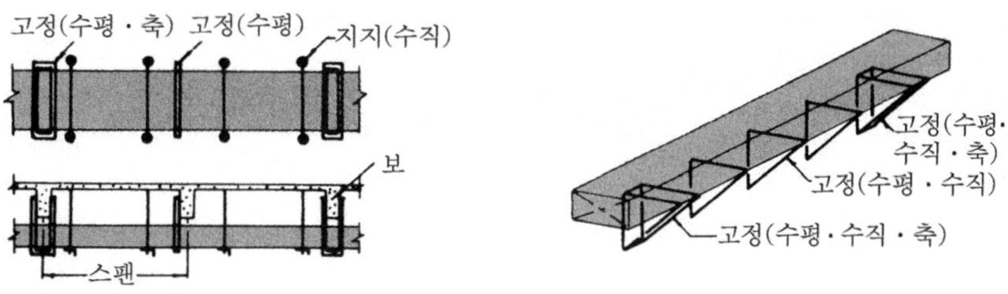


(a) 보 및 천장 밑에 가설하는 횡주덕트의 고정 예 (수평방향의 고정이 1개 스팬간격인 경우)

(b) 벽에 따라 설치하는 횡주덕트의 고정 예 (축방향의 고정이 수평 · 수직방향 고정의 4배인 경우)

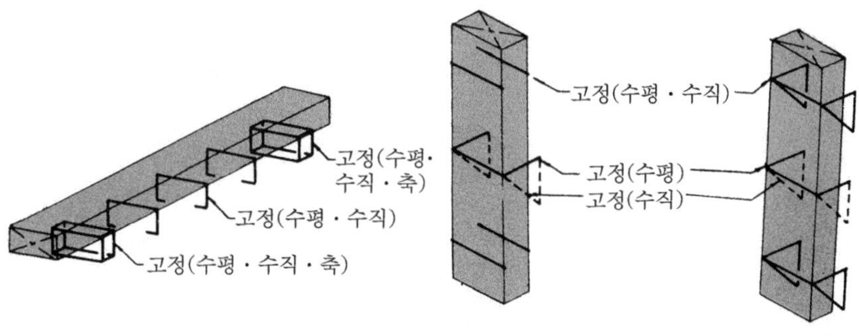


(c) 바닥 위에 설치하는 횡주덕트의 고정 예 (축방향의 고정이 수평 · 수직방향 고정 간격의 4배인 경우)

(d) 바닥을 관통하는 경우

(e) 바닥이 없는 덕트 샤프트의 경우

그림 5-58 ▸ 덕트의 지지 및 고정철물의 배치 예

제 6 장

# 취출구 및 흡입구와 기류분포

## 6-1 취출구의 분류

실내에 공기를 공급하는 취급구는 분류방식에 따라 여러 가지로 분류할 수 있지만, 설치위치에 따라 분류하면 천장에 설치하여 하향으로 취출하는 천장취출구와 벽면에 설치하여 수평방향으로 취출하는 벽면취출구 및 창틀 밑에 또는 창 위쪽에 설치하여 상향 또는 하향으로 취출하는 라인형 취출구 등으로 분류된다. 그러나 라인형 취출구는 천장이나 벽에도 설치된다.

또 취출공기의 흐름 형식에 따라 확산형, 축류형으로 분류하기도 한다.

이러한 형식의 취출구는 각 제작회사에서 용도 및 실내 인테리어의 미적인 환경에 만족할 수 있도록 다양한 모양의 제품을 제작한다.

표 6-1은 종류별로 분류된 취출구의 예이다.

표 6-1 ▸ 취출구의 분류

| 방 식 | 종 류 | 예 |
|---|---|---|
| 천장취출구 | 아네모스탯(annemostat) | 원형 ; 그림 6-10(b)<br>각형 ; 그림 6-10(a) |
| | 웨이(way)형 | 그림 6-13 |
| | 팬(pan)형 | 그림 6-14 |
| | 라이트 트로퍼(light-troffer)형 | 그림 6-16 |
| | 다공판(multi-vent)형 | 그림 6-18 |
| 라인형취출구 | 브리즈 라인(breeze line)형 | 그림 6-20 |
| | 캄 라인(calm line)형 | 그림 6-22 |
| | T-라인(T-line)형 | 그림 6-24 |
| | 슬롯 라인(slot line)형 | 그림 6-26 |
| | T-바(T-bar)형 | 그림 6-27 |
| 축류형 취출구 | 노즐(nozzle)형 | 그림 6-28 |
| | 펑커(punka louver)형 | 그림 6-29 |
| 베인격자형 취출구 | 베인(vane)격자형 | 그림 6-31 |

## 6-2 취출공기의 이동

### [1] 유인작용과 속도분포

취출구에서 실내로 취출되어 나온 공기를 1차공기(primary air), 실내에 있던 공기 중에서 취출공기와 혼합되는 공기를 2차공기(secondary air)라 한다.

취출구에서 불어내는 1차공기는 그림 6-1에서 보는 바와 같이, 주위로부터 2차공기를 유인하여 1차공기와 혼합한다. 이 혼합된 공기를 전공기(total air)라고 한다.

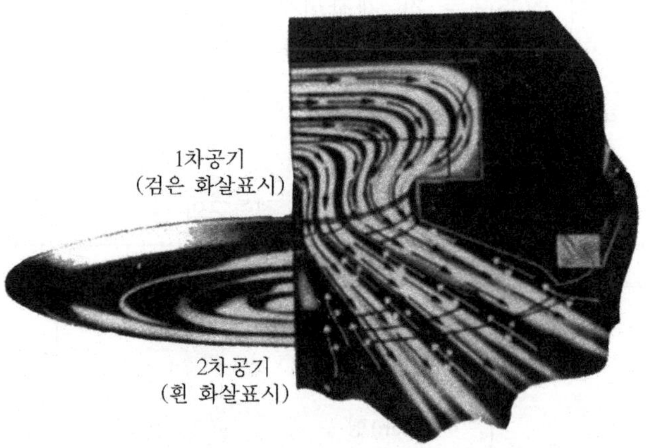


그림 6-1 ▸ 천장취출구에서 1차공기에 의한 2차공기의 유인작용

이 유인작용은 운동량의 법칙에 의하여 다음과 같이 정리할 수 있다.

$$m_1 \cdot w_1 + m_2 \cdot w_2 = (m_1 + m_2) \times w_3 \quad \cdots\cdots (6\text{-}1)$$

여기서, $m_1, m_2$ : 1차공기 및 2차공기의 질량

$w_1, w_2, w_3$ : 1차, 2차 및 전공기의 속도

또한, 1차공기와 전공기의 비를 유인비($R$)라 하며, 다음과 같이 정의한다.

$$R = \frac{1\text{차공기량} + 2\text{차공기량}}{1\text{차공기량}} = \frac{\text{전공기량}}{1\text{차공기량}} \quad \cdots\cdots (6\text{-}2)$$

취출공기는 유인작용에 의해 주위 공기를 끌어 들이므로 취출구로부터 멀어질수록 공기량은 증가하고, 속도는 감소하여 기류는 원추형태로 퍼져 나간다. 그러나

어느 한계를 지나면 기류의 속도가 낮아져서 유인작용을 하지 못하고 주위로 확산된다. 한편, 동일한 풍량이 동일한 압력상태에서 실내로 취출되는 경우에 원형단면을 갖는 취출구보다는 단면의 둘레가 긴 직사각형으로 된 취출구에서 유인작용이 더욱 잘 일어난다.

그림 6-2는 벽면에 설치된 축류형 취출구에서 취출되는 기류의 상태를 나타낸 것으로 매우 복잡한 흐름을 볼 수 있다. 그러나 분출되는 기류는 그림 6-3과 같이 4단계의 영역으로 구분하여 취출구로부터 $x$[m] 거리에서의 풍속 $w_x$[m/s]는 각각 다음과 같다.

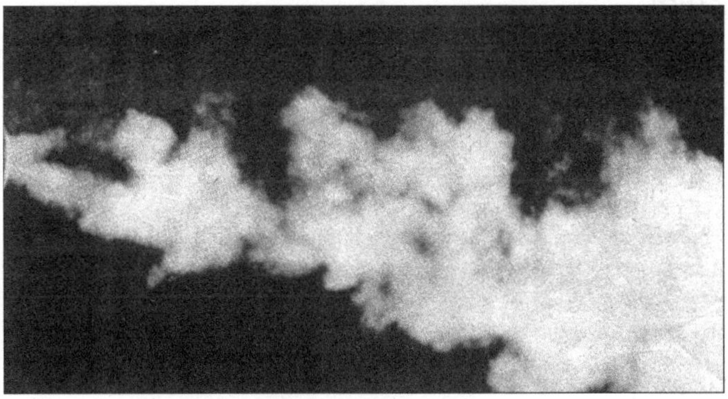

그림 6-2 ▸ 축류형 취출구에서의 기류분포

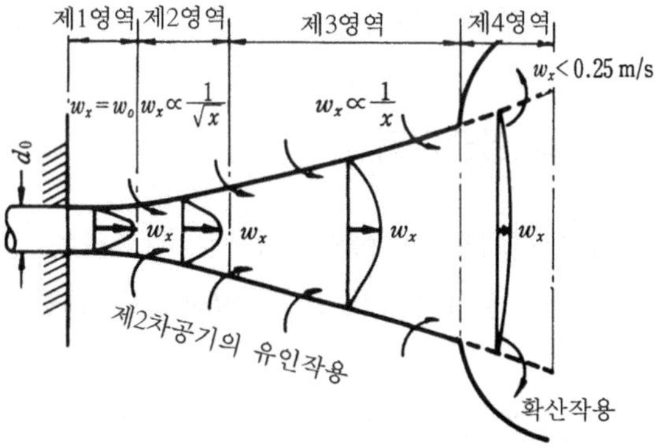


그림 6-3 ▸ 취출기류의 속도분포

### (1) 제1영역

취출구에서 분출되는 공기는 아주 짧은 거리에서 속도의 변화가 없다. 예를 들면, 노즐이나 오리피스 형상의 취출구에서는 취출구 직경의 2~6배 정도의 범위 내에서는 속도의 변화가 없는 제1영역으로 본다.

즉 $w_x = w_0$인 영역이다.

(2) 제2영역

취출거리가 점차 멀어지면 $w_x$도 작아지게 되는 영역으로서 일명 천이구역이라고도 한다. 이 영역은 장방형 혹은 격자형 취출구와 같이 아스펙트비(aspect ratio)가 큰 취출구일수록 이 영역은 길어진다.

즉 $w_x \propto \frac{1}{\sqrt{x}}$인 영역이다.

(3) 제3영역

취출구로부터 더욱 멀리 떨어지면 주위 공기와 충분히 혼합되는 부분으로 취출거리의 대부분을 차지하며, 이 영역은 취출구의 종류에 따라 특성이 현저하다. 제3영역은 취출기류가 0.25 m/sec까지 감소되는 곳으로서 1차공기(취출공기)가 취출속도에 의해 도착되는 한계영역이다.

즉, $w_x \propto \frac{1}{x}$인 영역이다.

(4) 제4영역

취출기류의 속도가 급격히 감소되어 주위 공기를 유인하는 힘이 없어서 혼합된 공기(1차공기+2차공기)까지도 주위로 확산되는 영역이다.

즉 $w_x < 0.25\,\mathrm{m/s}$인 영역이다.

## [2] 도달 · 강하 및 상승거리

그림 6-4와 같이 벽면에서 공기를 수평으로 취출하는 경우에 취출공기와 실내공기의 온도가 동일하면 공기의 비중도 동일하므로 그림 (a)와 같이 수평방향으로 퍼져나갈 것이다.

그러나 취출공기의 온도가 실내공기의 온도보다 높으면 취출공기가 가벼워서 (b)와 같이 천장쪽으로 뜨면서 퍼져나가고, 또 취출공기의 온도가 낮으면, (c)와 같이 바닥으로 가라앉으면서 퍼져 나간다.

이때, 취출구로부터 기류의 중심속도 $w_x$가 0.25 m/s로 되는 곳까지의 수평거리 $L_{max}$을 최대 도달거리라 하고, 또 $w_x$가 0.5 m/s로 되는 곳까지의 수평거리 $L_{min}$을 최소 도달거리라 한다. 또한 상승기류인 경우는 그림 (b)와 같이 최대 도달거리

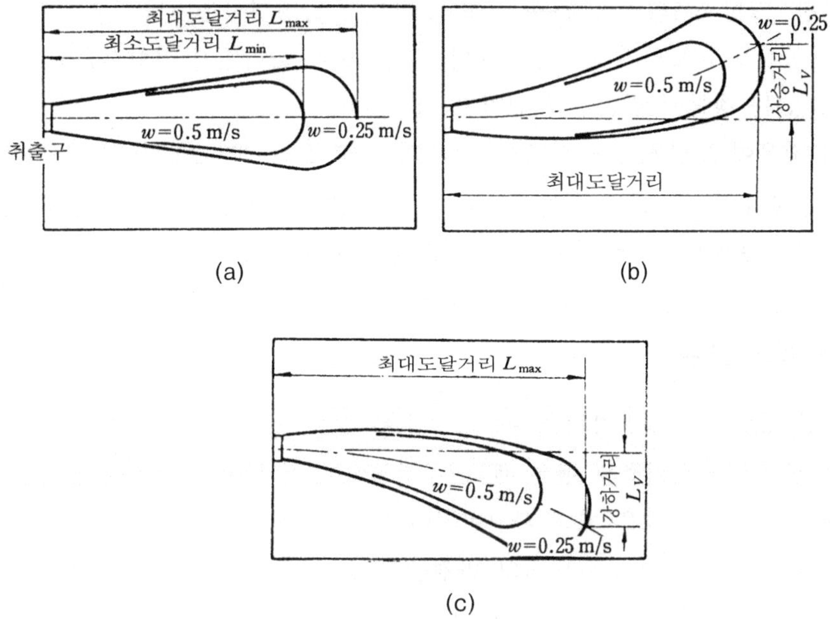


그림 6-4 ▸ 수평취출기류의 도달 · 강하 및 상승거리

에 상당하는 점까지의 높이를 상승거리 $L_V$라 하고, 또 강하하는 기류는 그림 (c)와 같이 최대 도달거리에 상당하는 점까지의 높이를 강하거리 $L_V$라고 한다.

따라서 도달거리는 취출기류의 풍속에 비례하고, 강하거리나 상승거리는 기류의 풍속 및 실내공기와의 온도차에 비례한다.

취출기류가 그림 6-5의 (a)와 같이 수직으로 하향취출을 하는 경우에도 온풍이면 공기의 비중량이 낮아지므로 부력에 의해 도달거리는 짧아지고, 냉풍을 하향취출할 경우에는 그 반대작용에 의해 도달거리는 길어진다.

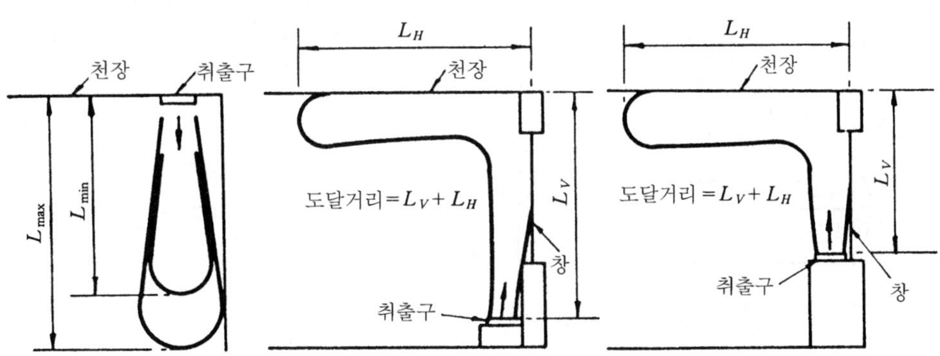


그림 6-5 ▸ 수직, 수평기류의 도달, 강하 및 상승기류

한편, 그림 6-5의 (b), (c)와 같이 수직으로 상향취출을 하는 경우에도 난방시에는 냉방시보다 도달거리가 길어진다. 그림 (b)는 바닥면에 상향취출구가 있는 경우이고, (c)는 창틀에 취출구가 설치된 경우이다.

이 경우에 도달거리는 수직거리 $L_V$와 수평 도달거리 $L_H$의 합으로 나타낸다.

난방시의 도달거리는 냉방시보다 길어지지만 이러한 경우에 취출구의 설치위치는 냉방취출시의 도달거리를 기준으로 설계한다.

## [3] 확산반경

그림 6-6과 같이 천장취출구에서 취출을 하는 경우에 드리프트(drift)가 일어나지 않는 상태로 하향취출을 했을 때, 거주영역에서 평균풍속이 0.1 ~ 0.125 m/s로 되는 최대 단면적의 반경을 최대 확산반경이라 하고, 거주영역에서 평균풍속이 0.125 ~ 0.25 m/s로 되는 최대 단면적의 반경을 최소 확산반경이라 한다. 최소 확산반경내에 보(beam)나 벽 등의 장애물이 있거나 인접한 취출구의 최소 확산반경이 겹치면 드리프트, 즉 편류현상이 생긴다.

따라서 취출구의 배치는 최소 확산반경이 겹치지 않도록 하고, 거주영역에 최대 확산반경이 미치지 않는 영역이 없도록 그림 6-7과 같이 천장을 장방형으로 나누어 배치한다.

이때, 분할된 천장의 장변은 단변의 1.5배 이하로 하고 또 거주영역에서 취출높이의 3배 이하로 한다.

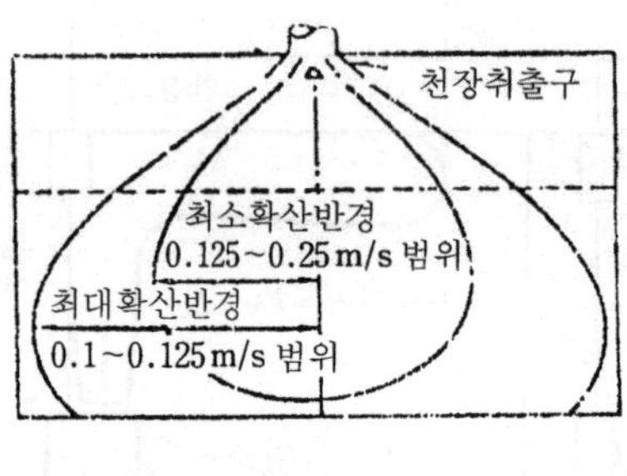


그림 6-6 ▸ 천장취출기류의 확산반경

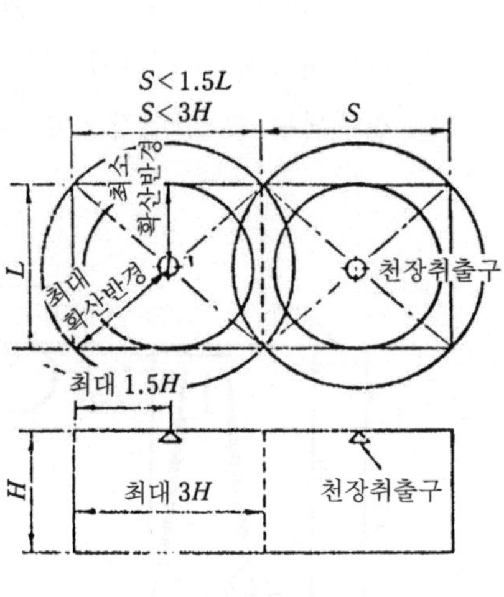


그림 6-7 ▸ 천장취출구의 확산반경

## [4] 베인(vane · deflector · blade)의 각도와 기류

취출구에서 나오는 공기의 도달거리, 확산반경, 기류의 방향 등을 조정하기 위하여 취출구 내에 베인을 부착한다.

### (1) 벽취출

그림 6-8은 벽면에서 수평으로 취출되는 기류의 상태를 위에서 내려다본 속도분포선도이다.

그림 (a)는 베인의 각도를 틀지 않은 경우로서 도달거리는 길고, 확산반경은 짧다. (b)는 베인의 각도를 0°~22.5°까지(취출구의 중앙부분은 0°에서부터 양쪽 가장자리 베인은 22.5°까지) 틀어 놓은 것으로서 도달거리는 짧아지고, 확산반경은 커짐을 알 수 있다.

한편, (c)의 경우는 베인의 각도를 0°~45°까지 확대시킴으로써 도달거리는 더욱 짧아지고, 확산반경은 더욱 커짐을 알 수 있다. 그러나 베인의 각도를 너무 확대시키면 소음이 커진다.

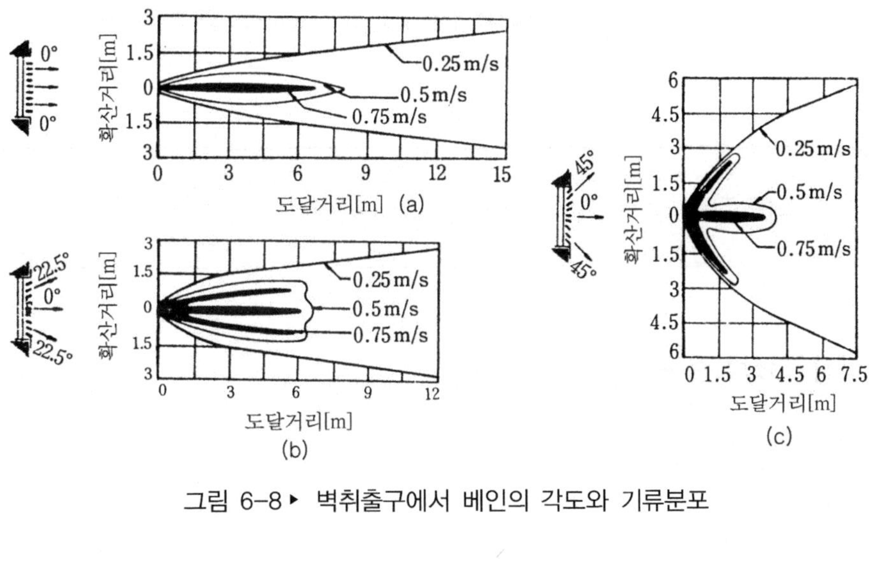


그림 6-8 ▸ 벽취출구에서 베인의 각도와 기류분포

### (2) 천장취출

그림 6-9와 같이 천장취출을 하는 경우에도 베인의 각도에 따라 강하거리 및 도달거리는 다르게 나타난다.

즉 베인의 선단과 수평선과의 각도가 작은 경우에는 도달거리가 길고, 강하거리는 짧다.

그러나 그 각도가 크면 도달거리는 짧고 강하거리는 길어진다.

따라서 냉방시에는 각도를 작게, 난방시에는 크게 하며 또한 천장이 높은 실의 경우에도 각도를 크게 함으로써 도달거리가 거주영역에 접근되도록 한다.

취출구에서 베인은 1~4방향이 있으며, 각도의 조정은 가능하도록 되어 있다. 그림 6-9의 (a)는 4방향(4way)으로 취출할 수 있도록 되어 있는 한 예이다.

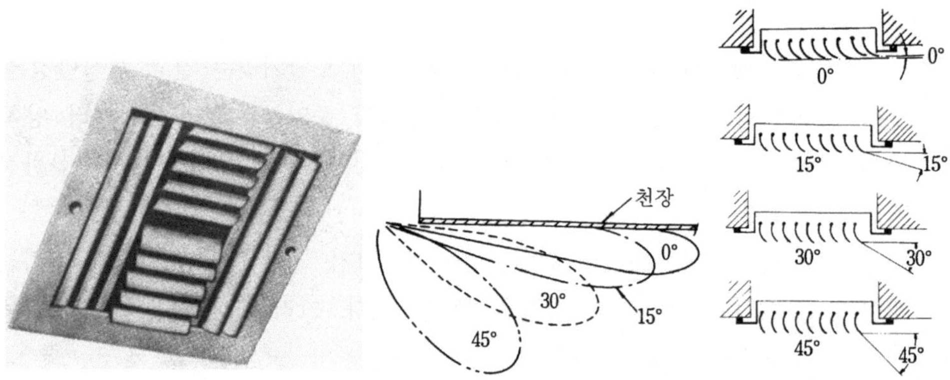


(a) 외형　　(b) 기류분포　　(c) diflector 각도

그림 6-9 ▸ way형 취출구의 diflector 각도와 기류분포

## 6-3 취출구의 종류

### [1] 천장취출구

#### (1) 아네모스탯

아네모스탯은 확산형 취출구의 일종으로 몇 개의 콘(cone)이 있어서 1차공기에 의한 2차공기의 유인성능이 좋다.

따라서 확산반경이 크고 도달거리가 짧기 때문에 천장취출구로 가장 많이 사용된다.

외형상으로는 그림 6-10과 같이 원형(RD형 ; Round Diffuser)과 각형(SD형 ; Square Diffuser)이 있으며, 콘을 고정시킨 것과 상하로 이동할 수 있는 것이 있다.

(a) 각형 취출구(square diffuser) (b) 원형 취출구(round diffuser) (c) 단면도

그림 6-10 ▸ 천장취출구 아네모스탯(annemostat)형

천장높이가 3 m 이상일 때는 난방시에 온풍을 취출하면 취출된 공기는 부력에 의해 천장면으로 올라가고 거주영역까지 도달하지 못한다.

따라서 그림 6-11의 (b)와 같이 콘을 올려서 수직방향으로 취출하도록 하고 냉방시에는 콘을 내려서 천장면에 따라 취출기류가 확산되도록 하며, 중간기에는 콘을 중간위치에 둔다.

취출구 뒤쪽에는 그림 6-12의 (a)와 같이 취출풍량을 조절하기 위한 댐퍼와 그림 (b)와 같이 정류(整流)를 위한 디플렉터(deflector)를 설치하기도 한다(또는 둘 중에서 한 가지만 설치하기도 한다).

(a) 콘(cone)을 내렸을 때 (b) 콘(cone)을 올렸을 때

그림 6-11 ▸ 콘의 위치에 따른 기류분포

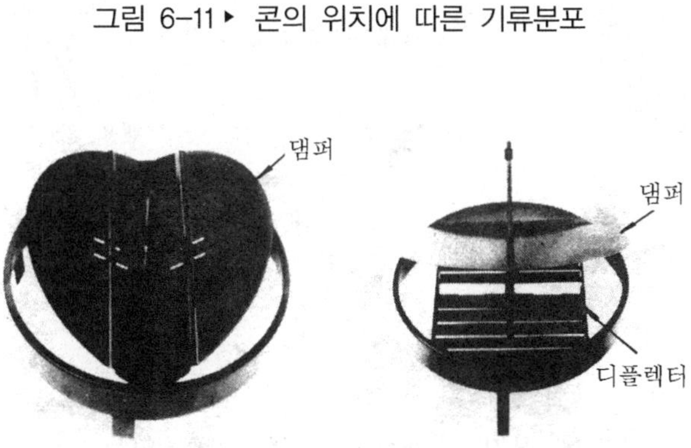


(a) (b)

그림 6-12 ▸ 천장취출구에 부속된 댐퍼 및 디플렉터

천장취출구에서는 취출기류나 유인된 실내공기 중에 함유된 먼지 등으로 취출구 주위의 천장면이 검게 더러워지는 것을 스머징(smudging)이라 하는데, 이 현상을 방지하기 위하여 취출구 주위에 안티스머징 링(anti-smudging ring)을 붙이기도 한다.

### (2) 웨이(way)형 취출구

방의 구조가 복잡하여 취출기류를 특정방향으로 취출해야 할 필요성이 있는 경우에는 디플렉터를 취출구의 출구쪽에 부착한다.

디플렉터의 방향수에 따라 1~4way로 구분되며, 그 예는 그림 6-13과 같다.

(a) 1방향 (1way)　(b) 2방향 (2way)　(c) 3방향 (3way)　(d) 1방향 (1way)　(e) 2방향 (2way)　(f) 4방향 (4way)

그림 6-13 ▸ 웨이(way)형 취출구의 기류방향

### (3) 팬(pan)형 취출구

팬형 취출구의 외형은 그림 6-14와 같으며, 원형과 각형이 있다.

아네모스탯형의 콘 대신 중앙에 원판모양의 팬을 붙인 것으로 취출기류는 팬의 상면을 따라 확산되어가므로 유인비 및 소음발생이 적다.

이 취출구는 팬의 위치를 상하로 이동시키므로 기류의 확산범위를 조정한다.

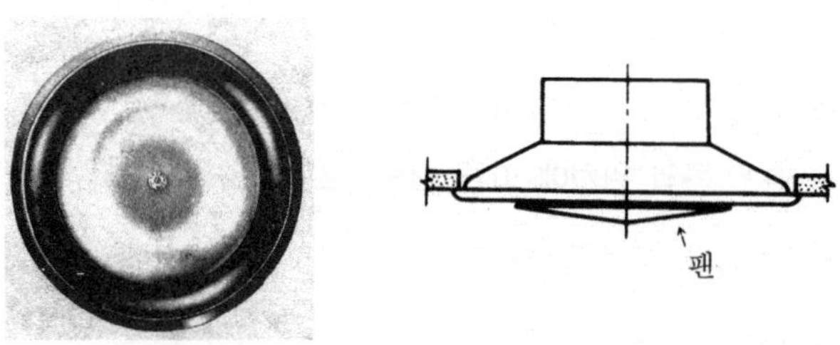


(a)　(b)

그림 6-14 ▸ 팬(pan)형 취출구

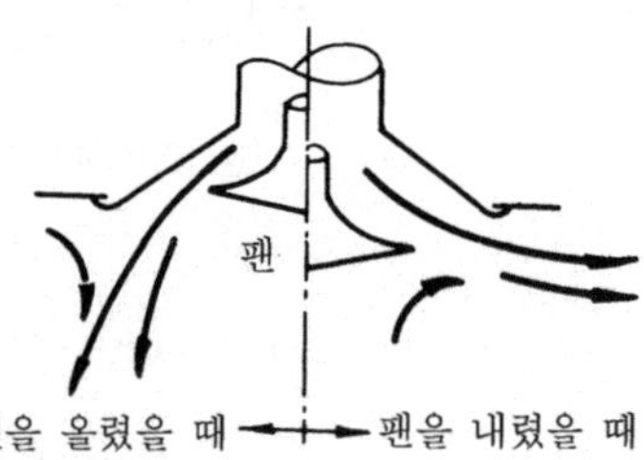


그림 6-15 ▸ 팬(pan)의 위치에 따른 기류의 방향

즉 난방시에는 그림 6-15의 우측과 같이 팬의 위치를 올림으로써 취출기류는 축류형식으로 변화되어 천장 가까이에 온풍이 체류되는 것을 방지한다. 또 냉방시에는 그림 6-15의 우측과 같이 팬을 내려서 취출기류가 천장면을 따라 확산되므로 콜드 드래프트가 생기지 않도록 한다.

### (4) 라이트-트로퍼(light troffer)형 취출구

그림 6-16과 같이 라이트-트로퍼의 양쪽에 취출구를 갖고 있으며, 중앙에는 조명등을 갖추고 있다.

따라서 인테리어 디자인의 측면에서 볼 때 조명등의 외관으로 취출구의 역할까지 겸하므로 호평을 받고 있다.

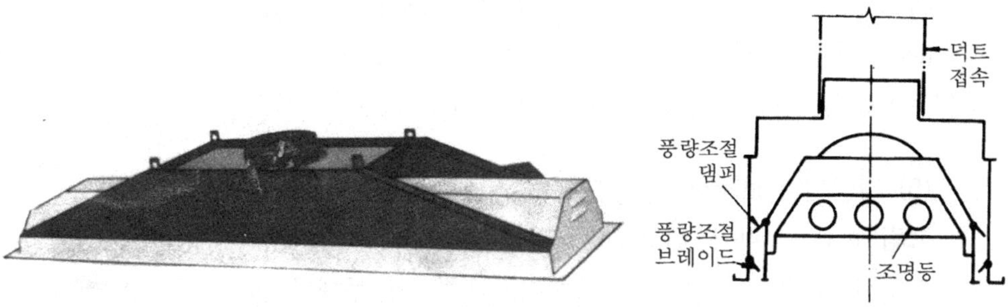


(a) 라이트 트로퍼(light troffer) 취출구의 외형 (b) 단면

그림 6-16 ▸ 라이트 트로퍼(light troffer)형 취출구

취출구 내에는 그림의 단면도에서 보는 바와 같이 풍량조절댐퍼가 있어서 풍량을 조절하고, 또 풍향조절용 브레이드에 의해 도달거리를 조절한다.

또한 댐퍼나 풍향조절용 브레이드를 제거하면 흡입구로도 사용할 수 있다.

그림 6-17은 취출구와 덕트의 접속상태를 나타낸 여러 가지의 응용 예이다.

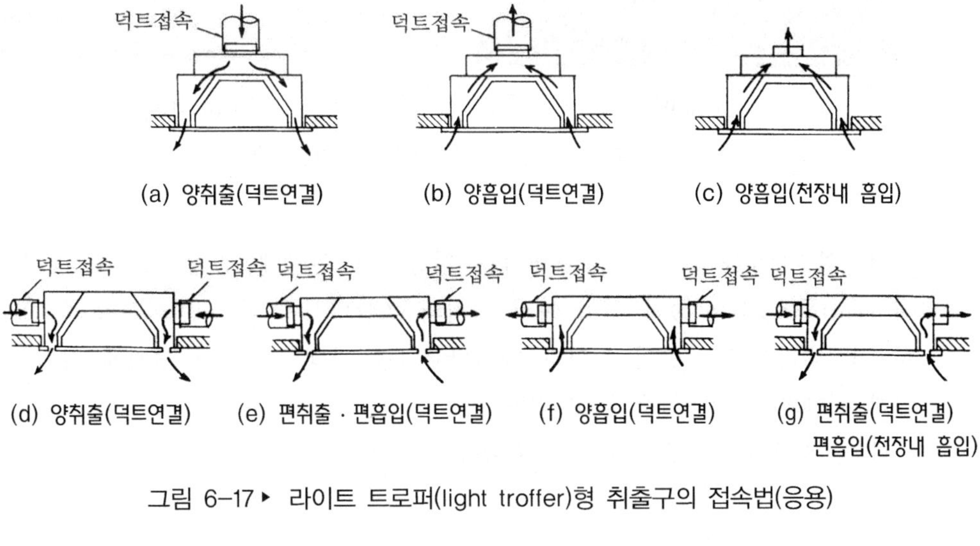


(a) 양취출(덕트연결) (b) 양흡입(덕트연결) (c) 양흡입(천장내 흡입)

(d) 양취출(덕트연결) (e) 편취출 · 편흡입(덕트연결) (f) 양흡입(덕트연결) (g) 편취출(덕트연결) 편흡입(천장내 흡입)

그림 6-17 ▸ 라이트 트로퍼(light troffer)형 취출구의 접속법(응용)

(a)는 급기덕트를 트로퍼의 상부에 접속하여 양쪽으로 취출시키는 양취출 덕트 연결 방식이고, (b)는 반대로 양쪽으로 흡입하여 환기덕트에 접속시키는 양흡입 덕트연결 방식이다.

한편, 환기덕트의 말단이 천장 내에 있으면 천장 내가 부압이 되므로 (c)와 같이 트로퍼와 환기덕트를 접속하지 않는 양흡입 천장 내의 흡입방식이 된다.

(d)와 같은 경우는 급기덕트를 트로퍼의 양측면에 각각 접속한 양취출 덕트연결 방식으로 천장 내의 높이가 낮은 경우에 적용된다.

(e)는 편취출 · 편흡입의 덕트연결방식이고, (f)는 양흡입 덕트연결, (g)는 편취출 덕트연결 및 편흡입 천장내 흡입방식이다.

### (5) 다공판(multi vent)형 취출구

그림 6-18과 같이 취출구의 프레임(frame)에 다공판(perforated face)을 부착시킨 것으로서, 천장설치용으로 적당하며, 취출구의 두께가 얇아서 천장 내의 덕트 스페이스가 작은 경우에 적합하다.

다공판은 확산효과가 크기 때문에 도달거리는 짧고 또한 드래프트(draft)가 적다. 따라서 거주영역의 공간높이가 낮은 방에도 확산효과가 크다.

(a) 표 면

(b) 이 면

그림 6-18 ▸ 다공판(multi-vent)형 취출구

기류의 방향을 조정하기 위해서는 다공판의 안쪽에 있는 풍향조정 엘리멘트(element)를 그림 6-19와 같이 여러 가지의 조합방식에 따라 변화시킬 수 있다. 풍향조정 엘리멘트는 방의 모양과 냉난방부하의 발생 위치 및 크기에 따라 융통성 있게 조합되며, 다공판을 열고 쉽게 바꿀 수 있다.

한편, 흡입구로 사용할 때는 풍향조정 엘리멘트를 제거한다.

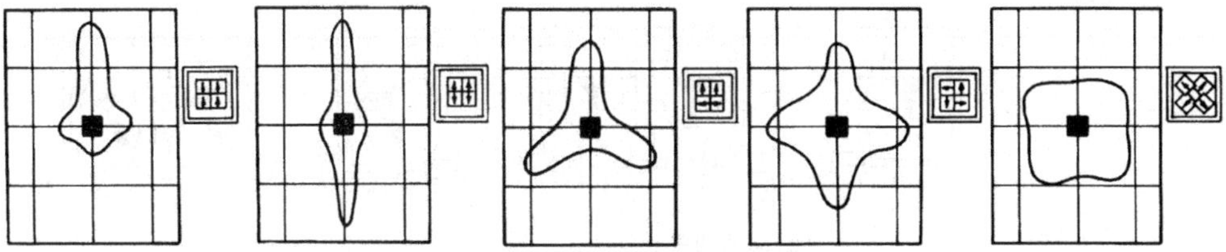

(a) 1방향 (b) 2방향 (c) 3방향 (d) 4방향 (e) 4방향

그림 6-19 ▸ 풍량조정 엘리멘트(element)의 조합과 기류분포

## [2] 라인(line)형 취출구

### (1) 브리즈 라인(breeze line)형 취출구

라인형 취출구의 일종으로 그림 6-20에서 보는 바와 같이 취출부분에는 홈(slot)이 있다. 따라서 선의 개념을 통하여 인테리어 디자인에서 미적인 감각을 살릴 수 있다.

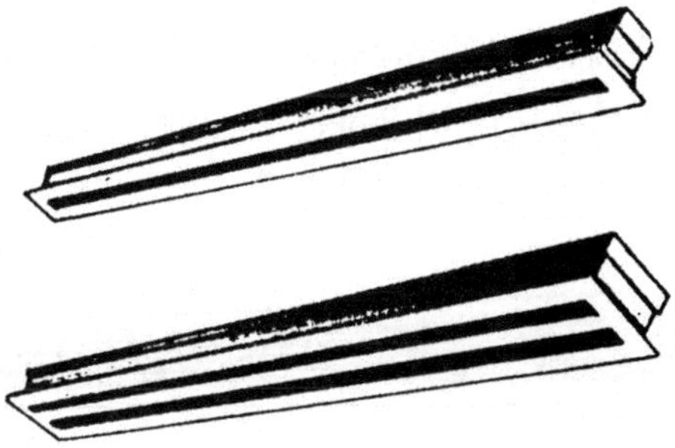

그림 6-20 ▸ 브리즈 라인(breeze line)형 취출구

설치 위치는 페리미터쪽의 천장 또는 창틀 위에 설치하여 출입구의 에어 커튼(aircurtain) 역할 및 외부 존(perimeter zone)의 냉난방부하를 처리하고, 또 취출구 내에 있는 브레이드(blade)의 조정으로 취출기류를 내측으로 바꾸면 내부 존(interior zone)의 부하를 처리할 수 있다. 이때 취출기류를 거주영역으로 직접 취출하는 경우에는 드래프트(draft)에 주의하여야 한다.

취출기류가 나오는 부분인 홈은 취출풍량에 따라 1개 또는 2, 3개 등이 있다.

브리즈 라인형 취출구를 환기나 배기를 위한 흡입용으로 사용할 때에는 취출구 속에 있는 브레이드를 제거한다.

그림 6-21은 취출구의 단면으로 브레이드의 각도에 따라 기류의 방향이 정해진다. 그림에서 (a)는 수직기류로 취출하는 경우이고, (b)는 45° 방향, (c)는 최대 경사각으로 취출하는 경우이며, (d)는 양쪽으로 기류를 분리시키는 경우이다.

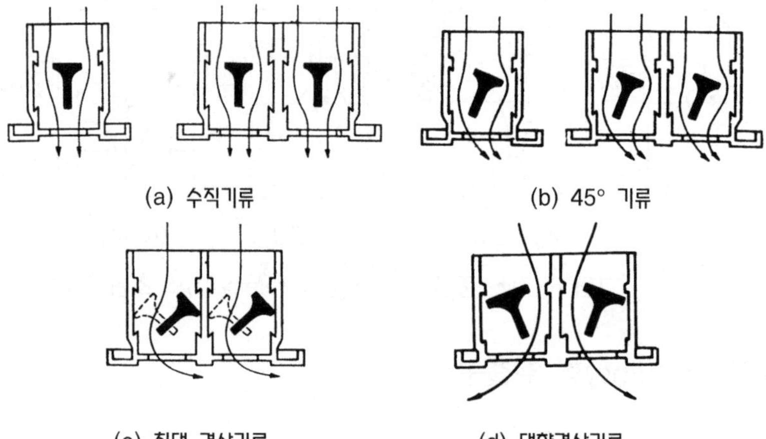


그림 6-21 ▸ 브레이드(blade)의 각도와 취출기류의 방향

### (2) 캄 라인(calm line)형 취출구

라인형 취출구의 일종으로 그림 6-22에서 보는 바와 같이 가느다란 선형취출구가 있으며, 그 뒤쪽에는 그림 6-23(a)와 같은 디플렉터(deflector)가 있어서 정류작용을 한다. 그러나 흡입용으로 사용하는 경우에는 디플렉터가 필요 없다.

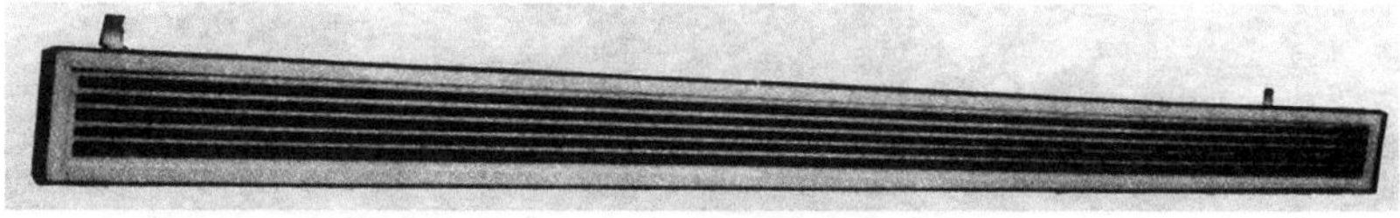

그림 6-22 ▸ 캄 라인(calm line)형 취출구

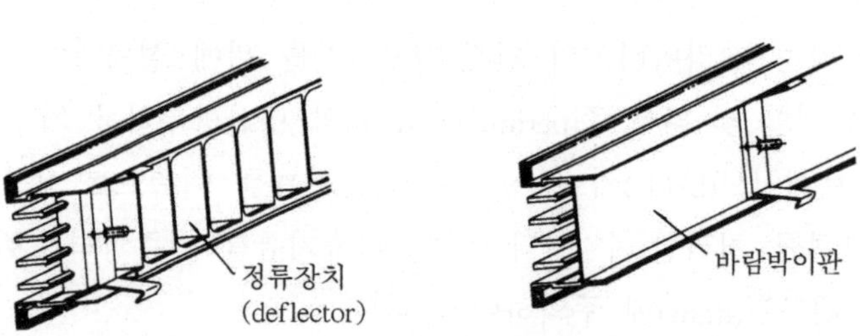


그림 6-23 ▸ 캄 라인(calm line)형 취출구의 정류장치 및 바람막이판

이 취출구는 외부 존이나 내부 존에 모두 적용되며, 출입구 부근의 에어 커튼(air curtain)용으로도 적합하며, 선형이므로 인테리어 디자인의 일환으로도 적당하다.

인테리어 디자인의 조화를 이루기 위하여 취출공기가 필요 없는 곳에도 취출구의 연속된 외형이 필요한 경우가 있다. 이때는 그림 6-23의 (b)와 같이 취출구의 뒤쪽에 바람막이판을 붙여서 취출기류를 차단한다.

### (3) T-라인(T-line)형 취출구

그림 6-24와 같이 천장이나 건축물의 구조체에 바-프레임(bar frame)인 T-바(T-bar)를 고정하고, 그 틈 사이에 취출구를 끼운다.

취출기류의 방향은 그림 6-25와 같이 취출구 내에 있는 베인의 고정방향에 따라 다양하게 바꿀 수 있으며, 댐퍼의 기능도 갖고 있다. T-라인형 취출구는 내부 존이나 외부 존 모두 사용되며, 베인을 제거하면 흡입구로도 사용할 수 있다.

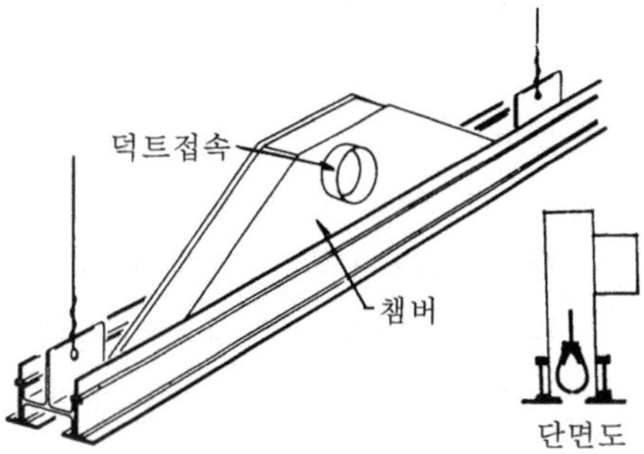

그림 6-24 ▸ 티 라인(T-line)형 취출구

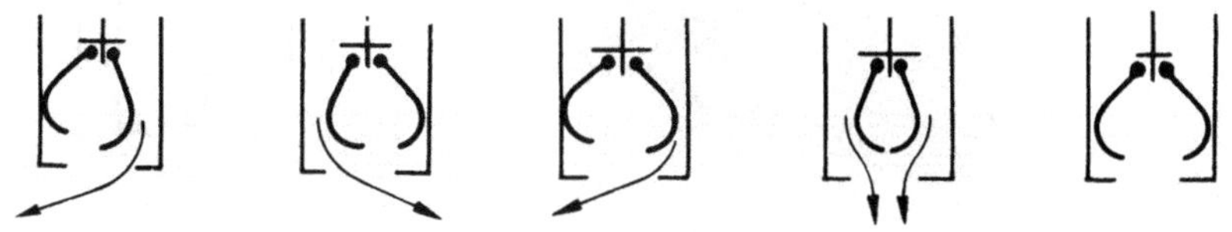

그림 6-25 ▸ 베인(vane)의 각도와 취출기류의 방향

### (4) 슬롯-라인(slot line)형 취출구

그림 6-26과 같은 챔버(chamber)의 하단에 슬롯형의 취출구를 부착시킨 것으로서, 일명 모듈라인형 취출구(module line diffuser)라고도 한다.

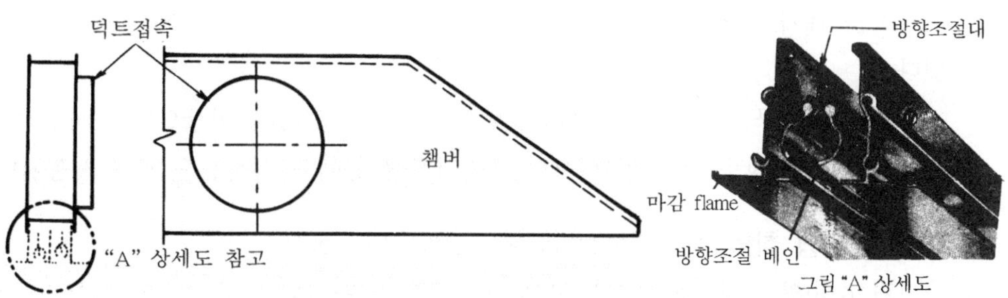

그림 6-26 ▸ 슬롯 라인(slot-line)형 취출구

용도는 T-라인형 취출구와 유사하지만 필요한 취출용량에 따라 슬롯수를 1~3개 범위에서 선정할 수 있다.

취출구인 슬롯 내에는 베인이 있어서 댐퍼 및 풍량조절의 기능을 갖고 있다. 한편, 베인을 제거하면 흡입구로도 사용할 수 있다.

또, 취출구를 여러 개 연속으로 접속하는 경우에는 이음쇠를 이용하여 연결한다.

### (5) T-바(T-bar)형 취출구

그림 6-27과 같이 챔버 하단에 슬롯형의 취출구가 접속되어 있으며, 슬롯은 풍량에 따라 1개 및 2개의 것을 선택할 수 있으며, 용도로는 일반적으로 천장취출 및 창틀 취출을 위해 설치한다.

슬롯 내에는 베인이나 댐퍼가 있어서 취출기류의 방향 및 풍량을 조절한다. 베인이나 댐퍼를 제거하면 흡입구로도 사용할 수 있다.

(a)

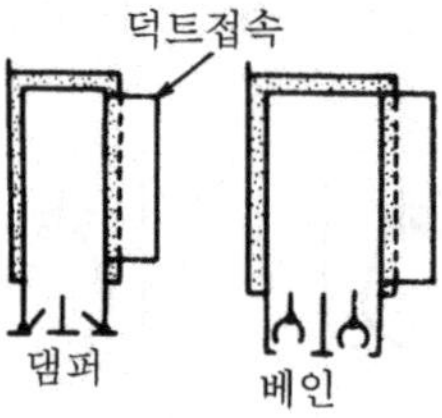


(b)

그림 6-27 ▸ 티-바(T-bar)형 취출구

## [3] 축류형 취출구

### (1) 노즐형 취출구(nozzle diffuser)

그림 6-28과 같은 노즐을 덕트에 접속시켜 취출한다.

도달거리가 길기 때문에 실내공간이 넓은 경우에 벽면에 부착하여 횡방향으로 취출하는 예가 많지만 천장이 높은 경우에 천장에 설치하여 하향취출하는 경우도 있다.

노즐형 취출구는 소음이 적기 때문에 취출풍속을 5m/s 이상으로도 사용되며, 소음규제가 심한 방송국의 스튜디오나 음악감상실 등에 저속취출을 하여 사용된다.

### (2) 펑커형 취출구(punka diffuser, punka louver)

그림 6-29와 같은 취출구로 천장이나 벽쪽의 덕트에 접속시키며 기류의 방향도 자유롭게 변경시킬 수 있는 일종의 노즐형 취출구이다.

일반적인 공조방식은 전반적인 거주영역을 대상으로 하지만 펑커루버는 제한된 활동영역만을 대상으로 한다.

따라서 소형의 것은 미용실, 사진실, 주방, 버스, 선박 등에 사용되며 열기가 다량으로 발산되는 공장의 경우에는 작업자가 많은 시간동안 체류하는 곳을 대상으로 한다.

그림 6-28 ▸ 축류(nozzle)형 취출구

그림 6-29 ▸ 펑커형 취출구(punka diffuser, punka louver)

그림 6-30은 실내온도가 높은 작업장에서 펑커루버에 의한 스폿냉방(spot cooling)을 하는 예로서 취출기류의 속도 $w_0$ 및 방향각도 $\theta°$는 거주영역과 작업자의 위치에 따라 조정된다.

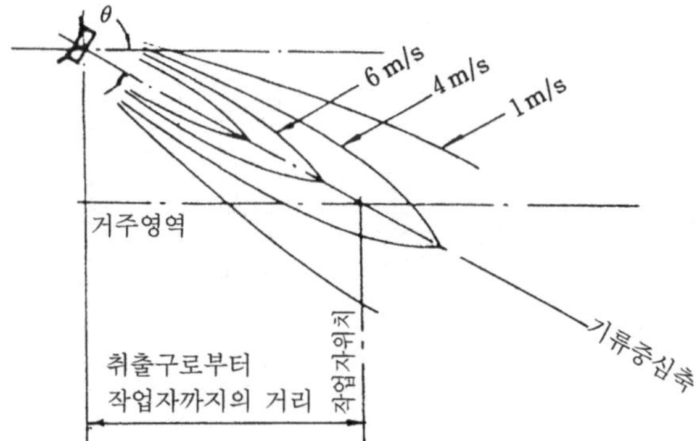


그림 6-30 ▸ 펑커형 취출구의 취출각도와 작업자의 위치

## [4] 베인(vane)격자형 취출구

베인격자형 취출구는 그림 6-31과 같이 각형의 프레임에 베인을 조립한 것으로

서, 이 베인이 고정된 것을 고정베인형 취출구, 가동할 수 있는 것을 가동베인형 취출구(유니버설형 취출구)라 하며, 주로 벽설치용으로 사용된다.

가동베인형은 도달거리와 강하 및 상승거리를 실내조건에 맞도록 가동베인을 조정함으로써 수정할 수 있다(그림 6-8).

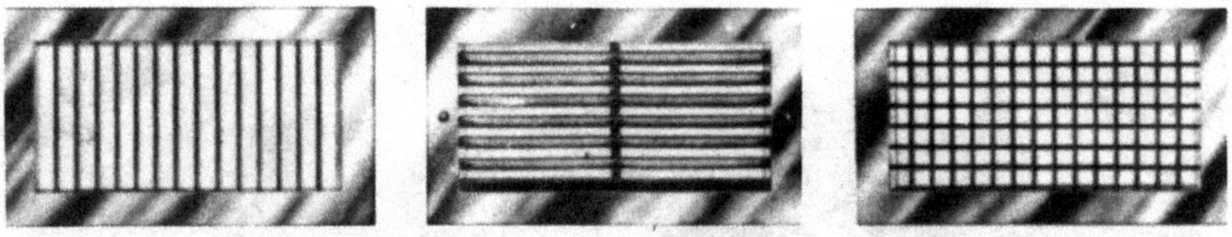

(a) V형 (b) H형 (c) HV형

그림 6-31 ▸ 베인(vane)격자형 취출구

베인의 조립형식을 그림 6-31의 (a)와 같이 수직으로 한 것은 확산각도를 넓힐 수 있어서 방의 폭이 넓은 경우에 적용되며, (b)와 같이 수평으로 된 것은 강하 및 상승거리를 조정할 수 있어서 냉방 및 난방의 경우에 각각 편리하다.

한편, (c)와 같은 경우는 위의 2가지 기능을 모두 갖추도록 세로방향과 가로방향의 베인을 모두 갖추고 있다.

취출풍량의 조절은 베인 뒤쪽에 있는 댐퍼(또는 shutter)로 하는 것도 있다. 이와 같이 댐퍼가 있어서 풍량을 조절할 수 있는 것을 레지스터(register)라 하며, 댐퍼 또는 셔터가 없는 것을 그릴(grille)이라 한다.

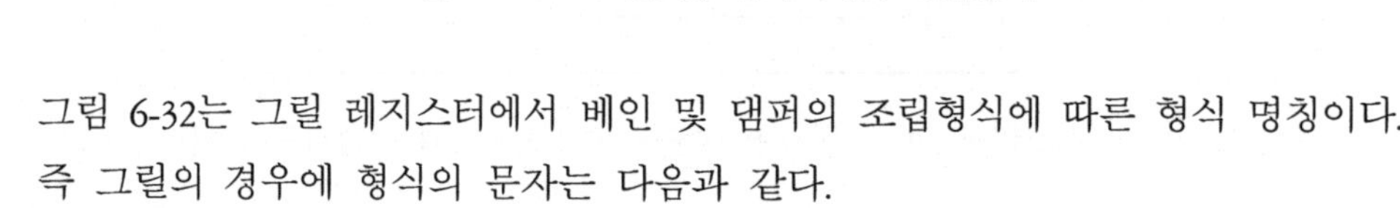


(a) 그릴(grille) (b) 레지스터(register)

그림 6-32 ▸ 그릴 및 레지스터의 조립형식

그림 6-32는 그릴 레지스터에서 베인 및 댐퍼의 조립형식에 따른 형식 명칭이다. 즉 그릴의 경우에 형식의 문자는 다음과 같다.

V : Vertical vane

H : Horizontal vane

HV : Horizontal vane+Vertical vane

VH : Vertical vane+Horizontal vane

또한 레지스터의 경우는 다음과 같다.

V-D : Vertical vane+Damper

H-D : Horizontal vane+Damper

HV-D : Horizontal vane+Vertical vane+Damper

VH-D : Vertical vane+Horizontal vane+Damper

## 6-4 흡입구

실내공기의 흡입구는 공조에서 실내공기를 환기시키는 환기용 흡입구, 공장이나 주방 등에서의 오염공기를 부분적으로 배출시키기 위한 후드(hood), 화재시 연기를 배출시키기 위한 배출구 등이 있다. 그러나 여기서는 공조용 흡입구에 대해서 취급한다.

### [1] 기류분포

흡입구 부근의 기류는 그림 6-33에서와 같이 흡입구에서 멀어짐에 따라 급격히 풍속이 감소되기 때문에 흡입기류가 실내의 기류에 미치는 영향은 적다. 보통, 흡입구는 거주영역 가까이에 설치되는 경우가 많아 소음이 문제가 되며, 또 풍속을 빠르게 하면 드래프트를 느끼는 경우가 있으므로 유의해야 한다.

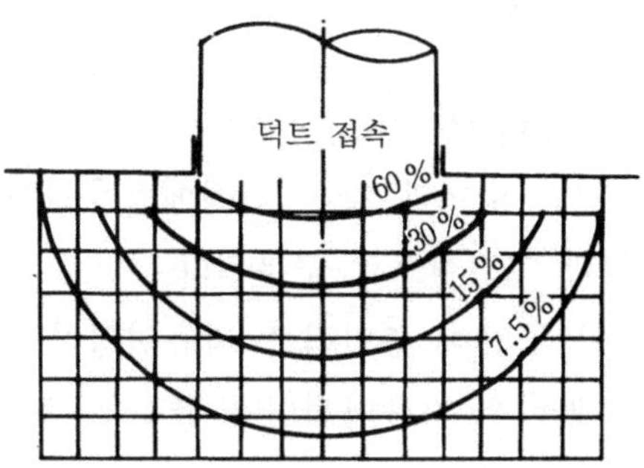


그림 6-33 ▸ 흡입기류의 속도분포

## [2] 흡입구의 종류

흡입구는 설치위치에 따라 천장설치형, 벽설치형, 바닥설치형으로 구분되며, 표 6-2와 같은 종류들이 있다.

표 6-2▸ 흡입구의 분포

| 설치위치 | 종 류 |
|---|---|
| 천 장 | 라인(line)형 흡입구<br>라이트 트로퍼(light troffer)형 흡입구<br>격자형 흡입구<br>화장실 배기용 흡입구 |
| 벽 | 격자형 흡입구<br>펀칭메탈(punching metal)형 흡입구 |
| 바 닥 | 머쉬룸(mushroom)형 흡입구 |

여기서, 라인(line)형 흡입구는 앞 절에서 취급된 라인형 취출구에서 풍향조정을 하는 브레이드(blade)를 제거한 것이며, 또 라이트 트로퍼(light troffer)형도 앞 절에서 취급된 바와 같이 취출구와 겸용으로 사용할 수 있다.

### (1) 격자(slit)형 흡입구

그림 6-34와 같이 4각의 프레임에 (a)와 같은 루버(louver)나 (b)와 같은 그리드(grid)를 부착시킨 것으로서 일반적으로는 벽에 설치하지만 천장에도 설치된다.

내부에는 그림 6-35의 (a)와 같이 흡입풍량을 조절하기 위한 댐퍼나 또는 셔터가 있는 것이 있는데, 이것을 레지스터(register)형 흡입구라고 한다. 그러나 (b)와 같이 이것이 없는 것은 그릴(grill)형 흡입구라고 한다.

흡입공기를 공조기로 환기시킬 경우에는 흡입구 내에 필터(filter)가 들어 있으므로 정기적으로 청소를 해야 한다. 그러나 배기용인 경우에는 필터가 없다.

### (2) 펀칭메탈(punching metal)형 흡입구

4각의 프레임에 그림 6-36과 같은 펀칭메탈을 부착시킨 것으로서, 댐퍼의 유무에 따라 레지스터형과 그릴형으로 구분된다.

펀칭메탈의 관통된 구멍의 총면적을 자유면적이라 하며, 전면적과의 비율을 자유면적비라고 한다. 따라서 자유면적비가 클수록 흡입저항이 적다. 즉

$$\text{자유면적비} = \frac{\text{자유면적}}{\text{전면적}} \qquad \cdots\cdots (6\text{-}3)$$

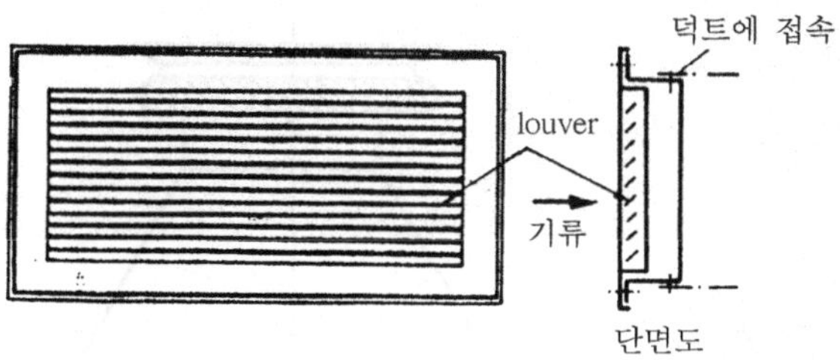


(a) 루버(louver)형

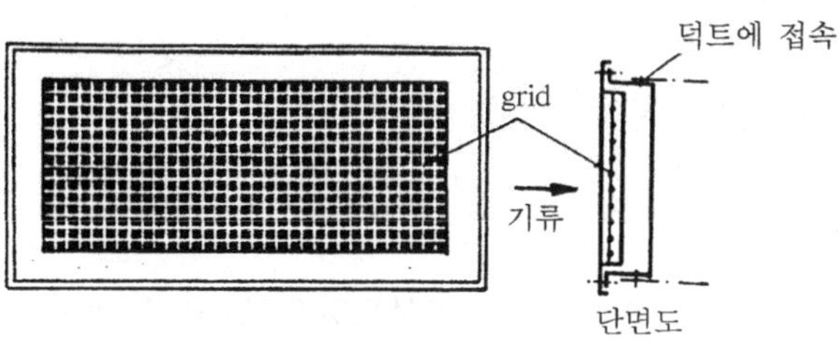


(b) 그릴(grill)형

그림 6-34 ▸ 격자(slit)형 흡입구

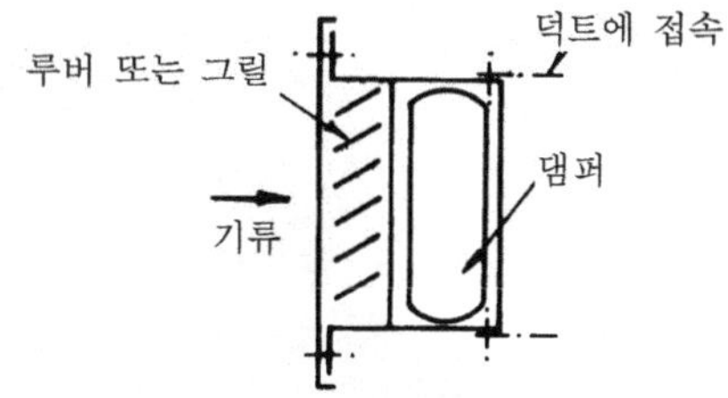


(b) 레지스터(단면)

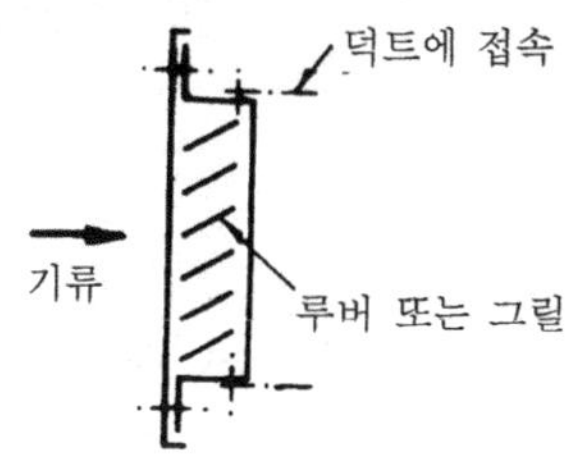


(b) 그릴(단면)

그림 6-35 ▸ 레지스터와 그릴

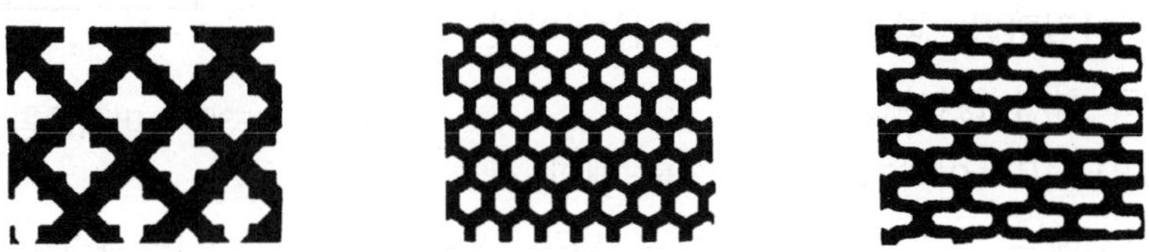

그림 6-36 ▸ 펀칭메탈(punching metal)

**예제 6-1**

흡입구의 흡입풍량 $Q = 1,000\,\mathrm{m^3/h}$, 면풍속 $w = 1.0\,\mathrm{m/s}$, 자유면적비 $R = 60\,\%$로 할 경우에 흡입구의 면적을 구하시오.

**풀이**

$$A = \frac{Q}{3,600 \times w \times R} = \frac{1,000}{3,600 \times 1 \times 0.6} = 0.46\mathrm{m}^2$$

### (3) 화장실 배기용 흡입구

화장실이나 욕실 등에서 배기용으로 사용되는 것으로 그림 6-37과 같은 천장설치형 흡입구를 배기덕트에 접속시킨다.

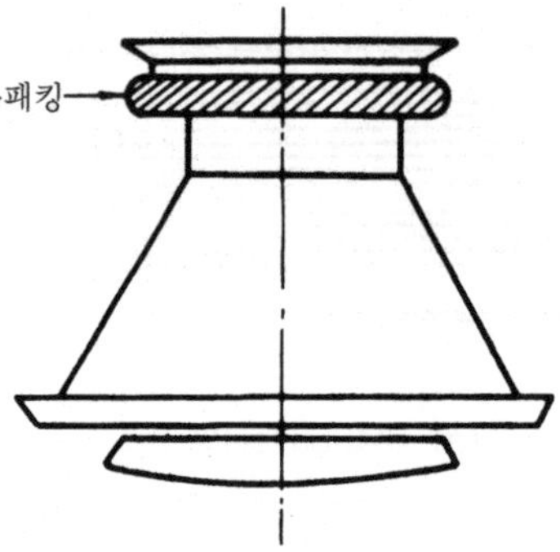


그림 6-37 ▸ 화장실 배기용 흡입구

(4) 머쉬룸(mushroom)형 흡입구

바닥면에 설치되는 흡입구는 그림 6-38과 같은 버섯모양으로 되어 있어 바닥면의 공기를 흡입한다.

이와 같은 흡입방식은 바닥의 먼지를 빨아들이게 되므로 필터와 냉각코일을 심하게 더럽힌다. 따라서 바닥환기는 일반적으로 하지 않는다.

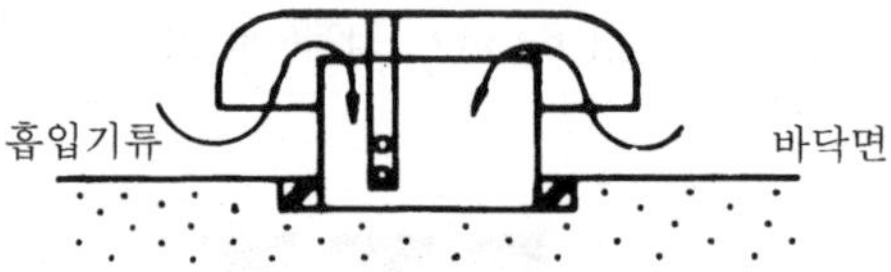


그림 6-38 ▸ 머쉬룸형 흡입구(단면)

그러나 부득이하게 바닥환기를 해야 하는 경우에는 먼지를 침전시킬 수 있는 저속의 세틀링 챔버(settling chamber)를 갖추어야 한다.

## 6-5 취출 · 흡입구의 배치계획

### [1] 콜드 드래프트(cold draft)

(1) 실내기류의 표준풍속

인체는 신진대사에 의해 계속적으로 열을 생산하고, 생산된 열은 주위로 방열한다. 그러나 생산된 열량보다 방열량이 많으면 추위를 느끼게 된다. 이와 같이 소비되는 열량이 많아져서 추위를 느끼게 되는 현상을 cold draft(또는 draft)라 하며, 다음과 같은 원인이 이 현상을 촉진시킨다.

① 인체 주위의 공기온도가 너무 낮을 때
② 기류의 속도가 클 때
③ 습도가 낮을 때
④ 주위 벽면의 온도가 낮을 때
⑤ 겨울에 창문의 틈새바람이 많을 때

따라서 드래프트를 최소로 하기 위해서는 실내의 온도분포를 균일하게 하고, 기류의 풍속이 어느 제한값 내에 있도록 해야 한다.

풍속은 표 6-3에서 보는 바와 같이 너무 높으면 드래프트를 느끼게 되고, 너무 낮으면 공기가 침체되어 불쾌감을 주게 되므로 장소 및 활동에 따라 적정한 범위 내에 있도록 해야 한다.

표 6-3 ▸ 실내기류의 속도와 반응

| 기류의 속도[m/s] | 반 응 | 적 용 장 소 |
|---|---|---|
| 0.0008 이하 | 기류가 침체되어 불쾌 | |
| 0.13 | 이상적인 상태(쾌적) | 업무용 쾌적공조 |
| 0.13~0.25 | 약간 불만족 | 업무용 쾌적공조 |
| 0.33 | 불만족(종이가 날림) | 음 식 점 |
| 0.38 | 보행자에게 만족 | 소매점, 백화점 |
| 0.38~1.5 | 공장용 공조에서 양호 | 국부공조에 적합 |

표에서 보는 바와 같이 실내거주자의 활동상황에 따라 쾌적한 풍속이 다른 것을 알 수 있다. 즉 활동 정도가 클수록 기류의 속도는 높게 잡아야 한다.

ASHRAE에서는 착석하여 집무하고 있는 상태의 사람에 대한 실내기류의 표준풍속을 0.075~0.20 m/s(15~40 ft/min)의 값을 권장하고 있다.

### (2) 유효 드래프트 온도(EDT)와 공기 확산성능계수(ADPI)

드래프트의 척도로서 ASHRAE에서는 다음 식으로 정의되는 유효 드래프트 온도($EDT$ : Effective Draft Temperature)를 제시하고 있다.

즉

$$EDT[℃] = (t_x - t_m) - 0.039(200w_x - 30) \quad \cdots\cdots (6\text{-}4)$$

여기서, $t_x$ : 실내의 어떤 장소(임의의 장소)에 대한 온도[℃]

$t_m$ : 실내의 평균온도[℃]

$w_x$ : 실내 어떤 장소의 풍속[m/s]

식 (6-4)에 의해 계산된 $EDT$가 $-1.5℃\sim+1℃$의 범위 내에 있고, 실내기류의 풍속이 0.35 m/s 이하일 때 거주자는 쾌적하다고 느낀다.

실내의 각 점에 대한 $EDT$를 구하고, 전체 점수에 대한 쾌적한 점수의 비율을 공기확산성능계수($ADPI$ : Air Diffusion Performance Index)라 한다. 즉 $ADPI$가 높으면 실내에 공기분포가 균일하여 골고루 쾌적한 상태가 된다는 뜻이다.

**예제 6-2**

난방시 교실 내의 평균온도가 24℃일 때 출입구측 어느 좌석의 온도는 23℃이고, 풍속은 0.3 m/s이다.

이 좌석의 쾌적 여부를 판별하시오.

**풀이**

$$\begin{aligned} EDT &= (t_x - t_m) - 0.039(200w_x - 30) \\ &= (23-24) - 0.039(200 \times 0.3 - 30) \\ &= -2.17[℃] \end{aligned}$$

즉 주어진 풍속은 쾌적조건인 0.35 m/s 이내이지만, 유효드래프트 온도 $EDT$는 쾌적조건인 $-1.5℃\sim+1℃$를 벗어나므로 불쾌한 상태이다.

## [2] 취출 · 흡입구의 풍속

### (1) 취출구의 허용풍속

그림 6-39는 S사제품 중에서 천장취출구의 넥(neck) 풍속에 대한 소음레벨 $NC$ (noise criterion)값을, 그림 6-40은 노즐형 취출구에 대한 $NC$값을 나타낸 것이다.

그림에서 보는 바와 같이, 풍속이 높아지면 $NC$값이 증가함을 알 수 있다. 또한, 노즐형취출구는 천장취출구와 같이 취출구의 출구쪽에 저항체가 없으므로 동일 풍량을 취출해도 $NC$값이 낮다.

따라서 넥(neck) 풍속을 높일 수 있다.

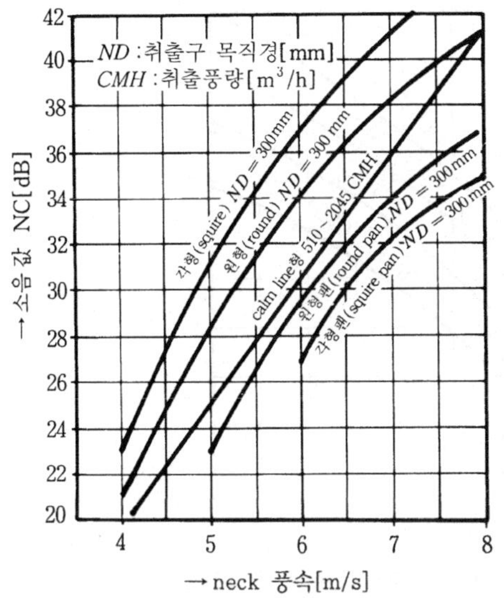


그림 6-39 ▸ 천장취출구의 neck 풍속에 따른 소음레벨[NC]

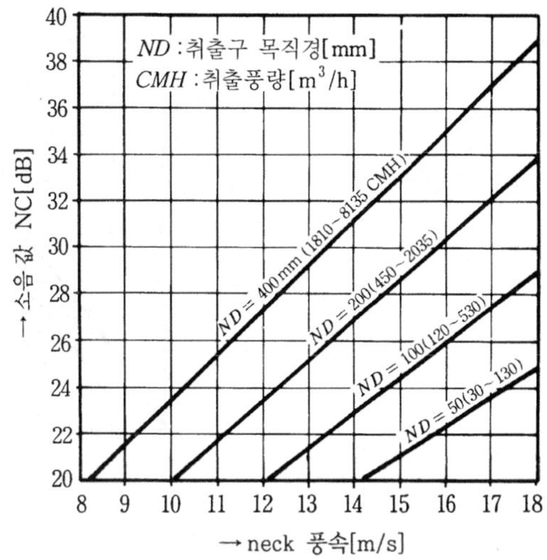


그림 6-40 ▸ 노즐형 취출구의 neck 풍속에 따른 소음레벨[NC]

표 6-4는 각종 건물에 따른 취출구의 허용풍속을 나타낸 것이다.

표 6-4 ▸ 취출구의 허용풍속

| 건물의 종류 | 허용취출풍속[m/s] |
|---|---|
| 방송국 | 1.5~2.5 |
| 주택, 아파트, 교회, 극장, 호텔, 침실 | 2.5~3.75 |
| 음향처리한 개인 사무실 | |
| 개인 사무소 | 2.5~4.0 |
| 영화관 | 5.0 |
| 일반 사무실 | 5.0~6.25 |
| 백화점 | 7.5 |
| 백화점(주층, 즉 1층) | 10.0 |

【주】 노즐형 취출구에서는 이 값보다 높게 취할 수 있다.

### (2) 흡입구의 허용풍속

그림 6-41은 S사제품에 대한 그릴(grille)형 흡입구의 흡입풍속과 $NC$값을 나타낸 것으로서 흡입풍속(풍량)이 높으면 소음도 증가되는 것을 알 수 있다.

또한, 표 6-5는 흡입구의 위치에 따른 허용풍속을 제시한다.

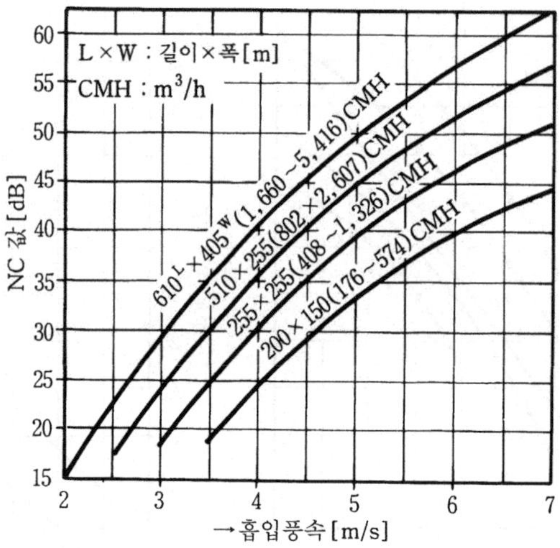


그림 6-41▸ 그릴(grill)형 흡입구의 흡입풍속과 소음레벨[dB]

표 6-5▸ 흡입구의 허용풍속

| 흡입구의 위치 | 허용흡입풍속[m/s] |
|---|---|
| 거주구역의 상부에 있을 때 | 4.0 이상 |
| 거주영역 내에 있고 좌석에서 멀 때 | 3.0~4.0 |
| 거주영역 내에 있고 좌석에서 가까울 때 | 2.0~3.0 |
| 도어 그릴 또는 벽설치용 그릴 | 3.0 |
| 주 택 | 2.0 |
| 공 장 | 4.0 이상 |

## [3] 배치에 따른 유의사항

### (1) 공기의 분포

① 취출기류가 실내에 골고루 분포될 수 있도록 한다.

② 도달거리 및 확산반경이 적당하도록 한다.

③ 난방시 상하의 온도구배가 지나치게 크지 않도록 한다.

④ 취출기류가 보(beam) 등에 의해 방해되지 않도록 한다.

⑤ 창문쪽의 냉풍이나 온풍이 인체에 직접 닿지 않도록 한다.

### (2) 취출풍량

① 취출풍량이 적으면 실의 부하를 처리하기 위하여 취출온도차를 크게 해야 한다. 그러나 취출온도차가 너무 크면 기류분포가 균일하지 못하다.

② 취출풍량이 너무 적으면 취출기류의 속도가 너무 낮아져서 도달거리가 짧아진다.

### (3) 단락류

취출구와 흡입구의 배치가 좋지 않으면 취출공기가 실내로 확산되지 못하고, 흡입구로 들어가는 단락류가 된다. 특히 취출기류의 속도가 낮을 때 주의한다.

### (4) 소음

① 소음발생은 취출구의 종류, 취출속도 등에 따라 다르므로 실의 허용 소음한계를 고려한다.

② 옆방이나 실내외로 관통되는 덕트 및 도어의 루버(louver) 또는 언더컷(under cut)을 통하여 음이 전달하지 않도록 한다.

### (5) 배열효과

① 조명기구 부근이나 일사를 받는 창의 위쪽에 흡입구를 두면 배열효과가 있어서 실의 냉방부하를 경감할 수 있다.

② 공장이나 주방과 같이 많은 열을 내는 기기가 있는 경우에는 국소배기방식을 검토한다.

### (6) 배연효과

흡연이 심한 연회장이나 회의실 등은 천장이나 벽의 상부에 흡입구를 설치하여 담배연기를 밖으로 내보내도록 한다.

### (7) 모듈(module)

① 장래에 칸막이의 변경이나 설치할 경우 등을 가상하여 천장을 모듈로 분할하고 취출구, 흡입구 등을 배치한다.

② 벽면이 없는 중앙부의 모듈에는 천장에 취출구 및 흡입구를 배치한다.

### (8) 조명과의 관계

① 조명기구와 취출구·흡입구를 일체로 하는 라이트 트로퍼(light troffer)는 배열효과도 좋고, 모듈화에도 간편하다.

② 인테리어 디자인의 관점에서 볼 때 천장에 원형취출구가 있으면 조명기구의 배치가 곤란한 경우에 선(line)형 취출구를 사용한다.

(9) 치수의 통일

① 하나의 실내에 여러 가지의 모양과 크기의 취출구 및 흡입구가 있으면 의장상 좋지 않으므로 특별한 기능을 필요로 하지 않는 한 모양과 치수를 통일시킨다.

② 치수와 모양을 통일시킬 경우 취출 · 흡입풍량의 차가 심하면 개수를 바꾼다. 또한 격자형이나 선형 등의 경우에 폭치수는 통일시키고, 길이를 변경시키는 것이 좋다.

(10) 오 염

① 바닥에 설치되는 취출구는 먼지의 발생이 심하며, 흡입구는 먼지의 흡입으로 재순환시 오염원이 된다. 따라서 사람이 많이 왕래하는 장소에서는 피하는 것이 좋다.

② 바닥에 흡입구를 설치하는 경우에는 필터 등의 여과장치가 필요하다.

(11) 리턴 프리넘

천장 속이나 복도 등이 환기를 위한 리턴 프리넘(return prenum)으로 사용될 수 있는가의 여부를 판단한다. 상하층의 계단이 개방된 경우는 복도를 프리넘으로 사용하는 것은 기술적으로 좋은 방법이 못된다.

(12) 에너지 절감

① 조명부하가 상당히 큰 경우에는 취출구를 조명등 아래로 내리고, 흡입구는 조명등 위쪽에 둔다.

② 거주영역 상부의 공간이 상당히 큰 경우에는 상부의 공간을 공조할 필요 없이 하부인 거주영역만 공조한다.

## [4] 취출구 · 흡입구의 배치 예

(1) 기류의 이동

취출구와 흡입구의 위치는 거주영역에 기류가 원활하게 흐르도록 배치한다. 즉 취출구의 위치는 벽상부 및 하부에 축류형 취출구를 배치하고, 선형 취출구는 상면 취출을 하거나 천장취출을 하며, 흡입구는 벽의 하부에 설치했다.

그러나 취출구와 흡입구 상호간의 위치가 적절하지 못하면 단락류가 되거나 dead space가 생긴다.

(2) 기류이동의 예

그림 6-42와 같이 한 방향에 창문이 있고, 외벽면을 갖는 일반적인 실내에 대해

취출구와 흡입구의 위치와 기류의 관계를 살펴본다.

① 그림 (a)는 내벽의 상부취출로 흡입구는 벽 하부 또는 도어 그릴 등이 있는 예이다. 취출기류가 충분히 부하면까지 도달하면 부하에 의한 기류가 소멸되어 거주공간은 좋은 온도분포가 된다. 단, 취출기류가 약하면 동절기에 부하면에 생긴 저온기류가 바닥면을 따라 흡입구로 흐르므로 바닥 부근에 저온층이 생기기 쉽다.

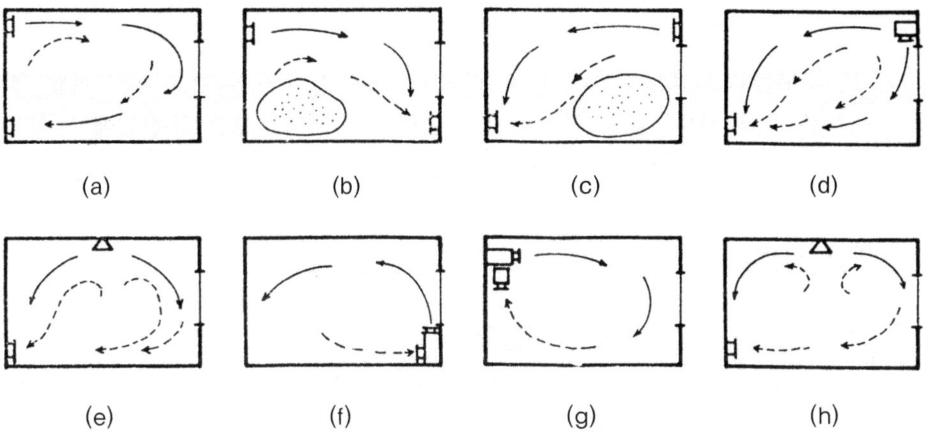


그림 6-42 ▸ 취출구 및 흡입구의 위치에 따른 기류의 방향

② 그림 (b)는 내벽측의 상부에서 수평취출을 하고, 외벽의 하부에서 흡입하는 경우로 취출기류가 충분히 부하면을 덮는 경우에는 (a)와 마찬가지로 좋은 온도분포가 된다. 특히, 동절기에 부하면의 저온기류를 흡입구에서 배제할 수 있으므로 바닥 부근의 저온층을 방지할 수 있다. 단, 취출구 하부에 정체구역이 생기는 경우가 있다.

③ 그림 (c)는 외벽측의 상부에서 취출하고 내벽측 하부에서 흡입하는 예인데, 하절기에는 부하면에서 생긴 높은 온도의 공기가 상승하여 취출기류와 혼합되므로 좋다. 그러나 동절기에는 외벽에서 찬기류가 내려오고 창 부근에 정체구역이 생기므로 좋지 않다.

④ 그림 (d)는 외벽의 상부에서 취출기류의 일부는 수평취출을 하고 또, 일부는 라인형 취출구로 수직으로 부하면을 따라 취출한다. 흡입구는 내벽의 하부에 설치했다. 이 경우는 (c)에서 발생되는 부하면의 기류와 혼합되어 불어내리므로 정체구역을 방지할 수 있다.

⑤ 그림 (e)는 천장면에 아네모스탯형의 취출구를, 내벽의 하부에는 흡입구를 설치한 예이다. 이 경우에는 유인비가 커서 비교적 좋은 공기분포가 된다. 그

러나 동절기에 창면의 부하기류가 바닥에 흐르는 결점이 있다.

⑥ 그림 (f)는 팬코일유닛(FCU)이나 유인유닛(IDU)을 창 밑에 설치했을 때와 같은 예인데, 취출구가 창폭과 같은 길이를 가질 때는 부하기류를 충분히 없앨 수 있으므로 하절기나 동절기에 모두 좋은 공기분포를 얻을 수 있다.

⑦ 그림 (g)는 취출구를 내벽측 상부(천장 부근)에서 수평취출을 하며, 흡입구도 내벽층 상부에서 수직으로 상향흡입하는 경우로서 기류분포가 양호하다. 그러나 단점은 그림 (a)와 같이 취출기류가 약하면 동절기에 부하면의 찬기류가 바닥쪽으로 내려온다.

⑧ 그림 (h)는 팬형취출구를 천장에, 흡입구는 내벽의 하부에 설치한 예로서 (e)와 같이 기류분포는 양호하지만 도달거리가 짧으므로 동절기에는 창문쪽의 부하기류가 거주영역으로 내려오므로 콜드 드래프트(cold draft)가 생기기 쉽다.

## [5] 취출구 결정

### (1) 벽에 설치하는 축류형 취출구

그림 6-43과 같이 벽에 설치하는 축류형 취출구의 개수는 식 (6-5)에 의해 결정하고, 형식은 풍량, 도달거리, 강하도, 풍속 등을 고려하여 표 6-6에 의해 결정한다.

$$\frac{W}{2X\tan 30°} \le n \le \frac{W}{2X\tan 10°} \quad \cdots\cdots (6\text{-}5)$$

여기서, $n$ : 취출구 수

$W$ : 벽의 폭[m]

$X$ : 도달거리[m]$\left(=\frac{3}{4}l\right)$

$l$ : 취출구에서 마주보는 벽까지의 거리[m]

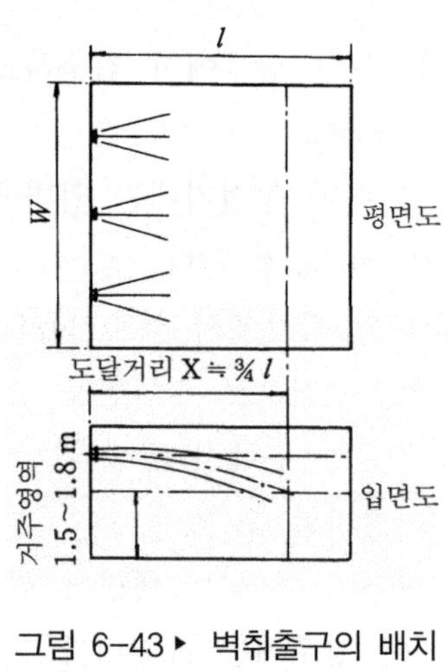


그림 6-43 ▸ 벽취출구의 배치

표 6-6 ▸ 벽설치 축류형 취출구 성능

| 풍 량 [m³/min] | 항 목 $a$ | 300×150 0° | 300×150 22.5° | 300×150 45° | 350×150 0° | 350×150 22.5° | 350×150 45° | 400×150 0° | 400×150 22.5° | 400×150 45° |
|---|---|---|---|---|---|---|---|---|---|---|
| 9.2 | $X$ | 10.4 | 9.1 | 5.8 | 10.1 | 8.8 | 5.8 | 8.8 | 7.9 | 4.9 |
| | $H$ | 2.3 | 5.8 | 1.1 | 2.3 | 2.2 | 1.1 | 2.4 | 2.2 | 1.2 |
| | $w_a$ | 4.6 | 5.0 | 5.9 | 3.9 | 4.2 | 5.0 | 3.3 | 3.6 | 4.3 |
| | $P_s$ | 7.4 | 10.2 | 16.8 | 5.3 | 7.4 | 12.2 | 3.8 | 5.1 | 8.6 |
| 10.0 | $X$ | 11.0 | 9.7 | 6.1 | 10.7 | 9.4 | 6.1 | 9.4 | 8.2 | 5.2 |
| | $H$ | 2.3 | 2.2 | 1.2 | 2.3 | 2.2 | 1.1 | 2.5 | 2.3 | 1.2 |
| | $w_a$ | 4.9 | 5.4 | 6.4 | 4.2 | 4.6 | 5.4 | 3.6 | 3.9 | 4.6 |
| | $P_s$ | 8.4 | 11.4 | 19.1 | 6.1 | 8.4 | 14.0 | 4.3 | 5.8 | 9.9 |
| 10.6 | $X$ | 11.6 | 10.1 | 6.7 | 11.3 | 10.1 | 6.4 | 9.8 | 8.5 | 5.5 |
| | $H$ | 2.4 | 2.3 | 1.2 | 2.4 | 2.3 | 1.2 | 2.5 | 2.3 | 1.2 |
| | $w_a$ | 5.3 | 5.8 | 6.8 | 4.5 | 4.9 | 5.8 | 3.8 | 4.2 | 5.0 |
| | $P_s$ | 10.0 | 13.2 | 22.1 | 6.9 | 9.4 | 15.7 | 5.1 | 6.9 | 11.7 |
| 11.3 | $X$ | 12.2 | 10.7 | 7.0 | 12.2 | 10.7 | 7.8 | 10.4 | 9.1 | 5.8 |
| | $H$ | 2.4 | 2.3 | 1.2 | 2.5 | 2.3 | 1.2 | 2.6 | 2.4 | 1.2 |
| | $w_a$ | 5.7 | 6.2 | 7.3 | 4.8 | 5.2 | 6.2 | 4.1 | 4.5 | 5.3 |
| | $P_s$ | 10.9 | 15.0 | 25.0 | 7.9 | 10.7 | 18.0 | 5.6 | 7.6 | 13.0 |
| 12.7 | $X$ | 13.4 | 11.9 | 7.6 | 13.1 | 11.6 | 7.3 | 11.6 | 10.4 | 6.7 |
| | $H$ | 2.5 | 2.3 | 1.2 | 2.6 | 2.4 | 1.2 | 2.6 | 2.4 | 1.3 |
| | $w_a$ | 6.4 | 6.9 | 8.2 | 5.4 | 5.9 | 7.0 | 4.6 | 5.0 | 6.0 |
| | $P_s$ | 13.7 | 18.8 | 31.5 | 9.7 | 13.2 | 22.4 | 6.9 | 9.5 | 15.7 |

【주】 $a$ : 날개각도[°], $X$ : 도달거리[m], $H$ : 강하도[m], $w_a$ : 풍속[m/s], $P_s$ : 정압[Pa]

**예제 6-3**

실내의 치수가 16.26 m×7.2 m×2.7 m인 일반 사무실의 장변벽에 설치할 축류형 취출구를 선정하시오. 단, 현열부하가 14kW, 취출온도차를 10 ℃로 한다.

**풀이**

i ) 취출풍량은 식 (3-46)에 의해

$$Q = \frac{q_S}{1.21(t_1 - t_2)} = \frac{14}{1.21 \times 10} \fallingdotseq 1.16\,[\mathrm{m^3/s}] \fallingdotseq 69\,[\mathrm{m^3/min}]$$

ii) 도달거리 $X = \frac{3}{4} \times 7.2 \fallingdotseq 5.4\mathrm{m}$

iii) 취출구 수는 식 (6-5)에 의해

$$\frac{16.25}{2 \times 4.9 \tan 30^\circ} \le n \le \frac{16.25}{2 \times 4.9 \tan 10^\circ} = 5.7 \le n \le 9.4$$

따라서 7개로 선정하면 1개당 풍량은 약 10 m³/min이 되며, 표 6-6에서 외형치수 400×150을 날개각도 45°로 사용하면 풍량, 도달거리, 강하거리, 풍속 등이 대체로 적절하다.

### (2) 천장에 설치하는 확산형 취출구

천장에 설치되는 확산형 취출구는 그림 6-44와 같이 취출구 1개당 장변길이 $S$는 단변길이 $L$의 1.5배 이하로, 실높이 $H$의 3배 이내가 되도록 배치하고, 또 단변길이는 실 높이 $H$의 3배 이내가 되도록 배치하는 것으로 가정하고 다음 순서에 의해 표 6-7을 적용해 결정한다.

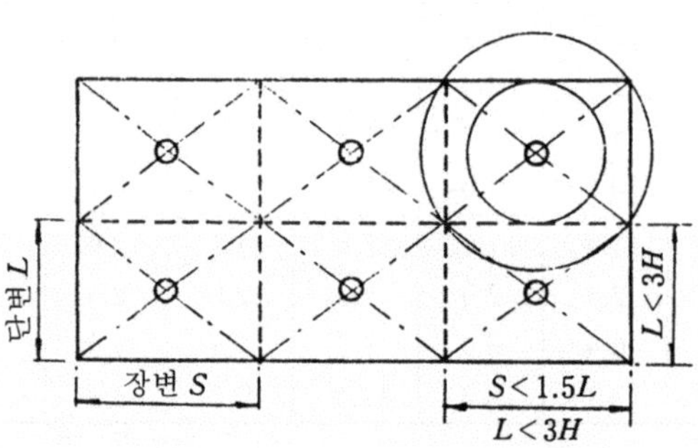


그림 6-44 ▸ 확산형 취출구의 천장배치

① 취출구를 배치하고 총 개수를 정한다.

② 대상 실의 송풍량을 취출구 개수로 나누어 1개당 풍량과 형식 번호를 가정한다.

③ 가정된 형식 번호의 최대확산반경 원은 공조면적을 모두 덮어야 하고, 최소확산반경 원은 벽이나 인접된 최소확산반경에 접하지 않도록 한다(조건이 맞지 않으면 ①번을 재수정한다).

④ 도달거리는 천장면에서 바닥 위 1.5 m까지의 거리로 하고, 난방시 기류 도달이 충분한지 확인한다(조건이 맞지 않으면 ①번을 재수정한다).

⑤ 대상 실의 용도와 고정 높이를 그림 6-45에 적용하여 넥(neck)풍속을 확인한다(조건이 맞지 않으면 ①번을 재수정한다).

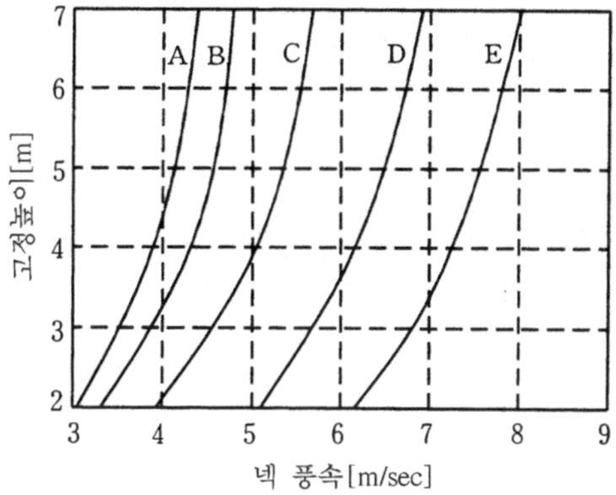


A : 레코드 · 영화의 녹음실, 텔레비전 · 라디오의 방송실, 극장, 교회 등
B : 영화관, 법원, 병실, 수술실, 도서관, 박물관, 음악실, 주택 등
C : 사무실, 강당, 호텔, 아파트 등
D : 일반 사무실, 은행, 회관, 아파트 등
E : 우체국, 슈퍼마켓, 큰 식당 등

그림 6-45 ▸ 발생소음의 한계와 넥 풍속

표 6-7 ▸ 애니머 디퓨저($C_2$형) 선정표

| 형 번 | 풍량 [m³/h] | 최대확산 반경[m] | 최소확산 반경[m] | 수직도달 거리[m] | 정압손실 [mmAq] | 발생소음 [A · dB] | 넥풍속 [m/sec] |
|---|---|---|---|---|---|---|---|
| $C_{12}$ 13 | 140 | 1.1 | 0.6 | 2.1 | 1.7 | 23.7 | 3.0 |
| | 160 | 1.2 | 0.7 | 2.4 | 2.3 | 25.3 | 3.4 |
| | 180 | 1.4 | 0.8 | 2.7 | 3.0 | 28.3 | 3.9 |
| | 200 | 1.5 | 0.9 | 3.0 | 3.8 | 31.3 | 4.4 |
| | 220 | 1.7 | 1.0 | 3.4 | 4.6 | 34.0 | 4.8 |
| $C_2$ 15 | 200 | 1.3 | 0.7 | 2.4 | 1.7 | 24.0 | 3.0 |
| | 225 | 1.4 | 0.8 | 2.7 | 2.1 | 26.8 | 3.4 |
| | 250 | 1.6 | 0.9 | 3.0 | 2.6 | 27.9 | 3.8 |
| | 275 | 1.7 | 1.0 | 3.3 | 3.2 | 30.0 | 4.1 |
| | 300 | 1.9 | 1.1 | 3.6 | 3.7 | 31.8 | 4.6 |
| | 375 | 2.4 | 1.3 | 4.6 | 5.8 | 38.1 | 5.7 |
| $C_2$ 20 | 350 | 1.7 | 0.9 | 2.9 | 1.6 | 25.0 | 3.0 |
| | 400 | 1.9 | 1.1 | 3.3 | 2.1 | 28.7 | 3.4 |
| | 450 | 2.1 | 1.2 | 3.8 | 2.7 | 31.8 | 3.8 |
| | 500 | 2.4 | 1.4 | 4.2 | 3.3 | 33.2 | 4.5 |
| | 550 | 2.6 | 1.5 | 4.6 | 4.1 | 34.5 | 4.7 |
| | 600 | 2.9 | 1.6 | 5.0 | 4.8 | 36.4 | 5.2 |
| $C_2$ 25 | 550 | 2.1 | 1.2 | 3.6 | 1.5 | 28.5 | 3.0 |
| | 600 | 2.3 | 1.3 | 3.9 | 1.9 | 29.8 | 3.3 |
| | 650 | 2.5 | 1.4 | 4.2 | 2.2 | 32.3 | 3.6 |
| | 700 | 2.7 | 1.5 | 4.5 | 2.6 | 30.9 | 3.8 |
| | 750 | 2.9 | 1.6 | 4.9 | 2.9 | 32.6 | 4.1 |
| | 800 | 3.1 | 1.7 | 5.2 | 3.3 | 34.3 | 4.4 |
| | 850 | 3.2 | 1.8 | 5.6 | 3.7 | 36.0 | 4.7 |
| | 900 | 3.4 | 1.9 | 5.9 | 4.2 | 38.1 | 5.0 |

【주】 1mmAq = 9.8Pa ≒ 10Pa

제 7 장

# 열원기기

# 7-1 온열원기기

## [1] 보일러의 종류 및 비교

건축물의 공조용 열원기기로 사용되는 보일러의 분류는 표 7-1과 같다.

표 7-1 ▸ 보일러의 분류

| 재질 | 종류 (구분) | 열매체 | 증기압(게이지) 및 온도 | 용 도 | 비 고 |
|---|---|---|---|---|---|
| 주 철 | 주철제보일러 | 증기<br>온수 | 100 kPa 이하<br>120 ℃ 이하 | 중 · 소형건물<br>중 · 소형건물 | 그림 7-1 |
| 강관(판) | 노통연관보일러 | 증기<br>온수 | 400~700 kPa<br>170 ℃ 이하 | 대형건물<br>중 · 대형건물 | 그림 7-2 |
| | 수관보일러 | 증기<br>온수 | 400~700 kPa<br>170 ℃ 이하 | 대형건물<br>중 · 대형건물 | 그림 7-3 |
| | 관류보일러 | 증기 | 400~700 kPa | 중형건물 | 그림 7-4 |
| | 입형보일러 | 증기<br>온수 | 30 kPa 이하<br>100 ℃ 이하 | 중 · 소형건물<br>중 · 소형건물 | |

### (1) 주철제보일러(cast iron sectional boiler)

주철제 보일러는 그림 7-1과 같이 주철제로 된 여러 장의 섹션을 난방부하의 크기에 따라 조립하여 사용한다. 따라서 반입이 쉽고 재질이 주철이므로 내식성이 강하여 수명이 길다. 그러나 재질이 약하여 고압으로는 사용할 수 없고, 용량도 적다.

따라서 규모가 비교적 적은 건물의 난방용으로 사용된다.

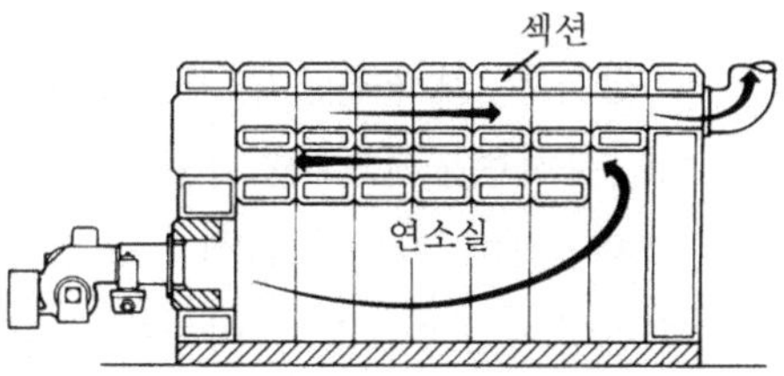


그림 7-1 ▸ 주철제 보일러

### (2) 노통 연관보일러(fire tube boiler, flue tube boiler)

연관보일러는 그림 7-2와 같이 노통 내의 파이프 속으로 연소가스를 통과시켜 파이프 밖에 있는 물을 가열 또는 증발시킨다.

장점은 부하변동에 잘 적응되며, 보유수면이 넓어서 급수용량 제어가 쉽다. 그러나 단점은 예열시간이 길고, 반입시 분할이 어려우며 수명이 짧다.

따라서 공조 및 급탕을 겸하며 비교적 규모가 큰 건물에 많이 사용되고 있다.

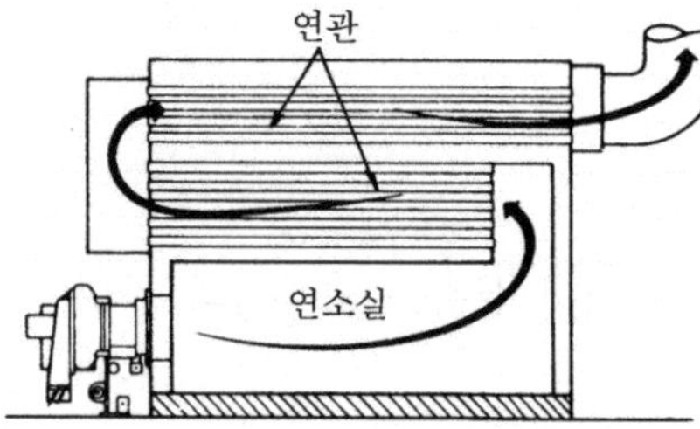


그림 7-2 ▸ 노통 연관보일러

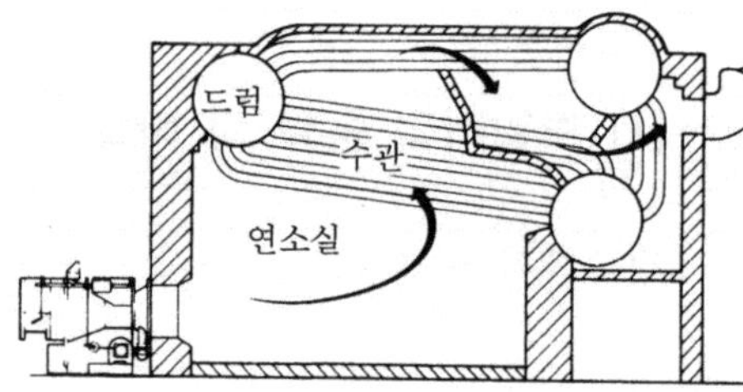


그림 7-3 ▸ 수관보일러

(3) 수관보일러(water tube boiler)

수관보일러는 그림 7-3과 같이 드럼과 드럼 간에 여러 개의 수관을 연결하고, 관내에 흐르는 물을 가열하므로 온수 및 증기를 발생시킨다.

장점은 사용압력이 연관식 보다 높고, 부하변동에 대한 추종성이 높다. 또한 예열시간이 짧고 효율이 좋다. 그러나 단점은 연관식보다 설치면적이 넓고, 초기 투자비가 많이 들며 급수처리가 까다롭다.

따라서 수관보일러는 대형건물 또는 병원이나 호텔 등과 같이 고압증기를 다량 사용하는 곳이나 지역난방 등에 사용된다.

(4) 관류보일러(through flow boiler)

관류보일러는 수관보일러와 같이 수관으로 되어 있으나 드럼(수실)이 없다(그림 7-4).

장점은 보유수량이 적으므로 가열시간이 짧고, 부하변동에 대한 추종성이 좋으며, 경량 및 설치면적이 작다. 그러나 급수처리가 까다롭고, 수명이 짧으며, 값이 비싸고 소음이 크다.

따라서 관류보일러는 공조용으로 사용하는 예는 거의 없고, 간단하게 고압의 증기를 얻으려고 하는 경우에 사용된다.

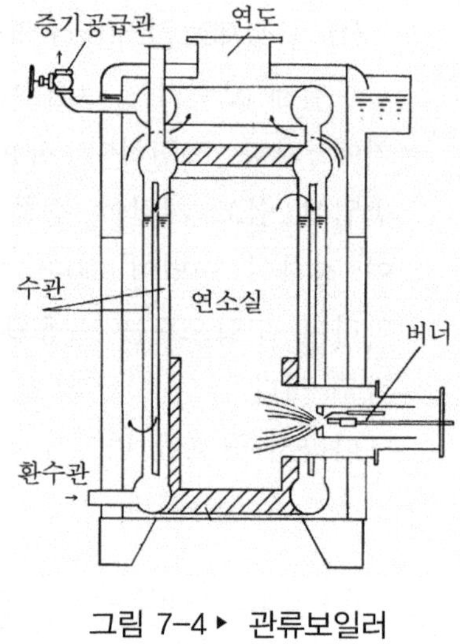


그림 7-4 ▸ 관류보일러

(5) 입형보일러(vertical type boiler)

입형보일러는 수직으로 세운 드럼 내에 연관(fire tube) 또는 수관(water tube)이 있는 소규모의 패키지형으로 되어 있다.

장점은 설치 면적이 작고, 취급이 용이하며, 수처리가 필요 없다. 그러나 단점은 사용압력이 낮고, 용량이 적으며 효율도 낮다.

따라서 입형보일러는 규모가 작은 건물 및 일반 가정용 난방에 사용된다.

## [2] 보일러의 출력과 효율

### (1) 보일러의 출력

보일러의 능력을 나타내는 출력의 표시방법은 다음과 같이 4가지가 있으나 일반적으로 정격출력을 사용한다.

표 7-2 ▸ 보일러의 출력표시

| 출 력 | 표 시 방 법 |
|---|---|
| 과 부 하 출 력 | 운전 초기나 과부하가 발생했을 때는 정격출력의 10~20 % 정도 증가하여 운전할 때의 출력으로 한다. |
| 정 격 출 력 | 연속해서 운전할 수 있는 보일러의 능력으로서 난방부하, 급탕부하, 배관부하, 예열부하의 합이며, 보통 보일러 선정시에는 정격출력에 기준을 둔다.<br>(또는 정미출력에 온수보일러는 1.15배, 증기보일러는 1.35배로 한다.) |
| 상 용 출 력 | 정격출력에서 예열부하를 뺀 값으로, 정미출력에 5~10 %를 가산한다. |
| 정 미 출 력 | 난방부하와 급탕부하를 합한 용량으로 표시된다. |

또한, 이와 같은 출력의 단위는 다음과 같은 종류가 있다.

#### 1) 발생열량 $q$[kJ/h, kW]

발생열량이란 보일러를 출입하는 물 또는 수증기가 받아들인 열량을 말하며 온수보일러일 경우는 식 (7-1)과 같고, 증기보일러일 경우는 식 (7-2)와 같다.

**① 온수보일러**

$$q = G_w(h_2 - h_1) = G_w \cdot C(t_2 - t_1)\,[\text{kJ/h}]$$

$$= \frac{G_w(h_2 - h_1)}{3{,}600} = \frac{G_w \cdot C(t_2 - t_1)}{3{,}600}[\text{kW}] \quad \cdots\cdots (7\text{-}1)$$

여기서, $G_w$ : 순환수량[kg/h]

$h_2, h_1$ : 보일러 출구 · 입구에서 물의 엔탈피[kJ/kg]($h$ = 물의 비열×수온)

$t_2,\ t_1$ : 보일러 출구 · 입구에서 물의 온도[℃]

$C$ : 물의 비열($\fallingdotseq$ 4.19 kJ/kg·K)

3,600 : 환산계수$\left(1\,\mathrm{kJ/h} = \dfrac{1}{3,600}\mathrm{kW}\right)$

### ② 증기보일러

$$q = G_s(h_2 - h_1)[\mathrm{kJ/h}]$$
$$= \frac{G_s(h_2 - h_1)}{3,600}[\mathrm{kW}] \quad \cdots\cdots (7\text{-}2)$$

여기서, $G_s$ : 발생 수증기량[kg/h]

$h_2$ : 발생 증기의 엔탈피[kJ/kg](포화증기 표 부록 5, 6 참조)

$h_1$ : 보일러 입구에서 물의 엔탈피[kJ/kg]

### 2) 환산증발량(상당증발량) $G_e$[kg/h]

환산증발량이란 발생열량, 즉 보일러에서 1시간당 받아들인 열량을 100 ℃의 수증기량 $G_e$[kg/h]로 환산한 것으로서 식 (7-3)과 같다.

$$G_e = \frac{q}{\gamma} = \frac{G_s(h_2 - h_1)}{2,257}[\mathrm{kg/h}] \quad \cdots\cdots (7\text{-}3)$$

여기서, $q$ : 발생열량[kJ/h]

$G_s$ : 발생 수증기량[kg/h]

$h_2$ : 발생 증기의 엔탈피[kJ/kg](포화증기 부록 5표 참조)

$h_1$ : 보일러 입구에서 물의 엔탈피[kJ/kg]

$\gamma$ : 100 ℃에서 물의 증발잠열($\gamma \fallingdotseq$ 2,257 kJ/kg)

### 3) 상당방열면적 $EDR$[m$^2$]

보일러의 용량을 상당방열면적($EDR$ ; equivalent direct radiation)으로 나타내는 방법이다. 즉 표 7-3과 같은 조건에서 방열기의 면적 1m$^2$으로 시간당 방열하는 열량을 표준방열량 $q_o$[kW/m$^2$]라고 하고, 보일러의 발생열량을 표준방열량으로 나누면 방열면적이 되는데, 이 면적을 상당방열면적 $EDR$[m$^2$]이라 하며, 온수보일러인 경우는 식 (7-4)와 같이, 증기보일러는 식 (7-5)와 같이 나타낸다.

### ① 온수인 경우

$$EDR = \frac{q}{q_o} = \frac{q}{0.523}[\mathrm{m^2}] \quad \cdots\cdots (7\text{-}4)$$

### ② 증기인 경우

$$EDR = \frac{q}{q_o} = \frac{q}{0.756}[\mathrm{m}^2] \cdots\cdots (7\text{-}5)$$

여기서, $q$ : 보일러 발생열량[kW]

$q_o$ : 표준상태에서 방열기 표면적 $1\,\mathrm{m}^2$당 방열량[$\mathrm{kW/m^2}$](표 7-3)

표 7-3 ▸ 표준방열량 $q_o$[$\mathrm{kW/m^2}$]

| 열 매 | 표준방열량 $q_o$ [$\mathrm{kW/m^2}$] | 상태조건 | |
|---|---|---|---|
| | | 열매온도[℃] | 실내온도[℃] |
| 온 수 | 0.523 | 80 | 18.5 |
| 증 기 | 0.756 | 102 | 18.5 |

**예제 7-1**

증기보일러에 60 ℃의 환수가 유입되어 130 ℃의 증기 200 kg/h를 배출할 때 i) 발생열량 $q$[kW], ii) 환산증발량 $G_e$[kg/h], iii) 상당방열면적 $EDR$[$\mathrm{m}^2$]을 각각 구하시오. 단, 130 ℃에서 포화증기의 엔탈피는 2,720 kJ/kg이다.

**풀이**

i) 발생열량은 식 (7-2)에 의해

$$q = \frac{G_w(h_2 - h_1)}{3{,}600} = \frac{200(2{,}720 - 251.4)}{3{,}600} \fallingdotseq 137\,\mathrm{kW}$$

여기서, $h_1$ = 물의 비열×수온 $= 4.19 \times 60 = 251.4\,\mathrm{kJ/kg}$

ii) 환산증발량은 식 (7-3)에 의해

$$G_e = \frac{q}{\gamma} = \frac{200(2{,}720 - 251.4)}{2{,}257} \fallingdotseq 219\,\mathrm{kg/h}$$

iii) 상당방열면적은 증기를 기준으로 할 때 식 (7-5)에 의해

$$EDR = \frac{q}{q_o} = \frac{137}{0.756} \fallingdotseq 181\,\mathrm{m}^2$$

#### (2) 보일러의 효율($\eta_B$)과 연료소비량 $G_f$[$\mathrm{kg/h, Nm^3/h}$]

보일러의 효율은 보일러 출력에 대한 연료소비량의 비율로 식 (7-6)과 같이 나타내며, 이 식으로부터 연료소비량을 식 (7-7)과 같이 구한다.

$$\eta_B = \frac{G(h_2 - h_1)}{G_f \cdot H_f} \times 100[\%] \quad \cdots\cdots (7\text{-}6)$$

$$G_f = \frac{G(h_2 - h_1)}{H_f \cdot \eta_B} [\text{kg/h, Nm}^3/\text{h}] \quad \cdots\cdots (7\text{-}7)$$

여기서, $G$ : 증기량 또는 온수량[kg/h]

$h_2$, $h_1$ : 발생 증기 또는 온수의 엔탈피, 입구 물의 엔탈피[kJ/kg]

$G_f$ : 연료소비량[kg/h, Nm³/h]

$H_f$ : 연료의 저위발열량 [액체연료 : [kJ/kg], 가스연료 : kJ/Nm³]

**예제 7-2**

증기보일러에서 150 ℃의 포화증기(포화증기의 엔탈피 : 2,747 kJ/kg)의 발생 증기량이 1,000 kg/h일 때 i) 보일러의 출력[kW], ii) 1일간의 연료소비량[Nm³/day]을 각각 구하시오.

단, 보일러에 환수되는 응축수는 90 ℃, 보일러의 효율은 80 %이며, 1일 중 15시간 운전하며, 연료는 저위발열량 40,000 kJ/Nm³인 도시가스를 사용한다.

**풀이**

i) 보일러의 출력은 식 (7-2)에 의해

$$q = \frac{G_s(h_2 - h_1)}{3{,}600} = \frac{1{,}000(2{,}747 - 4.19 \times 90)}{3{,}600} \fallingdotseq 658\,\text{kW}$$

ii) 1일간의 연료소비량은 식 (7-7)에 의해

$$G_f = \frac{G(h_2 - h_1)}{H_f \cdot \eta_B} \times 15 = \frac{1{,}000(2{,}747 - 4.19 \times 90)}{40{,}000 \times 0.8} \times 15 \fallingdotseq 1{,}110\,\text{Nm}^3/\text{day}$$

### [3] 보일러의 용량 설정

보일러의 용량 $Q$[kW]는 정격출력으로서 식 (7-1)과 같이 정미출력(난방부하+급탕부하)에 배관부하와 예열부하가 포함된다.

$$Q = \text{난방부하}(q_1) + \text{급탕부하}(q_2) + \text{배관부하}(q_3) + \text{예열부하}(q_3) \quad \cdots\cdots (7\text{-}8)$$

한편, 배관부하와 예열부하는 온수보일러인 경우 정미출력의 15 %, 증기보일러의 경우는 35 %로 하여 다음과 같이 보일러의 정격출력을 구한다.

**① 온수보일러 정격출력** $Q_w$[kW]

$$Q_w = (\text{난방부하 } q_1 + \text{급탕부하 } q_2) \times 1.15 \quad \cdots\cdots (7\text{-}9)$$

**② 증기보일러 정격출력** $Q_s$[kW]

$$Q_w = (\text{난방부하 } q_1 + \text{급탕부하 } q_2) \times 1.35 \quad \cdots\cdots (7\text{-}10)$$

1) 난방부하 $q_1$[kW]

난방부하는 제2장의 난방부하계산법에 의한다.

2) 급탕부하 $q_2$[kW]

생활용 온수를 가열하기 위한 열량으로서 다음 식에 의해 계산한다.

$$q_2 = V \cdot \rho \cdot C(t_2 - t_1)[\text{kJ/min}]$$

$$= \frac{V \cdot \rho \cdot C(t_2 - t_1)}{60}[\text{kW}] \quad \cdots\cdots (7\text{-}11)$$

여기서, $V$ : 급탕량[L/min]
$\rho$ : 물의 밀도(≒ 1kg/L)
$C$ : 물의 비열(≒ 4.19kJ/kg·K)
$t_2$, $t_1$ : 출탕 및 급수온도[℃]
60 : 환산계수(1분=60초)

3) 배관부하(배관 열손실) $q_3$[kW]

배관부하는 보일러에서 온수 또는 증기 · 환수가 보일러와 열방출 기기간에 배관을 통해 손실되는 열량으로서 설비의 크기, 배관의 위치, 배관 내의 물 또는 증기의 온도 등에 따라 달라진다.

4) 예열부하 $q_4$[kW]

예열부하는 보일러를 처음 작동하기 시작하여 난방장치를 소정의 온도까지 올리는데 소요되는 열량을 말한다.

**예제 7-3**

증기난방에서 상당방열면적이 1,200 $EDR$[m$^2$]이고, 급탕량이 50[L/min]일 때 보일러의 ⅰ) 정미출력[kW], ⅱ) 정격출력[kW]을 구하시오.

단, 급수의 온도는 5 ℃이고, 급탕온도는 60 ℃이다.

풀이

i) 정미출력은 난방부하와 급탕부하의 합이므로

$$q = q_1 + q_2 = (EDR \times 0.756) + \frac{V \cdot \rho \cdot C(t_2 - t_1)}{60}$$

$$= (1{,}200 \times 0.756) + \frac{50 \times 1 \times 4.19(60-5)}{60} \fallingdotseq 1{,}099\,\text{kW}$$

ii) 증기보일러인 경우 정격출력은 정미출력에 35 %를 가하면

$$Q_w = 1{,}099 \times 1.35 \fallingdotseq 1{,}484\,\text{kW}$$

## [4] 열교환기(heat exchanger)

열교환기는 냉각코일과 가열코일 및 냉동기의 응축기와 증발기 등에도 사용되며, 여기서는 증기-물, 물-물과의 열교환에 사용되는 열원의 부속기기에 한하여 취급한다.

열교환기를 구조에 따라 분류하면 원통다관형(shell and tube type), 플레이트형(plate type), 스파이럴형(spiral type) 등이 있다.

### (1) 원통다관형 열교환기

그림 7-5와 같이 동체(shell) 내에 여러 개의 관(tube)을 조립했다. 그림 (a)는 동측(胴側) 1패스 관측 2패스형이고, (b)는 동측 2패스 관측 4패스, (c)는 분할류형이며, (d)와 (e)는 분류형이다.

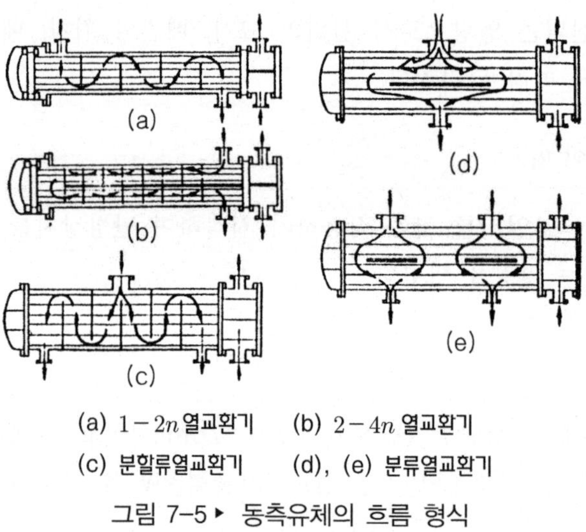


(a) $1-2n$ 열교환기　(b) $2-4n$ 열교환기
(c) 분할류열교환기　(d), (e) 분류열교환기

그림 7-5 ▸ 동측유체의 흐름 형식

동체에는 증기나 고온수를 통하게 하여 관 내에 흐르는 물을 가열하게 되는데, 관 내의 유속은 대체로 1.2m/s 이하로 설정한다.

### (2) 플레이트형 열교환기

플레이트형 열교환기는 스테인리스 강판에 리브(rib)형의 골을 만든 여러 장을 그림 7-6과 같이 나열하여 조합하였다.

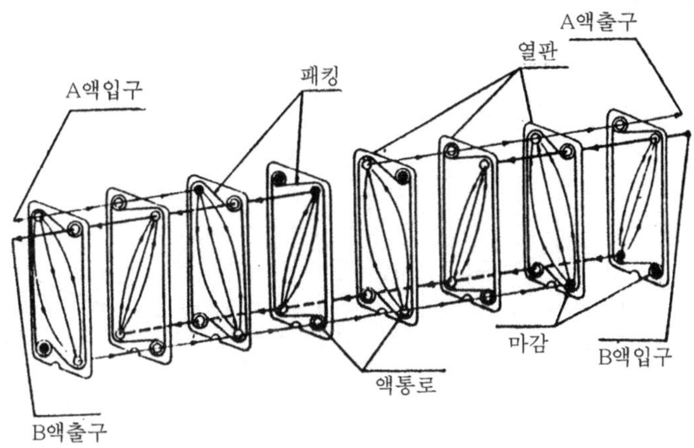


그림 7-6 ▸ 플레이트형 열교환기

이 열교환기는 원통다관식에 비하여 열관류율 $K[\mathrm{W/m^2 \cdot K}]$가 3~5배이므로 규모는 작아도 열교환 능력이 매우 좋다. 따라서 초고층 건물 등에서 사용되는 예가 많다.

### (3) 스파이럴형 열교환기

스파이럴형 열교환기는 스테인리스 강판을 그림 7-7과 같이 감아서 그 끝 부분을 용접함으로써 가스켓을 사용하지 않고도 수밀이 되는 구조로 되어 있다. 용도는 화학공업을 비롯하여 설치장소를 많이 차지하지 않으므로 고층건물의 공조용으로도 사용된다.

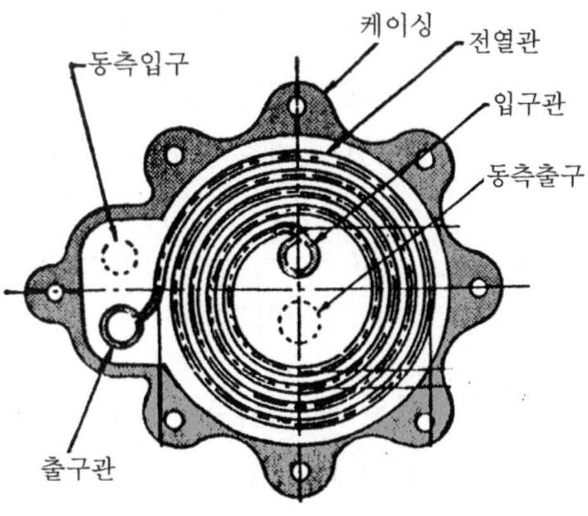


그림 7-7 ▸ 스파이럴형 열교환기(수평단면도)

### (4) 열교환기의 대수평균온도차와 전열량[W]

열교환기에서 고온의 유체와 저온의 유체가 이동하는 형식은 흐름 방향이 동일한 평행류형과 흐름방향이 서로 반대인 역류형이 있다. 이 때 고온 유체와 저온 유체의 온도변화는 평행류형인 경우 그림 7-8의 (a)와 같고, 역류형인 경우는 그림 (b)와 같다.

열교환량 $Q$[W]는 식 (7-12)와 같이 고온유체와 저온유체의 온도차에 비례하는데 그림에서 보는 바와 같이 각 위치마다 온도가 다르므로 이것을 평균치로 한 대수평균온도차 $\Delta t$를 이용한다.

한편, 대수평균온도차를 서로 비교해보면 역류인 경우가 평행류보다 더 크므로 전열량도 많다.

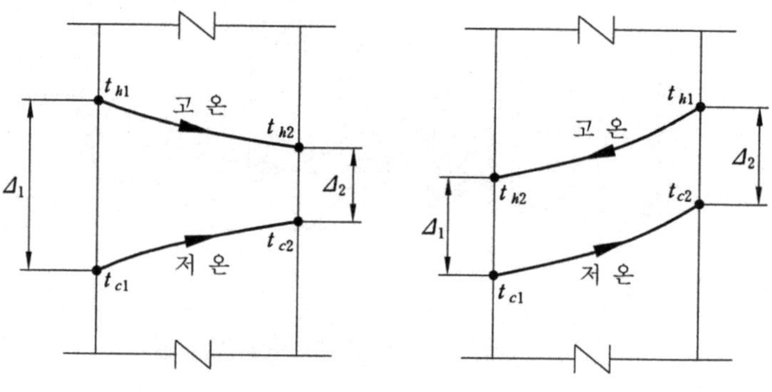


그림 7-8 ▸ 열교환기의 온도변화

$$Q = A \cdot K \cdot \Delta t \quad \cdots\cdots (7\text{-}12)$$

여기서, $A$ : 열교환기의 전열면적[m²]

$K$ : 열관류율[W/m²·K]

$\Delta t$ : 대수평균온도차[K]

$$\Delta t = \frac{\Delta_1 - \Delta_2}{\ln\left(\dfrac{\Delta_1}{\Delta_2}\right)} \quad \cdots\cdots (7\text{-}13)$$

평행류일 때 : $\Delta_1 = t_{h1} - t_{c1}$, $\Delta_2 = t_{h2} - t_{c2}$

역 류일 때 : $\Delta_1 = t_{h2} - t_{c1}$, $\Delta_2 = t_{h1} - t_{c2}$

# 7-2 냉열원기기

## [1] 냉동기의 종류 및 비교

건축물의 공조용 냉열원기기로 사용되는 냉동기의 분류 및 비교는 표 7-4, 7-5와 같다.

표 7-4 ▸ 냉동기의 분류

| 종 류 | | 용량범위 | 용 도 | 비 고 |
|---|---|---|---|---|
| 증기압축식 | 왕복동식<br>(레시프로식) | 1/4~180 RT | 중 · 소규모 건물 또는 각실 유닛용 | 그림 7-9 |
| | 원심식<br>(터보식) | 100~7,000 RT | 중 · 대규모 건물의 중앙식 | 그림 7-11 |
| | 스크루식 | 50~1,000 RT | 소규모의 콘덴싱 유닛 및 대규모의 히트펌프, 브라인 쿨러 | 그림 7-13 |
| 흡 수 식 | | 50~1,000 RT | 중 · 대규모 건물의 중앙식 | 그림 7-14 |

표 7-5 ▸ 각종 냉동기의 분류

| 냉동기 종류 / 비교 항목 | 왕 복 동 식 | | 스크루식 | 터보식 | 흡수식 |
|---|---|---|---|---|---|
| | 직팽식 | 냉수식 | | | |
| 설비비(소규모) | A | B | D | C | D |
| 설비비(대규모) | - | B | D | A | C |
| 운전비 | B | C | B | B | A |
| 용량제어성 | C | C | A | B | A |
| 보수관리의 용이성 | C | B | B | A | C |
| 설치면적 | A | B | B | C | D |
| 필요 천장높이 | A | B | B | B | C |
| 운전시 중량 | A | B | B | C | D |
| 진동 및 소음 | C | C | B | B | A |

【주】 표 중에 A가 가장 양호, B, C, D 순으로 분리함을 표시함.

## [2] 왕복동식 냉동기

왕복동식 냉동기는 피스톤의 왕복운동에 의해 냉매증기를 압축하는 것으로서, 외관은 그림 7-9와 같고, 공조장치와의 계통은 그림 7-10과 같다.

그림 7-9 ▸ 왕복동식 냉동기의 외형

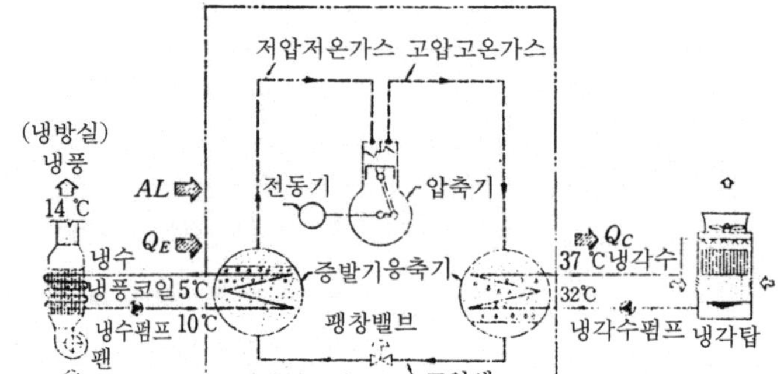


그림 7-10 ▸ 냉동장치와의 계통

왕복동식 냉동기는 냉매를 냉각코일에 직접 팽창시켜 냉방용 순환공기를 냉각시키는 직접팽창식과 증발기를 순환하는 냉수를 냉각시키는 냉수식이 있다.

또, 냉동기 구성품의 조합에 따라 표 7-6과 같이 콘덴싱 유닛(condensing unit), 칠링 유닛(chilling unit), 패키지 유닛(package unit) 등으로 구분된다.

왕복동식 냉동기의 장점은 높은 압축비를 필요로 하는 경우에 적합하며, 설비비가 적게 들며 설치면적도 적게 차지한다.

표 7-6 ▸ 냉동기 부품의 조합과 명칭

| 구성품 / 명 칭 | 압축기 | 응축기 | 증발기 | 공조기 | 냉수펌프 |
|---|---|---|---|---|---|
| 콘덴싱 유닛 | ○ | ○ | × | × | × |
| 칠링 유닛 | ○ | ○ | ○ | × | ×, ○ |
| 패키지 유닛 | ○ | ○ | ○ | ○ | × |

그러나 고압기기에 속하므로 운전자 격자가 필요하며, 피스톤의 왕복운동에 의한 진동 및 소음이 크다.

따라서 공조용으로는 칠링 유닛, 패키지 유닛, 콘덴싱 유닛 및 각 실의 개별 공조용 유닛과 중·소규모의 중앙공조용으로 사용된다.

## [3] 터보식 냉동기

터보식 냉동기는 임펠러의 원심력에 의해 냉매가스를 압축하는 것으로서, 외형은 그림 7-11과 같다.

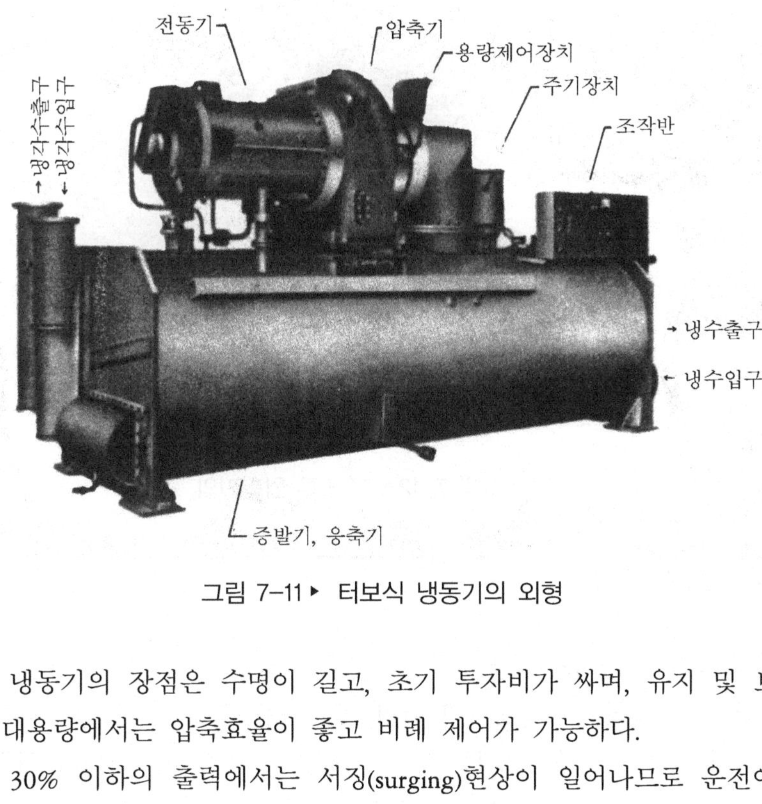


그림 7-11 ▸ 터보식 냉동기의 외형

터보식 냉동기의 장점은 수명이 길고, 초기 투자비가 싸며, 유지 및 보수가 쉽다. 또한 대용량에서는 압축효율이 좋고 비례 제어가 가능하다.

그러나 30% 이하의 출력에서는 서징(surging)현상이 일어나므로 운전이 곤란하고, 직접팽창식으로는 곤란하다. 또한 흡수식에 비해 소음 및 진동이 심하다. 따라서 대·중형 규모의 중앙식 공조에서 냉방용으로 사용된다.

## [4] 스크루식 냉동기

스크루식 냉동기는 회전식 압축방법으로 냉매증기를 압축하는 형식으로, 압축기의 구조는 그림 7-12와 같다. 냉매증기의 압축과정은 압축기 내에 있는 회전로터

(rotor)의 회전에 의해 증발기측에서 냉매증기를 흡입하여 응축기측으로 토출하며, 이 과정은 연속적이다.

장점은 구조가 간단하여 고장이 적고, 왕복운동 부분이 없어서 소음 및 진동이 적다. 또한 압축비가 높아도 효율이 좋고, 설치면적도 적게 차지한다.

그러나 압축기가 비싸고 또한 압축비가 낮을 때는 효율이 낮다. 따라서 전동기 출력이 25 kW ~ 90 kW의 소형에서는 콘덴싱 유닛(condensing unit)으로 사용되며, 대형에서 공기열원의 히트펌프 및 브라인쿨러 유닛(brine cooler unit)으로 사용되는 예가 있다.

그림 7–12 ▸ 스크루 압축기의 구조

## [5] 흡수식 냉동기

### (1) 흡수식 냉동기의 종류

그림 7-13은 흡수식 냉동기의 외형이며, 분류는 표 7-7과 같다.

압축식 냉동기는 냉동효과를 얻기 위해서 외부로부터 전기의 입력에 의한 기계적 에너지가 필요했다. 그러나 흡수식 냉동기는 기계적 에너지가 아닌 열에너지에 의해 냉동효과를 얻는다. 이 열에너지는 연료를 직접 연소시키는 직화식과 고온수나 증기 또는 태양열 및 폐수 등을 이용하는 간접식이 있으며, 발생기의 형식에 따라 단효용(單效用)(1중효용)식과 2중효용식이 있다.

구조는 증발기(evaporator), 흡수기(absorber), 재생기 또는 발생기(generator), 응축기(condenser) 등으로 구성되어 있다. 냉방용의 흡수냉동기는 물과 브롬화리튬(LiBr)의 혼합용액을 사용하며, 물은 냉매의 역할을 하고, LiBr은 흡수제의 역할을 한다.

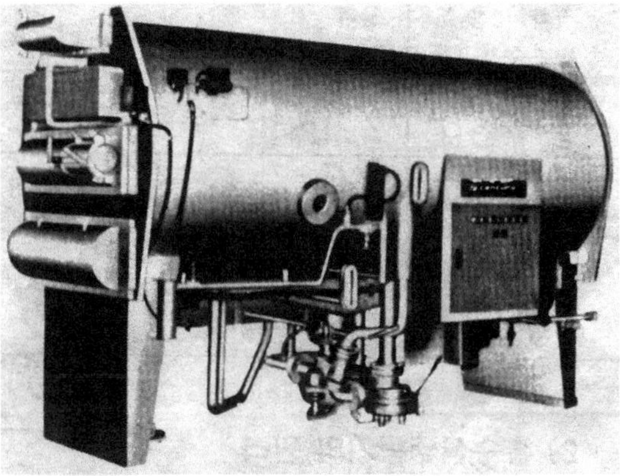

그림 7-13 ▸ 흡수냉동기의 외형

표 7-7 ▸ 흡수식 냉동기의 종류

| 항목 / 냉동기의 명칭 | 냉매와 흡수제의 종류 | 사이클의 종류 | 주용도 | 용량 (RT) | 가열원의 종류 | 비 고 |
|---|---|---|---|---|---|---|
| 단효용 흡수냉동기 | 물과 브롬화리튬 | 1중 | 공조용 | 50~2,000 | 증 기 고온수 | 저압증기일 때에 칠러로 사용된다. |
| 2중효용 흡수냉동기 | 물과 브롬화리튬 | 2중 | 공조용 | 75~1,100 | 증 기 | 중압증기 이상일 때에는 칠러로 사용된다. |
| 직화식 냉온수기 | 물과 브롬화리튬 | 1중 | 공조용 | 50~100 | 도시가스·등유 | 소·중규모 건물용 냉온수공급 |
| 직화식 2중효용 냉온수기 | 물과 브롬화리튬 | 2중 | 공조용 | 50~1,100 | 도시가스·등유 | 도시의 공해 대책으로 가스가 사용된다. 냉온수 공급 |
| 수형냉온수기 | 물과 브롬화리튬 | 1중 | 가 정 공조용 | 3~10 | 도시가스·등유 | 가정용 중앙식에 사용된다. 냉온수공급 |
| 저온흡수 냉동기 | 암모니아와 물 | 1중 | 공업용 | 대용량 | 증기·기타 | 사용 예가 거의 없다. |
| 암모니아 소형 흡수 냉동기 | 암모니아와 물 | 1중 | 가정용 | 3~12 | 도시가스 | 일반적으로 사용되지 않는다. |

### (2) 흡수식 냉동기의 원리

#### 1) 증발기의 작용

그림 7-14의 하단 우측에 있는 것이 증발기이다.

증발기 내의 압력은 0.872kPa 정도의 진공이므로 팽창밸브에서 분무되는 냉매(물)는 쉽게 증발되며, 따라서 증발기 내를 통과하는 냉수는 냉매(물)의 증발잠열에 의해 냉각되어 공조기로 간다.

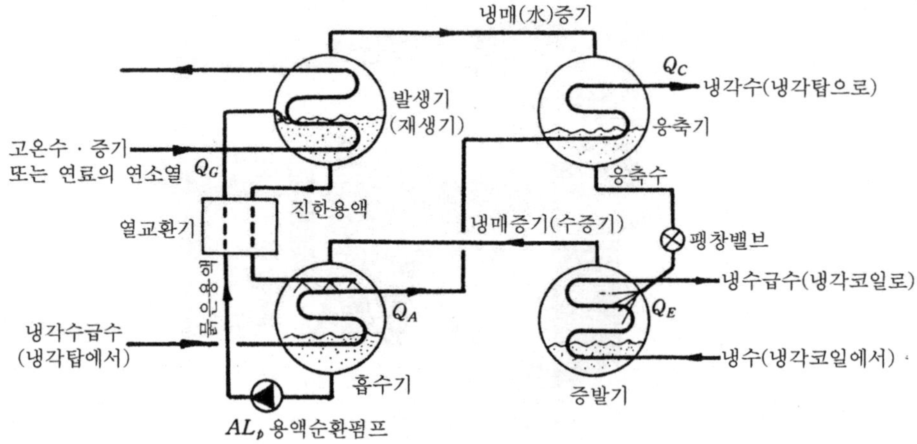


그림 7-14 ▸ 흡수식 냉동기의 원리도(1중 효용 ; 단효용)

표 7-8은 물의 압력과 증발온도 및 흡수냉동기의 주요부에 대한 압력과의 관계이다.

표 7-8 ▸ 물의 압력과 증발온도

| 압력(절대압) [kPa] | 온도 [℃] | 비 고 | 압력(절대압) [kPa] | 온도 [℃] | 비 고 |
|---|---|---|---|---|---|
| 0.872 | 5 | 증발기 압력 | 143.3 | 110 | |
| 1.227 | 10 | | 198.5 | 120 | 1중효용 가열증기 압력 |
| 2.337 | 20 | | 270.1 | 130 | |
| 4.242 | 30 | | 361.3 | 140 | |
| 7.375 | 40 | 응축기 압력(저온재생기) | 475.8 | 150 | |
| 12.33 | 50 | | 617.8 | 160 | |
| 19.92 | 60 | | 991.7 | 170 | 2중효용 가열증기 압력 |
| 31.16 | 70 | | 1,002 | 180 | |
| 47.36 | 80 | | 1,254 | 190 | |
| 70.11 | 90 | 고온재생기 압력 | 1,554 | 200 | |
| 101.325 | 100 | 대기압 | 1,906 | 210 | |

2) 흡수기의 작용

증발기에서 증발된 냉매증기(수증기)는 증발기 좌측에 있는 흡수기로 넘어가며, 발생기에서 내려온 LiBr의 농도가 진한 용액(LiBr + $H_2O$)이 분무되어 증발기로부터 넘어온 수증기를 흡수하여 묽은 용액을 만든다.

이때 흡수작용에 의해 발생되는 용해열을 제거하기 위하여 냉각수 코일을 둔다.

(냉각탑에서 공급되는 냉각수에 의한 냉각) 또한, 묽은 용액($LiBr + H_2O$)은 펌프에 의해 발생기로 이송된다.

### 3) 발생기의 작용

흡수기에서 올라온 묽은 용액에 열을 가하면(연료의 연소열, 증기 또는 고온수 등) 용액 중에서 물은 증발하여 수증기로 된 후 응축기로 넘어가고, 나머지 진한 용액은 흡수기로 내려간다. 즉 발생기는 용액으로부터 냉매인 수증기와 흡수제인 LiBr로 분리시키는 작용을 한다.

### 4) 응축기의 작용

발생기로부터 넘어온 냉매증기(수증기)는 냉각수 코일에 의해 냉각되어 물로 응축된 후 다시 증발기로 넘어간다. 여기서 냉각수 배관은 흡수기를 냉각시키고, 그 출구는 응축기의 냉각수관 입구와 연결되며, 응축기 냉각수관 출구는 냉각탑으로 연결되며 냉각수는 다시 흡수기로 이어진다.

### 5) 2중효용 흡수식 냉동기

앞에서의 각 구성요소에 대한 작용 설명은 1중효용(단효용) 흡수냉동사이클로서, 발생기가 1개인 경우였다. 그러나 2중효용 흡수냉동사이클은 그림 7-15와 같이 고온발생기와 저온발생기를 갖추고 있다.

여기서 저온발생기는 고온발생기보다 압력이 낮다. 따라서 고온발생기보다 낮은 온도에서 다시 한 번 증기가 발생한다. 즉 고온발생기에서 묽은 용액은 외부로부터의 가열에 의해 증발된 냉매증기(수증기)는 저온발생기로 넘어가서 비등온도가 낮은 저온발생기에 있는 용액을 다시 한 번 가열하여 수증기를 발생시키고 자신은 물로 응축되어 응축기를 통해 증발기로 간다. 따라서 용액측에서 보면 흡수기에서 고온발생기로 올라온 묽은 용액($LiBr + H_2O$)은 고온발생기에서 $H_2O$를 수증기로 분리시키고, 중간 정도의 진한 용액($LiBr + H_2O$)이 되어 저온발생기로 넘어와서 다시 $H_2O$를 수증기로 분리시키고 진한 용액이 되어 흡수기로 다시 내려간다.

따라서 2중효용 흡수냉동기는 응축기에서 버리던 증기의 응축열을 저온 발생기에서 냉매증기(수증기)의 발생에 한 번 더 이용함으로써 에너지 절약적이고, 냉각탑의 용량도 줄일 수 있다.

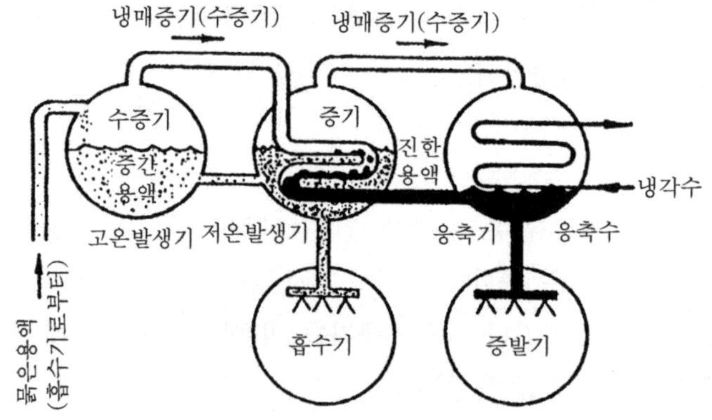


그림 7-15 ▸ 2중효용 흡수식 냉동기의 원리

## 7-3 냉각탑

### [1] 냉각탑의 분류

냉동기의 응축기를 냉각시키기 위해 사용되는 물을 냉각수라 하고, 이 냉각수를 재활용하기 위한 장치를 냉각탑이라 하며, 구분과 형식은 표 7-9와 같다.

표 7-9 ▸ 냉각탑의 분류

| 구 분 | 형 식 | 특 징 | 비 고 |
|---|---|---|---|
| 용 도 | 일반공조용 | 냉각수 입출구 온도차 5 ℃ | |
| | 산업용 | 냉각수 입출구 온도차 10 ℃ | |
| 수로(배관) 형식 | 밀폐형 | 현열교환(냉각수 배관 밀폐) | |
| | 개방형 | 현열과 잠열교환(냉각수가 대기와 접촉) | |
| 공기와 냉각수의 유동 방향 | 대향류형 | 냉각수는 수직하향, 공기는 수직상향 교차흐름 | 그림 7-16 |
| | 직교류형 | 냉각수는 수직하향, 공기는 수평방향 | 그림 7-17 |
| | 혼합형 | 대향류형과 직교류형의 조합 | 그림 7-18 |
| | 평행류형 | 공기와 냉각수가 동일방향(사용 예가 적음) | |
| 송풍방식 | 흡입식 | 팬이 냉각탑 공기 출구측에 위치 | |
| | 압송식 | 팬이 냉각탑 공기 입구측에 위치 | |
| 외 형 | 4각형 | 평면상에서 냉각탑의 형태가 4각형 | |
| | 원형 | 평면상에서 냉각탑의 형태가 원형이거나 8각형 이상 | |
| | 연결형 | 여러 개의 냉각탑이 연속으로 이어진 형태 | |

표 7-9 ▸ 계 속

| 구 분 | 형 식 | 특 징 | 비 고 |
|---|---|---|---|
| 설치 방법 | 공장조립형 | 비교적 작은 용량으로서 공장에서 조립 공급 | |
| | 현장조립형 | 큰 용량으로서 셀 단위로 현장에 운송되어 조립 | |
| 살수방식 | 중력살수 | 냉각탑 상부에서 자연살수 | |
| | 살수노즐 | 냉각수 순환펌프의 압력으로 강제 살수 | |

## [2] 공기와 냉각수의 유동방향

### (1) 대향류형 냉각탑

대향류형 냉각탑의 구조는 그림 7-16과 같이 냉각탑 상부로부터 통풍팬, 엘리미네이터, 살수헤더, 살수노즐, 충전재(습식 열교환기), 집수조 등으로 구성되어 있다.

응축기로부터 공급되는 고온의 냉각수는 살수헤더에 접속된 살수노즐을 통해 분사되어 충전재를 통하여 하향 유동을 하고, 팬의 구동에 의해 충전재 하부로부터 유입된 상향기류와 서로 반대방향으로 접촉하면서 현열과 냉각수 일부의 증발에 의한 잠열을 교환하게 되어 냉각수의 온도는 내려가게 되고, 집수조에 고인 냉각수는 순환펌프에 의해 응축기로 다시 공급된다.

이때 엘리미네이터는 유출되는 공기 중의 작은 물방울을 걸러내는 역할을 한다.

대향류형 냉각탑의 장점은 직교류형에 비하여 설치면적이 적고, 기류분포가 균등하여 냉각효율이 높으며, 동절기 결빙의 우려가 적다.

그러나 단점은 냉각탑 높이가 높고, 많은 팬동력이 필요하며, 점검 · 보수가 불편하다.

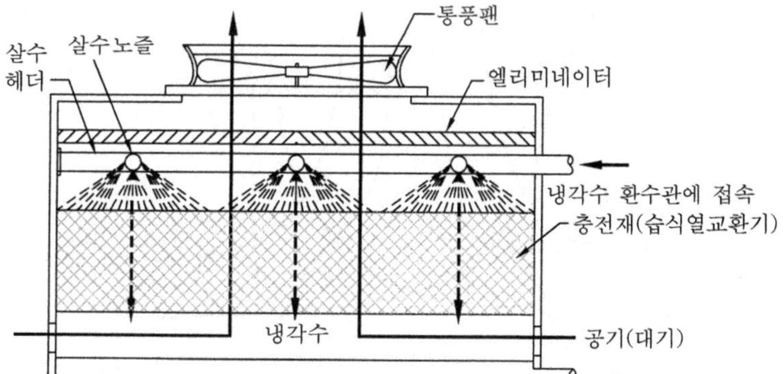


그림 7-16 ▸ 대향류형 냉각탑

### (2) 직교류형 냉각탑

직교류형 냉각탑의 구조는 그림 7-17과 같으며, 대향류형과의 차이점은 충전재 측면에 공기유입 루버를 통해 유입된 공기는 충전재를 통해 흘러내리는 냉각수와 직각방향으로 교차되면서 현열과 잠열교환을 한다. 또한 중앙부로 합류된 공기는 엘리미네이터를 통해 외부로 유출된다.

직교류형 냉각탑의 장점은 대향류형에 비하여 팬 소요동력이 적고, 구조상 점검 · 보수가 쉬우며, 살수배관이 간단하다. 그러나 단점은 설치면적이 넓고, 초기 투자비가 많이 든다.

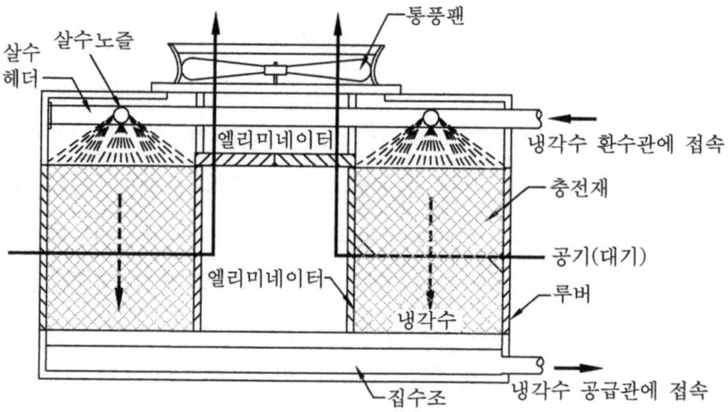


그림 7-17 ▸ 직교류형 냉각탑

### (3) 혼합형

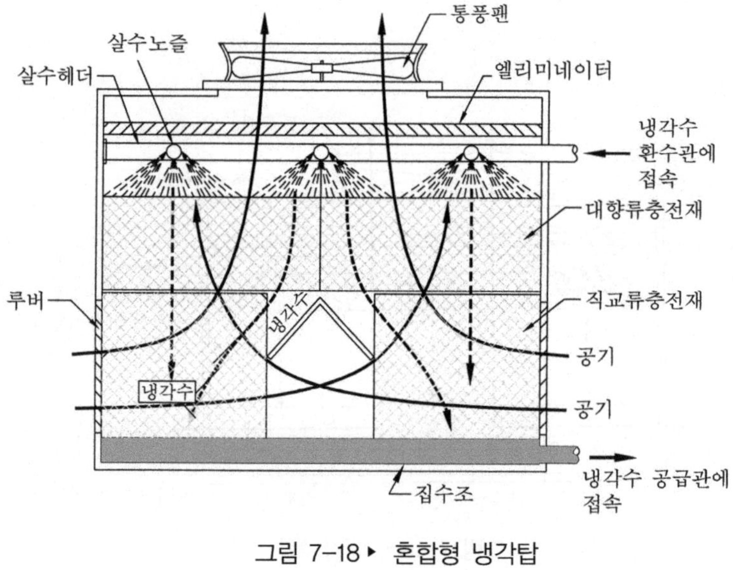


그림 7-18 ▸ 혼합형 냉각탑

혼합형 냉각탑의 구조는 그림 7-18과 같이 대향류형과 직교류형의 단점을 보완하기 위하여 상부의 충전재는 대향류형으로, 하부의 충전재는 직교류형이 되도록 배치한 형식이다. 즉 측면의 루버를 통해 유입된 공기는 하부 충전재에서 직교류되며, 상부 충전재에서는 대향류로 유동하면서 냉각수와 현열 및 잠열교환을 한다.

## [3] 백연현상

겨울철이나 중간기(봄 · 가을)에 냉각탑 출구에 백색의 연기가 나오는 모습과 같은 현상이 있는데, 이것을 백연현상이라고 한다.

그림 7-19와 같이 냉각탑으로 유입된 대기 ①은 냉각수로부터 현열과 잠열을 취득하면 포화공기선에 근접된 ②의 상태가 되어 냉각탑 출구로 배출된다.

백연현상은 출구공기 ②가 대기에 확산되어 ③의 상태로 혼합되는데(①+②), 이 때 혼합된 공기가 포화공기 상태선을 벗어나면 백연현상이 일어난다.

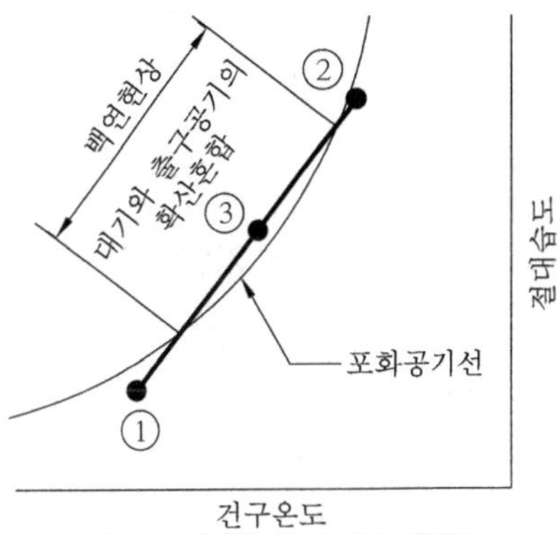


그림 7-19 ▸ 백연현상과 원인

백연현상은 햇빛과 시야를 가리게 되어 도로나 철도 주변에서는 교통신호의 식별을 방해하고, 매연가스와 같이 보이므로 환경오염의 오해를 받기도 한다.

## [4] 백연 방지대책

### (1) 토출공기의 가열

그림 7-20과 같이 냉각탑 내부의 충전재(습식 열교환기)를 거쳐나온 포화상태에 가까운 공기를 냉각수를 이용한 건식 열교환기로 가열한 후 배출한다. 즉 대기 ①은 충전재를 통과하는 과정에서 현열과 잠열을 얻어 포화상태에 가까운 ②가 되면 백연현상이 일어날 수 있다.

따라서 뜨거운 냉각수를 이용한 건식 열교환기에 의해 가열하면 상대습도가 낮아진 ③의 상태가 된다. ③의 상태는 냉각탑 출구의 대기 ①과 혼합되어 ④의 상태가 되는데, 이것은 포화공기선 내부에 있으므로 백연현상이 일어나지 않는다.

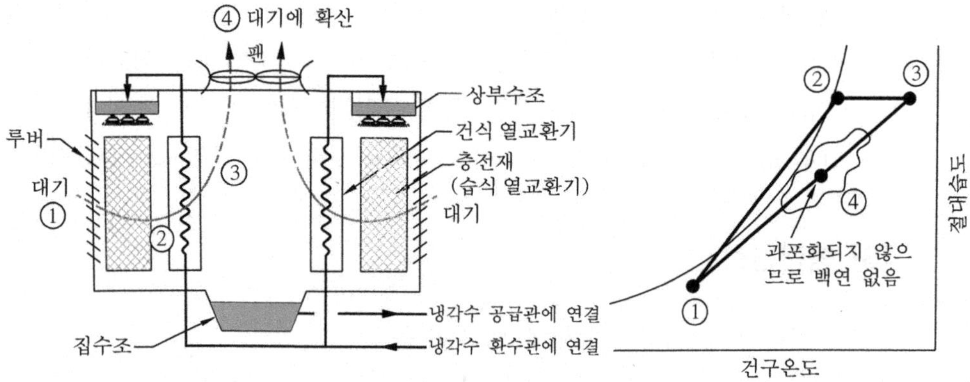


그림 7-20 ▸ 백연 방지대책(토출공기의 가열)

(2) 대기를 가열하여 혼합

그림 7-21과 같이 하부에는 충전재로 습식 열교환을 하고, 상부에서는 냉각수를 이용한 건식 열교환을 한 후 혼합 · 배출한다.

즉 하부에서 대기 ①은 습식 열교환기를 거치는 과정에서 현열과 잠열을 얻어 ②의 상태로 되고, 상부에서 대기 ①은 건식 열교환기를 거치는 과정에서 현열만 얻게 되어 ③의 상태가 된다.

또한 ②와 ③이 냉각탑 내부에서 혼합되면 ④의 상태가 되고, 냉각탑 출구의 대기 ①에 확산되면 ⑤의 상태가 되어 포화공기선 안쪽에 있으므로 백연현상은 일어나지 않는다.

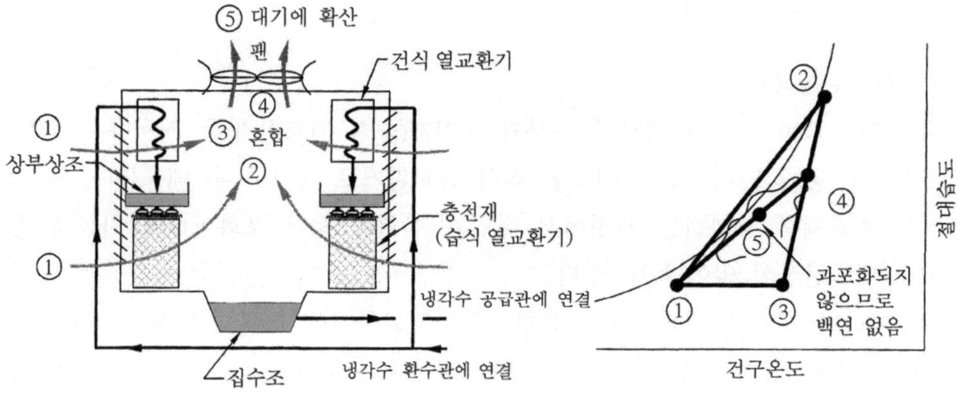


그림 7-21 ▸ 백연 방지대책(대기를 가열하여 혼합)

# 7-4 열펌프(heat pump)

## [1] 열펌프의 기본원리와 열원

### (1) 열펌프의 원리

열펌프는 냉동사이클에서 응축기의 방열량을 이용하기 위한 것으로 공기조화에서는 난방용으로 응용된다. 냉동기의 종류는 여러 가지가 있지만 현재 열펌프로 이용되고 있는 것은 압축식 냉동기와 흡수식 냉동기가 주로 사용된다.

냉동기의 압축기에서 토출된 고온 · 고압의 냉매증기는 응축기에서 방열하고 액화된다. 이때 방열되는 응축열로 물이나 공기를 가열하여 난방에 이용하는 장치를 열펌프(heat pump)라 한다.

즉 그림 7-22와 같이 저온의 물질(heat source)과 온도가 높은 물질(heat sink) 사이에 열펌프가 있어서 냉동사이클에 의해 저온물질측에 증발기를, 고온물질측에 응축기가 위치되도록 하여 저온물질로부터 열을 얻어 공조용이나 공업용 및 급탕용으로 이용한다.

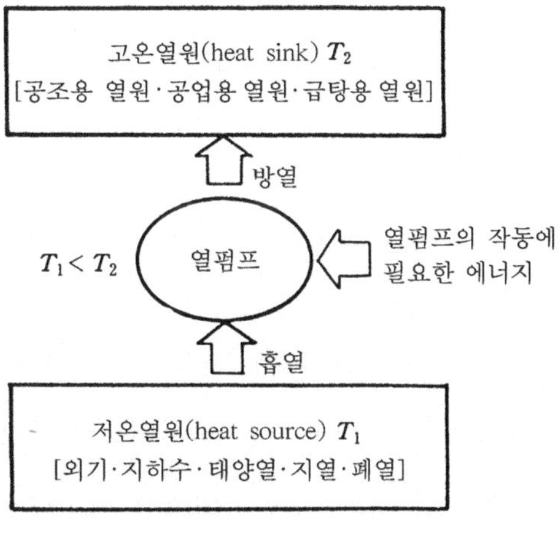


그림 7-22 ▸ 열펌프의 원리

압축식 냉동기의 원리를 이용한 열펌프는 냉동기 구동형식에 따라 EHP(Eletric Heat Pump)와 GHP(Gas Engine Heat Pump)로 구분된다.

EHP는 전기로 냉동기의 압축기를 구동하여 냉 · 난방을 하는 방식이다. 그러나

GHP는 LNG나 LPG 등의 가스 연료로 엔진을 구동하여 냉동기의 압축기를 작동시켜 냉·난방을 하는 방식이다. 이 때 연소가스와 엔진 냉각수의 열도 회수하여 난방용 열로 사용한다.

### (2) 기본 사이클 해석

열펌프의 기본적인 구성요소는 그림 7-23과 같이 저온부의 열교환기인 증발기, 고온부의 열교환기인 응축기, 압축기, 팽창밸브 등이다. 작동매체인 냉매는 증발 → 압축 → 응축 → 팽창 → 증발의 변화를 반복하면서 장치 내를 순환하게 된다.

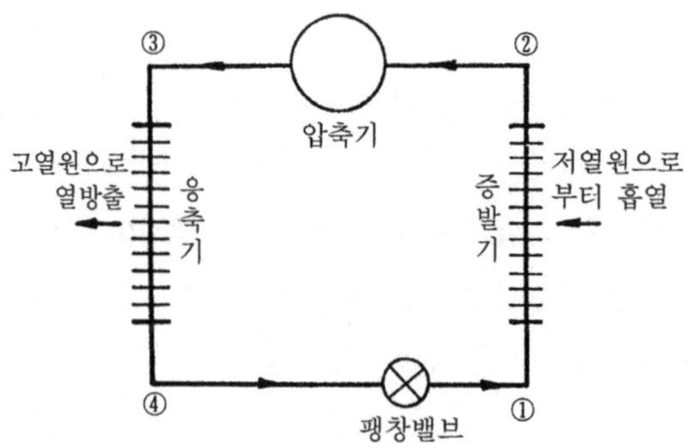


그림 7-23 ▸ 압축식 열펌프의 기본 구성

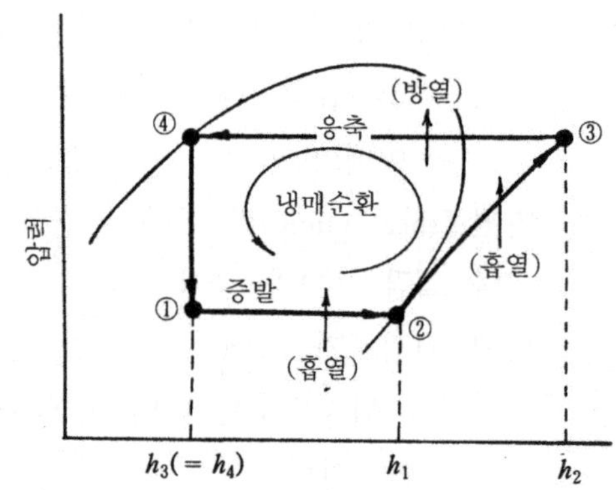


그림 7-24 ▸ 압축식 열펌프의 기본 사이클

압축식 열펌프의 성능은 제공된 기계적 일량에 대한 응축기에서 방출된 열량의 비율인 성적계수($COP_h$ ; Coefficient of Performance)를 사용하여 다음 식과 같이 표시한다.

이 기본 사이클을 Mollier 선도상에 표시하면 그림 7-24와 같으며, 냉매 1 kg에 대한 계산식은 다음과 같다.

증발기를 냉각 목적으로 사용할 때 냉동효과 $q_C$[kJ/kg]는

$$q_C = h_2 - h_1 \quad \cdots\cdots (7\text{-}14)$$

응축기를 가열목적으로 사용할 때 가열효과 $q_H$[kJ/kg]는

$$q_H = (h_3 - h_4) = (h_3 - h_2) + (h_2 - h_4) \quad \cdots\cdots (7\text{-}15)$$

압축기에서 냉매를 압축하는 일에 상당하는 열량 $L$[kJ/kg]은

$$L = h_3 - h_2 \quad \cdots\cdots (7\text{-}16)$$

따라서 이 장치의 효율을 나타내는 계수를 성적계수($COP$ ; Coefficient of Performance)라 정의하고, 입력에 대한 출력의 비율은 다음과 같이 나타낸다.

즉 냉동기를 냉각 목적으로 할 경우의 성적계수를 $COP_C$라 하면 식 (7-17)과 같고, 가열 목적, 즉 heat pump로 사용될 경우를 성적계수 $COP_H$라 하면 식 (2-18)과 같아서 가열의 경우가 냉각할 때보다 1만큼 더 크다.

$$COP_C = \frac{q_C}{L} = \frac{h_2 - h_1}{L} \quad \cdots\cdots (7\text{-}17)$$

$$COP_H = \frac{q_C + L}{L} = \frac{(h_2 - h_1) + (h_3 - h_2)}{h_2 - h_1} = 1 + COP_C \quad \cdots\cdots (7\text{-}18)$$

## [2] 열펌프의 방식

공조에 이용되는 열펌프 방식은 열원, 전열매체, 전열방식, 공조방식, 조작방식에 따라 표 7-10과 같이 분류된다.

표 7-10 ▸ 열펌프 방식

| 방 식 | | 변 환 방 식 |
|---|---|---|
| 열 원 측 | 가 열 측 | |
| 공 기 | 공 기 | 냉매회로 변환방식<br>공기회로 변환방식 |
| 공 기 | 물 | 냉매회로 변환방식<br>수(水)회로 변환방식 |
| 물 | 공 기 | 냉매회로 변환방식 |
| 물 | 물 | 수회로 변환방식<br>냉매회로 변환방식 |

### (1) 공기-공기방식(냉매회로 변환방식)

이 방식은 난방시 공기를 열원으로 하며, 그림 7-25에 나타난 바와 같이 냉매의 흐름을 냉방시와 난방시에 역으로 변환하여 작동시킨다. 즉 냉방운전에서는 실내코일(증발기)에서 열을 취득함으로써 실내를 냉방하며, 이 열은 냉매를 매개로 하여 압축기에 의해 실외코일(응축기)로 방출한다.

난방사이클로 운전될 때는 그림에 있는 밸브의 조작으로 냉매의 흐름을 냉방사이클과 역으로 하여 실외코일에서 외기로부터 열을 얻고, 압축기에 의해 과열시켜 실내코일로 이송시킨 후 실내공기를 가열하게 된다.

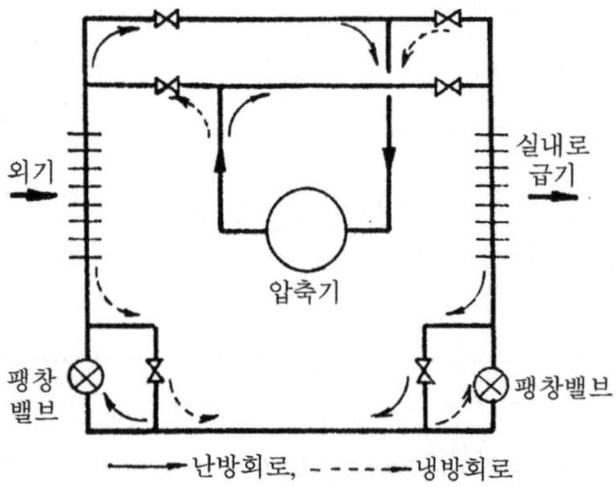


그림 7-25 ▸ 공기-공기방식(냉매회로 변환방식)

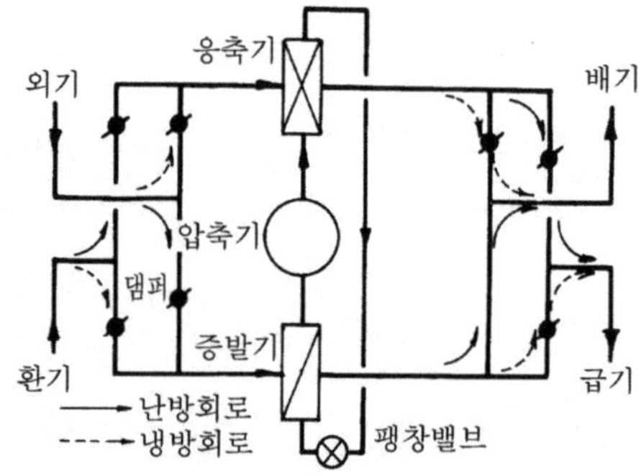


그림 7-26 ▸ 공기-공기방식(공기회로 변환방식)

(2) 공기-공기방식(공기회로 변환방식)

이 방식은 그림 7-26과 같이 냉매회로 변환 대신에 공기회로를 변경하므로 냉방시 외기는 응축기측으로 흘러 응축기의 열을 빼앗아 대기로 방출한다.

한편, 실내로부터 돌아온 환기는 증발기측으로 흘러서 냉각된 후 실내로 공급된다. 여기서 외기와 환기의 혼합비율은 댐퍼의 조작으로 한다.

한편, 난방사이클로 운전하려면 댐퍼의 변환으로 외기는 증발기측으로 흘러 열원이 되어 열을 빼앗기고 배기되며, 실내로부터의 환기는 응축기에서 가열되어 실내로 급기된다.

(3) 공기-물방식(냉매회로 변환방식)

이 방식은 그림 7-27과 같이 냉방시기는 증발기에서 냉수를 만들어 이 냉수를 냉·온수코일로 보내 급기를 냉각하여 냉방한다(그림에서는 냉매와 냉·온수를 열교환하며, 축열조를 사용하는 경우이다).

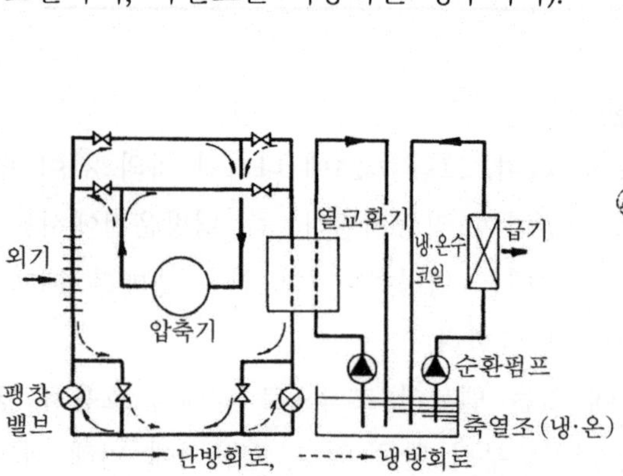


그림 7-27 ▸ 공기-물방식(냉매회로 변환방식)

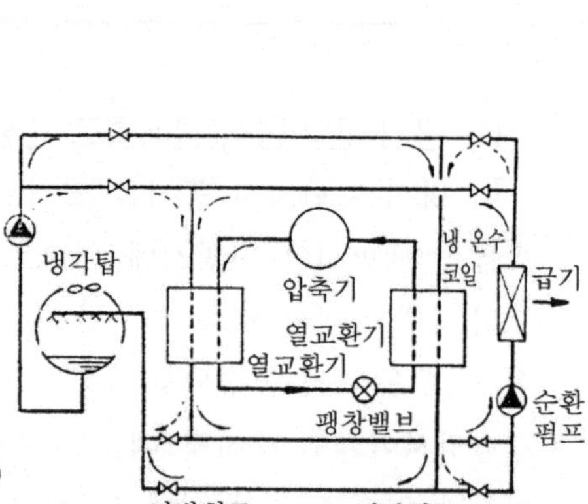


그림 7-28 ▸ 공기-물방식(물회로 변환방식)

난방사이클로 사용하는 경우는 냉매회로를 변환하면 증발기가 응축기로 된다. 따라서 응축기측에서 온수를 만들어 냉·온수코일로 보내므로 난방을 한다.

### (4) 공기–물방식(물회로 변환방식)

이 방식은 그림 7-28과 같이 냉방운전시에는 냉·온수코일에 냉수를 공급하여 급기를 냉각하고, 난방시에는 냉수회로와 냉각수회로를 바꾸는 것으로 냉각탑은 가열탑(heating tower)으로 되어 대기로부터 열을 얻어 증발기에서 열펌프의 열원으로 공급한다. 한편, 응축기는 가열기로 되어 이것으로부터 나온 온수는 냉·온수코일에 공급되어 실내공기를 가열시켜 난방을 한다.

### (5) 물–공기방식(냉매회로 변환방식)

이 방식은 그림 7-29와 같이 냉방운전시에는 증발기에서 얻은 열은 응축기에서 냉각수(지하수 등)와 열교환하여 방출한다.

난방운전시에는 냉매회로를 전환시켜 지하수로부터 열을 얻어 열펌프에 의해 급기측을 가열하여 난방을 한다.

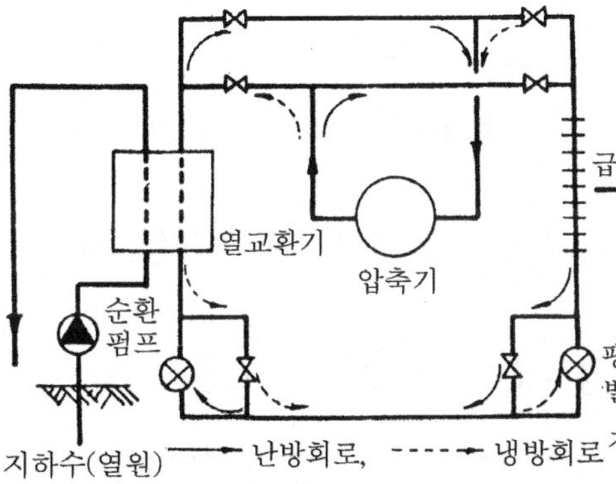


그림 7–29 ▸ 물–공기방식(냉매회로 변환방식)

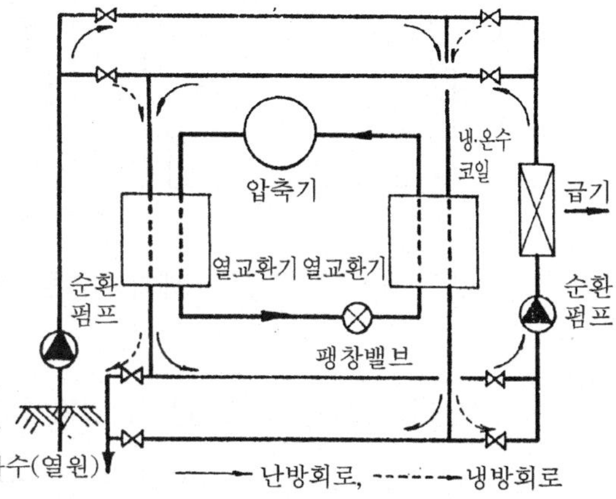


그림 7–30 ▸ 물–물방식(물회로 변환방식)

### (6) 물–물방식(물회로 변환방식)

이 방식은 그림 7-30과 같이 냉방, 난방 각각의 운전을 물회로 전환에 의해 행하는 것으로서, 냉방시에는 증발기에서 냉수를 만들어 냉수코일에 공급하므로 냉방을 하고, 응축기는 지하수에 의해 냉각한다.

난방운전시에는 물회로의 변환으로 열원(냉방시의 냉각수, 지하수 등)이 증발기로 들어와 열원으로부터 열을 얻게 된다. 이 열은 열펌프에 의해 좌측의 응축기로 이송되어 온수와 열교환되며, 이 온수는 온수코일에 공급되어 난방을 한다.

### (7) 물-물방식(냉매회로 변환방식)

이 방식은 그림 7-31과 같이 물회로는 냉방시나 난방시에 모두 일정하고 냉매회로의 변환에 의해 냉방시는 냉수로부터 흡열하여 지하수측으로 방열하고, 난방시에는 지하수로부터 열을 얻어 온수측으로 방열하여 난방을 한다.

### (8) 흡수식 열펌프

흡수식 열펌프는 앞에서 언급한 흡수식 냉동기를 가열의 목적으로 사용하는 경우로서 기본원리도는 그림 7-32와 같으며, 이것을 제1종의 흡수식 열펌프라 한다. 그림에서와 같이 저온열원인 폐열이나 태양열, 지열 등을 증발기측에 가해 냉매가 흡열될 수 있게 하고, 온수는 흡수기와 응축기를 통과하면서 열을 얻어 난방에 이용한다.

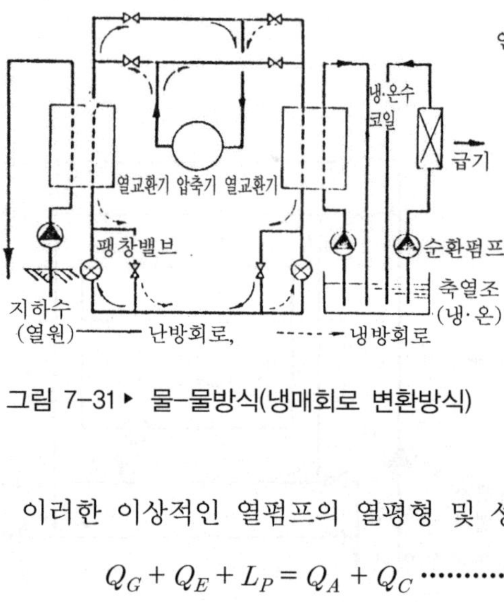


그림 7-31 ▸ 물-물방식(냉매회로 변환방식)

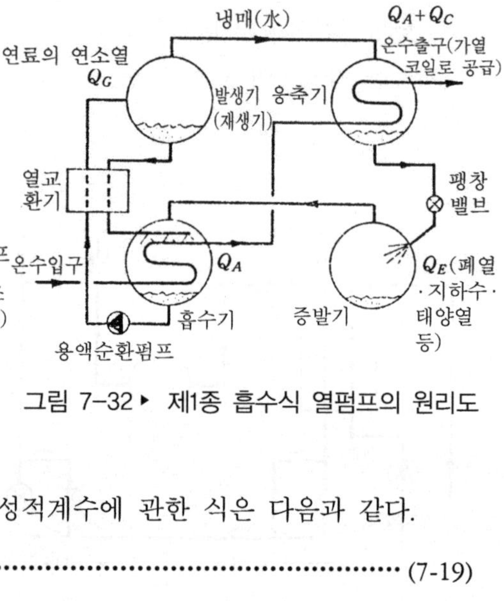


그림 7-32 ▸ 제1종 흡수식 열펌프의 원리도

이러한 이상적인 열펌프의 열평형 및 성적계수에 관한 식은 다음과 같다.

$$Q_G + Q_E + L_P = Q_A + Q_C \quad \cdots\cdots (7\text{-}19)$$

그러나 다른 열량에 비하여 $L_P$는 매우 작으므로 식 (7-19)는 다음과 같이 나타낼 수 있다.

$$Q_G + Q_E = Q_A + Q_C \quad \cdots\cdots (7\text{-}20)$$

여기서, $Q_G$ : 발생기에 가해진 열량

$Q_E$ : 증발기에 가해진 열량(폐열 등)

$Q_A$ : 온수가 흡수기에서 얻은 열량

$Q_C$ : 온수가 응축기에서 얻은 열량

즉 열펌프가 얻은 열량은 　: $Q_G + Q_E$

열펌프가 방출한 열량은 : $Q_A + Q_C$

한편, 외부에서 열펌프의 작동을 위하여 가해진 구동 열원과 펌프구동용 에너지는 $Q_G$와 $L_P$이고, 난방용 온수가 얻은 열량은 $Q_A$와 $Q_C$이므로 성적계수 $COP_h$는 다음과 같다(여기서도 $L_P \ll Q_G$이므로 펌프일에 상당하는 열량은 무시한다).

$$COP_h = \frac{Q_A + Q_C}{Q_G + L_P} \fallingdotseq \frac{Q_G + Q_E}{Q_G} = 1 + \frac{Q_E}{Q_G} \quad \cdots\cdots (7\text{-}21)$$

따라서 식 (7-13)과 비교해 보면 흡수식 냉동사이클의 성적계수보다 1만큼 더 크다.

## 7-5 축열시스템

### [1] 축열시스템의 개요

대형 건물의 건설로 인하여 냉방용 기기의 증가에 따른 전기사용량은 급격한 증가 추세에 있다. 또한 산업용 전기까지 감안한다면 낮시간에는 최대부하가 걸리고 밤 시간에는 많은 양의 전기가 남게 되었다.

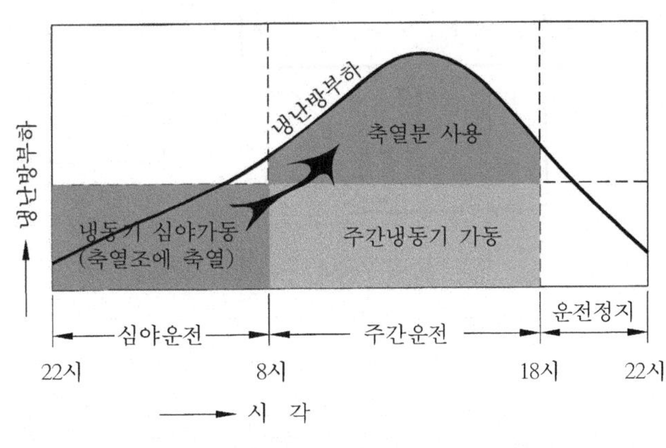


그림 7-33 ▸ 축열시스템의 운전계획

이에 따라 한국전력공사에서는 심야시간(22시~8시까지)의 잉여전기(심야전기)를 수요자에게 낮은 전기요금으로 공급하고 있다.

한편, 공조용 기기를 선정할 때 순간최대 부하를 기준으로 선정한다면 용량이 너무 커지게 되어, 시설비 및 운전비용이 많이 들게 된다. 따라서 그림 7-33과 같이 평균부하량을 기준으로 하고 심야시간(22시~08시)에 저렴한 가격의 심야전기로 냉동기를 가동하여 축열조에 저장한 후 낮시간(08시~18시)에 활용하면 장치 용량도 적어지고, 운전비도 줄일 수 있다.

## [2] 축열시스템의 종류와 운전

### (1) 수축열시스템

수축열시스템은 그림 7-34와 같이 냉동기, 축열을 위한 수축열조, 냉동기측 냉수순환펌프, 공조기측 냉수순환펌프로 구성되어 있다.

심야에 냉동기와 냉동기측 냉수순환펌프를 가동하여 수축열조에 현열 축열재인 물을 냉각시켜 냉수로 저장하고, 주간에는 공조기측 냉수순환펌프를 작동시켜 이 냉수를 이용하여 냉방을 한다. 또한 냉동기를 열펌프(heat pump)로 작동하면 온수를 축열조에 저장하여 난방과 급탕용으로도 사용할 수 있다.

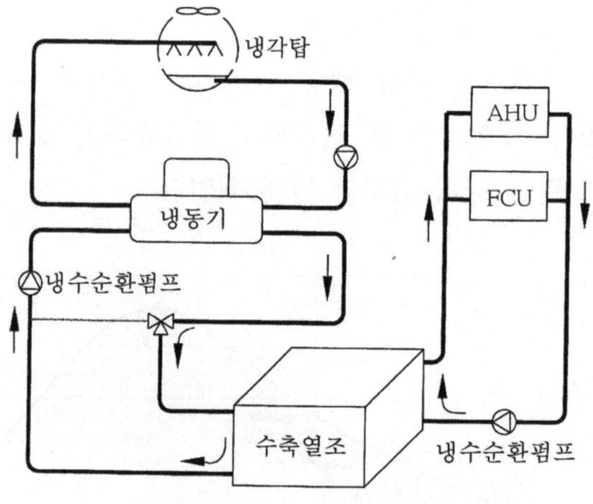


그림 7-34 ▸ 수축열시스템

### (2) 빙축열시스템

빙축열시스템은 냉각을 위한 냉동기, 축열을 위한 빙축열조, 외부와의 열교환을 위한 열교환기, 브라인(brine) 펌프, 공조기측 냉수순환펌프로 구성되며, 운전시간 및 공조부하량에 따라 다음과 같이 운전된다.

① **제빙운전** : 심야시간의 제빙운전은 그림 7-35와 같이 냉동기와 브라인 순환펌프의 운전으로 부동액(brine)이 냉동기와 빙축열조를 순환하면서 빙축열조 안의 물을 얼려(잠열 이용) 제빙을 하며, 이때 공조기측 냉수순환펌프는 정지된다.

② **해빙 단독운전** : 그림 7-36과 같이 냉동기는 정지되고 브라인 순환펌프가 가동되어 브라인이 빙축열조와 열교환기를 순환하면서 심야전력으로 얼린 얼음을 녹여 열교환기를 냉각한다.

또한 공조기측에는 냉수·순환펌프가 가동되어 열교환기에서 냉각된 냉수를 공조기 코일로 공급 순환시키는 방식으로, 초여름이나 초가을과 같이 냉방부하량이 비교적 적을 때 적용된다.

③ **동시운전** : 빙축열조와 냉동기를 동시에 가동하는 방식으로서, 그림 7-37과 같이 냉동기, 냉수 순환펌프, 브라인 순환펌프가 작동되어 냉동기를 순환하는 브라인은 빙축열조의 얼음을 녹임과 동시에 열교환기도 냉각하게 된다. 이 방식은 냉방부하가 가장 큰 한 여름철 낮에 주로 이용된다.

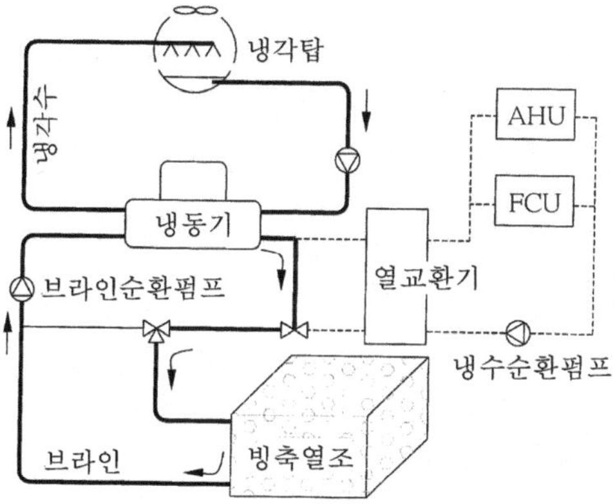


그림 7-35 ▸ 제빙운전

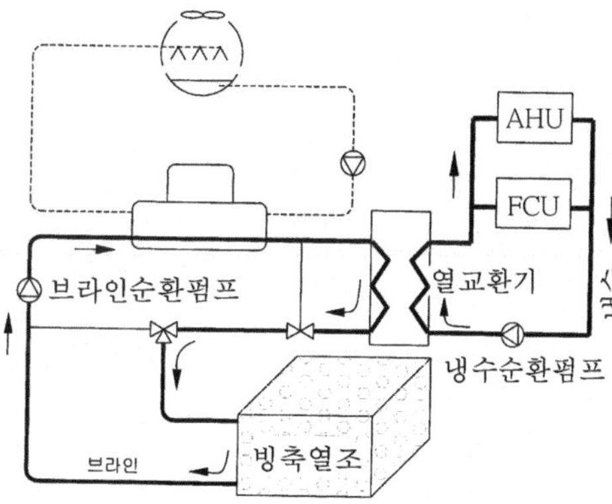


그림 7-36 ▸ 해빙 단독운전

④ **냉동기 단독운전** : 그림 7-38과 같이 냉동기, 브라인 펌프, 냉수 순환펌프가 가동되는 경우로서 축열조의 해빙을 지연 또는 보류시키거나 해빙이 완료되었을 때의 운전방식으로서, 여름철 오전 이른 시간 또는 오후 늦은 시간에 주로 이용된다.

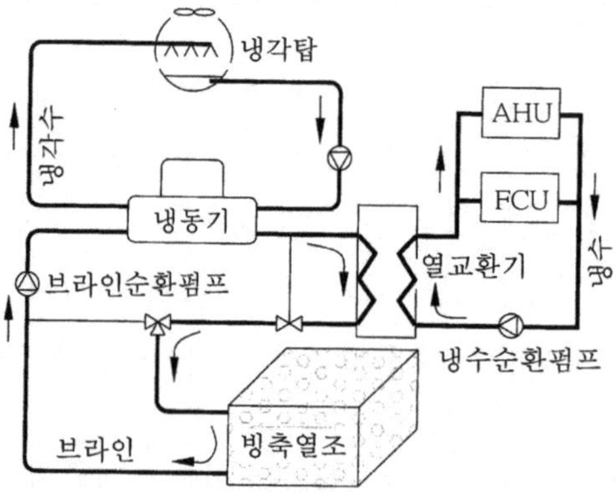


그림 7-37 ▸ 동시운전

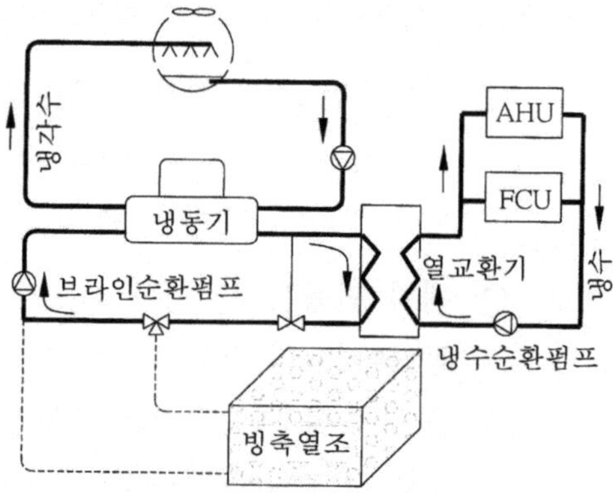


그림 7-38 ▸ 냉동기 단독운전

제 8 장

# 중앙식 공기조화기

# 8-1 중앙식 공기조화기의 구성

## [1] 중앙식 공조기의 분류

### (1) 현장조립형

공기조화기(AHU ; Air-Handing Unit)는 크게 분류하면 개별식 공기조화기와 중앙식 공기조화기로 나누어지고, 또 중앙식은 현장조립형과 공장에서 조립된 완제품을 공기조화실에 설치하는 에어핸드링 유닛으로 구분된다.

현장조립형은 비교적 대규모이고 특수한 용도의 것에 적용되며 구성요소인 에어필터, 코일, 재열기, 송풍기 등을 현장에서 조립하게 된다. 조립에 사용되는 케이싱(외판)의 재료는 두께 1.2 mm(No.18) 이상의 아연도금강판과 보강앵글을 사용한다. 또한 각 기기 사이의 케이싱에는 점검을 위한 맨홀(manhole)을 설치하며, 물이 고일 우려가 있는 곳에는 바닥배수를 한다. 또한 공조기의 외면은 단열시공을 해야 한다. 현장조립형의 경우에 송풍량이 100,000 $m^3/h$ 이상의 초대형이면 공조기 케이싱을 보강하기가 곤란하고, 공조기의 규모가 너무 커져서 실내에 수용하기가 곤란하다. 따라서 케이싱의 기능을 콘크리트벽이 할 수 있도록 계획한다.

### (2) 에어핸드링 유닛(AHU)

그림 8-1은 AHU의 내부 구조도의 한 예이다.

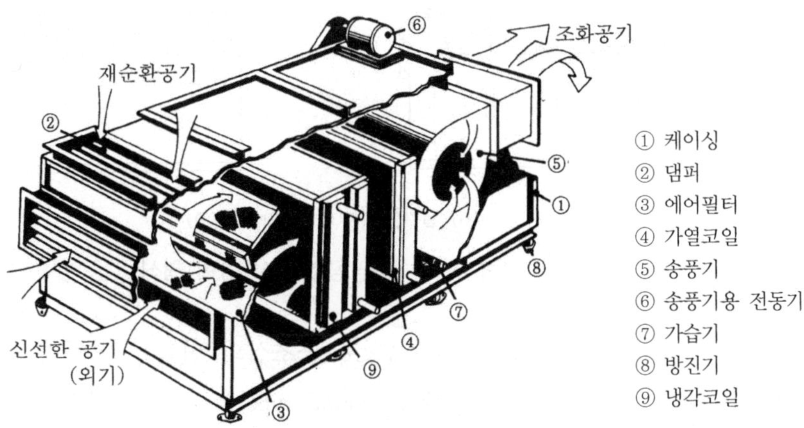


그림 8-1 ▸ AHU의 내부구조

에어핸드링 유닛은 형식과 규격별로 구성요소를 생산공장에서 계획생산하므로 품질이 좋고, 현장설치시에도 작업이 능률적이다.

AHU는 설치장소의 조건과 덕트의 접속 조건 등에 따라 그림 8-2와 같은 형식들로 구분되며, 대형의 것은 송풍기 부분, 코일 부분, 필터 부분으로 분할할 수 있으므로 수송과 반입이 편리하도록 되어 있는 경우도 있다.

(a) 수직형(vertical type)

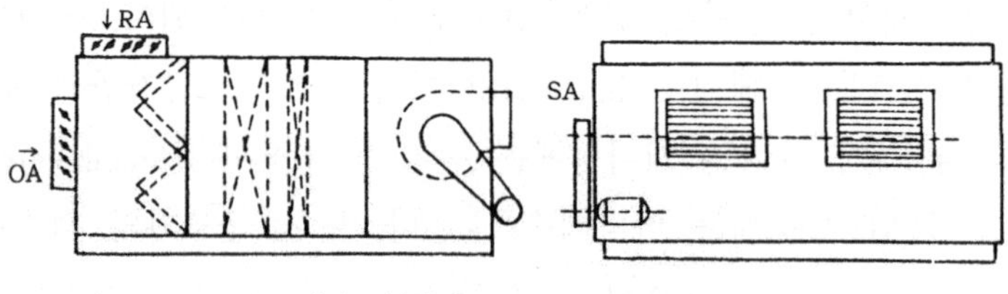


(b) 수평형(horizontal type)

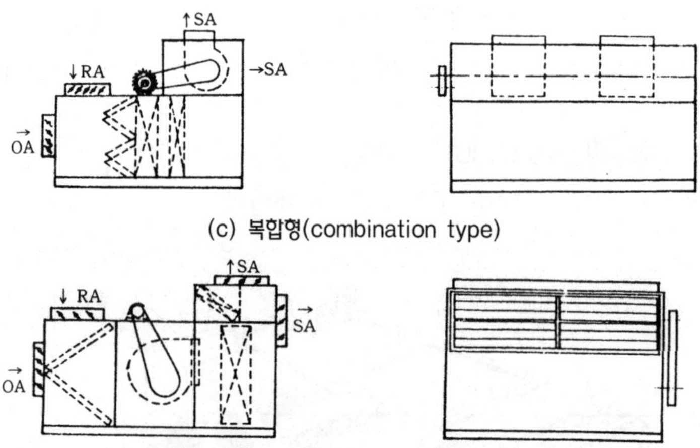


(c) 복합형(combination type)

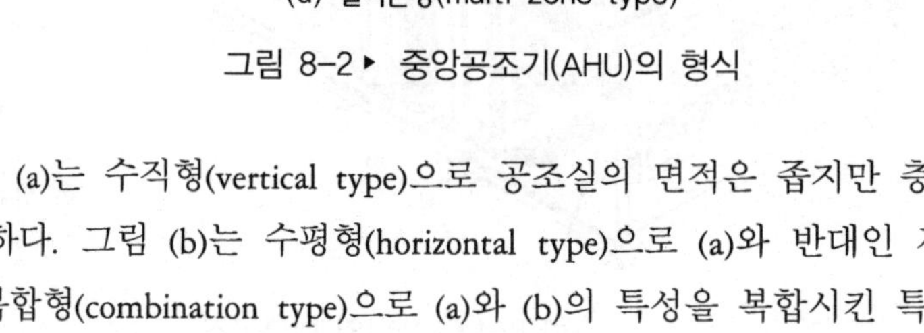


(d) 멀티존형(multi zone type)

그림 8-2 ▸ 중앙공조기(AHU)의 형식

그림에서 (a)는 수직형(vertical type)으로 공조실의 면적은 좁지만 층고가 높은 경우에 적당하다. 그림 (b)는 수평형(horizontal type)으로 (a)와 반대인 경우에 적용되며, (c)는 복합형(combination type)으로 (a)와 (b)의 특성을 복합시킨 특징이 있다.

한편, 존(zone)이 몇 개로 구분되는 경우에는 (d)와 같은 멀티존형(multizone type)을 사용한다.

### [2] 중앙식 공조기의 구성요소

중앙식 공조기의 구성 요소는 다음과 같은 것들이 있으며, 공기조화 목적에 따라 선택되며, 조립순서가 정해진다.

① 공기여과기(AF ; Air Filter)
② 공기예냉기(PC ; Precooler)
③ 공기냉각감습기(AC ; Air Cooler or Dehumidifier)
④ 공기예열기(PH ; Preheater)
⑤ 공기재열기(RH ; Reheater)
⑥ 공기가습기(AH ; Air Humidifier)
⑦ 엘리미네이트(E ; Eliminator)
⑧ 공기예냉기, 공기냉각감습기 } 에어와셔(AW ; Air Washer)
⑨ 공기냉각코일(CC ; Cooling Coil)
⑩ 공기가습기 …… 물분무(WS ; Water Spray)
증기분무(SS ; Steam Spray)
에어와셔(AW ; Air Water)
⑪ 스프레이 장치(S ; Spray)
⑫ 송풍기(F ; Fan)

## 8-2 공기 여과기

### [1] 오염물질의 종류와 허용도

실내의 공기는 사람이나 기타 주위 환경에 의하여 일산화탄소, 탄산가스, 연소가스, 담배연기, 냄새나 세균, 기타의 먼지 등으로 오염이 된다. 한편, 공장 등의 작업장에서 여러 가지의 유해가스와 먼지 등이 발생하게 되며, 이들을 크게 분류하면 다음과 같다.

분진 { 일반분진 / 세균 / 방사성 물질

가스 { 일반 유해가스 / 취기 / 방사성 가스

이와 같은 유해물질의 허용치는 법규상으로 제한을 하게 된다. 즉 일반 쾌적용 공조의 중앙관리방식인 경우에는 제1장의 표 1-3과 같다.

이러한 오염물질을 제거하기 위해서는 오염된 실내공기를 배기시키며, 신선한 외기로 환기시키는 방법과 오염된 실내공기를 여과시키는 방법이 있으며, 또한 양자를 겸하는 방법이 있다.

그러나 이 장에서는 일반분진을 여과시키는 방법만으로 제한한다.

### [2] 부유분진의 종류와 크기

공기중에 떠있는 일반분진의 종류는 그림 8-3과 같이 크게 분류하면 무기물로서 섬유류나 회분 및 기타의 먼지들이 있고, 식물에 의한 유기물로는 꽃가루, 버섯의 포자, 박테리아, 바이러스 등이 있으며, 연기나 스모그(smog), 유해가스 등이 있다.

이러한 분진의 관찰은 입자의 크기가 10$\mu$m 이상이 되는 것은 육안으로 가능하지만 그 이하인 것으로 0.2～10$\mu$m까지는 광학현미경으로, 그 이하인 것은 전자현미경으로 관찰이 가능하다.

오염물질의 크기는 분자상태에서부터 5,000$\mu$m까지 이르고 있으나 보통 공조에서의 취급은 0.1～200$\mu$m까지를 대상으로 한다.

### [3] 에어필터의 여과효율과 오염농도 및 도입외기량

#### (1) 여과효율

공기여과장치에서 입구측의 오염도를 $C_1$[mg/m$^3$, mL/m$^3$ = ppm(가스)], 출구측의 오염도를 $C_2$라 할 때 여과효율(제진효율 또는 오염제거율이라고도 함) $\eta_f$ [%]는 다음 식과 같이 나타낸다.

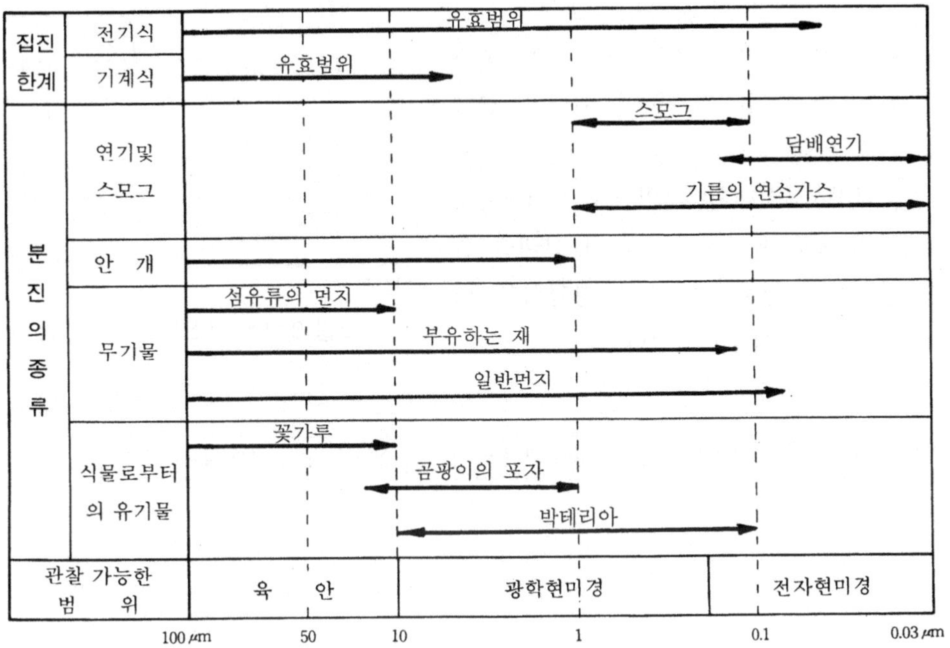


그림 8–3 ▸ 일반 분진의 종류

$$\eta_f = \frac{C_1 - C_2}{C_1} \times 100 = \left(1 - \frac{C_2}{C_1}\right) \times 100[\%] \quad \cdots\cdots (8\text{-}1)$$

효율의 측정법은 중량법, 변색도법(비색법 또는 NBS법이라고도 함), 계수법(DOP법) 등이 있다.

중량법은 필터의 상류측과 하류측의 분진중량[$mg/m^3$]을 측정하여 식 8-1의 $C_1$, $C_2$에 대입하여 구한다.

변색도법은 필터의 상류 및 하류의 분진을 각각 여과지로 채집하여 광투과량이 같도록 상하류에 통과되는 공기량 $Q_1$, $Q_2$를 조절하면 $Q_1 C_1 = Q_2 C_2$의 식이 성립되고, 이 식으로부터 $C_2/C_1 = Q_1/Q_2$가 되는 상태의 $C_2/C_1$을 식 8-1에 대입하여 효율을 구한다. 이 방법은 미국의 연방기준국(NBS)에서 개발되었으므로 NBS법이라고 한다.

계수법(DOP법)은 광산란식 입자계수기를 사용하여 필터의 상류 및 하류의 미립자에 의한 산란광에서 그 입경과 개수를 계측하여 농도를 측정하므로서 포집률을 구한다. 이 때 시험분체는 di-octyl-phthalate를 사용하므로 DOP법이라고도 한다.

### (2) 실내공기의 오염농도와 도입외기량

그림 8-4와 같은 공조시스템에서 공기여과기는 실내에서 발생되는 오염물질의

양 $M$ 중에서 재순환되는 환기에 포함된 오염물질과 도입외기량 중에 포함된 오염물질을 여과하여 실내로 송풍하게 된다.

여기서 실내의 오염농도 $C$가 일정한 양으로 유지된다고 하면 실내를 출입하는 오염물질에 대한 평형식을 다음과 같이 세울 수 있다.

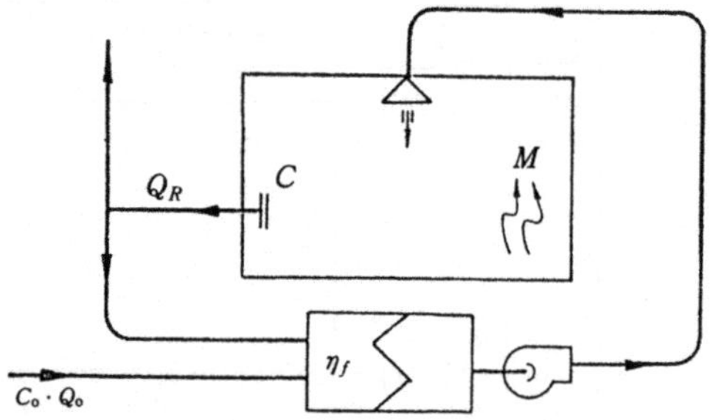


그림 8-4▸ 공조시스템에서 여과작용

즉

| 실내로 들어오거나 발생되는 오염물질의 총량 | = | 실외로 나가는 오염물질의 총량 |
|---|---|---|

따라서

$$Q_O \cdot C_O(1-\eta_f) + \gamma \cdot Q_R \cdot C(1-\eta_f) + M = Q_R \cdot C \quad \cdots\cdots (8\text{-}2)$$

식 (8-2)를 다시 쓰면,

$$Q_O \cdot C_O(1-\eta_f) + M = Q_R \cdot C\{1-\gamma(1-\eta_f)\} \quad \cdots\cdots (8\text{-}3)$$

식 (8-3)으로부터 실내의 오염농도 $C$는

$$C = \frac{(1-\eta_f)Q_O \cdot C_O + M}{\{1-(1-\eta_f)\gamma\}Q_R} \quad \cdots\cdots (8\text{-}4)$$

또, 실내오염도 $C$를 유지하기 위한 도입외기량 $Q_O$는

$$Q_O = \frac{\{1-(1-\eta_f)\gamma\}Q_R \cdot C - M}{(1-\eta_f) \cdot C_O} \quad \cdots\cdots (8\text{-}5)$$

여기서, $C$ : 실내공기의 오염농도[mg/m$^3$ ; 분진, mL/m$^3$ = ppm ; 가스]
$C_O$ : 외기의 오염농도[mg/m$^3$ ; 분진, mL/m$^3$ = ppm ; 가스]
$M$ : 실내의 오염발생량[mg/h ; 분진, mL/h ; 가스]
$Q_O$ : 도입외기량[m$^3$/h]
$Q_R$ : 실내로부터의 환기량[m$^3$/h]
$\gamma$ : 재순환율
$\eta_f$ : 여과효율

### 예제 8-1

그림 8-4와 같은 공조시스템에서 실내의 부유분진량을 0.15 mg/m$^3$으로 유지시

키기 위한 외기의 도입량을 구하시오.

단, 재실인원 300명, 1인당 분진발생량 10mg/h · 인, 외기의 분진농도 0.1mg/m$^3$, 필터의 효율 90 %, 배기량은 외기량과 같다(즉 배기량 $Q_E = Q_O$, 환기량 $Q_R = 2Q_O$, 재순환율 $\gamma = 1/2$이다).

**풀이**

주어진 조건을 식 (8-5)에 대입한다.

$$Q_O = \frac{\{1-(1-0.9)\times 1/2\}2Q_O \times 0.15 - (300\times 10)}{(1-0.9)\times 0.1}$$

$\therefore\ Q_O = 10{,}909\,\mathrm{m^3/h}$

### [4] 에어필터의 분류

에어필터는 여과대상물질, 규모, 여과작동 기능 등에 의해 여러 가지로 분류되지만 표 8-1과 같이 메커니즘(mechanism)에 의해 건성여과식, 점성여과식, 전기식, 활성탄흡착식 등으로 분류되며 또는 보수 및 관리면으로 분류하기도 한다.

표 8-1 ▸ 여과기의 분류

| | | |
|---|---|---|
| 여과작용에 의한 분류 | 충돌점착식 | 여과재교환형, 유닛교환형(수동 청소형) |
| | | 자동식 충돌 점착식(자동 청소형) |
| | 건성 여과식 | 폐기 또는 유닛 교환형(수동 청소형) |
| | | 자동 이동형 |
| | | 고성능 필터(HEPA) |
| | 전기식 | 2단 하전식(荷電式) 정기 청소형, 2단 하전식 여과재 집진형, 1단 하전식 여과재 유전형 |
| | 활성탄흡착식 | 원통형, 지그재그형, 바이패스형 |
| 보수관리상의 분류 | 자동 청소형 | 연속해서 여과재가 청소용 기름탱크를 통과하면서 청소되므로 재사용할 수 있다. |
| | 자동 재생형 | 더러워진 오염 매트는 자동적으로 감겨져 새로운 부분이 나온다. |
| | 정기 청소형 | 여과재가 오염되면 청소하여 재사용한다. |
| | 여과재 교환형 | 오염된 여과재는 새 것으로 교환한다. |
| | 유닛 교환형 | 여과재가 오염되면 유닛 자체를 새 것으로 교환한다. |

### (1) 충돌점착식(viscous impingement type)

충돌점착식 여과기는 비교적 거친 여과재로서, 그림 8-5와 같은 구조로 되어 있다. 즉 공기가 불어오는 쪽으로부터 철망, 스크린(screen), 섬유류의 순으로 구성되었으며, 이 여과재에 기름 또는 그리스(grease) 같은 점착물질이 입혀져 있으므로 공기가 통과할 때 오염물질이 여과재에 충돌하면 달라 붙는다.

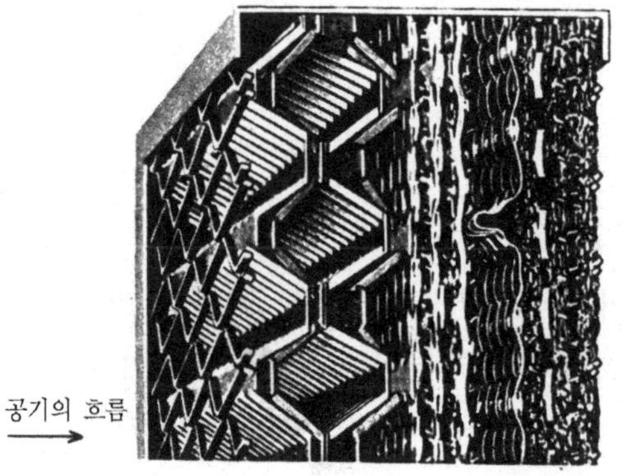


그림 8-5 ▸ 충돌점착식 필터의 단면

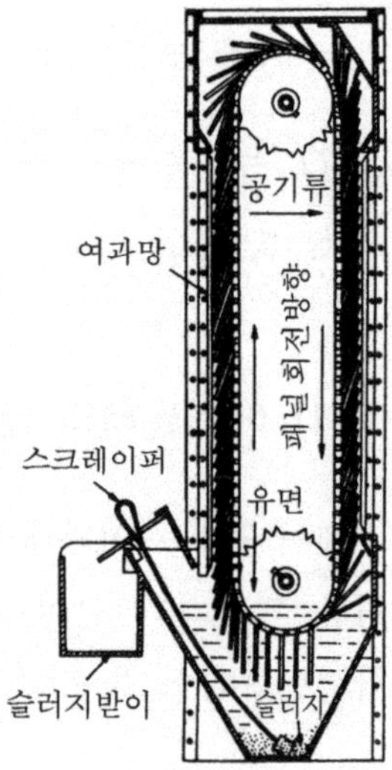


그림 8-6 ▸ 자동충돌점착식 여과기

이와 같은 형식의 필터는 수동청소형으로 여과재 교환형과 유닛 교환형이 있으며, 자동청소형으로는 자동식 충돌첨착식이 있다.

여과재의 오염이 일정량에 달하면 교환형은 여과재를 청소하거나 새 것으로 갈아끼우고, 유닛 교환식은 여과재를 포함한 여과유닛 전체를 교체시킨다. 한편, 자동충돌점착식은 그림 8-6과 같이 multi-panel형의 여과재를 이동하는 체인(chain)에 부착시킴으로써 통과하는 공기 중의 먼지를 점착시키고, 하부에 있는 기름통에서 청소하는 비교적 대규모의 장치이다.

충돌점착식 여과기는 비교적 관성이 큰 조립먼지를 여과하는 곳에 사용되며, 통과되는 공기 중에 기름의 혼입이 있으므로 식품관계의 공조용으로는 사용하지 않는다.

### (2) 건성여과식(dry filtration type)

건식 필터는 수동으로 청소 및 교환을 하는 폐기 또는 유닛 교환형과 자동으로 여과필터를 공급하는 자동권취형 및 고성능필터로 분류된다.

여과재의 종류는 셀룰로오스(cellulose), 석면(asbestos) 또는 유리섬유(glass wool), 특수처리지, 목면, 모펠트(felt) 등이 있다.

그림 8-7은 일반 AHU에 조립되는 건식 유닛 교환형으로서, 여러 개의 유닛필터를 프레임(frame)에 V형으로 조립된 상태이다.

자동이동형은 그림 8-8과 같이 여과재를 롤러(roller)로 감아내어 폐기시키는 구조로 되어 있다. 이 필터의 이동은 timer나 오염에 따른 여과재 전후의 압력차를 검출하는 압력손실검출 스위치에 의하여 자동적으로 롤러가 회전하도록 되어 있다.

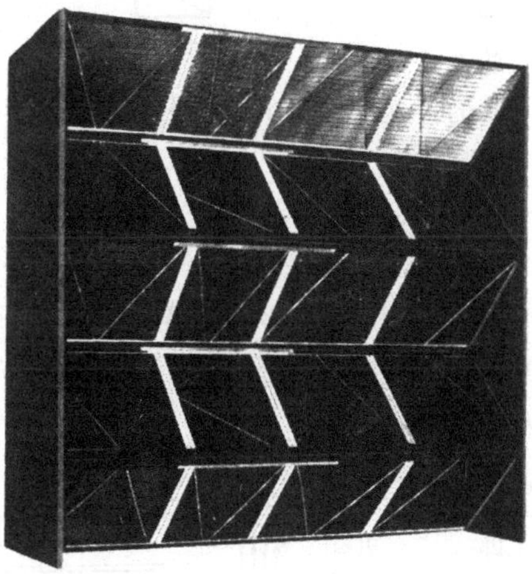

그림 8-7 ▸ 건식여과기가 프레임에 조립된 상태

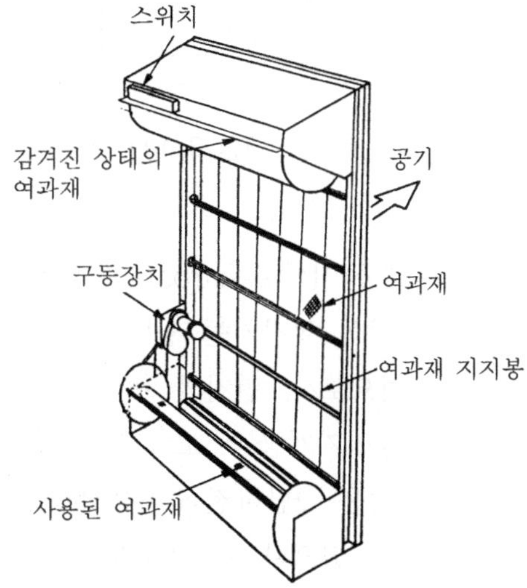


그림 8-8 ▸ 자동권취형 필터

한편, 그림 8-9와 같이 고성능(HEPA ; High Efficiency Perticulate Air) 필터는 유닛형으로 되어 있으며, 방사성 물질을 취급하는 시설이라든가 클린 룸(clean room), 바이오클린 룸(bioclean room) 등에서 미립자를 여과하는데 사용된다.

0.3 μm인 입자의 먼지제거 효율이 99.9 % (DOP법)의 성능을 가지고 있으며, 세균이나 $SO_2$, $NO_2$의 제거에도 효과가 좋다.

그러나 다량의 먼지제거용으로는 적합

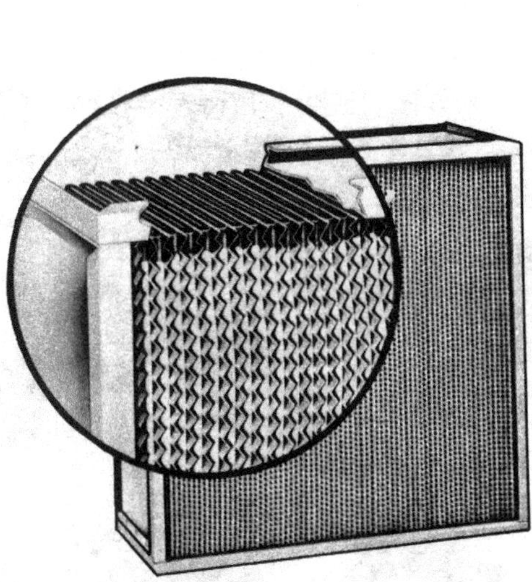

그림 8-9 ▸ 헤파필터

하지 않고, HEPA 필터의 수명을 연장시키기 위해서는 그림 8-10과 같이 프리필터(prefilter)로서 저성능필터를 거친 후 HEPA 필터를 통과하도록 한다.

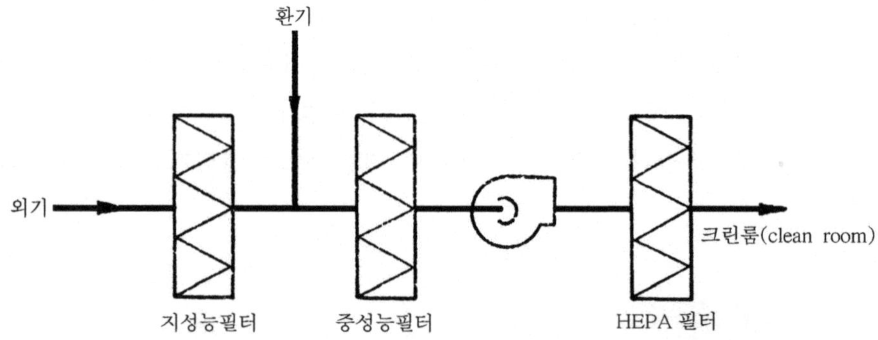


그림 8-10 ▸ 저성능필터(prefilter)와 고성능(HEPA)필터의 조합

(3) 전기식(electrostatic type)

전기식 집진기는 일명 전자식 공기청정기(EAC ; Electronic Air Cleaner)라고도 하는 것으로서, 먼지의 제거효율이 높고, 미세한 먼지라든가 세균도 제거되므로 병원, 정밀기계공장, 고급 빌딩 등에서 사용된다.

형식은 2단하전식(이온화형)과 여재유전식이 있으나 2단하전식은 그림 8-11과 같이 공기의 입구측인 제1단의 전리부에 10～12 kV의 (+)전류를 방전하면, 이곳을 통과하는 공기 중의 먼지는 (+)로 하전된다. 제2단은 집진부로 극판에 5～6 kV의 직류극판을 만들어 주면, (−)극판쪽으로 집진된다.

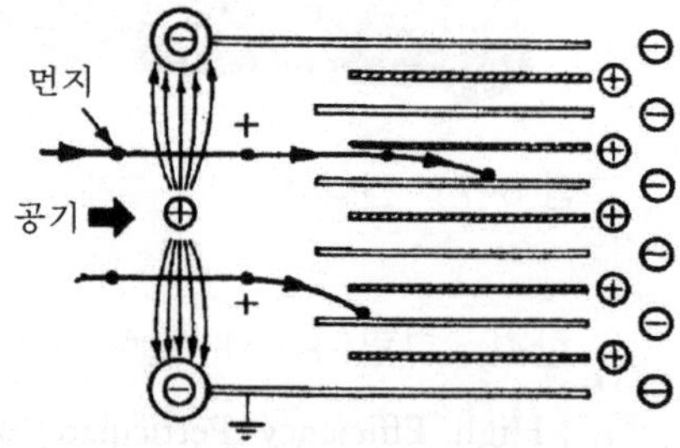


그림 8-11 ▸ 2단하전식 전기집전기의 원리

2단의 전리부는 셀(cell)교환형, 수세식 노즐을 이용한 반자동형 충돌점착식 등이 있다.

여과재유전식은 그림 8-12와 같이 정전기로 된 건식필터 패널로 되어 있다.

따라서 전기식의 집진효과와 건식필터의 여과작용을 결합시킨 것이라고 할 수 있다.

전자식 공기청정기(EAC)는 그 사용목적에 따라 포터블형, 패키지형, 리턴덕트형 등이 있으며, 그림 8-13은 패키지형의 한 예이다. 그림에서와 같이 목적에 따라서는 EAC셀의 전후에 여러 가지의 여과재를 조합하여 제작한다.

그림 8-12▸ 여과재 유전식

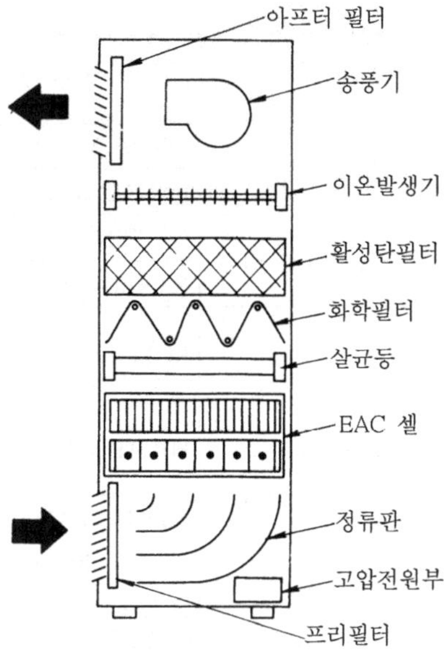


그림 8-13▸ 패키지형 전자식 공기청정기(EAC)

(4) 활성탄흡착식

그림 8-14와 같은 구조로 되어 있으며, 유해가스나 냄새 등을 제거한다. 필터의 모양은 패널형, 지그재그형, by-pass형 등이 있다.

필터에 먼지 등이 많이 끼면 유해가스의 제거효율이 떨어지므로 프리필터를 전방에 설치하면 효과적이다.

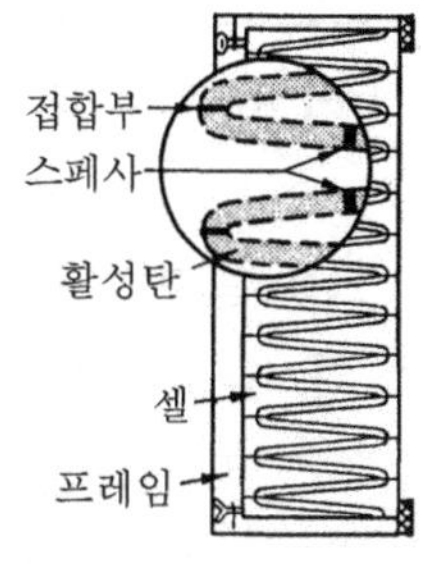


그림 8-14▸ 활성탄 필터

## [5] 에어필터의 선정

에어필터의 형식 및 구성요소는 외기와 환기에 존재하는 오염물질의 크기, 농도 및 성질을 파악하고, 필터로 제거할 수 있는 효율, 설치 및 운전비 등을 고려해야 한다.

표 8-2는 사용 목적별로 필터의 적용 방안을 제시했다.

## [6] 에어필터의 설치

공기조화기를 현장조립할 경우에는 다음 사항을 유의하여 설치 위치를 정하고 시공에 임해야 한다.

표 8-2▸ 사용목적별 필터의 적용방안

| 구분<br>목적 | 사용 필터의 적용 | 효 율[%] | 압력강하[Pa] | 시설비 |
|---|---|---|---|---|
| 냄새제거 | ROLL－MATIC＋CARBON | NBS 95 | 200 이하 | D |
| | PANEL＋CARBON | | | C |
| 종이먼지 집진 | SCREEN＋PANEL | NBS 95 | 200 이하 | B |
| | PANEL＋HICAP | NBS 95 | 250 이하 | A |
| 전산실 | ROLL－O－MATIC＋HEPA | NBS 99.99<br>(CLASS 50,000) | 250 이하 | F |
| | HICAP＋C.P | NBS 99.95<br>(CLASS 100,000) | 200 이하 | E |
| 사무실 | MEAU＋PANEL<br>ROLL－O－MATIC | NBS 95 | 200 이하 | C |
| | SCREEN＋HICAP | NBS 95 | 150 이하 | D |
| | ROLL－O－MAYIC＋ELECTRIC | NBS 95 | 150 이하 | F |
| 의무실 | ROLL－O－MAYIC＋HICAP | NBS 95 | 200 이하 | D |
| 식 당 | MESU＋SCREEN | NBS 85 | 150 이하 | C |
| 화학성분 제거 | PANEL＋HICAP＋흡착제FITTM<br>PANEL＋CARBON＋C.P | NBS 85<br>NBS 90 | 200 이하 | E<br>E |

【주】 A, B, C, D, E, F는 유리한 조건부터의 순서임

### (1) 설치위치

① 공조기 내의 에어필터는 송풍기의 흡입측이면서 코일의 흡입측에 설치한다. 그 이유는 송풍기의 출구측보다 구조상 작업이 간편하고, 송풍기 출구의 기류변화에 따른 정압손실을 피하며, 냉각코일이 습코일일 때 응축수의 비산으로 필터의 오염을 방지하기 위함이다.

② 예냉코일이 있을 때는 예냉코일과 냉각코일 사이에 설치함으로써 비 또는 눈이 들어오는 것을 방지할 수 있다.

③ 고성능의 HEPA필터나 ULPA[1)]필터나 전기식 필터 등의 경우에는 송풍기의 출구측에 설치한다.

### (2) 설치

① 필터의 설치위치 전후에는 점검과 보수를 위한 충분한 공간과 점검문이 있어야 한다.

---

주 : 1) 완전 무균에 가까운 조건을 갖춘 초성능필터(ULPA : Ultra Low Penetration Air)

② 필터의 양측 상부에는 방수형 전등을 가설하면 청소나 수리시 편리하다.
③ 필터에 공기의 흐름방향이 있는 경우에는 역방향으로 설치되지 않도록 한다.
④ 유닛형 필터를 여러 개 조합하여 설치하는 경우에는 지그재그로 하여 통과 면적을 크게 한다.
⑤ 전기실의 에어필터를 사용하는 경우에는 점검문과 인터로크(interlock)시켜 점검문이 열리면 필터의 작동이 정지되도록 한다.
⑥ 기계식의 에어필터장치에서는 필터를 청소 또는 교환시기를 지시하거나 고장을 경고하기 위한 풍속계 또는 차압계를 장치한다.

## 8-3 공조기용 코일

### [1] 코일의 종류

공조기에서 공기를 냉각 · 가열하는 코일은 설치목적에 따라 예열 · 예냉코일, 가열 · 냉각코일로 분류되고, 관 내에 흐르는 냉 · 열매의 종류에 따라 냉수코일, 온수코일, 냉 · 온수코일, 증기코일, 직접팽창코일(직팽코일) 등으로 구분된다.

그림 8-15의 (a)는 냉수코일, (b)는 증기코일, (c)는 직접팽창코일의 예이다.

(a) 냉수코일 (b) 증기코일 (c) 직접팽창코일

그림 8-15 ▸ 냉수 및 증기코일

한편, 관 외주에 부착된 핀(fin)의 종류에 따라 그림 8-16과 같이 나선형 핀코일(spiral finned coil), 하프 서킷코일(half circuit coil) 등으로 분류된다.

또한, 코일의 배열방식에 따라 풀 서킷코일(full circuit coil), 더블 서킷코일(double circuit coil), 하프 서킷코일(half circuit coil) 등으로 분류된다.

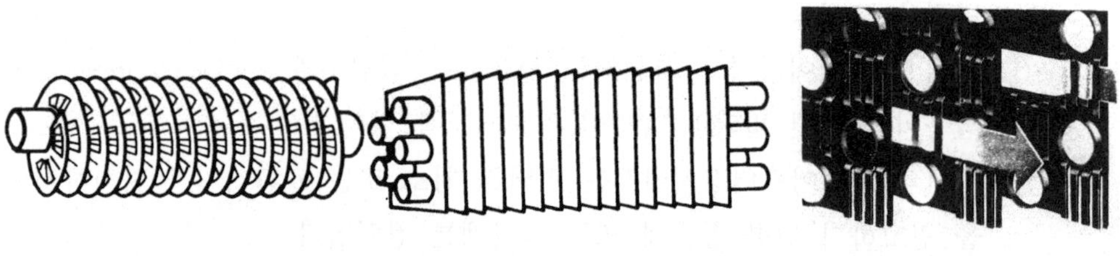

(a) 나선형 핀(aero fin) (b) 플레이트 핀(plate fin) (c) 슬릿 핀(slit fin)

그림 8-16 ▸ 핀(fin)의 종류

또 코일 표면상태의 건·습에 따라 건코일(dry coil)과 습코일(wet coil)로 분류되기도 하며, 이들의 전체적인 종류와 특성은 표 8-3 및 그림 8-17과 같다.

표 8-3 ▸ 공조기 코일의 분류

| 분 류 | 종 류 | 특 성 |
|---|---|---|
| 설치목적에 따른 분류 | 예열코일 | 혹한기에 외기를 예열하여 가습효율을 높인다. |
| | 예냉코일 | 냉방시 외기를 예냉하여 냉각코일의 용량을 줄인다. |
| | 가열코일 | 난방시 급기를 가열한다. |
| | 냉각코일 | 냉방시 급기를 냉각·감습한다. |
| 냉·열매에 따른 분류 | 냉수코일 | 관 내에 냉수를 흐르게 하여 공기를 냉각시킨다. |
| | 온수코일 | 관 내에 온수를 흐르게 하여 공기를 가열한다. |
| | 냉·온수코일 | 냉방시에는 냉수를 난방시에는 온수를 통하게 한다. |
| | 증기코일 | 관 내에 증기를 흐르게 하여 공기를 가열한다. |
| | 직접팽창코일 | 관 내에 냉매를 통하게 한다(냉동사이클의 증발기). |
| 핀(fin)의 종류에 따른 분류 | 나선형핀코일 | 관외부에 나선형 fin부착[그림 8-16(a)] |
| | 플레이트핀코일 | 플레이트 fin을 관외부에 부착[그림 8-16(b)] |
| | 슬릿핀코일 | 슬릿 fin을 관외부에 부착[그림 8-16(c)] |
| 코일수로 형식에 따라 | 풀서킷코일 | 보통 많이 사용하는 형식[그림 8-17] |
| | 더블서킷코일 | 유량이 많아서 코일 내에 수속이 너무 클 때[그림 8-17] |
| | 하프서킷코일 | 유량이 적을 때[그림 8-17] |
| 표면의 건·습 상태에 따라 | 건코일 | 코일 표면의 온도가 통과공기의 노점온도보다 높을 때 |
| | 습코일 | 코일 표면의 온도가 통과공기의 노점온도보다 낮을 때 |

그림 8-17 ▸ 코일의 각종 수로방식

| 수로방식 | 적 용 의 예 | | |
|---|---|---|---|
|  풀 서킷 (full circuit) |  1패스 · 1열 · 4단 |  2패스 · 2열 · 4단 |  4패스 · 4열 · 4단 |
| 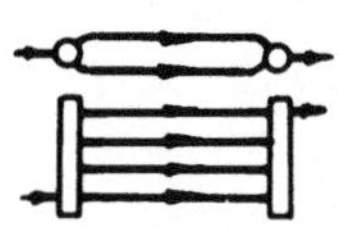 더블 서킷 (double circuit) | 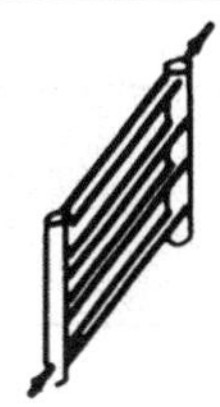 1패스 · 2열 · 4단 |  2패스 · 4열 · 4단 |  4패스 · 8열 · 4단 |
|  하프 서킷 (half circuit) |  2패스 · 1열 · 4단 | 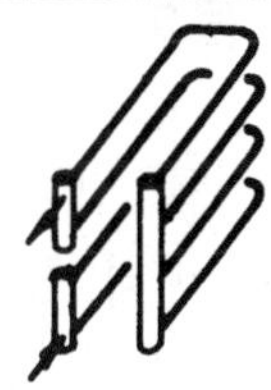 4패스 · 2열 · 4단 | 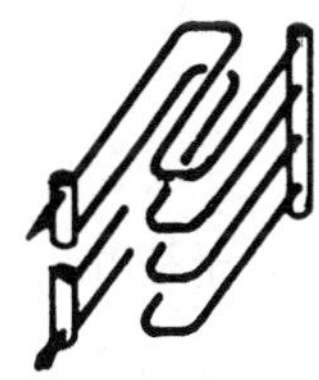 6패스 · 3열 · 4단 |

【주】 1) 열수 : 공기의 흐름방향으로 배열된 관의 수

2) 패스 : 물의 통로수로서 한 코일에 들어간 물의 방향수

## [2] 코일 선정시 유의사항

① 냉수코일의 정면 풍속은 2.0～3.0 m/s의 범위 내(일반적으로 2.5 m/s를 기준으로 함)로 한다(온수코일에서는 2.0～3.5 m/s). 그러나 풍속이 2.5 m/s를 초과하면 코일에 부착된 응축수가 날려서 송풍기의 흡입구측으로 들어오기 때문에 이를 막기 위해 코일 출구측에 엘리미네이터(eliminator)를 설치한다.

② 튜브 내의 수속은 1.0 m/s 전후로 하는 것이 배관이나 펌프의 설비비 및 효율상 적당하다. 그러나 단수에 비해 수량이 많으면 코일 내에 수속이 커지고, 따라서 마찰저항이 증가하므로 더블 서킷코일을 택한다.

③ 공기의 흐름방향과 코일 내에 있는 냉 · 온수의 흐름방향이 동일한 평행류(병류)보다는 반대인 역류(대향류)로 하는 것이 냉 · 온수와 공기의 평균온도차가 크게 되므로 전열효과가 좋다.

④ 코일을 통과하는 수온의 변화는 5 deg℃ 전후로 한다. 온도차가 너무 크면 수량은 적게 소요되므로 펌프 동력은 절약되지만, 수속이 낮아지므로 열수를 많이 해야 한다. 또한, 지역냉난방이나 초고층 등 배관길이가 길게 될 때는 펌프동력을 절약하기 위해 8~10 deg℃로 하는 경우가 많다.

⑤ 냉수코일과 온수코일을 별개로 하는 경우도 있으나 겸용으로 사용되는 경우에는 냉·온수코일이라고 하며, 선정은 냉수코일을 기준으로 한다.

## 8-4 가습장치

### [1] 가습방식의 분류

가습장치는 수증기를 만드는 원리에 따라 수분무식, 증기식, 기화식으로 크게 구분며, 설치 위치에 따라 공기조화기 내장형, 바닥 설치형, 벽걸이형 등이 있으며 표 8-4와 같이 세분된다.

표 8-4 ▸ 가습방식의 종류

| 형식 | | | 비고 |
|---|---|---|---|
| 수분무식 | | 원심식 | 그림 8-18(a) |
| | | 초음파식 | 그림 8-18(b) |
| | | 노즐분무식 | 그림 8-18(c) |
| 증기식 | 증기발생식 | 전열식 | 그림 8-19(a) |
| | | 전극식 | 그림 8-19(b) |
| | | 적외선식 | 그림 8-19(c) |
| | 증기공급식 | 노즐분무식 | 그림 8-20(a) |
| | | 과열증기식 | 그림 8-20(b) |
| 기화식 | | 회전식 | 그림 8-21(a) |
| | | 모세관식 | 그림 8-21(b) |
| | | 적하식 | 그림 8-21(c) |

## [2] 가습방식

### (1) 수분무식

수분무방식은 분사력이나 초음파 진동 등으로 물을 미세화시켜 공기 중에 방출하여 가습하는 방식으로 그림 8-18과 같은 방식 등이 있다. 이 방식의 장점은 운전에 따른 동력비가 적게 들지만, 단점은 가습기에서 나온 미세한 물방울이 공기 중에 확산 · 증발되는 과정에서 공기 중의 증발잠열을 흡수하므로 가습 후 공기 온도가 저하하고, 가습량 제어성이 나쁘며, 물속의 염류, 균, 수처리용 약재 등이 공기 중에 비산되므로 용도에 적합한지 검토해야 한다.

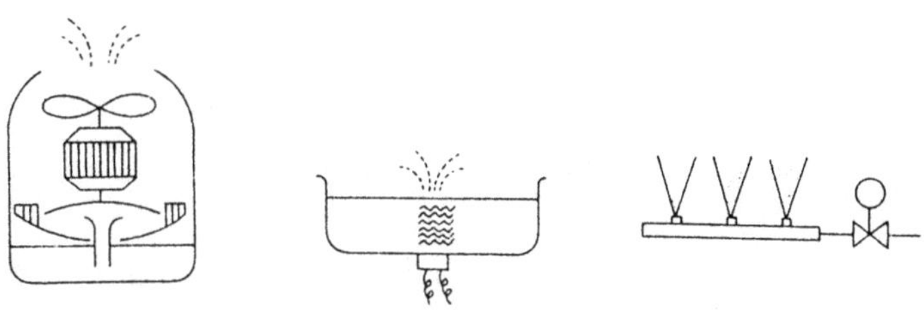

(a) 원심식　　(b) 초음파식　　(c) 분무식

그림 8-18 ▸ 수분무식

**① 원심식**

그림 8-18의 (a)와 같이 모터로 고속회전반을 돌리고, 그 힘으로 물을 빨아올려 회전반에 공급하면 얇은 수막이 형성되어 안개와 같이 비산된 후 공기를 가습한다.

**② 초음파식**

그림 (b)와 같이 수면 아래에 있는 초음파 진동자의 진동에 의해 수면에서 수 $\mu$m의 작은 물방울이 발생되어 공기를 가습하는 기기로서 가정, 규모가 작은 전산실이나 사무실 등에 사용된다.

**③ 노즐 분무식**

그림 (c)와 같이 물을 분무 노즐을 통해 공기 중에 0.1 MPa 이상의 압력으로 직접 분무하는 방식이다. 이 방식은 공기의 상태에 따라 다르지만 공기 중에 가습된 수량은 분무량의 20~30 % 정도이고, 나머지는 낙하한다.

## (2) 증기식

### 1) 증기 발생식

증기 발생식은 그림 8-19와 같이 수조 내의 물을 여러 가지 방법으로 직접 가열하여 만든 수증기를 공기 중에 확산시키는 유닛방식이다. 장점은 가습공기의 오염이 적고, 가습으로 인한 온도저하가 없으며, 가습량 제어를 쉽게 할 수 있다.

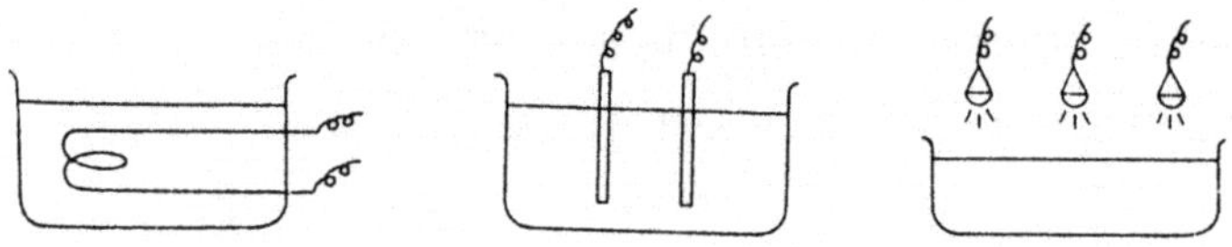

(a) 전열식　　(b) 전극식　　(c) 적외전식

그림 8-19 ▸ 증기발생식

**① 전열식**

그림 8-19의 (a)와 같이 수조 내에 있는 물에 삽입된 전열기로 가열 비등시켜 발생된 수증기로 공기를 가습하는 유닛형이다.

**② 전극식**

그림 (b)와 같이 수조 내에 전극을 삽입하고 전압을 가하면 전극 간에 물의 전기저항에 의한 가열작용으로 물을 비등시켜 수증기를 발생시키는 유닛형이다.

**③ 적외선식**

그림 (c)와 같이 수조내의 물에 적외선의 복사열을 가하여 물을 비등 증발시키는 가습 유닛이다.

### 2) 증기 공급식

증기식 중에 또 하나의 방법으로서 증기 공급식은 그림 8-20과 같이 외부로부터 만들어진 수증기를 공급받아 공기 중에 분출하는 방법으로 노즐분무식과 과열증기식이 있다.

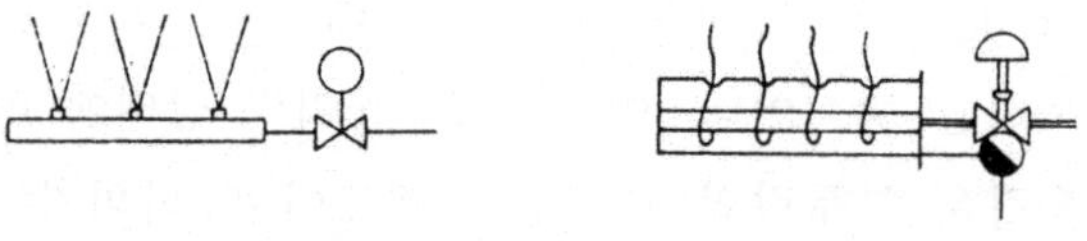

(a) 노즐분무식　　(b) 과열증기식

그림 8-20 ▸ 증기공급식

### ① 노즐 분무식

그림 8-20의 (a)와 같이 보일러에서 공급받은 수증기를 분무노즐을 통해 공기 중에 직접 분무하는 장치로서 저온의 공기에서도 가습효율이 수분무식보다 높다.

### ② 과열증기식

그림 (b)와 같이 증기 발생장치로부터 과열증기를 공급받아 공기 중에 직접 분무하는 장치로서 응축수가 생겨도 재증발되므로 가습효율이 높다.

(3) 기화식

기화식은 세라믹 페이퍼 등의 흡습·건조성이 높은 소재를 그림 8-21과 같이 여러 가지 방법으로 물로 적시고 표면에 바람을 불어 수분을 증발시키 공기를 가습하는 원리이다. 장점은 가습된 공기의 상대습도가 100 % 이내이므로 주변 물체에 결로를 일으키지 않고, 물에서 불순물도 방출되지 않는다.

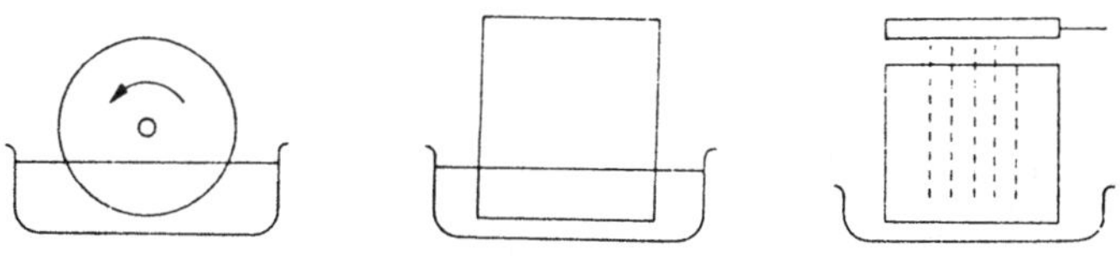

(a) 회전식 (b) 모세관식 (c) 적하식

그림 8-21 ▸ 증발식

### ① 회전식

그림 8-21의 (a)와 같이 증발판의 2일부가 물에 담긴 상태로 서서히 회전하도록 하고, 회전판으로 공기가 통과하도록 하여 회전판에서 기화된 수분으로 공기를 가습한다.

### ② 모세관식

그림 (b)와 같이 흡수성이 강한 섬유류를 물에 적셔서 모세관 현상으로 물을 빨아올리게 하고, 모세관에 공기를 통과시켜 기화된 수분으로 공기를 가습한다.

### ③ 적하식

그림 (c)와 같이 가습용 충전재의 상부에서 물을 뿌리고, 공기를 통과시켜 기화된 수분으로 공기를 가습한다.

## [3] 가습기 형식 선정

(1) 선정시 유의사항

① 가습의 청정도, 가습량, 제어성, 가습기 출구에서 완전히 가습되는 거리 등을 검토한다.

② 가습과정의 열수분비를 확인하여 저온의 공기도 가습효과가 큰지 확인한다.

③ 가습효율과 드레인이 없는지 확인하여 가습기 설치 위치와 드레인 방법을 검토한다.

④ 분무노즐을 사용하는 경우는 분출압력이 높으면 가습효율은 증가되지만 소음이 증가되므로 소음대책도 검토한다.

⑤ 수분무의 경우 가습효율은 20 ~30 %이므로 엘리미네이터의 설치를 검토한다.

⑥ 공기조화기(AHU)에 가습기를 배치할 때 코일의 전 · 후 위치를 검토한다.

⑦ 덕트 내에 삽입되는 가습기는 증기식이며, 이때 주변에 결로의 우려는 없는지 검토한다.

## [4] 용도별 가습기의 적용

표 8-5는 각종 용도별로 적용되는 가습기의 형식이다.

표 8-5 ▸ 용도별 적용 가습기 분류

<table>
<tr><th colspan="2">사 용 용 도</th><th>적용 가습기</th></tr>
<tr><td>항온항습실</td><td>실험실, 전산기실</td><td rowspan="4">증기발생식</td></tr>
<tr><td rowspan="3">클린룸</td><td>병원수술실</td></tr>
<tr><td>실험용 동물실</td></tr>
<tr><td>산업용 클린룸</td></tr>
<tr><td>저장고</td><td>야채, 과실, 곡물, 정육</td><td>수분무식</td></tr>
<tr><td rowspan="4">산업용 공조</td><td>섬유, 제지, 목재, 피혁공장</td><td rowspan="2">수분무식</td></tr>
<tr><td>온실, 버섯 인공재배</td></tr>
<tr><td>사진 작업장</td><td rowspan="2">증기발생식</td></tr>
<tr><td>식품, 제과, 정육 조리실</td></tr>
<tr><td rowspan="3">일반공조</td><td>사무소,</td><td>증기식, 물분무식</td></tr>
<tr><td>주택</td><td>수분무식, 증기발생식, 기화식</td></tr>
<tr><td>레스토랑, 호텔</td><td>증기식, 수분무식</td></tr>
<tr><td>미술관, 박물관</td><td>전시실</td><td>기화식</td></tr>
</table>

## [5] 에어와셔에 의한 가습 및 감습

### (1) 구조와 기능

에어와셔는 공기에 분무수를 접촉시킴으로써 물과 공기의 열교환과 동시에 수분의 교환에 의해 공기의 습도조절(가습, 감습)과 먼지 및 냄새를 제거하는 것으로서 주로 산업용 가습 및 감습장치로 사용된다.

그림 8-22에서 보는 바와 같이 공기 입구 부분에 공기의 흐름을 균일하게 하는 루버(louver)를 출구측에는 물방울이 급기와 함께 혼입되지 않도록 엘리미네이터(eliminator)를 두고, 엘리미네이터의 더러워짐을 방지하기 위해 상부에 있는 플러딩 노즐(flooding nozzle)로 물을 분무하여 청소한다.

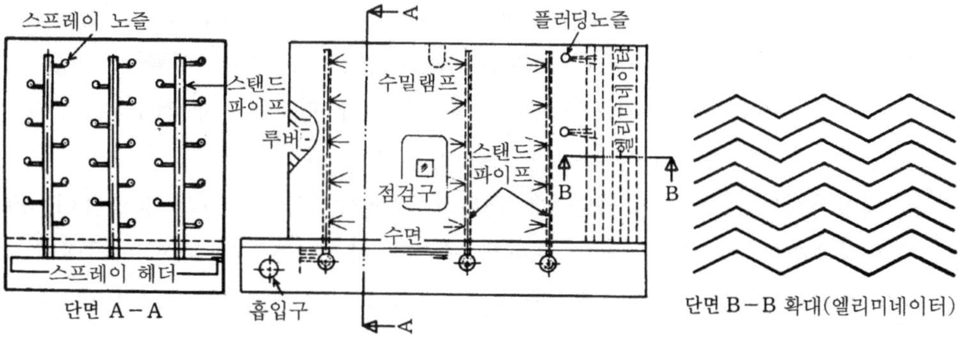


그림 8-22 ▸ 에어와셔의 구조

또 분무수와 공기를 접촉시키는 세정실(spray chamber)에는 몇 개의 스탠드 파이프(stand pipe)를 세우고 분무노즐로 분무한다. 내부의 청소 및 점검을 위해 점검구 및 천장에는 수밀램프를 설치한다. 바닥에는 배수구 및 오버 플로(over flow)를 두어야 하며, 이때 트랩(trap)장치가 있어야 한다.

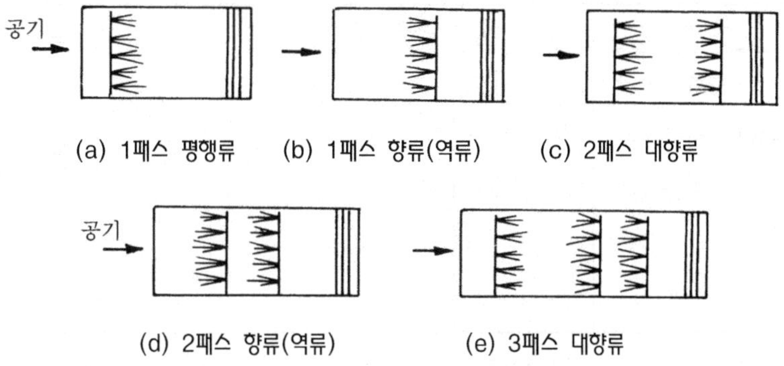


그림 8-23 ▸ 뱅크의 배열방식

스탠드 파이프 및 분무노즐의 배치방식은 그림 8-33과 같이 1열로 되어 있는 것을 1뱅크(bank), 2열인 것은 2뱅크라 하며, 공기의 흐름방향과 분무수의 방향에 따라 동일방향이면 평행류, 반대방향이면 역류, 분무수가 서로 마주 분무되면 대향류라 한다.

### (2) 변화과정과 효율

에어와셔에 공급되는 물의 온도에 따라 상태변화 과정은 표 8-6과 같다. 여기서 공급수가 순환수(장치 내의 물이 계속 반복하여 순환되는 경우)인 경우는 단열과정(① → A)으로서 출구수온($t_{w2}$)은 출구공기의 습구온도와 동일한 경우이다.

그러나 공급수의 출구수온($t_{w2}$)이 출구공기의 노점온도보다 높으면 작은 물방울의 표면에서 증발작용이 일어나서 가습되지만(B, A, D, E) 노점온도보다 낮으면(C) 공기 중의 수증기가 물방울 표면에 응축되기 때문에 감습된다. 또 출구수온이 출구공기의 습구온도보다 높은 온수를 공급하면 출구공기는 엔탈피가 증가되며(① → D : 건구온도는 감소되므로 냉각), 출구수온이 입구공기의 건구온도보다 높으면 출구공기의 건구온도도 증가되는 가습이 된다(① → E).

에어와셔의 효율을 나타낼 때 분무실 내에서 공기와 작은 물방울이 접촉하여 포화상태까지 이르는 정도를 포화효율 $\eta_s$ 라 하고, 다음과 같이 나타내며, 이것은 에어와셔의 형식 및 풍속, 분무수 입자의 크기, 분무수량 등에 따라 다르다.

$$\eta_s = \frac{t_1 - t_2}{t_1 - t_s} \times 100 = \frac{x_1 - x_2}{x_1 - x_s} \times 100 = \frac{h_1 - h_2}{h_1 - h_s} \times 100 [\%] \quad \cdots\cdots (8\text{-}6)$$

여기서, $t_1$, $x_1$, $h_1$ : 입구공기의 건구온도, 절대습도, 엔탈피

$t_2$, $x_2$, $h_2$ : 출구공기의 건구온도, 절대습도, 엔탈피

$t_s$, $x_s$, $h_s$ : 장치노점(변화과정의 포화상태)의 온도, 절대습도, 엔탈피

표 8-6 ▸ 에어와셔에서 상태변화 과정

| 과 정 | 상태변화 | 출구수온($t_{w2}$) 조건 | 그 림 |
|---|---|---|---|
| ① → A (순환수공급) | 단열 · 가습 | $t_{w2} = t_1'$ | 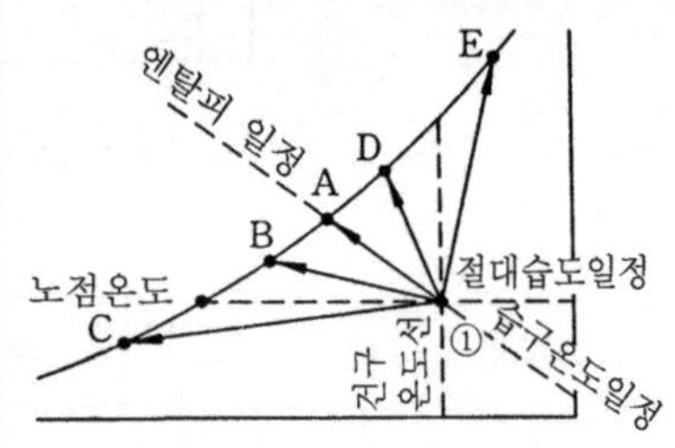  |
| ② → B (냉수공급) | 냉각 · 가습 | $t_1'' < t_{w2} < t_1'$ | |
| ③ → C (냉수공급) | 냉각 · 감습 | $t_{w2} < t_1''$ | |
| ④ → D (온수공급) | 냉각 · 가습 | $t_{w2} > t_1'$ | |
| ① → E (온수공급) | 가열 · 가습 | $t_{w2} > t_1'$ | |

【주】 $t_{w2}$ : 출구온도, $t_1'$ : 입구공기의 습구온도, $t_1''$ : 입구공기 노점온도

## 8-5 전열교환기

### [1] 구조 및 원리

전열교환기는 공기 대 공기의 열교환기로서, 현열은 물론 잠열까지도 교환되는, 즉 엔탈피 교환장치이다.

그림 8-24와 같은 공조시스템에서 배기와 도입되는 외기와의 전열교환으로 공조기는 물론 보일러나 냉동기의 용량을 줄일 수 있고, 연료비를 절약할 수 있는 에너지 절약 기기로 공기방식의 중앙공조 시스템이나 공장 등에서 환기에서의 에너지 회수방식으로 많이 사용된다.

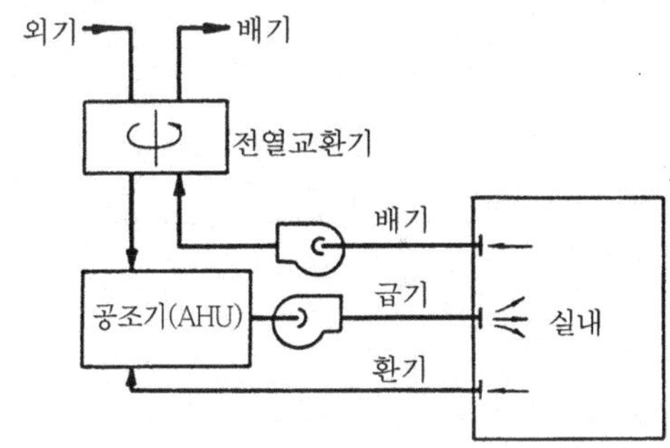


그림 8-24 ▸ 전열교환기를 설치한 공조시스템

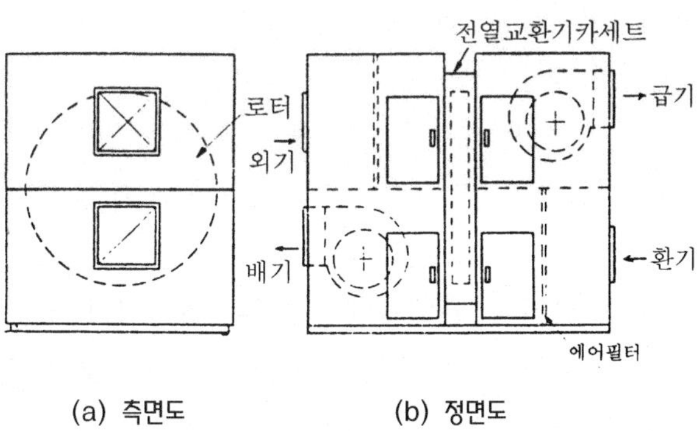


그림 8-25 ▸ 전열교환기

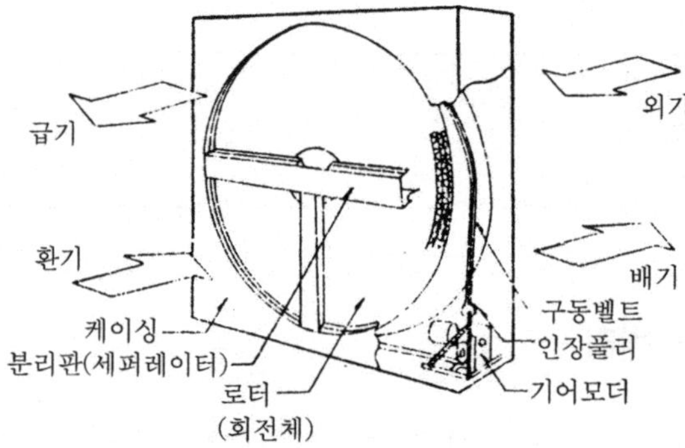


그림 8-26 ▸ 카세트의 상태

구조는 그림 8-35와 같이 외기가 들어와서 급기되는 윗 부분과 환기가 배기되는 아랫부분으로 나누어지고, 각각 덕트에 접속된다. 좌 · 우의 중앙부에는 그림 8-36과 같은 카세트(cassette)를 삽입하게 된다.

카세트의 내부에는 알루미늄박지(aluminum element) · 세라믹 파이버(ceramic fiber) · 불연지(non flammable paper) 등을 사용하여 표면적이 최대가 되고, 공기저항이 최소가 되도록 파상형으로 연속성형한 것을 다시 벌집형(honeycomb)의 원통으로 제작함으로써 열교환 효과를 크게 하는 회전체(rotor)가 있다.

회전체의 중앙부에는 수평으로 분리판(separator)이 있어서 상부와 하부의 공기가 혼합되지 않도록 하며, 회전체의 모터는 구동벨트에 의해 11~13 rpm의 느린 속도로 회전한다.

열교환의 원리는 동계와 하계로 구분하면 다음과 같다. 즉 동계에 실내로부터 배기되는 공기는 고온 · 다습하고, 도입되는 외기는 한랭 · 건조하다. 따라서 배기가 회전체의 소재를 통과할 때 현열과 잠열을 전달하고 배기되며 그 동안에 회전체가 반회전(180°)되면 한랭 · 건조한 외기가 축적된 현열(온도상승)과 잠열(가습)을 얻게 되므로 엔탈피 상승의 효과를 가져 온다.

하계에는 저온 · 건조한 배기가 회전체의 소재를 냉각 · 건조시키게 되며, 회전체가 반회전하면 고온 · 다습한 외기는 이 소재를 통과할 때 냉각 · 감습되어 들어오게 된다.

외기의 흡입측과 환기의 흡입측에는 각각 여과기가 있어서 회전체를 보호하고 급기의 청정도를 높이며, 회전체의 좌우측에는 점검구가 있어서 보수 및 청소를 할 수 있도록 되어 있다.

## [2] 열회수 특성 및 자정작용

### (1) 열회수 특성

전열교환기를 사용한 공조시스템에서 중간기(봄, 가을)를 제외한 냉방기와 난방기의 열회수량은 그림 8-27과 같이 실내·외의 온도차가 클수록 많다. 그림에서 전열교환기를 사용함으로써 절약될 수 있는 열량은 외기와 열 회수 후(전열교환기를 통과한 외기) 도입된 외기의 엔탈피차로 나타낼 수 있다.

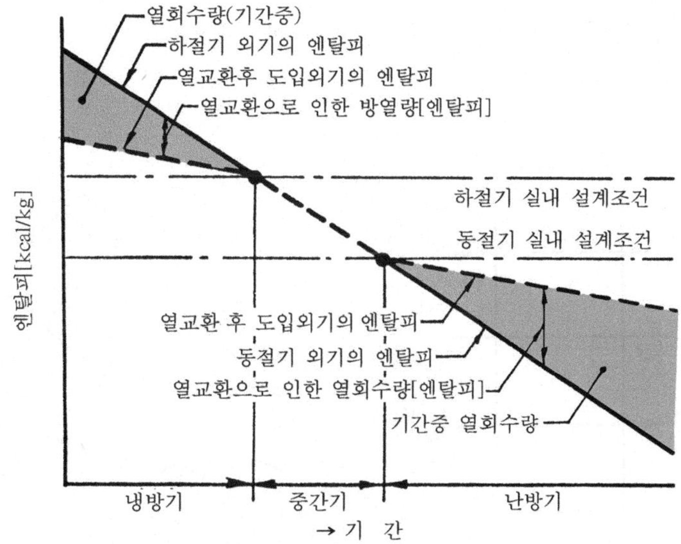


그림 8-27 ▸ 도입외기의 열회수 특성

따라서 전열교환기의 사용 여부는 구입비, 설치비 및 운전비용과 전열교환기로 인해 절약되는 에너지를 비교하여 경제성이 있는 쪽을 택한다.

우리나라의 기후는 하절기에 고온·다습하고, 동절기에 한냉·건조하므로 실내외의 엔탈피차가 커서 전열교환기의 설치는 경제성이 확인되고 있다.

### (2) 자정작용

회전체를 향해 들어오는 외기측이나 실내에서 오는 환기측에는 필터가 있지만 소량의 먼지 등이 회전체의 소재에 부착되는 경우에 회전체가 반회전(180°)하면 외기에 접해 있던 부분은 배기측으로, 환기에 접해 있던 부분은 급기측으로 위치가 변한다.

따라서 기류의 방향도 반대로 되므로 소재에 붙어있던 먼지는 스스로 떨어져 나간다. 이와 같은 현상을 자정작용(self cleaning)이라 한다.

## [3] 효율 및 열회수량

### (1) 난방의 경우

그림 8-28과 같은 전열교환에서 난방시 습공기의 상태변화는 그림 (b)와 같다.

즉 난방의 경우에는 RA($t_{RA}$, $x_{RA}$, $h_{RA}$) 상태인 환기는 회전체에 현열과 잠열을 축적시키고, EA($t_{EA}$, $x_{EA}$, $h_{EA}$) 상태인 배기로 되어 나간다.

한편, OA($t_{OA}$, $x_{OA}$, $h_{OA}$) 상태인 외기는 회전체를 통과하는 동안에 배기가 축적시킨 현열과 잠열을 얻어 SA($t_{SA}$, $x_{SA}$, $h_{SA}$) 상태로 급기된다. 따라서 난방시에 $Q$[m$^3$/s]의 외기가 전열교환기를 통과할 때 전열교환기의 효율 및 회수열량은 다음과 같다.

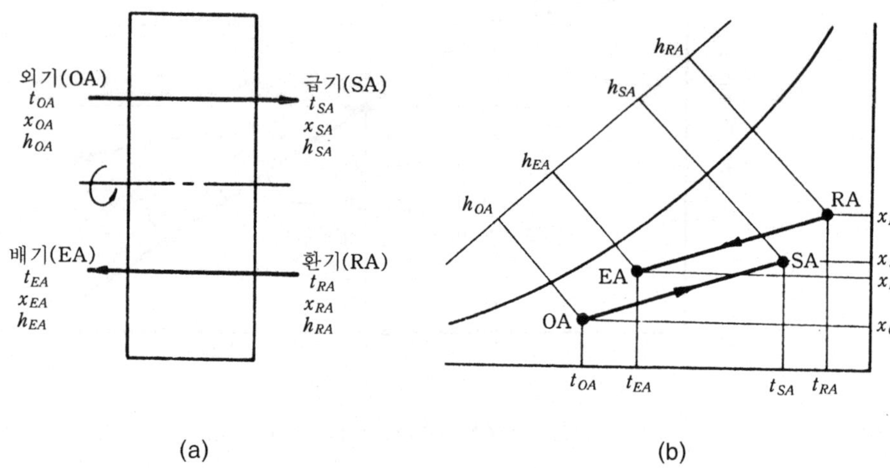


그림 8-28 ▸ 난방시의 상태변화

#### 1) 효율

그림 8-28의 (a)에서 현열효율 $\eta_{HS}$는

$$\eta_{HS} = \frac{t_{SA} - t_{OA}}{t_{RA} - t_{OA}} \quad \text{(8-7)}$$

잠열효율 $\eta_{HL}$은

$$\eta_{HL} = \frac{x_{SA} - x_{OA}}{x_{RA} - x_{OA}} \quad \text{(8-8)}$$

전열효율 $\eta_{HT}$는

$$\eta_{HT} = \frac{h_{SA} - h_{OA}}{h_{RA} - h_{OA}} \quad \text{(8-9)}$$

#### 2) 전열교환기의 회수열량

현열회수량 $q_{HS}$[kW]는

$$q_{HS} = 1.21Q(t_{SA} - t_{OA}) \\ = 1.21Q(t_{RA} - t_{OA})\eta_{HS} \quad \cdots\cdots (8\text{-}10)$$

잠열회수량 $q_{HL}$[kW]은

$$q_{HL} = 3{,}001Q(x_{SA} - x_{OA}) \\ = 3{,}001Q(x_{RA} - x_{OA})\eta_{HL} \quad \cdots\cdots (8\text{-}11)$$

전열회수량 $q_{HT}$[kW]는

$$q_{HT} = 1.2Q(h_{SA} - h_{OA}) \\ = 1.2Q(h_{RA} - h_{OA})\eta_{HT} \quad \cdots\cdots (8\text{-}12)$$

여기서, 1.21 : 공기의 단위체적[$1m^3$]당 정압비열[$kJ/m^3 \cdot K$]
3,001 : $\rho \cdot \gamma$ ($\fallingdotseq 1.2 \times 2{,}501$)
1.2 : 공기의 밀도($\fallingdotseq 1.2kg/m^3$)
$Q$ : 풍량[$m^3/s$]

### (2) 냉방의 경우

그림 8-28(a)와 같은 전열교환기가 냉방용으로 작동될 때는 그림 8-29와 같이 RA($t_{RA}$, $x_{RA}$, $h_{RA}$) 상태인 환기가 EA($t_{EA}$, $x_{EA}$, $h_{EA}$) 상태로 배기되고, OA($t_{OA}$, $x_{OA}$, $h_{OA}$) 상태인 외기는 SA($t_{SA}$, $x_{SA}$, $h_{SA}$) 상태인 급기로 공급된다. 따라서 이때의 효율 및 외기로부터의 방출열량은 다음과 같다.

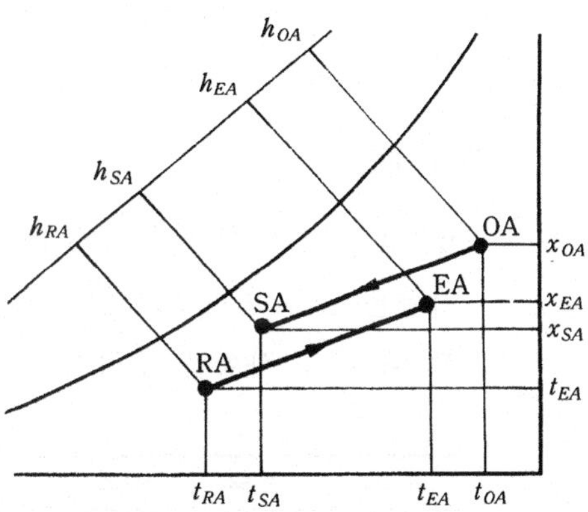


그림 8-29 ▸ 냉방시에 상태변화

#### 1) 효율

그림 8-28에서 현열효율 $\eta_{CS}$는

$$\eta_{CS} = \frac{t_{OA} - t_{SA}}{t_{OA} - t_{RA}} \quad \cdots\cdots (8\text{-}13)$$

잠열효율 $\eta_{CL}$는

$$\eta_{CL} = \frac{x_{OA} - x_{SA}}{x_{OA} - x_{RA}} \quad \cdots\cdots (8\text{-}14)$$

전열효율 $\eta_{CT}$는

$$\eta_{CT} = \frac{h_{OA} - h_{SA}}{h_{OA} - h_{RA}} \quad \cdots\cdots (8\text{-}15)$$

### 2) 전열교환기의 열방출량

외기로부터 방출되는 현열량 $q_{CS}$[kW]는

$$\begin{aligned} q_{CS} &= 1.21\,Q\,(t_{OA} - t_{SA}) \\ &= 1.21\,Q\,(t_{OA} - t_{RA})\eta_{CS} \quad \cdots\cdots (8\text{-}16) \end{aligned}$$

방출되는 잠열량 $q_{CL}$[kW]는

$$\begin{aligned} q_{CL} &= 3{,}001\,Q\,(x_{OA} - x_{SA}) \\ &= 3{,}001\,Q\,(x_{OA} - x_{RA})\eta_{CL} \quad \cdots\cdots (8\text{-}17) \end{aligned}$$

방출되는 전열량 $q_{CL}$[kW]은

$$\begin{aligned} q_{CT} &= 1.2\,Q\,(h_{OA} - h_{SA}) \\ &= 1.2\,Q\,(h_{OA} - h_{RA})\eta_{CT} \quad \cdots\cdots (8\text{-}18) \end{aligned}$$

**예제 8-2**

전열교환기를 사용하는 경우에 설계조건을 다음 표와 같이 하고, 배기량 및 급기량은 모두 $5\,\mathrm{m^3/s}$이며, 전열교환기의 전열효율은 65 %, 현열효율은 81 %로 할 때 다음 사항을 구하시오.

| 계 절 | 구 분 | 건구온도[℃] | 상대습도[%] | 절대습도[kg/kg'] | 엔탈피[kJ/kg] |
|---|---|---|---|---|---|
| 하 기 | 외 기 | 32 | 70 | 0.0210 | 86.3 |
| | 실 내 | 26 | 50 | 0.0105 | 52.8 |
| 동 기 | 외 기 | 0 | 40 | 0.0015 | 3.8 |
| | 실 내 | 20 | 50 | 0.0072 | 38.5 |

(1) 냉방시

i ) 실내측 급기의 상태(엔탈피 $h_{SA}$, 건구온도 $t_{SA}$, 상대습도 $\varphi_{SA}$, 절대습도 $x_{SA}$)

ii) 전열교환기를 사용하지 않는 경우에 급기로 인한 냉방부하 $q_{CT}$

iii) 전열교환기를 사용하는 경우에 급기로 인한 냉방부하 $q'_{CT}$

iv) 절감된 냉방부하 $\Delta q$

(2) 난방시

i) 실내측 급기의 상태(엔탈피 $h_{SA}$, 건구온도 $t_{SA}$, 상대습도 $\varphi_{SA}$, 절대습도 $x_{SA}$)

ii) 전열교환기를 사용하지 않는 경우에 급기로 인한 난방부하 $q_{HT}$

iii) 전열교환기를 사용하는 경우에 급기로 인한 난방부하 $q_{HT}$

iv) 절감된 난방부하 $\Delta q$

**풀이**

(1) 냉방시

i) ① $h_{SA} = h_{OA} - (h_{OA} - h_{RA})\eta_{CT}$

$= 86.3 - (86.3 - 52.8) \times 0.65 \fallingdotseq 64.5\,\text{kJ/kg}$

② $t_{SA} = t_{OA} - (t_{OA} - t_{RA})\eta_{CS}$

$= 32 - (32 - 26) \times 0.81 = 27.14\,℃$

③ 습공기선도에 의해 $h_{SA}$와 $t_{SA}$의 교점을 읽으면

$\varphi_{SA} = 64\,\%$, $x_{SA} = 0.0146\,\text{kg/kg}'$

ii) $q_{CT} = 1.2Q(h_{OA} - h_{RA})$

$= 1.2 \times 5(86.3 - 52.8) \fallingdotseq 201\,\text{kW}$

iii) $q'_{CT} = 1.2Q(h_{OA} - h_{RA})(1 - \eta_{CT})$

$= 1.2 \times 5(86.3 - 52.8)(1 - 0.65) \fallingdotseq 70.35\,\text{kW}$

iv) $\Delta q = q_{CT} - q_{CT}'$

$= 1.2Q(h_{OA} - h_{RA})\eta_{CT}$

$= 1.2 \times 5(86.3 - 52.8) \times 0.65 \fallingdotseq 130.65\,\text{kW}$

(2) 난방시

i) ① $h_{SA} = h_{OA} + (h_{RA} - h_{OA})\eta_{HT}$

$= 3.8 + (38.5 - 3.8) \times 0.65 \fallingdotseq 26.4\,\text{kJ/kg}$

② $t_{SA} = t_{OA} + (t_{RA} - t_{OA})\eta_{HS}$

$= 0 + (20 - 0) \times 0.81 = 16.2\,℃$

③ 습공기선도에 의해 $h_{SA}$와 $t_{SA}$의 교점을 읽으면

$\varphi_{SA} = 34\,\%$, $x_{SA} = 0.0038\,\text{kg/kg}'$

ii) $q_{HT} = 1.2Q(h_{RA} - h_{OA})$

$= 1.2 \times 5(38.5 - 3.8) \fallingdotseq 208.2\,\text{kW}$

iii) $q'_{HT} = 1.2Q(h_{RA} - h_{OA})(1 - \eta_{HT})$

$= 1.2 \times 5 \times (38.5 - 3.8)(1 - 0.65) \fallingdotseq 72.87\,\text{kW}$

iv) $\Delta q = q_{HT} - q_{HT'}$

$= 1.2Q(h_{RA} - h_{OA})\eta_{HT}$

$= 1.2 \times 5(38.5 - 3.8) \times 0.65 \fallingdotseq 135.33\,\text{kW}$

### (3) 배기 및 급기풍량이 서로 다른 경우

그러나 실제의 제품에 대한 효율은 그림 8-30의 하단에 있는 실선(곡선)과 같이 제시된다. 이 선도는 B사 제품에 관한 것이며, 상단의 종축으로 풍량을 취하고, 횡축으로 풍속을 설정하면 교차하는 부근을 지나는 경사실선이 적정한 전열교환기의 기종이 되며, 하단에 있는 선도로 수선을 내리면 효율과 정압손실도 구할 수 있다. 이 선도에 의하면 전면 풍속이 높으면 효율은 감소하고 정압손실은 상승됨을 알 수 있다.

그러나 이 선도에 의한 효율은 배기량과 외기량의 비율을 동일하게 취할 때이다. 만약 그 비율이 동일하지 않으면 그림 8-31에 의해 효율을 보정한다.

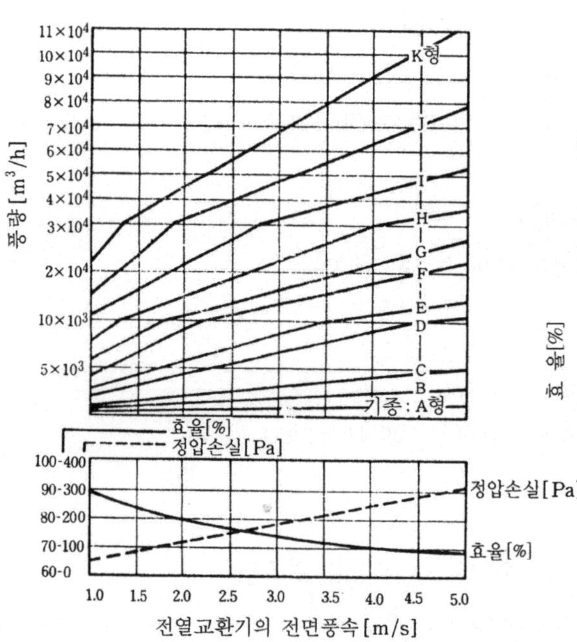


그림 8-30 ▸ 전열교환기의 기종과 효율 및 정압손실

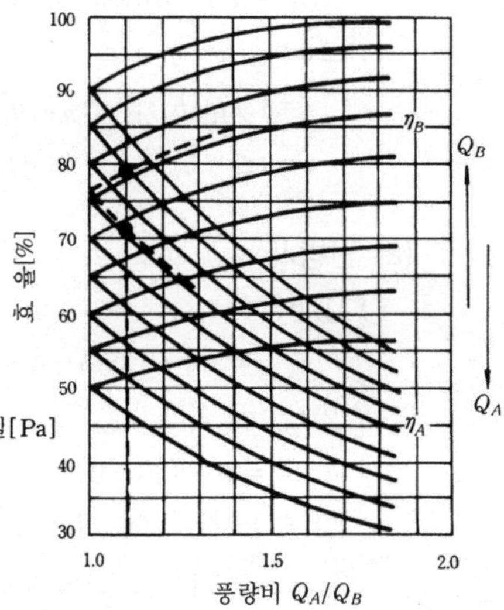


그림 8-31 ▸ 풍량비에 따른 효율

여기서 세로측은 효율로서 $\eta_A$는 풍량이 많은 쪽을 기준으로 하고, $\eta_B$은 풍량이 적은 쪽을 기준으로 할 경우의 효율이며 가로축은 배기와 급기의 풍량비율이다.

**예제 8-3**

다음 표와 같은 배기와 외기가 전열교환을 한다. 배기와 급기의 i) 효율, ii) 배출공기의 상태(건구온도, 절대습도, 엔탈피), iii) 급기의 상태(건구온도, 절대습도, 엔탈피)를 각각 구하시오. 단, 기종은 그림 8-30에서 F형으로 한다.

| 구 분 | 풍량[m³/h] | 건구온도[℃] | 상대습도[%] | 절대습도[kg/kg'] | 엔탈피[kJ/kg] |
|---|---|---|---|---|---|
| 외 기 | 13,200 | 32 | 70 | 0.0210 | 86.3 |
| 환 기 | 12,000 | 25 | 50 | 0.0099 | 50.2 |

**풀이**

그림 8-30에 의해 적은 쪽의 공기량 12,000 m³/h의 F형 기종과의 교점을 아래 선도로 내려서 효율선과 교차점을 좌측으로 이동하여 효율 76 %를 구한다.
76 %를 그림 8-31의 효율축에 잡고 풍량비에 따라 풍량이 적은 쪽을 기준으로 하면 상향곡선, 많은 쪽을 기준하면 하향곡선에서 읽는다.

i) 풍량비율 $= \dfrac{Q_{OA}}{Q_{RA}} = \dfrac{13,200}{12,000} = 1.1$

따라서 그림 8-31에 의해 외기측의 효율 $\eta_{OA} = 72\,\%$, 배기측 효율 $\eta_{EA} = 78\,\%$

ii) 배기측의 공기상태

건구온도 $t_{EA} = 25 + (32 - 25)0.78 = 30.46$ ℃

절대습도 $x_{EA} = 0.0099 + (0.021 - 0.0099)0.78 = 0.0186\,\text{kg/kg}'$

엔 탈 피 $h_{EA} = 50.2 + (86.3 - 50.2)0.78 \fallingdotseq 78.4\,\text{kJ/kg}$

iii) 급기측 공기상태

건구온도 $t_{SA} = 32 - (32 - 25)0.72 = 26.96$ ℃

절대습도 $x_{SA} = 0.021 - (0.021 - 0.0099)0.72 = 0.013\,\text{kg/kg}'$

엔 탈 피 $h_{SA} = 86.3 - (86.3 - 50.2)0.72 \fallingdotseq 60.3\,\text{kJ/kg}$

### [4] 전열교환기의 응용

전열교환기를 사용하여 난방을 하는 경우는 그림 8-32(a)와 같은 장치로 구성되며, 습공기선도상에서의 변화과정은 그림 (b)와 같다.

또한 전열교환기를 사용하여 냉방을 하는 경우는 그림 8-33(a)와 같은 장치로 구성되며, 습공기선도상에서의 변화과정은 그림 (b)와 같다.

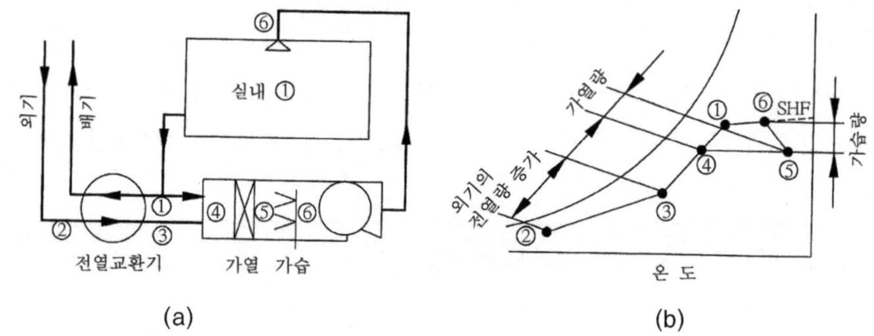


그림 8-32▸ 전열교환기를 장착한 난방시스템

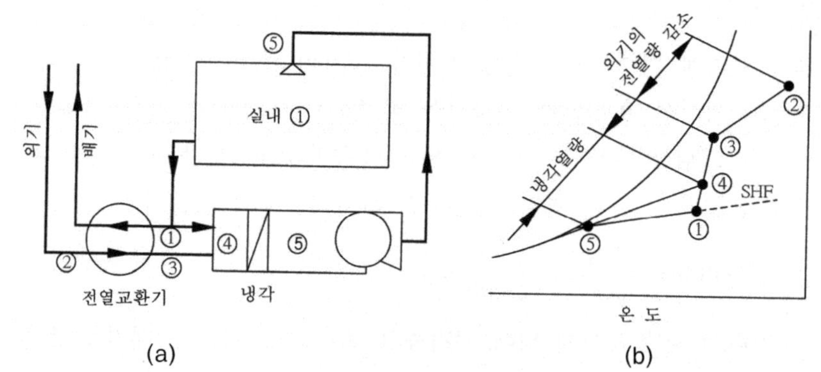


그림 8-33▸ 전열교환기를 장착한 냉방시스템

제 9 장

# 펌프 및 송풍기

# 9-1 펌프의 기초사항

## [1] 펌프의 분류

펌프의 종류를 크게 분류하면 작동 부분이 왕복운동을 하는 피스톤 펌프(piston pump) 및 플런저 펌프(plunger pump)와 회전운동을 하는 원심펌프, 사류펌프, 축류펌프, 기어펌프 등으로 분류되며, 공조용으로는 원심펌프의 일종인 볼류트펌프(volute pump)가 가장 많이 사용된다. 원심펌프는 토출구측이 점차 확대되는 스파이럴 케이싱(spiral casing) 내에 임펠러(impeller)가 모터축의 회전력으로 물을 회전시키면 임펠러 내에 있는 물은 원심력으로 운동에너지가 증가하면서 스파이럴 케이싱에 접근하면 운동에너지는 압력에너지로 변하여 펌프의 토출구측으로 나가게 된다.

## [2] 원심펌프의 분류

### (1) 안내깃의 유무에 의한 분류

그림 9-1의 원심펌프에서 (a)와 같이 임펠러 외주부에 스파이럴 케이싱만 있는 것을 볼류트 펌프라 하고, (b)와 같이 임펠러와 스파이럴 케이싱 사이에 고정 안내깃(guide vane, diffusion vane)이 있는 터빈 펌프(turbine pump)가 있는데 이것은 출구압력을 더 높일 수 있다.

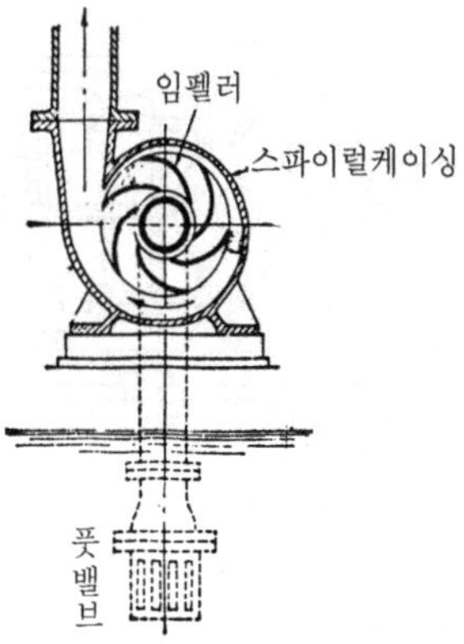


(a) 볼류트 펌프

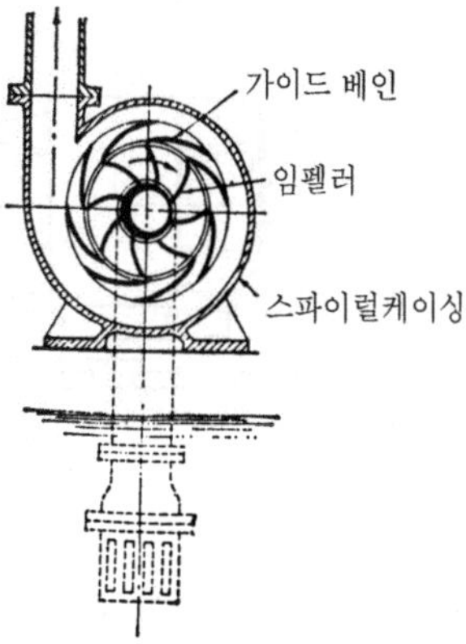


(b) 터빈 펌프

그림 9-1▸ 원심펌프

### (2) 흡입구의 수에 의한 분류

그림 9-2는 임펠러의 모양을 나타낸 것이다. 여기서 (a)와 같이 한쪽으로만 흡입되는 경우를 편흡입(single suction)형, (b)와 같이 양쪽으로 흡입하는 경우를 양흡입(double suction)형이라 한다. 전자는 배출량이 양정에 비해 비교적 적은 경우에, 후자는 배출량이 비교적 많은 경우에 사용된다.

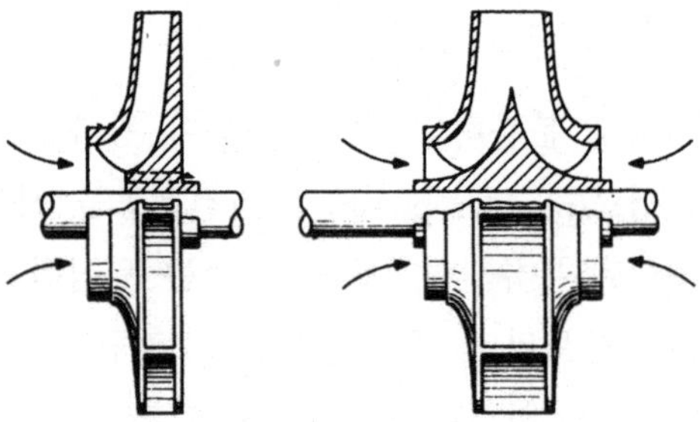

(a) 편흡입 (b) 양흡입

그림 9-2 ▸ 임펠러 흡입구의 수

### (3) 단수에 의한 분류

펌프 1대에 임펠러 1개를 갖고 있는 것을 단단(單段, single stage) 펌프라 하며, 양정이 그다지 높지 않은 경우에 사용된다.

그러나 양정이 높으면 그림 9-3과 같이 몇 개의 임펠러를 연속으로 조립한 다단(multi stage) 펌프가 사용된다. 1단의 임펠러 출구는 2단 임펠러의 흡입구와 연결되고, 2단 임펠러 출구는 3단 임펠러 흡입구와 연결되므로 단수가 증가될수록 출구압력은 높아진다.

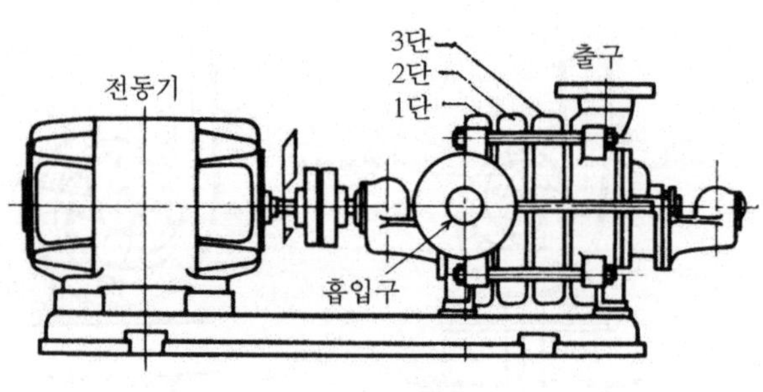


그림 9-3 ▸ 다단펌프

### (4) 임펠러 내에서 유체의 흐름 방향에 따라

그림 9-4의 (a)와 같은 반경류(radial flow)형, (b)와 같은 사류 또는 혼류(mixed flow)형, (c)와 같은 축류(axial flow)형으로 구분한다.

여기서, 유체의 흐름이 반경류에 가까울수록 흡상할 수 있는 양정은 높다.

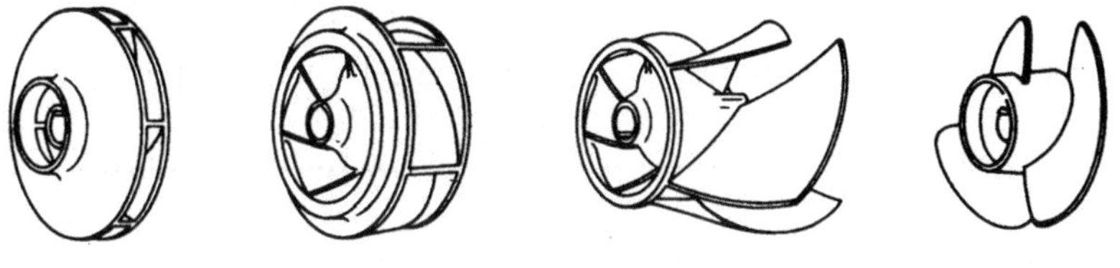

(a) 반경류형 (b) 사류 또는 혼류형 (c) 축류형

그림 9-4 ▸ 임펠러 내에서 유체의 흐름 방향에 의한 분류

### (5) 기 타

임펠러의 회전속도에 따라 저속도형, 중속도형, 고속도형으로 구분하기도 하며, 또 축의 위치에 따라 수직축, 횡축형으로 또는 회전방향에 따라 시계방향과 반시계방향으로 구분한다(방향을 볼 때에는 모터측에서 펌프를 바라본다).

## 9-2 펌프의 용량

### [1] 양 정

그림 9-5와 같은 펌프 설치도에서 배관손실, 송출손실(송출속도에 기인되는 손실수두) 등을 모두 포함했을 때 펌프가 양수할 수 있는 높이를 전양정 $H$[mAq]라고 한다.

또, 흡입 수위에서 송출 수위까지를 실양정 $H_a$라 한다. $H_a$는 흡입측 실양정 $H_{as}$와 송출측 실양정 $H_{ad}$와의 합이다.

펌프의 전양정은 실양정 $H_a$에 배관 손실수두 $H_f$ (흡입측 손실수두 $H_{fs}$와 송출측 손실수두 $H_{fd}$의 합계)와 토출구의 속도수두를 가산한 것이다.

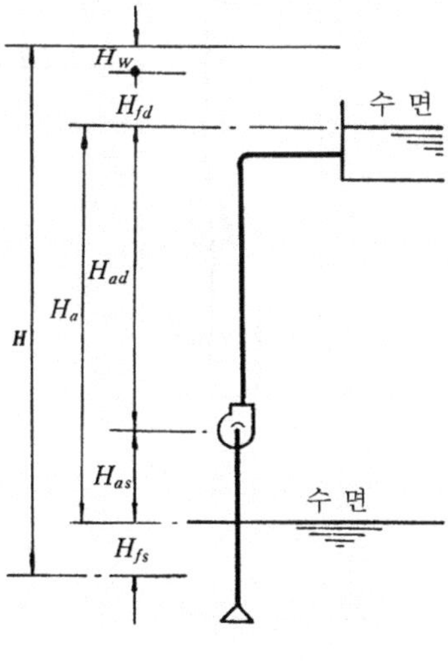


그림 9-5 ▸ 펌프의 양정

그림 9-5와 같이 흡입측의 수면과 송출측의 수면이 대기에 개방되어 있을 때 전양정 $H$[mAq]를 구하는 계산식은 다음과 같다.

$$H = H_a + H_f + H_W \cdots\cdots (9\text{-}1)$$

그러나 속도수두 $H_W$는 토출구의 속도가 그다지 높지 않으면 $H_a$, $H_f$에 비해 극히 적으므로 이를 생략하면 식 (9-1)은 다음과 같이 나타낼 수 있다.

$$H = H_a + H_f \cdots\cdots (9\text{-}2)$$

여기서, $H$ : 전양정[mAq]

$H_a$ : 실양정(흡입측 실양정 $H_{as}$와 송출측 실양정 $H_{ad}$의 합계)[mAq]

$H_f$ : 흡입측과 송출측의 손실수두 합계($H_f = H_{fs} + H_{fd}$)[mAq]

$H_{fs}$ : 흡입측 손실수두[mAq]

$H_{fd}$ : 송출측 손실수두[mAq]

$H_W$ : 토출구 속도수두$\left(= \dfrac{w^2}{2g}\right)$[mAq]

펌프의 실양정은 흡입측과 토출측의 수위와 펌프의 설치 위치에 따라 다르다.

그림 9-6에서 (a) 및 (b)의 경우에 실양정은 흡입측의 실양정과 토출측의 실양정을 합한 것이지만 (c)와 같은 경우에 실양정은 토출측의 실양정에서 압입수두를 뺀 것이 된다.

그러나 밀폐회로인 경우는 펌프를 가동할 경우나 정지할 경우에도 펌프 입출구에서 수면의 차이가 없으므로 실양정은 0[mAq]이 된다.

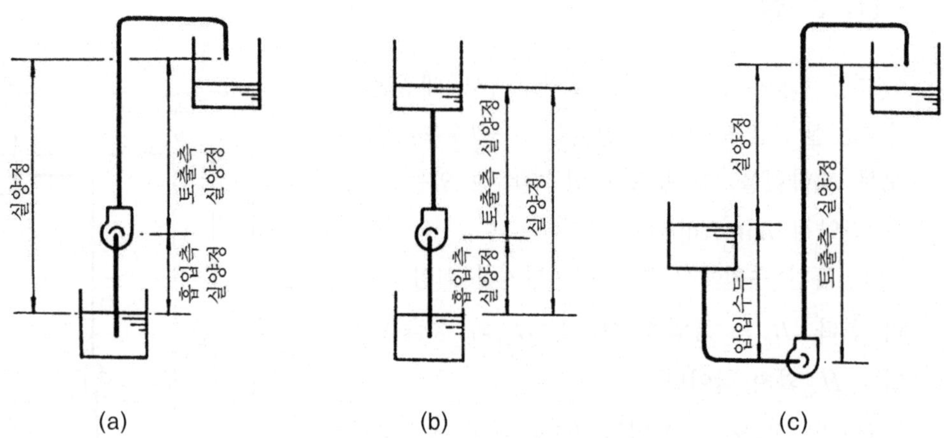


그림 9-6 ▸ 수위에 따른 양정의 변화

**예제 9-1**

다음 그림과 같은 냉각수펌프의 전양정을 구하시오. 여기서, 응축기의 저항은 12 mAq, 배관계통의 마찰손실은 35 mAq이고, 냉각탑에서 노즐분출압력은 5 kPa이다.

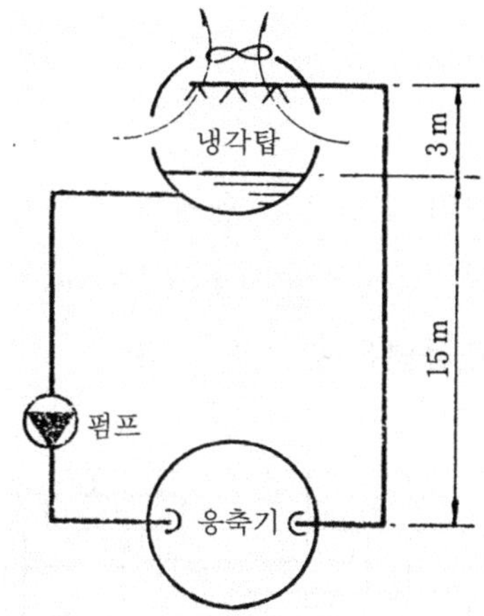


풀이

응축기 출구에서 냉각탑 수위면까지의 높이 15 m는 압입측의 높이로 인하여 서로 상쇄되고, 냉각탑 수위면에서 분무노즐까지가 실양정이 되며, 압력 1 kPa는 약 0.1 mAq이다. 따라서 전양정 $H$는

$$H = H_a + H_f + H_W$$
$$= 3 + (35 + 12) + (5 \times 0.1)$$
$$= 50.5[\mathrm{mAq}]$$

## [2] 호칭구경 및 유량

펌프로부터의 양수량은 호칭구경과 유속에 비례하여 증가한다.

따라서 펌프의 호칭구경을 $d[\mathrm{m}]$, 유속을 $w[\mathrm{m/s}]$라 하면 양수량 $Q[\mathrm{m^3/min}]$의 계산식은 다음과 같이 나타낼 수 있다.

$$Q = \frac{\pi}{4} d^2 \cdot w \times 60[\mathrm{m^3/min}] \quad \cdots\cdots (9\text{-}3)$$

또, 식 (9-3)으로부터 호칭구경 $d[\mathrm{m}]$의 계산식은

$$d = \sqrt{\frac{4 \times Q}{\pi \cdot w \times 60}}[\mathrm{m}] \quad \cdots\cdots (9\text{-}4)$$

한편, 호칭구경 내에서 유속은 일반적으로 2～2.5 m/s로 한다.

실제의 응용적인 면에서 펌프의 양수량(토출량)은 펌프의 종류, 호칭구경 및 펌프의 소요동력, 전원의 $H_Z$수 등에 따라 그림 9-7과 같이 결정된다.

## [3] 동 력

### (1) 수동력

펌프 내에서 임펠러의 회전으로 유체에 주어지는 동력을 수동력 $L_w$[W]라 하고, 펌프에 의해 배출되는 양수량을 $Q$[m$^3$/min], 양정을 $H$[m], 유체의 밀도를 $\rho$[kg/m$^3$]라고 하면 수동력은 다음과 같다.

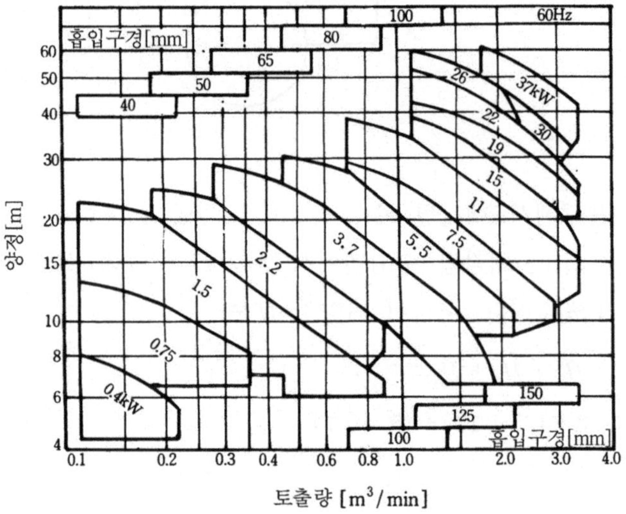


그림 9-7▸ 편흡입 볼류트 펌프의 선정도

$$L_w = \frac{\rho \cdot g \cdot Q \cdot H}{60}[\mathrm{W}] \quad \cdots\cdots (9\text{-}5)$$

여기서, $\rho$ : 유체의 밀도[kg/m$^3$]

$g$ : 중력가속도 ($\fallingdotseq$ 9.8m/s$^2$)

$Q$ : 양수량[m$^3$/min]

$H$ : 전양정[m]

단위환산 : W = J/s, J = N·m, N = kg·m/s$^2$

### (2) 축동력

펌프의 회전축은 베어링에 체결되어 돌아가므로 마찰에 의한 손실이 생긴다.

따라서 펌프의 축을 돌리기 위한 동력은 임펠러가 물에 주는 수동력보다 커야 한다. 이와 같이 펌프의 축을 돌리는데, 소요되는 동력인 축동력을 $L_s$[W]라 하고, 수동력과의 비율을 펌프의 효율 $\eta_P$라고 하면 다음 식과 같이 나타낼 수 있다.

즉 펌프의 효율은

$$\eta_P = \frac{L_w}{L_s} \quad \cdots\cdots (9\text{-}6)$$

축동력은

$$L_s = \frac{L_w}{\eta_P} = \frac{\rho \cdot g \cdot Q \cdot H}{60 \times \eta_P}[\mathrm{W}] \quad \cdots\cdots (9\text{-}7)$$

여기서, 펌프효율은 A효율과 B효율로 구분한다. A효율은 펌프의 최고효율이고, B효율은 펌프의 사양수량에 있어서의 효율이다. 그림 9-8은 소형 원심펌프의 토출량에 따른 효율(KS B 6303)을 선도로 표시했다.

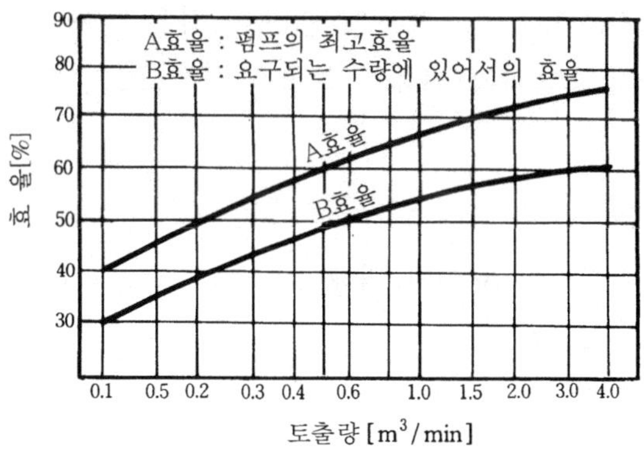


그림 9-8 ▸ 소형 원심펌프의 효율

### (3) 원동기 출력

펌프를 구동하는 데 필요한 원동기(전동기, 내연기관 등)의 출력을 소요동력 $L_d$[W]라 하면, 이것을 축동력 $L_s$에 적당한 여유를 가하여 다음과 같이 계산한다.

여기서, $\alpha$는 여유계수, $\eta_t$는 전동방식에 따른 전동효율로 각각 9-1, 표 9-2와 같다.

$$L_d = \frac{L_s\,(1+\alpha)}{\eta_t}[\mathrm{W}] \quad \cdots\cdots (9\text{-}8)$$

---

주 : 양수량의 단위가 $Q[\mathrm{m^3/s}]$ 일 때 $L_w = \rho \cdot g \cdot Q \cdot H[\mathrm{W}]$

$Q[\mathrm{m^3/h}]$일 때 $L_w = \dfrac{\rho \cdot g \cdot Q \cdot H}{3{,}600}[\mathrm{W}]$

$Q[\mathrm{L/min}]$일 때 $L_w = \dfrac{\rho \cdot g \cdot Q \cdot H}{60 \times 1{,}000}[\mathrm{W}]$

표 9-1 ▸ 원동기 종류에 따른 여유계수($\alpha$)

| 원동기의 종류 | $\alpha$ |
|---|---|
| 유 동 전 동 기 | 0.1~0.2 |
| 소 형 엔 진 | 0.2~0.25 |
| 대 형 디 젤 엔 진 | 0.15~0.2 |

표 9-2 ▸ 전동방식에 따른 전동효율($\eta_t$)

| 전동방식 | $\eta_t$ |
|---|---|
| 직결인 경우 | 1.0 |
| 평벨트 | 0.9 |
| V벨트 | 0.95 |
| 평기어 | 0.92~0.95 |
| 헤리컬기어 | 0.95~0.98 |
| 스파이럴베벨기어 | 0.90~0.95 |

### 예제 9-2

냉각탑의 전양정이 50 m이고, 냉각수온도 30 ℃ ($\rho = 995\text{kg/m}^3$), 유량이 $2\text{m}^3/\text{min}$일 때 i) 수동력, ii) 소형 원심펌프를 사용할 때 축동력, iii) 전동기에 의한 V벨트 전동에 소요되는 원동기 출력을 구하시오.

### 풀이

i) 수동력 $L_w$는 식 (9-5)에 의해

$$L_w = \frac{\rho \cdot g \cdot Q \cdot H}{60} = \frac{995 \times 9.8 \times 2 \times 50}{60} \fallingdotseq 16{,}252[\text{W}] \fallingdotseq 16.3[\text{kW}]$$

ii) 축동력 $L_s$는 식 (9-7)에 의해

$$L_s = \frac{L_w}{\eta_P} = \frac{16.3}{0.58} \fallingdotseq 28.1[\text{kW}]$$

여기서, 펌프효율 $\eta_P$는 그림 9-8에서 $B$효율에 의한 값이다.

iii) 원동기 출력 $L_d$ 식 (9-8)에 의해

$$L_d = \frac{L_s(1+\alpha)}{\eta_t} = \frac{28.1(1+0.15)}{0.95} \fallingdotseq 34.0[\text{kW}]$$

여기서, 여유계수는 표 9-1에서 유도전동기의 경우(0.1~0.2)의 중간값임.

# 9-3 펌프의 특성

## [1] 특성곡선

펌프가 어느 일정한 속도로 회전하면서 물을 양수할 때 토출량의 변화에 따라 양정, 축동력, 효율의 변화를 한 장의 선도로 표시한 것을 펌프의 특성곡선이라고 하며, 그 한 예를 그림 9-9와 같이 도시했다.

그림에서 보는 바와 같이 펌프의 토출밸브를 완전히 조이면 토출량은 0[m$^3$/min]이고, 양정은 55[m], 축동력은 4[kW]이다. 그러나 만약 토출밸브를 조금씩 열게 되면 양정은 서서히 내려오고, 축동력은 상승하며 또한 펌프의 효율은 상승하다가 어느 한계를 지나면 다시 감소한다. 이와 같은 특성곡선의 모양은 펌프의 종류에 따라 다르게 나타나며, 이 곡선에 의해 운전조건에 따른 펌프의 성능을 예측할 수 있다.

## [2] 회전수 변화에 따른 유량, 양정, 축동력의 변화

그림 9-9와 같은 펌프의 특성곡선은 회전수를 일정하게 한 상태에서 얻어진 것이다. 그러나 회전수를 변화시키면 양수량은 회전수비에 비례하고, 양정은 회전수비의 제곱에 비례하며, 축동력은 회전수비의 3승에 비례한다.

즉 토출량은

$$Q_2 = Q_1 \frac{N_2}{N_1} \qquad \cdots\cdots (9\text{-}9)$$

양정은

$$H_2 = H_1 \left( \frac{N_2}{N_1} \right)^2 \qquad \cdots\cdots (9\text{-}10)$$

축동력은

$$L_{d2} = L_{d1} \left( \frac{N_2}{N_1} \right)^3 \qquad \cdots\cdots (9\text{-}11)$$

여기서, $Q_1$, $H_1$, $L_{d1}$ : 회전수 $N_1$[rpm]일 때의 토출량[m$^3$/min], 양정[m], 축동력[W]

$Q_2$, $H_2$, $L_{d2}$ : 회전수 $N_2$[rpm]일 때의 토출량[$m^3$/min], 양정[m], 축동력[W]

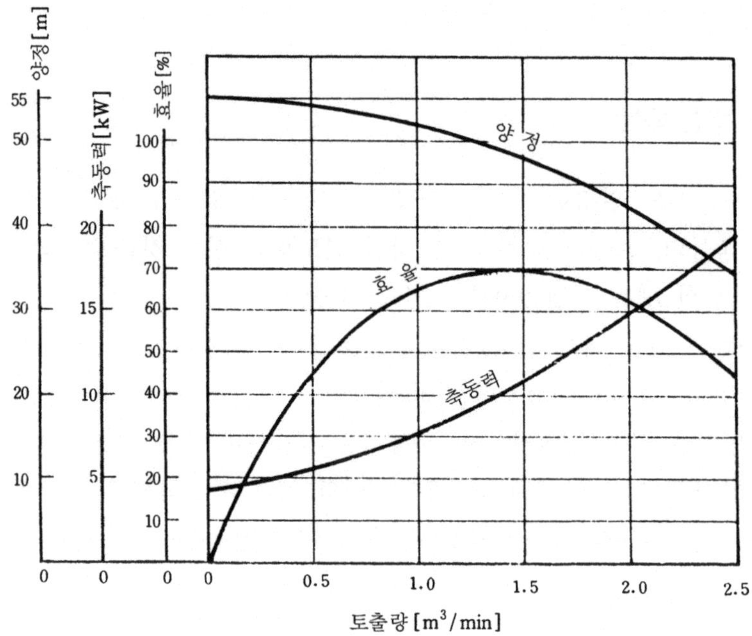


그림 9-9 ▸ 펌프의 특성곡선

**예제 9-3**

회전수가 1,200 rpm일 때 토출량은 1.5 $m^3$/min, 양정은 48 mAq, 소요동력은 12 kW이었다. 그러나 토출량을 2 $m^3$/min으로 높이기 위해서는 i) 필요회전수, ii) 양정, iii) 축동력을 구하시오.

**풀이**

i) 회전수 $N_2$

$$N_2 = N_1 \frac{Q_2}{Q_1} = 1,200 \frac{2}{1.5} = 1,600 \, \text{rpm}$$

ii) 양정 $H_2$

$$H_2 = H_1 \left( \frac{N_2}{N_1} \right)^2 = 48 \left( \frac{1,600}{1,200} \right)^2 \fallingdotseq 85.3 \, \text{mAq}$$

iii) 축동력 $L_{d2}$

$$L_{d2} = L_{d1}\left(\frac{N_2}{N_1}\right)^3 = 12\left(\frac{1,600}{1,200}\right)^3 \fallingdotseq 28.4\,\mathrm{kW}$$

## [3] 비교회전수

펌프에서 임펠러의 형상은 유체의 흐름방향이 그림 9-10과 같이 축에 직각방향에서부터 축방향에 이르기까지 여러 가지가 있다. 이와 같은 임펠러의 모양을 표현하는 척도로서 비교회전수(specific speed)가 사용된다.

즉 실물의 펌프와 기하학적으로 닮은꼴의 펌프를 가상하고, 이 가상펌프로 매분 $1\mathrm{m}^3$의 유량을 양정 1m로 배출하는데 필요한 매분의 회전수를 실물펌프의 비교회전수 $n_S$[rpm·m³/min·m]라고 한다.

한편, 비교회전수에 관한 식은 다음과 같다.

$$n_S = n\frac{Q^{1/2}}{H^{3/4}} \quad \cdots\cdots (9\text{-}12)$$

여기서, $H$ : 전양정[m], 다단펌프일 때는 1단의 임펠러에 대한 양정을 말한다.

$Q$ : 배출량[m³/min], 양흡입일 경우에는 $Q/2$로 한다.

$n$ : 실물 펌프의 매분 회전수[rpm]

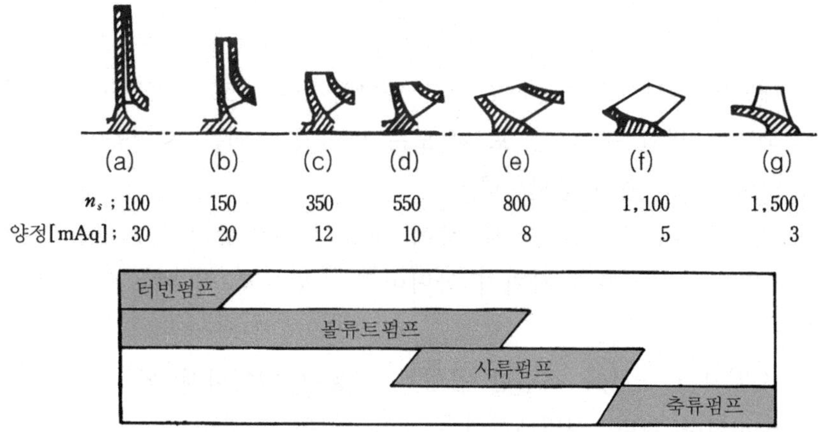


그림 9-10 ▸ 비교회전수와 임펠러의 형식 및 펌프의 종류

식 (9-14)에서 보는 바와 같이 토출량이 많고, 양정이 작은 펌프일수록 비교회전수는 크다. 즉 그림 9-10에서 보는 바와 같이 터빈펌프<볼류트펌프<사류펌프<

축류펌프의 순으로 비교회전수는 증가되고, 반면 양정은 감소된다.

**예제 9-4**

펌프양정이 18mAq, 회전수 1,500rpm, 배출량 $1.5\mathrm{m^3/min}$일 때 이 펌프의 비교회전수를 구하고, 그림 9-10에서 어느 펌프에 속하는지 관찰해 보시오.

**풀이**

$$n_S = 1{,}500\frac{1.5^{1/2}}{18^{3/4}} = 210[\mathrm{rpm \cdot m^3/min \cdot m}]$$

따라서 이 펌프는 그림 9-10에서 (b)~(c) 사이의 임펠러 모양을 갖는 볼류트펌프이다.

## [4] 캐비테이션과 흡입양정

### (1) 캐비테이션(cavitation)

표준대기압 상태에서 펌프가 끌어올릴 수 있는 물의 높이(흡입양정)는 이론적으로 약 10.33m이지만 관마찰이나 기타의 손실 때문에 실제로는 약 6～7m 정도밖에 안 된다.

그러나 흡입높이가 그 이상이 되거나 또는 물의 온도가 높아지면 펌프의 흡입구측에서 물의 일부가 증발하여 기포가 되어 펌프의 토출구측으로 넘어간다. 즉 물은 대기압 상태에서는 100 ℃에서 증발하지만 펌프의 흡입구와 같이 대기압 이하로 되면 증발할 수 있는 포화온도는 낮아지고 이는 흡상높이가 클수록 압력은 더욱 낮아지므로 쉽게 증발된다.

펌프의 흡입구로 들어온 물 중에 함유되었던 증기의 기포는 임펠러를 거쳐 토출구측으로 넘어가면 갑자기 압력이 상승되므로 기포는 물 속으로 다시 소멸된다.

이 소멸되는 순간에 격심한 음향과 진동이 일어나게 되는 현상을 캐비테이션(cavitation)이라 한다. 캐비테이션은 소음, 진동, 관부식 및 심하면 흡상의 불능을 가져온다.

### (2) 펌프의 흡입 가능한 양정

펌프에서 양정은 식 (9-10)과 같이 회전수비의 제곱에 비례하여 크게 할 수 있다. 그러나 흡입측은 앞에서의 원인으로 캐비테이션이 일어날 수 있으므로 흡입측 실양정에는 한계가 있다.

대기에 개방된 상온의 물을 마찰저항이 없는 배관을 통해 캐비테이션이 일어나지 않는 조건으로 흡상할 수 있는 높이는 수온 5℃를 기준으로 할 때 대기압에 상당하는 흡상양정($H_{atm}$)으로 약 10 m 이다.

그런데 펌프의 설치 위치, 물의 온도, 흡입관의 마찰저항, 펌프의 특성을 고려할 때 대기압에 상당하는 흡상높이는 식 (9-13)과 같이 구성된다.

$$H_{atm} = H_{as}{}^* + H_{vp} + H_{fs} + H_p \quad \cdots\cdots (9\text{-}13)$$

따라서 캐비테이션이 일어나지 않고 흡상할 수 있는 실양정 $H_{as}{}^*$[m]는 식 (9-13)에 의해 식 (9-14)와 같이 정리할 수 있다.

$$H_{as}{}^* \leq H_{atm} - H_{vp} - H_{fs} - H_p \quad \cdots\cdots (9\text{-}14)$$

여기서, $H_{as}{}^*$ : 흡입측 흡상 가능한 실양정[m] (부호가 "+"이면 흡상, "−"이면 압입높이)

$H_{atm}$ : 흡입측 수면의 대기압에 상당하는 수두(≒ 10 m), $\left(H_{atm} = \dfrac{P}{\rho \cdot g}\right)$

$H_{vp}$ : 수온에서 포화증기압력의 상당수두[m] (표 9-3), $\left(H_{vp} = \dfrac{P_{vp}}{\rho \cdot g}\right)$

$H_{fs}$ : 흡입관 마찰저항 수두[m]

$H_p$ : 펌프 자체의 특성으로 인한 필요 흡입양정[m]

$P$ : 대기압력(= 101,325 Pa)

$\rho$ : 수온에 따른 물의 밀도[$kg/m^3$] (표 9-3)

$g$ : 중력가속도(≒ 9.8 $m/s^2$)

$P_{vp}$ : 수온에서 포화증기압력[Pa], (표 9-3)

한편, 펌프는 종류에 따라 펌프 자체만으로도 필요로 하는 흡입양정 $H_p$[m]가 있으며, 다음 식으로 구한다.

$$H_p = \sigma \cdot H \times 1.3 \text{[m]} \quad \cdots\cdots (9\text{-}15)$$

여기서, $\sigma$ : 토마의 캐비테이션계수(식 9-12에 의해 계산된 비교회전수 $n_S$를 그림 9-11에 적용시켜 구한다)

$H$ : 펌프에 표기된 양정으로서 다단펌프인 경우 임펠러 1개당 양정[m]

1.3 : 30 %의 여유

표 9-3 ▸ 물의 밀도와 포화증기압력

| 온도 [℃] | 밀도 [kg/m$^3$] | 포화증기압력 $P_{vp}$ [Pa · abs] | 온도 [℃] | 밀도 [kg/m$^3$] | 포화증기압력 $P_{vp}$ [Pa · abs] |
|---|---|---|---|---|---|
| 0 | 999 | $0.61 \times 10^3$ | 85 | 969 | $57.86 \times 10^3$ |
| 5 | 1,000 | $0.87 \times 10^3$ | 90 | 965 | $70.12 \times 10^3$ |
| 10 | 999 | $1.22 \times 10^3$ | 95 | 962 | $84.53 \times 10^3$ |
| 15 | 999 | $1.17 \times 10^3$ | 100 | 958 | $101.32 \times 10^3$ |
| 20 | 998 | $2.33 \times 10^3$ | 105 | 955 | $120.62 \times 10^3$ |
| 25 | 997 | $3.18 \times 10^3$ | 110 | 951 | $133.18 \times 10^3$ |
| 30 | 995 | $4.24 \times 10^3$ | 115 | 947 | $168.67 \times 10^3$ |
| 35 | 994 | $5.62 \times 10^3$ | 120 | 943 | $198.09 \times 10^3$ |
| 40 | 992 | $7.38 \times 10^3$ | 125 | 939 | $232.42 \times 10^3$ |
| 45 | 990 | $9.59 \times 10^3$ | 130 | 935 | $269.68 \times 10^3$ |
| 50 | 988 | $12.36 \times 10^3$ | 135 | 931 | $312.83 \times 10^3$ |
| 55 | 986 | $15.79 \times 10^3$ | 140 | 926 | $360.89 \times 10^3$ |
| 60 | 983 | $19.91 \times 10^3$ | 145 | 922 | $415.80 \times 10^3$ |
| 65 | 981 | $25.01 \times 10^3$ | 150 | 917 | $475.62 \times 10^3$ |
| 70 | 977 | $31.19 \times 10^3$ | 155 | 912 | $543.29 \times 10^3$ |
| 75 | 975 | $38.54 \times 10^3$ | 160 | 907 | $617.82 \times 10^3$ |
| 80 | 972 | $47.37 \times 10^3$ | | | |

【주】 1Pa ≒ 0.1mmAq

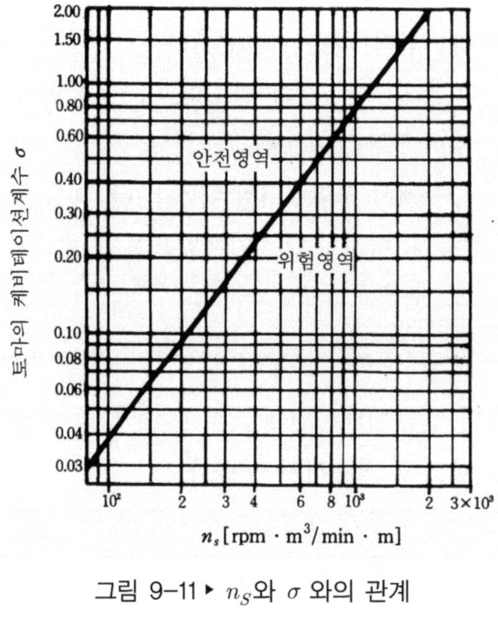


그림 9-11 ▸ $n_S$와 $\sigma$ 와의 관계

**예제 9-5**

다음 그림은 90 ℃의 환수를 보일러에 급수하는 장치이다. 여기서, 환수탱크의 수위는 펌프로부터 얼마나 높게 설치해야 하는가?

단, 펌프의 토출량은 1.5 $m^3$/min, 양정은 60 m, 회전수 1,500 rpm의 3단 볼류트펌프이고, 흡입관의 마찰저항은 3 m로 한다.

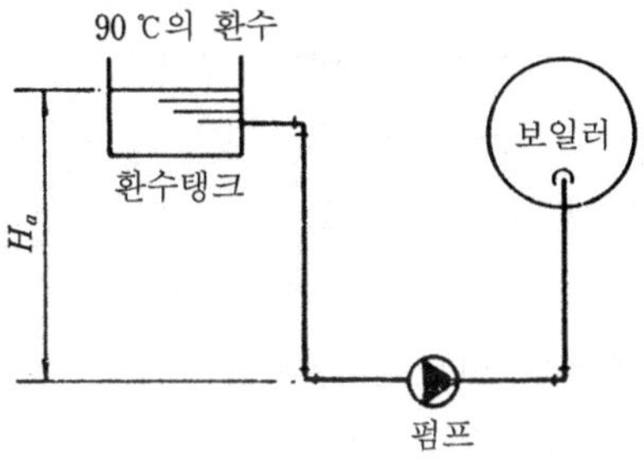


**풀이**

펌프의 임펠러 1단에 대한 양정 $H$는

$$H = \frac{60}{3} = 20\,\text{mAq}$$

비교회전수 $n_S$는 식 (9-14)에 의해

$$n_S = 1{,}500\frac{1.5^{1/2}}{20^{3/4}} = 194\,\text{rpm}\cdot\text{m}^3/\text{min}\cdot\text{m}$$

따라서 펌프 자체가 필요로 하는 흡입양정 $H_p$는 그림 9-12에 의해 $n_S = 194$일 때 토마의 캐비테이션계수 $\sigma = 0.09$를 얻고, 이를 식 (9-15)에 대입하면,

$$H_p = \sigma \cdot H \times 1.3 = 0.09 \times 20 \times 1.3 = 2.34\,\text{m}$$

따라서 모든 조건을 식 (9-14)에 대입하면,

$$H_{as}{}^* \le H_{atm} - H_{vp} - H_{fs} - H_p$$

$$\le \frac{P}{\rho \cdot g} - \frac{P_{vp}}{\rho \cdot g} - H_{fs} - H_p$$

$$\le \frac{101{,}325}{965 \times 9.8} - \frac{70{,}120}{965 \times 9.8} - 3 - 2.34 \le -2.04\,\text{m}$$

즉 부호가 "–"이므로 흡상은 할 수 없고, 환수탱크를 펌프 위로 올려 압입높이가 2.04 m 이상이 되도록 해야 한다.

## 9-4 펌프의 운전상태점

### [1] 배관의 저항곡선

배관의 마찰손실은 유량, 관경, 배관길이, 이음매 및 밸브의 종류 등에 따라 좌우되며, 또한 유량의 자승에 비례하여 변화한다.

그림 9-12는 횡축에 유량을 잡고, 종축에 관마찰손실수두를 잡아 유량에 대한 마찰손실수두로 나타낸 곡선으로 그 배관의 저항곡선이라 한다.

또 그림 9-13과 같이 배관의 저항곡선과 펌프의 양정곡선을 함께 그리면 교차하는 점 A가 운전상태점이 되므로 양정은 $H_A$, 유량은 $Q_A$가 된다.

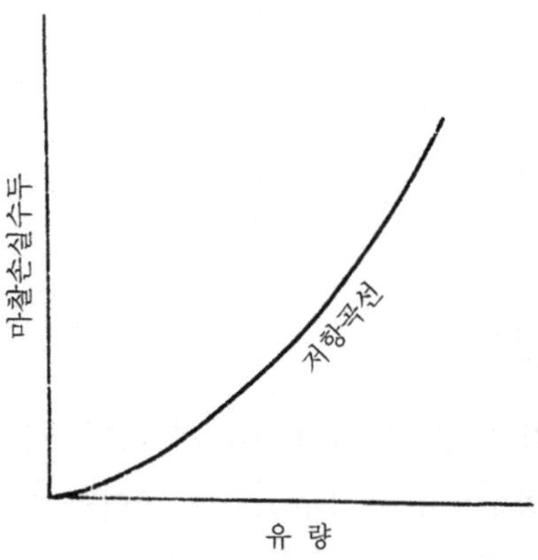


그림 9-12 ▸ 배관의 저항곡선

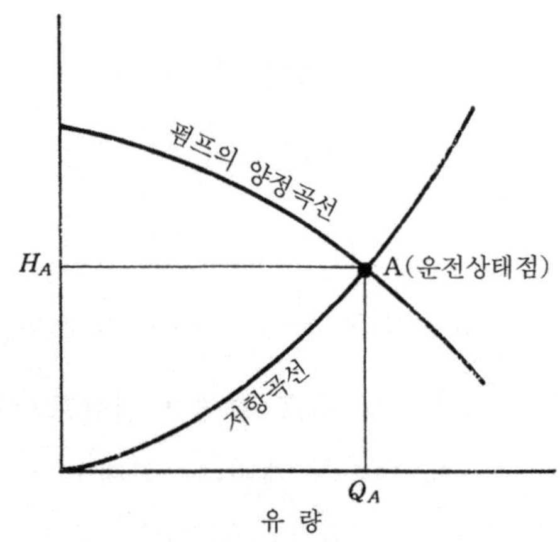


그림 9-13 ▸ 배관의 저항곡선과 양정곡선

그림 9-14의 (a)와 같은 온수난방설비에 대한 저항 및 특성곡선은 그림 (b)와 같이 나타낼 수 있다. 이 설비에 설치된 순환펌프의 양정곡선은 특정한 회전수에서 $O_2-$A로 되어 있다고 가정하고, 토출밸브를 완전히 열었을 때 배관의 마찰손실에 의한 저항곡선은 $O_1-$A로 된다면 운전상태는 A점으로 유량 $Q_A$를 양정 $H_A$로 송출하고 있다. 그러나 만약 토출밸브를 조여서 유량을 줄이면 저항곡선은 $O_1-$B로 상승한다. 따라서 운전상태점은 B로 되므로 유량 $Q_B$를 양정 $H_B$로 송출하게 된다. 즉 토출밸브를 조이면 유량은 감소하고 양정은 증가한다.

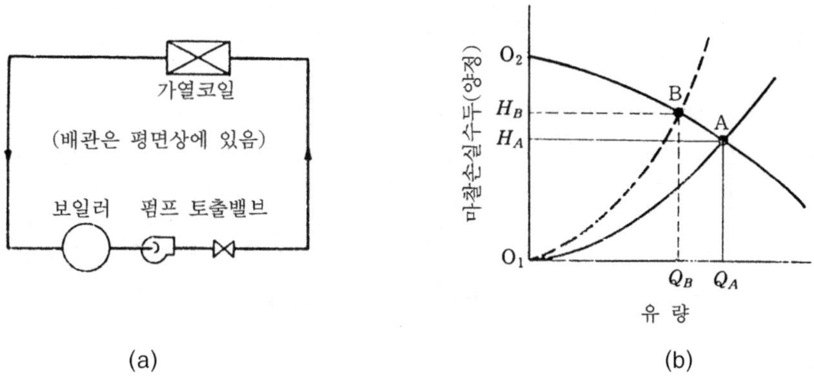


그림 9–14 ▸ 밸브의 조임에 의한 유량 및 양정의 변화

## (1) 펌프의 토출측 수위가 흡입측 수위보다 높은 경우

그림 9-15의 (a)와 같이 펌프의 토출측 수위가 흡입측 수위보다 $H_a$만큼 높은 경우에 유량과 수두와의 관계는 그림 (b)와 같다.

즉 펌프의 송출유량을 $O$로 하여도 펌프가 받는 수두는 실양정 $H_a$만큼이 걸려 있다. 그러나 토출밸브를 열어놓으면 송출유량의 증가에 따라서 배관마찰손실에 의한 저항곡선은 $H_a$를 기점으로 증가된다. 따라서 이 시스템의 수두는 실양정(정수두)과 배관마찰손실수두의 합이 된다.

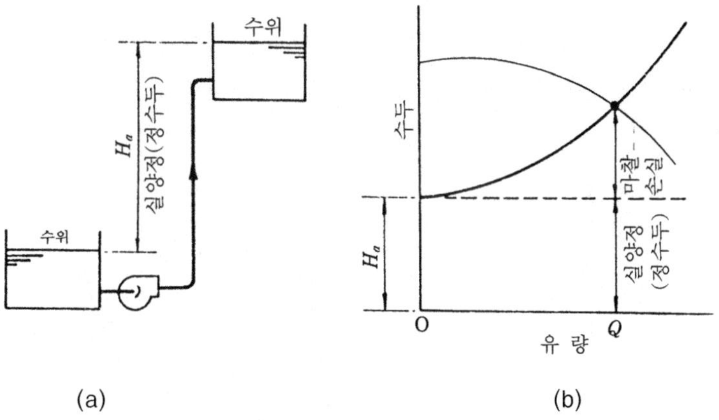


그림 9–15 ▸ 정수두가 있는 배관의 저항곡선

## (2) 배관의 직경이 다른 경우

그림 9-17의 (a)와 같이 1개의 펌프에 관경이 각각 다른 배관 a와 b가 연결될 때에는 그림 (b)와 같이 a관 및 b관의 저항곡선을 각각 작도하고, 이들의 합성저항곡선을 작도하면 전체의 저항곡선이 된다.

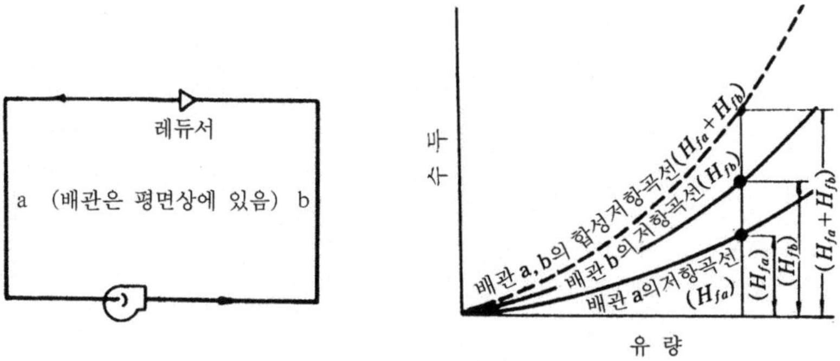


(a) (b)

그림 9-16 ▸ 관경에 따른 배관의 저항곡선

## [2] 펌프의 직렬운전

그림 9-17의 (a)와 같이 동일 특성을 갖는 펌프 2대를 직렬로 연결하여 운전할 때, 배관의 마찰저항이 없다면 유량은 변하지 않고, 양정이 2배로(그림에서 점선) 높아지겠지만, 실제의 운전에서는 배관의 마찰손실 정도에 따라 크게 변화한다.

펌프 1대를 단독운전할 경우에는 그림 (b)에서 저항곡선은 $O \sim R_1$으로 되고, 단독특성곡선과의 교점인 운전점은 $A_1$이 되어 유량은 5.6 m³/min, 양정은 12.5 m이다. 그러나 2대를 직렬로 연결하여 운전하면 특성곡선이 점선과 같이 변하여 운전점은 $B_1$점으로 이동하므로 유량은 6.8 m³/min, 양정은 16.5 m로 된다. 따라서 1대 운전의 경우보다 유량은 약 1.21배, 양정은 약 1.32배 밖에 증가되지 않았다.

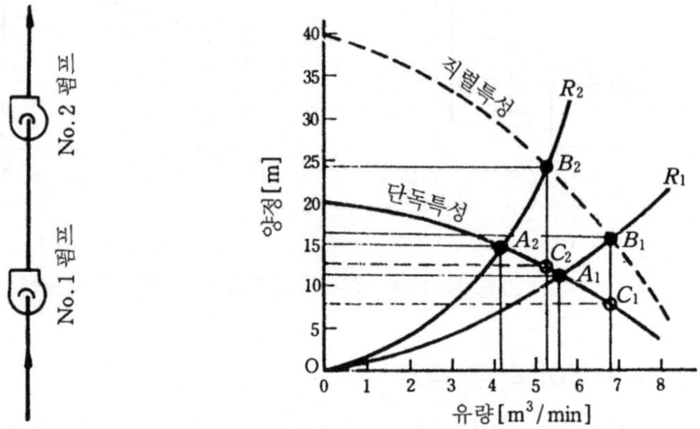


(a) (b)

그림 9-17 ▸ 동일 특성펌프의 직렬운전

또한, 배관의 저항이 더욱 큰 경우로서 저항곡선이 $R_2$로 되는 경우를 살펴보면, 1대 운전시에 운전점은 $A_2$점으로 유량은 4.2 $m^3/min$, 양정은 15.0 m이다.

이때, 2대를 직렬로 연결하면 운전점은 $B_2$로 이동되므로 유량은 5.2 $m^3/min$, 양정은 23.5m로 변한다. 따라서 유량은 1.24배, 양정은 1.57배로 증가되었다.

이와 같이, 펌프의 직렬운전에 의한 양정이나 유량의 증가율은 일정하지 않고 배관의 저항에 따라 다르다.

한편, 저항곡선이 $R_1$인 배관에서 펌프 1대로 운전할 때의 양정은 $A_1$점에 상당하는 1.25 m이지만, 2대를 직렬운전할 때 1대가 부담하는 양정은 $C_1$점인 7.5 m가 되므로 1대를 운전할 때보다 현저하게 저하한다.

## [3] 펌프의 병렬운전

그림 9-18의 (a)와 같은 동일 특성을 갖는 펌프를 병렬로 연결할 경우에 배관의 마찰저항이 없다면 그림 (b)의 점선과 같이 유량이 2배로 증가할 것이다. 그러나 실제로는 배관의 마찰손실 정도에 따라 유량과 양정의 증가량은 크게 달라진다. 그림과 같이 배관의 저항곡선이 $R_1$인 경우에 펌프 1대의 운전점을 $A_1$이라 하면 유량은 9.8 $m^3/min$, 양정은 2.9 m가 된다. 그러나 만약 2대를 병렬로 운전하면 운전점이 $B_1$으로 변하므로 유량은 140 $m^3/min$, 양정은 6.8 m로 된다. 따라서 유량은 1.43배, 양정은 2.34배로 증가됐다.

한편, 저항곡선이 $R_2$로 되는 배관에서는 1대로 운전될 경우는 운전점이 $A_2$로 유량은 7.6 $m^3/min$, 양정은 5.8 m이다. 그러나 2대로 운전되면 운전점이 $B_2$로 변화

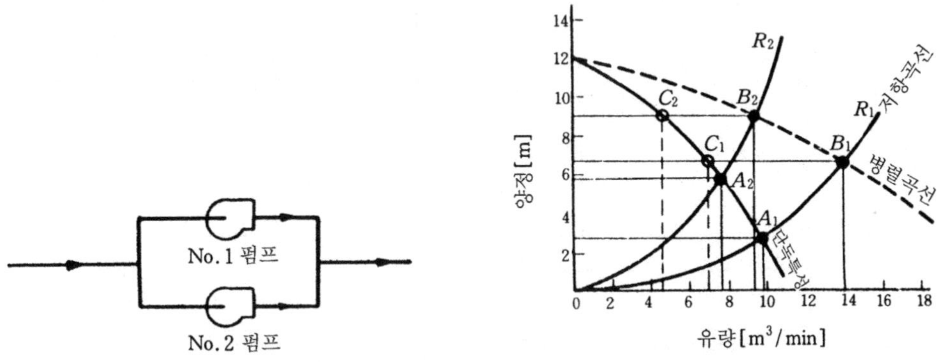


(a) (b)

그림 9-18 ▸ 동일 특성펌프의 병렬운전

되어 유량은 $9.3 m^3/min$, 양정은 9.0 m로 변화한다. 따라서 유량은 1.22배, 양정은 1.55배로 변화됨을 알 수 있다.

한편, 배관저항이 $R_1$인 경우에 펌프 2대를 병렬로 연결할 때 1대가 처리하는 유량은 $C_1$에 상당하는 $7.0 m^3/min$으로 1대를 단독으로 운전할 때인 $9.8 m^3/min$보다 훨씬 적다. 또 배관저항곡선이 $R_2$인 경우에 펌프 2대를 병렬로 운전하면 그 중 1대가 처리하는 수량은 $C_2$점에 상당하는 $4.3 m^3/min$으로 단독운전시의 $7.6 m^3/min$보다 적다.

## 9-5 펌프의 선정

### [1] 형식 결정

펌프의 송출량과 양정이 결정되면 그림 9-19에 의해 펌프의 형식이 결정된다.

그림에서 보는 바와 같이 배출량이 적고 양정이 큰 경우에는 비교회전수($n_S$)가 낮은 터빈펌프가 적합하고, 동일한 배출량에서도 양정이 낮으면 편흡입 볼류트펌프가 적합하다. 또 배출량이 많고 양정이 낮은 경우에는 비교회전수가 높은 축류펌프, 사류펌프가 적합하다(그림 9-19).

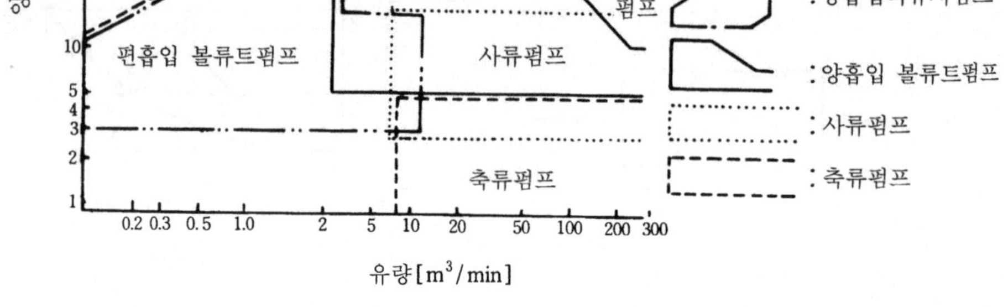


그림 9-19 ▸ 펌프의 선정도

## [2] 설계 양정의 결정

주어진 양정이 전양정(총양정)이면 설계시 그 값을 사용해도 되지만 실양정만 주어지면 여러 가지 손실수두를 가산해야 한다.

이때, 손실수두는 다음과 같은 것이 있다.

① 흡입관 입구에서의 손실수두

② 직관부 및 곡관부 손실수두

③ 배관의 단면변화로 인한 손실수두

④ 분류 및 합류 손실수두

⑤ 밸브로 인한 손실수두

⑥ 배출관 출구에서의 손실수두

## [3] 설계양수량의 결정

펌프의 양수과정에는 약간의 누수가 있을 수 있기 때문에 설계양수량은 필요양수량보다 많게 설정해야 한다.

따라서 설계양수량 $Q'$[m$^3$/min]는 필요양수량 $Q$[m$^3$/min]에 약간의 누수량 $Q_L$[m$^3$/min]을 가산한다.

누수량은 보통 필요양수량의 2 ~ 15 %를 가산하여 다음 식과 같이 계산한다.

즉 설계양수량 $Q'$[m$^3$/min]은

$$\begin{aligned} Q' &= Q + Q_L \\ &= (1.02 \sim 1.15)Q \end{aligned} \tag{9-16}$$

## [4] 펌프 구경의 결정

펌프의 흡입구, 배출구의 지름은 다음과 같은 방법으로 결정할 수 있다.

첫째, 계산식에 의한 방법으로 펌프 구경은 양수량과 속도에 따라 다음 식과 같이 정해진다. 즉 호칭구경 $d$[m, mm]는

$$Q' = \frac{\pi}{4} d^2 \cdot w \times 60 [\text{m}^3/\text{min}] \text{ 이므로}$$

$$d = 0.146\sqrt{\frac{Q'}{w}}[\text{m}] = 146\sqrt{\frac{Q'}{w}}[\text{mm}] \tag{9-17}$$

여기서, 수속(水速) $w$는 보통 1.5~3 m/s로 하며 관직경은 가스관을 사용할 때 KS D 3507에 의한 호칭경은 표 9-4에서 선정한다.

표 9-4 ▸ 탄소용 강관(가스관)의 호칭지름 KS D 3507

| 호칭경 | | | | | | | | | | | | |
|---|---|---|---|---|---|---|---|---|---|---|---|---|
| (A) | 6 | 8 | 10 | 15 | 20 | 25 | 32 | 40 | 50 | 65 | 80 | 90 |
| (B) | 1/8 | 1/4 | 3/8 | 1/2 | 3/4 | 1 | 1¼ | 1½ | 2 | 2½ | 3 | 3½ |
| (A) | 100 | 125 | 150 | 175 | 200 | 225 | 250 | 300 | 350 | 400 | 450 | 500 |
| (B) | 4 | 5 | 6 | 7 | 8 | 9 | 10 | 12 | 14 | 16 | 18 | 20 |

【주】 A : mm단위, B : inch단위

둘째, 그림 9-7에 의한 토출량에 따라 호칭경을 결정하거나 또는 KS B 6303으로 제시되는 표 9-5에 의해 정할 수도 있다.

표 9-5 ▸ 호칭경과 양수량의 범위(KS B 6303)

| 호칭경[mm] | 40 | 50 | 70 | 80 | 100 | 130 | 150 |
|---|---|---|---|---|---|---|---|
| 양수량 범위 [$m^3$/min] | 0.11~0.22 | 0.18~0.36 | 0.28~0.56 | 0.45~0.90 | 0.71~1.40 | 1.12~2.24 | 1.80~3.15 |

## [5] 원동기 회전속도 결정

설계양정과 설계양수량이 결정되면 그림 9-19에 의해 펌프형식이 결정되고, 결정된 펌프의 비교회전수 $n_S$는 그림 9-10에 의해 정해진다. 정해진 $n_S$를 식 (9-12)에 대입하면 회전수 $n$을 계산할 수 있다.

그런데 펌프구동용의 원동기로 가장 널리 사용되고 있는 유도전동기의 회전수는 극수와 전원의 주파수에 따라 정해지므로 미리 회전속도가 정해져 있는 경우가 많다. 따라서 극수와 전원의 주파수가 정해지면 다음 식에 의해 회전수 $n$[rpm]이 계산된다.

$$n = \frac{120f}{P}(1 - S) \quad \cdots\cdots (9\text{-}18)$$

여기서, $f$ : 전원의 주파수[60 c/s]
$P$ : 전동기 극수
$S$ : 미끄럼률(보통 2~5 %)

## [6] 소요동력 결정

펌프의 총 양수량, 즉 설계양수량을 식 (9-17)에서 구하고, 또 총양정을 구하여 축동력 $L_d$[W, kW]를 식 (9-8)에 의해 계산한다. 한편, 제작회사로부터 생산되는 표준3상유도 전동기는 회전수, 극수에 따라 표 9-6과 같은 출력의 것이 제공되고 있으므로 그 범위에서 선정한다.

표 9-6 ▸ 표준3상유도 전동기의 정격출력, 극수, 회전수관계(KS C 4201)

| 정격출력 [kW] | 0.2 | 0.4 | 0.75 | 1.5 | 2.2 | 3.7 | 0.2 | 0.4 | 0.75 | 1.5 | 2.2 | 3.7 | 5.5 | 0.4 | 0.75 | 1.5 | 2.2 | 3.7 | 5.5 | 0.75 | 1.5 | 2.2 | 3.7 |
|---|---|---|---|---|---|---|---|---|---|---|---|---|---|---|---|---|---|---|---|---|---|---|---|
| | 7.5 | 11 | 15 | 22 | 30 | 37 | 7.5 | 11 | 15 | 22 | 30 | 37 | | 7.5 | 11 | 15 | 22 | 30 | 37 | | | | |
| 극 수 | 2 | | | | | | 4 | | | | | | | 6 | | | | | | 8 | | | |
| 회전수 [rpm] | 3,600 | | | | | | 1,800 | | | | | | | 1,200 | | | | | | 900 | | | |

## 9-6 펌프의 시공 및 운전

### [1] 시 공

(1) 기초

① 바닥콘크리트나 슬래브 위에 펌프를 설치할 때, 기초는 그림 9-20의 (a)와 같이 방진베이스를 사용하지 않는 경우, (b)와 같이 자체 베이스를 사용하는 경우, (c)와 같이 방진베이스를 사용하는 경우가 있다.

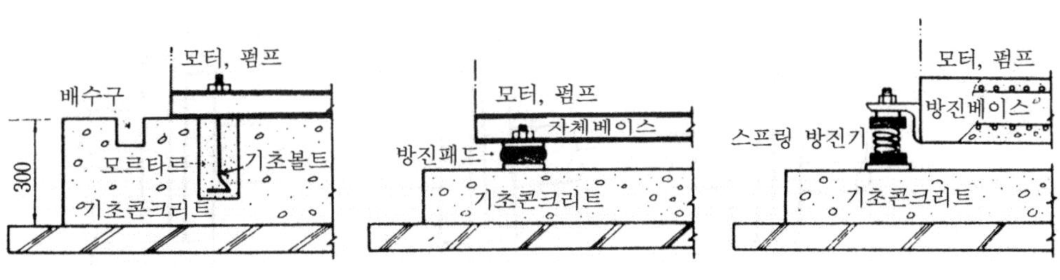


(a) 방진베이스를 사용하지 않는 경우 (b) 자체 베이스를 사용하는 경우 (c) 방진베이스를 사용하는 경우

그림 9-20 ▸ 펌프의 기초

② 방진베이스를 사용하지 않는 경우는 바닥 위 약 300mm 높이로 기초콘크리트를 하고, 기초의 중량은 펌프중량의 3~5배로 하며, 누수가 빠져나갈 수 있도록 배수구를 만든다.

③ 기초콘크리트는 시멘트 1 : 모래 2 : 자갈 4의 비율로 배합한다.

④ 기초볼트(anchor bolt)의 매립구멍은 표 9-7의 치수로 한다.

⑤ 전동기 직결인 경우는 공동가대를 콘크리트기초 위에 놓고 기초볼트로 고정한다.

표 9-7 ▸ 기초볼트 매립구멍의 크기

| 펌프 구경[mm] | 앵커볼트 매립 구멍[mm] |
|---|---|
| 40~80 | 100×100 |
| 100~150 | 150×150 |
| 200~250 | 200×200 |

⑥ 그림 9-20의 (b)와 같이 형강으로 제작된 자체 베이스를 사용하는 경우에는 기초와 자체 베이스 사이에 방진패드를 넣는다.

⑦ 그림 9-20의 (c)와 같이 방진베이스를 사용하는 경우에는 기초와 방진베이스 사이에 스프링 방진기를 넣는다(방진베이스는 4각의 철판제 틀 속에 철근콘크리트로 되어 있다).

### (2) 설 치

1) 펌프의 회전방향과 모터의 회전방향이 일치하는지 확인한다.
2) 기초가 완성되면 펌프를 기초 위에 놓고 기초볼트를 모르타르로 굳힌다.
3) 모르타르가 굳으면 기초볼트(앵커볼트) 가까이에 쐐기(liner)를 넣어 펌프의 축심을 맞춘다(펌프의 축심은 그림 9-21과 같이 맞춘다).

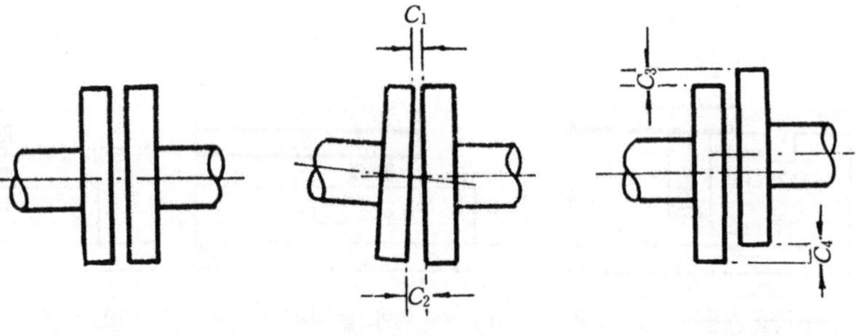


(a) 양호　　(b) 평행도 한계: $|C_2 - C_1| < 0.07\,\text{mm}$　　(c) 편심량 한계: $\frac{C_3 + C_4}{2} < 0.03\,\text{mm}$

그림 9-21 ▸ 펌프의 축중심

④ 회전축의 중심을 맞출 때 플랜지의 체결볼트는 풀어놓은 상태에서 조정하며, 플렉시블(flexible) 이음을 할 때는 이음볼트에 고무부시(bush)를 끼우고 플랜지와 플랜지 사이는 3~5 mm 간격을 둔다.

⑤ 펌프의 설치 위치는 개방회로인 경우 수면으로부터 가능하면 가깝게 하고, 흡상 가능한 흡입측 실양정을 확인하고, 보수관리에 불편이 없는 곳을 택한다.

⑥ 그림 9-22와 같이 흡입관 끝부분에서 수면까지는 1.5 D 이상(너무 가까우면 수면의 공기가 흡입됨)으로 또 바닥까지는 1~1.5 D 이상(너무 가까우면 바닥의 찌꺼기를 흡입하고, 흡입저항이 커진다), 관 중심에서 벽까지는 1.5 D 이상으로, 흡입관과 흡입관의 거리는 3 D 이상으로 한다.

⑦ 그림 9-22의 (b)와 같이 수조에 급수되는 보급수가 수면 상부에 있을 때 흡입관 끝 부분이 보급수와 가까우면 기포를 흡입한다.

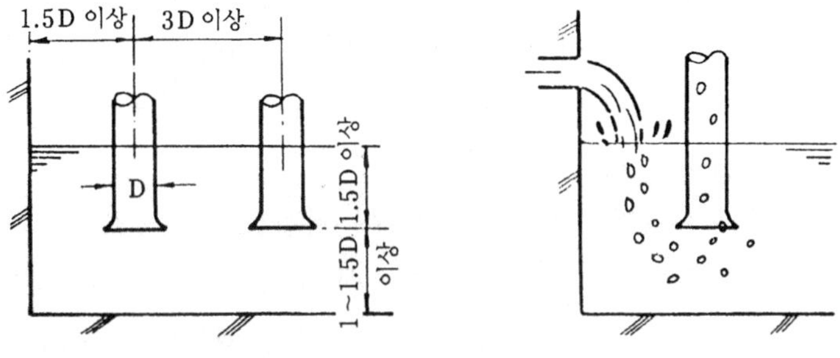


(a) (b)

그림 9-22 ▸ 흡입관의 위치

⑧ 흡입구의 형상은 그림 9-23과 같이 물이 서로 간섭을 받지 않고 자연스럽게 흐르도록 한다.

⑨ 흡입측 물탱크에는 쓰레기가 들어가지 않도록 한다.

⑩ 흡입수위가 펌프보다 높으면 관계 없지만, 낮으면 펌프측으로 상향구배(1/50~1/100 경사도)가 되도록 하여 흡입관에 공기가 머물지 않도록 한다.

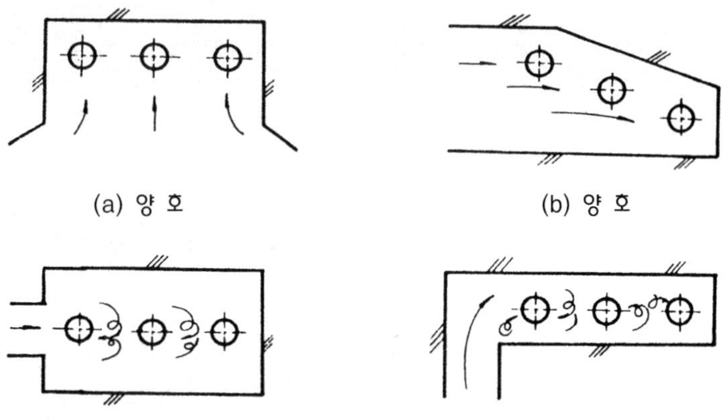

(a) 양 호 (b) 양 호

(c) 불 량 (d) 불 량

그림 9-23 ▸ 흡입관의 위치

⑪ 흡입관의 마찰손실을 줄이기 위하여 관경을 확대시키는 경우에 그림 9-24의 (c)와 같이 동심리듀서를 사용하면 상부에 공기가 모이므로 편심리듀서를 그림 (a)와 같이 사용한다.

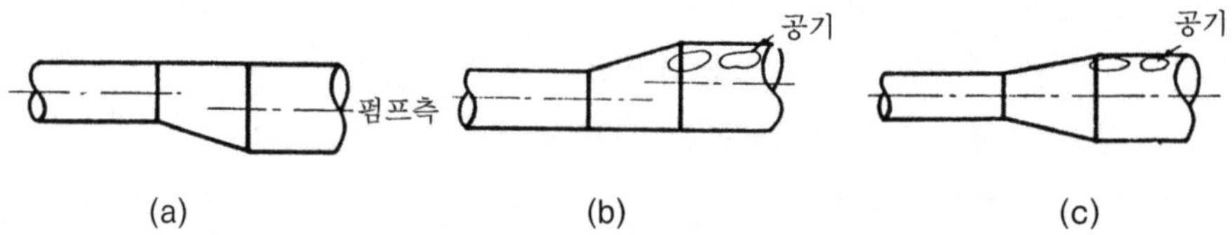


그림 9-24 ▸ 흡입관의 확관

⑫ 펌프의 흡입구 가까이에서 급격한 변화는 와류를 형성한다.

⑬ 흡입관 및 토출관에는 펌프의 진동이나 관의 열팽창이 전달되지 않도록 신축이음(flexible joint)한다.

⑭ 흡입관이나 토출관의 하중이 펌프에 직접 걸리지 않도록 한다.

⑮ 흡입관 및 토출관에는 각각 슬루스밸브(sluice valve, gate valve)를 설치하여 펌프의 수리시 관로를 폐쇄하고, 출구측에는 체크밸브(check valve)를 두어 펌프의 정지시 물의 역류를 방지한다(그림 9-25).

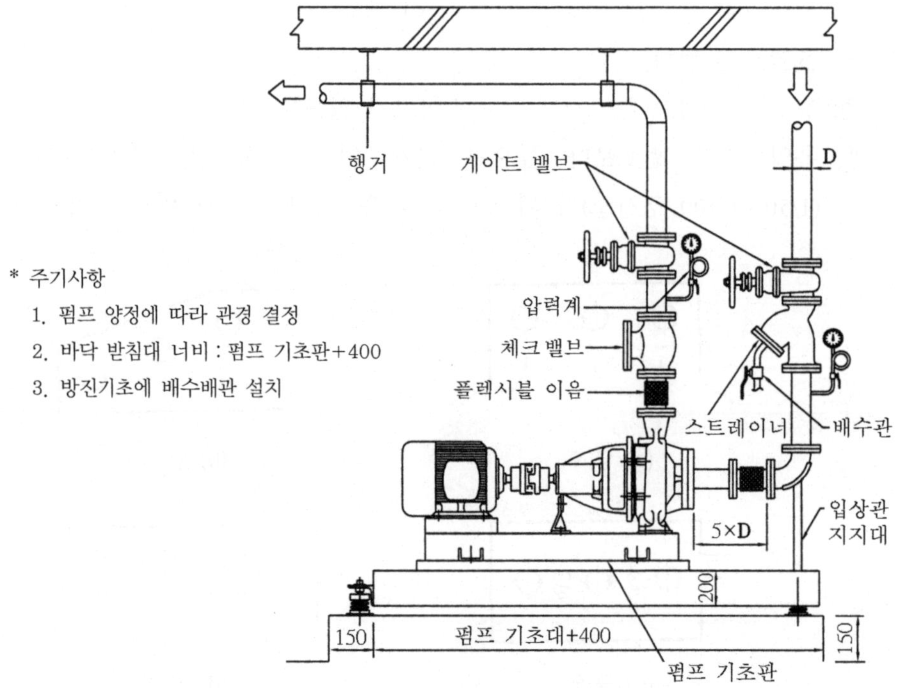


그림 9-25 ▸ 펌프 설치도

### (3) 운 전

① 메탈(metal ; 메탈베어링의 소재)이나 베어링부 오일링(oil ring)이 있는 경우에는 오일링이 윤활유에 충분히 잠겨 있는지 확인한다.

② 가동 직전 펌프 내에 충분히 만수시킨 후(priming) 운전한다. 만약 물이 나오지 않으면 펌프를 즉시 정지시키고 재차 만수시킨 후 가동한다.

③ 펌프를 역회전하든가, 공회전하면 펌프가 파손되므로 금한다.

④ 일반펌프는 토출측 밸브를 기동시 서서히 열지만, 축류펌프는 완전기동 전에 밸브를 개방한다.

⑤ 글랜드 패킹(gland packing ; 펌프의 내측과 외부, 즉 전동축이 관통된 부분의 누설방지용)에서 누수가 많으면 글랜드 볼트를 조이고, 이 부분에서 누수가 전혀 없고, 열이 나면 글랜드 볼트를 약간 풀어준다. 이때, 글랜드가 기울어지면 샤프트와 접촉되어 열이 나며 글랜드가 소손된다.

⑥ 펌프의 가동중 소음, 진동 오일링을 수시로 점검하고 과부하의 여부를 살핀다.

⑦ 동절기에 정지중 동결을 방지하고, 배수를 잊지 않아야 한다.

## 9-7 송풍기의 기초사항

### [1] 송풍기의 분류

기체를 수송하기 위한 목적으로는 송풍기를, 압축하기 위해서는 압축기가 사용되며, 그 구분은 배출압력, 날개의 모양, 구조 및 형식에 따라 다음과 같이 분류한다.

### [2] 배출압력에 의한 분류

일반적으로 송풍기는 압력에 따라 저압용의 팬(fan)과 고압용의 블로어(blower)가 있으나 공기조화용으로는 팬이 적용된다.

한편, 압축기는 고압용 공기기계로서 공조용으로는 사용되지 않는다. 즉

10 kPa (1,000 mAq) 미만 ; 팬(fan) ⋯⋯⋯⋯⋯⋯⋯ } 송풍기
10 ~ 100 kPa (1,000 ~ 10,000 mAq) ; 블로어(blower) } 송풍기
100 kPa (10,000 mAq) 이상 ; 압축기(compressor)

## [3] 날개(blade)의 형상에 따른 분류

기체의 수송 및 압축작용을 하는 회전날개의 형식에 따라 송풍기는 다음과 같이 구분한다.

- 날개의 형식에 의한 분류
  - 팬
    - 원심형
      - 후곡형
      - 익형
      - 방사형
      - 다익형
      - 관류형
    - 사류형
    - 축류형
      - 프로펠러형
      - 튜브형
      - 베인형
    - 횡류형
  - 블로어
    - 원심형
    - 사류형
    - 축류형

(1) 후곡형

그림 9-26의 (a)는 브레이드(blade)의 끝 부분이 회전방향의 뒤쪽으로 굽은 후곡형으로 (a)와 같이 날개가 곡선으로 된 것과, (b)와 같이 직선으로 된 것이 있다. 후곡형은 효율이 높고 논오버로드(nonover load ; 풍량 증가에 따른 소요동력의 급상승이 없음) 특성이 있으며, 고속에서도 비교적 정숙한 운전을 할 수 있는 것으로 터보형 송풍기(turbo fan)에 적용된다.

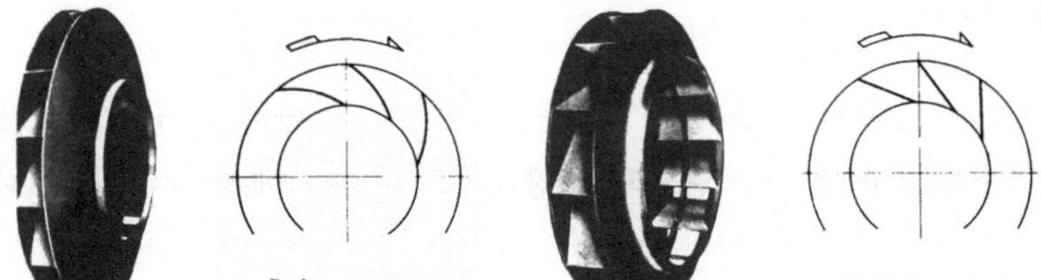


(a) (b)

그림 9-26 ▸ 후곡형 팬(fan)

(2) 익형

그림 9-27은 후곡형과 다익형을 개량한 것이다. (a)는 익형 송풍기로, 박판을 접어서 유선형의 날개를 형성했다. 따라서 고속회전이 가능하며 소음이 적다.

한편 (b)는 날개를 S자 모양으로 구부린 것으로 리미트로드팬(limit load fan)이라 한다.

다익형은 풍량이 증가하면 축동력이 급격히 증가하여 오버로드가 된다. 따라서 이를 보완한 것이 익형 또는 리미트로드형이다.

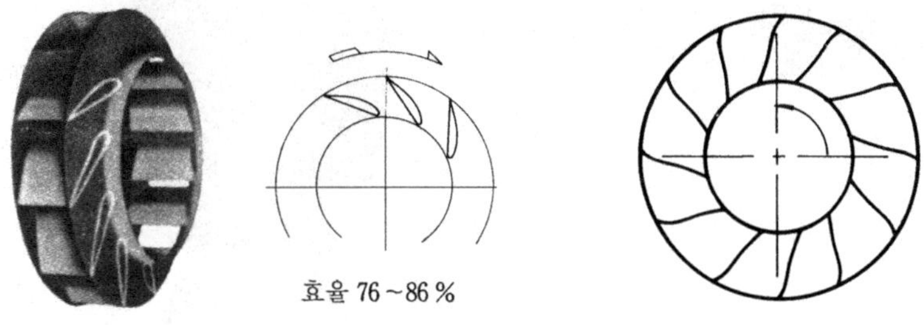


(a) (b)

그림 9-27 ▸ 익형 팬(fan)

(3) 방사형

그림 9-28은 방사형의 날개로서, (a)는 평판으로, (b)는 전곡(forward)으로 되어 있다.

방사형은 자기청소(self cleaning)의 특성이 있다. 따라서 분진의 누적이 심하고, 이로 인해 송풍기 날개의 손상이 우려되는 공장용 송풍기에 적합하다. 그러나 효율이나 소음면에서는 다른 송풍기에 비해 좋지 않다.

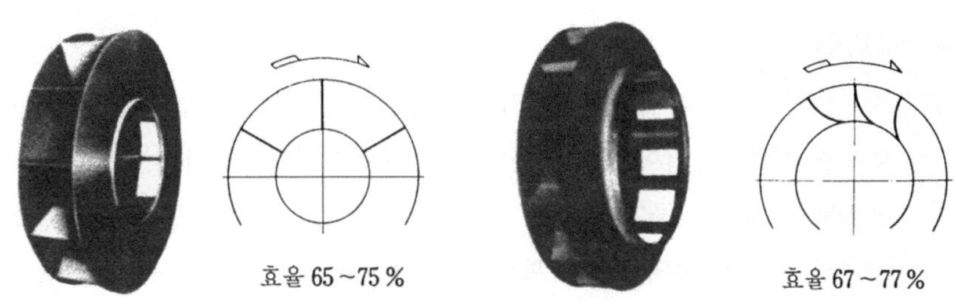


(a) 평판형 (b) 전곡형(forward)

그림 9-28 ▸ 방사형 팬(fan)

(4) 다익형

그림 9-29는 날개의 끝부분이 회전방향으로 굽은 전곡형으로 동일 용량에 대해서 다른 형식에 비해 회전수가 상당히 적다.

동일 용량에 대해서 송풍기 용량이 적고, 특히 팬코일 유닛(FCU)에 적합하며, 저속덕트용 송풍기로 다익형 송풍기(siroco fan)라 한다.

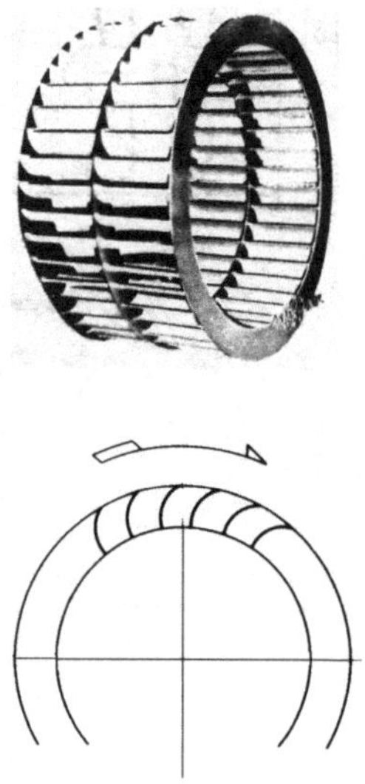

효율 60~70 %

그림 9-29 ▸ 다익형 팬(siroco fan)

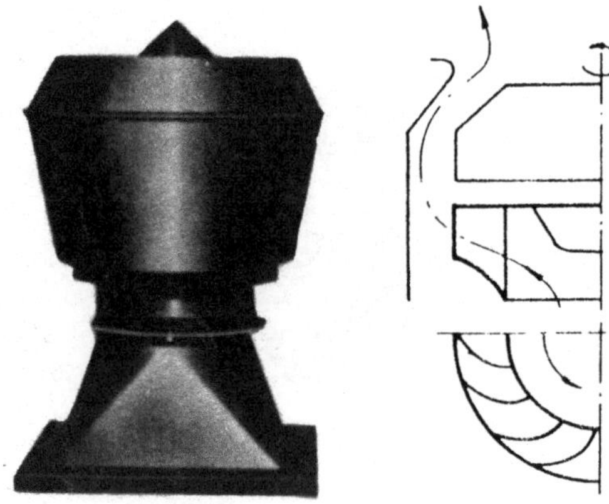

(a) (b)

그림 9-30 ▸ 관류형 팬(tubular fan)

### (5) 관류형

그림 9-30은 관류송풍기(tubular fan)로 회전날개는 후곡형이며, 원심력으로 빠져 나간 기류는 그림에서와 같이 축방향으로 안내되어 나간다. 관류송풍기는 정압이 비교적 낮고, 송풍량도 적은 환기팬으로 옥상에 많이 설치된다.

### (6) 축류형

그림 9-31의 (a)와 같이 프로펠러형의 브레이드가 기체를 축방향으로 송풍한다. 축류송풍기는 낮은 풍압에 많은 풍량을 송풍하는데 적합하다.

덕트시스템이 없고, 공기기류에 대한 저항이 적은 경우인 환기팬, 소형 냉각탑, 유닛 히터에는 그림 (b)와 같은 프로펠러 팬(propeller fan)이 사용된다.

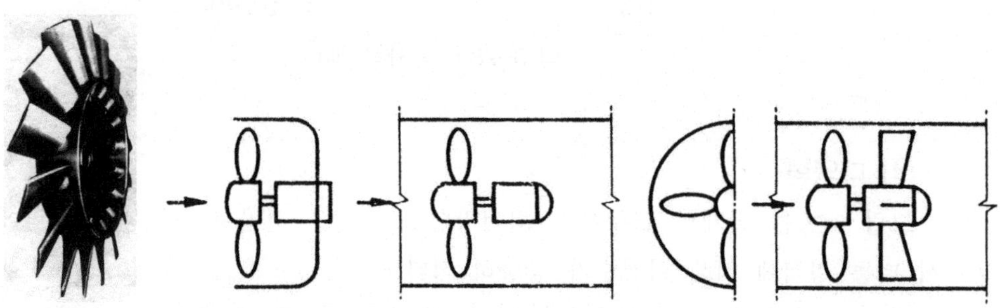

(a) (b) (c) (d)

그림 9-31 ▸ 축류형 팬(fan)

그림 (c)는 튜브 축류팬(tube axial fan)으로 관모양의 하우징(housing) 내에 송풍기가 들어 있다. 이 형식의 송풍기는 덕트 도중에 설치하여 송풍압력을 높이거나 국소통기 또는 대형 냉각탑에 사용된다.

그림 (d)는 축류팬의 전후에 가이드 베인(guide vane)을 설치한 것으로서, 기류를 정류하는 역할도 한다. 따라서 국소통풍이나 터널의 환기에 사용된다.

## [4] 흡입구의 형식에 의한 분류

흡입구는 그림 9-32와 같이 편흡입형과 양흡입형이 있으며, 그림 9-33과 같이 흡입상자(suction box)를 부착시킨 형식이 있다.

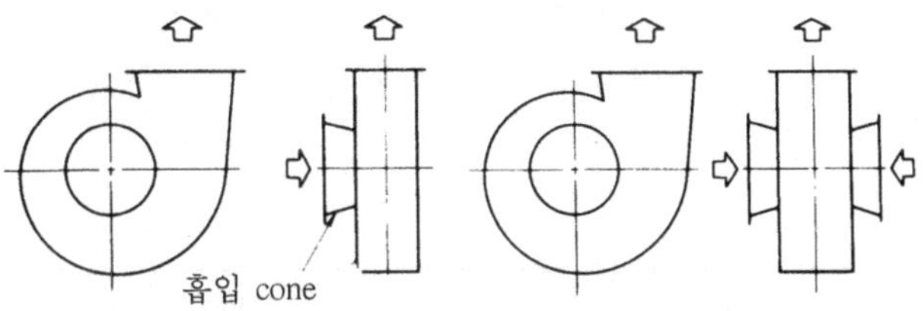


(a) 편흡입 (b) 양흡입

그림 9-32 ▸ 흡입구의 형식

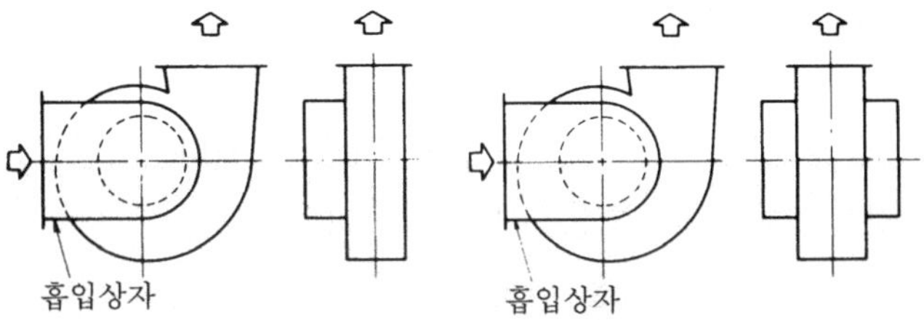


(a) 편흡입 (b) 양흡입

그림 9-33 ▸ 흡입상자

## [5] 구동방식 및 회전체의 지지방식에 의한 분류

송풍기의 회전축에 동력을 전달하는 방식으로는 원동기(전동기)와 송풍기가 단일축으로 된 직동식과 축이음으로 직결되는 원동기 직결식 및 V벨트로 전달되는 벨트 구동식이 있다.

직동식과 직결구동방식은 주로 패키지나 팬코일 유닛과 같이 소형의 경우에 적합하고, 중앙공조기(AHU)에서는 운전의 융통성이 많은 벨트 구동방식이 적합하다.

회전축의 지지는 베어링(bearing)에 의해 편지지 또는 양지지를 하게 된다. 그림 9-34는 각종 구동방식 및 지지방식을 나타내고 있다.

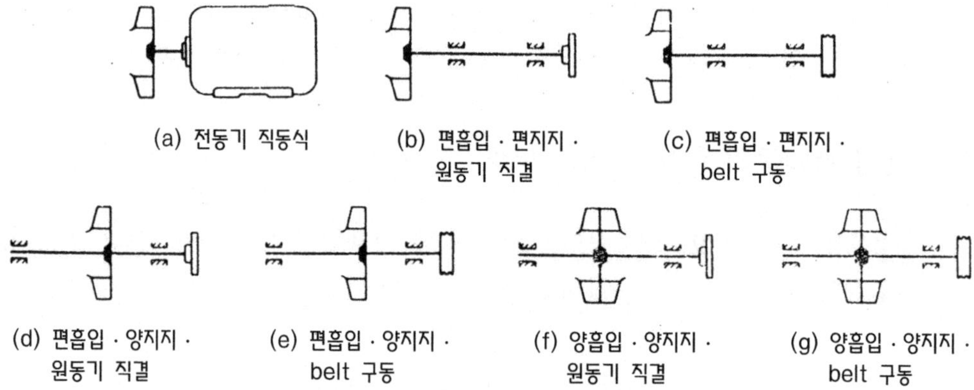


그림 9-34 ▸ 회전체의 지지 및 구동방식

## 9-8 송풍기의 특성

### [1] 특성곡선의 구성

앞에서 언급한 각종 송풍기는 고유의 특성이 있다. 이러한 특성을 하나의 선도로 나타낸 것을 송풍기의 특성곡선이라 한다.

즉 어떠한 송풍기의 특성을 나타내기 위하여 일정한 회전수에서 횡축을 풍량 $Q$[m$^3$/mim], 종축을 압력(정압 $P_S$, 전압 $P_T$)[Pa], 효율[%], 소요동력 $L$[W]로 놓고 풍량에 따라 이들의 변화과정을 나타낸 것을 말하며, 그림 9-35는 그 한 예이다.

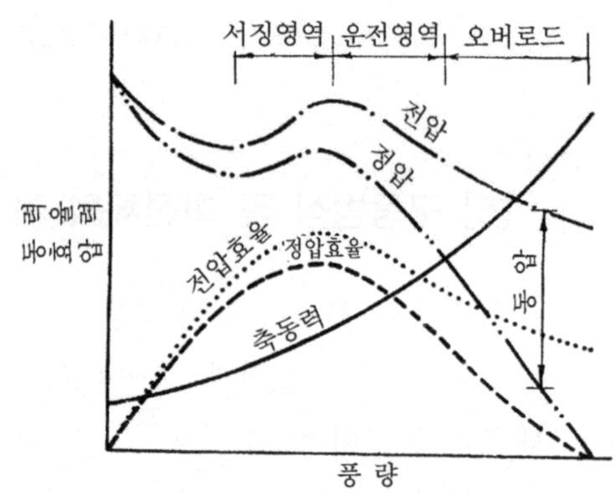


그림 9-35 ▸ 송풍기의 특성곡선

그림에 의하면 일정 속도로 회전하는 송풍기의 풍량조절댐퍼를 열어서 송풍량을 증가시키면 축동력(실선)은 점차 급상승하고, 전압(1점쇄선)과 정압(2점쇄선)은 산형을 이루면서 강하한다. 여기서 전압과 정압의 차가 동압이다. 한편, 효율은 전압을 기준으로 하는 전압효율(점선)과 정압을 기준으로 하는 정압효율(은선)이 있는데, 포물선 형식으로 어느 한계까지 증가 후 감소한다.

따라서 풍량이 어느 한계 이상이 되면 축동력이 급증하고, 압력과 효율은 낮아지는 오버로드 현상이 있는 영역과 정압곡선에서 좌하향곡선부분은 송풍기 동작이 불안정한 서징(surging)현상이 있는 곳으로서 이 두 영역에서의 운전은 좋지 않다.

여기서, 팬 정압은 팬 전압과 팬 토출 동압과의 차를 말하며, 팬 전압은 팬 출구 전압과 팬흡입 전압과의 차이며, 팬 동압은 팬 출구를 통하여 나가는 평균속도에 해당되는 속도압이다.

## [2] 각종 송풍기의 특성곡선과 특성비교

그림 9-36은 후곡형 송풍기, 방사형 송풍기, 다익형 송풍기에 대한 특성곡선이다.

이 곡선은 최고효율점에 대한 풍량, 압력 및 축동력을 백분율로 표시하여 비교하였다.

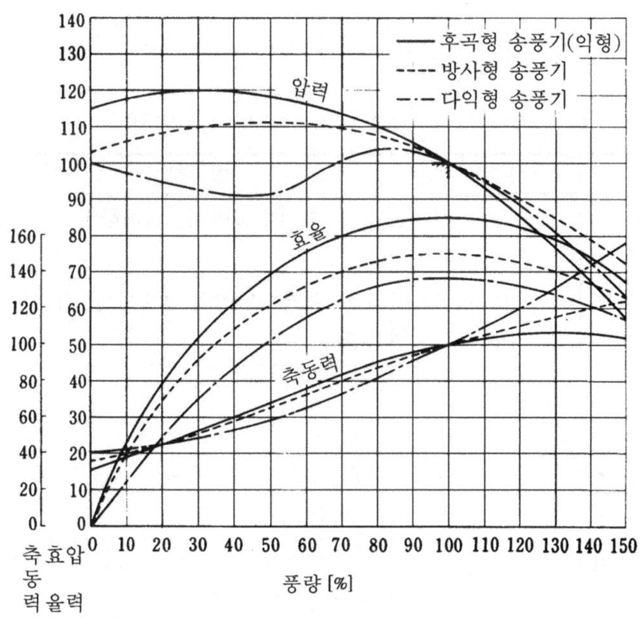


그림 9-36 ▸ 특성곡선 비교

# 9-9 송풍기에 관한 법칙

## [1] 송풍기의 크기

송풍기의 크기는 송풍기 번호(No, #)로 다음과 같이 계산된다.

1) 원심송풍기의 경우

$$\text{No}(\#) = \frac{\text{회전날개의 지름(mm)}}{150(\text{mm})} \quad \cdots\cdots (9\text{-}19)$$

2) 축류송풍기의 경우

$$\text{No}(\#) = \frac{\text{회전날개의 지름(mm)}}{100(\text{mm})} \quad \cdots\cdots (9\text{-}20)$$

## [2] 송풍기의 법칙

송풍기의 법칙은, 송풍기의 운전조건이나 치수가 달라졌을 때 송풍기의 성능을 예측할 수 있다.

표 9-8은 송풍기 법칙을 나타낸 것으로, 표에서 각 기호는 다음과 같다.

표 9-8 ▸ 송풍기의 법칙

| 변 수 | 정 수 | 법 칙 | 공 식 |
|---|---|---|---|
| 회전속도<br>$N_1 \rightarrow N_2$ | 송풍기의 크기 | 풍량은 회전속도비에 비례하여 변화한다. | $Q_2 = Q_1 \frac{N_2}{N_1}$ |
| | | 압력은 회전속도비의 2제곱에 비례하여 변화한다. | $P_2 = P_1 \left( \frac{N_2}{N_1} \right)^2$ |
| | | 동력은 회전속도비의 3제곱에 비례하여 변화한다. | $L_2 = L_1 \left( \frac{N_2}{N_1} \right)^3$ |
| 송풍기의 크기<br>$D_1 \rightarrow D_2$ | 회전속도 | 풍량은 송풍기 크기비의 3제곱에 비례하여 변화한다. | $Q_2 = Q_1 \left( \frac{D_2}{D_1} \right)^3$ |
| | | 압력은 송풍기 크기비의 2제곱에 비례하여 변화한다. | $P_2 = P_1 \left( \frac{D_2}{D_1} \right)^2$ |
| | | 동력은 송풍기 크기비의 5제곱에 비례하여 변화한다. | $L_2 = L_1 \left( \frac{D_2}{D_1} \right)^5$ |

$Q$ : 송풍량[m$^3$/min]
$N$ : 임펠러의 회전수[rpm]
$P$ : 송풍기에 의해 생긴 정압[Pa]
$L$ : 송풍기의 소요동력[W]
$D$ : 송풍기 날개의 직경[mm]

**예제 9-6**

시리코팬의 회전속도가 460rpm일 때 송풍량 $Q=193\text{m}^3/\text{min}$, 송풍기 소요동력 $L=1.7\text{kW}$, 송풍기 전압은 320Pa이다. 이 송풍기를 646rpm으로 운전했을 때 송풍량, 소요동력, 송풍기 전압을 각각 구하시오.

**풀이**

i) $Q_2 = Q_1 \dfrac{N_2}{N_1} = 193 \dfrac{646}{460} \fallingdotseq 271[\text{m}^3/\text{min}]$

ii) $P_2 = P_1 \left( \dfrac{N_2}{N_1} \right)^2 = 320 \left( \dfrac{646}{460} \right)^2 \fallingdotseq 631[\text{Pa}]$

iii) $L_2 = L_1 \left( \dfrac{N_2}{N_1} \right)^3 = 1.7 \left( \dfrac{646}{460} \right)^3 \fallingdotseq 4.7[\text{kW}]$

계산된 결과를 표 9-9의 4½# 송풍기의 경우에 비교해보면 근사적으로 일치한다.

## [3] 동 력

### (1) 공기동력 $L_a$[W]

송풍기가 $Q$[m$^3$/min]의 공기를 $\Delta P$[Pa] 만큼 압력을 상승시켰다면 이는 회전날개가 공기에 직접 준 동력이므로 공기동력 $L_a[W]$라고 하며, 다음 식으로 나타낸다.

$$L_a = \frac{Q \cdot \Delta P}{60} [\text{W}] \quad \cdots\cdots (9\text{-}21)$$

### (2) 축동력 $L_s$[W]

송풍기의 회전날개는 회전축의 회전에 의해 돌아간다. 따라서 회전축을 돌리기 위한 축동력 $L_s\,[W]$는 다음 식과 같다. 여기서 $\eta_f$는 송풍기의 전압효율로서 송풍기의 종류 및 송풍량에 따라 다르다.

$$L_s = \frac{L_a}{\eta_f} = \frac{Q \cdot \Delta P}{60 \times \eta_f}[\mathrm{W}] \cdots\cdots (9\text{-}22)$$

(3) 전동기 출력 $L_d$[W]

송풍기 축은 전동기에 의해 구동된다. 따라서 전동기가 갖추어야 할 전동기 출력 $L_d$[W]는 다음 식과 같다.

여기서, $\alpha$는 표 9-1에 있는 여유율이고, $\eta_t$는 표 9-2에 있는 전동효율이다.

$$L_d = \frac{L_s(1+\alpha)}{\eta_t}[\mathrm{W}] \cdots\cdots (9\text{-}23)$$

**예제 9-7**

공기 1,215 $m^3$/min을 전압 250 Pa로 송풍하기 위한 전동기 출력[kW]을 구하시오.

단, 송풍기의 전압효율은 75 %, 전동방식은 $V$벨트전동이다.

**풀이**

$$L_a = \frac{Q \cdot \Delta P}{60} = \frac{1{,}215 \times 250}{60}$$

$$\fallingdotseq 5{,}063[W]$$

$$\fallingdotseq 5.1[\mathrm{kW}]$$

$$L_s = \frac{L_a}{\eta_f} = \frac{5.1}{0.75} = 6.8[\mathrm{kW}]$$

따라서 전동기 출력 $L_d$는

$$L_d = \frac{L_s(1+\alpha)}{\eta_t}$$

$$= \frac{6.8(1+0.15)}{0.95} \fallingdotseq 8.2[\mathrm{kW}]$$

---

주 : 풍량이 $Q[m^3/s]$일 때 $L_a = Q \cdot \Delta P[\mathrm{W}]$

$Q[m^3/h]$일 때 $L_a = \dfrac{Q \cdot \Delta P}{3{,}600}[\mathrm{W}]$

# 9-10 송풍기의 운전 및 풍량제어

## [1] 운전상태점

그림 9-37과 같이 횡축에 풍량, 종축에는 압력 및 송풍기의 운전저항(부하)으로 놓으므로 운전조건에 따른 운전상태를 예측할 수 있는 선도를 송풍기의 특성곡선이라 한다.

그림에서와 같이 송풍기의 회전수를 $n_1$으로 할 때 송풍기의 압력특성곡선은 $F_1 \sim C_1$으로 나타나고, 저항곡선은 $O \sim R_1$으로 되어 두 개의 곡선이 교차하는 운전점은 A가 된다. 따라서 송풍량은 $Q_A$, 압력은 $P_A$가 된다.

그런데 회전수를 $n_2$, $n_3$로 각각 낮추면 압력특성곡선은 $F_2 \sim C_2$, $F_3 \sim C_3$로 각각 변하여 운전상태점도 B, C점으로 되고 따라서 송풍량은 $Q_B$, $Q_C$로 압력은 $P_B$, $P_C$로 각각 변화한다.

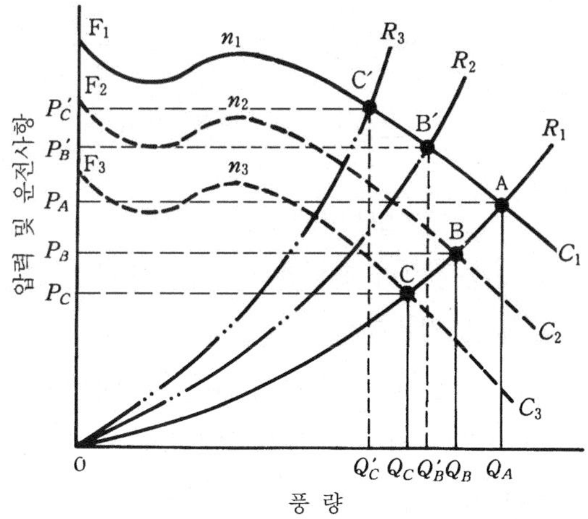


그림 9-37 ▸ 운전상태점의 변화

한편, 회전수는 $n_1$으로 놓고 풍량조절댐퍼를 조이면 댐퍼저항이 증가하므로 부하곡선(저항곡선)의 경사가 커져서 $O \sim R_1$에서 $O \sim R_2$, $O \sim R_3$로 변화되며, 운전상태점은 A, B′, C′로 변화되며 송풍량도 $Q_B'$, $Q_C'$로 압력은 $P_B'$, $P_C'$로 각각 변화한다.

## [2] 풍량제어

### (1) 토출댐퍼에 의한 제어

토출댐퍼에 의한 제어는 가장 일반적인 방법으로서 주로 다익송풍기나 소형 송풍기에 적용된다.

그림 9-38에서 압력특성곡선 F~C와 시스템저항곡선 $O \sim R_1$의 교점을 A라고 하면

송풍기는 압력 $P_A$, 풍량 $Q_A$로 운전된다. 그러나 댐퍼를 조이면 저항곡선은 $O \sim R_2$로 변화되어 운전상태점은 A점에서 B점으로 이동한다. 따라서 송풍량은 $Q_A$에서 $Q_B$로 감소되며, 송풍압력은 $P_A$에서 $P_B$로 증가된다.

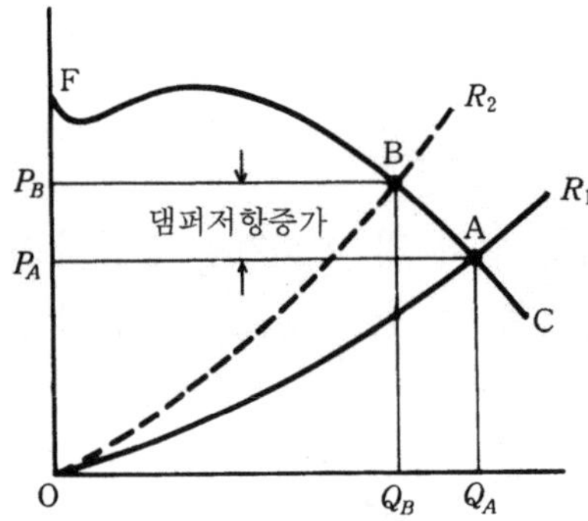


그림 9-38 ▸ 토출댐퍼제어

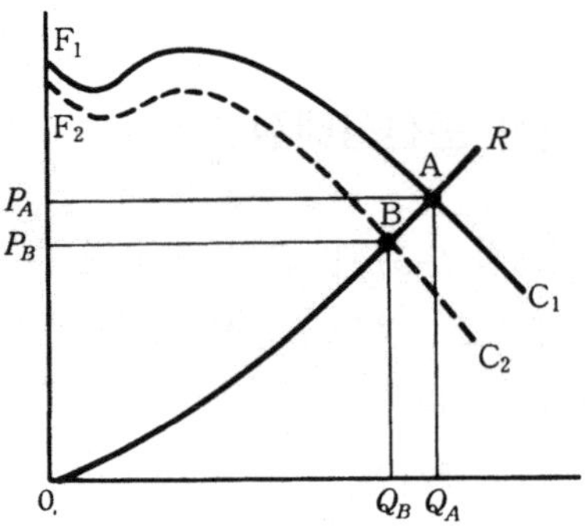


그림 9-39 ▸ 흡입댐퍼제어

### (2) 흡입댐퍼에 의한 제어

송풍기의 흡입측에 있는 댐퍼를 조이면 압력특성 곡선은 낮아지며, 따라서 송풍량은 감소된다.

그림 9-39와 같은 압력특성곡선 $F_1 \sim C_1$과 저항곡선 $O \sim R$상에 작동점A로 운전되는 경우에서 흡입댐퍼를 조이면 흡입압력이 감소되어 압력특성곡선의 $F_2 \sim C_2$로 내려온다.

따라서 운전상태점은 B가 되며 송풍량을 $Q_A$에서 $Q_B$로 감소되고 송풍압력은 $P_A$에 $P_B$로 내려간다.

### (3) 흡입베인에 의한 제어

흡입베인에 의한 제어방법은 송풍기의 케이싱 입구에 부착한 그림 9-41과 같은 가동날개(variable inlet vane)를 수동 또는 자동으로 열림 정도를 조정하여 풍량조절을 한다.

풍량조절의 효과는 풍량의 70 % 이상에서는 매우 좋으며, 리미트로드 송풍기나 터보 송풍기 등에 사용된다.

그림 9-41에서와 같이 흡입베인을 완전히 열었을 때의 운전상태점은 A점이 되지만, 베인을 조금씩 닫으면 압력특성곡선이 점차 낮아져 운전상태점은 A, B, C……로 변화되고, 따라서 송풍량은 $Q_A$, $Q_B$, $Q_C$……로, 송풍압력도 $P_A$, $P_B$, $P_C$……로 낮아진다.

그림 9-40 ▸ 흡입베인(vane)

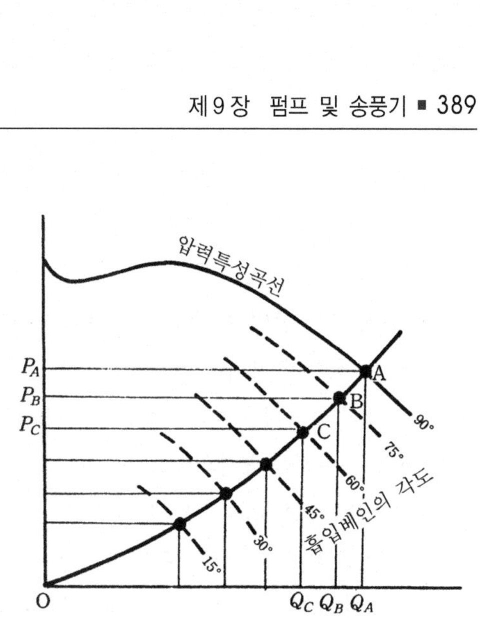


그림 9-41 ▸ 흡입베인 제어

### (4) 회전수에 의한 제어

송풍기의 회전수 변환에 의한 풍량조정은 유도전동기의 2차측저항의 조정, 정류자전동기에 의한 조정, 극수의 변환, 전동기에 의한 회전수 변화 및 풀리(pulley)의 직경 변환 등에 의한다.

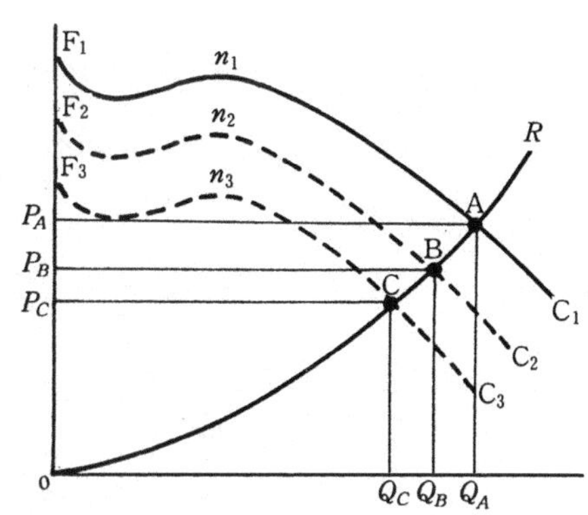


그림 9-42 ▸ 회전수 제어

전동기의 회전수를 바꾸는 방법은 비용은 많이 들지만 효율이 좋다. 특히 정류자전동기에 의한 방법은 임의의 회전수가 얻어지는 이상적인 방법이다. 풀리의 변환은 운전을 정지시키고 변환시켜야 하며, 또한 임의의 회전수를 마음대로 얻기 어렵지만 비용이 적게 든다.

회전수의 변환에 의한 운전상태점은 그림 9-42와 같이 회전수 감소에 따라 압력특성곡선이 낮아진다.

즉 회전수를 $n_1 \rightarrow n_2 \rightarrow n_3$로 감소시키면 특성곡선은 $(F_1 \sim C_1) \rightarrow (F_2 \sim C_2) \rightarrow (F_3 \sim C_3)$로 변화하며, 운전상태점도 $A \rightarrow B \rightarrow C$ 로 변화된다.

따라서 송풍량은 $Q_A \rightarrow Q_B \rightarrow Q_C$로 감소되고, 또한 송풍기 압력도 $P_A \rightarrow P_B \rightarrow P_C$로 낮아진다.

### (5) 가변 피치 제어

가변피치(variable pitch)에 의한 조정은 날개바퀴에 부착된 날개의 각도를 변화시키는 방법이다. 원심송풍기의 경우에는 구조상 복잡하고, 또한 가격도 비싸므로 실용화되지 못하고, 축류송풍기에 적용된다. 이 방법은 회전수 제어방식과 겸하면 경제적이다.

그림 9-43은 축류송풍기의 피치각도에 따른 운전상태점의 변환이다. 그림에서와 같이 피치의 각도변화에 따라 특성곡선이 변화되므로 운전상태점이 변화하고, 따라서 송풍량 및 송풍기압력이 변화한다.

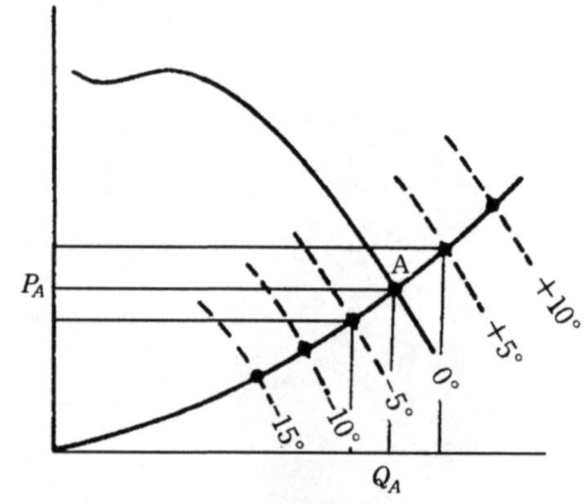

그림 9-43 ▸ 가변피치 제어

## [3] 풍량제어법과 축동력의 비교

그림 9-44는 각종 풍량제어법에 대한 송풍기 축동력을 백분율로 비교하였다.

그림에 의하면 축동력은 회전수 제어가 가장 적게 들며, 토출댐퍼제어가 가장 많이 소요된다.

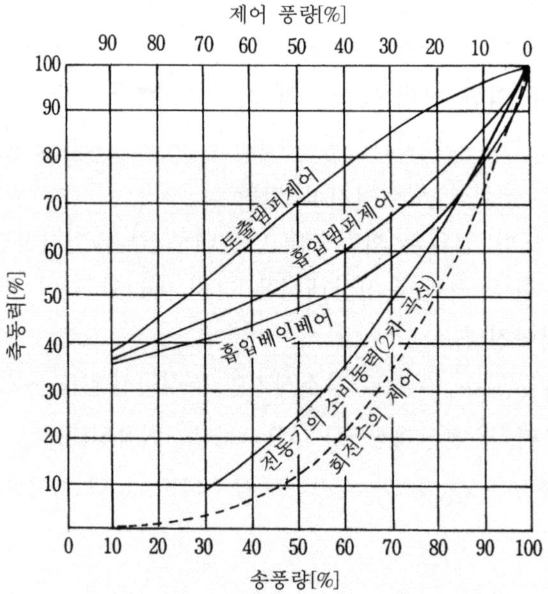

그림 9-44 ▸ 풍량제어법과 축동력의 비교

## 9-11 송풍기의 선정

### [1] 송풍기의 형식 결정

공기조화에 필요한 송풍량과 정압이 덕트설계에 의해 계산되면 송풍기의 형식은 그림 9-45에서 개략적으로 선정된다.

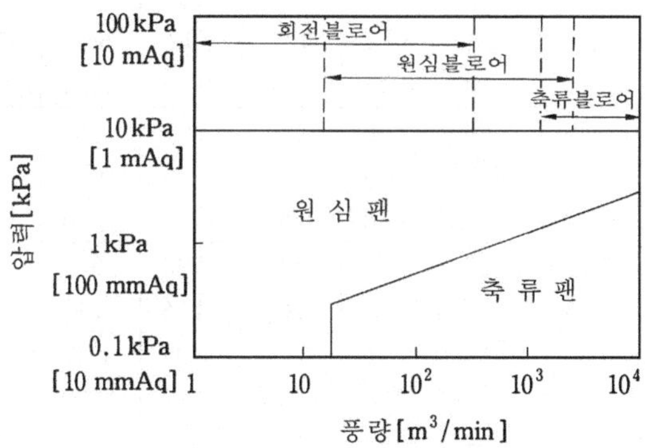


그림 9-45 ▸ 송풍량 및 송풍 압력과 송풍기 종류

### [2] 송풍기의 No(#) 결정

송풍기의 크기는 송풍기 번호(No, #)로 정한다. 제작회사로부터 제공되는 표 9-9와 같은 송풍기 선정표는 여러 가지의 송풍기 종류별로 제공된다.

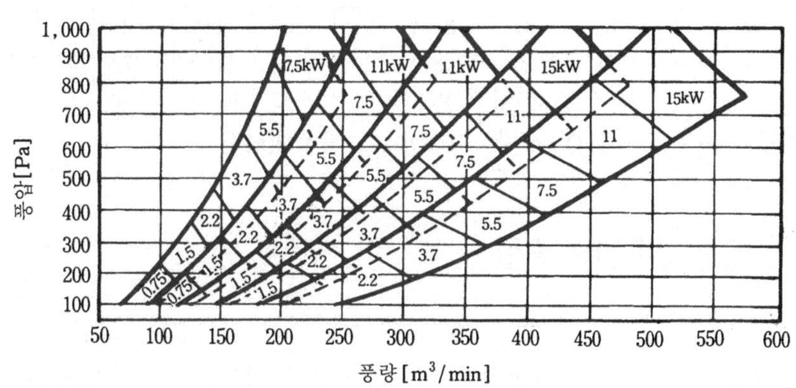


그림 9-46 ▸ 송풍기 선정선도

즉 앞의 [1]항에 의해 해당 송풍기의 종류 및 날개의 모양이 결정되면 표 9-9와 같은 송풍기 선정표를 선택하여 정압과 소요풍량에 해당되는 회전수, 소요마력, 송풍기번호 No(#)를 알 수 있다. 또는 그림 9-46과 같은 송풍기 선정선도를 이용할 수도 있다.

표 9-9 ▸ 송풍기 선정표(실리코팬의 경우)

| 형번 # | | 풍압 [Pa] | | | | | | | | | | |
|---|---|---|---|---|---|---|---|---|---|---|---|---|
| | | 100 | 130 | 160 | 200 | 250 | 320 | 400 | 500 | 630 | 800 | 1000 |
| 2 | N | 579 | 661 | 733 | 818 | 916 | 1035 | 1157 | 1296 | 1454 | 1639 | 1835 |
| | Q | 21.3 | 24.3 | 27.0 | 30.1 | 33.7 | 38.1 | 42.6 | 47.7 | 53.5 | 60.3 | 67.5 |
| | L | 0.06 | 0.09 | 0.12 | 0.17 | 0.24 | 0.34 | 0.47 | 0.65 | 0.96 | 1.32 | 1.84 |
| 2½ | N | 463 | 528 | 586 | 655 | 733 | 829 | 927 | 1037 | 1164 | 1311 | 1466 |
| | Q | 33.3 | 38.0 | 42.1 | 47.1 | 52.7 | 59.6 | 66.7 | 74.5 | 83.7 | 94.3 | 105 |
| | L | 0.10 | 0.14 | 0.18 | 0.26 | 0.36 | 0.52 | 0.74 | 1.03 | 1.47 | 2.06 | 2.87 |
| 3 | N | 386 | 440 | 488 | 546 | 611 | 691 | 773 | 863 | 970 | 1093 | 1222 |
| | Q | 48.0 | 54.7 | 60.7 | 67.9 | 75.9 | 85.9 | 96.0 | 107 | 120 | 135 | 151 |
| | L | 0.13 | 0.20 | 0.26 | 0.38 | 0.52 | 0.81 | 1.10 | 1.47 | 2.06 | 2.94 | 4.12 |
| 3½ | N | 331 | 377 | 419 | 468 | 523 | 592 | 662 | 740 | 831 | 937 | 1047 |
| | Q | 65.3 | 74.5 | 82.6 | 92.4 | 103 | 116 | 130 | 146 | 164 | 184 | 206 |
| | L | 0.18 | 0.26 | 0.36 | 0.51 | 0.71 | 1.03 | 1.47 | 1.99 | 2.87 | 4.05 | 5.66 |
| 4 | N | 289 | 330 | 366 | 409 | 458 | 518 | 579 | 648 | 727 | 819 | 916 |
| | Q | 85.3 | 97.3 | 108 | 120 | 135 | 152 | 170 | 190 | 214 | 241 | 270 |
| | L | 0.24 | 0.35 | 0.47 | 0.65 | 0.96 | 1.32 | 1.91 | 2.65 | 3.68 | 5.30 | 7.36 |
| 4½ | N | 257 | 293 | 325 | 364 | 407 | 460 | 515 | 576 | 646 | 728 | 814 |
| | Q | 108 | 123 | 136 | 152 | 170 | 193 | 216 | 242 | 271 | 305 | 341 |
| | L | 0.29 | 0.44 | 0.60 | 0.88 | 1.18 | 1.69 | 2.35 | 3.31 | 4.71 | 6.62 | 9.34 |
| 5 | N | 231 | 264 | 293 | 327 | 366 | 414 | 463 | 518 | 582 | 655 | 733 |
| | Q | 133 | 152 | 168 | 188 | 210 | 238 | 266 | 298 | 334 | 377 | 421 |
| | L | 0.37 | 0.54 | 0.74 | 1.03 | 1.47 | 2.13 | 2.94 | 4.12 | 5.74 | 8.24 | 11.47 |
| 중 간 생 략 | | | | | | | | | | | | |
| 20 | N | 57 | 66 | 73 | 81 | 91 | 103 | 115 | 129 | 145 | 163 | 183 |
| | Q | 2134 | 2433 | 2700 | 3018 | 3376 | 3817 | 4269 | 4772 | 5357 | 6037 | 6750 |
| | L | 5.88 | 8.68 | 11.77 | 16.48 | 23.01 | 33.32 | 46.56 | 56.02 | 91.94 | 131.65 | 183.88 |

【주】 N : 회전수[rpm], Q : 풍량[$m^3$/min], L : 축동력[kW]

## [3] 송풍기의 외형 결정

송풍기류의 방향은 외형 및 설치 위치에 따라 정해진다. 그림 9-47에서 보는 바와 같이 회전방향은 시계방향과 반시계방향이 있고, 기류의 방향은 45°, 상향, 하향 및 수평, 수직 등이 있다.

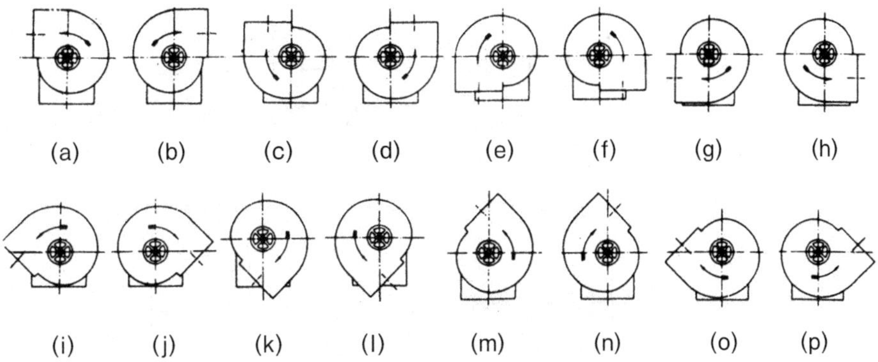

그림 9-47▸ 송풍기의 외형과 기류방향

## [4] 전동기 선정 및 풀리 직경결정

전동기의 출력은 식 (9-24) 또는 표 9-9, 그림 9-46에서 결정되지만 전동기의 회전수와 송풍기의 필요회전수가 반드시 일치하지는 않는다.

따라서 회전수 변화의 융통성이 있는 벨트전동을 하게 되는데, 회전수 변화는 송풍기 및 전동기에 부착되는 풀리의 직경변화로 가능하다. 송풍기의 회전수와 전동기의 회전수 및 풀리 직경과의 관계식은 다음과 같다.

단, 송풍기 및 전동기 풀리의 직경비율은 미끄럼을 방지하기 위하여 8 : 1을 초과하지 않도록 한다.

$$\frac{N_f}{N_m} = \frac{D_m}{D_f} \quad \cdots\cdots (9\text{-}24)$$

여기서, $N_f$ , $N_m$ : 송풍기 및 전동기의 회전수[rpm]

$D_f$ , $D_m$ : 송풍기 및 전동기의 풀리 직경[mm]

## [5] 가대 형식

가대에는 송풍기, 베어링 유닛 및 전동기를 함께 받치는 공통가대와 각각을 받치는 단독가대로 구분된다.

그림 9-48은 그 예이며, 이 중에서 가장 적절한 방식을 택한다.

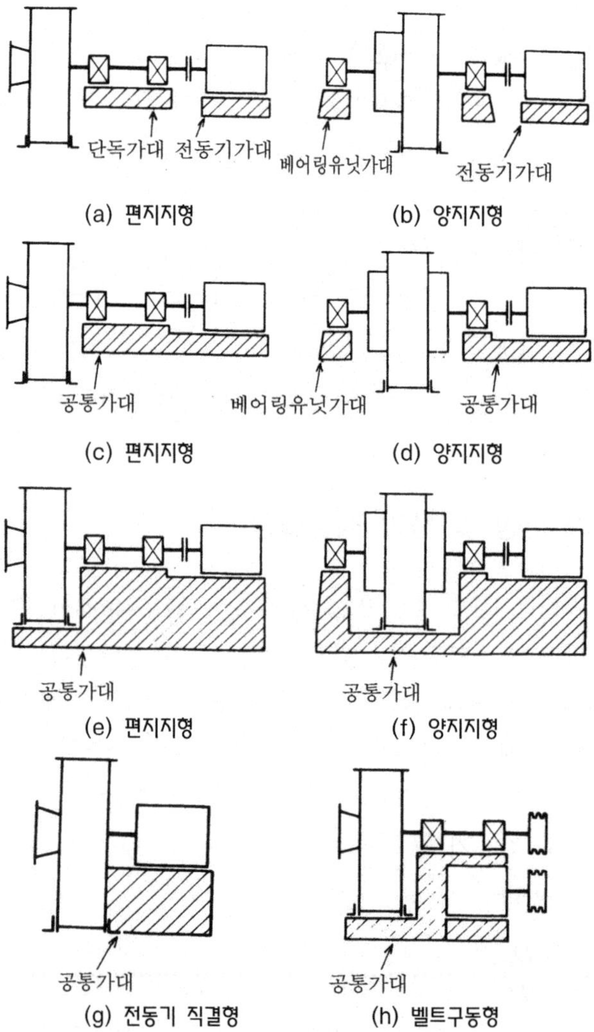


그림 9-48 ▸ 가대의 형식

## 9-12 송풍기 시공

송풍기 설치시 고려해야 할 일반적인 사항은 다음과 같다.

① 송풍기의 기초는 원칙적으로 앞 절의 펌프기초와 같다.

② 기초는 송풍기용과 전동기용을 될 수 있는 한 단일체로 하고, 콘크리트제 방진베이스나 형강제의 자체 베이스를 사용하는 경우에 기초와의 사이에는 충

별에 따라(지하층, 지상층, 옥상층, 천장설치 등) 적절한 방진기를 사용한다.

③ 소형의 송풍기(# 2½ 이하)는 간단한 강제가대를 이용하여 직접 바닥 위에 설치한다.

④ 전동기의 설치위치는 그림 9-49와 같이 가, 나, 다, 라 중에서 선택한다. 이는 회전 방향과 송풍기의 토출방향에 따라 선택한다.

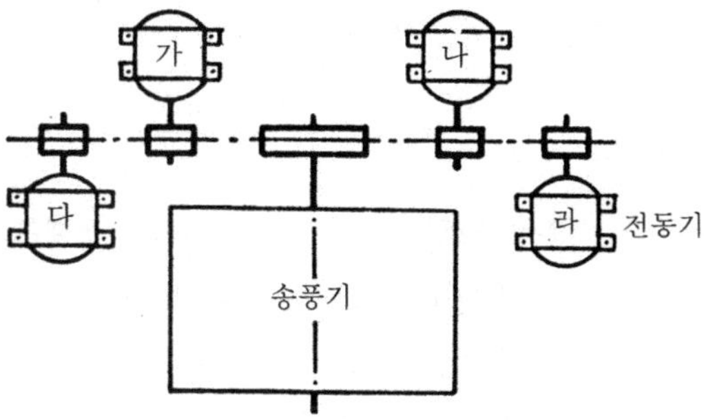


그림 9-49 ▸ 전동기의 설치 위치

⑤ 송풍기의 수평잡기는 원칙적으로 송풍기의 회전축을 기준한다.

⑥ 전동기축과 송풍기축은 직결시에 편심되지 않도록 하고, 또 두 축의 중심선이 어긋나지 않도록 한다.

⑦ 송풍기에 대한 전동기의 위치는 운전시 전동기의 풀리가 벨트를 잡아당김이 아래쪽이 되도록 그림 9-50의 (a)방식으로 하는 것이 바람직하다(접축저항을 증기시키기 위함).

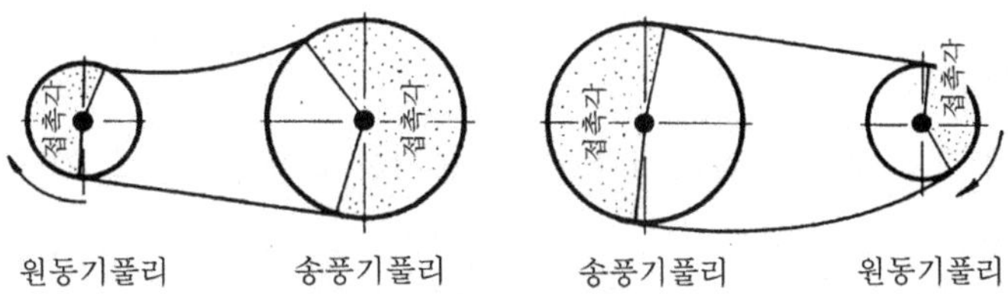


그림 9-50 ▸ 전동기의 위치와 접촉각

⑧ 전동기와 송풍기의 축간거리는 양측 V벨트 풀리 직경의 합의 2배 이하가 이상적이며, V벨트와의 접촉각은 120° 이하로 되는 것은 피한다.

즉 축간거리 $c$[mm]에 관한 식은

$$0.87 \times (D+d) < c < 2 \times (D+d) \quad \cdots\cdots (9\text{-}25)$$

여기서, $c$ : 송풍기의 축과 전동기의 축간거리[mm]

$D$, $d$ : 송풍기의 풀리와 전동기의 풀리직경[mm]

⑨ 풀리에는 몇 개의 V벨트를 동시에 걸고 운전하게 되는데, 장시간 사용 중에 이 중에서 1개만 낡았더라도 동시에 모두 교체한다.

한편, V벨트는 이음매가 없는 환상이며, 길이 $l$[mm]은 다음 식으로 계산한다.

$$l = 2c + \frac{\pi}{2}(D+d) + \frac{(D-d)^2}{4c}$$
$$\fallingdotseq 2c + \frac{\pi(D+d)}{2} \cdots\cdots (9\text{-}26)$$

⑩ V벨트는 너무 느슨하거나 팽팽해도 안 된다. 너무 느슨하면 미끄럼으로 인해 벨트의 마모가 심하고, 너무 팽팽하면 베어링의 마모가 심하다. 이를 조정하기 위하여 전동기에는 슬라이드 베이스(slide base)를 둔다.

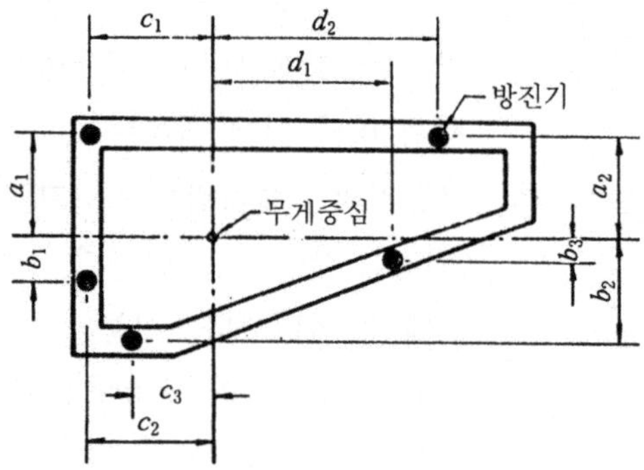

그림 9-51 ▸ 방진구의 위치

⑪ 자체 베이스가 강체이고, 4각형이며 무게 중심이 중앙에 있을 때는 4귀퉁이에 방진구를 균등하게 배치하지만 그림 9-51과 같이 무게 중심이 편중되는 경우에는 다음 식이 성립되도록 방진구를 배치한다.

$$a_1 + a_2 = b_1 + b_2 + b_3$$
$$c_1 + c_2 + c_3 = d_1 + d_2$$

**예제 9-8**

4극전동기로 V벨트 풀리에 의해 송풍기를 500 rpm으로 가동하고자 한다. 이때, 전동기 풀리의 직경이 100 mm라고 하면 i) 송풍기 풀리의 직경과, ii) 축간거리를 1,000 mm로 할 때 V벨트의 길이를 구하시오.
단, 전원의 주파수는 $60\mathrm{H_Z}$이고 전동기의 미끄럼률은 무시한다.

**풀이**

전동기의 회전수 $n$은 식 (9-18)에 의해

$$n = \frac{120f}{P} = \frac{120 \times 60}{4} = 1{,}800\,\mathrm{rpm}$$

i) 송풍기 풀리의 직경 $D_f$는 식 (9-24)에 의해

$$D_f = 100 \times \frac{1{,}800}{500} = 360\,\mathrm{mm}$$

ii) V벨트의 길이 $l$은 식 (9-26)에 의해

$$l = 2 \times 1{,}000 + \frac{\pi}{2}(360+100) + \frac{(360-100)^2}{4 \times 1{,}000} = 2{,}739.1\,\mathrm{mm}$$
$$\fallingdotseq 2 \times 1{,}000 + \frac{\pi(360+100)}{2} = 2{,}722.2\,\mathrm{mm}$$

제 10 장

# 공기조화배관

# 10-1 수배관

## [1] 수배관의 종류

공기조화 시스템에서 수배관의 종류는 그림 10-1과 같다. 그림과 같은 시스템에서 배관의 명칭은 배관 내의 물질이 주목적지로 가는 배관을 공급관이라 하고, 되돌아오는 관을 환수관이라 한다.

난방을 할 때 보일러에 있는 온수를 목적지인 사용처로 보내는 관을 온수공급관이라 하고, 다시 사용하기 위해 되돌아오는 관을 온수환수관이라 한다. 또 냉방시 냉동기의 증발기에 있는 물을 냉수라고 하는데, 냉수를 사용처로 보내는 관을 냉수공급관이라 하고, 다시 사용하기 위해 되돌아오는 관을 냉수환수관이라 한다.

한편, 냉수관을 온수관 겸용으로 사용하는 공급관을 냉·온수공급관이라 하고, 환수관은 냉·온수환수관이라 한다. 이 때 공조기(AHU)와 팬코일 유닛(FCU)을 구분하기 위해 팬코일 유닛에 접속되는 관은 팬코일 공급관 또는 팬코일 환수관이라 한다. 또 방열기는 난방시만 사용되므로 온수공급관과 온수환수관이라 한다.

냉동기의 응축기를 냉각시키기 위한 목적으로 사용되는 물을 냉각수라 하고, 냉각수를 응축기로 공급되는 관을 냉각수공급관, 다시 사용하기 위해 냉각탑으로 되돌아오는 관을 냉각수환수관이라 한다.

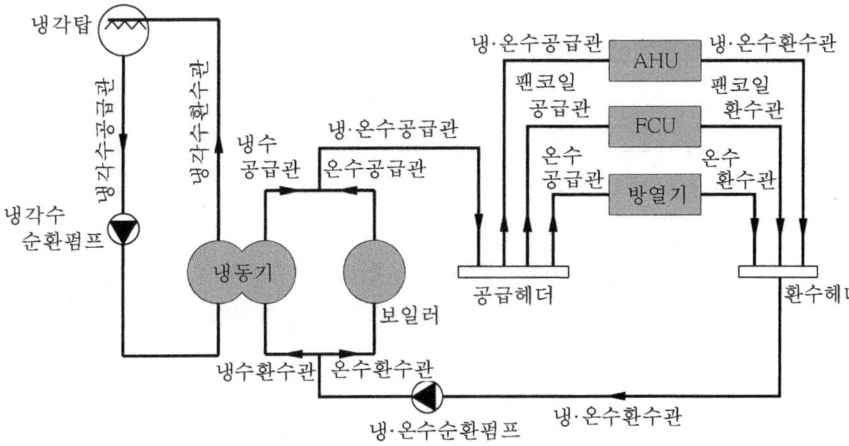


그림 10-1 ▸ 수배관 계통도

### [2] 순환 수량

배관계에서 물의 양은 기기의 소요수량(제품설명서에 기재된 수량)을 적용시키지만 열교환을 하는 기기에서는 다음 식 (10-1, 10-2)에 의해 산출할 수 있다.

이 때 계산식에서 질량유량은 $G$[kg/s, kg/min, $kg/h$]는 식 (10-1)로, 체적유량은 $Q$[L/s, L/min, $L/h$]는 식 (10-2)로 표현할 수 있으며, 이때 각각 다음과 같은 계수를 사용한다.

① **질량유량** $G$[kg/s, kg/min, $kg/h$]

$$G = \frac{q}{C \cdot \Delta t}[\mathrm{kg/s}] = \frac{60 \times q}{C \cdot \Delta t}[\mathrm{kg/min}] = \frac{3{,}600 \times q}{C \cdot \Delta t}[\mathrm{kg/h}] \cdots\cdots\cdots\cdots (10\text{-}1)$$

② **체적유량** $Q$[L/s, L/min, $L/h$]

$$Q = \frac{q}{\rho \cdot C \cdot \Delta t}[\mathrm{L/s}] = \frac{60 \times q}{\rho \cdot C \cdot \Delta t}[\mathrm{L/min}] = \frac{3{,}600 \times q}{\rho \cdot C \cdot \Delta t}[\mathrm{L/h}] \cdots\cdots (10\text{-}2)$$

여기서, $q$ : 가열 또는 냉각열량[kW]

$C$ : 유체의 비열[kJ/kg·K], (물의 경우 = 4.19kJ/kg·K)

$\Delta t$ : 기기의 입출구에서 유체의 온도차[℃]

$\rho$ : 유체의 밀도(물의 경우 5 ℃에서 = 1,000 kg/m$^3$ = 1 kg/L)

1) 냉동기 증발기에 공급하는 냉수량 $Q_1$[L/min]

$$Q_1 = \frac{60 \times q_e}{\rho \cdot C \cdot \Delta t}[\mathrm{L/min}] \cdots\cdots\cdots\cdots (10\text{-}3)$$

여기서, $q_e$ : 냉동기의 냉각열량[kW]

$\Delta t$ : 증발기 입출구에서 물의 온도차[℃](일반적으로 ; 5 ℃)

2) 냉동기 응축기에 공급되는 냉각수량 $Q_2$[L/min]

$$Q_2 = \frac{60 \times q_e \cdot \alpha}{\rho \cdot C \cdot \Delta t}[\mathrm{L/min}] \cdots\cdots\cdots\cdots (10\text{-}4)$$

여기서, $q_e$ : 냉동기의 용량[kW]

$\alpha$ : 냉동기에 따른 계수(보통 압축식 냉동기 1.25~1.3, 흡수식 2~2.5)

$\Delta t$ : 응축기 입출구에서 물의 온도차[℃](일반적으로 ; 5 ℃)

3) 온수보일러의 온수량 $Q_3$[L/min]

$$Q_3 = \frac{60 \times q_b}{\rho \cdot C \cdot \Delta t}[\mathrm{L/min}] \cdots\cdots\cdots\cdots (10\text{-}5)$$

여기서, $q_b$ : 보일러의 용량[kW]

$\Delta t$ : 보일러 출입구에서 물의 온도차[℃]

4) 코일의 냉·온수량 $Q_4$[L/min]

$$Q_4 = \frac{60 \times q}{\rho \cdot C \cdot \Delta t} [\text{L/min}] \quad \cdots\cdots (10\text{-}6)$$

여기서, $q$ : 코일의 가열 및 냉각능력[kW]

$\Delta t$ : 코일의 출입구에서 물의 온도차[℃](일반적으로 ; 5 ℃)

5) 온수방열기의 온수량 $Q_5$[L/min]

$$Q_5 = \frac{60 \times EDR \times 0.523}{\rho \cdot C \cdot \Delta t} [\text{L/min}] \quad \cdots\cdots (10\text{-}7)$$

여기서, $EDR$ : 상당방열면적[$m^2$]

0.523 : 온수방열기 1 $EDR$당 방열량[$kW/m^2$]

$\Delta t$ : 방열기 입출구에서 물의 온도차[℃]

**예제 10-1**

200 RT의 터보냉동기에서 순환되는 ⅰ) 냉수량 $Q_1$[L/min] 및 ⅱ) 냉각수량 $Q_2$[L/min]를 각각 구하시오.
단, 냉각기 입구에서 냉수온도는 12 ℃, 출구에서는 6 ℃이며, 응축기로 들어오는 냉각수 온도는 32 ℃, 출구 온도는 37 ℃이다. 또한, 냉수와 냉각수의 밀도는 개략적으로 1,000 kg/$m^3$(= 1kg/L)으로 하며, 1 RT는 3.86 kW로 한다.

**풀이**

ⅰ) 냉수량 $Q_1$은 식 (10-3)에 의해

$$Q_1 = \frac{60 \times q_e}{\rho \cdot C \cdot \Delta t} = \frac{60 \times 200 \times 3.86}{1 \times 4.19(12-6)} = 1{,}842\,\text{L/min}$$

ⅱ) 냉각수량 $Q_2$는 식 (10-4)에 의해

$$Q_2 = \frac{60 \times q_e \cdot \alpha}{\rho \cdot C \cdot \Delta t} = \frac{60 \times 200 \times 3.86 \times 1.3}{1 \times 4.19(37-32)} = 2{,}874\,\text{L/min}$$

## [3] 최대 허용 유속

배관 내의 유속을 높게 설정하면 마찰손실이 증가되어 펌프 소요동력이 커지고, 소음 및 배관 부식이 증가된다. 그러나 유속이 너무 낮으면 배관 내에 유입된 공기를 밀어내지 못하여 흐름에 대한 저항이 커지므로 일반적으로 표 10-1, 10-2의 유속을 권장한다.

표 10-1 ▸ 일반적으로 권장되는 유속

| 사 용 처 | 유속[m/s] |
|---|---|
| 펌프 송출측 | 2.4~3.7 |
| 펌프 흡입측 | 1.2~2.1 |
| 배 수 관 | 1.2~2.1 |
| 헤 더 | 1(공급관은 1.5~3) |
| 입 상 관 | 1~3 |
| 일반장치 | 1.5~3 |
| 수 돗 물 | 1~2.1 |
| 냉 각 수 | 1~2.4 |
| 냉 온 수 | 1~3.0 |

표 10-2 ▸ 배관의 침식을 최소로 하기 위한 최대 허용 유속

| 연간 운전시간[h/y] | 유속[m/s] |
|---|---|
| 1,500 | 3.7 |
| 2,000 | 3.5 |
| 3,000 | 3.4 |
| 4,000 | 3.1 |
| 6,000 | 2.8 |
| 8,000 | 2.4 |

【주】 h : 시간, y : 년

## [4] 마찰손실

### (1) 직관부의 마찰손실

그림 10-2에서 보는 바와 같이 압력 $P_1$으로 내경 $d$[m]인 관로 속을 평균유속 $w$[m/s]로 유체가 흐를 때 임의의 거리 $l$[m] 만큼 떨어진 ②점의 압력을 $P_2$라고 하면, 유체마찰에 의한 압력손실 $\Delta P$[Pa], 또는 압력수두의 손실 $h$[mmAq]는 다음 식으로 표시된다.

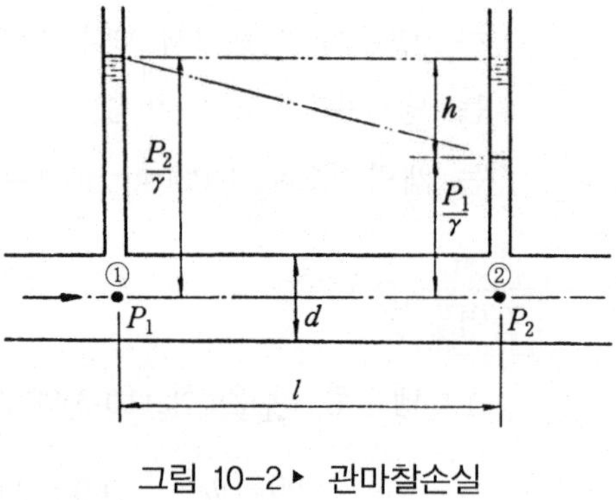


그림 10-2 ▸ 관마찰손실

즉 압력손실 $\Delta P$[Pa]는

$$\Delta P = P_1 - P_2 = \lambda \cdot \frac{l}{d} \cdot \frac{w^2}{2} \cdot \rho [\text{Pa}] \quad \cdots\cdots (10\text{-}8)$$

또는 손실수두 $h$[mAq]는

$$h = \frac{\Delta P}{\rho \cdot g} = \lambda \cdot \frac{l}{d} \cdot \frac{w^2}{2g} [\text{mAq}] \quad \cdots\cdots (10\text{-}9)$$

여기서, $\lambda$ : 관의 마찰계수

$\rho$ : 유체의 밀도[kg/m$^3$]

식 (10-8), (10-9)에서 보는 것과 같이 관의 마찰손실은 마찰계수 및 길이에 비례하고 유속의 제곱에 비례하며, 내경에는 반비례한다.

그림 10-3은 배관용 탄소강관(가스관)이 밀폐회로로 사용하는 경우에 유량 및 유속과 관경에 따른 마찰손실의 관계를 나타내는 선도이다. 이 선도는 유량과 유속, 유량과 단위길이당 마찰손실을 적용하여 관경을 결정하는데 사용된다. 여기서 유속은 표 10-1, 2로 하고 또 단위길이당 마찰저항은 일반적으로 1～2kPa/m로 한다. 배관의 관경을 결정하는데 실용적으로 이용된다.

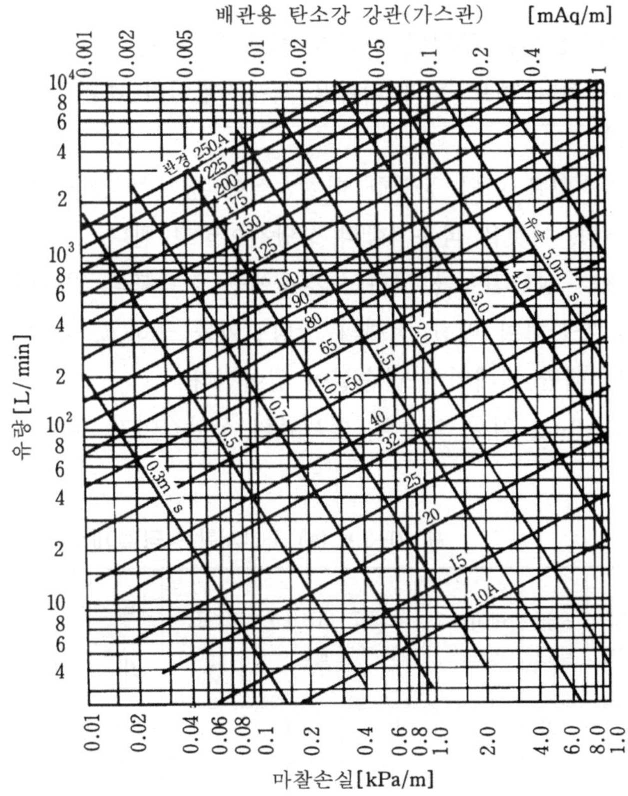


그림 10-3 ▸ 수배관의 마찰손실(밀폐회로용)

### 예제 10-2

수량 500L/min이 수속 2.5m/s로 흐를 수 있는 ⅰ) 배관직경과 ⅱ) 배관길이 30m에 대한 직관부 마찰손실 $H_f$[kPa, mAq]를 그림 10-3을 이용하여 각각 구하시오.

**풀이**

i ) 그림 10-3에서 유량 600L/mm과 수속 2.5m/s가 교차되는 점의 관경은 65mm이다.

ii) 단위길이당 저항값 $R$은 수량과 수속이 교차되는 점을 내려 읽으면 $R = 1.0$ [kPa/m], 올려 읽으면 $R = 0.1$[mAq/m]이다. 따라서 배관길이 30m당 직관부저항은

$$H_f = R \cdot l = 1.0 \times 30 = 30[\text{kPa}]$$
$$= 0.1 \times 30 = 3[\text{mAq}]$$

### (2) 국부저항

배관의 저항은 직관부뿐만 아니라 밸브 및 곡관, 기타의 변형부 등이 있다. 이와 같은 이음쇠나 밸브 등의 저항을 국부저항이라 하며, 배관 전체 저항에 큰 영향을 미친다.

이들 국부저항은 이와 동일한 마찰손실이 생기는 같은 지름의 직관길이로 환산하여 표시되며, 이것을 국부저항의 상당길이라고 한다.

배관 전체의 상당길이를 구하는 경우에는 직관부의 길이에 밸브나 이음쇠 등의 상당길이를 가산하여 배관 전체의 상당길이를 구하고, 여기에 단위길이당 마찰손실을 곱하면 배관 전체의 마찰손실이 얻어진다.

표 10-3(a), (b)는 각종 이음쇠, 밸브류의 상당길이가 제시되었다.

표 10-3 ▸ (a) 국부저항 상당길이[m]

| 지름 [mm] | 볼 밸브 | 앵글 밸브 | 게이트 밸브 | 스윙체크 밸브1) | 90°표준 엘보2) | 45°표준 엘보2) | 티 | 티 직통 | | |
|---|---|---|---|---|---|---|---|---|---|---|
| | | | | | | | | 티 | 이경티 $d \to \frac{3}{4}d$ | 이경(異徑)티 $d \to \frac{1}{2}d$ |
| 10 | 5.2 | 1.8 | 0.2 | 1.5 | 0.4 | 0.2 | 0.8 | 0.3 | 0.4 | 0.4 |
| 15 | 5.5 | 2.1 | 0.2 | 1.8 | 0.5 | 0.2 | 0.9 | 0.3 | 0.4 | 0.6 |
| 20 | 6.7 | 2.7 | 0.3 | 2.4 | 0.6 | 0.3 | 1.2 | 0.4 | 0.6 | 0.5 |
| 25 | 8.8 | 3.7 | 03 | 3.1 | 0.8 | 0.4 | 1.5 | 0.5 | 0.7 | 0.8 |
| 32 | 11.6 | 4.6 | 0.5 | 4.3 | 1.0 | 0.5 | 2.1 | 0.7 | 0.9 | 1.0 |
| 40 | 13.1 | 5.5 | 0.6 | 4.8 | 1.2 | 0.6 | 2.4 | 0.8 | 1.1 | 1.2 |
| 50 | 16.8 | 7.3 | 0.7 | 6.1 | 1.5 | 0.8 | 3.1 | 1.0 | 1.4 | 1.5 |
| 65 | 21.0 | 8.8 | 0.9 | 7.6 | 1.8 | 1.0 | 3.7 | 1.3 | 1.7 | 1.8 |
| 80 | 25.6 | 10.7 | 1.0 | 9.1 | 2.3 | 1.2 | 4.6 | 1.5 | 2.1 | 2.3 |

표 10-3 ▸ (a) 계속

| 지름 [mm] | 볼 밸브 | 앵글 밸브 | 게이트 밸브 | 스윙체크 밸브[1] | 90°표준 엘보[2] | 45°표준 엘보[2] | 티 | 티 직통: 티 | 티 직통: 이경티 $d \to \frac{3}{4}d$ | 티 직통: 이경(異徑)티 $d \to \frac{1}{2}d$ |
|---|---|---|---|---|---|---|---|---|---|---|
| 90 | 30.5 | 12.5 | 1.2 | 10.7 | 2.7 | 1.4 | 5.5 | 1.8 | 2.4 | 2.7 |
| 100 | 36.6 | 14.3 | 1.4 | 12.7 | 3.1 | 1.6 | 6.4 | 2.0 | 2.7 | 3.1 |
| 125 | 42.7 | 17.7 | 1.8 | 15.2 | 4.0 | 2.0 | 7.6 | 2.5 | 3.7 | 4.0 |
| 150 | 51.8 | 21.3 | 2.1 | 18.3 | 4.9 | 2.4 | 9.1 | 3.1 | 4.3 | 4.9 |
| 200 | 67.1 | 25.9 | 2.7 | 24.4 | 6.1 | 3.1 | 12.2 | 4.0 | 5.5 | 6.1 |
| 250 | 85.3 | 32.0 | 3.7 | 30.5 | 7.6 | 4.0 | 15.2 | 4.9 | 7.0 | 7.6 |
| 300 | 97.5 | 39.6 | 4.0 | 36.6 | 9.1 | 4.9 | 18.3 | 5.8 | 7.9 | 9.1 |
| 350 | 110 | 47.2 | 4.6 | 41.2 | 10.4 | 5.5 | 20.7 | 7.0 | 9.1 | 10.4 |
| 400 | 125 | 54.9 | 5.2 | 45.7 | 11.6 | 6.1 | 23.8 | 7.9 | 10.7 | 11.6 |
| 450 | 140 | 61.0 | 5.8 | 50.3 | 12.8 | 7.0 | 25.9 | 8.8 | 12.2 | 12.8 |
| 500 | 158 | 71.6 | 6.7 | 61.0 | 15.2 | 7.9 | 30.5 | 10.1 | 13.4 | 15.2 |
| 600 | 186 | 80.8 | 7.6 | 73.2 | 18.3 | 9.1 | 35.1 | 12.2 | 15.2 | 18.3 |

【주】 1) 밸브의 저항은 전개시의 것, 45°Y형 밸브는 앵글밸브의 저항과 같음.
2) 각 구경상당의 밸브 시트를 갖는 리프트 체크밸브는 볼밸브의 저항과 같음.

표 10-3 ▸ (b) 국부저항 상당길이(단면형상변화)[m]

| 관지름 [mm] | 관의 급확대* $d/D$ | | | 관의 급축소* $d/D$ | | | 탱 크 | |
|---|---|---|---|---|---|---|---|---|
| | 1/4 | 1/2 | 3/4 | 1/4 | 1/2 | 3/4 | 입구 | 출구 |
| 10 | 0.4 | 0.2 | 0.1 | 0.2 | 0.2 | 0.1 | 0.5 | 0.2 |
| 15 | 0.6 | 0.3 | 0.1 | 0.3 | 0.2 | 0.1 | 0.6 | 0.3 |
| 20 | 0.8 | 0.5 | 0.2 | 0.4 | 0.3 | 0.2 | 0.9 | 0.4 |
| 25 | 1.0 | 0.6 | 0.2 | 0.5 | 0.4 | 0.2 | 1.1 | 0.6 |
| 32 | 1.4 | 0.9 | 0.3 | 0.7 | 0.6 | 0.3 | 1.7 | 0.8 |
| 40 | 1.8 | 1.1 | 0.4 | 0.9 | 0.7 | 0.4 | 2.0 | 1.0 |
| 50 | 2.4 | 1.5 | 0.5 | 1.2 | 0.9 | 0.5 | 2.7 | 1.3 |
| 65 | 3.1 | 1.9 | 0.6 | 1.5 | 1.2 | 0.6 | 3.7 | 1.7 |
| 80 | 4.0 | 2.4 | 0.8 | 2.0 | 1.5 | 0.8 | 4.3 | 2.2 |
| 90 | 4.6 | 2.8 | 0.9 | 2.4 | 1.8 | 0.9 | 5.2 | 2.6 |
| 100 | 5.2 | 3.4 | 1.2 | 2.7 | 2.1 | 1.2 | 6.1 | 3.1 |
| 125 | 7.3 | 4.6 | 1.5 | 3.7 | 2.7 | 1.5 | 8.2 | 4.3 |
| 150 | 8.8 | 6.7 | 1.8 | 4.6 | 3.4 | 1.8 | 10.1 | 5.8 |
| 200 | - | 7.6 | 2.6 | - | 4.6 | 2.6 | 14.3 | 7.3 |
| 250 | - | 9.8 | 3.4 | - | 6.1 | 3.4 | 18.3 | 8.8 |

표 10-3 ▸ (b) 계 속

| 관지름 [mm] | 관의 급확대* $d/D$ | | | 관의 급축소* $d/D$ | | | 탱 크 | |
|---|---|---|---|---|---|---|---|---|
| | 1/4 | 1/2 | 3/4 | 1/4 | 1/2 | 3/4 | 입구 | 출구 |
| 300 | - | 12.5 | 4.0 | - | 7.6 | 4.0 | 22.3 | 11.3 |
| 350 | - | - | 4.9 | - | - | 4.9 | 26.2 | 13.7 |
| 400 | - | - | 5.5 | - | - | 5.5 | 29.3 | 15.2 |
| 450 | - | - | 6.1 | - | - | 6.1 | 35.1 | 17.8 |
| 500 | - | - | - | - | - | - | 43.3 | 21.3 |
| 600 | - | - | - | - | - | - | 49.7 | 25.3 |

【주】 $d$, $D$는 관의 안지름($d < D$), 관의 지름 $d$를 사용하여 읽는다.

### 예제 10-3

다음 그림과 같은 배관계통에서 A-B-C-D-F간의 배관상당길이를 구하시오. 단, 관경은 80A이다.

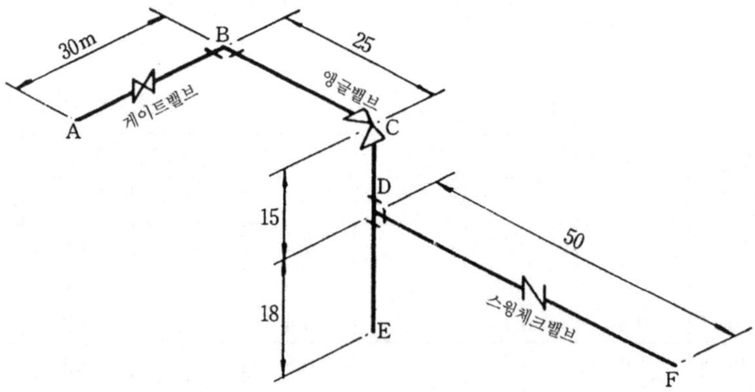


### 풀이

직관부길이 $l$은

$l = 30 + 25 + 15 + 50 = 120\,\mathrm{m}$

국부저항의 상당길이 $l'$는 표 10-3에 의해

$l' = 1 + 2.3 + 10.7 + 4.6 + 9.1 = 27.7\,\mathrm{m}$

따라서 총 상당길이 $L$은

$L = l + l' = 147.7\mathrm{m}$

## [5] 관경 결정

### (1) 등마찰법

등마찰법은 관경을 결정하는데 가장 일반적인 방법이다. 이 방식은 배관 전체의 계통에 걸쳐서 단위길이당 마찰손실이 거의 동일하게 되도록 관경을 정한다.

즉 수배관의 마찰저항선도에서 그림 10-4와 같이 단위길이당 마찰저항 $R$을 일정하게 취하면 각 유량 $Q_1$, $Q_2$, $Q_3$를 흐르게 할 수 있는 배관경은 각각 $d_1$, $d_2$, $d_3$가 된다.

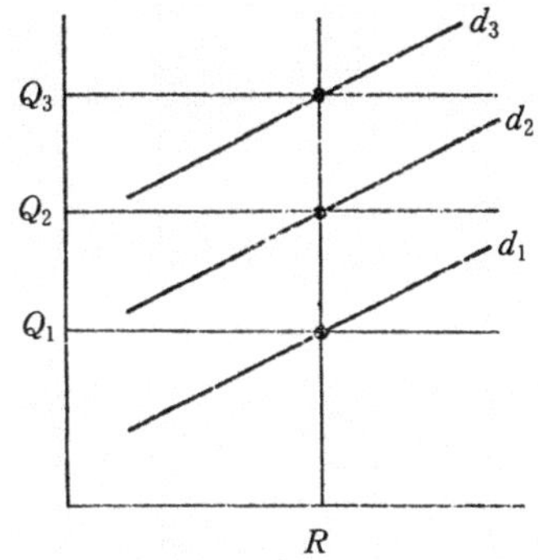


그림 10-4

배관 직경을 정할 때 단위길이당 압력강하를 크게 정하면 관경은 작아져서 재료비는 절감되지만 배관 마찰저항이 커지므로 펌프의 소요동력이 증가된다. 따라서 용도에 따라 일반적으로 표 10-4와 같이 정한다.

표 10-4 ▸ 용도별 마찰저항

| 마찰저항 $R$[kPa/m] | 용 도 |
|---|---|
| 1 | 연간을 통해 1일 거의 24시간 운전 또는 발생소음에 유의해야 되는 경우 |
| 1.5 | 일반 공조에서 냉 · 난방 겸용의 냉 · 온수 배관의 경우 |
| 2 | 여름 또는 겨울에 단독으로 사용하거나 사용년수가 짧은 경우 |

### (2) 균등법

팬코일 유닛과 같은 배관은 1개의 주관으로부터 여러 개의 지관이 각각의 유닛으로 접속된다. 이 경우에 주관에 흐르는 유량 산정을 각 유닛에 표시된 유량의 합으로 하면 실제 사용유량보다 많아지고, 따라서 관경도 필요 이상으로 커진다.

일반적으로 기기에 필요한 수량은 여유를 포함시키고 있으며, 모든 기기(FCU와 같은 방열기)가 동시에 활용되지는 않기 때문이다. 이러한 경우 주관에 대해서는 전항과 같이 등마찰법으로, 지관에 대해서는 표 10-5와 같은 균등표를 기준으로 하여 결정한다.

이 표는 등마찰법으로 결정한 관경의 주관(표의 좌측 관경)에서 몇 개의 지관(표의 상부 관경)까지 분기할 수 있는가를 나타낸다. 한편, 이 과정을 역으로 하면 주관의 관경을 구할 수 있다.

표 10-5 ▸ 급수관의 관경균등표(마찰손실을 계산에 가입한 것)

| 관경 [mm] | (8) | (10) | (15) | 20 | 25 | 32 | 40 | 50 | 65 | 80 | (90) | 100 | (115) | 125 | 150 |
|---|---|---|---|---|---|---|---|---|---|---|---|---|---|---|---|
| (8) | 1 | | | | | | | | | | | | | | |
| (10) | 2.1 | 1 | | | | | | | | | | | | | |
| (15) | 3.8 | 1.8 | 1 | | | | | | | | | | | | |
| 20 | 8 | 3.6 | 2 | 1 | | | | | | | | | | | |
| 25 | 14 | 6.6 | 3.7 | 1.8 | 1 | | | | | | | | | | |
| 32 | 28 | 13 | 7 | 3.6 | 2 | 1 | | | | | | | | | |
| 40 | 41 | 19 | 11 | 5.3 | 2.9 | 1.5 | 1 | | | | | | | | |
| 50 | 77 | 36 | 20 | 10 | 5.5 | 2.7 | 1.9 | 1 | | | | | | | |
| 65 | 120 | 56 | 31 | 16 | 8 | 4.3 | 2.9 | 1.6 | 1 | | | | | | |
| 80 | 206 | 97 | 54 | 27 | 15 | 7 | 5 | 2.7 | 1.7 | 1 | | | | | |
| (90) | 297 | 139 | 78 | 38 | 21 | 11 | 7 | 3.9 | 2.5 | 1.4 | 1 | | | | |
| 100 | 407 | 191 | 107 | 53 | 29 | 15 | 10 | 5.3 | 3.4 | 2 | 1.4 | 1 | | | |
| (115) | 539 | 253 | 141 | 70 | 38 | 19 | 13 | 7 | 4.5 | 2.6 | 1.8 | 1.3 | 1 | | |
| 125 | 716 | 335 | 188 | 93 | 51 | 26 | 17 | 9 | 6 | 3.5 | 2.4 | 1.8 | 1.3 | 1 | |
| 150 | 1,133 | 531 | 297 | 147 | 80 | 40 | 28 | 15 | 9 | 5.5 | 3.8 | 2.8 | 2.1 | 1.6 | 1 |

【주】 예를 들면 100 mm의 주관에 25 mm 지관이 29개 분기될 수 있다.

## [6] 펌프 양정

배관설비의 계획단계에서 펌프의 용량을 예측하기 위해 식 (10-10)과 같이 개략 계산을 한다.

그러나 구체적인 관로와 배관 부품이 결정된 경우에는 식 (10-11)에 의해 계산한다. 이때 관로는 전양정이 최대가 되는 경로를 택한다.

$$H = H_a + H_e + L(1+k)R \qquad \text{(10-10)}$$

$$H = H_a + H_e + \Sigma\{(L + L')R\} \cdots\cdots (10\text{-}11)$$

여기서, $H$ : 전양정[mAq]

$H_a$ : 실양정[mAq]

$H_e$ : 기기의 손실수두[mAq]

$L$ : 배관길이[m]

$L'$ : 국부저항 상당길이[mAq](표 10-3)

$k$ : 직관길이에 대한 국부저항 상당길이의 비율
(주택, 소규모 건축 ; $k = 1.0 \sim 1.5$, 사무소 건축 ; $k = 0.5 \sim 1.0$)

$R$ : 배관 1m당의 마찰저항[mAq/m](마찰저항 ; 그림 10-3의 상단에 표기됨)

## 10-2 증기배관의 설계

### [1] 증기량

기기에서 필요로 하는 증기량의 산출은 증기배관을 설계하는데, 매우 중요하다. 다음은 각각의 경우에 필요한 증기량을 산출하는 식이다.

1) 방열기의 필요증기량 $G_1$[kg/h]

$$G_1 = \frac{3{,}600 \times q}{\gamma} = \frac{3{,}600 \times 0.756 \times EDR}{\gamma}[\text{kg/h}] \cdots\cdots (10\text{-}12)$$

여기서, $q$ : 방열기의 용량[kW]

$EDR$ : 상당방열면적[m²]

0.756 : 증기방열기 1 $EDR(=1\,\text{m}^2)$당 방열량[kW/m²]

$\gamma$ : 증기 온도에서 물의 증발잠열[kJ/kg]

3,600 : 1 [kg/s] = 3,600 [kg/h]

2) 가열코일의 필요증기량 $G_2$[kg/h]

$$G_2 = \frac{G \cdot C_p \cdot \Delta t}{\gamma} = \frac{\rho \cdot Q \cdot C_p \cdot \Delta t}{\gamma}[\text{kg/h}] \cdots\cdots (10\text{-}13)$$

여기서, $G$, $Q$ : 풍량[kg/h], [m$^3$/h]

$C_p$ : 공기의 정압비열[≒ 1.01kJ/kg]

$\Delta t$ : 코일을 통과하는 공기의 온도차[℃]

$\rho$ : 공기의 밀도[≒ 1.2kg/m$^3$]

3) 열교환기(물–증기)의 필요증기량 $G_3$[kg/h]

$$G_3 = \frac{60 \times G_w \cdot C \cdot \Delta t}{\gamma} = \frac{60 \times Q_w \cdot \rho \cdot C \cdot \Delta t}{\gamma} \text{[kg/h]} \quad \cdots\cdots (10\text{-}14)$$

여기서, $G_w$, $Q_w$ : 가열하고자 하는 유체량[kg/min, $L$/min]

$\rho$ : 유체의 밀도[kg/L]

$C$ : 유체의 비열[kJ/kg·K]

$\Delta t$ : 열교환기를 통과하는 유체의 온도차[℃]

4) 가습기의 필요증기량 $G_4$[kg/h]

$$G_4 = G(x_2 - x_1)$$
$$= 1.2 \times Q(x_2 - x_1) \quad \cdots\cdots (10\text{-}15)$$

여기서, $G$, $Q$ : 풍량[kg/h, m$^3$/h]

$x_1, x_2$ : 가습기 입구 및 출구공기의 절대습도[kg/kg′]

1.2 : 공기의 밀도[kg/m$^3$]

**예제 10-4**

건구온도 10℃, 상대습도 50%인 공기 2,000kg/h를 증기코일로 가열 및 증기 가습에 의해 건구온도 40℃, 상대습도 50%로 변화시키기 위한 ⅰ) 가열코일의 필요증기량, ⅱ) 가습 증기량을 각각 구하시오.
단, 수증기 온도는 110℃이고, 가습효율은 100%이다.

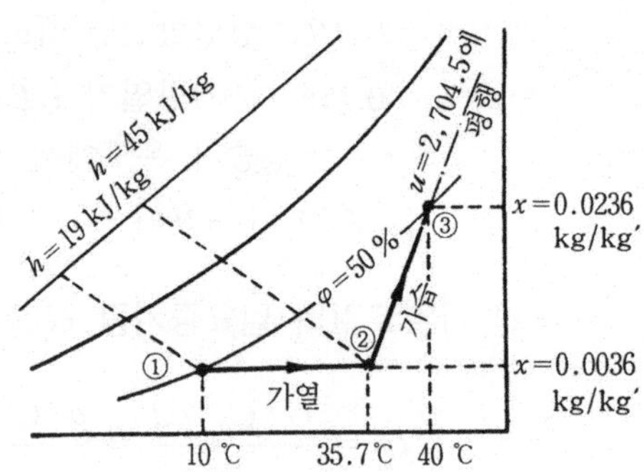


**풀이**

가열·가습과정으로 하여 습공기선도상에 도시하면 각 상태량은 다음 그림과 같다. 그림에서 ②점은 가습된 상태인 ③에서 열수분비 $u = 2{,}704.5$의 평행선과 ①에서 그은 가열선과의 교점이 된다.

여기서, 열수분비 $u$는 식 (3-31)에 의해

$u = 2{,}501 + 1.85 \times 110 = 2{,}704.5\,\mathrm{kJ/kg}$

i ) 가열에 필요한 증기량 $G_2$는 식 (10-13)에 의해

$$G_2 = \frac{G \cdot C_p \cdot \Delta t}{\gamma}$$

$$= \frac{2{,}000 \times 1.01(35.7 - 10)}{2{,}229.52} \fallingdotseq 23.3\,\mathrm{kg/h}$$

ii) 가습에 필요한 증기량 $G_4$는 식 (10-15)에 의해

$$G_4 = 2{,}000 \times (0.0236 - 0.0036) \fallingdotseq 40\,\mathrm{kg/h}$$

## [2] 증기 유속

증기관 내에는 증기와 응축수가 공존한다. 따라서 유속이 너무 빠르면 응축수를 몰고가서 수격작용(water hammering)을 일으킨다.

따라서 저압증기관에서는 최대 35 m/s, 고압증기관에서는 최대 45 m/s로 제한하며, 특히 역구배 증기관에서는 표 10-6과 같이 관경 및 구배에 따라 제한한다.

표 10-6 ▸ 역구배 증기관의 제한속도[m/s]

| 관 경 | 구 배 | | | | | | | |
|---|---|---|---|---|---|---|---|---|
| | 1/480 | 1/240 | 1/20 | 1/80 | 1/60 | 1/40 | 1/30 | 1/24 |
| 20 | 2.4 | 3.3 | 4.0 | 4.3 | 4.9 | 5.2 | 6.7 | 6.7 |
| 25 | 2.7 | 3.6 | 4.6 | 5.2 | 5.8 | 6.7 | 7.3 | 7.6 |
| 32 | 3.3 | 4.3 | 5.2 | 6.1 | 6.7 | 7.6 | 7.9 | 9.4 |
| 40 | 3.6 | 4.9 | 5.8 | 6.7 | 7.3 | 7.9 | 8.5 | 10.0 |
| 50 | 4.6 | 5.5 | 7.3 | 8.2 | 9.1 | 9.7 | 9.7 | 10.0 |

## [3] 저압증기관(100 kPa g 미만)의 관경 결정

### (1) 허용압력강하

증기보일러에서 방열기로 보내지는 증기는 방열기까지 가는 도중에 관마찰저항에 의하여 압력이 내려간다. 이때, 보일러 출구의 압력($P_B$)과 마찰저항이 가장 큰 경로에 있는 방열기의 압력($P_R$)과의 차($\Delta P = P_B - P_R$)를 전압력강하라 하며, 전

압력강하는 초기압력의 1/3을 표준으로 하며, 1/2을 한계로 한다.

증기관의 단위길이인 100m 당 압력강하 $R$은 식 (10-16) 또는 식 (10-17)과 같은 계산식에 의해 구할 수 있으며, 초기증기압력($P_B$)에 따라 단위길이당 압력강하 $R$ 및 전압력강하 $\Delta P$는 표 10-7과 같은 범위 내에 있어야 한다.

표 10-7 ▸ 증기관의 허용압력강하

| 초기 증기압력 $P_B$(게이지압)[kPa] | 전압력강하 $\Delta P$[kPa] | 100 m당 압력강하 $R$[kPa/100m] |
|---|---|---|
| 진공식 | 7~14 | 3~6 |
| 35 | 10 | 6 |
| 70 | 20 | 12 |
| 100 | 30 | 23 |
| 200 | 30~70 | 50 |

증기관 길이 100m당 압력강하 $R$[kPa/100m]은

$$R = \frac{P_B - P_R}{\frac{L}{100}(1+k)} = \frac{100 \times \Delta P}{L(1+k)} \quad \cdots\cdots (10\text{-}16)$$

또, 다른 계산식은

$$R = \frac{100 \times \Delta P}{L + L'} = \frac{100 \times \Delta P}{2L} \quad \cdots\cdots (10\text{-}17)$$

여기서, $R$ : 증기관 100 m당 압력강하[kPa/100m]

$\Delta P = P_B - P_R$ : 보일러와 방열기간의 증기압력차[kPa](표 10-7 참조)

$L$ : 보일러에서 가장 멀리 있는 방열기까지의 거리[m]

$L'$ : 국부저항의 상당길이[m]

$2L = L + L'$ : 국부저항의 상당길이가 $L$과 같을 때

(개략적으로 $2L \fallingdotseq L + L'$)

$k$ : 증기관 도중의 이음 및 밸브 등의 국부저항 합계에 대한 직관저항의 비율(대규모 설비 : $k = 0.5$, 소규모 설비 ; $k = 1.0$)

### (2) 증기관 및 환수관경의 결정

증기배관 및 환수관의 관경은 식 (10-16), (10-17)에 의해 계산된 $R$을 근거로 표 10-8에 의해 100m당 압력강하 $R$을 선택하여 필요증기량이 결정되면 표 10-8의 좌측란에서 증기관의 관경을 정한다.

표 10-8 ▸ 저압증기관의 용량표(증기류량[kg/h])

| 관경 [mm] | 순구배 횡주관 및 급기입관(2관식, 1관식) | | | | | | 역구배 횡주관 및 하향급기 입관 | | | |
|---|---|---|---|---|---|---|---|---|---|---|
| | R = 압력강하[kPa/100m] | | | | | | 2관식 | | 1관식 | |
| | 0.5 | 1.0 | 2.0 | 5.0 | 10.0 | 20.0 | 입관 | 횡관 | 입관 | 횡관 |
| | (A) | (B) | (C) | (D) | (E) | (F) | (G) | (H) | (I) | (J) |
| 20 | 2.6 | 3.8 | 5.5 | 9.0 | 12.9 | 18.7 | 5.5 | - | 3.8 | - |
| 25 | 4.8 | 7.0 | 10.2 | 17.1 | 24 | 35 | 10.2 | 4.5 | 7.0 | 3.7 |
| 32 | 9.4 | 14.0 | 21 | 34 | 50 | 72 | 21 | 10.0 | 14.0 | 8.3 |
| 40 | 14.7 | 21.4 | 32 | 51 | 74 | 107 | 32 | 14.6 | 21.4 | 12.7 |
| 50 | 27 | 40 | 59 | 98 | 140 | 203 | 59 | 25 | 40 | 22.0 |
| 65 | 54 | 78 | 115 | 189 | 275 | 397 | 110 | 62 | 77 | 42 |
| 80 | 86 | 124 | 183 | 301 | 427 | 622 | 159 | 104 | 117 | 67 |
| 90 | 127 | 183 | 266 | 439 | 634 | 903 | 220 | 163 | 165 | 104 |
| 100 | 177 | 256 | 366 | 610 | 878 | 1,270 | 287 | 234 | 214 | 159 |
| 125 | 318 | 451 | 659 | 1,049 | 1,525 | 2,200 | 537 | 439 | - | 293 |
| 150 | 501 | 732 | 1,049 | 1,708 | 2,440 | 3,540 | 939 | 744 | - | - |
| 200 | 1,039 | 1,513 | 2,200 | 3,540 | 5,000 | 7,200 | 2,070 | 1,635 | - | - |
| 250 | 1,870 | 2,680 | 3,900 | 6,220 | 8,910 | 12,690 | 3,660 | 3,050 | - | - |
| 300 | 2,990 | 4,270 | 6,100 | 9,880 | 14,000 | 20,740 | 5,860 | 4,880 | - | - |

표 10-9 ▸ 저압증기의 환수관 용량표(증기류량[kg/h])

| 압력강하 / 관경 [mm] | 횡 주 관 [K] | | | | | | | | |
|---|---|---|---|---|---|---|---|---|---|
| | R = 0.5[kPa/100m] | | 1.0[kPa/100m] | | 2.0[kPa/100m] | | 5.0[kPa/100m] | | 10.0[kPa/100m] |
| | 습식 | 건식 | 습식 및 진공식 | 건식 | 습식 및 진공식 | 건식 | 습식 및 진공식 | 건식 | 진공식 |
| 20 | 27 | - | 39 | - | 54 | - | 85 | - | 121 |
| 25 | 48 | 24 | 71 | 33 | 94 | 42 | 148 | 52 | 215 |
| 32 | 82 | 51 | 113 | 67 | 159 | 86 | 255 | 107 | 362 |
| 40 | 129 | 79 | 182 | 109 | 255 | 139 | 407 | 170 | 566 |
| 50 | 272 | 182 | 386 | 238 | 532 | 300 | 849 | 362 | 1,190 |
| 65 | 454 | 295 | 634 | 407 | 895 | 498 | 1,427 | 600 | 2,000 |
| 80 | 714 | 544 | 1,008 | 725 | 1,452 | 883 | 2,270 | 1,100 | 3,230 |
| 90 | 1,053 | 780 | 1,495 | 1,019 | 2,150 | 1,244 | 3,390 | 1,586 | 4,760 |
| 100 | 1,476 | 1,165 | 2,090 | 1,525 | 2,940 | 1,928 | 4,650 | 2,380 | 6,560 |
| 125 | 2,610 | - | 3,620 | - | 5,210 | - | 8,050 | - | 11,350 |
| 150 | 3,780 | - | 5,890 | - | 8,270 | - | 13,240 | - | 18,540 |

표 10-9 ▸ 계 속

| 압력강하 / 관경 [mm] | 입 관 | | | | |
|---|---|---|---|---|---|
| | 진 공 식 (L) | | | | 건식(M) |
| | $R=1.0$ [kPa/100m] | 2.0 [kPa/100m] | 5.0 [kPa/100m] | 10.0 [kPa/100m] | |
| 20 | 71 | 94 | 148 | 215 | 21 |
| 25 | 113 | 159 | 255 | 362 | 61 |
| 32 | 182 | 255 | 532 | 566 | 112 |
| 40 | 386 | 532 | 850 | 1,190 | 170 |
| 50 | 634 | 895 | 1,427 | 2,000 | 339 |
| 65 | 1,008 | 1,452 | 2,270 | 3,230 | - |
| 80 | 1,495 | 2,150 | 3,390 | 4,760 | - |
| 90 | 2,090 | 2,940 | 4,650 | 6,560 | - |
| 100 | 3,620 | 5,210 | 8,050 | 11,350 | - |
| 125 | 5,890 | 8,270 | 13,240 | 18,540 | - |

또, 환수관의 관경은 표 10-9를 이용하여 결정한다. 여기서, 100m당 압력강하 $R$은 증기관에서 사용된 값을 적용한다.

### (3) 방열기 지관의 관경 및 밸브와 트랩

방열기 주위의 지관은 표 10-10을 이용하여 결정한다. 방열기 밸브와 트랩은 각 메이커의 제품명세서를 보고 선택하지만 대체로 이 표에서 선정해도 큰 차이는 없다.

표 10-10 ▸ 방열기 지관 및 방열기 밸브의 직경[mm]

| 방열면적 | 증 기 관 | | | | 환 수 관 | | |
|---|---|---|---|---|---|---|---|
| *EDR* [m²] | 입상관 (상향급기) (a) | 횡관 (역구배) (b) | 입하관 (하향급기) (c) | 방열기 밸 브 (d) | 입관 (e) | 횡관 (f) | 방열기 트 랩 (g) |
| ~ 1.7 | 15 | 20 | 15 | 15 | 15 | 15 | 15 |
| 1.8~ 5.3 | 20 | 25 | 15 | 20 | 15 | 15 | 15 |
| 5.3~12.2 | 25 | 32 | 20 | 25 | 15 | 20 | 15 |

#### 예제 10-5

다음 그림과 같이 게이지압력 35kPa의 증기보일러에 길이 10m의 입관과 200m의 순구배 횡주관 끝에 용량 58.3kW의 방열기로 구성되어 있고, 2관식 건식 중력환수방식으로 운전될 때 다음을 구하시오. 단, 35kPa g에서 증발잠열은

2,239 kJ/kg이다.

i) 전압력강하, ii) 100 m당 압력강하, iii) 증기량, iv) 증기 입관경, v) 증기 횡주관경, vi) 환수입관경, vii) 환수횡주관경

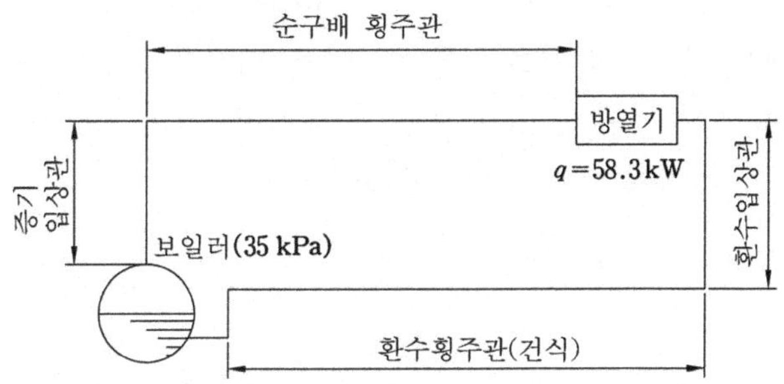


**풀이**

i) 전압력강하는 표 10-7에서 초기 증기압력 35 kPa(게이지압력)를 적용하면 ; 전압력강하 $\Delta P = 10\,\text{kPa}$

ii) 배관길이 100 m당 압력강하 $R$은 식 (10-7)에 전압력강하 10 kPa를 적용하면 ;

$$R = \frac{100 \times \Delta P}{L + L'} = \frac{100 \times 10}{200 + 200} = 2.5\,\text{kPa}/100\,\text{m}$$

iii) 증기량은 식 (10-12)에 증발잠열 2,239 kJ/kg을 적용하면 ;

$$G = \frac{3,600 \times q}{\gamma} = \frac{3,600 \times 58.3}{2,239} \fallingdotseq 94\,\text{kg/h}$$

iv) 증기입상관은 표 10-8의 (G)란에서 94 kg/h 보다 적지 않은 110 kg/h를 적용하면 ;

$d = 65\,\text{mm}$

v) 증기횡주관경은 표 10-8로부터 $R = 2.5$보다 적지 않은 $R = 5.0$인 (D)란을 적용하며, 계산된 증기량 94[kg/h]보다 적지 않은 98[kg/h]를 적용하면 ;

$d = 50\,\text{mm}$

vi) 환수입관경은 표 10-9의 (M)란에서 증기량 94보다 적지 않은 112[kg/h]를 적용하면 ;

$d = 32\,\text{mm}$

vii) 환수횡주관은 표 10-9의 (K)란에서 $R = 2.5$ 보다 적지 않은 $R = 5$에서 계산된 증기량보다 적지 않은 107[kg/h]를 적용하면 ;

$d = 32\,\text{mm}$

## [4] 고압증기관(100 kPa g 이상)의 관경 결정

### (1) 허용압력강하

초기의 증기압력이 100 kPa g 이상이 되는 고압증기관에서 초기 증기압력별로 증기공급관과 환수관의 전압력강하는 그림 10-5와 같다.

이 그림에서 전압력강하($\Delta P$)를 읽고, 또 배관상당길이(직관과 국부저항의 상당길이와의 합)를 알면 식 10-18에 의해 단위길이(100 m)당 압력강하 $R$[kPa/100 m]을 구할 수 있다. 즉 단위길이당 압력강하 $R$은

$$R = \frac{100 \times \Delta P}{L(1+k)} \text{ 또는 } R = \frac{100 \times \Delta P}{L + L'} \cdots\cdots (10\text{-}18)$$

여기서, $\Delta P$ : 그림 10-5의 수평축에 있는 전압력강하[kPa]

$L(1+k)$, $L+L'$ : 배관상당길이[m]

따라서 증기의 초기압력을 알면 그림 10-5에 의해 증기공급관이나 환수관에서의 전압력강하 $\Delta P$를 구할 수 있고, 이 $\Delta P$와 배관상당길이를 식 (10-19)에 대입하면 증기공급관이나 환수관의 100 m 압력강하 $R$을 구할 수 있다.

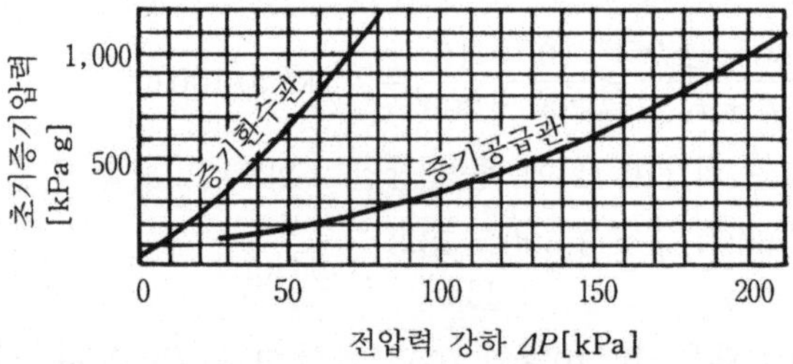


그림 10-5 ▸ 초기 증기압력에 대한 전압력강하

표 10-11 ▸ 고압증기 공급관의 100 m 압력강하 $R$[kPa]

| 초기 증기압력[1] [kPa g] | 장치 내에서의 전압력강하[2] $\Delta P$[kPa] | 단위길이당 압력강하 $R$[kPa/100 m] | | | | | | |
|---|---|---|---|---|---|---|---|---|
| | | 250 | 200 | 150 | 100 | 50 | 10 | |
| 200 | 60 | | | | ~68 | 120 | 600 | 증기관길이 |
| 500 | 130 | | ~65 | 87 | 130 | 260 | 1,300 | 증기관길이 |
| 100 | 200 | ~80 | 100 | 135 | 200 | 400 | 2,000 | 증기관길이 |

【주】 1) 그림 10-5의 종축

2) 그림 10-5의 횡축에서 읽은 값

【예】 1,000 kPa g의 증기에서 장치 내의 전압력강하 $\Delta P$=200[kPa]이고, 배관상당길이가 200 m일 때의 100 m당 압력강하 $R$=100[kPa/100 m]로 한다.

예를 들면, 초기의 증기압력이 200, 500, 1,000kPa g일 때의 장치 내에서의 전 압력강하 및 상당길이에 따른 100m당 증기공급관의 압력강하는 표 10-11과 같고, 환수관에 대해서는 표 10-12와 같다.

표 10-12 ▸ 고압증기의 환수관에 대한 100 압력강하 $R$[kPa]

| 초기 증기압력[1] [kPa g] | 장치 내에서의 전압력강하[2] $\Delta P$[kPa] | 단위길이당 압력강하 $R$[kPa/100m] | | | | | | |
|---|---|---|---|---|---|---|---|---|
| | | 100 | 50 | 20 | 10 | 5 | 2 | |
| 200 | 15 | | | ~75 | 150 | 300 | 750 | 환수관길이 |
| 500 | 40 | | ~80 | 200 | 400 | 800 | 2,000 | |
| 1,000 | 70 | 270 | 140 | 350 | 700 | 1,400 | 3,500 | |

【예】 1,000kPa g의 증기환수관에서 장치 내의 전압력강하 $\Delta P = 70$[kPa]이고, 배관상당길이가 350m일 때의 단위길이(100m)당 압력강하 $R = 20$[kPa/100m]로 한다.

### (2) 증기급기관의 관경 결정

그림 10-6, 7은 증기의 압력별로 유량 및 관경, 유속과 압력손실의 관계를 나타내는 증기관의 압력강하선도이다.

이 선도의 이용은, 그림 10-5 및 표 10-11에 의해 증기공급관의 단위길이당 압력강하 $R$[kPa/100m]을 결정하면 소요증기량을 통과시킬 수 있는 관경을 이 선도로서 쉽게 정할 수 있다. 이때, 유속은 45m/s를 초과하지 않도록 한다.

**예제 10-6**

1,000kPa g의 증기에서 단위길이당 압력강하 $R$을 100[kPa/100m]로 할 때 증기량 1,000kg/h를 공급할 수 있는 관경은 얼마인가?

**풀이**

그림 10-7에 의해 단위길이당 압력강하 $R = 100$[kPa/100m]와 증기량 1,000kg/h에 상당하는 관경 및 유속은 다음과 같다.

직경 $D = 47$mm

유속 $w = 28$m/s

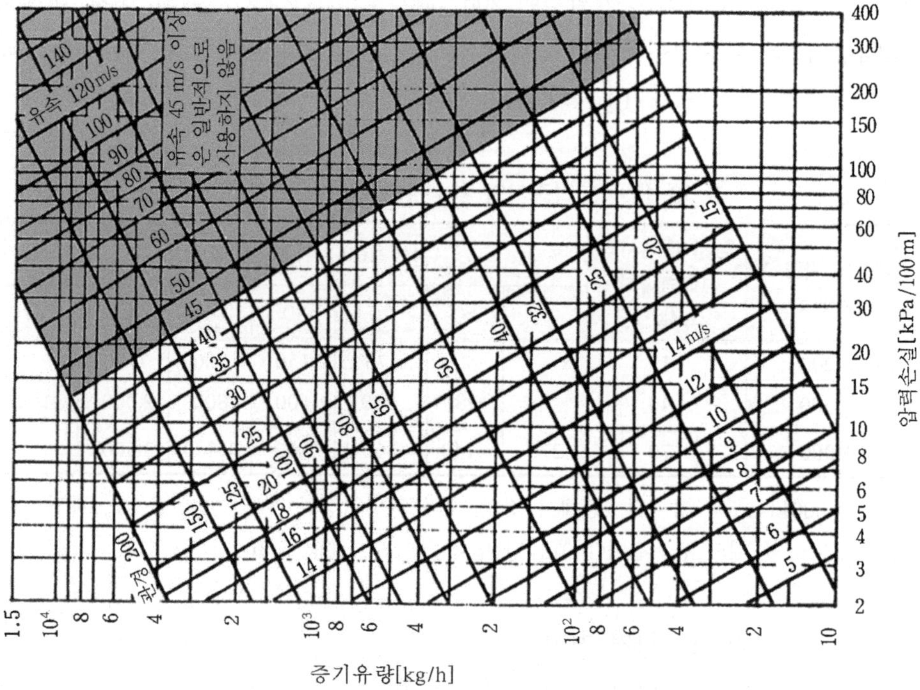


그림 10-6 ▸ 증기배관 압력강하선도[200 kPa g]

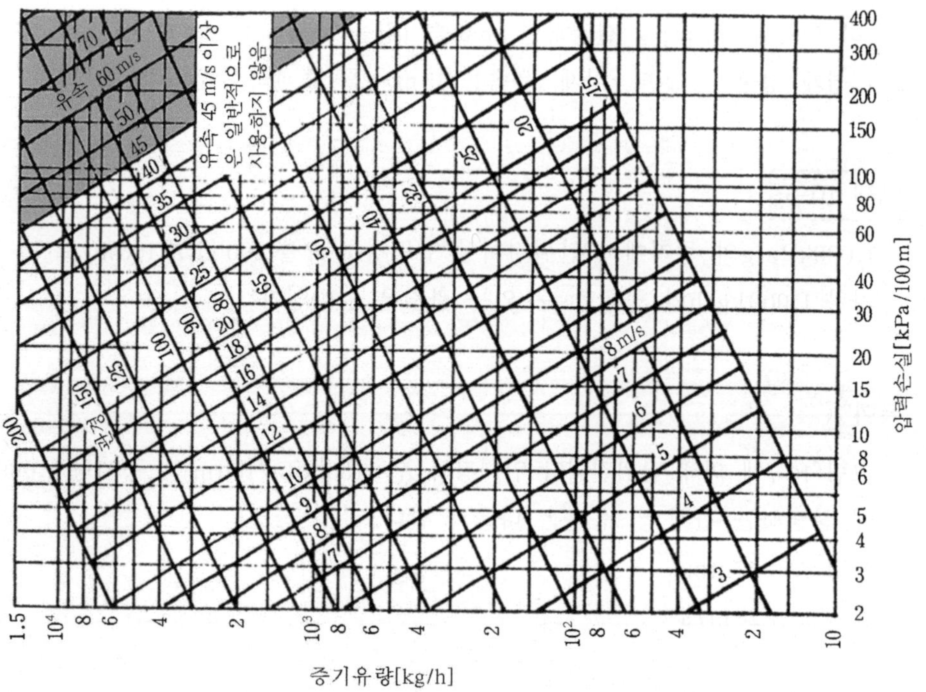


그림 10-7 ▸ 증기배관 압력강하선도[1,000 kPa g]

한편, 주어진 조건($R=100\,\mathrm{kPa/100\,m}$, $G=1{,}000\,\mathrm{kg/h}$)을 그림 10-9에 적용하면 관경은 47mm로 되지만 실제로 생산되는 관경은 50mm이다.

### (3) 증기환수관의 관경 결정

그림 10-5 및 표 10-12에 의해 증기환수관의 단위길이당 압력강하를 구하여 표 10-13 및 표 10-14에 의해 환수관경을 결정한다. 표 10-13은 초기 증기압력이 200kPa g인 경우이고, 표 10-14는 초기 증기압력이 1,000kPa g인 경우이다.

표 10-13 ▸ 고압증기의 환수관 용량표, 증기압 200kPa g의 경우(유량 kg/h)

| 관경[A] / 압력강하 [kPa/100m] | 20 | 25 | 32 | 40 | 50 | 65 | 80 | 100 | 125 | 150 |
|---|---|---|---|---|---|---|---|---|---|---|
| 1 | 27 | 60 | 120 | 200 | 400 | 600 | 1,200 | 2,700 | 5,000 | 8,000 |
| 2 | 40 | 86 | 180 | 300 | 600 | 900 | 1,800 | 4,000 | 7,000 | 12,000 |
| 4 | 60 | 130 | 260 | 420 | 860 | 1,400 | 2,600 | 5,700 | 10,000 | 17,000 |
| 6 | 75 | 160 | 320 | 530 | 1,100 | 1,700 | 3,200 | 7,200 | 13,000 | 21,000 |
| 10 | 100 | 210 | 430 | 700 | 1,450 | 2,300 | 4,400 | 9,600 | 17,000 | 28,000 |
| 20 | 150 | 310 | 630 | 1,000 | 2,100 | 3,300 | 6,400 | 14,000 | 26,000 | 41,000 |
| 40 | 230 | 450 | 920 | 1,500 | 3,100 | 4,800 | 9,400 | 20,000 | 37,000 | 60,000 |
| 60 | 280 | 560 | 1,200 | 1,900 | 4,000 | 6,000 | 12,000 | 26,000 | 46,000 | 76,000 |
| 100 | 380 | 750 | 1,500 | 2,500 | 5,000 | 8,000 | 16,000 | 34,000 | 60,000 | 100,000 |

표 10-14 ▸ 고압증기의 환수관 용량표, 증기압 1,000kPa g의 경우(유량 kg/h)

| 관경[A] / 압력강하 [kPa/100m] | 20 | 25 | 32 | 40 | 50 | 65 | 80 | 100 | 125 | 150 |
|---|---|---|---|---|---|---|---|---|---|---|
| 1 | 37 | 74 | 150 | 260 | 510 | 900 | 1,600 | 3,200 | 6,000 | 10,000 |
| 2 | 57 | 110 | 240 | 400 | 800 | 1,400 | 2,400 | 5,000 | 9,200 | 15,000 |
| 4 | 90 | 170 | 360 | 600 | 1,200 | 2,100 | 3,700 | 7,600 | 14,000 | 23,000 |
| 6 | 110 | 220 | 460 | 780 | 1,600 | 2,700 | 4,800 | 10,000 | 18,000 | 30,000 |
| 10 | 160 | 310 | 640 | 1,100 | 2,200 | 3,600 | 6,500 | 14,000 | 25,000 | 41,000 |
| 20 | 240 | 460 | 1,000 | 1,180 | 3,300 | 5,500 | 10,000 | 21,000 | 38,000 | 63,000 |
| 40 | 370 | 720 | 1,500 | 2,500 | 5,000 | 8,500 | 15,000 | 32,000 | 59,000 | 98,000 |
| 60 | 470 | 920 | 2,000 | 3,200 | 6,400 | 11,000 | 20,000 | 42,000 | 76,000 | 126,000 |
| 100 | 650 | 1,300 | 2,600 | 4,500 | 9,000 | 15,000 | 27,000 | 56,000 | 105,000 | 170,000 |
| 200 | 1,000 | 2,000 | 4,100 | 7,000 | 13,000 | 23,000 | 42,000 | 88,000 | 160,000 | 265,000 |

# 10-3 배관재료 및 기구

## [1] 관과 이음류

### (1) 관의 종류

건축설비용으로 사용되는 관의 종류는 강관을 비롯하여 스테인리스관, 동관, 주철관, 연관, 비닐관 등이 있으며, 이와 같은 관재료의 규격은 한국공업규격(KS)으로 규정되고 있으며, 사용 구분은 표 10-15와 같다.

표 10-15 ▸ 일반 배관용 재료의 사용 구분

| 구 분 | 관의 종류 | 규 격 | 사 용 구 분 | | | | | | | | 비 고 |
|---|---|---|---|---|---|---|---|---|---|---|---|
| | | | 증기 | 냉온수 | 냉각수 | 기름 | 냉매 | 급수 | 급탕 | 배수통기 | |
| 강 관 | 수동용 아연도 강관 | KS D 3537 | | ○ | ○ | | | ○ | ○ | ○ | |
| | 배관용 탄소강 강관 | KS D 3507 | | ○ | ○ | ○ | ○ | ○ | ○ | ○ | 백관 SPW |
| | 배관용 탄소강 강관 | KS D 3507 | ○ | | | | | | | | 흑관 SPB |
| | 압력배관용 탄소강 강관 | KS D 3562 | | ○ | ○ | ○ | ○ | ○ | | | 백관 SPW |
| | 압력배관용 탄소강 강관 | KS D 3562 | ○ | | | ○ | | | | | 흑관 SPB |
| 스테인리스 | 배관용 스테인리스 강관 | KS D 3595 | | ○ | ○ | | | ○ | ○ | ○ | |
| 동 관 | 동 및 동합금 이음매 없는 관(인탈산) | KS D 5301 | | ○ | ○ | | ○ | ○ | ○ | ○ | |
| 주철관 | 수도용 입형주철직관 | KS D 4310 | | | | | | ○ | | | |
| | 배수용 주철관 | KS D 4307 | | | | | | ○ | | ○ | |
| | 수도용 원심력 덕타일주철관 | KS D 4311 | | | | | | ○ | | | |
| 연 관 | 연관 | KS D 6702 | | | | | | | | ○ | 1 및 2종 |
| | 수도용 연관 | KS D 6703 | | | | | | ○ | | | 1 및 2종 |
| 비닐관 | 경질염화비닐관 | KS M 3404 | | | | | | | | ○ | |
| | 수도용 경질염화비닐관 | KS M 3401 | | | | | | ○ | | | |
| 도 관 | 도관 | KS L 3208 | | | | | | | | ○ | |
| 콘크리트 | 콘크리트관 | KS F 4401 | | | | | | | | ○ | |

### (2) 이음(joint)의 종류

관이음의 종류는 나사식 관이음 및 용접식 관이음, 플랜지(flange) 관이음 등이 있으며, 관경이 비교적 작은 경우에는 나사식 이음을 하게 되지만 관경이 크면 맞대기 용접이나 플랜지 이음을 한다.

표 10-16은 한국공업규격이 규정하는 각종 이음쇠의 규격이다.

표 10-16 ▸ 관이음쇠의 규격

| 분 류 | 종 류 | 규 격 |
|---|---|---|
| 나 사 이 음 | 나사식 가단주철제 관이음쇠 | KS B 1531 |
| | 나사식 강관제 관이음쇠 | KS B 1533 |
| 용 접 이 음 | 일반배관용 강관제 맞대기용접 관이음쇠 | KS B 1522 |
| | 특수배관용 강관제 맞대기용접 관이음쇠 | KS B 1541 |
| | 특수배관용 삽입 용접식 관이음쇠 | KS B 1542 |
| 플 랜 지 이 음 | 일반 플랜지 | KS B 1519 |
| | 진공용 플랜지 | KS B 1540 |

## [2] 밸브의 종류

밸브의 구성 재료로는 청동, 주철, 주강 등이 쓰이며, 관과의 접속방식은 나사식, 플랜지식 등이 있다. 밸브는 사용목적에 따라 다음과 같은 종류 등이 있다.

### (1) 게이트밸브(gate valve)

그림 10-8과 같은 구조로서 관로를 전개하거나 전개할 목적으로 사용된다.

밸브를 완전히 열면 배관경과 밸브의 구경이 동일하므로 유체의 저항이 적지만 부분개폐 상태에서는 밸브판이 침식되어 완전히 닫아도 누설될 우려가 있다.

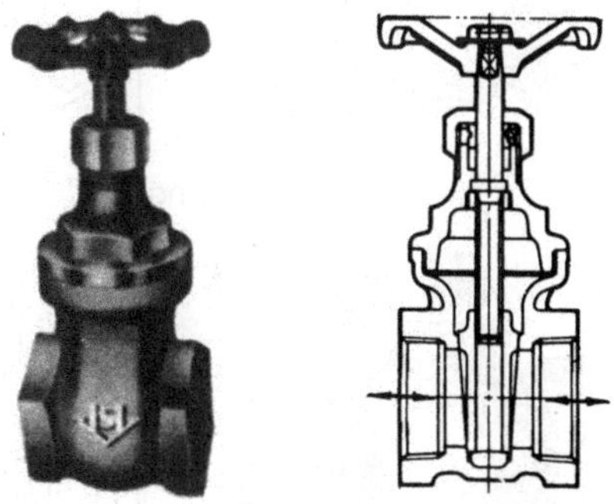

그림 10-8 ▸ 게이트밸브(gate valve)

### (2) 글로브밸브(globe valve)

그림 10-9와 같이 밸브의 개폐동작은 변좌가 상하로 이동한다. 따라서 유체는 밸브 내의 아래에서 위쪽으로 흐르도록 설치한다. 이 밸브는 유량조절용으로 사용된다.

### (3) 앵글밸브(angle valve)

그림 10-10과 같이 유체의 흐름방향을 90°로 전환시킬 수 있다. 내부 구조는 글로브밸브와 동일하므로 유량조절용으로 사용된다.

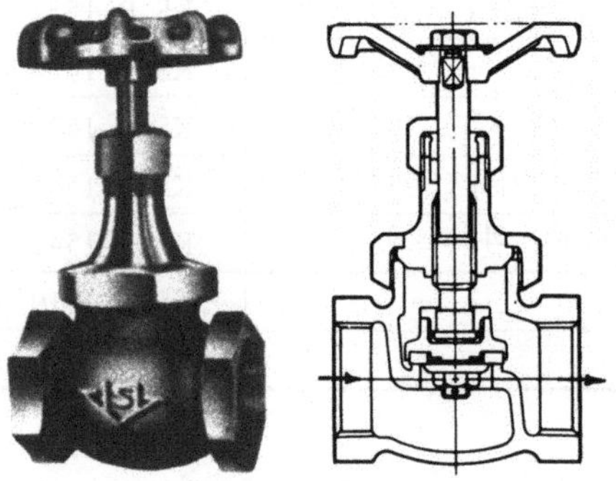

그림 10-9 ▸ 글로브밸브(glove valve)

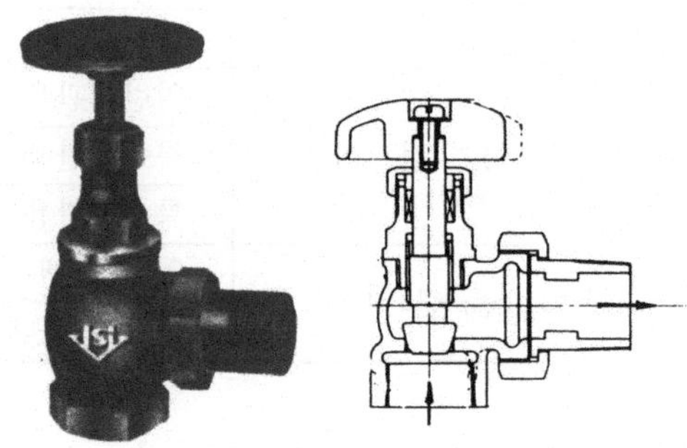

그림 10-10 ▸ 앵글밸브(angle valve)

### (4) 체크밸브(check valve)

그림 10-11의 (a)와 같이 유체의 흐름방향을 한쪽으로만 제어하는 것으로 스윙(swing)형 체크밸브와, (b)와 같은 리프트(lift)형 체크밸브가 있다. 전자는 수평배관 및 흐름방향이 상향의 입관에 사용되며, 후자는 수평관에만 사용된다.

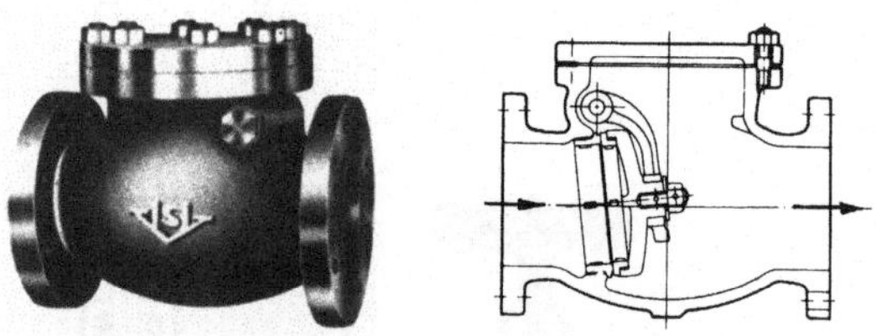

(a) swing형

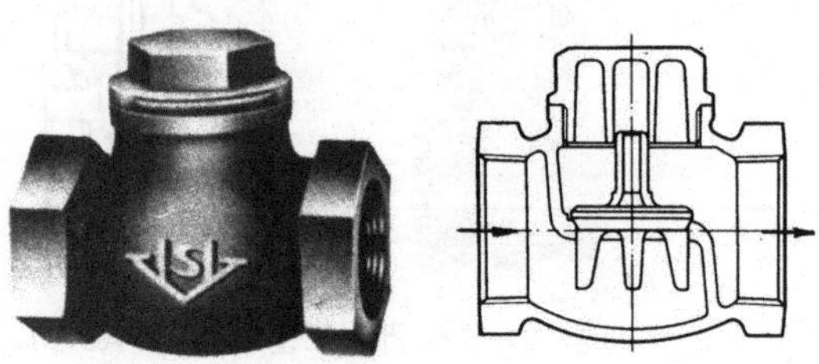

(b) lift형

그림 10-11 ▸ 체크밸브(check valve)

### (5) 볼밸브(ball valve)

그림 10-12와 같이 원형으로 관통된 구(ball)는 핸들과 연결되어 있어서 핸들을

90° 회전하면 완전히 닫힌다. 이 밸브는 관경이 비교적 작은 경우에 게이트 밸브와 같이 개폐용으로 사용된다.

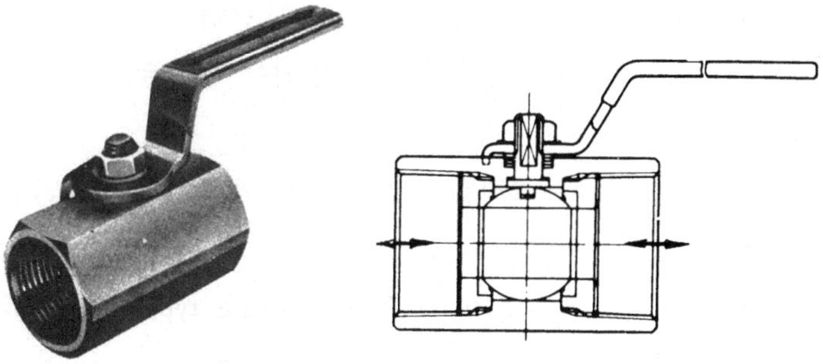

그림 10-12 ▸ 볼 밸브(ball valve)

(6) 온도조절밸브(thermostatic temperature regulator)

온도조절밸브는 그림 10-13과 같이 감열통 ①은 연결관 ②에 의해 벨로즈로 연결되어 있다. 또한, 벨로즈는 연결봉에 의해 밸브 ④까지 연결되어 있다.

감온통 ①은 검출부에 삽입된다. 만약 검출부의 온도가 상승하면 감온통 내에 있는 약제가 증발하여 감온통 내의 압력이 상승하고, 따라서 약제액은 연결관 ②를

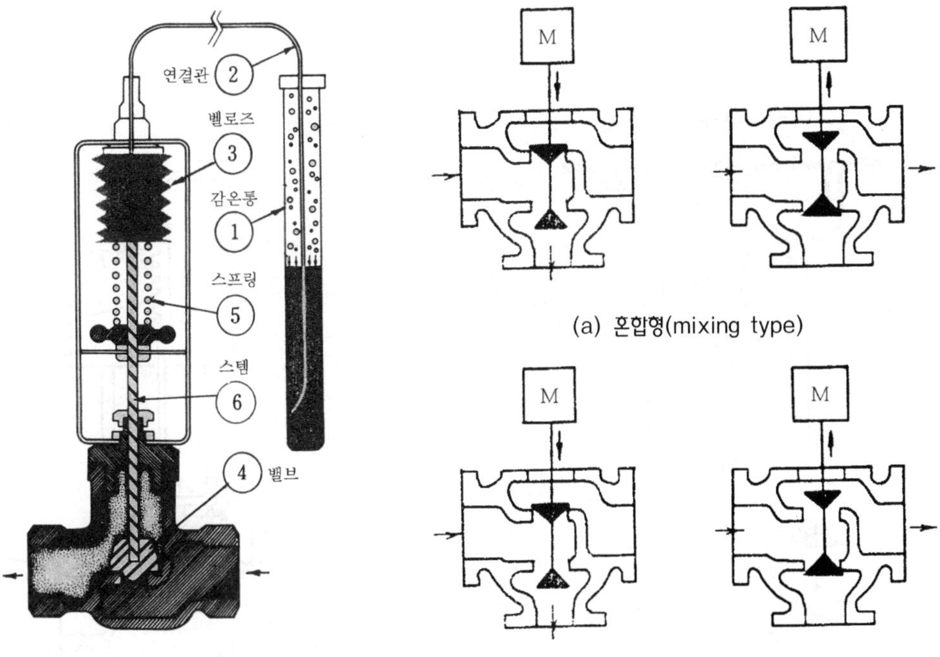


(a) 혼합형(mixing type)

(b) 분리형(diverting type)

그림 10-13 ▸ 온도조절밸브(thermostatic temperature regulator)

통하여 벨로즈 ③을 팽창시키며, 이에 따라 연결봉 끝에 있는 밸브는 닫히게 된다. 그러나 검출부의 온도가 내려가면 반대작용으로 밸브는 열리게 된다.

온도조절밸브는 작동방식에 따라 정작동(direct acting), 역작동(reverse acting)이 있다. 전자는 검출부의 온도가 상승하면 밸브가 닫히는 것으로 온수탱크 등에 사용하며, 후자는 검출부의 온도가 상승하면 열리는 것으로서, 냉각장치 등의 경우에 사용된다.

한편, 유체의 흐름방향이 2개인 2방(two way)밸브와 3개인 3방(three way)밸브가 있다. 2방밸브는 입구와 출구가 각각 1개씩이며, 3방밸브는 설정온도를 유지시키기 위하여 냉수와 온수를 혼합하는 혼합형(mixing type ; 그림 a)과 출구의 방향을 바꾸기 위한 분리형(diverting type ; 그림 b)이 있다.

### (7) 압력조절밸브(pressure regulator)

압력조절밸브는 그림 10-14와 같은 구조로, 2차측인 검출부의 압력을 ①에 접속된 감지관(feeler line)을 통하여 다이어프램 ②에 전달되며, 그 압력의 정도에 따라 연결봉에 의해 밸브의 열림 정도가 정해진다.

즉 2차압력이 지정압력에 도달되면 스프링의 힘과 1차압력에 의해 밸브를 미는 힘과의 합한 값은 2차압에 의해 다이어프램을 미는 힘과 같아진다.

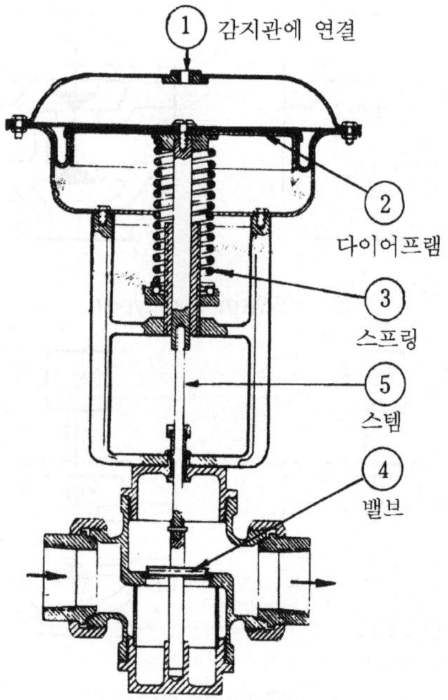

그림 10-14▸ 압력조절밸브(pressure regulator)

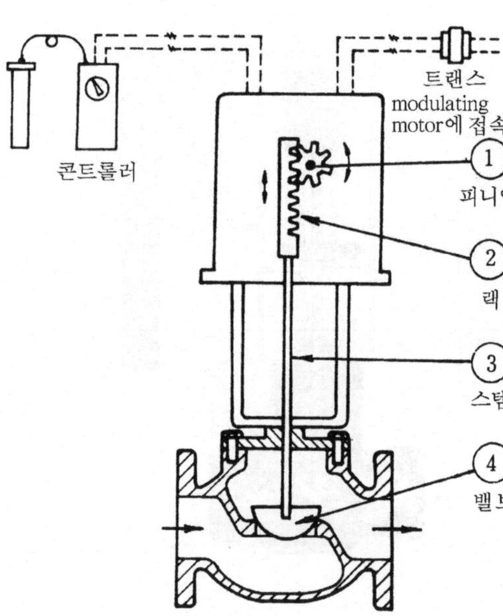

그림 10-15▸ 모터밸브(motor valve)

### (8) 모터밸브(motor valve)

모터밸브는 그림 10-15와 같이 검출부로부터 온도, 압력, 습도 등의 조절감지를 받아 변압기를 통해 들어오는 전원에 의해 미동모터(modulation motor)가 회전하고 피니언(pinion)과 래크(rack)에 의해 밸브에 상하운동을 전달한다.

### (9) 플러그 콕(plug cock)

기기나 배관 내의 수량조절을 빈번하게 하지 않고 일정량으로 고정시키는 경우에는 글로브 밸브 대신에 그림 10-16과 같은 플러그 콕을 사용한다.

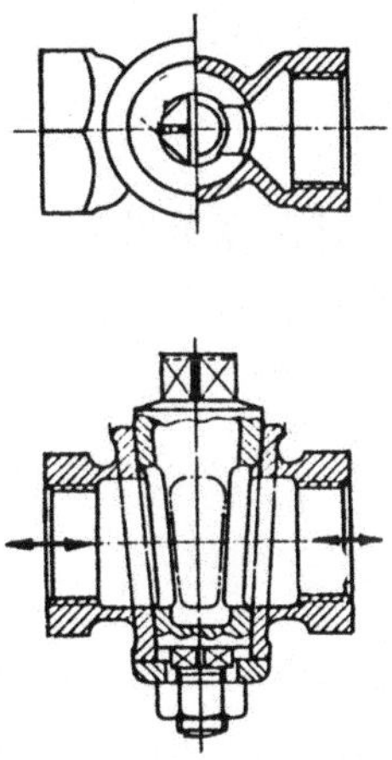

그림 10-16 ▸ 플러그 콕

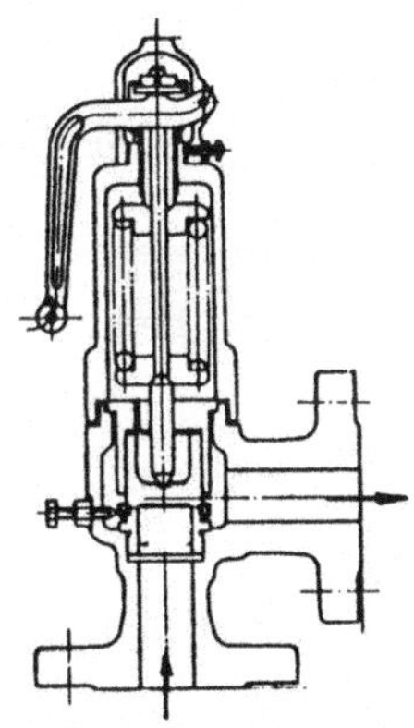

그림 10-17 ▸ 안전밸브

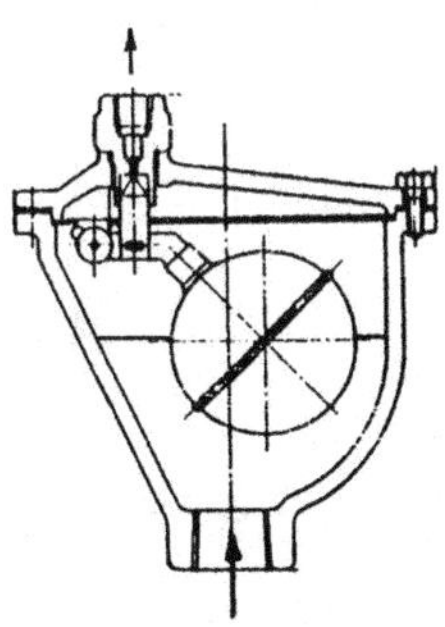

그림 10-18 ▸ 에어벤트

### (10) 안전밸브(safety valve)

안전밸브는 용기나 배관 내의 압력을 안전한 범위 내로 유지시키기 위해 부착되는 것으로서, 상용압력 이상이 되면 작동하여 유체를 외부로 방출시킬 수 있도록 그림 10-17과 같은 구조로 되어 있다.

### (11) 에어벤트(air vent)

물은 저온시 공기를 흡수하고, 고온에서 발생시킨다. 따라서 가열장치에 급수된 물에서는 가열과 함께 공기가 발생한다. 또, 증기난방의 경우에 장치의 가동을 정지하면 증기의 응축과 함께 배관이나 기기 내는 부압이 되고 따라서 각종 기기로부터 공기가 유입된다.

이와 같은 원인들로 인한 공기는 가동과 함께 제거해야 원활한 순환과 전열효율을 높일 수 있으며, 관부식을 방지할 수 있다.

에어벤트는 용도에 따라 수배관용과 증기배관용이 있으며, 여러 가지의 구조가 있으나 그림 10-18은 수배관용으로서 플로트형(float type)이다.

작동은 설치 위치를 배관이나 기기의 최상부에 위치시킴으로써 관 내에 공기가 있으면 에어벤트쪽으로 모이고, 따라서 에어벤트 내에 있는 플로트는 밑으로 처진다. 이때, 니들밸브가 열리고 공기는 배출되며 물이 차 올라오면 플로트는 부력에 의해 위로 뜨고 니들밸브는 닫힌다.

## [3] 트랩의 종류

증기트랩은 증기관이나 기기에서 응축된 응축수와 증기를 분리시키는 일종의 자동밸브로서 용도에 따라 다음과 같은 종류의 것 중에서 선택한다.

### (1) 기계식(mechanical type)

기계식 트랩은 응축수의 부력을 이용한 것으로 다음과 같은 종류가 있다.

- 기계식 트랩
  - 버킷 트랩
    - 상향 버킷 트랩
    - 하향 버킷 트랩
  - 플로트 트랩
  - 플로트 · 서모스탯 트랩

#### 1) 상향 버킷 트랩(open bucket trap)

상향 버킷 트랩은 그림 10-19의 (a)와 같이 응축수가 버킷의 외부에 고여 있는 동안은 부력에 의한 버킷이 떠 있으며, 밸브는 닫혀 있다.

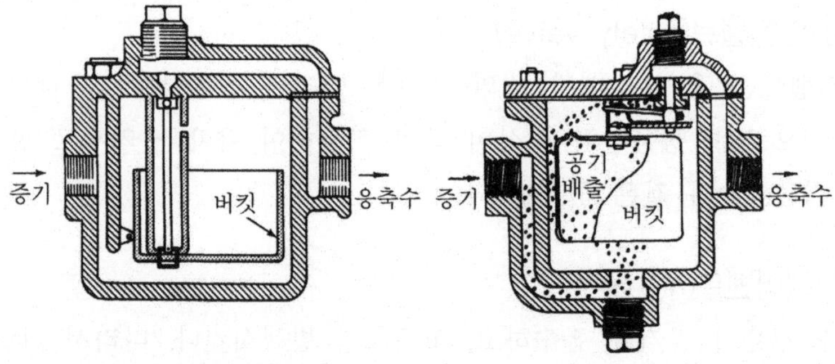


(a) 상향 버킷 트랩(open bucket)　(b) 하향 버킷 트랩(inverted bucket trap)

그림 10-19 ▸ 버킷 트랩(bucket trap)

그러나 응축수가 계속 증가하면 버킷 속으로 넘쳐서 가라앉게 되며, 따라서 밸브는 열리고 응축수는 증기압력에 의해 출구로 밀려 나간다. 이 방식은 구조가 간단하므로 고장이 적고, 또 적용압력의 범위도 넓지만 감도가 둔하고 공기의 배출이 곤란하다.

2) 하향 버킷 트랩(inverted bucket trap)

하향 버킷 트랩은 그림 10-19의 (b)와 같은 구조로, 버킷 내에 응축수량이 적고 증기가 모여 있으면 버킷은 부력에 의해 떠 있으며 밸브는 닫혀 있다. 그러나 응축수가 증가되면 버킷은 가라앉고, 따라서 밸브는 열리며 응축수는 배출된다. 이 방식은 공기가 버킷 상부에 있는 공기구멍으로 배출될 수 있다.

3) 플로트 트랩(float trap)

이것은 그림 10-20과 같이 응축수의 수위에 따라 플로트를 상하로 움직이게 하여 밸브를 개폐시켜 응축수를 배출시킨다. 따라서 응축수는 연속으로 배출시킬 수 있으며, 대용량에도 적합하다. 그러나 플로트를 트랩 내부에 갖고 있어서 외형이 크고, 공기의 배출이 곤란하다.

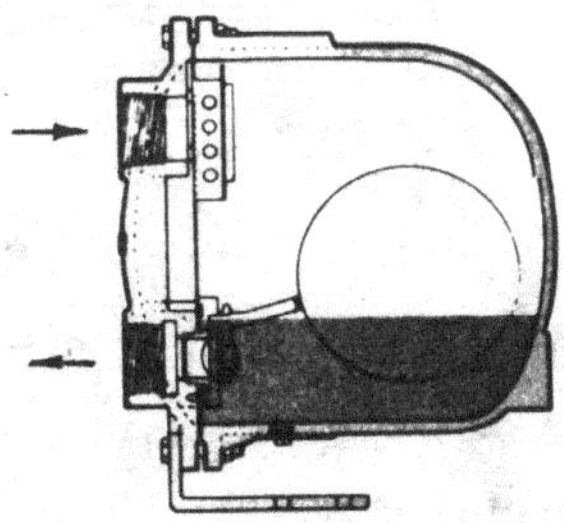


그림 10-20 ▸ 플로트 트랩(float trap)

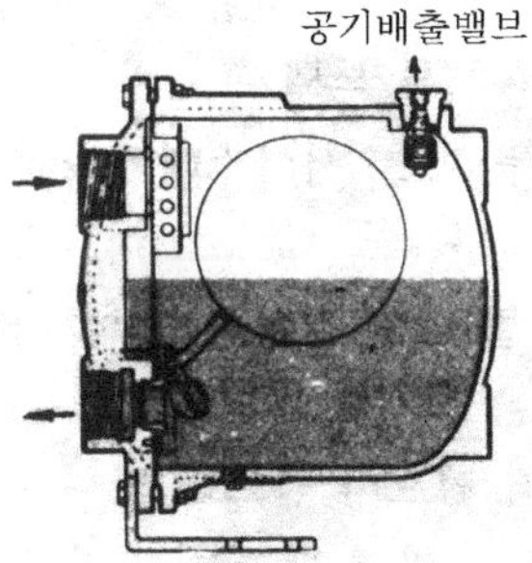


그림 10-21 ▸ 플로트 · 서모스탯 트랩 (F&T트랩 ; float and thermostatic trap)

4) 플로트 · 서모스탯 트랩(F&T트랩 ; float and thermostatic trap)

그림 10-21과 같은 플로트 트랩에 공기를 배출시킬 수 있도록 상부에 온도조절식 배기밸브를 부착시킨 것이다.

(2) 온도조절식(thermostatic type)

증기와 응축수 사이의 온도차를 이용한 것으로 응축수의 온도가 증기온도 이하로 내려가면 작동되는 것으로서 벨로즈 트랩과 바이메탈 트랩이 있다.

1) 벨로즈 트랩(bellows trap)

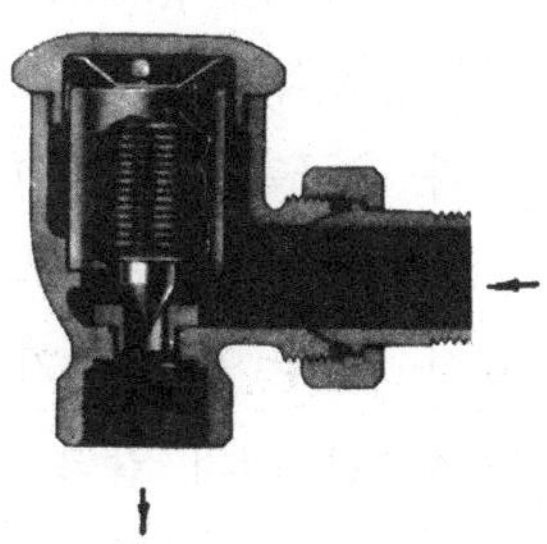

그림 10-22 ▸ 벨로즈 트랩 (bellows trap)

그림 10-22와 같은 구조로서 금속제의 벨로즈 속에는 휘발성 액체가 봉입되어 있으므로 벨로즈

주위에 증기가 있으면 팽창되며, 증기가 응축되어 온도가 낮아지면 수축하게 되는 동작으로 밸브를 개폐한다. 이 방식은 방열기 트랩과 같이 소형의 것에 많이 적용되며 응축수 배출은 정상적인 조건 및 증기압력에서는 연속적인 배출을 할 수 있고, 초기 가동시에 공기배출능력이 좋다. 그러나 응축수가 역류되는 경우도 있다.

2) 바이메탈 트랩(bimetal trap)

그림 10-23에서와 같이 바이메탈 트랩은 내부에 열팽창계수가 다른 두 개의 금속이 접합된 바이메탈의 조합으로 구성된 요소가 있다.

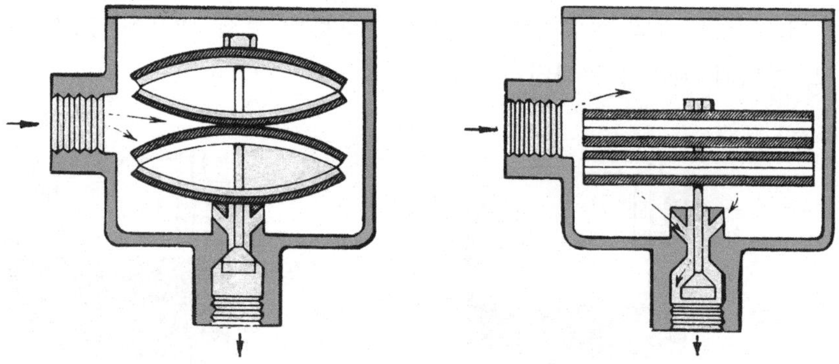


그림 10-23 ▸ 바이메탈 트랩(bimetal trap)

트랩 내에 증기가 있을 때는 그림 (a)와 같이 바이메탈이 변형되어 출구를 차단하지만 응축수가 고이면 온도가 낮아져서 그림 (b)와 같이 바이메탈이 평형이 되어 응축수를 배출한다.

이 트랩은 워터해머에 안전하고, 과열증기에도 사용할 수 있으나 반응시간이 길다.

### (3) 열동식(thermodynamic type)

열동식 트랩은 그림 10-24와 같이 입구측과 출구측 사이에 디스크를 경계로 한 변압실이 있다. 트랩에 응축수가 들어오면 변압실 내에 있던 증기는 냉각되어 응축되므로 변압실 내의 압력이 낮아진다. 따라서 디스크는 위로 올라가고 응축수는 유출된다. 응축수의 배출이 끝나고 증기가 유입되면 변

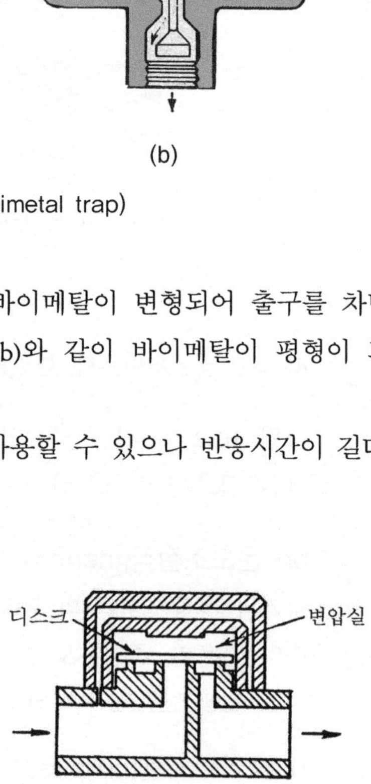


그림 10-24 ▸ 열동식 트랩 (thermodynamic trap)

압실의 온도가 상승하여 재증발되고 압력도 상승된다. 동시에 디스크 아래는 증기가 빠른 속도로 노즐을 통과하므로 동압은 증가하고 반면 정압은 낮아진다. 따라서 디스크는 위쪽의 압력이 높고 아래쪽은 낮아지게 되므로 아래쪽으로 밀착되어 증기의 유출을 막는다.

## [4] 스트레이너(strainer)

배관 내에 흐르는 이물질 등으로 막히기 쉬운 기기에는 유체가 그림 10-25와 같은 스트레이너를 거친 후 기기에 도달하도록 한다. 그러나 펌프의 흡입측에 설치하면 흡입저항이 커지므로 필요할 때는 출구측에 설치한다.

스트레이너는 정기적으로 이물질을 제거해야 하므로 앞뒤에 서비스 밸브를 두거나 바이패스를 설치해야 한다.

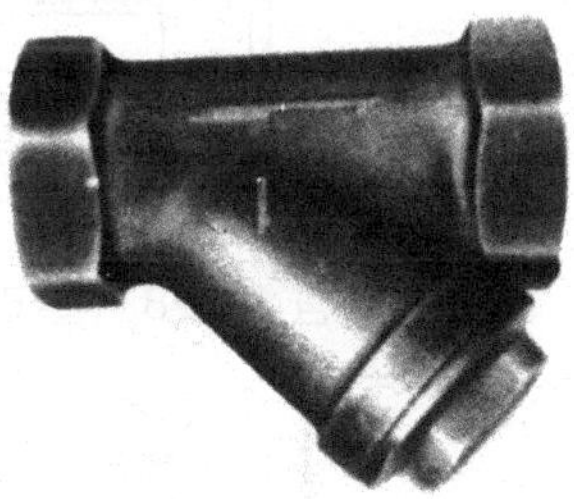
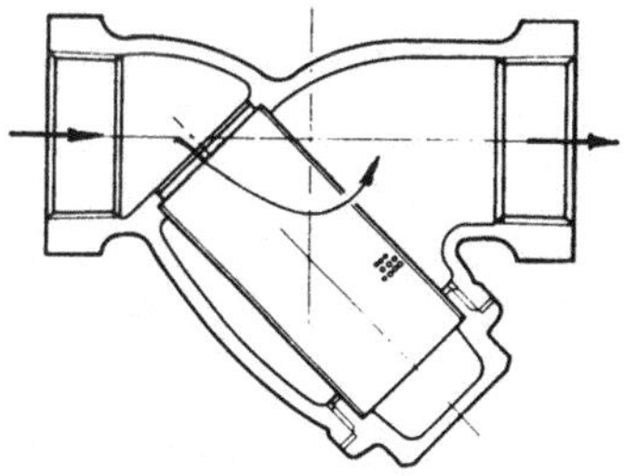

그림 10-25 ▸ 스트레이너(strainer)

## [5] 신축이음쇠 및 굴절이음쇠와 방진이음쇠

배관은 관 내에 흐르는 유체의 온도변화, 지반의 침하, 지진, 진동 등에 의하여 팽창, 수축, 중심의 이동, 구부러짐, 비틀림 등의 복잡한 변화를 가져온다. 따라서 표 10-17과 같은 각종 신축이음쇠, 굴절이음쇠 및 방진이음쇠를 사용하여 이와 같은 현상을 흡수한다.

표 10-17 ▸ 굴절이음쇠 및 방진이음쇠

| 명칭 및 형식 | | 참 고 |
|---|---|---|
| 신축이음쇠 | 벨로즈형(단식, 복식) | 그림 10-26, 10-27 |
| | 슬리브형 | 그림 10-28 |
| | 벤드형 | 그림 10-29(a~e) |
| | 굴절형(볼 조인트) | 그림 10-30(b) |
| 굴절 및 방진이음쇠 | 벨로즈형 플렉시블 조인트 | 그림 10-31(a) |
| | 볼 조인트 | 그림 10-30(a) |
| | 고무제(구형) | 그림 10-32 |

(1) 신축이음쇠(expansion joint)

벨로즈형 신축이음쇠는 그림 10-26과 같은 단식 벨로즈형(single type bellows)과 그림 10-27과 같은 복식 벨로즈형(double type bellows)이 있으며, 복식의 신축량은 단식의 2배가 된다.

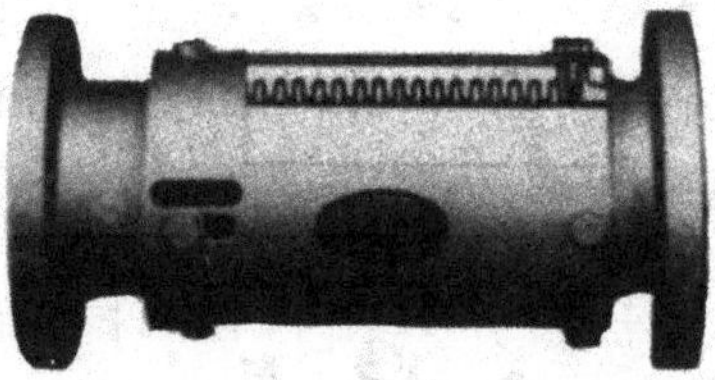

그림 10-26 ▸ 단식 벨로즈형 (single type bellows)

그림 10-27 ▸ 복식 벨로즈형 (double type bellows)

또한 슬리브형(sleeve type)은 그림 10-28, 벤드형(bend type)은 그림 10-29과 같은 종류 등이 있다.

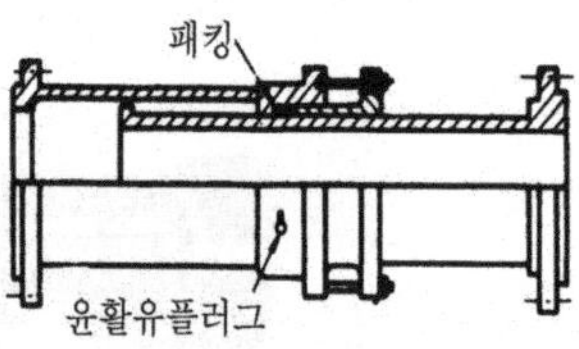


그림 10-28 ▸ 슬리브형(sleeve type)

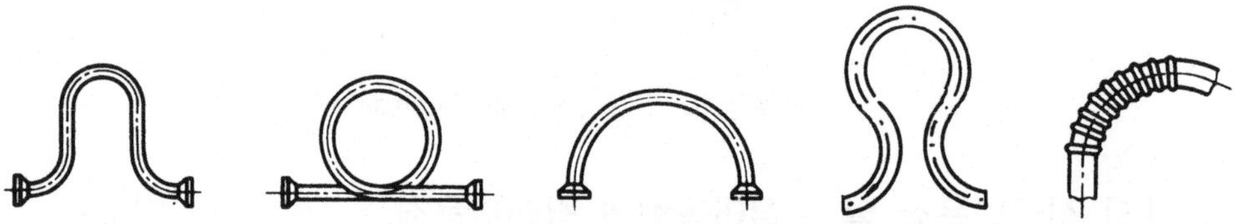


그림 10-29 ▸ 벤드(bend) 이음의 종류

그림 10-30은 굴절형 신축이음 방식으로 볼 조인트(ball joint)를 그림 (b)와 같이 2개를 결합하면 신축이음이 된다.

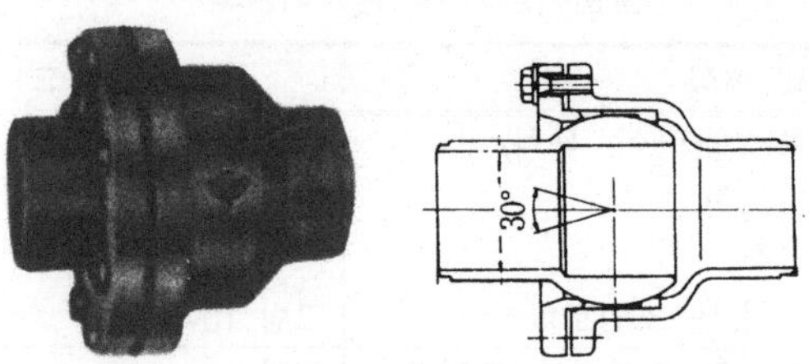


(a)

(b)

그림 10-30 ▸ 볼 조인트(ball joint)

### (2) 굴절이음쇠 및 방진이음쇠

배관의 축방향에 대한 신축량이 큰 경우에는 신축이음을 하지만 각종 구동장치에서 배관으로 진동이 전달되는 것을 막기 위하여 그림 10-31과 같은 굴절이음쇠(flexible joint)를 사용한다. 이 이음쇠는 벨로즈로 된 관 외곽을 금속제의 직조망(braid)으로 보호하고 있다.

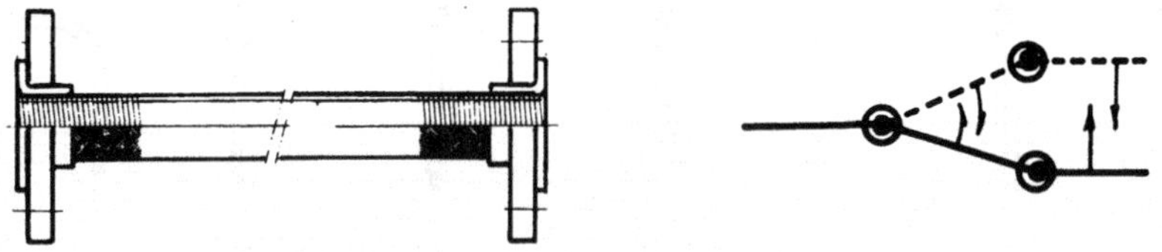

(a) (b)

그림 10-31 ▸ 굴절이음쇠(flexible joint)

한편, 굴절이음의 방법으로 앞에서 언급한 볼 조인트(그림 10-32)를 그림 10-31의 (b)와 같이 조합하여 배관의 직각방향으로 작용하는 진동을 흡수하기도 한다.

그림 10-32는 고무제의 방진구로 배관의 플랜지 사이에 접속시킨다.

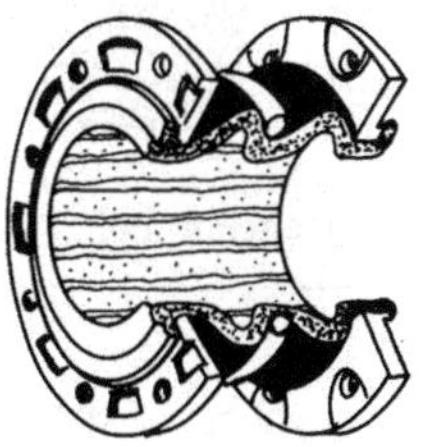

그림 10-32 ▸ 고무제 방진구

## [6] 지지 및 고정구

설치된 배관은 배관 자체의 중량뿐만 아니라 관 내의 유체, 부속된 밸브류 및 외부로부터의 진동, 작업자의 하중 등을 받게 된다. 따라서 이들로부터 충분히 견딜 수 있도록 지지 및 고정을 해야 한다. 여기에 필요한 지지 및 고정구는 그림 10-33과 같은 종류가 있으며 보, 천장, 바닥, 벽 등에 설치한다.

## [7] 계측기

장치에 흐르는 물질의 온도, 열량, 압력 및 유량 등을 측정하기 위해서는 기기의 입구와 출구 또는 필요한 장소에 계기를 설치하거나 게이지 콕(gauge cock 또는 웰(well)을 설치한다.

각종 기기에 필요한 측정계기 및 설치 위치는 표 10-18과 같다.

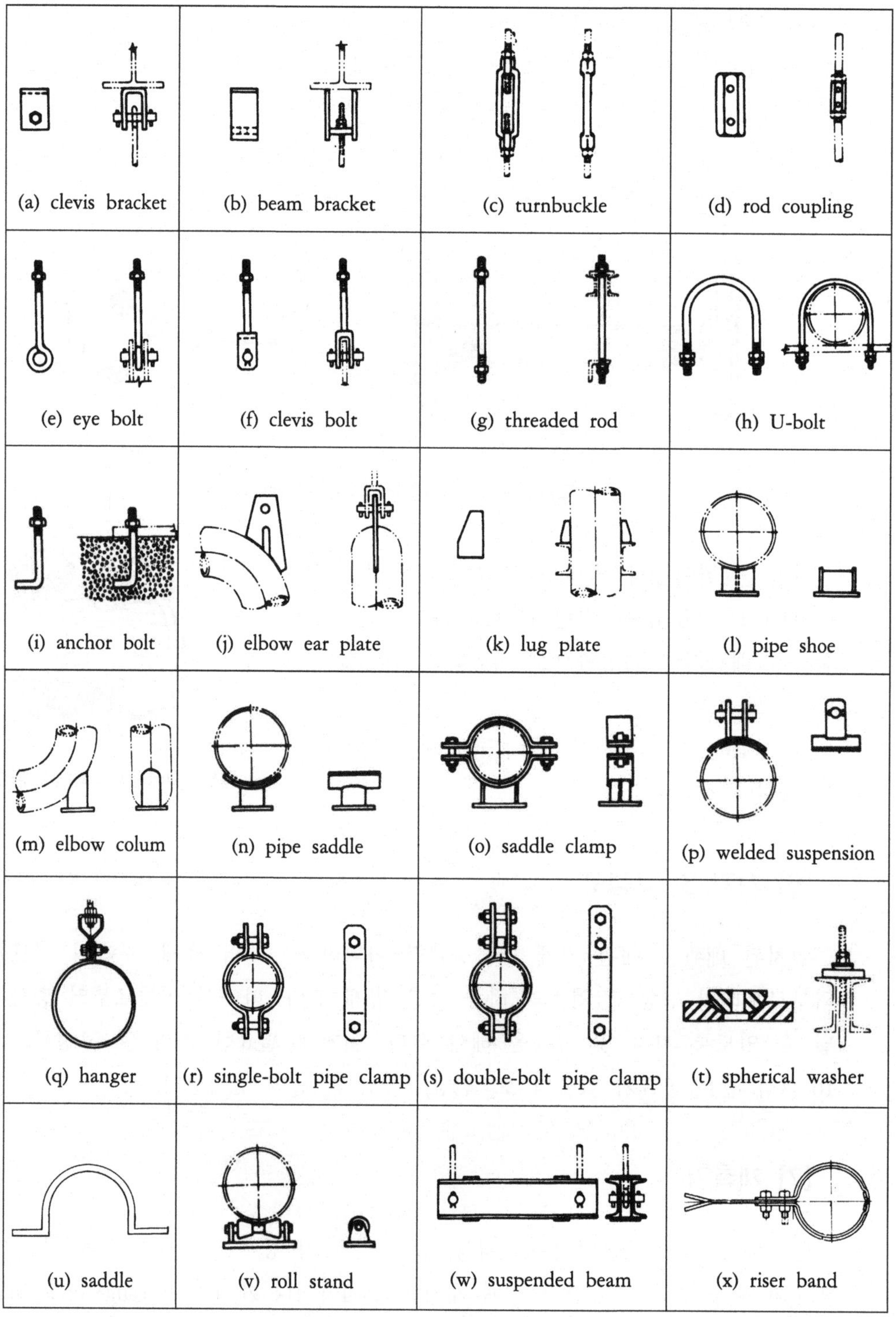


그림 10-33 ▸ 지지 및 고정구

표 10-18 ▸ 각종 기기에 필요한 계측기

| 기기 및 계기위치 | 온도계 | 웰 | 압력계 | 게이지콕 | 유량계 설치구 |
|---|---|---|---|---|---|
| 냉동기 및 쿨러의 출입구 | ○ | | | ○ | ○ |
| 냉동기 및 응축기의 출입구 | ○ | | | ○ | ○ |
| 패키지 및 응축기의 출입구 | | ○ | | ○ | |
| 온수 보일러의 출입구 | ○ | | | ○ | |
| 열교환기의 출입구 | ○ | | | | |
| 증기 보일러 | ○ | | ○ | | ○ |
| 제1, 2종 압력용기 | | | ○ | | |
| 냉온수 급수 헤더 | ○ | | | ○ | |
| 각 계통의 환수관 | ○ | | | ○ | ○ |
| 펌프 출입구 | | | ○ | | |
| 냉각탑 출입구 | | ○ | | | |
| 냉수코일 출입구 | | ○ | | ○ | |
| 온수코일 출입구 | | ○ | | ○ | |
| 에어워셔 출입구 | ○ | | | ○ | |
| 서비스 탱크 | ○ | | | | |

## 10-4 배관회로방식

### [1] 개방회로방식과 밀폐회로방식

그림 10-34의 (a)와 같이 배관의 말단이 개방된 회로를 개방회로방식(open system)이라 하며, 보통 축열방식이나 개방식 냉각탑의 냉각수배관 등에 응용된다.

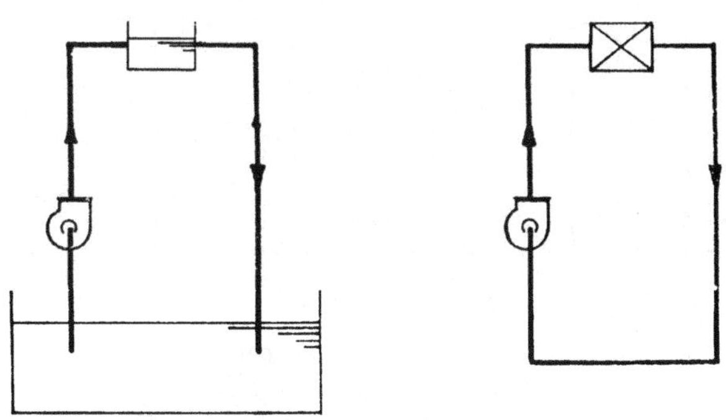

(a) 개방회로방식(open system)　　(b) 밀폐회로방식(closed system)

그림 10-34 ▸ 배관회로방식

이 방식은 물이 대기중에 노출되므로 수중에 산소량이 많아 배관 부식이 심하기 때문에 백가스관을 사용한다. 또 펌프의 양정에는 실양정이 포함되므로 동력비가 많이 든다.

그림 (b)는 밀폐회로방식(closed system)으로, 순환수가 공기와 접촉하지 않으므로 물처리비가 적게 든다. 또 장치 내에 있는 물의 팽창을 위하여 팽창탱크를 갖추어야 한다. 펌프의 양정은 순환에 따른 관마찰저항이며, 실양정은 포함되지 않으므로 동력비가 적게 든다.

## [2] 직접환수와 역환수

환수방식에는 그림 10-35의 (a)와 같은 직접환수(direct return)방식과 (b)와 같은 역환수(reverse return)방식이 있다.

직접환수방식은 각 기기의 저항이 균일한 경우라도 급수로부터 환수까지의 배관길이가 길수록 배관저항이 크게 되므로 유량은 반대로 적게 흐르게 된다. 따라서 각 기기에 흐르는 유량을 균일하게 하기 위해서는 각 기기마다 유량 조절밸브로 조절해야 한다.

그림 (b)와 같은 역순환방식은 급수로부터 각 유닛을 거쳐 나오는 총 길이가 동일하므로 기기마다의 저항이 균일하게 되고, 따라서 유량도 균일하다. 그러나 환수관이 길어지고, 2중으로 되므로 배관 스페이스를 많이 차지하고 설비비도 많이 든다.

따라서 이러한 결점을 보완하기 위해서 그림 10-37의 (c)와 같이 분기관 이후는 직접환수방식으로 하고, 환수주관은 역환수방식으로 취하는 경우도 있다.

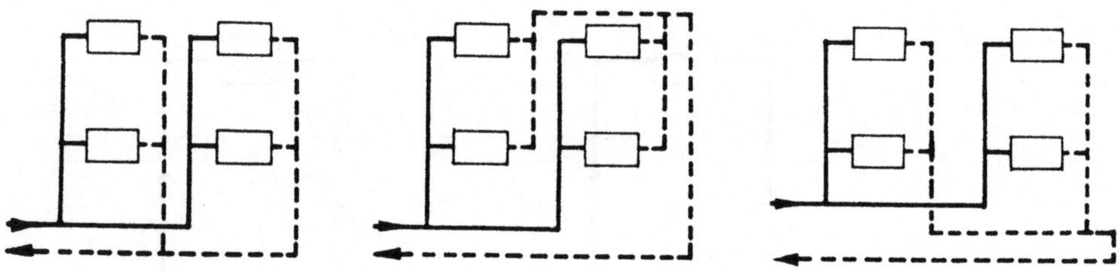

(a) 직접환수식 (direct return)　(b) 역환수식 (reverse return)　(c) 역환수주관식

그림 10-35 ▸ 환수배관법

## [3] 펌프의 배치법

### (1) 주 펌프방식

그림 10-36과 같이 1대의 펌프로 순환시키는 방법으로 중 · 소규모의 건물에 적용된다. 시스템은 간단하고 설비비도 적게 들지만 존(zone)수가 많은 경우에는 존간의 압력과 유량의 평형을 이루기가 힘들 뿐만 아니라 부하가 내려가도 대용량의 펌프를 운전해야 하므로 비경제적이다.

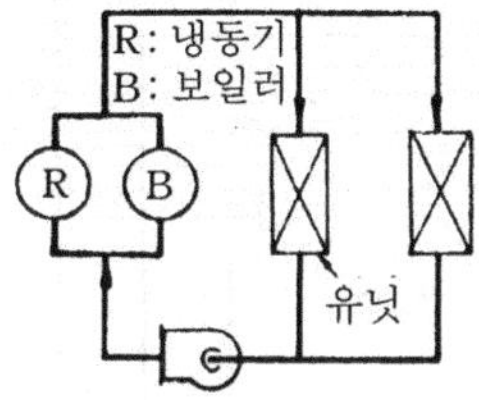


그림 10-36 ▸ 주 펌프방식

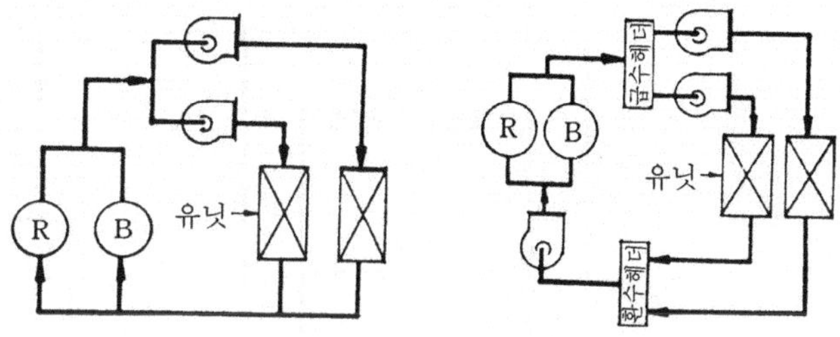


그림 10-37 ▸ 존 펌프방식

### (2) 존 펌프방식

그림 10-37과 같이 존별로 순환펌프를 설치하는 방법으로서, 급수 및 환수측에 헤더(header)를 설치하여 열원기기와 연결한다.

이 방식은 존별로 유량 및 압력에 따라 적당한 펌프를 선정할 수 있으며, 각 존의 열부하 조건에 대응한 제어가 가능하며, 펌프의 대수제어도 가능하다. 또 존의 유량변동이 열원기기의 운전에 영향을 미치지 않도록 헤더 사이에 by-pass 장치를 하여 열원측 유량을 확보하는 경우도 있다.

단, 이 경우에는 (b)와 같이 열원측에 별개의 펌프를 설치해야 한다.

### (3) 부스터 펌프방식

그림 10-38과 같이 2대의 펌프를 직결로 접속하는 방식을 부스터 펌프(booster pump)방식이라 한다.

이 방식은 배관계의 전저항이 매우 크고 1대의 펌프로 이것을 처리하면 배관계의 압력차가 크게 생기는 경우나 부분 부하시의 동력절감을 위하거나 또는 냉난방 전환시 냉수와 온수의 유량이 현저하게 다른 경우에 이용된다.

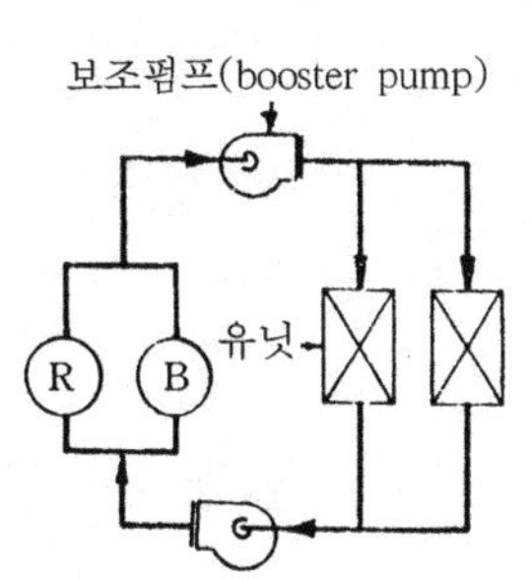


그림 10-38 ▸ 부수터 펌프 방식

## [4] 부하기기의 출력제어방법

### (1) 정유량방식

부하의 변화에 따라 열원(보일러 또는 냉동기)의 출구 수온을 변화시키는 방법과 그림 10-39와 같이 열원의 출구온도는 일정하게 하고 부하변동에 따라 3방밸브로 바이패스에 의한 혼합비를 제어하고, 2차펌프에 의해 부하측인 각 유닛으로 급수한다. 이 방식은 후술되는 변유량방식보다 제어범위의 폭이 넓다.

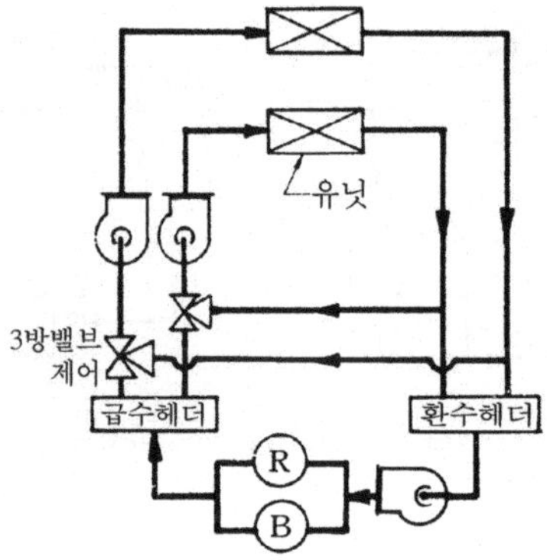


그림 10-39 ▸ 정유량방식

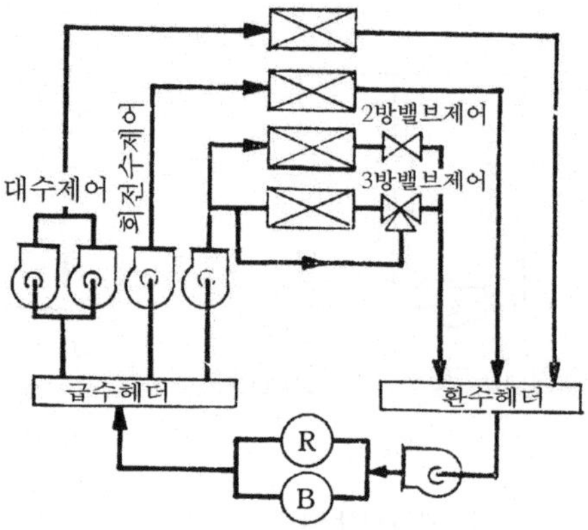


그림 10-40 ▸ 변유량방식

### (2) 변유량방식

변유량방식은 그림 10-40과 같이 부하의 변화에 따라 펌프의 대수제어 및 회전수제어 또는 2방밸브제어, 3방밸브제어 등의 방법이 있다. 제어단위로는 그림과 같이 전시스템 또는 존별은 물론 기기별의 개별제어도 가능하다.

# 10-5 난방 및 공조배관 시스템

## [1] 열원 시스템

### (1) 온열원 시스템

난방을 목적으로 하는 공조시스템은 온열원측과 난방부하측이 있다. 부하측은 방열기나 공기조화기(AHU) 등이 되며, 온열원측은 보일러가 된다.

그림 10-41은 열을 생산하고 소비시키는 난방설비의 시스템이다. 보일러에 공급되는 연료는 가스, 경유, 벙커-C유 등이 있으며, 연료의 종류에 따라 공급방식이 다르다. 또 보일러에 공급되는 보급수는 수질에 따라 적절한 처리를 해야 한다.

보일러에서 부하측에 공급되는 열매는 온수 또는 증기이며, 공급방식이나 환수방식은 여러 가지가 있다.

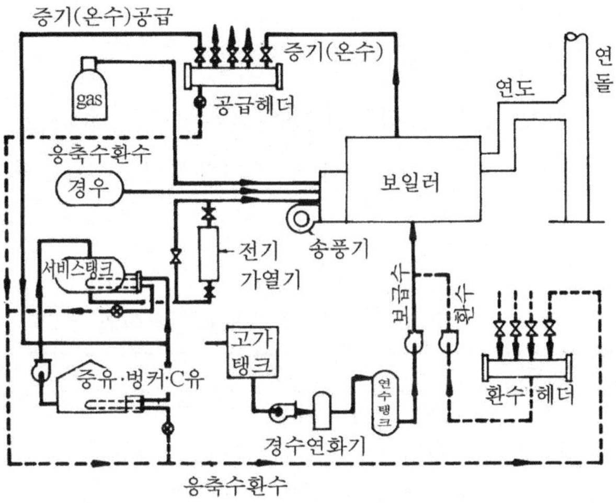


그림 10-41 ▸ 온열원 시스템

### (2) 냉열원 시스템

냉방을 목적으로 하는 공조시스템은 냉열원측과 냉방부하측이 있다. 냉방부하측은 중앙공조기나 각종 유닛 등이며, 냉열원은 냉동기의 증발기에 해당된다.

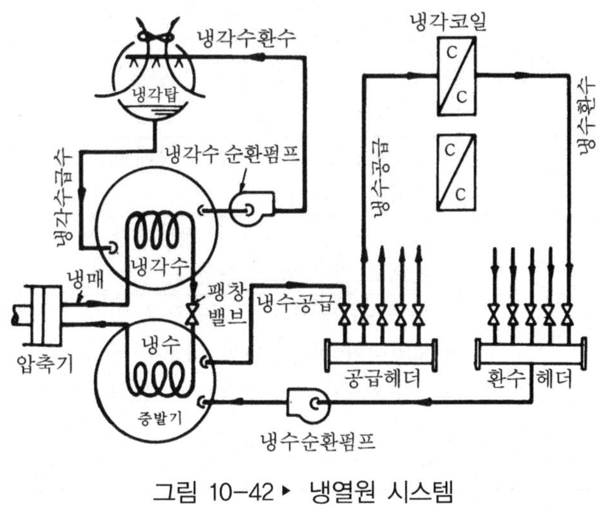


그림 10-42 ▸ 냉열원 시스템

그림 10-42는 냉수를 각 유닛으로 순환시켜 냉방을 하는 계통도이다. 그림에서 냉동기의 가동에 의해 증발기측의 물은 냉수가 되며, 냉수순환 펌프에 의해 중앙 공조기나 각 유닛으로 보내진 후 다시 환수된다. 한편, 응축기측의 냉각수는 온도가 상승하므로 냉매의 지속적인 응축작용을 돕기 위해서는 냉각수 순환펌프에 의해 냉각탑에서 냉각시킨 후 응축기로 다시 급수된다.

## [2] 온수난방

온수난방방식은 표 10-19와 같이 분류되며 극히 소규모인 경우에는 중력 순환식을 채용하는 경우도 있으나 일반적으로 온수난방에 흔히 적용되는 순환방식은 강제 순환식이며, 배관방식은 2관식과 역환수방식이고, 온수의 공급은 상향식 및 하향식이 있다.

표 10-19 ▸ 온수난방 배관방식의 분류

| 분류법 | 명칭 | 특징 |
|---|---|---|
| 순환방식 | 중력순환식 | • 온수의 밀도차에 의한 대류작용으로 자연순환된다.<br>• 방열기를 보일러보다 높은 위치에 설치해야 한다.<br>• 주택 등과 같이 소형 건축물에 일부 적용된다. |
| | 강제순환식 | • 온수순환펌프에 의해 강제순환시킨다.<br>• 순환이 안정되고 신속하며 배관경은 중력순환식보다 작다.<br>• 소규모가 아니면 대부분 적용된다. |
| 배관방식 | 1관식 | • 온수공급관과 환수관이 공용으로 배관된다.<br>• 순환력이 극히 좋지 않아서 근래에는 사용되지 않는다. |
| | 2관식 | • 온수공급관과 환수관이 각각 별개로 되어 있다. |
| | 역환수식 | • 2관식으로 각 방열기를 거치는 급수관과 환수관의 총 길이가 대체로 동일하도록 배관한다.<br>• 각 방열기의 마찰저항이 균등하여 통과하는 온수의 양도 일정하게 된다. |
| 공급방식 | 상향식 | • 급수주관을 최하층의 천장배관으로 하여 상향입관으로 각 방열기에 급수한다. |
| | 하향식 | • 급수주관을 최하층의 천장배관 또는 바닥배관으로 하여 하향입관으로 각 층에 급수한다. |
| 온수온도 | 저온수식 | • 온수온도가 100 ℃ 미만으로 일반 건축난방에 적용된다.<br>• 보일러의 상용압력이 비교적 낮다. |
| | 고온수식 | • 온수온도가 100 ℃ 이상(보통 120~180 ℃)으로 지역난방에 적용된다.<br>• 열교환기의 온도차를 높임으로써 유량과 관경을 줄일 수 있다. |

그림 10-43은 환수의 순환방법으로 (a)는 중력순환식, (b)는 강제순환 상향공급식, (c)는 강제순환 하향공급식, (d)는 강제순환 역환수식이다.

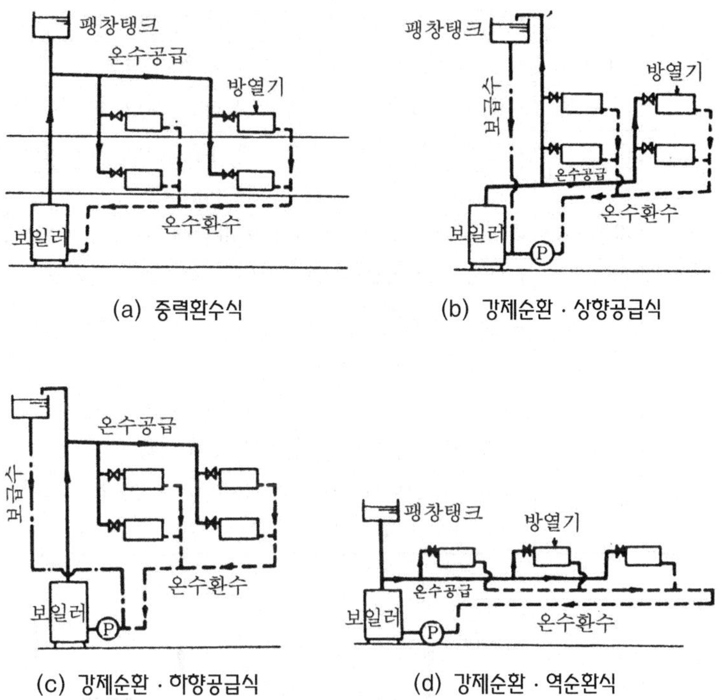


그림 10-43 ▸ 환수순환법

## [3] 증기난방

### (1) 배관방식의 분류

증기난방 방식은 사용증기압력, 배관방식, 증기공급방식, 환수배관방식, 응축수의 환수방식 등에 의해 표 10-20과 같이 분류된다.

그러나 일반적으로 난방에 흔히 적용되는 방식은 저압증기 2관 중력식, 응축수 펌프 병용식 또는 진공환수방식과 고압증기 2관식 진공환수방식 등이다.

### (2) 환수법

#### 1) 저압증기 2관 중력식(건식)

계통도는 그림 10-44와 같으며, 증기주관은 선하향구배(1/100 정도)로 하고, 증기주관의 관말에는 관말트랩을 설치한다. 환수주관도 선하향구배(1/200 정도)로 하며, 입하관에는 공기배출밸브를 설치한다.

표 10-20 ▸ 증기난방 방식의 분류

| 분 류 | 명 칭 | 특 징 |
|---|---|---|
| 증기압력 | 저 압 | • 압력 100 kPa g 미만(일반적으로 10 ~ 35 kPa g) |
| | 고 압 | • 압력 100 kPa g 이상(일반적으로 100 ~ 300 kPa g) |
| 배관방식 | 1관식 | • 증기 공급관과 환수관을 공용으로 사용 |
| | 2관식 | • 증기 공급관과 환수관은 각각 별개의 계통으로 함 |
| 증기공급방식 | 상향공급 | • 최하층의 천장에 있는 증기주관으로부터 입상관에 의해 증기가 공급됨 |
| | 하향공급 | • 최하층의 증기주관에서 입하관에 의해 증기가 공급됨 |
| 응 축 수 환수방식 | 습식환수 | • 보일러 수면보다 위에 환수주관이 있는 경우 |
| | 중력환수 | • 환수관은 약 1/100 정도의 선하향구배로 되어 있어서 고저차에 의해 중력환수됨 |
| | | • 대규모 장치에는 중력으로 응축수 탱크까지 환수시킨 후 응축수 펌프로 가압하여 보일러에 환수시킴 |
| | 진공환수 | • 환수관 말단에 진공펌프를 설치하고 장치 내에 공기를 제거하면서 환수는 펌프에 의해 보일러로 환수시킴 |

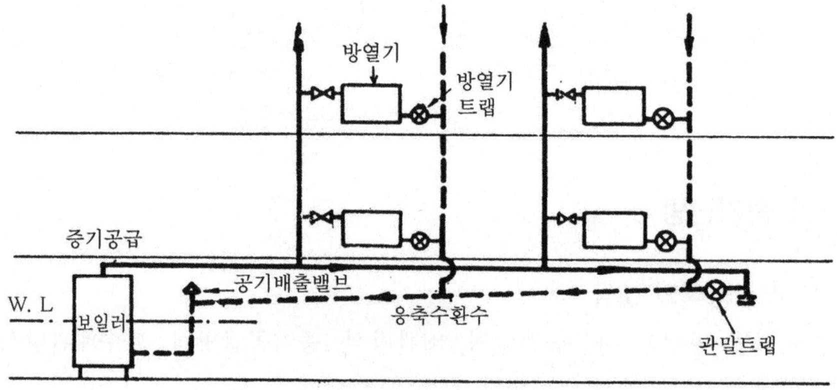


그림 10-44 ▸ 저압증기 2관 중력식(건식)

### 2) 응축수 펌프 병용식(저압증기 2관식)

계통도는 그림 10-45와 같이 환수주관의 말단에 응축수 펌프가 부착된 응축수 탱크가 있다. 따라서 응축수는 중력에 의하여 응축수 탱크까지 환수되고 응축수 펌프에 의하여 보일러에 보급된다.

응축수 펌프의 설치위치는 가장 낮은 방열기 보다도 낮은 곳에 설치되어야 하며, 응축수 탱크까지의 환수주관은 건식으로 되기 때문에 관말트랩을 설치한다.

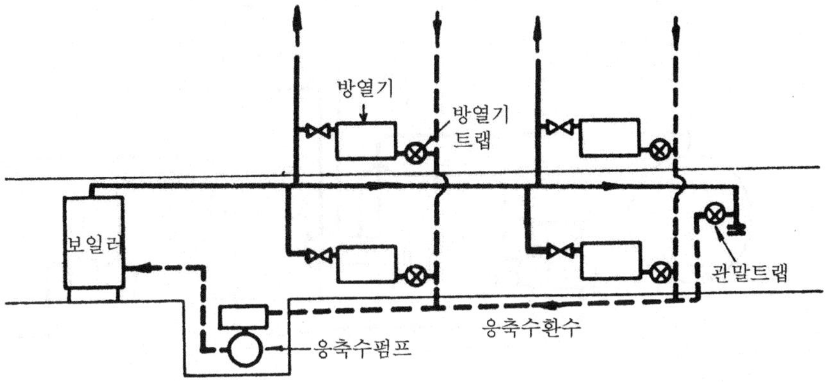


그림 10-45 ▸ 응축수 펌프 병용식(저압증기 2관식)

### 3) 진공환수식(2관식)

계통도는 그림 10-46과 같으며 대규모의 난방장치에서 중력식으로는 환수가 원활하지 못할 때 원활한 환수를 위하여 진공펌프로 환수한다.

환수관경은 중력환수인 경우보다 작아도 되며, 환수관의 구배도 작아진다. 또한 리프트 피팅(lift fitting)을 사용하면 환수관이 낮은 위치에 있어도 되므로 보일러 수면보다 낮은 위치에 방열기를 설치할 수 있다.

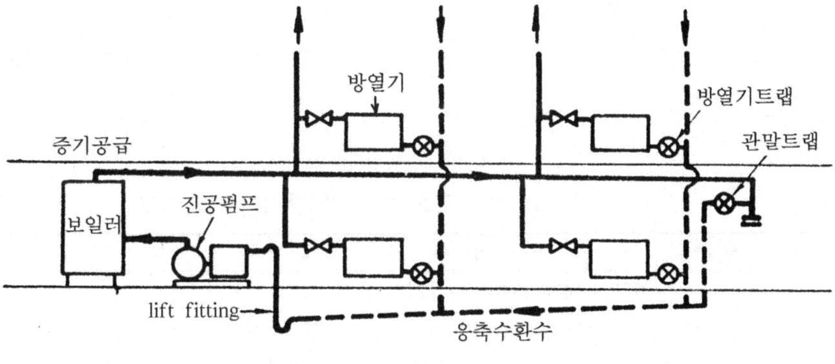


그림 10-46 ▸ 진공환수식(2관식)

### 4) 고압증기 2관 진공환수식

계통도는 그림 10-47과 같이 저압환수는 진공펌프에 의해 핫웰(hot well) 탱크로 보내지며, 고압환수는 진공펌프를 경유하지 않고 직접 핫웰 탱크로 와서 저압환수와 혼합된다. 이 환수는 다시 급수펌프에 의하여 보일러로 돌아온다.

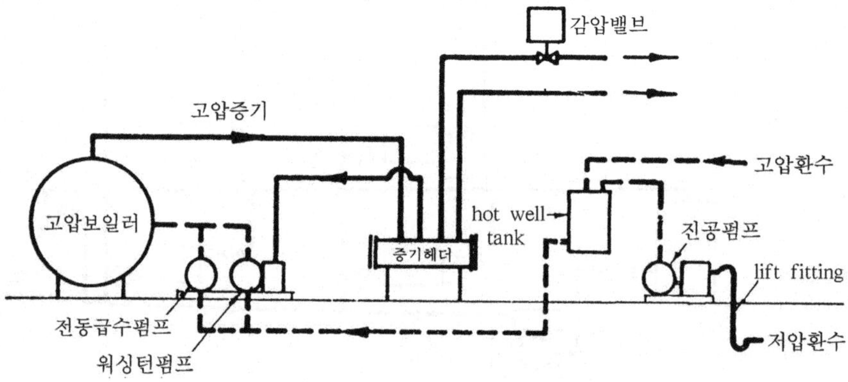


그림 10-47 ▸ 고압증기 진공환수식

## [4] 지역난방

지역난방은 구내 또는 지역 내에 있는 다수의 건물을 1개소 또는 여러 개소의 보일러실에 의해 온수 또는 증기를 공급하여 난방하는 방식이다.

지역난방의 장점은 보일러가 한 곳에 집중되므로 대용량이 되어 효율이 좋고, 연료비가 절감되며, 각 건물로 산재될 수 있는 설비스페이스가 절감되며, 대기오염도 줄일 수 있다.

### (1) 고압증기와 고온수의 비교

지역난방은 열운반 물질로 고압증기 또는 고온수가 사용되며, 그 특성의 비교는 표 10-21과 같다.

표 10-21 ▸ 고온수와 고압증기방식의 비교

| 구 분 | 고 압 증 기 | 고 온 수 |
|---|---|---|
| 급 기 | • 주방 · 세척 · 기타의 급기가 용이 | • 별도의 장치가 필요 |
| 높은 위치의 공급 | • 고층건물에 직결하여 직접 공급가능 | • 보일러 압력이 너무 높아지므로 곤란 |
| 급열 거리 | • 수 km 이상은 압력 강하가 크므로 곤란 | • 10 km 정도까지는 용이함 |
| 배관 열손실 | • 열손실이 많음 | • 열손실이 적음 |
| 예열시간 | • 짧 다 | • 길 다 |
| 온도제어 | • 증기온도 제어가 곤란 | • 온수온도 제어가 용이함 |
| 유지관리 | • 유지 및 관리사항이 많음 | • 용이함 |
| 배관부식 | • 환수관의 부식이 큼 | • 부식이 적음 |
| 열량의 측정 | • 환수측의 환수량 측정으로 용이함 | • 급열량의 계산이 어려움 |
| 배관비용 | • 적게 소요됨 | • 많이 소요됨 |
| 배관구배 | • 구배를 필요로 함 | • 구배를 필요로 하지 않음 |

(2) 시스템의 구성

그림 10-48의 (a)는 고압증기를 열매체로 하는 경우로서, 보일러에서 건물까지는 고압증기가 수송되어 감압밸브로 감압시킨 저압증기를 난방용으로 사용한다. 응축수는 각 건물마다 응축수 펌프에 의해 옥외환수관을 통해 보일러실의 응축수 탱크로 보내지면 급수펌프에 의해 보일러에 급수된다.

그림 (b)는 고온수를 옥외배관을 통해 온수순환펌프로 직접 순환시킨다. 한편, 그림 (c)는 증기로부터 열교환기에 의해 만들어진 온수를 순환펌프에 의해 옥내로 공급한다.

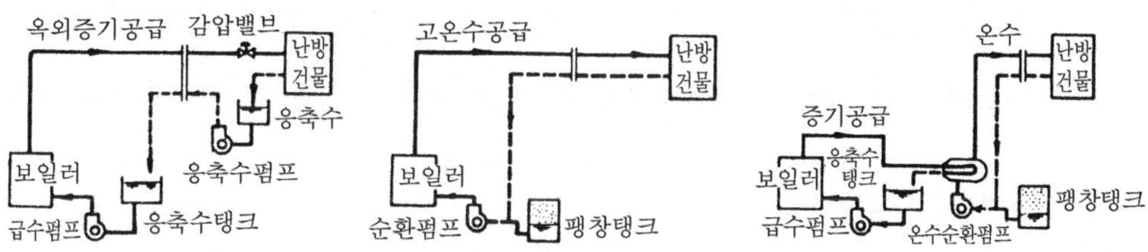


(a) 고압증기를 감압하는 경우 (b) 고온수를 사용하는 경우 (c) 증기를 열교환하여 온수를 순환시키는 경우

그림 10-48 ▸ 지역난방 시스템

## [5] 냉 · 온수 배관

(1) 패키지방식

제4장의 그림 4-22와 같은 패키지방식의 배관은 그림 10-49와 같다.

중앙기계실에는 보일러가 있어서 각층의 패키지에 내장된 가열코일로 온수가 공급된다. 패키지 내에는 냉각코일(직접팽창코일)을 갖춘 냉동기가 있으며, 이 냉동기의 응축수를 냉각시키기 위한 냉각수는 옥상의 냉각탑으로부터 공급된다.

(2) 각층 유닛방식

제4장의 그림 4-23과 같은 각층 유닛형의 냉 · 온수 배관방식은 그림 10-50과 같다.

난방시 가습은 외기용 공조기에서 1차공기(외기)에 하게 되는데, 외기의 온도가 너무 낮으면 가습효율이 낮다. 따라서 온수의 환수를 이용하여 외기를 예열한 후 각층의 유닛으로 보내어 혼합 · 가열한다.

냉방시에는 냉수의 환수로 외기를 예냉하여 각층의 유닛으로 보낸 후 혼합 · 냉각한다.

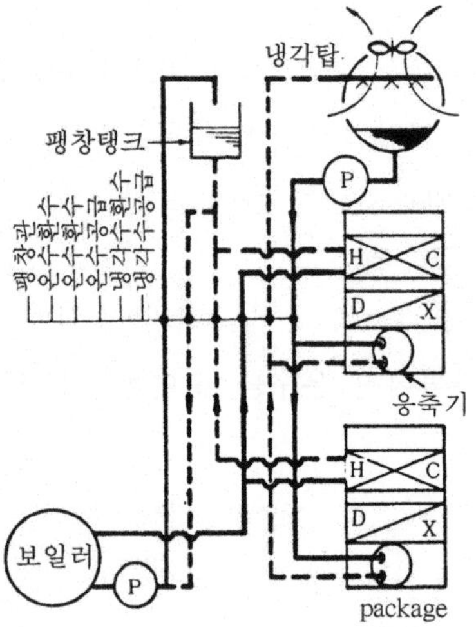


그림 10-49 ▸ 패키지(package)방식

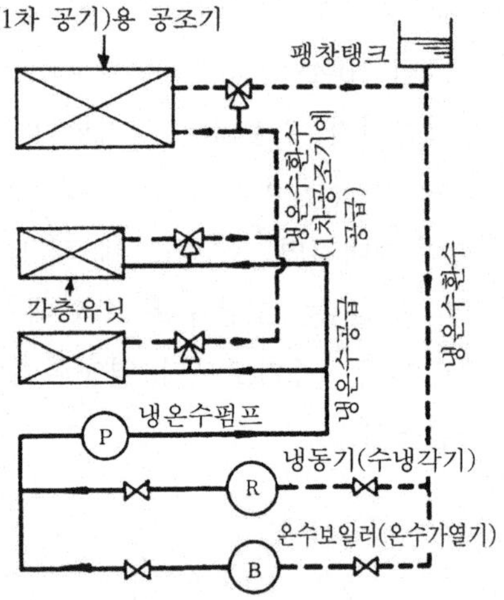


그림 10-50 ▸ 각층 유닛방식(외기예열 · 예냉)

(3) 팬코일 유닛방식

제4장의 그림 4-27과 같은 덕트 병용 팬코일 유닛방식의 페러미터 존에 설치된 팬코일 유닛이나 전수방식의 팬코일 유닛방식에 대한 배관계통은 그림 10-51과 같다.

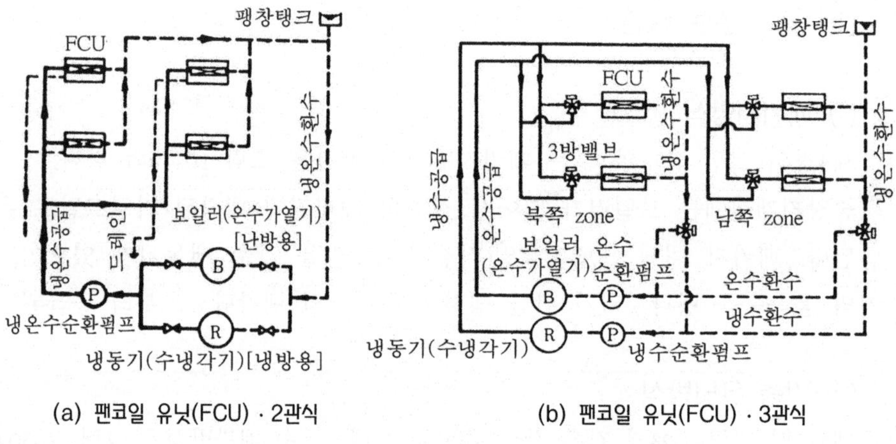


(a) 팬코일 유닛(FCU) · 2관식 (b) 팬코일 유닛(FCU) · 3관식

그림 10-51 ▸ 팬코일 유닛(FUC)방식

## [6] 냉각수 배관

(1) 냉각탑이 응축기보다 높은 위치에 있는 경우

냉각탑은 주로 옥상에 위치하기 때문에 일반적으로 그림 10-52와 같이 응축기보

다 높게 설치되며 이 경우에는 다음 사항에 유의해야 한다.

그림 (a)는 냉각수순환펌프의 토출측이 응축기측이고, (b)는 흡입측이 응축기측이다. 따라서 (a)와 같은 경우에는 응축기측에 정수두와 펌프의 양정을 합한 압력을 받게 되며, (b)는 정수두만 받게 된다.

따라서 일반적으로 정수두가 20m 이하는 (a)의 방식을, 그 이상인 경우에는 (b)의 방식을 택한다.

펌프를 냉각탑 위치에 설치할 때는 흡입측을 냉각수 환수측에 접속하면 흡입측이 부압이 되어 캐비테이션이 일어난다.

따라서 그림 (c)와 같이 펌프의 흡입측을 냉각탑 출구측으로 한다. 이때, 펌프의 흡입구는 냉각탑 수면보다 낮게 하며, 출구의 최고 위치에 공기빼기밸브를 설치한다.

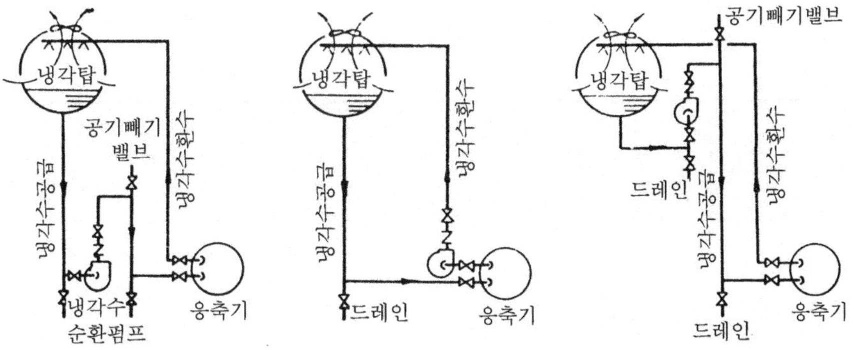


(a) 펌프는 응축기와 동일한 높이　　(b) 응축기로부터 흡상　　(c) 펌프는 냉각탑과 동일한 높이

그림 10-52 ▸ 냉각탑이 응축기보다 높은 위치에 있는 경우

### (2) 냉각탑과 응축기가 동일한 높이에 있는 경우

그림 10-53과 같이 펌프와 냉각탑이 동일한 높이에 설치될 때는 냉각탑의 수면보다 낮은 위치에 펌프를 설치한다. 이때 펌프흡입관은 펌프를 향해 하향구배로 한다.

### (3) 냉각탑이 응축기보다 낮은 위치에 있는 경우

펌프의 운전이 정지될 때 냉각수 환수측에 사이펀 작용으로 응축기 주변에 부압이 되지 않도록 그림 10-54와 같이 사이펀브레이커(syphon breaker)를 설치한다.

한편, 펌프가 정지되었을 때 냉각수공급관측의 물이 역류하지 않도록 체크밸브를 설치한다.

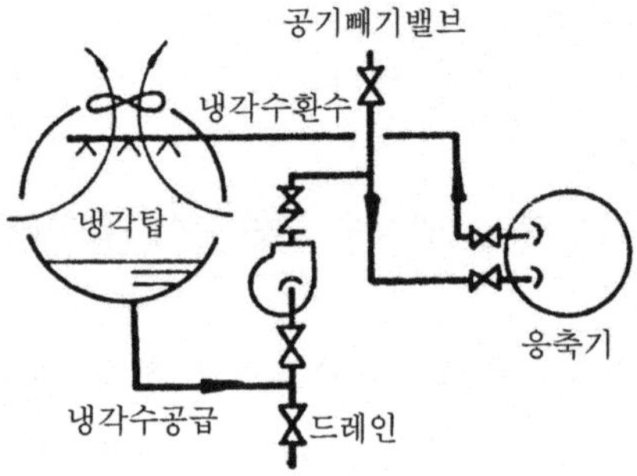


그림 10-53 ▸ 냉각탑과 응축기가 동일한 높이에 있는 경우

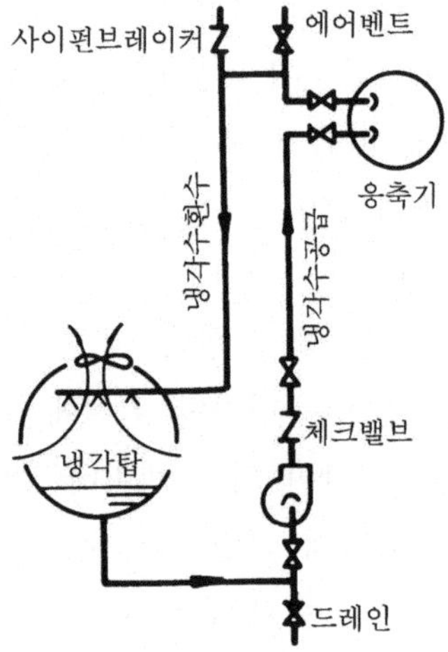


그림 10-54 ▸ 냉각탑이 응축기보다 낮은 위치에 있는 경우

## 10-6 기기 주위 배관

### [1] 보일러의 급수

보일러에 환수를 급수하는 방식에는 중력환수법과 기계환수법이 있으나, 중력환수는 거의 사용하지 않으며, 증기보일러에서는 기계식에 해당되는 진공 급수펌프나 응축수펌프, 터빈펌프를 사용하며, 한편 온수보일러는 온수순환펌프를 사용한다.

#### (1) 저압증기 보일러 급수배관

그림 10-55는 진공펌프를 사용하는 경우로서, 저압증기관의 환수관에서 응축수와 함께 관 내에 있는 공기까지 흡입하여 공기는 배출하고 환수만을 보일러로 급수한다. 따라서 환수관은 진공이 되므로 환수성능이 좋고, 환수주관이 낮은 경우에도 리프트 피팅(lift fitting)에 의해 환수가 가능하다.

그림 10-56은 진공 급수펌프로서 리시버 탱크, 진공펌프, 급수펌프, 배수펌프, 보급수전자밸브, 진공개폐기, 수위개폐기 등으로 구성되어 있다. 이 그림에서 급수펌프는 보일러의 저수위 (B)에서 작동하여 고수위 (A)에서 정지한다. 진공탱크는 리시버탱크의 저진공에서 작동되며, 고진공에서 정지한다.

한편, 배수펌프는 리시버탱크의 고수위(C)에서 작동하여 저수위(D)에서 정지하며, 보급수전자밸브는 리시버 탱크의 최저수위(F)에서 열리고, 고수위(E)에 닫힌다.

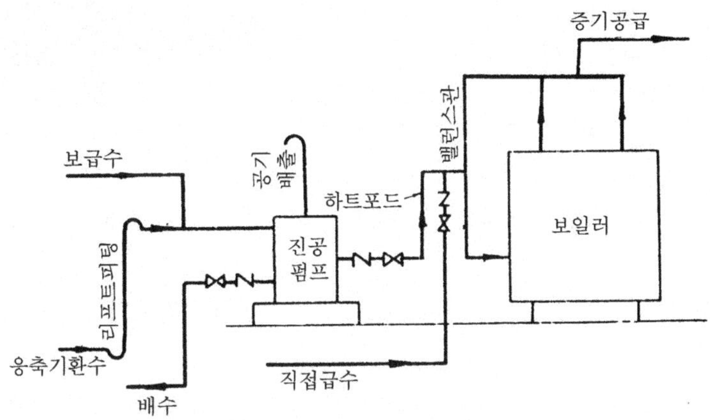


그림 10-55 ▸ 저압보일러의 진공식 급수배관

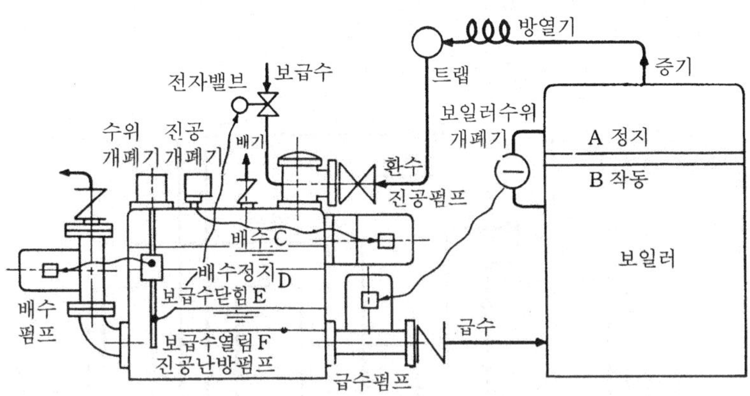


그림 10-56 ▸ 진공급수펌프

그림 10-57은 환수를 일단 환수조(hot well)에 모은 후 응축수 펌프(급수펌프)로 보일러에 급수하는 방법이다.

환수관과 보일러의 접속은 하트포드접속(hartford connection) 배관을 하여 환수관이 파손되었을 경우 보일러수가 유출되어 안전수위 이하로 되는 것을 방지하며, 증기관과 압력의 균형을 이루도록 밸런스관을 연결하도록 한다.

### (2) 고압증기 보일러의 급수배관

고압증기 보일러에서는 2대의 급수장치가 조합되는 데, 일반적으로 전동고압펌

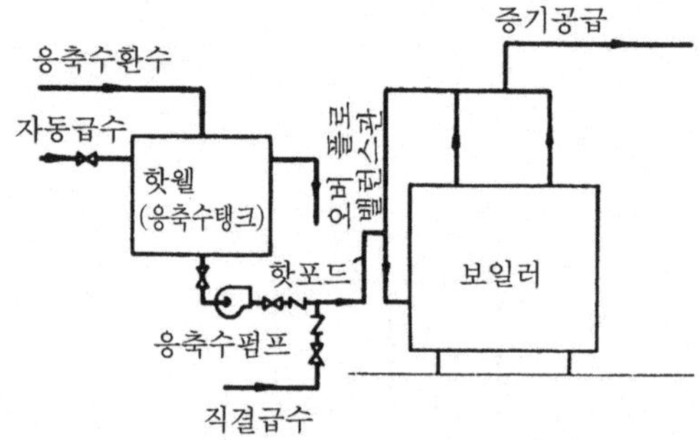


그림 10-57▸ 저압보일러의 응축수펌프배관

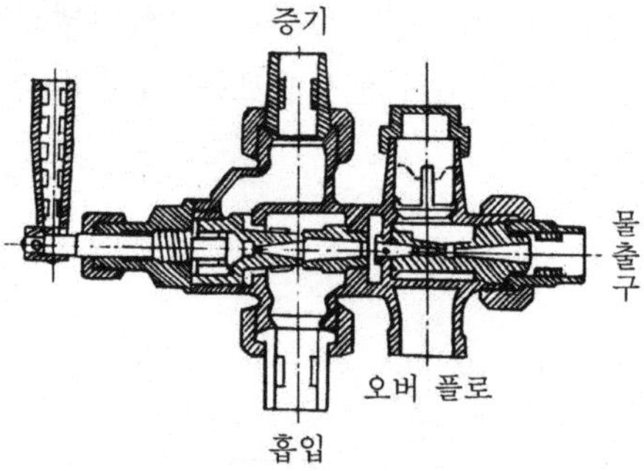


그림 10-58▸ 인젝터

프와 워싱턴펌프(증기에 의해 작동됨) 또는 전동급수펌프와 인젝터(injector)의 조합으로 한다.

인젝터는 그림 10-58과 같은 구조로서 증기 노즐에서 고속의 증기가 분무되면 인젝터 작용에 의해 보급수가 흡상되어 증기를 응축시키며, 이때 진공압력에 의해 보급수가 끌려들어와서 방출노즐을 통해 보일러에 급수된다. 그림 10-59는 전동급수 펌프와 워싱턴 펌프, 또는 인젝터를 조합시킨 것이다.

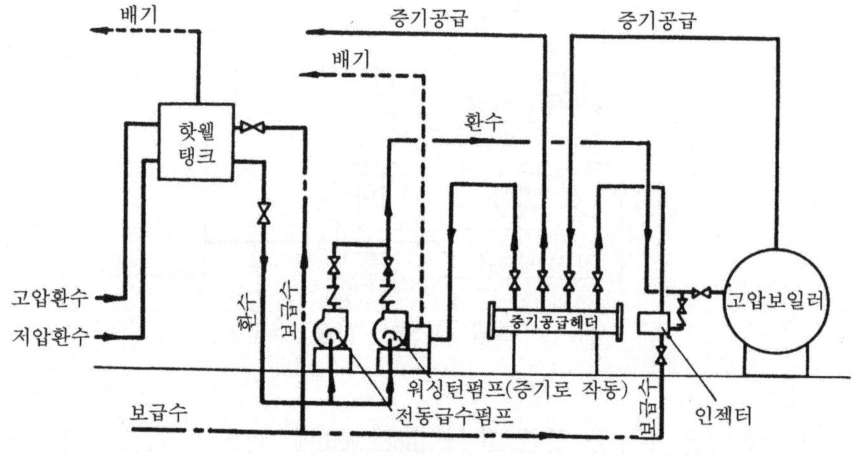


그림 10-59▸ 고압증기보일러의 급수배관

## [2] 급유배관

연료의 종류와 연소기의 종류에 따른 연료의 공급과정은 그림 10-60과 같다.

경유는 예열을 하지 않아도 연소가 가능하지만 중유 및 벙커-C유는 예열이 필요하다.

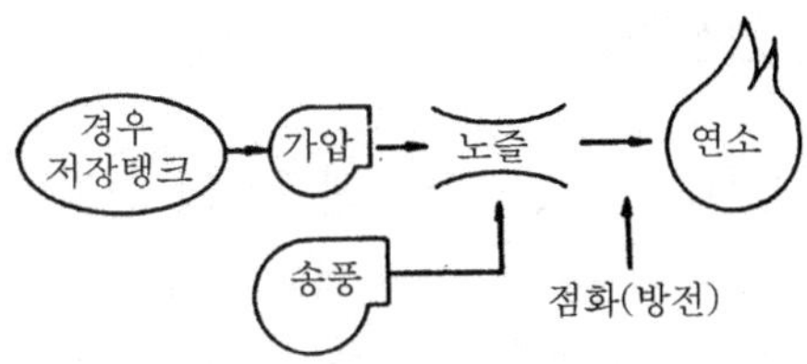


(a) 경유용 건타입 버너

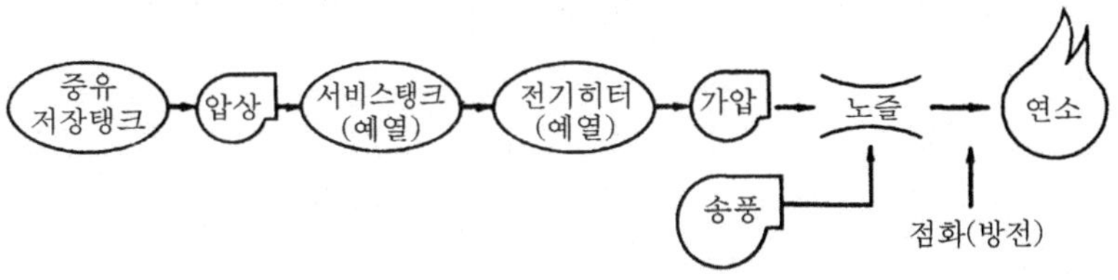


(b) 중유용 건타입 버너

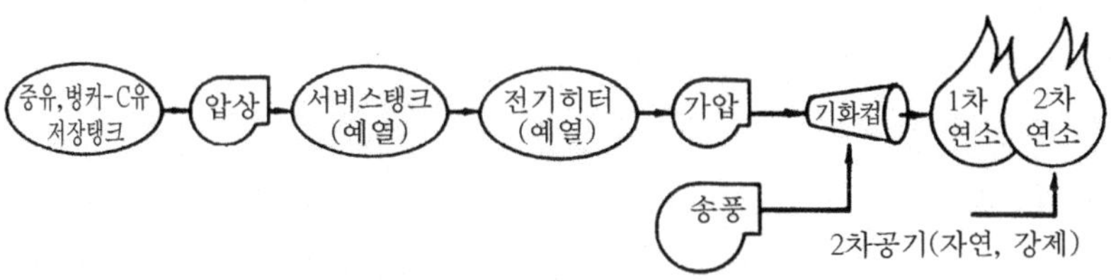


(c) 중유 및 벙커-C유용 로터리 타입 버너

그림 10-60 ▸ 급유배관의 계통

연료를 서비스 탱크에 넣고 온수(또는 증기)로 예열한 다음(중유 ; 40℃, 벙커-C유 ; 65℃) 다시 전기자동예열기(전기히터)로 최종 예열한다. 전기자동예열기를 사용하지 않으면 착화가 어렵고, 화염이 고르지 못하며, 연소상태가 불안정하다.

그림 10-61은 중유 또는 벙커-C유를 저유조부터 기어펌프에 의해 서비스 탱크로 흡상시켜 증기에 의해 예열한 후 버너로 송유하는 계통을 도시한 것이다.

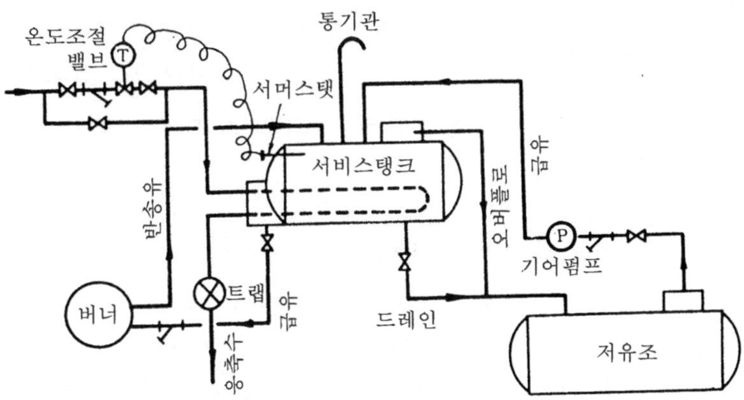


그림 10-61 ▸ 서비스 탱크 주위배관

## [3] 팽창탱크

### (1) 팽창탱크의 위치와 배관계의 압력분포

배관계에서 펌프가 정지하고 있을 때는 정수두만 받고 있으나, 운전중에는 정수두와 펌프의 압력수두를 합성하여 받게 된다. 이 합성압력은 펌프의 설치장소, 팽창탱크의 접속장소, 장치의 마찰손실, 배관의 고저차 등에 의하여 여러 가지로 변화하게 된다.

배관계에 부압(−)이 걸리면 이음부에서 공기가 유입되거나 펌프의 흡입측에서 캐비테이션이 일어나게 되므로 허용압력 내에서 정압(+)이 되도록 해야 한다. 따라서 온수순환펌프는 배관경로 중 가능한 한 온도가 낮은 곳 또는 압입양정이 높은 곳에 설치하며, 한편, 팽창탱크는 운전정지시 오버플로 방지를 위하여 장치의 가장 높은 곳보다 더 높은 위치로 한다.

팽창탱크와 순환펌프의 상호관계에 따른 압력분포는 다음 그림과 같이 설명할 수 있다. 즉 그림 10-62와 같이 팽창탱크 다음에 순환펌프가 있는 경우에 펌프가 정지하고 있으면 정수두는 A, B, C~A의 상태이던 것이 펌프가 작동되면 펌프에 의한 압력수두는 a, b, b', c~a의 상태로 배관 내의 압력이 형성된다. 따라서 A-B 구간을 제외하고는 정수두보다 높아진다.

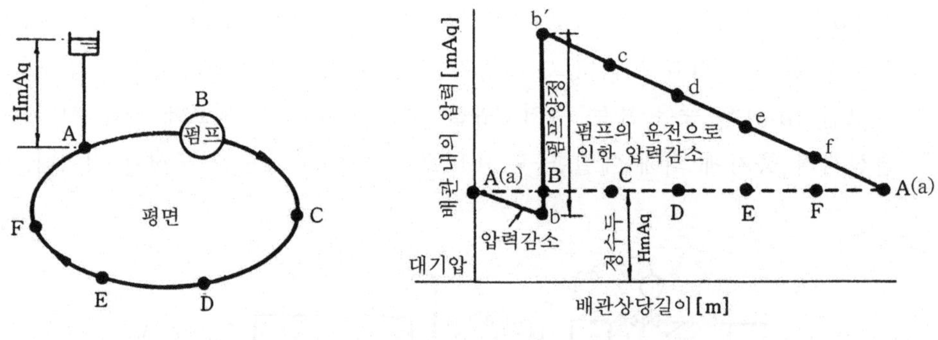


그림 10-62▸ 팽창탱크 다음에 순환펌프가 접속된 경우의 압력분포

그러나 그림 10-63과 같이 순환펌프 다음에 팽창탱크를 접속하면 정수두는 전자와 같으나, 펌프가 운전되면 펌프에 의한 압력수두는 a, b, b', c~a와 같이 형성되므로 B-C 구간을 제외한 모든 구간은 펌프가 정지하고 있을 때보다 압력이 낮아지며, 특히 F-A-B 구간에서는 대기압보다 낮은 진공상태이므로 공기가 흡입될 우려가 있고, 물의 온도가 높을 때는 캐비테이션의 우려가 있다.

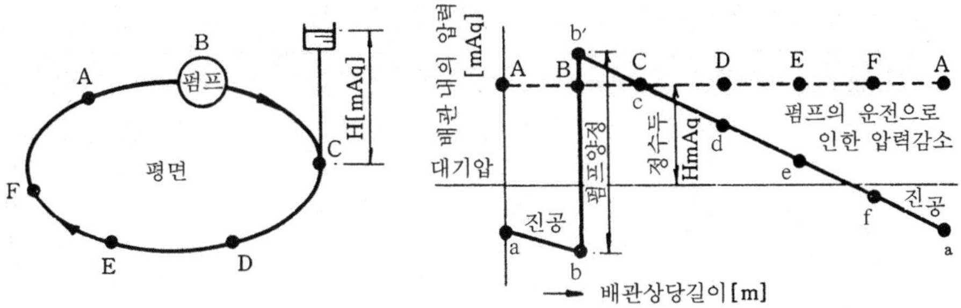


그림 10-63 ▸ 순환펌프 다음에 팽창탱크가 접속된 경우의 압력분포

### (2) 개방형 팽창탱크의 용량과 주위 배관

물은 표 10-22와 같이 온도변화에 따라 비체적이 변화된다. 따라서 배관계의 수온변화에 따라 물의 체적변화량 $\Delta V$[L]는 식 (10-19)와 같고, 팽창탱크의 용량 $V_t$[L]는 안전율을 적용하여 식 (10-20)과 같이 정한다.

$$\Delta V = V(v_2 - v_1)[\mathrm{L}] \quad \cdots\cdots (10\text{-}19)$$

$$V_t = \alpha \cdot \Delta V[\mathrm{L}] \quad \cdots\cdots (10\text{-}20)$$

여기서, $V$ : 배관 및 기기 내의 전체 수량[L]
(배관 내의 전체 수량=표 10-23의 m 당 수량×배관 길이+기기 내 수량)

$v_2$, $v_1$ : 가열 후와 전에 물의 비체적[L/kg](표 10-22)

$\alpha$ : 안전율(1.15)

**예제 10-7**

아파트의 난방 시스템에서 전체 보유 수량이 50,000[L], 최저수온 10[℃], 최고수온 60[℃]일 때 개방형 팽창탱크의 용량을 구하시오.

**풀이**

표 10-22와 식 (10-19)에 의해 시스템 내에 있는 물의 체적변화량은

$\Delta V = V(v_2 - v_1) = 50{,}000(1.0171 - 1.0003) = 840\mathrm{L}$

팽창탱크 용량은 식 (10-20)에 의해

$V_t = \alpha \cdot \Delta V = 1.15 \times 840 = 966\mathrm{L}$

표 10-22 ▸ 물의 비체적

| 온도(℃) | 비체적 $v$[L/kg] |
|---|---|
| 4 | 1.0000 |
| 10 | 1.0003 |
| 20 | 1.0018 |
| 30 | 1.0044 |
| 40 | 1.0079 |
| 50 | 1.0121 |
| 60 | 1.0171 |
| 70 | 1.0240 |
| 80 | 1.0290 |
| 90 | 1.0359 |
| 100 | 1.0435 |
| 120 | 1.0603 |
| 140 | 1.0798 |
| 160 | 1.1021 |
| 180 | 1.1275 |
| 200 | 1.1565 |

표 10-23 ▸ 배관용 탄소강 강관(가스관)의 내용적

| 관의 호칭경 [mm] | 내 경 [mm] | 1mm당 수량 [kg/m] |
|---|---|---|
| 6 | 6.5 | 0.0332 |
| 8 | 9.2 | 0.0665 |
| 10 | 12.7 | 0.1267 |
| 15 | 16.1 | 0.2036 |
| 20 | 21.6 | 0.3664 |
| 25 | 27.6 | 0.5983 |
| 32 | 35.7 | 1.0010 |
| 40 | 41.6 | 1.3592 |
| 50 | 52.9 | 2.1979 |
| 65 | 67.9 | 3.6210 |
| 80 | 80.7 | 5.1149 |
| 90 | 93.2 | 6.8221 |
| 100 | 105.3 | 8.7085 |
| 125 | 130.8 | 13.4374 |
| 150 | 155.2 | 18.9179 |
| 175 | 180.1 | 25.4752 |
| 200 | 204.7 | 32.9098 |
| 225 | 229.4 | 41.3309 |
| 250 | 254.2 | 50.7510 |
| 300 | 304.7 | 72.9181 |
| 350 | 339.8 | 90.6854 |

개방형 팽창탱크의 배관접속은 그림 10-64 및 10-65와 같이 한다. 냉·온수의 팽창량을 토출시키기 위해 팽창관을 접속하고, 또 보일러에는 안전관을 세워 과열증기가 발생했을 때 팽창탱크로 도피할 수 있도록 한다. 또한 팽창관이나 안전관에는 밸브를 설치하지 않으며, 배관경은 다음에 의해 계산된다.

① 팽창관을 팽창탱크의 밑 부분에 접속하는 경우에 팽창관 $d_1$은 다음 실험식으로 구한다.

$$d_1 = 14.9H^{0.356}[\mathrm{mm}] \cdots\cdots (10\text{-}21)$$

여기서, $H$ : 온수보일러의 상당방열면적 $EDR[\mathrm{m}^2]$

② 안전관을 팽창탱크의 수면상에 나오게 하고, 따로 팽창관을 팽창탱크의 하부에 접속하는 경우에 안전관의 직경 $d_2$와 팽창관의 직경 $d_3$는 다음 식과 같이 한다.

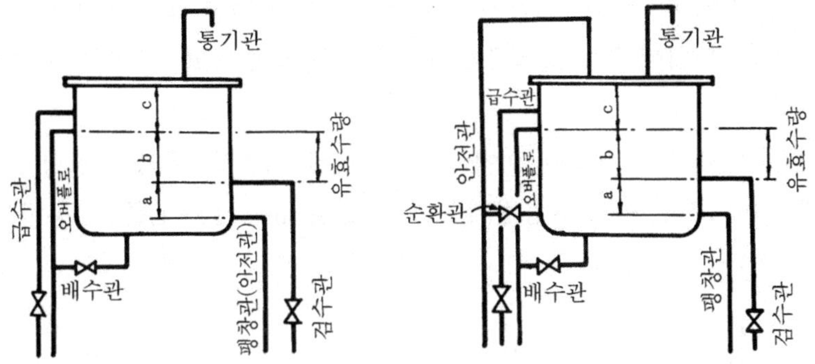


a : 150mm
b : 팽창에 의한 수위 변동의 2배
c : 100~200mm

(a) 팽창관이 안전관의 기능을 함께 하는 경우
(b) 팽창관과 안전관을 각각 갖춘 경우

그림 10-64 ▸ 개방식 팽창탱크의 배관접속(수동급수의 경우)

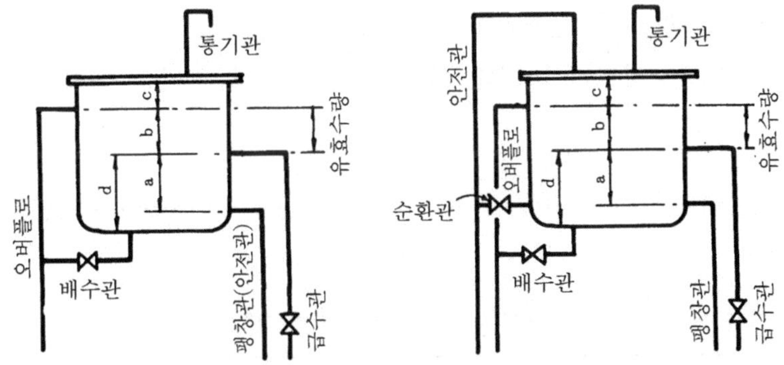


a : 150mm
b : 팽창에 의한 수위변동의 2배
c : 100~200mm
d : 온수가습을 하는 경우 매시 가습량의 1/2 정도로 하고 급수관은 가습량을 고려하여 관경을 정한다.

(a) 팽창관이 안전관의 기능을 함께 하는 경우
(b) 팽창관과 안전관을 각각 갖춘 경우

그림 10-65 ▸ 개방식 팽창탱크의 배관접속(자동급수의 경우)

$$d_2 = 15 + \sqrt{20H}\ [\mathrm{mm}] \cdots\cdots\cdots\cdots (10\text{-}22)$$

$$d_3 = 15 + \sqrt{10H}\ [\mathrm{mm}] \cdots\cdots\cdots\cdots (10\text{-}23)$$

### (3) 밀폐형 팽창탱크

배관계의 가장 높은 위치에 개방형 팽창탱크를 설치할 수 없을 때는 그림 10-66과 같은 밀폐형 팽창탱크를 지하 보일러실과 같이 설치하기 편리한 곳으로서 순환펌프의 흡입측 가까운 곳을 택한다.

밀폐형 팽창탱크의 내부구조는 그림에서와 같

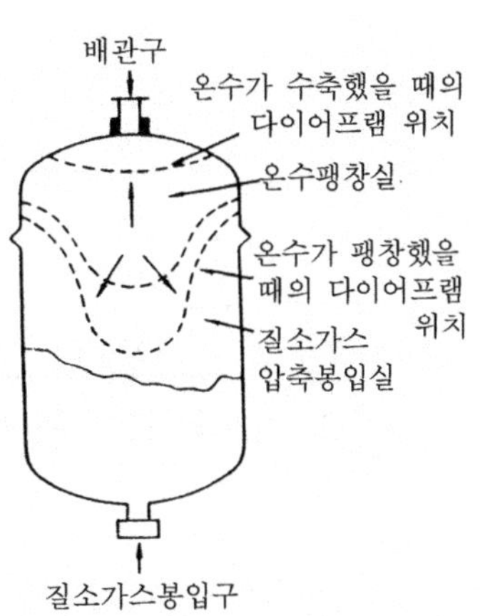


그림 10-66 ▸ 밀폐형 팽창탱크

이 다이어프램을 경계로 하여 질소가스가 압축봉입되어 있어서 물이 팽창되면 탱크 내로 밀고 들어온 물에 의해 다이어프램이 질소쪽으로 변형되고, 물이 수축되면 다이어프램도 원상태로 환원된다.

밀폐식 팽창탱크의 용량은 식 (10-19)에 의해 계산된 시스템 내의 팽창량 $\Delta V$[L]와 식 (10-24)에 의해 계산된 유효용량계수($AF$; acceptance factor)를 적용하여 식 (10-25)에 의해 정한다.

$$AF = 1 - \frac{P_a + P_i}{P_a + P_f} \quad \cdots\cdots (10\text{-}24)$$

여기서, $P_a$ : 대기압력[kPa, mmAq]

$P_i$ : 팽창탱크의 최저 운전압력[kPa, mmAq]

=팽창탱크의 정수두압+에어벤트 또는 증발 방지 적정압(표 10-24)

$P_f$ : 팽창탱크의 최대 운전압력[kPa, mmAq]

$=P_i$+팽창탱크에서 최대 압력증가량(시스템 안전을 위해 200kPa 이내)

$$V_t = \frac{\Delta V}{AF} [\mathrm{L}] \quad \cdots\cdots (10\text{-}25)$$

표 10-24 ▸ 증발 방지를 위한 적정 가압압력[kPa· g]

| 시스템의 최고온도[℃] | 적정가압압력 [kPa · g] | 시스템의 최고온도[℃] | 적정가압압력 [kPa · g] |
|---|---|---|---|
| 100 이하 | 30* | 140 | 360 |
| 105 | 60 | 145 | 430 |
| 110 | 90 | 150 | 500 |
| 115 | 120 | 160 | 670 |
| 120 | 216 | 170 | 870 |
| 125 | 200 | 180 | 1,120 |
| 130 | 250 | 190 | 1,420 |
| 135 | 300 | 200 | 1,770 |

【주】 * : 에어벤트의 공기배출을 위한 최소압력

**예제 10-8**

앞의 예제와 같이 배관시스템의 전체 보유수량 50,000[L], 최저온도 10[℃], 최고온도 60[℃]로 할 때 개방형 팽창탱크의 용량을 구하시오. 단, 팽창탱크의 수두압은 98kPa, 팽창탱크의 최대 압력증가량은 180kPa로 한다.

**풀이**

i) 앞의 예제에 의해 $\Delta V = 840[L]$

ii) $P_i$ = 정수두압 + 적정가압력 = 98 + 30 = 128kPa

iii) $P_f = P_i$ + 최대압력증가량 = 128 + 180 = 308kPa

iv) 유효용량계수는 식 (10-21)에 의해

$$AF = 1 - \frac{P_a + P_i}{P_a + P_f} = 1 - \frac{101.3 + 128}{101.3 + 308} \fallingdotseq 0.44$$

v) 팽창탱크의 용량은 식 (10-22)에 의해

$$V_t = \frac{\Delta V}{AF} = \frac{840}{0.44} \fallingdotseq 1,909\text{L}$$

## [4] 헤더(header)

헤더는 증기헤더, 냉·온수헤더 및 환수헤더, 기타 배관계에서 분배 및 집수를 할 때 사용된다. 헤더의 직경은 접속관 직경의 1.5~2.5배로 하며, 지면으로부터 밸브 중심까지는 조작이 쉽도록 1,200~1,500mm의 높이로 한다.

그림 10-67과 같은 헤더에서 인접한 접속관과 중심거리는 밸브의 조작을 용이하게 하기 위하여 표 10-25 및 표 10-26에 의한다.

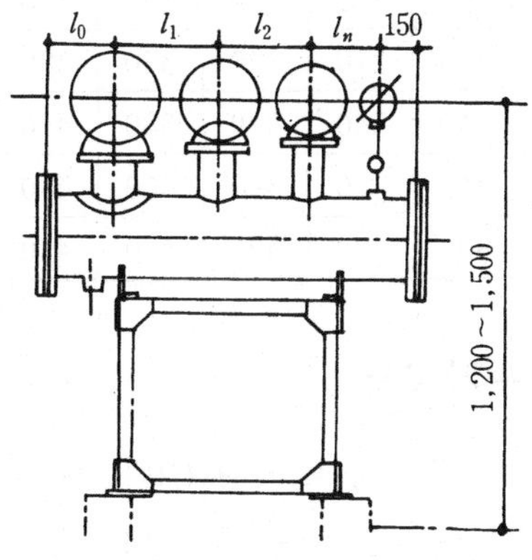


그림 10-67 ▸ 증기 및 냉·온수헤더의 치수

표 10-25 ▸ 증기용 헤더의 접속관 중심간 거리[mm](글로브 밸브)

| 밸브의 호칭경[mm] | $l_o$ | 밸브의 호칭경에 따른 접속관 중심간의 거리($l_1 \sim l_n$) | | | | | | | | | | | |
|---|---|---|---|---|---|---|---|---|---|---|---|---|---|
| | | 20 | 25 | 32 | 40 | 50 | 65 | 80 | 100 | 125 | 150 | 200 | 250 |
| 20 | 140 | 180 | | | | | | | | | | | |
| 25 | 145 | 190 | 190 | | | | | | | | | | |
| 32 | 150 | 190 | 200 | | | | | | | | | | |
| 40 | 155 | 200 | 200 | 210 | 210 | | | | | | | | |
| 50 | 165 | 210 | 210 | 220 | 220 | 230 | | | | | | | |
| 65 | 190 | 230 | 240 | 240 | 250 | 260 | 280 | | | | | | |
| 80 | 215 | 250 | 260 | 270 | 270 | 280 | 310 | 330 | | | | | |
| 100 | 240 | 280 | 290 | 290 | 300 | 310 | 330 | 360 | 380 | | | | |
| 125 | 250 | 290 | 300 | 300 | 310 | 320 | 360 | 370 | 390 | 400 | | | |
| 150 | 280 | 320 | 330 | 330 | 340 | 350 | 370 | 400 | 420 | 430 | 460 | | |
| 200 | 325 | 370 | 370 | 380 | 380 | 390 | 420 | 440 | 470 | 480 | 510 | 550 | |
| 250 | 345 | 390 | 400 | 400 | 410 | 420 | 440 | 470 | 490 | 500 | 530 | 580 | 600 |

표 10-26 ▸ 냉 · 온수용 헤더의 접속관 중심간 거리[mm](글로브 밸브)

| 밸브의 호칭경{mm} | $l_o$ | 밸브의 호칭경에 따른 접속관 중심간의 거리($l_1 \sim l_n$) | | | | | | | | | | |
|---|---|---|---|---|---|---|---|---|---|---|---|---|
| | | 32 | 40 | 50 | 65 | 80 | 100 | 125 | 150 | 200 | 250 | 300 |
| 32 | 150 | 200 | | | | | | | | | | |
| 40 | 155 | 210 | 210 | | | | | | | | | |
| 50 | 165 | 220 | 220 | 230 | | | | | | | | |
| 65 | 190 | 240 | 250 | 260 | 280 | | | | | | | |
| 80 | 200 | 250 | 260 | 270 | 290 | 300 | | | | | | |
| 100 | 225 | 280 | 280 | 290 | 320 | 330 | 350 | | | | | |
| 125 | 240 | 290 | 300 | 310 | 330 | 340 | 370 | 380 | | | | |
| 150 | 250 | 300 | 310 | 320 | 340 | 350 | 380 | 390 | 400 | | | |
| 200 | 280 | 330 | 340 | 340 | 370 | 380 | 410 | 420 | 430 | 460 | | |
| 250 | 300 | 350 | 360 | 370 | 390 | 400 | 430 | 440 | 450 | 480 | 500 | |
| 300 | 325 | 380 | 380 | 390 | 420 | 430 | 450 | 470 | 480 | 510 | 530 | 550 |

## [5] 수냉각기 및 수가열기

수냉각기나 가열기는 중앙공조기(AHU)나 팬코일 유닛, 유인 유닛 등에 있는 냉 · 온수코일 및 방열기(radietor) 등이며, 이들의 유량조절이나 배관방식은 다음과 같다.

### (1) 유량제어

그림 10-68의 (a)와 (b)는 유닛의 수량을 제어하는 방법을 도시한 것으로서 제어 방식은 수동제어와 자동제어가 있다.

그림 (a)에서 ⓐ의 방법은 환수측에 수량제어용 플러그 콕(plug cock)을 설치할 경우이고, ⓑ는 플러그 콕을 생략하고 게이트 밸브 대신 글로브 밸브(globe valve)를 설치한 것으로서 ⓐ, ⓑ는 수동제어 방식이다. 그러나 ⓒ는 자동 2방밸브(2-way valve)를 사용한 자동제어이다.

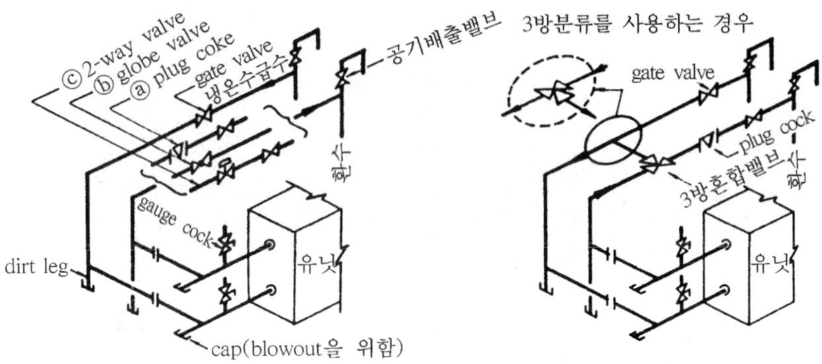


(a) (b)

그림 10-68 ▸ 유량제어방식

한편, 그림 (b)는 혼합형 자동3방밸브(3-way valve)를 사용한 경우로 환수측에 설치함으로써 부하변동에 따라 급수측에서 환수측으로 수량의 일부를 by pass시킨다.

자동3방밸브는 또 분류형이 있는데, 이 경우에는 급수측에 설치하여 부하에 따라 급수의 일부를 환수측으로 바이패스시킨다.

### (2) 유닛 주위의 일반 배관법

유닛과의 접속배관은 코일의 교환을 쉽게 할 수 있도록 플랜지 또는 유니온을 사용한다. 코일의 출구 및 입구측 배관에는 압력계 설치용의 게이지 콕(gauge cock) 및 온도계나 온도측정용 웰(well)을 설치한다.

또한, 냉온수 입관의 하부에는 더트레그(dirt leg, dirt pocket)를 설치하여 배관 내의 찌꺼기를 처리할 수 있도록 하고 기기 및 배관의 최상부에는 에어벤트(air vent)를 설치한다.

### (3) 복합 유닛의 배관

한 계통의 냉온수 주관에 몇 개의 코일(유닛)을 접속하는 복합배관의 예는 다음과 같다. 그림 10-69(a)는 코일이 종과 횡으로 복합배치된 경우이고, 그림 (b)는 종으로 배치된 경우이다.

한편, 그림 (c)는 횡으로 여러 개의 코일(유닛)이 배치된 경우로서, ⓐ는 유닛을 2개씩 모아서 급수와 환수를 하며 게이트 밸브로 shut-off한다. 그림 ⓑ는 유닛을 4개씩 모아서 급수 및 환수를 게이트 밸브에 접속한다. 그림 ⓒ는 유닛 각각에 급수 및 환수관과 게이트 밸브가 접속되어 shut-off된다.

이와 같은 방법들의 유량조절 및 배관법은 앞에서와 같은 일반적인 방법을 따른다.

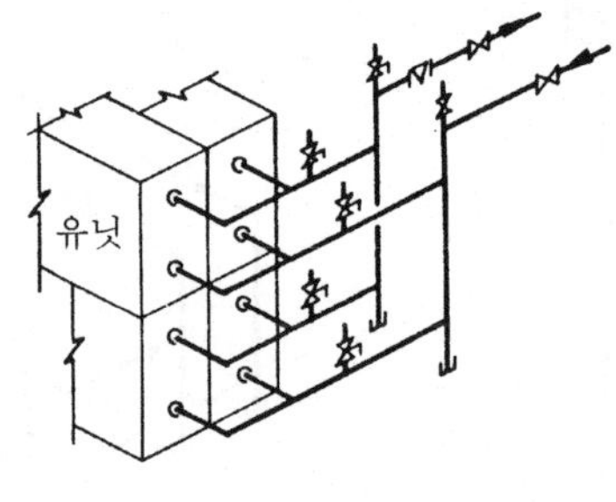


(a) 종 · 횡으로 복합

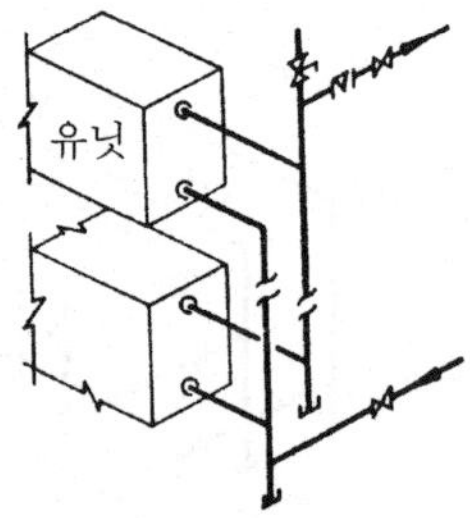


(b) 종으로 복합

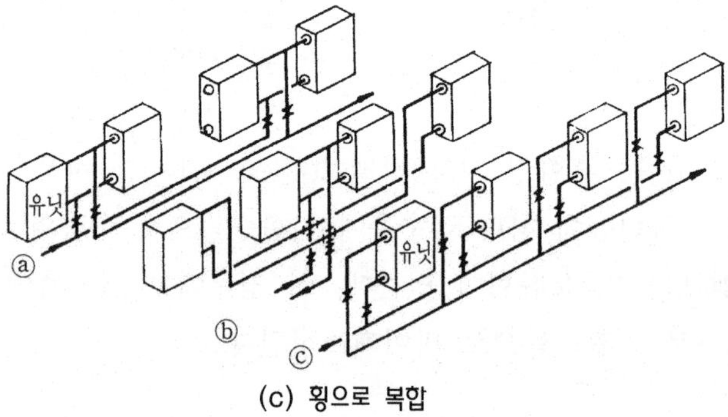


(c) 횡으로 복합

그림 10-69 ▸ unit의 복합배관

## [6] 증기코일

### (1) 유닛 주위의 일반적인 배관법

코일을 쉽게 떼어낼 수 있는 곳에 유니온(관경 50mm 이하일 때) 또는 플랜지(관경 50mm 이상일 때)로 접속하고, 환수관측의 입관에는 더트레그(dirt leg, dirt pocket)를 입관과 동일한 관경으로 하고 길이는 150mm 이상으로 한다.

각 코일에는 각각 별개의 트랩을 설치하며, 코일에서 트랩까지의 거리는 될 수 있는 한 짧게 하고, 코일의 접속구와 같은 관경으로 하며 보온을 하지 않는다.

또한, 주요한 트랩이나 조절밸브 등에는 바이패스 및 스트레이너를 설치하며, 게이트 밸브는 개폐용으로만 사용된다.

증기의 횡주관(steam main)으로부터 지관(run out)의 분기는 횡주관의 윗 부분에서 하며, 이때 45° 엘보를 쓰면 유동저항이 적다. 또한, 응축수가 드립(drip)되는 곳에는 하향구배를 하여 응축수가 고이는 곳이 생기지 않도록 한다.

### (2) 저압증기 · 중력환수의 경우

그림 10-70은 저압증기 · 중력환수식에서의 유닛 주위 배관법이다. 유닛에 공급되는 증기량 보다 응축속도가 빠르면 부압이 되므로 이를 방지하기 위하여 출구측의 상단에 체크 밸브(vacuum brake)를 두고, 응축수의 역류를 막기 위해 트랩 전에 체크 밸브를 둔다.

응축수는 열동 플로트 트랩을 사용하여 응축수와 함께 불응축가스도 동시에 통과하도록 하고, 불응축가스는 트랩 다음에 있는 대기개방의 통기관(relief)을 통하여 방출한다.

그림 (b)는 저압증기 · 중력환수 방식에서 유닛을 상하로 복합시킨 저압증기용 멀티플 코일(multiple coil)의 경우이다.

압력강하가 각각 다른 코일이거나 증기조절밸브가 없으면 그림 10-71과 같이 유닛마다 각각의 증기트랩을 갖도록 한다.

그림 (b)에서와 같이 응축수 트랩으로서 플로트 또는 버킷 트랩을 사용하면 열동트랩을 상부에 설치하여 불응축가스를 통과시켜 통기관을 통해 대기중에 방출시킨다.

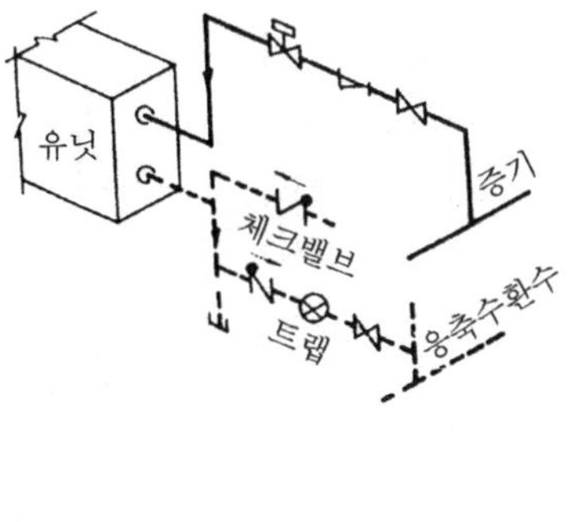


(a) 저압증기 · 중력환수식에서 단일코일

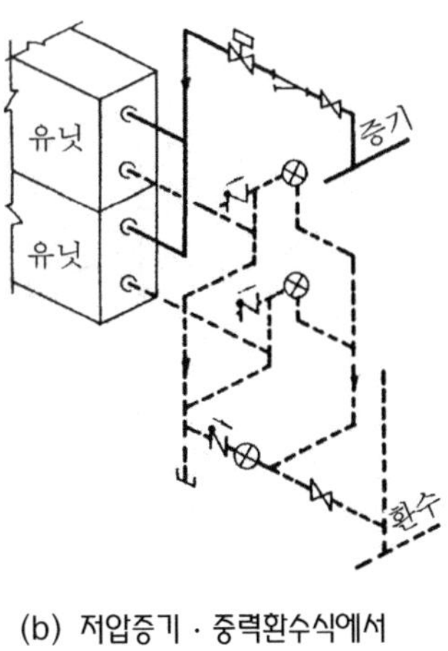


(b) 저압증기 · 중력환수식에서 유닛을 종으로 배치

그림 10-70 ▸ 저압증기 · 중력환수식에서 유닛 주위배관

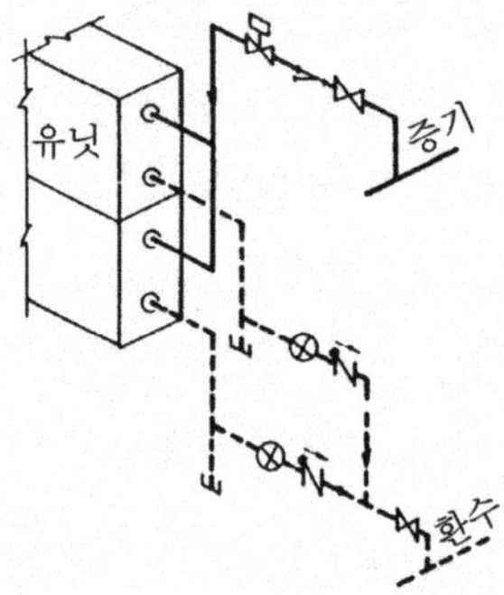


그림 10-71 ▸ 저압 또는 진공환수식에서
유닛의 저항이 다른 경우

### (3) 진공환수일 경우

그림 10-72는 진공환수를 하는 경우의 단일코일 주변 배관이다. 응축수 트랩 전후의 압력을 균압시키기 위해 상부에 15° 체크밸브를 설치했으며, 응축수 트랩은 열동 플로트 트랩을 사용함으로써 불응축가스도 응축수와 함께 통과시켜 진공펌프에서 분리 · 배출시킨다.

그림 (b)는 유닛을 상하로 결합시킨 경우로, 응축수는 플로트 또는 버킷 트랩으로 환수시키고, 상부에는 각각 열동트랩이 있어서 불응축가스를 환수관쪽으로 배출시켜 진공펌프로 보내 배출하도록 한다. 또한 진공균압용 체크밸브를 코일측과 응축수 트랩 후에 접속한다.

한편, 각 코일의 압력강하가 다르거나 그림 (b)와 같이 조절밸브가 없는 경우에는 코일의 각각의 응축수 트랩을 설치한다.

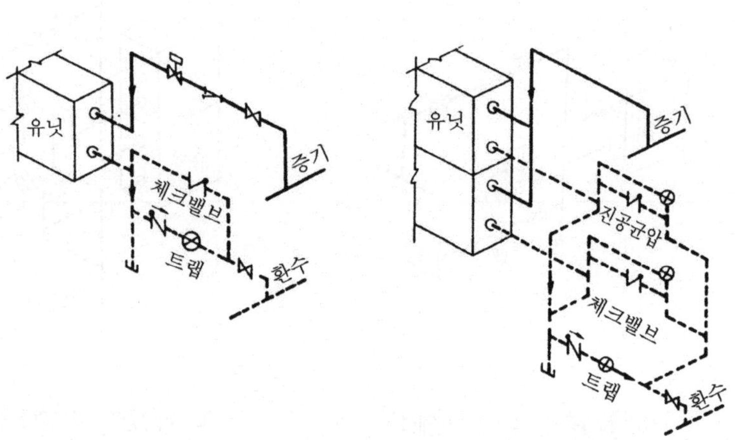


(a) 진공환수식에서 단일코일　　(b) 진공환수식에서 유닛을 종으로 배치한 경우

그림 10-72 ▸ 진공환수식에서 유닛 주위배관

### (4) 고압 또는 중압증기일 경우

그림 10-73은 고압 또는 중압증기를 사용하는 단일유닛으로 유닛의 출구측에 에어벤트와 진공을 막기 위한 체크밸브를 대기중에 개방시켰다.

버킷 트랩 또는 공기를 통과시킬 수 있는 트랩을 사용할 경우에는 에어벤트가 필요 없다. 고압환수주관의 끝은 대부분의 경우 공기를 배출하는 핫웰(hot well)에 연결한다.

한편, 증기공급측과 환수측의 압력차가 34kPa보다 클 경우에는 플래시 탱크(flash tank)를 사용한다.

그림 (b)는 몇 개의 코일을 상하로 결합시킨 경우이다.

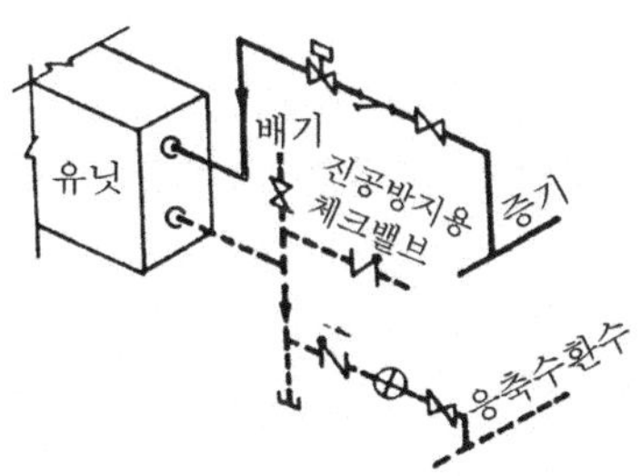


(a) 고압 또는 중압증기의 환수에서 단일유닛의 경우

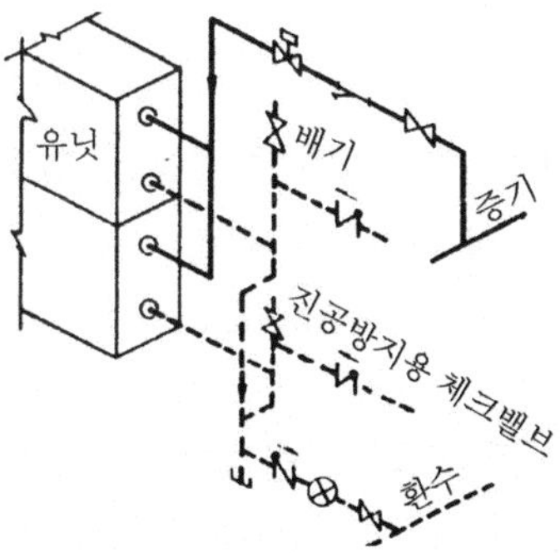


(b) 고압 또는 중압증기의 환수에서 유닛을 종으로 배치한 경우

그림 10-73 ▸ 고압 또는 중압증기의 환수에서 유닛주위 배관

### (5) 자동제어 밸브의 바이패스

바이패스 배관은 2방밸브의 고장시 수동으로 장치를 운전하기 위하여 그림 10-74와 같이 바이패스 배관을 하고 있으나, 다음과 같은 경우에는 반드시 설치하는 것은 아니다. 즉 항온항습장치나 고급의 제어방식을 필요로 하는 공조설비 등에서 수동으로 장치운전할 수 없는 경우 또는 밸브의 고장률이 매우 적은 경우 등은 바이패스배관을 하지 않는 경우가 있다.

### (6) 환수주관으로 응축수의 입상(lift)

그림 10-75와 같이 환수주관이 코일보다 높은 위치에 있는 경우에 환수관의 허용입상높이는 증기주관과 환수측과의 압력차에 의하여 결정된다.

입상높이는 압력차 100kPa당 4~5m 이내에 있도록 하고, 될 수 있는 한 2.5m를 넘지 않도록 하는 것이 좋다.

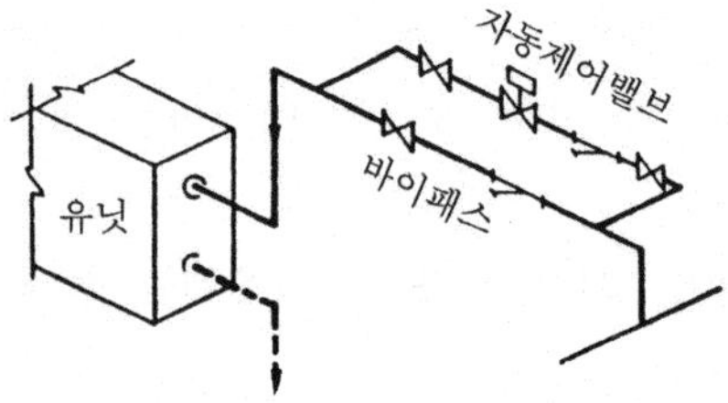


그림 10-74▸ 자동밸브 주위에서 by-pass

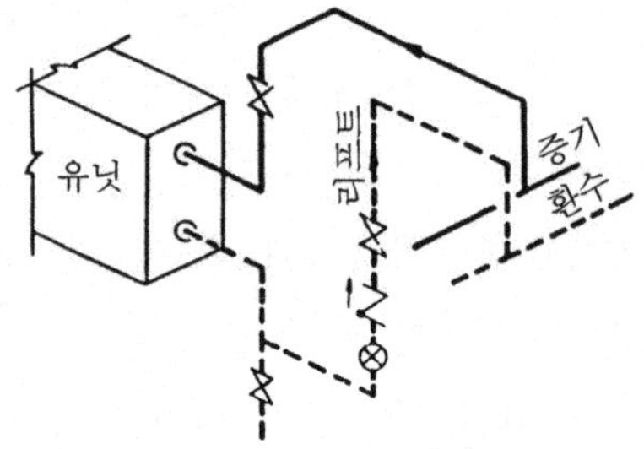


그림 10-75▸ 유닛 상위의 환수관으로 응축수의 lift

트랩을 입상관에 설치하는 경우에는 코일보다 낮은 위치로 하고, 입상관은 환수주관의 상부에 접속한다. 또한 환수의 역류를 방지하기 위하여 트랩의 하류측에 체크 밸브를 설치한다.

### (7) 관말트랩 주변 배관

그림 10-76은 저압증기 횡주관의 말단에서 응축수를 응축수 횡주관에 드립(drip)시키는 관말트랩의 배관법이고, 그림 (b)는 고압증기의 경우이다. 고압증기의 환수관은 증기와 환수의 압력차에 의해 입상시킬 수 있으며, 환수주관에는 상향 접속을 하고 트랩의 하류측에 체크밸브를 설치한다.

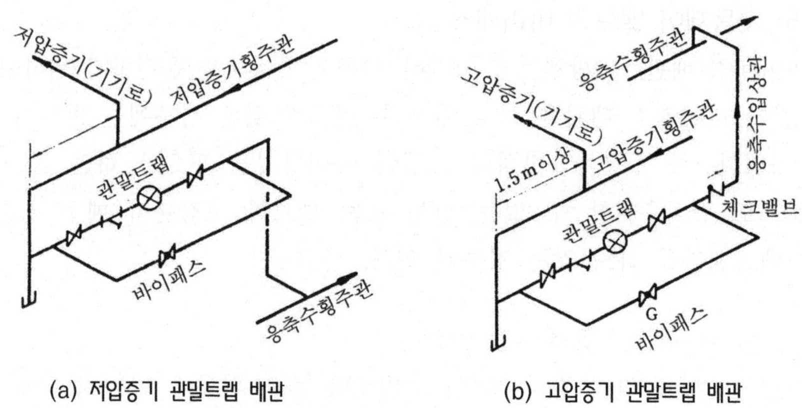


(a) 저압증기 관말트랩 배관　　(b) 고압증기 관말트랩 배관

그림 10-76▸ 관말트랩 주위 배관

## [7] 증발탱크(flash tank)

저압의 응축수관에 고압의 응축수가 합류되면, 고압의 응축수는 압력이 강하되면서 재증발을 하게 되고, 이로 인해 저압응축수의 환수능력이 떨어지게 된다.

따라서 그림 10-77과 같이 고압의 응축수를 고압트랩을 통과하여 증발탱크로 팽창시킨다.

이때, 팽창된 응축수의 일부는 재증발되어 저압증기관을 통과하도록 하고, 응축수는 저압트랩을 통과하여 환수되도록 한다.

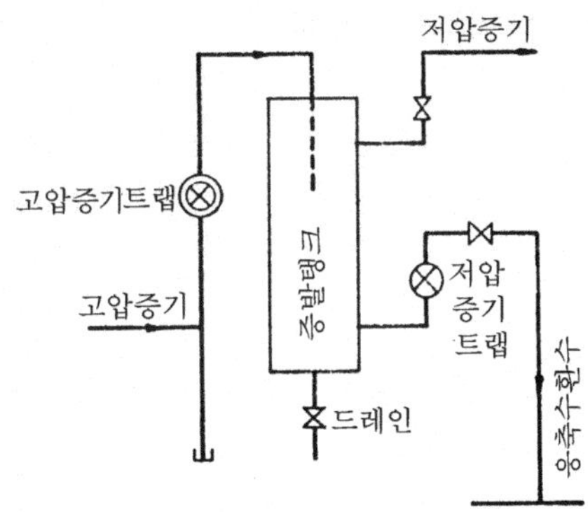


그림 10-77 ▸ 증발탱크 주위배관

## [8] 리프트 이음(lift fitting)

진공환수시 방열기보다 높은 곳에 환수횡주관을 배관하거나, 환수주관보다 높은 위치에 진공펌프를 설치하는 경우에는 그림 10-78과 같은 리프트 이음을 하면 환수관의 응축수를 끌어올릴 수 있다.

즉 환수는 리프트이음까지 하향구배에 따라 리프트이음 부분에 고이면 통로가 막히고 따라서 진공펌프에 의해 이 환수를 끌어올린다.

흡상높이는 1단이 1.5 m 이내이고, 또 2단, 3단 직렬 연속으로 접속되는 경우도 있다.

한편, 드레인은 정지시 동결을 방지하는 역할을 한다.

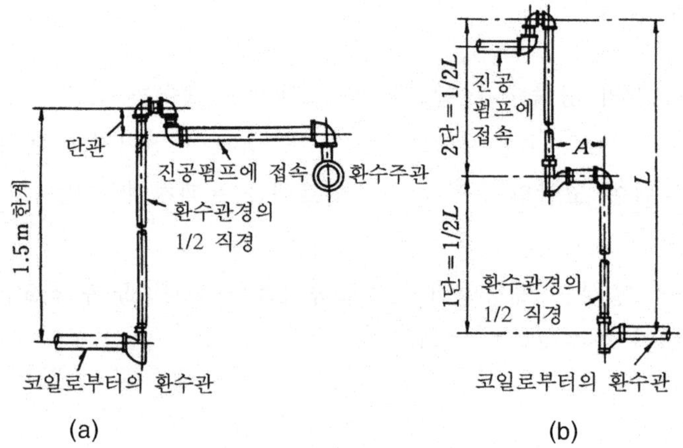


| 환수관치수[mm] | $A$ [mm] |
|---|---|
| 25 | 175 |
| 32 | 200 |
| 40 | 225 |
| 50 | 250 |
| 65 | 350 |
| 80 | 375 |
| 100 | 450 |
| 125 | 525 |
| 150 | 600 |

그림 10-78 ▸ 리프트 이음(lift fitting)

# 제 11 장

# 환기설비

## 11-1 환기설비의 개요

환기(ventilation)란 일정 공간에 있는 공기의 오염을 막기 위하여 실외로부터 청정한 공기를 공급하여 실내의 오염된 공기를 실외로 배출하고 실내의 오염공기를 교환 또는 희석시키는 것을 말한다.

환기설비는 산업이 발달될수록 작업환경의 개선 및 각종 가공과정에 광범위하게 응용되며 또한 일반 보건용 공기조화와 함께 계획된다.

### [1] 환기의 목적

환기의 목적은 표 11-1과 같이 실내 공기의 열 · 증기 · 취기 · 분진 · 유해물질에 의한 오염과 산소 농도의 감소 등에 의한 재실자의 불쾌감이나 위생적 위험성 증대의 방지 혹은 생산공정이나 품질관리에 있어서 원료 및 제품의 보존을 위한 주변환경의 악화로부터 보호에 있다.

따라서 전자와 같이 인간을 대상으로 하는 인간환기(human ventilation)와 후자와 같이 물질을 대상으로 하는 물질환기(process or product ventilation)로 구분된다. 외기를 도입하는 방법은 소극적인 방법으로 자연력을 이용하거나 적극적인 방법으로 기계력을 이용하게 되는데, 후자는 공기조화설비와 함께 이루어지는 경우가 일반적이다.

표 11-1 ▸ 환기가 필요한 공간과 목적

| 실 명 | 환 기 목 적 | 실 명 | 환 기 목 적 |
|---|---|---|---|
| 거실 | 재실자의 건강, 안전, 쾌적성 | 발전기실 | 열 제거, 연소용 공기공급 |
| 주방 | 취기, 열, 습기, 연소가스 제거 | 엘리베이터기계실 | 열 제거 |
| 보일러실 | 열 제거, 연소용 공기공급 | 화장실 | 취기 제거 |
| 기계실 | 열, 습기 제거 | 욕실 | 습기 제거 |
| 탕비실 | 열, 연소가스, 습기 제거 | 옥내주차장 | 유독가스 제거 |
| 창고 | 열, 습기, 취기, 유해가스 제거 | 암실 | 취기, 열 제거 |
| 배전실 | 취기, 열, 습기 제거 | 복사실 | 열, 취기 제거 |
| 세탁실 | 열, 습기, 취기 제거 | 영사실 | 열, 취기 제거 |
| 오일탱크실 | 위험가스, 취기 제거 | 축전지실 | 유독가스 제거 |
| 전기실 | 열 제거 | 공장 작업장 | 작업자의 건강, 안전작업 |

한편, 도입되는 외기는 근래에 도심지나 공장지대와 같은 경우에는 외기가 곧 신선한 공기라고 볼 수 없으므로 에어 필터(air filter)로 냄새나 유해물질을 제거시킨 후 도입되어야 하고, 또 실내로부터 외기에 방출시키는 공기는 다량의 유해물질이 함유되어 있으면 대기오염을 방지하기 위해 적절한 방법으로 정화시킨 후 배출시켜야 한다.

## [2] 외기(대기) 및 실내 환경기준

배출가스로 인한 대기환경의 오염을 방지하기 위해 배출 규제 및 환경기준을 설정하게 되는데, 표 11-2는 국내에서 적용되고 있는 대기 환경기준이다.

한편, 표준 대기 상태에서 CO의 농도는 0.01～0.2 ppm, $CO_2$는 300 ppm으로 본다.

표 11-2 ▸ 대기 환경기준

| 항 목 | 기 준 |
|---|---|
| 아황산 가스 ($SO_2$) | 연간 평균치 : 0.05 ppm 이하<br>24시간 평균치 : 0.15 ppm 이하(연간 3회 이상 초과해서는 안 된다) |
| 일산화탄소 (CO) | 1개월 평균치 : 8 ppm 이하<br>8시간 평균치 : 20 ppm 이하(연간 3회 이상 초과해서는 안 된다) |
| 질소산화물 ($NO_2$) | 연간 평균치 : 0.05 ppm 이하<br>1시간 평균치 : 0.15 ppm 이하(연간 3회 이상 초과해서는 안 된다) |
| 부유분진 (TSP) | 연간 평균치 : 0.15 $mg/m^3$ 이하<br>24시간 평균치 : 0.3 $mg/m^3$ 이하(연간 3회 이상 초과해서는 안 된다) |
| 옥시탄트 ($O_3$) | 연간 평균치 : 0.02 ppm 이하<br>1시간 평균치 : 0.1 ppm 이하(연간 3회 이상 초과해서는 안 된다) |
| 탄화수소 (HC) | 1개월 평균치 : 3 ppm 이하<br>1시간 평균치 : 10 ppm 이하(연간 3회 이상 초과해서는 안 된다) |

제1장의 표 1-3은 중앙 관리방식의 보건용 공기조화에서의 실내공기 기준이다. 여기서, 탄산가스는 그 자체가 인체에 큰 영향을 주기보다는 사람의 호흡에 의한 탄산가스의 증가로 산소의 감소와 더불어 냄새, 습기, 온도 기타의 인자도 비례하여 불량화되는 경향이 있으므로 그 종합적인 지표로서 탄산가스 농도를 일정 허용치로 제한한다.

한편, 산업현장의 작업환경에 대한 오염물질의 허용치는 산업안전보건법으로 정하고 있다.

## 11-2 환기방식의 분류

### [1] 자연환기와 기계환기

환기방식은 그 환기력의 원동력에 따라 자연환기(natural ventilation)와 기계환기(인공환기, 강제환기 ; mechanical or forced ventilation)로 구분된다.

자연환기는 실내·외의 온도차에 의한 부력과 외기의 풍압에 의한 실내·외의 압력차에 의해 이루어지므로 일명 중력환기라고도 한다. 이 환기방법은 자연력을 이용하므로 동력은 필요하지 않지만 항상 일정한 환기량을 얻을 수 없고 또 일정량 이상의 환기량을 기대할 수 없다. 또한 자연환기에는 모니터 루프(monitor roof)나 루프 벤틸레이터(roof ventilator)를 이용하여 환기력을 얻기도 한다.

기계환기는 환풍기, 즉 급기팬과 배기팬을 원동력으로 하므로 기계적 에너지는 많이 소요되지만 용도와 목적에 따라 환기량 및 실내압을 조정할 수 있다. 그러나 실제 활용시는 그림 11-1과 같이 자연환기와 기계환기의 조합에 의하며 이들에 대한 각 환기법의 특징은 표 11-3과 같다.

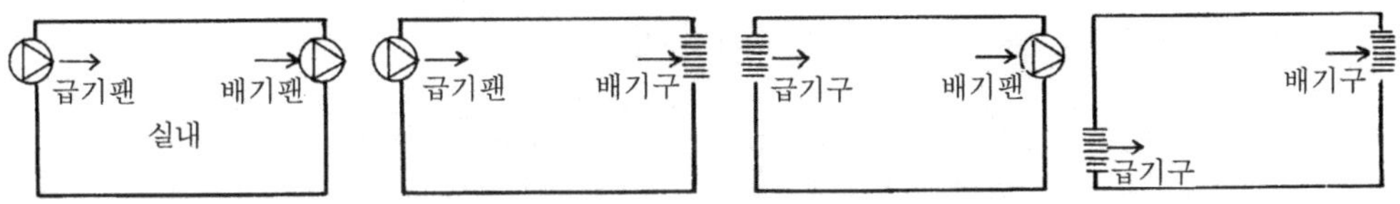


(a) 제1종 환기　(b) 제2종 환기　(c) 제3종 환기　(d) 자연환기(중력환기)

그림 11-1 ▸ 환기방법의 종류

표 11-3 ▸ 환기방식별 특징[n : 환기횟수 회/h]

| 명 칭 | 급 기 | 배 기 | 환기량 | 실내압 | 비 고 |
|---|---|---|---|---|---|
| 제1종 | 기계 | 기계 | 임의, 일정 | 임의 | 공조와 함께 쓰이는 경우가 많다. |
| 제2종 | 기계 | 자연 | 임의, 일정 | 정압 | 적당한 배기용 개구 필요, 청정실에 적합 |
| 제3종 | 자연 | 기계 | 임의, 일정 | 부압 | 적당한 급기용 개구 필요, 오염실에 적합 |
| 자연 보조 | 자연 | 자연 보조 | 유한 불특정 | 부압 | 루프 벤틸레이터는 3<n<10<br>모니터 루프는 10<n<30 |
| 자연 | 자연 | 자연 | 유한, 불특정 | 부정 | 침입 외기 환기만은 0.5<n<9 |

제1종 환기 : 급기팬과 배기팬의 조합

제2종 환기 : 급기팬과 자연배기의 조합

제3종 환기 : 자연급기와 배기팬의 조합

자연환기(중력환기) : 자연급기와 자연배기의 조합

제1종 환기는 급기와 배기측에 송풍기를 설치하여 정확한 환기량과 급기량 변화에 의해 실내압을 정압(+) 또는 부압(−)으로 유지할 수 있다.

제2종 환기는 급기용 송풍기를 설치하여 실내로 가압함으로써 오염 공기의 침입을 방지하거나 또는 연소용 공기가 필요한 경우에 적합한 방식이다.

제3종 환기는 배기용 송풍기를 설치하여 실내 공기를 강제적으로 배출시키는 방법으로서 실내는 부압이 된다. 따라서 실내에서 발생되는 취기와 수증기 등이 다른 공간으로 유출되지 않도록 하는 경우로서 화장실, 욕실 등의 환기에 적합하다.

여기서 제1종, 제2종, 제3종 환기방식을 기계환기라고 하며, 자연환기 방식을 일명 중력환기라고도 한다.

한편, 기계환기방식은 외기 및 배기의 오염도 및 건축물 구조에 따라 그림 11-2 및 11-3과 같이 응용될 수 있으며, 또한 공기조화를 하는 경우는 공기조화와

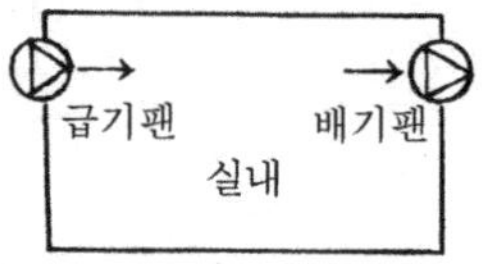


(a) 외기가 깨끗한 경우

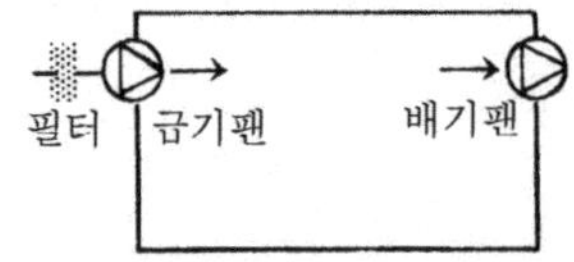


(b) 외기가 오염된 경우

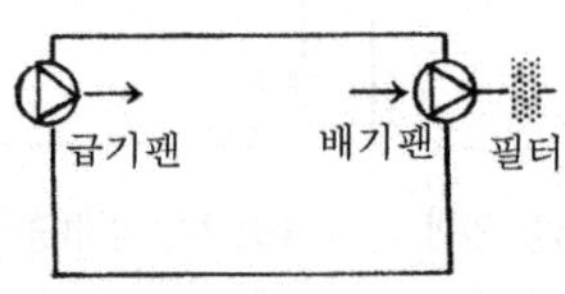


(c) 외기청정, 배기 오염된 경우

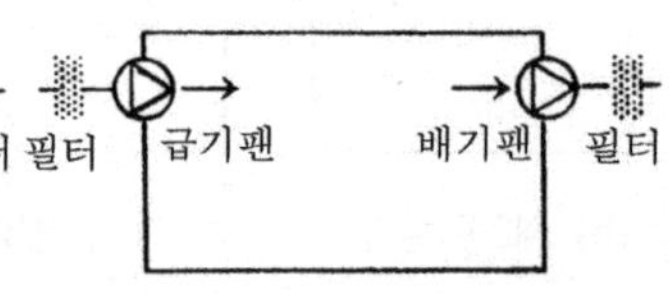


(d) 외기 및 배기 오염된 경우

그림 11-2 ▸ 제1종 환기법의 응용

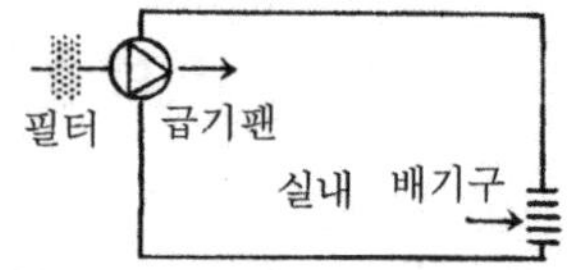


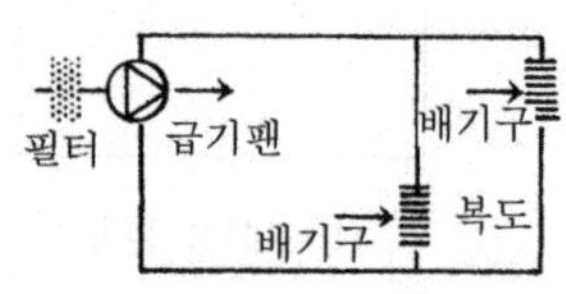


그림 11-3 ▸ 제2종 환기법의 응용

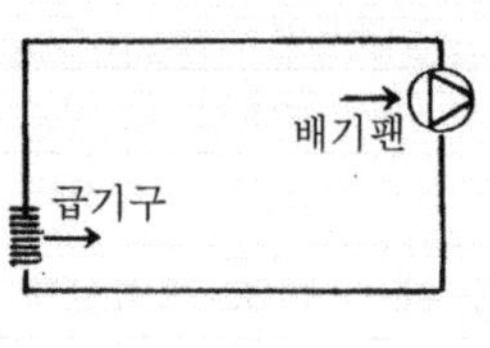


(a) 외기에 개방된 급기구를 갖는 경우

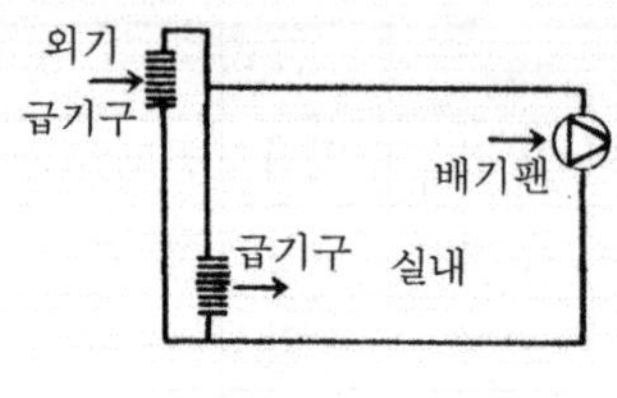


(b) 상부에서 신선한 외기를 도입한 경우

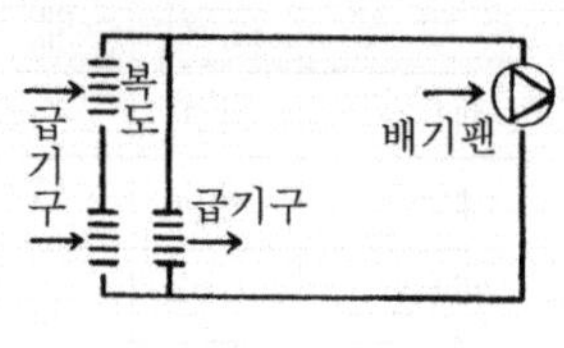


(c) 복도에 급기구가 있는 경우

그림 11-4 ▸ 제3종 환기법의 응용

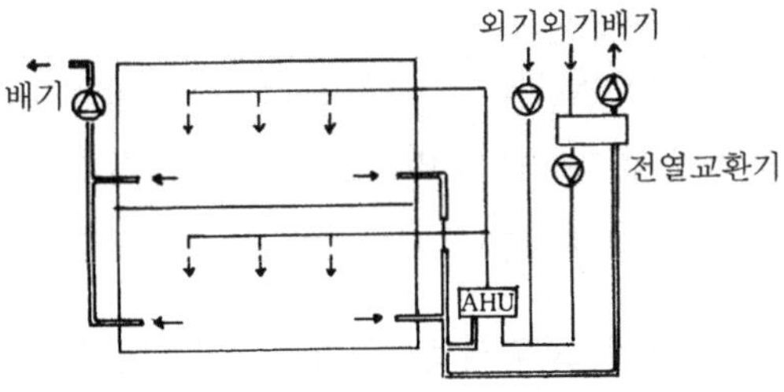


(a) 중앙방식

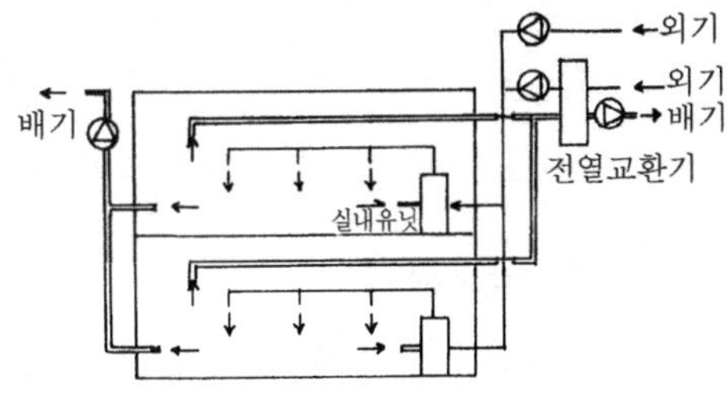


(b) 각층 유닛방식

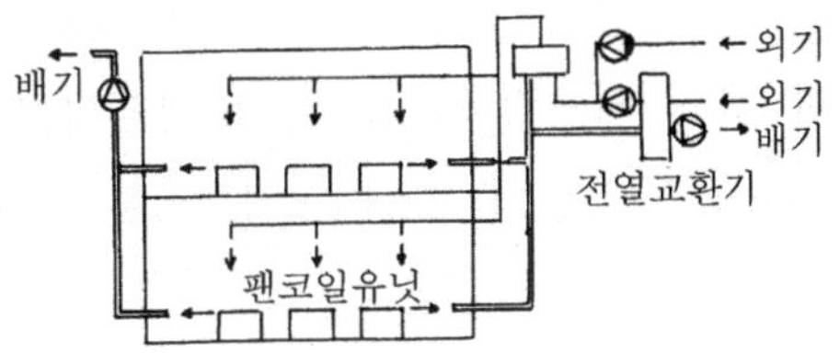


(c) 팬코일 유닛 · 덕트 병용 방식

그림 11-5 ▸ 전열교환기를 도입한 경우

환기를 동일 개념으로 보아야 하므로 공기조화 시스템이 곧 환기시스템이 된다.

또한, 공기조화 시스템을 이용한 환기는 에너지를 절감할 수 있는 방법으로 계획해야 한다. 예를 들면 그림 11-5는 배기와 도입되는 외기와의 전열(현열+잠열) 교환을 할 수 있도록 계획된 방식들이다.

### [2] 희석환기, 집중환기, 국소환기

#### (1) 희석환기(전체 환기)

희석환기는 열기나 유해물질이 실내에 널리 산재되어 있거나 이동되는 경우에 그림 11-6과 같이 급기로 실내의 전체 공기를 희석하여 배출시키는 방법으로 일명 전체환기라고도 한다.

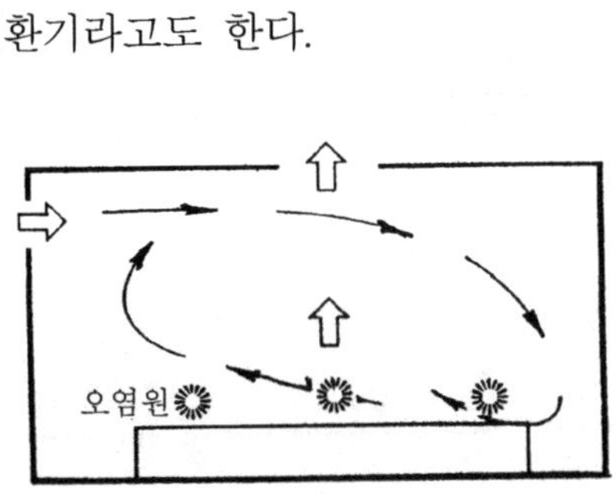


(오염원이 산재된 경우)

그림 11-6 ▸ 희석환기 방식(실내 전체가 혼합된 유동)

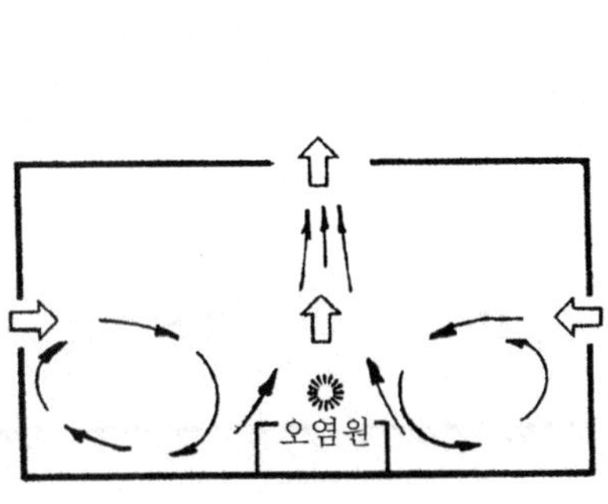


(오염원이 집중된 경우)

그림 11-7 ▸ 집중환기 방식(일부 영역만 혼입된 유동)

### (2) 집중환기

집중환기는 유해물질이 한 구역에 집중되어 있는 경우, 그림 11-7과 같이 그 구역만을 집중적으로 환기시키는 방법으로 투입된 공기의 일부는 실내공기로 혼입된다.

### (3) 국소환기

국소환기는 주방, 공장, 실험실에서와 같이 오염물질의 확산 및 방산을 가능한 한 극소화시키려고 할 때 적용되며, 국소환기 장치로서는 흔히 그림 11-8과 같은 후드(hood)를 사용한다. 그러나 효과적인 환기를 위해서는 국소환기에서 누설된 유해물은 집중환기법 또는 희석환기법에 의해 배출시키는 것이 바람직하다. 후드는 표 11-4 및 그림 11-9, 10, 11과 같이 형식, 기류 방향, 흡입 방향, 오염발생원의 위치에 따라 구분된다.

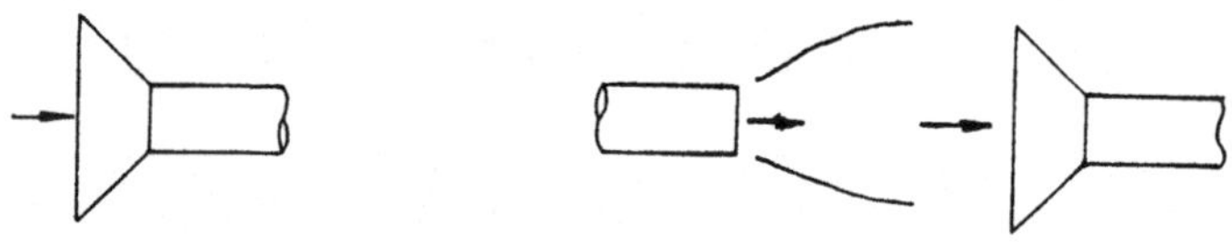

(a) 풀 후드 (b) 푸시풀 후드

그림 11-8 ▸ 형식에 따른 분류

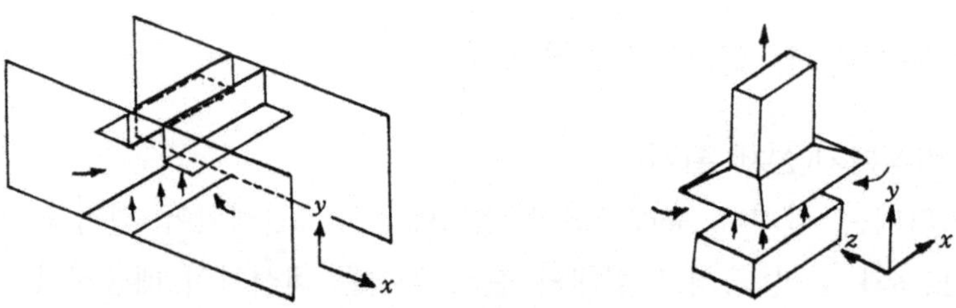


(a) 2차원 흐름 (b) 3차원 흐름

그림 11-9 ▸ 기류에 따른 분류

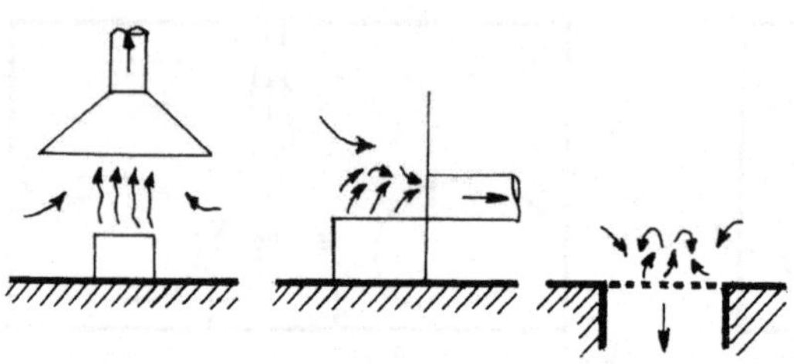

(a) 상향 흡입형 후드 (b) 측방 흡입형 후드 (c) 하향 흡입형 후드

그림 11-10 ▸ 흡입 방향에 따른 분류

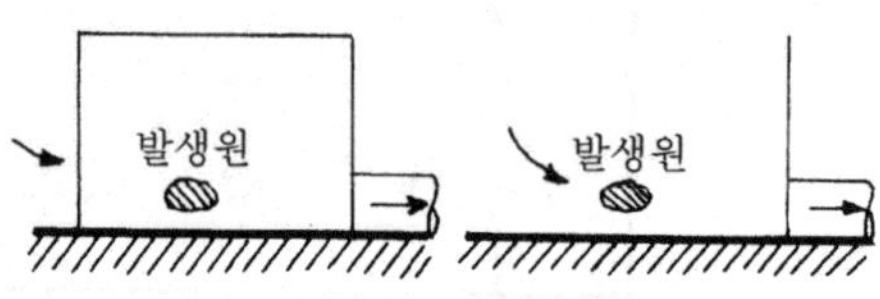


(a) 부스식 후드 (b) 외부식 후드

그림 11-11 ▸ 발생원의 위치에 따른 분류

표 11-4 ▸ 후드의 분류

| 분류방법 | 종 류 | 그 림 |
|---|---|---|
| 형 식 | pull-hood | 10-8(a) |
| | push-pull hood | 10-8(b) |
| 기 류 | 2차원 flow-hood | 10-9(a) |
| | 3차원 flow-hood | 10-9(b) |
| 흡입방향 | 상향 흡입형 후드 | 11-10(a) |
| | 측방 흡입형 후드 | 11-10(b) |
| | 하향 흡입형 후드 | 11-10(c) |
| 발생원 위치 | 부스식 후드 | 11-11(a) |
| | 외부식 후드 | 11-11(b) |

# 11-3 환기량

## [1] 환기횟수 및 바닥면적당 환기량

실의 용적 또는 바닥면적을 구하여 표 11-5에 나타낸 바와 같은 환기횟수 또는 단위면적당 환기량을 곱하여 산출한다.

이 방법은 허용치 또는 오염원의 상태를 파악할 수 없는 경우라던가, 이 환기량으로 계획해도 별 문제가 없는 경우에 적용된다.

표 11-5 ▸ 각 실별 환기량[환기횟수 : 회/h, 환기량 : $m^3/m^2 \cdot h$]

| 실 명 | 환기횟수 | 환기량 | 실 명 | 환기횟수 | 환기량 |
|---|---|---|---|---|---|
| 주방(대) | 40~60 | 100~150 | 흡연실 | 12~15 | 25~30 |
| 주방(소) | 30~40 | 120~160 | 배선실 | 12~20 | 30~45 |
| 수세식 화장실(사무소) | 5~10 | 15~30 | 욕실 | 15~20 | 30~45 |
| 수세식 화장실(극장) | 10~15 | 30~45 | 자동차 차고 | 10~15 | 25~30 |
| 탕비실 | 10~15 | 30~45 | 변압기실 | 10~15 | 30~50 |
| 보일러실 | 급기 10~15 | 30~50 | 발전기실 | 30~50 | 150~200 |
| | 배기 7~10 | 20~30 | 지하 창고 | 5~10 | 15~30 |
| 미용실 | 5~10 | 12~20 | 세탁실 | 20~40 | 60~120 |

※ 공기조화에서 환기량(還氣量 ; return air)은 실내에서 공조기로 되돌아오는 공기량을 뜻하지만 여기서는 실내공기와 교체되는 환기량(換氣量)을 뜻한다.

## [2] 법규에 따른 계산법

건축법, 환경보전법, 주차장법 등에서 실내 환경기준을 정하여 규정치 또는 계산에 의하여 환기량을 준수하도록 되어 있다. 따라서 법규에 의한 환기량은 이론적인 계산에 의한 값보다 효력이 크다.

## [3] 유독가스 등의 배출 때문에 필요한 환기량

실내의 환경기준에 따라 실내 오염의 허용치를 정하고, 그 허용치를 벗어나지 않게 하기 위하여 필요한 환기량을 계산식에 의하여 구한다.

용적 $V[\mathrm{m}^3]$의 실내에 유해가스 $G[\mathrm{m}^3/\mathrm{h}]$가 발생될 때 실내 및 외기 중의 가스 농도를 각각 $C_r$, $C_o$(용적비$\mathrm{m}^3/\mathrm{m}^3$), 환기량을 $Q[\mathrm{m}^3/\mathrm{h}]$라고 하면, 환기 개시 $t$시간 후의 $C_r$은 식 (11-1)과 같이 나타낼 수 있다.

$$C_r = C_o + \frac{G}{Q}\{1 - e^{-(Q/V)t}\} \quad \cdots\cdots (11\text{-}1)$$

따라서 정상상태에서 실내의 유독가스 농도를 $C_r$로 억제할 경우에 필요한 환기량 $Q[\mathrm{m}^3/\mathrm{h}]$는 위 식에 $t \to \propto$로 하면 다음 식 (11-2)를 얻을 수 있다.

$$Q = \frac{G}{C_r - C_o} \quad \cdots\cdots (11\text{-}2)$$

식 (11-2)는 발생량$(G)$ = 제거량$[Q(C_r - C_o)]$로 나타낼 수 있는 이 식을 도표로 나타내면 그림 11-12와 같다.

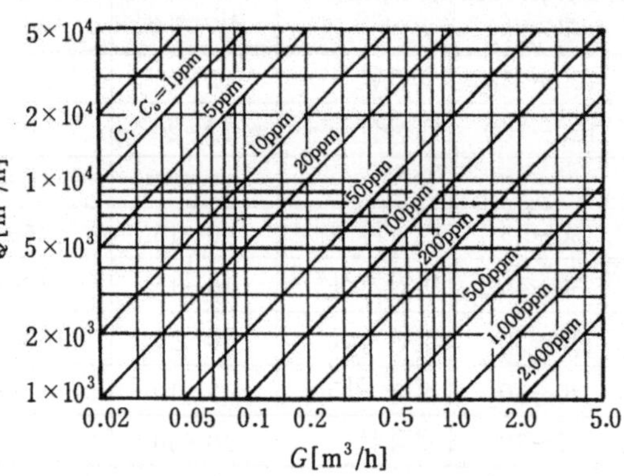


그림 11-12 ▸ 유해 가스에 대한 환기량

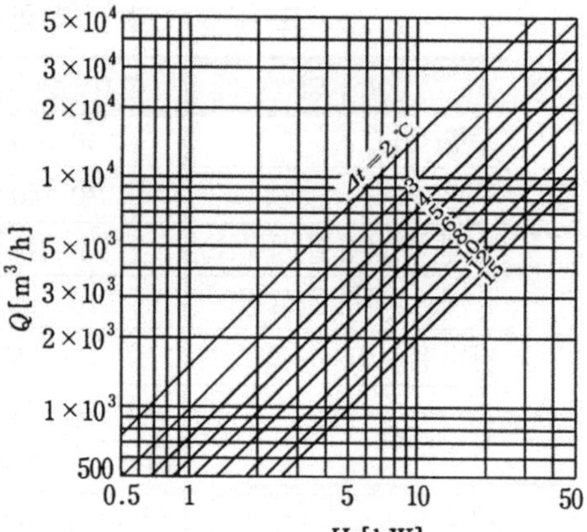


그림 11-13 ▸ 발열에 대한 환기량

### [4] 열 배출 때문에 필요한 환기량

실내에 열을 발산하는 기기가 있을 때 필요 환기량 $Q$[m$^3$/h]는 식 (11-3)과 같다.

$$Q = \frac{H_s \times 3{,}600}{\rho \cdot C_p \cdot \Delta t} \cdots\cdots (11\text{-}3)$$

여기서, $H_s$ : 공기에 가해진 열량[kW]

$\gamma$ : 공기의 밀도(≒ 1.2 kg/m$^3$)

$C_p$ : 공기의 정압비열(≒ 1.01 kJ/kg·K)

$\Delta t$ : 환기와 실내 공기의 온도차[℃]

또 식 (11-3)을 도표로 나타내면 그림 11-13과 같고, $\Delta t$와 열원기기의 발열량 $H_s$를 알면 환기량 $Q$[m$^3$/h]를 쉽게 구할 수 있다.

### [5] 수증기 배출 때문에 필요한 환기량

실내에 수증기가 다량으로 발생되는 경우에 그것을 배출시키기 위하여 필요로 하는 환기량 $Q$[m$^3$/h]은 다음과 같다.

$$Q = \frac{G_s}{1.2 \Delta x} \cdots\cdots (11\text{-}4)$$

여기서, $G_s$ : 수증기 발생량[kg/h]

$\Delta x$ : 실내 공기와 환기의 절대습도차[kg/kg(DA)]

1.2 : 공기의 밀도[kg/m$^3$]

또한, 식 (11-4)는 그림 11-14와 같이 $\Delta t$와 수증기 발생량 $G_s$를 알면 환기량 $Q$[m$^3$/h]를 쉽게 구할 수 있다.

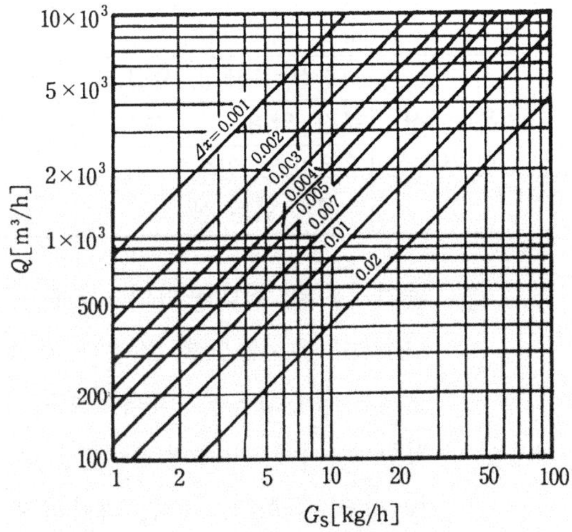


그림 11-14 ▸ 수증기 발생량에 대한 환기량

## 11-4 환기계획

### [1] 일반 건축물

① 환기량의 신뢰성 및 실내압을 고려하여 기계환기(제1종, 제2종, 제3종 환기)

로 할 것인가? 또는 자연환기로 할 것인가를 결정한다.

② 기계환기 설비에서 환기방식의 선정은 원칙적으로 표 11-6에 의한다.

③ 실의 환경기준은 중앙관리방식의 공조설비 기준에 의한다.

④ 환기의 목적으로서 거실에 대해서는 실내 환경 유지를, 화장실 · 욕실 및 오염이 심한 곳은 배기 확보를, 연소기구를 사용하는 실에 대해서는 연소용 공기를 주목적으로 한다.

표 11-6 ▸ 거실 등의 환기방식

<table>
<tr><th colspan="3" rowspan="2">건 물 종 별</th><th colspan="3">환 기 방 식</th><th rowspan="2">비 고</th></tr>
<tr><th>제1종</th><th>제2종</th><th>제3종</th></tr>
<tr><td rowspan="5">일반거실</td><td colspan="2">바닥면적 300 $m^2$ 이상 지하층의 무창거실 및 제1지하층 이하의 거실</td><td>○</td><td></td><td></td><td rowspan="5">지하층 거실에서 창 또는 개구부가 바닥면적의 1/20 이상의 것은 제외</td></tr>
<tr><td rowspan="2">지하층의 무창거실 및 지하 1층의 거실</td><td>300 $m^2$ > 바닥면적 > 150 $m^2$</td><td>○</td><td>○</td><td></td></tr>
<tr><td>바닥면적 < 150 $m^2$</td><td>○</td><td>○</td><td>○</td></tr>
<tr><td colspan="2">바닥면적 300 $m^2$ 미만의 제2지하층의 거실</td><td>○</td><td>○</td><td></td></tr>
<tr><td colspan="2">강당, 대회의실 등</td><td>○</td><td></td><td></td></tr>
<tr><td rowspan="3">특수거실 및 부속실</td><td colspan="2">화장실, 수세실, 욕실 및 이에 준하는 실</td><td></td><td></td><td>○</td><td rowspan="3"></td></tr>
<tr><td colspan="2">분진, 악취 또는 습기를 발생하는 실</td><td></td><td></td><td>○</td></tr>
<tr><td colspan="2">유독가스, 인화성 가스를 발생 또눈 발생할 우려가 있는 실</td><td></td><td></td><td>○</td></tr>
</table>

⑤ 환기계통은 실내공기의 상태에 따라 공기조화기측으로 재순환(RA ; Return Air)하여 온 · 습도를 조정한 후 다시 급기(SA ; Supply Air)할 수 있는지, 또는 오염물질(유해물질, 악취, 습도, 세균 등)에 따라 배기시켜야 할 것인가를 계획한다. 이때, 다음의 각 항은 서로 독립된 계통으로 한다.

㉠ 강당, 집회장, 극장, 대회의장 등

㉡ 영사실, 암실 등

㉢ 주방(취사장), 식당, 다방, 급탕실 등

㉣ 화장실, 세면장, 욕실 등

㉤ 차고, 주차장 등

㉥ 전기실, 기계실 등

㉦ 창고, 서고 등

㉧ 현저하게 분진이 발생되는 실 등

㉨ 현저하게 악취가 발생되는 실 등

㉩ 유독가스가 발생되는 실 등

㉪ 인화성 가스가 발생 또는 발생될 우려가 있는 실 등

㉫ 현저하게 습기가 많이 발생되는 실 등

⑥ 제1종 환기설비(공기조화를 하는 경우 포함)에서는 실내압 및 풍량이 균형을 이루도록 한다.

⑦ 외기가 현저하게 오염되어 있을 경우나 에너지 절감을 위해 실내 공기의 일부를 재순환해서 사용하는 경우는 그 오염도에 따라 공기청정기를 사용한다.

⑧ 전열교환기를 사용하는 경우에 악취나 오염 물질을 수반하는 배기는 사용하지 않는다.

⑨ 변풍량(VAV)방식과 $CO_2$ 제어방식 등으로 급기량을 조절하는 경우에는 거실의 필요환기량을 확보한다.

한편, 환기설비의 각부 위치 및 구조는 다음과 같이 한다.

㉠ 급배기구 위치와 구조는 실내 기류분포를 균등하게 하고 편류가 생기지 않도록 한다.

㉡ 급배기구는 빗물, 쥐, 곤충, 먼지 그 밖의 해로운 것이 유입되지 않도록 한다.

㉢ 외기에 면한 급배기구는 외기의 흐름에 따라 환기 능력이 저하되지 않는 구조로 한다.

⑩ 기계환기설비(공조 포함)의 외기도입구는 되도록 높은 위치(최저 지상 3m)에 설치하여 청정한 공기를 도입하며, 급배기가 서로 단락(배기의 유입)되지 않도록 한다.

⑪ 환기팬(벽설치 팬)은 소규모 건축물에서 환기팬의 배출구가 바람의 영향을 받을 염려가 없고, 환기량이 확보되는 경우라던가, 환기팬의 소음이 주위에 지장을 주지 않는 경우에는 설치될 수 있다.

⑫ 욕실환기는 원칙적으로 환기탑을 설치하여 자연환기로 한다. 그러나 부득이 배기팬을 설치할 경우에는 팬 정지시 습기가 탈의실로 역류되지 않도록 계획한다.

⑬ 파이프 샤프트는 환기덕트로 이용하지 않는다.

⑭ 환기량 결정은 실의 사용목적 및 사용상태를 충분히 고려하고, 실의 환기목적으로 몇 가지 요소(산소, 탄산가스, 일산화탄소, 악취, 습기, 분진 등)를 정한 다음 각 요소에 의한 환기량을 산정하고 그 중에서 최대치를 그 실의 환기량으로 한다.

⑮ 거실 등의 필요환기량 $Q[m^3/h]$는 다음의 계산식에 의한다.

$$Q = 30N \text{(거실 인원 } N\text{이 확정된 경우)} \quad \cdots\cdots (11\text{-}5)$$

$Q = 25A \cdot n$(거실 인원이 미정된 경우) ······························ (11-6)

여기서, $N$ : 거실 인원수[명]

$A$ : 거실의 바닥 면적[$m^2$]

$n$ : 거실의 인원 밀도[명/$m^2$ ; 표 11-7]

표 11-7 ▸ 거실의 인원 밀도 및 환기량

| 실 명 | 인원밀도 [명/m²] | 필요환기량 [m³/m² · h] | 실 명 | 인원밀도 [명/m²] | 필요환기량 [m³/m² · h] |
|---|---|---|---|---|---|
| 사무소(개인) | 0.2 | 6.0 | 극장, 영화관(고급) | 1.2 | 37.5 |
| 사무소(일반) | 0.24 | 7.2 | 휴게실 | 0.5 | 15.0 |
| 은행 영업실 | 0.2 | 6.0 | 오락실 | 0.3 | 9.0 |
| 매점(매장) | 0.3 | 9.1 | 소회의실 | 1.0 | 30.0 |
| 레스토랑, 다방(보통) | 1.0 | 30.0 | 바 | 0.6 | 17.7 |
| 레스토랑, 다방(고급) | 0.6 | 17.7 | 미용실, 이용실 | 0.2 | 6.0 |
| 연회장 | 1.2 | 37.5 | 주택, 아파트 | 0.3 | 9.0 |
| 호텔 객실 | 0.1 | 3.0 | 식당(영업용) | 1.0 | 30.0 |
| 극장, 영화관(보통) | 1.6 | 50.0 | 식당(비영업용) | 0.5 | 15.0 |

⑯ $CO_2$ 농도를 기준으로 할 때 필요환기량 $Q$[$m^3$/h]는 다음 계산식에 의한다.

$$Q = \frac{M}{K - K_o} A \cdot n \quad \cdots\cdots (11\text{-}7)$$

여기서, $M$ : 1인당 $CO_2$ 발생량[$m^3$/명 · h](표 11-8)

$K$ : 정상상태에서 실내 $CO_2$ 허용농도[$m^3/m^3$]

$K_o$ : 외기 중의 $CO_2$ 농도[$m^3/m^3$]

⑰ 부속실의 환기량은 환기횟수 또는 단위면적당 환기량으로 한다(표 11-7 참고).

⑱ 그림 11-15와 같이 거실에 설치되는 환기설비에서 각부의 유효단면적은 다음에 의해 구한다.

표 11-8 ▸ 노동 강도별 $CO_2$ 발생량

| 작 업 정 도 | $CO_2$ 발생량[m³/명 · h] |
|---|---|
| 안정시 | 0.0132 |
| 극경작업 | 0.0132~0.0242 |
| 경작업 | 0.0242~0.0352 |
| 보통작업 | 0.0352~0.0572 |
| 중작업 | 0.0572~0.902 |

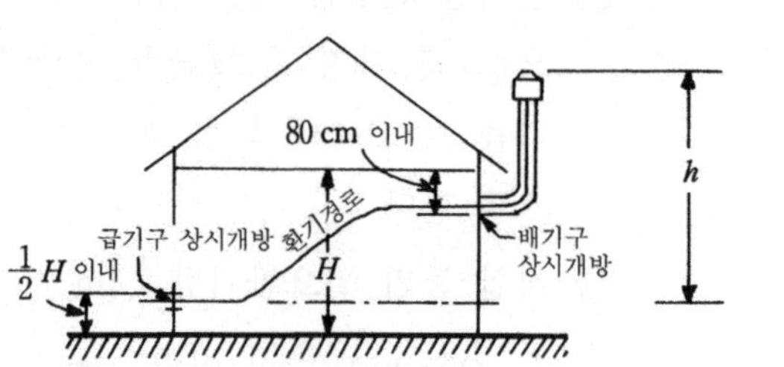

그림 11-15 ▸ 자연환기 경로와 상관치수

㉠ 자연환기에서 거주바닥면적을 $A_f[\mathrm{m}^2]$이라 할 때 배기통의 유효단면적 $A_v[\mathrm{m}^2]$와 급기구 및 배기구의 유효단면적 $A_v'[\mathrm{m}^2]$

$$A_v = \frac{A_f}{250\sqrt{h}} \quad \cdots\cdots (11\text{-}8)$$

$$A_v' \geq A_v \quad \cdots\cdots (11\text{-}9)$$

㉡ 기계환기(공기조화기 포함)의 경우 배기구의 개구면적 $A[\mathrm{m}^2]$

$$A = \frac{Q}{3{,}600\,\omega \cdot \alpha} \quad \cdots\cdots (11\text{-}10)$$

여기서, $Q$ : 급기 및 배기풍량$[\mathrm{m}^3/\mathrm{h}]$
$\omega$ : 유효 개구면 풍속$[\mathrm{m/s}]$(표 11-9)
$\alpha$ : 유효 개구율(표 11-9)

표 11-9 ▸ 급배기구의 유효개구면 풍속과 개구율

| 종 별 | 고정 위치 | 유효개구면 풍속 $\omega$ | 유효개구율 $\alpha$ |
|---|---|---|---|
| 흡입구 | 실내 | 2.0m/s | 0.7 |
| | 복도 | 3.0m/s | 0.7 |
| | 화장실(천장) | 3.0m/s | 0.7 |
| 도어의 루버 | 실내 | 2.0m/s | 0.35 |
| 도어의 언더컷 | 실내 | 1.5m/s | 1.0 |
| 외기 루버 | 실외 | 3.0m/s | 0.3 |
| 배기 루버 | 실외 | 4.0m/s | 0.3 |

## [2] 연소기구를 사용하는 실의 환기

① 기계환기설비의 환기방식 선정은 원칙적으로 표 11-10에 의한다.

② 다음의 경우는 환기설비의 의무는 없지만, 원칙적으로 기계환기설비를 하는 것이 좋다.

표 11-10 ▸ 연소기구를 사용하는 실의 환기방식

<table>
<tr><th colspan="3" rowspan="2">건 물 종 별</th><th colspan="3">환 기 방 식</th><th rowspan="2">비 고</th></tr>
<tr><th>제1종</th><th>제2종</th><th>제3종</th></tr>
<tr><td rowspan="3">주 방</td><td rowspan="2">지하층 또는 제1 지하층에 있는 것</td><td>바닥면적≥150 m²</td><td>○</td><td></td><td></td><td rowspan="3">제1종에 의할 때는 급배기에 유의</td></tr>
<tr><td>바닥면적<150 m²</td><td>○</td><td></td><td>○</td></tr>
<tr><td colspan="2">제2지하층 이하에 있는 것</td><td>○</td><td></td><td></td></tr>
<tr><td>연소기구를 사용하는 실</td><td colspan="2">급탕실 등</td><td>○</td><td></td><td>○</td><td></td></tr>
</table>

㉠ $100\,m^2$ 이하의 주택 조리실에서 바닥면적의 1/10 이상 되는 창 등을 갖고, 개방식 연소기구의 발열량 합계가 12kW(10,000kcal/h) 이하인 경우

㉡ 6kW(5,000kcal/h) 이하의 발열기구(조리실 제외)로 유효한 개구부가 있는 경우

③ 급기구는 그림 11-15와 같이 천장높이의 1/2 이하에 설치한다(단, 굴뚝 또는 배기를 위한 배기팬이 설치되어 있으면 적당한 위치도 좋다).

④ 배기구는 그림 11-15와 같이 천장면에서 80cm 이내의 위치에 설치한다(단, 굴뚝 및 배기후드가 있는 배기통을 설치할 경우는 적당한 위치로 해도 된다).

⑤ 배기통 또는 굴뚝은 다음과 같이 설치한다.

㉠ 발열량이 12kW(10,000kcal/h) 이상인 기구(밀폐식 발열기구 제외)에는 해당 기구에 굴뚝을 설치한다(단, 주방기구 등 구조상 부득이한 경우에는 배기후드로 한다)

㉡ 배기통 또는 굴뚝 상부를 배기 샤프트에 접속시킬 경우는 샤프트 접속부에서 상부로 2m 이상 되게 한다.

⑥ 배기후드의 구조 및 설치법은 그림 11-16과 같다.

⑦ 환풍기로 연소가스를 배출하는 경우에 환기량 $Q[m^3/h]$의 계산은 다음과 같이 한다.

㉠ 환기를 위한 배기팬만 사용하는 경우

$$Q \geq 40K \cdot G_f \quad \cdots\cdots (11\text{-}11)$$

여기서, $K$ : 연료의 이론 폐가스량$[m^3/m^3,\ m^3/kg]$ (표 11-11)

$G_f$ : 연료 소비량$[m^3/h,\ kg/h]$

㉡ 배기팬을 배기후드가 있는 배기통에 설치하는 경우

$$Q \geq 20K \cdot G_f \quad \cdots\cdots (11\text{-}12)$$

| 구 분 | 규정치 | 실용치 |
|---|---|---|
| a | 5.0cm 이상 | 100~150 mm |
| B | $h/2$ 이상 | – |
| b | – | 150 mm~0.4$h$ |
| H | – | 1,800~2,000 mm |
| h | 1.0cm 이상 | 1,000 mm |
| $\omega$ | – | 0.25~0.5 m/s |
| $\theta$ | 10° 이상 | 30°~40° |

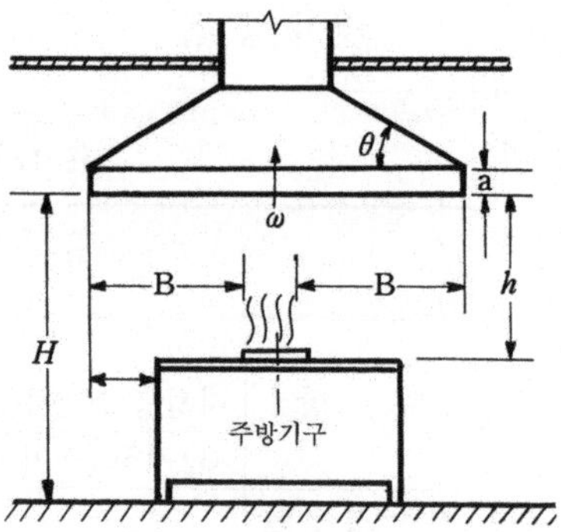


그림 11-16 ▸ 후드 주위 상세도

표 11-11 ▸ 연료의 이론 폐가스량

| 연료의 종류 | 발 열 량 | 이론 폐가스량 |
|---|---|---|
| 도 시 가 스 | 15,100 kJ/m³<br>18,900 kJ/m³<br>21,000 kJ/m³ | 3.93 m³/m³<br>4.85 m³/m³<br>5.34 m³/m³ |
| 천 연 가 스 | 39,800 kJ/m³<br>46,100 kJ/m³ | 10.5 m³/m³<br>12.1 m³/m³ |
| LP가스(프로판 주체) | 52,300 kJ/kg | 12.9 m³/kg |
| 부 탄 가 스 | 29,300 kJ/m³ | 7.33 m³/m³ |
| 등 유 | 43,200 kJ/kg | 12.1 m³/kg |

㉢ 배기팬을 연소기구에 접속된 굴뚝에 설치할 경우

$$Q \geq 2K \cdot G_f \quad \cdots\cdots (11\text{-}13)$$

⑧ 그 외의 일반사항은 일반 건축물에 준한다.

## [3] 보일러실, 냉동기실, 전기실, 주차장 등의 환기

① 기계환기 설비의 환기방식 결정은 원칙적으로 표 11-12에 의한다.

② 소규모 보일러실의 경우, 외기에 직접 통하는 환기상 유효한 개구부가 있는 경우에는 자연환기도 가능하다.

표 11-12 ▸ 보일러실, 냉동기실, 전기실 및 주차장 등의 환기방식

| 건 물 의 종 류 | | 환 기 방 식 | | | 비 고 |
|---|---|---|---|---|---|
| | | 제1종 | 제2종 | 제3종 | |
| 연소기구를 사용하는 실 | 보일러실(온풍난방 및 연소흡수 냉온수기 포함) | ○ | ○ | | |
| | 기계실(온수보일러는 제외), 전기실 및 이에 준한 실 | ○ | | ○ | |
| 주차장, 차고 | 바닥면적 150 m² 이상의 무창주차장(차고) | ○ | | | 천장높이는 도로보다 2.5 m 높게 |
| | 유창주차장에 환기설비를 할 경우 및 150 m² 미만의 무창주차장(차고) | | | ○ | |

③ 보일러실 등 연소기구를 사용하는 실에서 제1종 환기를 하였을 경우에는 급기량으로 실내압을 조정한다.

④ 여름에도 연소기구를 사용하는 경우에는 외기의 온도 조건을 고려하여 환기량을 결정한다.

⑤ 연소시 필요로 하는 공기의 흡입구는 직접 옥외로 통하거나 외기를 효과적으로 도입할 수 있는 위치이며, 배기구는 천장 가까이에서 옥외로 통하고, 그 크기는 흡입구와 동등 이상으로 한다.

⑥ 냉동기실은 기계환기로 하고, 흡입구는 체류된 냉매가스(프레온)를 효과적으로 배출할 수 있도록 하단을 바닥면보다 300～500mm 높게 설치한다.

⑦ 환기량은 계산식에 의해 구하지만, 표 11-13의 환기횟수에 실용적을 곱하여 개략적으로 구할 수 있다.

표 11-13 ▸ 필요 환기횟수(개략치)

| 실 명 | 환기횟수(회/h) | 실 명 | 환기횟수(회/h) |
|---|---|---|---|
| 기계실 | 4~6 | 변전실 | 8~15 |
| 오일탱크실 | 4~6 | 분전반실 | 3~4 |
| 고압가스, 냉동기, 펌프실 | 4~6 | 축전지실 | 10~15 |
| 수조실 | 3~4 | 엘리베이터 기계실 | 8~5 |

⑧ 보일러실의 경우 급기팬에 의한 환기량 $Q$[m³/h]은 다음 계산식에 의해 구할 수 있다.

$$Q = \frac{q \cdot a}{1{,}000} \quad \cdots\cdots (11\text{-}14)$$

여기서, $q$ : 보일러의 소비열량[kJ/h]

$\alpha$ : 1,000kJ당 필요공기량(= 0.358m³ ; 기체 및 액체 연료)

⑨ 냉동기실의 환기량은 다음 계산식에 의해 구할 수 있다.

㉠ 20~100 냉동톤(T) 미만의 경우

$$Q = 0.4 \times 60\,\mathrm{T} \quad \cdots\cdots (11\text{-}15)$$

㉡ 100 냉동톤(T) 이상의 경우

$$Q = 2 \times 60\,\mathrm{T}^{0.65} \quad \cdots\cdots (11\text{-}16)$$

⑩ 변압기실의 필요환기량 $Q$[m³/h] 다음 계산식에 의해 구할 수 있다.

$$Q = \frac{3{,}600 \times H}{\rho \cdot C_p (t_1 - t_2)} \quad \cdots\cdots (11\text{-}17)$$

여기서, $H$ : 변압기의 발열량[kW](표 11-14)

$t_1$ : 변전실 허용 최고 온도(= 35 ℃)

$t_2$ : 외기온도(일 최고 8월 평균치×0.9)

$\rho$ : 공기의 밀도(≒ 1.2kg/m³)

$C_p$ : 공기의 정압비열(≒ 1.01kJ/kg·K)

표 11-14 ▸ 변압기 발열량 $H$[kW]

| 정격용량[kvA] | 5 kvA | 10 | 20 | 30 | 50 | 75 | 100 | 150 | 200 | 300 | 500 |
|---|---|---|---|---|---|---|---|---|---|---|---|
| 단 상 | 0.17 | 0.28 | 0.46 | 0.64 | 0.94 | 1.33 | 1.80 | 2.44 | 3.21 | 4.47 | 6.42 |
| 3 상 | - | 0.29 | 0.56 | 0.78 | 1.17 | 1.62 | 1.68 | 2.96 | 3.83 | 5.22 | 7.95 |

⑪ 자가발전장치의 발열 및 연소에 필요한 환기량 $Q$[m²/h]

$$Q = \frac{3,600 \times H_g}{\rho \cdot C_p(t_1 - t_2)} \quad \cdots\cdots (11\text{-}18)$$

여기서, $H_g$ : 자가발전기의 발열량[kW](표 11-15)

$t_1$ : 자가발전기 최고 허용온도(= 40 ℃)

$t_2$ : 외기온도(일 최고 8월 평균치×0.9)

$V$ : 수냉식 자가발전기의 연소공기량[m³/h](표 11-16)

표 11-15 ▸ 자가발전기의 발열량

| 자가발전용량[kvA] | 50 | 62.5 | 75 | 100 | 125 | 150 | 200 | 250 |
|---|---|---|---|---|---|---|---|---|
| 발열량 $H_g$[kW] | 14.96 | 17.52 | 19.84 | 25.29 | 30.04 | 36.08 | 43.27 | 51.04 |

표 11-16 ▸ 수냉식 자가발전기의 연소공기량

| 자가발전용량[kvA] | 50 | 62.5 | 75 | 100 | 125 | 150 | 200 | 250 |
|---|---|---|---|---|---|---|---|---|
| 연소공기량[m³/h] | 400 | 480 | 560 | 740 | 1,160 | 1,390 | 1,660 | 2,050 |

## 11-5 에너지절감 대책

환기설비에서 에너지절감 대책으로는 첫째 환기에 수반되는 운송동력의 절감, 둘째 환기에 기인하는 공조부하의 절감, 셋째 배기로부터의 열회수 등을 들 수 있다. 그러나 그 요소들은 공기조화와 동시에 생각하면 서로 상반되는 경우도 있다.

### [1] 환기에 수반되는 반송동력의 절감 대책

① 과잉환기의 억제 : 외기 도입계통, 배기계통에 정풍량 장치나 댐퍼의 개도 조절기능 장치를 채용한다.

② 불필요시 환기정지 : 발전기실, 엘리베이터 기계실 등의 기기발열 제거가 목적인 환기설비는 항온기 등의 간단한 ON-OFF 장치의 이용으로 필요시만 환기운전을 한다.
③ 저부하시의 환기량 제어 : 주차장, 기계실 등에서 오염물이나 발생열량이 감소되면 환기량을 제어하고, 제어수단으로는 팬 대수 제어, 변풍량 제어 등이 있다.
④ 국소배기법 채용 : 한정된 위치에 발생원이 있는 경우는 배기후드 등을 이용한 국소환기를 함으로써 환풍량을 줄인다.
⑤ 공기조화에 의한 다량 환기 대책 : 기계실의 열 제거가 목적인 경우에 풍량이 많고, 운송경로가 긴 경우에 냉방장치에 의해 냉각하는 것이 소비에너지가 절감되는 경우도 있다.
⑥ 자연환기의 이용 : 환기는 가능하면 자연환기에 의하도록 하고, 기계환기 설비가 있는 경우라도 창을 개방하고 자연에 의해 환기한다.

### [2] 환기에 기인하는 공기조화부하의 절감 대책

① 예냉, 예열시에 외기도입 차단 : 하기 및 동기의 예냉, 예열시에 외기도입을 차단한다. 단, 중간기의 외기는 공조기조화 부하를 경감시킨다.
② 외기량 제어 : 재실인원, 실내 $CO_2$ 농도 검지에 의해 외기 도입량을 제어한다.
③ 외기냉방 채용 : 동기, 중간기의 외기냉각력을 이용하면 냉동기 부하가 경감된다.
④ 야간 외기냉방의 채용(야간 정화) : 야간의 저온 외기를 이용하여 실내 구조체를 냉각(냉축열)하면 주간에도 냉방부하의 경감효과를 얻을 수 있다.
⑤ 전열교환기의 채용 : 외기와 배기간에 전열(엔탈피)을 교환함으로써 외기부하를 경감한다.
⑥ 국소배기의 채용 : 열 발생원이 집중되어 있는 경우 배기후드의 채용으로 발생열이 공기조화장치 부하가 되지 않도록 직접 외기에 방출한다.

### [3] 배기의 열회수 대책

① 배기의 이용 : 배기를 기계실, 주차장 등의 환기로 이용하거나, 냉각탑의 냉각용 공기로 이용한다.
② 히트펌프를 열원으로 이용 : 공기 대 공기 또는 공기 대 수의 열펌프(heat pump)로 이용한다.
③ 전열교환기의 이용 : 외기와 배기 간에 전열(현열+잠열)교환을 하므로 열교환 효율을 높인다.

제 12 장

# 공기조화 설비계획

# 12-1 총 론

## [1] 공기조화설비 계획의 중요성

공기조화설비 계획은 건축 및 공기조화설비의 실시설계에 선행하여 건축설계 및 각종 설비의 적응과 조화를 도모하여 건축에서의 환경효과를 높이는 데 있다.

건축설계가 설비설계와는 단독적으로 진행되고, 설비설계가 그 뒤를 추종하던 시대는 이미 과거의 이야기이다. 요즈음은 실내의 환경조건이 까다롭고 여기에 따른 환경의 조화기술도 급속도로 향상되었다. 이는 앞으로 더욱 심화될 것으로 생각된다. 이와 같이 건물에 대한 요구조건이 복잡화하고 방대해짐에 따라 설비의 분업화는 더욱더 세분화가 이루어지고 있다. 그러나 분야별로 전문성만을 주장하고 상호 협조하지 않으면 건축물이라는 종합적인 작품은 기형품이 되고 만다.

따라서 최근의 경향으로는 계획 당초의 분야 분담을 독립시키지 않고 서로 이웃영역으로 의사를 교환할 수 있는 설계조직 집단화 방법을 택하여 각각의 전문가 시야에서 건축공간을 검토하고 디자인하는 방법을 택한다.

그러나 반대로 건축계획자가 기계실, 덕트 스페이스 등 설비공간을 단독적으로 결정하고 창문의 크기나 모양 및 외장에 너무 집착하는 경우에는 합리적인 설비계획을 할 수 없다. 또한, 설비설계자가 시공주와 협의를 하지 않고 설비설계가 이루어진다면 건물의 용도나 건설비의 예산에 걸맞지 않게 된다. 이와 같이 건축적인 공간과 설비적인 기능이 잘 조화되지 않으면 건축물의 효용가치는 떨어지고, 이에 따라 건축공간의 전면적인 변경을 요구하는 경우도 생긴다. 즉 건축계획과 설비계획은 건축의 종합적인 기능을 발휘시키고 건물에 대한 투자가치를 높이기 위해 양자가 혼연일치가 되지 않으면 안 된다. 이와 같이 보다 양호한 설비를 계획하기 위해서는 설비계획자도 건축의 초기계획 단계에 참여해야 기술적으로나 경제적으로도 가장 효율적이면서 그 기능도 충분히 발휘할 수 있는 설비가 된다.

## [2] 설비계획의 구체적인 목적

앞에서 공기조화계획의 필요성 및 중요성을 언급했다. 이제 공기조화설비를 계획함에 있어서 그 목적을 세분하여 보면 다음 사항을 협의, 결정하는 것이 된다.

#### (1) 공기조화 방식의 결정

공기조화 계획의 가장 중요한 것은 건축물에 적합한 공조방식을 결정하는 것이다.

#### (2) 공기조화에 필요한 주요 기기의 선정

주요 기기의 대수, 용량을 건물의 사용목적에 맞도록 선정한다.

#### (3) 공기조화 기기의 배치계획

건물의 사용목적, 경제성, 관리방법에 맞추어 기기의 배치계획을 세운다.

#### (4) 설비 상호의 조화

공기조화설비와 위생 및 소방설비, 전기 · 통신설비 등 기타의 설비와 조화를 이루도록 한다. 즉 이와 같은 설비들은 건축물 내에서 종합적인 기능을 발휘할 수 있어야 하기 때문이다.

#### (5) 공기조화설비의 경제성 추성

건축공사비에 공조설비비의 비율이 시공주가 당초에 예상했던 것보다 너무 높다면 이로 인해 건물 자체를 지을 수 없게 된다. 또는 전관공조를 채용한 병원건물에서 그 동력비 및 연료비를 감당할 수 없어서 수술실에만 패키지에 의해 국소냉방을 하는 경우가 있다면 이것은 경제성(설비비 · 경상비)을 고려하지 않은 원인이다.

#### (6) 설비소요면적 · 공간의 지정과 확보

설비기기의 설치공간은 건물로서 직접적인 수익이 없는 부분이며, 이 공간이 증가될수록 시공주로서는 불만이 많다.

따라서 설비기기가 차지하는 공간을 최소화하면서도 기기의 기능은 충분히 발휘할 수 있도록 한다.

### [3] 공조설비계획의 자세

공기조화설비의 계획자는 계획에 있어서 다음 사항에 유의하여 진행해야 한다.

#### (1) 외국의 경우(선진국)를 무조건 추종 · 모방해서는 안 된다.

우리나라의 공조설비 기술은 산업발전과 함께 많은 경험을 토대로 우리나라의 특수성(열원, 기후, 풍습 등)에 맞는 기술로 완성되는 과정에 있다고 본다.

따라서 외국의 자료에만 의존하지 말고 우리나라 실정에 맞는 자료를 개발해야 한다.

### (2) 실시 후에 평가 및 반성을 한다.

계획자는 계획한 건물의 공사중이나 완성 후에 일어난 사항에 대해 평가 및 반성을 하고, 다음 계획시에는 그런 점들을 반영시켜야 한다.

### (3) 효과적인 방법으로 응용한다.

설비계획은 각 분야별 기술을 집약시키는 것으로 만족하지 말고, 그것들을 보다 좋은 결과로 창출하기 위해 응용·구사하는 엔지니어링의 자세가 필요하다.

### (4) 자료는 성격 및 특수성을 검토한 후 사용한다.

여러 가지의 데이터가 문헌의 인용인가, 설계치가 경험자료인가, 또는 시대적으로 뒤지는 것은 아닌가, 적용건물과는 부합될 수 있는 자료인가를 판단하고 나서 적용해야 한다.

### (5) 선진국의 기술에 너무 집착해서는 안 된다.

이미 완성된 건물과 유사한 계획으로 새로운 건물을 지어도 기존건물 이상의 건물은 되지 못한다. 이와 같이 근거없이 선진국의 기술을 추종하는 습성은 버려야 한다. 우리나라에 있는 건물은 우리의 기후풍토 내에 있고, 우리나라 사람의 생활공간이기 때문이다.

이상에서 설명된 사항은 공기조화설비의 계획을 하는데 있어서의 기본적인 유의사항이며, 공조설비 계획자로서 항상 염두에 둘 필요가 있는 것들이다.

## [4] 공기조화설비의 계획과정

공기조화설비의 계획과정은 그림 12-1과 같이 기본구상, 기본계획, 실시설계의 3 단계로 구분된다.

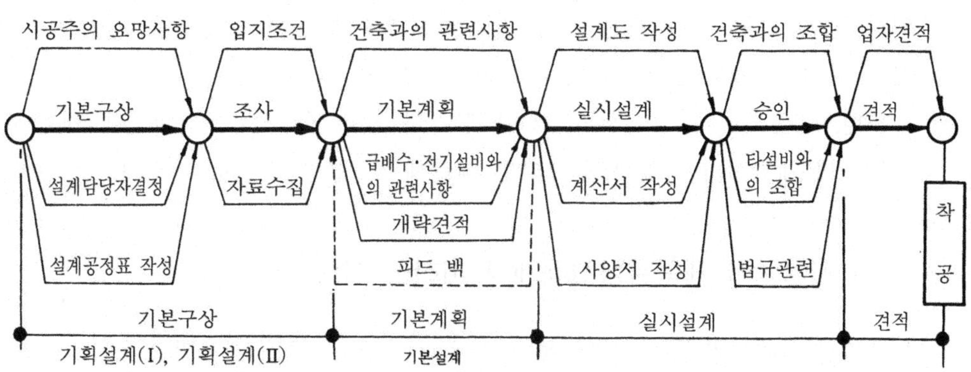


그림 12-1 ▸ 공기설비설계 공정

기본계획이 완료된 시점에서 계획된 것이 당초의 기본계획과 차이가 있게 된 경우에는 피드백(feed back)하여 계획을 다시 세우는 등 적절한 대책을 세워야 한다.

이 책에서는 공조설비의 기본구상에서부터 기본계획 단계까지만 취급하며 실시설계부터는 다루지 않는다.

## 12-2 기본구상

### [1] 기본구상의 진행과정

기본구상은 계획자와 시공주와의 첫 번째 협의에서 통상적으로 시공주로부터 요구사항이 제시되는데서부터 시작된다. 이로써 계획담당자는 그림 12-2에 제시한 흐름과 같이 기본구상을 진행한다.

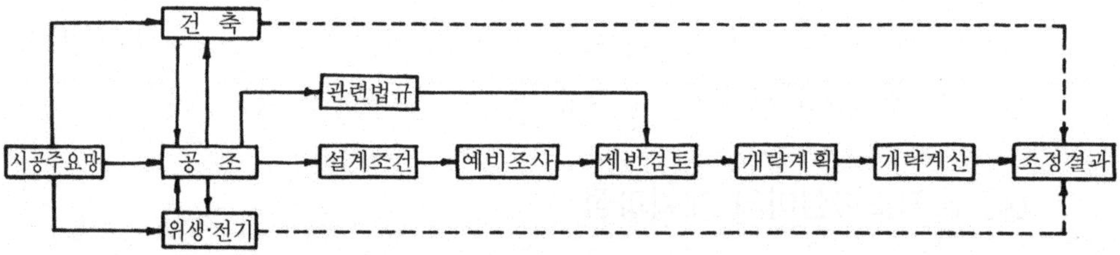


그림 12-2 ▸ 기본구상 흐름

또한, 계획담당자로서 시공주로부터 제시된 조건(입지조건, 요구사항)에 대해 개인적 경험, 문헌 등에 있는 공식적인 것과 계획에 의한 창조성을 결합시켜 기본구상을 엮어야 한다.

또한, 기본구상에 있어서의 계획담당자가 해야 할 사항, 취사선택 사항에 대해서는 기본계획시의 작업과 공통되기 때문에 그 설명은 뒤로 미룬다.

### [2] 시공주가 계획담당자에게 제시하는 사항

계획담당자는 시공주로부터 통상 다음과 같은 사항을 제시받는다.

① 건축물의 용도

② 건축규모 및 대지규모
③ 예산
④ 장래의 계획 유무
⑤ 공사기간(工期)
⑥ 개략 계획도
⑦ 기타 요구사항

## [3] 예비 조사사항

계획담당자는 시공주의 요구사항에 응할 수 있도록 다음 사항을 조사하지 않으면 안 된다.

① 기상조건 : 온도, 습도, 일조, 풍속, 풍향 등
② 지역환경 : 공기오염도, 소음 등
③ 에너지 공급사항 : 정수, 상수, 하천, 전력, 연료 등
④ 지방조건 : 공해, 소방, 건축, 환경 등
⑤ 기존설비 : 증설 및 개조의 경우에는 기존설비나 내구연수, 용량 등
⑥ 참고 예 및 통계 : 기존설비의 개요와 그 코스트 등

이상의 사항에 대한 총괄적인 예비조사서를 시공주에게 제시할 수 있도록 한다.

## [4] 검토사항

계획자는 시공주의 요구사항, 예비조사 사항을 충분히 파악하기 위하여 다음 사항을 검토한다.

① 건축, 타설비와의 기본적 융합에 대해
② 건물의 열특성 해석(건물에 따른 열부하 특성, 피크부하 및 변화폭 등)
③ 사용자의 취향분석
④ 에너지의 유효이용
⑤ 건물의 사용특성에 대응할 수 있는 공조방식의 적용
⑥ 지역특성(기상조건, 에너지조건, 주위조건 등)
⑦ 법규의 제한
⑧ 공해방지 대책
⑨ 열원기기, 공조기의 집중 및 분산에 대한 장·단점
⑩ 채택 가능한 공조방식의 평가(최소한 2개 이상)

⑪ 코스트의 산출

⑫ 기존 설비의 개요와 설비비

이상의 검토사항에 대해서는 참고, 실제의 예 및 통계자료 등을 검토하지 않으면 안 된다.

## [5] 결정해야 할 사항

검토사항이 모두 종료되면 그 장·단점을 판단하여 계획자(또는 그룹) 자신의 경험 또는 수집된 자료에 의해 다음 사항을 결정한다.

① 열원의 이용방식

② 공조·환기·직접난방의 범위

③ 기능의 등급과 개략적인 비용

④ 열원의 수송방법

⑤ 공기조화 방식

⑥ 기계실, 공조실, 샤프트의 위치와 개략면적

⑦ 계획서 작성

⑧ 개략 스케치 도면 작성

## [6] 기본구상의 통합

계획자는 기본구상에 있어서 결정사항을 완료하면 즉시 시공주와 두 번째 협의를 하여 다음 사항에 관해 결정한 후에 기본구상을 통합해야 한다.

① 문제의 지적

② 재산 구분 방법의 방침

③ 운전·보수관리 방법의 방침

④ 기본구상의 정리

㉠ 공조 스페이스의 범위

㉡ 열원 수송방식

㉢ 공조방식

㉣ 공조의 질에 대한 등급(소음, 온·습도, 제어방법, 관리방법 등)

㉤ 온·냉열원의 용량

㉥ 온·냉열원의 취급법

㉦ 공사범위(항목별)

ⓞ 예정 공사비(항목별)

ⓩ 예정 공사기간

이상의 사항에 대해서는 시공주측과 협의한 다음 동의를 얻어 기본계획으로 이행한다. 또한, 기본구상의 통합 및 그와 관련되는 협의사항을 보고서를 제출하여 승인을 받는다.

## 12-3 기본계획

### [1] 기본계획의 진행과정

기본계획이란, 앞에서 설명했듯이 계획자가 시공주의 요구사항에 따라 건축 및 다른 설비의 융합 · 조화를 도모하면서 협의 및 결정한 기본사항을 보다 구체적인 것으로 전개시킨 것으로서 실시설계의 지침이 된다.

그림 12-3은 기본계획의 진행 과정이다.

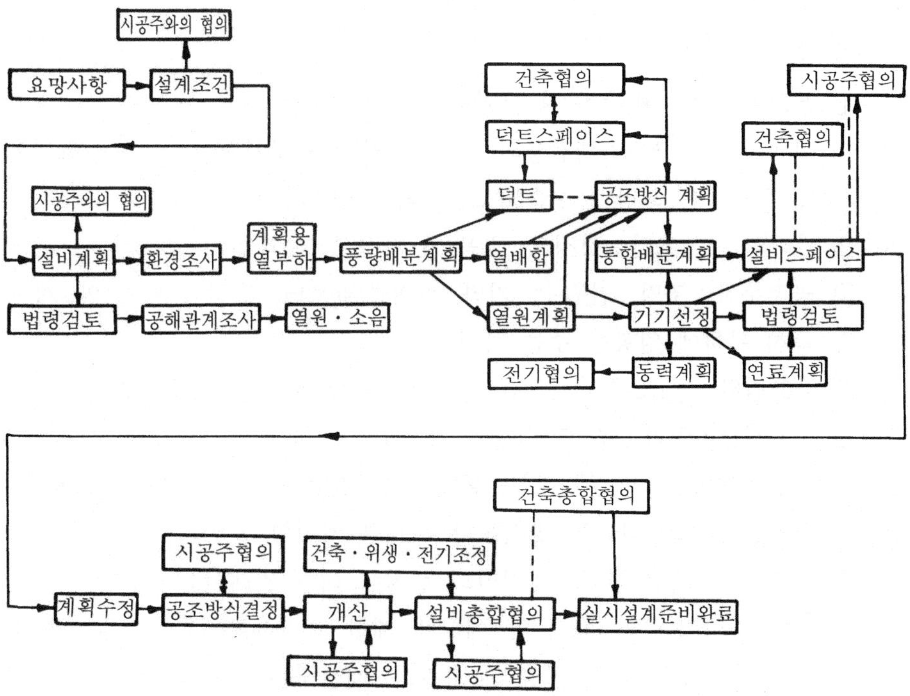


그림 12-3 ▸ 기본계획 과정의 흐름

## [2] 조사사항

계획자는 기본단계에서 결정사항을 실시계획으로 추진하기 위해 시공주의 요구사항, 입지조건, 법적 조건 등을 아래 사항에 대해 다시 구체적으로 조사하고 협의해야 한다.

### (1) 건 축

① 건축의 계획도면 : 평면도, 입면도, 단면도 등

② 용도 및 구성 : 각실의 용도 개요, 용도별 분할 · 구성비율, 특수 용도실의 특징 등

③ 구조 : 외벽, 내벽, 창(크기와 열관류율 및 차폐개수)

④ 공사 영역 : 신축, 개축, 기존 등의 규모

⑤ 장래 계획 : 증축, 용도변경, 장래의 계획 유무

### (2) 입지조건

① 주위환경 : 주택지, 시가지, 공업지 등의 구분, 지역의 소음 및 공기오염의 제한 등

② 기상조건 : 그 지방의 기상조건(기본구상의 조사에 따라)과 국지적 조건이 있는 경우(해안 및 고지대)에는 주의를 요한다.

### (3) 공조설비

① 공조의 목적 : 쾌감용 및 산업용

② 실내의 온 · 습도 : 쾌감용의 경우는 일반 표준치와 다른 특수조건은 없는가, 또 산업용은 희망 온 · 습도조건과의 정밀도(편차)

③ 기타의 공조조건 : 청정도, 소음, 환기량 등에 대한 요구조건

④ 공조부하 : 조명, 인원수, 기타 실내발열(모터, 전열기구 등)의 개략치, 또는 특히 부하에 영향을 주는 사항

⑤ 공조범위 : 공조, 환기, 직접난방을 하는 범위(분할공사의 경우)

⑥ 공조기간 : 연간공조 또는 동절 및 하절기간의 냉난방, 운전시간이 다른 존의 유무, 부정기적인 운전부분, 휴일 또는 잔업시의 운전 유무 확인

⑦ 공조방식 : 특별한 공조방식이나 주요한 기기의 유무

⑧ 기계실 : 기계실, 샤프트, 기타의 설치에 대한 스페이스

⑨ 기타 : 공조설비의 등급 및 예산에 대한 요망사항, 운전방식(예를 들면 축열운전 등) 등에 대한 희망, 보수관리, 재산구분, 경상비 분담(예를 들면 계량기 설치 등) 등에 관한 사항

### (4) 열원장치

① 전기 : 수전계약방식(심야전력 이용 등), 전압, 공급 상황 등

② 연료 : 희망연료 및 인입방법

③ 냉각수 : 지하수의 이용 가능 여부(수질, 수량, 법규 등)

④ 급배수 : 급배수의 제한사항(예를 들면, 배수관의 크기와 배수량, 배수처리 등)

⑤ 기타 : 공장 등의 증기나 폐열을 이용하는 경우, 지역난방 등의 경우에 이용할 수 있는 압력, 온도, 유량, 사용 가능시간 등

### (5) 기존설비

① 이용범위 : 증축 · 개축의 경우에는 기존설비가 사용될 수 있는가, 보일러 · 냉동기 · 연돌 · 탱크류 등의 여유가 있는가

② 기타의 제한 : 전기설비 · 급배수 설비 등의 제한 여부

③ 설치하중 : 신규로 기기를 증설하는 경우에 건물의 구조상 하중에 견딜 수 있는지의 여부

### (6) 참고의 예

이와 유사한 건축에 대해 다음의 항목을 조사하여 참고한다.

① 공조방식과 주요 기기

② 기계실 면적

③ 설비비 및 운전비

④ 공조설비의 장 · 단점

⑤ 운전결과에서 부적합하다고 보는 점

### (7) 법규 규제조건

① 건축법

② 소방법

③ 하수도법

④ 오물청소법

⑤ 환경보존법

⑥ 에너지이용합리화법

이상과 같이 시공주와 협의하는 사항에 대하여는 계획자의 구상 및 입지조건 등 조사된 사항을 설명하면서 협의를 진행하면 순조롭게 된다.

여기에서 시공주와 협의 · 결정한 사항을 보고서로서 조사된 사항과 함께 시공주에게 제출해야 한다.

## [3] 검토사항

현장조사, 시공주와의 협의가 끝나면 정식으로 설비계획에 임한다.

물론 그 이전에 건축계획도가 주어지고 건축계획자가 구사하는 환경조건을 바탕으로 설비계획자로서 의도하는 구상을 스케치하여 두는 것이 순서이다. 그러나 아무런 준비도 없이 즉흥적으로 질문하고 시공주 또는 소유자(owner)의 요구사항을 허락하면 뜻하지 않은 큰 과오를 범하게 된다.

따라서 설비계획자가 준비한 자료와 자신이 의도하는 바를 고집하지 않고 의연히 대처하면서 시공주의 생각을 바로 잡는 방법이 착오도 적고 누락되는 사항도 없게 된다.

공기조화설비 계획의 검토사항은 여러 가지가 있지만 이들을 종합시키면 다음 세 가지의 항목으로 집약된다.

① 공기조화의 등급(grade)

② 조닝(zoning)

③ 공기조화방식(system)

## [4] 공기조화의 등급(grade)

공기조화의 등급을 결정하는 요인으로는 다양한 요소가 있겠지만 대체적으로 다음과 같은 것들이 있으며, 이를 구체화하면 표 12-1과 같은 등급을 구분하기도 한다.

### (1) 온 · 습도의 허용범위

공기조화의 등급을 결정하는 가장 중요한 요인으로는 온 · 습도의 허용범위이다.

사람의 출입이 많은 회의실이나 응접실, 그리고 일반사무실을 동일계통으로 공기조화하면 각 부하의 특성이 다르기 때문에 각 실을 동일한 온도로 제어하기가 어렵다.

그러나 요구하는 허용범위가 ±3 ℃라면 단일덕트방식으로도 가능하다. 또한 허용범위가 ±1 ℃ 이하가 되면 존을 되도록 세분화하고 각 존마다 제어기구를 둘 필요가 있다.

이와 같이 허용범위가 한정되면 존을 세분하고 거기에 알맞는 공조방식과 제어방식을 채용해야 한다.

표 12-1 ▸ 공기조화설비 등급(grade)

| 등급 | | | A | B | C | D |
|---|---|---|---|---|---|---|
| 실내조건 | 온도 | 여름 | 24~26[℃] | 26~27[℃] | 27~28[℃] | 27[℃] 이하 |
| | | 겨울 | 24~22 | 22~21 | 20 | 20 이하 |
| | | 봄·가을 | 22~23 | 24~25 | 26~27 | 27 이하 |
| | 습도 | 여름 | 50~60[%] | 50~70[%] | 50~80[%] | 50~90[%] |
| | | 겨울 | | 40~50 | 30~50 | 20~50 |
| | | 봄·가을 | | 40[~70 | 30~80 | 20~90 |
| | 외기량 | | 30[m³/인·h] | 25[m³/인·h] | 20[m³/인·h] | |
| | 송풍에 의한 | 환기회수 | 8 이상 | 6~8 | 4~6 | |
| | | 풍량 | 20[m³/h·m²] | 15~20[m³/h·m²] | 10~15[m³/h·m²] | |
| | 소음 | NC 값 | 30 | 35 | 40 | 45 |
| | | db(A) | 35 | 40 | 50 | 55 |
| | 실내발열(조명+콘센트) | | 40[W/m²] | 30[W/m²] | 25[W/m²] | 20[W/m²] |
| 운전조건 | 온도제어 | 내부존 | 개별실 제어 | 존 제어 또는 전체 제어 | 내부존·외부존 구분 없이 전체 제어 | 내부존·외부존 구별이 없음 |
| | | 외부존 | 개별실 제어 | 개별실 제어 또는 존 제어 | | |
| | 겨울냉방(외부존) | | ○ | × | × | × |
| | 습도제어 | 제습 | ○ | × | × | × |
| | | 가습 | ○ | ○ | ○ | × |
| | 융통성 | | 대 ← | ─ | ─ | → 소 |
| 설비모듈(칸막이 가능한 면적) | | | 소 ← | ─ | ─ | → 대 |
| 기기, 배관 등의 여유 | | | 대 ← | ─ | ─ | → 소 |
| 예비덕트·파이프 | | | 유 | 유 | 무 | 무 |
| 공조방식 | 내부존 | | 단일덕트+재열(개별실)VAV(개별실) | 단일덕트+재열(존) VAV(존) | • 내부존·외부존 구별 없음<br>• 단일덕트(패키지, AHU, 팬코일유닛+OA덕트)<br>• 소형패키지+OA덕트 | • 내부존·외부존 구분 없음<br>• 팬코일 유닛<br>• 소형 패키지 |
| | 외부존 | | • 2중 덕트<br>• 유인유닛<br>• 4관식 팬코일 | • 단일덕트 VAV<br>• 단일덕트+재열<br>• 2관식 | | |
| 조닝수 | | | 다 ← | ─ | ─ | → 소 |
| 필터 | | | 전기집진기, 활성탄필터 | 전기집진기 | 유닛형 필터, 롤 필터 | 무 |
| 환기방식 | | | 개별덕트 천장뒷면 챔버 | 천장뒷면 챔버 | 도어 그릴 | 도어 그릴 |
| 취출구수 | | | 다 ← | ─ | ─ | → 소 |
| 중앙감시반 | | | 유 | 유 | 무 | 무 |

### (2) 부하변동에 대한 순응성

부하에 대한 순응성이 좋은 공조설비는 중간기에 부분적인 냉방운전이 요구되는 시기에 냉열원이 확보됨으로써 부분적인 냉방부하에 대처할 수 있음을 말한다.

예를 들면, 중간기에 일사량을 많이 받는 외부존이나 발열이 많은 내부존에 대한 간헐적인 냉방부하에 대비하기 위해서는 냉열원 설비의 확보로 해결된다.

### (3) 소음 · 진동

공기조화설비로부터 발생된 소음은 건물 내부에서는 어느 값 이하로 요구하는 경우와 건물 외부에서 어느 값 이하가 되도록 요구하는 경우로 나누어진다. 전자는, 그 요구되는 정도에 따라 소음엘보, 방진장치, 방음벽 등의 대책을 세우며, 후자에 대해서는 법적으로 규제되어 있는 값을 지키도록 하기 위하여 흡입구 및 배기장치 등의 소음발생원을 격리시키고, 장소에 따라서는 방음대책을 계획한다. 또한 반대로 외부소음이 실내로 들어오지 못하도록 계획한다.

### (4) 경상비

경상비란 전기, 가스, 수도요금, 인건비 등의 운전경비와 유지 · 수리비를 말하며, 이 비용은 공기조화의 등급을 평가하는 중요한 자료이다.

설비계획자는 주어진 여건에 따라 운전경비를 절감하고 사회에 미치는 공해문제 등을 극소화시키기 위해 여러 가지 설비방식을 비교 · 검토하고, 응용해야 한다. 예를 들면, 심야전력의 이용, 히트 펌프(heat pump), 축열조, 전열교환기, 히트 파이프(heat pipe) 등의 이용이 있다.

### (5) 보수 · 관리

보수 · 관리비의 절감을 위해서는 소수의 관리인으로 운전 · 보수 및 관리할 수 있는 여건과 수리의 빈도수를 줄일 수 있도록 하며, 저렴한 재료비 및 기기의 내구년수가 긴 것이 요구된다.

### (6) 설비비

공기조화계획에 있어 가장 논란이 되고 있는 것이 당초의 설비비 예산이다.

우수한 공조설비를 하기 위해서는 물론 단위면적당 충분한 설비비가 있어야 하지만 경제적인 설비비 내에서 주요한 분야에 중점적으로 투입해야 한다. 그러기 위해서는 건물의 용도, 규모, 정밀도의 정도를 충분히 파악해야 한다.

## [5] 조닝(zoning)

계획 시점에서 조닝을 어떻게 할 것인가를 검토해 보자.

조닝은 건물 전체를 몇 개의 구획으로 분할하고, 각각의 구획은 덕트나 냉·온수에 의해 냉·난방부하를 처리하게 되는데, 조닝의 요소로는 다음과 같이 여러 가지 방식에 따라 구분된다.

### (1) 외부 존

건물을 조닝하는 경우 크게 외부 존과 내부 존으로 분류되며, 또한 상세한 구분은 다음과 같다.

- 존
  - 외부 존
    - 방위별 조닝
    - 층별 조닝
  - 내부 존
    - 용도에 따른 시간별 조닝
    - 관리별 조닝
    - 부하 특성별 조닝
    - 온·습도 설정별 조닝
    - 현열비별 조닝
    - 부하변동별 조닝
    - 외기의 비율별 조닝
    - 용량별 조닝
    - 소음별 조닝
    - 취기별 조닝
    - 배기별 조닝
    - 공기의 청정도별 조닝
    - 생산 제품의 종류별 조닝

#### 1) 방위별 조닝

건물의 외부 존은 일사에 의한 영향이 크기 때문에 각 방위별로, 또한 시각별로 실내의 열부하 값이 달라지므로 구획할 필요가 있게 된다. 예를 들어 건물 내의 실내공간을 단일덕트 방식으로 공조하는 경우에 서쪽이 최대부하가 되는 오후 4시 전후를 기준으로 설계조건을 취하면 다음 외주부에서는 과냉현상이 생긴다. 따라서 이 현상을 방지하기 위하여 그림 11-4와 같이 외주부를 구분한다.

또한, 건축규모가 작아지면 외부 존 가운데 비교적 부하특성이 비슷한 동쪽과 북쪽, 남쪽과 서쪽을 각각 1개통으로 만드는 등 조닝의 간략화가 필요하다. 그림 12-4는 그 예이다.

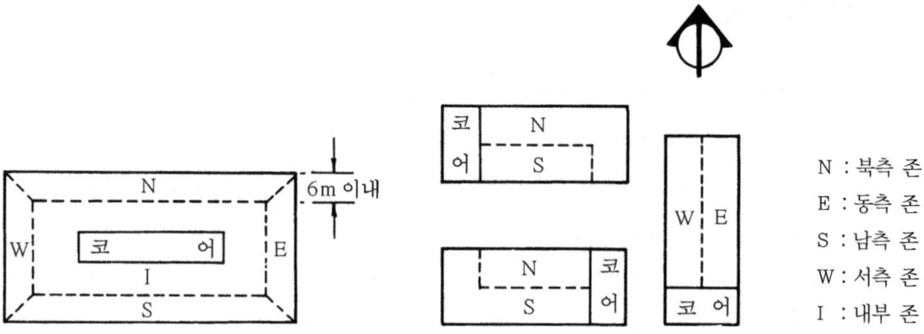


그림 12-4 ▸ 방위별 조닝의 예

2) 층별 조닝

일반적으로 지상층은 일사의 영향을 받으며 단위면적당 출입열량도 많고, 또한 그 변화량도 크다. 반대로 지하층은 지열의 영향이 있지만 출입열량의 변화는 적다. 따라서 지하층은 지상층과 동일한 계통으로 공조를 하면 현열비가 작아진다. 즉 지하층은 습도조절이 잘 되지 않게 된다(일반적으로 지하층은 다습해진다).

따라서 지하층은 지상층과는 별도의 계통으로 구획하기 위하여 조닝을 한다.

(2) 내부 존

건물 내부의 조닝에는 다음과 같이 여러 가지 방법이 있으며 그 용도, 편차의 정도, 규모 등에 의해 정해진다.

1) 용도에 따른 시간별 조닝

복합건물은 용도에 따라 사용시간이 각각 다르다. 따라서 용도가 다르더라도 사용시간이 비슷한 구역을 묶어서 조닝한다.

예를 들면, 복합건물의 경우에 표 12-2와 같이 전문음식점과 사무실은 사용시간이 동일하므로 하나의 존으로 한다.

또는 표 12-3 및 표 12-4에서와 같이 월별 사용시간이 동일한 구역을 묶어서 조닝하는 경우도 있다.

표 12-2 ▸ 용도별 1일 사용시간 분석(냉방)

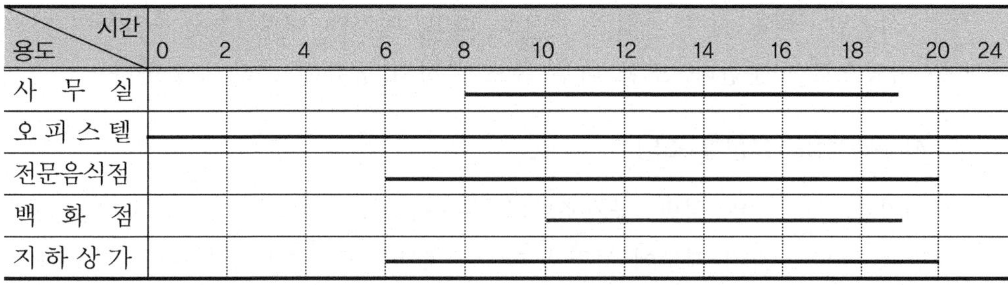


표 12-3 ▸ 월별 사용분석(냉방)

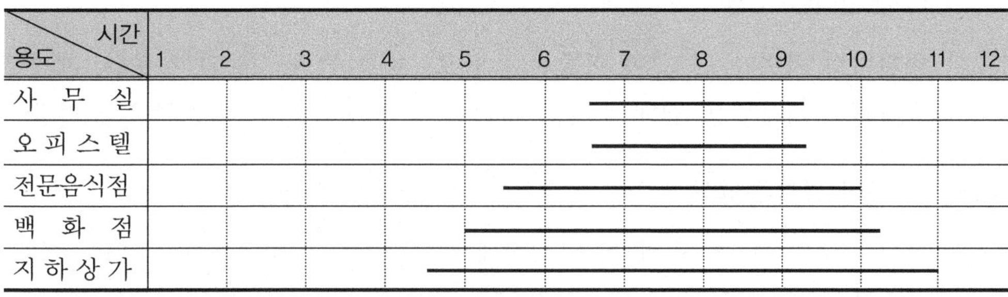


표 12-3 ▸ 월별 사용분석(난방)

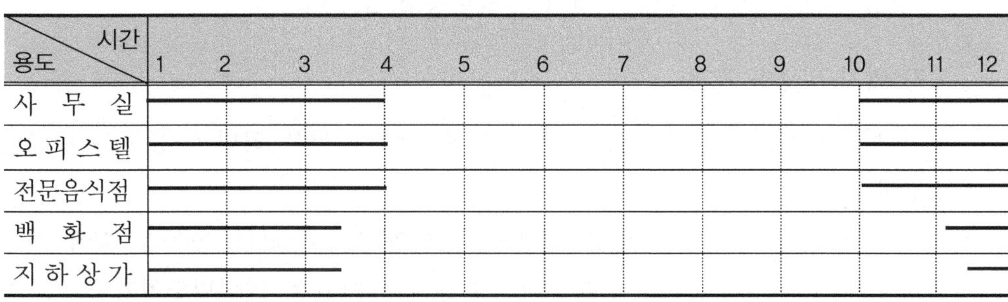


2) 관리별 조닝

운전경비 등 임대료 산출을 쉽게 하기 위해 임대사무실이나 복합빌딩에서는 사용자의 구분에 따라 구획할 필요가 있다. 예를 들면, 한 건물에 A, B C, D사가 있다면 각 회사가 사용하는 공간을 각 존으로 구분하는 방볍이다.

3) 부하 특성별 조닝

대규모 건물에서는 외벽으로부터 떨어진 중앙부는 외기조건의 영향을 적게 받으며, 인체와 조명등 및 실내기구의 발열로 인해 경우에 따라서는 동절기 및 중간기에 냉방이 필요한 경우도 있다.

이와 같이 내부 존과 앞에서 설명된 외부 존의 부하특성이 있는 대규모 건물은 동 · 서 · 남 · 북을 각각 독립된 존으로 하고, 여기에 내부 존을 추가하여 5개의 계통 이상으로 구분한다. 또한 내부 존도 부하의 종류에 따라 분할한다.

#### 4) 온 · 습도 설정별 조닝

전자계산실 등은 일반 공기조화와 온 · 습도조건이 다르며, 또한 항온항습적인 조건을 필요로 하기 때문에 독립계통으로 해야 한다. 이와 같이 다른 계통과 온 · 습도조건이 다르며, 제어기구의 조절범위도 다를 때에는 별도의 계통으로 조닝한다.

#### 5) 현열비별 조닝

현열비의 차이가 큰 실이 복합된 건물로, 예를 들면 식당과 사무실, 제지 및 방직공장과 관리사무실, 실내 풀장과 관리실 등은 현열비에 따라 존을 분리한다.

#### 6) 부하 변동별 조닝

오디토리엄(auditorium)의 상부 객석에서는 난방시 지나치게 더워진다. 이에 대한 대책으로서 기류분포를 적절하게 억제하고 온도분포의 균일화를 위해 조닝을 하며 각 부하에 알맞은 온풍온도를 제어할 수 있게 한다. 이 예에서 처럼 내부 부하가 큰 변동이 있을 때 사용되는 것이 부하변동별 조닝이다.

#### 7) 외기 비율별 조닝

이 방식은 환기와 외기의 혼합비율이 동일한 계통을 하나로 통합시켜 조닝하는 방법이다.

예를 들면, 대회의실과 일반사무실을 동일계통으로 하면 송풍량 중에 차지하는 외기의 비율이 서로 다르기 때문에 1인당의 외기량은 인원밀도차가 높은 전자의 경우에는 외기량이 부족하고, 후자는 과대하게 된다. 따라서 이러한 경우에는 조닝을 하여 서로 구분시킨다.

#### 8) 용량별 조닝

대규모 건물의 경우에 내부 존의 부하적 요소는 같더라도 한 계통으로 단일화하면 천장 내의 덕트 스페이스 또는 장치가 커진다. 이 때문에 건물의 층높이에도 영향을 주게 된다. 따라서 용량이 큰 경우에는 몇 개의 구간으로 조닝을 한다.

#### 9) 소음별 조닝

실의 사용목적에 따라 소음의 허용치가 서로 다를 때 동일 계통으로 공기조화를 하면 소음설비에 많은 비용이 든다. 따라서 이런 때는 각 실을 조닝함으로써 경제적인 효과를 거둘 수 있다. 예를 들면 방송국의 방송실, 녹음실 등과 일반사무실 등은 구분하여 조닝을 한다.

10) 취기별 조닝

사무소건축 등에서는 식당과 사무실을 동일계통으로 하면 환기(return air)로부터의 냄새가 사무소 안으로 유입된다. 이와 같이 취기가 있는 실은 조닝을 하여 별개의 계통으로 한다.

11) 배기별 조닝

이 방법은 연구소와 병원 등에서 실시하는 방법이며 먼지, 세균 또는 방사선 물질 등으로 오염되어 있는 곳은 다른 계통과 구분하며, 허용농도가 낮은 방에서 높은 방으로 공기흐름이 형성되는 시스템으로 한다.

12) 공기 청정별 조닝

전자공업, 정밀측정실, 수술실 등과 같이 온·습도 이외에 특히 먼지처리를 철저히 해야 하는 실은 다른 실과 구분하기 위하여 조닝을 한다. 이 방법은 급기계통에 실시하는데 비하여 11)의 방법은 배기계통에 조닝을 한다.

13) 생산제품의 종류별 조닝

이 방법은 산업용 공기조화에 적용하는 것으로, 공기조건에 따라 제품의 품질, 가공성에 큰 영향을 주는 경우에 적용한다. 합성섬유의 각 공정 등이 그 예이며, 공정별로 요구되는 공기조건이 다르면 조닝을 한다.

이와 같이 조닝은 여러 가지의 원인들로 인하여 하게 된다. 그러나 그 원인은 복합적인 경우가 대부분이다. 따라서 조닝을 할 때에는 여러 가지의 요소를 복합적으로 판단하여 실시해야 한다.

일반적으로 건물을 세분하여 조닝하는 것은 건설비 관점에서 볼 때 기계실이나 덕트, 배관 스페이스가 증가하며 또한 단위면적당 건설비가 상승한다. 그러나 반면 어느 정도 규모가 큰 건물의 경우에는 공기조건의 유지 또는 운전경비의 절감 등으로 볼 때 적절하게 조닝함으로써 경제적인 효과를 거두게 되는 때가 많다.

## [6] 공기조화방식

앞에서 설명된 바와 같이 시공주의 요구내용, 환경조건, 공조의 등급에 대한 평가가 잘 파악된다 하더라도 이 공조방식의 선정이 잘못되면 지금까지의 노력은 수포로 돌아갈 뿐 아니라 설비비는 과대해지고 건축과 설비는 조화를 이루지 못하게 되므로 신중을 기해야 한다.

또한, 최적의 공조시스템을 선정하기에 앞서 그 각종 공기조화방식의 개요와 장·단점을 잘 파악해야 한다. 여기서 공기조화방식은 기본적인 전 공기방식, 전 수방식, 공기-수방식, 냉매방식 등이지만 실내환경의 요구와 기기의 고도화 및 에너지 수급의 여건, 건설비, 경상비 등에 따라 변수가 많다. 각종 공조시스템의 특성은 제4장에서 취급되었으므로 여기서는 생략한다.

## [7] 기본계획의 결정

기본계획의 방법과 순서는 건물의 규모, 용도, 계획기간, 계획자의 능력 등에 따라 차이는 있겠지만 일반적으로 그림 12-1에 제시된 순서에 의해 진행된다.

기본계획의 결정은 본래 실시설계를 위해 진행되는 과정이며 매우 중요한 단계이다. 그런 의미에서 충분한 시간적 여유를 가지고 여러 가지의 검토를 실시한 뒤에 제반 결정을 해야 하겠지만 실제로는 단시간에 완료하도록 요구되는 경우가 많다. 또한, 건축계획 자체가 개략적인 계획인 단계이므로 그 도면을 바탕으로 부하계산에서부터 실시설계의 과정을 밟아 나가는 것은 매우 무의미한 일이며, 계획변경 등이 있는 경우에는 시간과 노력의 낭비를 한 셈이 된다. 따라서 개략설계의 수법에 의해 짧은 시간에 기본계획의 단계를 통합시켜야 하는 경우도 있다. 그러나 아무리 빨리 기본계획의 단계를 완료한다고 해도 그 내용이 후일에 실시설계를 한 결과와 현저한 차이가 나는 경우는 계획자로서 실격이다.

기본계획에서 결정해야 할 사항은 다음과 같다.

### (1) 설계조건

기본계획에서의 설계조건은 단지 온·습도조건뿐만 아니라 목적, 전제조건, 선택조건 등으로 분류된다.

목적이란 건물의 용도별로 분류되는 온·습도, 소음 등 실내환경조건 그 자체를 말한다.

전제조건이란 그 계획의 입지조건에서 오는 외기온습도, 일사, 풍속, 풍향 등 기상조건과 초기 설비공사비, 유지비, 연료비, 인건비 등 경제조건으로 나눈다.

선택조건이란 그 계획에 있어서의 건축계획, 구조계획, 다른 설비계획 등 다른 부문으로부터 주어지는 조건이며 각 설계상호의 관련 아래 서로 영향을 주는 환경조건이다.

이와 같은 각 조건은 조사사항, 시공주와의 협의사항, 기본구상에서 주어진 것이며 지금의 기본계획 시점에서는 이와 같은 사항들을 분석하여 선택하는 단계이다.

### (2) 계획용 열계산

설계조건이 결정되면 주어진 건축계획도를 펴놓고 계획용 열부하 계산을 시작한다.

약부하계산의 방법으로서는 일반적으로 단위면적당 개략부하[$W/m^2$]를 적용시켜 현열량 및 송풍량을 결정한다. 그러나 근대의 건물은 단열성의 향상, 창 면적의 증가, 조명부하의 증가, 사무용 기기부하의 증가 등 때문에 기존의 자료는 보완하여 사용할 필요가 있다.

이 약부하계산이 계획상에서는 매우 중요한 의미를 가지고 있으며, 그 이후에 결정되는 기기 동력뿐만 아니라 샤프트 스페이스, 천장 내 스페이스 등 전기설비, 건축계획에도 큰 영향을 주기 때문에 산출값의 오차를 5~10% 이내에 오도록 노력해야 한다.

### (3) 조닝계획

공기조화설비에 있어서의 조닝계획은 열부하 특성, 건물의 용도 및 요구되는 정도에 의해 구분한다.

조닝계획을 하는 것은 앞으로 결정해 나가야 하는 공기조화방식, 열원방식, 열원공급방식을 결정하는데 있어서 커다란 요인이 된다.

공기조화방식에 대하여는 각 존의 부하요소, 부하변동 등에 의해 공기조화계통을 어떻게 구분할 것인가를 결정하고 그 다음 어느 방식을 채용할 것인가를 결정한다. 열원방식 및 열공급방식에 대해서는 동절기 냉방 등 일반적인 공기조화방식으로 처리할 수 없는 경우에 각 존, 각 계통의 부하변동에 추종성이 있는 열원방식 및 열원공급방식으로 해야 한다.

공기조화의 조닝계획은 건축의장 계획상 블록계획의 한 요소가 되는 것으로서 바람직한 실배치계획을 제안하는 것은 공기조화계획자의 의무라 할 수 있다.

앞에서 설명한 약부하계산과 조닝계획은 어느 쪽을 먼저 결정하고 어느 쪽을 나중에 한다고 구별할 수 있는 것은 아니고, 상호관련시켜 결정한다. 조닝계획의 방법은 앞 절의 [5]항을 참고한다.

### (4) 열원기기의 선정

냉열원 및 온열원의 용량은 약부하계산의 값을 집계하여 건물 전체의 합계부하를 구하여 그 값으로 열원기기를 선정한다.

열원기기 선정의 기본적 사항으로는 공조부하, 설비비, 경상비, 관리방식, 기계실의 위치와 스페이스, 공해문제 등을 들 수 있다.

표 12-5~8은 냉열원 및 냉매와 온열원 및 온열매 특성을 서로 비교한 것이다.

표 12-5 ▸ 냉열원의 특성비교

| 구 분 | | 터보냉동기 | 흡수식 냉동기 |
|---|---|---|---|
| 경제성 | 초기투자비 | 싸 다 | 비싸다 |
| | 운 전 경 비 | 비싸다 | 싸 다 |
| 유 지 및 보 수 | | 쉽 다 | 어렵다 |
| 용 량 제 어 | | 100~30% | 100~10% |
| 소 음 | | 많 다 | 적 다 |
| 기 계 실 면 적 | | 적 다 | 크 다 |

표 12-6 ▸ 냉열매의 특성비교

| 구 분 | | 냉 수 | 냉매(프레온) |
|---|---|---|---|
| 적 용 대 상 | | 중 · 대규모 | 소규모 |
| 유 지 및 보 수 | | 쉽 다 | 어렵다 |
| 경제성 | 대규모 | 유 리 | 불 리 |
| | 중규모 | 유 리 | 불 리 |
| | 소규모 | 불 리 | 유 리 |
| 장 점 | | 중앙공급 용이<br>대규모에 적합 | 개별냉방에 유리<br>현장설치 간단<br>동력비 적다 |

표 12-7 ▸ 온열원의 특성비교

| 구 분 | 연 관 식 | 수 관 식 |
|---|---|---|
| 적용대상 | 중 · 대규모 | 대규모 |
| 초기투자비 | 싸 다 | 비싸다 |
| 유지 및 보수 | 쉽 다 | 어렵다 |
| 기계수명 | 10년 | 12년 |
| 사용압력 | 1,000 kPa 미만 | 1,000 kPa 이상 가능 |
| 기계실 층고 및 면적 | 유 리 | 불 리 |
| 부하변동에 대한 효율의 변화 | 적 다 | 크 다 |

표 12-8 ▸ 온열매의 특성비교

| 구 분 | 증 기 | 고온수 | 중온수 | 저온수 |
|---|---|---|---|---|
| 적 용 대 상 | 중 · 대규모 건물 | 대규모<br>아파트단지<br>(10만평 이상) | 중 · 대규모<br>아파트단지<br>(5~10만평) | 소규모 건물 |
| 초 기 투 자 | 적 다 | 크 다 | 중 간 | 크 다 |
| 운 전 비 | 중 간 | 적 다 | 적 다 | 중 간 |
| 유 지 및 보 수 | 보 통 | 숙련 필요 | 쉽 다 | 쉽 다 |
| 제 어 성 | 어렵다 | 쉽 다 | 쉽 다 | 쉽 다 |

또한 부하요소에 의해 축열조방식을 계획할 때에는 하루동안의 공기조화 운전시간, 열원기기와 대수, 펌프를 포함한 운전비, 기기의 사용년수 및 건축구조적인 문제 등을 검토하여 채택 여부를 결정한다.

### (5) 공기조화방식의 결정

공기조화방식에는 제4장에서 언급한 바와 같이 여러 가지 시스템이 있었다. 이와 같은 공조 시스템은 주어진 건축물과 가장 융합이 잘 되는 시스템을 선택해야 한다.

공조방식을 결정하는데는 여러 가지의 요인이 있지만 일반적으로 다음과 같은 항목을 들 수 있다.

① 수명비(LCC ; Life Cycle Cost)
② 요구되는 공기환경
③ 시스템의 안정성
④ 유연성
⑤ 신빙성
⑥ 유지관리비
⑦ 시공성
⑧ 제어성
⑨ 외관
⑩ 설치 공간

하나의 건물에는 한 개의 공조시스템이 필요한 경우도 있지만 조닝에 따라서는 몇 개의 시스템이 복합적으로 필요한 경우도 있다.

또 공조시스템은 목적에 따라서는 제어방식, 시스템의 조합에 따라 본래의 특성으로부터 변형된 성능 및 특성을 기대할 수도 있다. 예를 들면, 대규모의 사무소 건축에 대해서 조합한 예는 표 12-9와 같다.

표 12-9 ▸ 대규모의 사무소 건축에 대한 공조방식의 조합 예

| 예 | 조 합 방 법 | |
|---|---|---|
| | 내 부 존 | 외 부 존 |
| 1 | 변풍량 단일덕트 | 2관식 FCU |
| 2 | 변풍량 단일덕트 | 정풍량 단일덕트 |
| 3 | 단일덕트 병용 패키지 | 2관식 FCU |
| 4 | 단일덕트 병용 히트펌프 | 수열원 히트펌프 |

(6) 기계실의 배치계획

공기조화방식까지 결정되면 다음에는 기계실의 배치계획으로 진행된다. 기계실을 배치할 때 염두에 두어야 할 사항들은 다음과 같은 것을 들 수 있다.

- 열원기기와 공기조화기의 관계
- 이용 스페이스
- 기기의 하중
- 진동 및 소음
- 안정성
- 집중도 및 관리방법
- 경상비
- 반입 및 반출

1) 열원기계실의 배치계획

보일러, 냉동기, 냉각탑의 설치위치는 그림 12-5와 같이 분류된다. (a)는 일반적인 예이며, 기기의 진동, 소음, 기기의 반입 구조계획상은 유리하지만 고층으로 되면 기기의 수압이 증가하고 또 각층의 굴뚝, 배관 스페이스의 합계도 많아진다. (b)는 냉각수배관이 짧아지고 냉동기의 수압도 감소되지만 기기가 분산되어 관리가 약간 복잡하게 되며 냉동기의 진동, 소음이 문제가 된다. 단, 흡수냉동기를 사용하면 이 점은 해결된다. (c)는 각층에 배관 및 굴뚝의 스페이스가 없어지고 특히 고층건물에서는 유리하지만 액체연료를 사용하는 경우는 방화상의 배려가 필요하고, 또 구조계획의 관점에서는 불리하다.

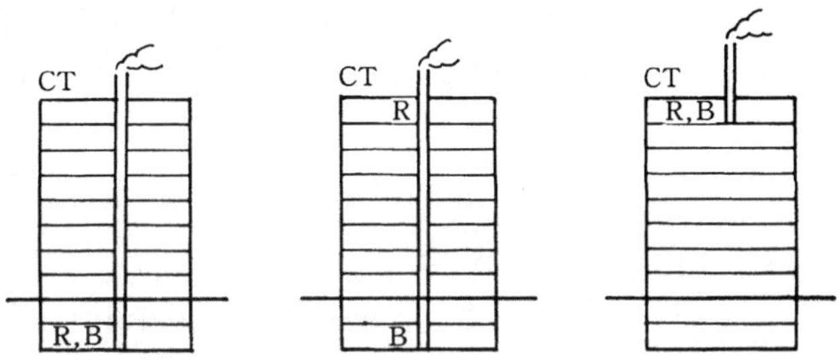


(a) (b) (c)

B : 보일러 R : 냉동기 CT : 냉각탑

그림 12-5 ▸ 열원기기의 배치 예

2) 공기조화기의 배치계획

공기조화기의 배치는 중앙식과 각층식으로 구분된다. 중앙식은 설치 스페이스가 적게 들고, 관리 및 설치비의 면에서 유리하다. 그러나 덕트 샤프트가 커지고, 각층을 관통하는 샤프트 때문에 화재시 불이 각층으로 번져나갈 우려가 있다. 그러나 각층식은 공조기가 각층으로 분산 · 배치되므로 덕트가 바닥슬래브를 관통하지는 않지만 관리하기가 번거롭고, 소음이 심하다.

그림 12-6은 여러 가지의 배치 예이다. 그림 (a)는 가장 일반적인 방법으로 공조기를 지하실에 배치했다. (b)는 최상층이나 옥탑에 설치한 경우로 외기를 도입하기에는 편리하지만 소음 및 진동이 건물로 전달되기 쉽고, 건물 구조체에 기기의 하중이 걸린다. (c)는 (a), (b)의 방법을 절충한 것으로서 고층건물의 경우에 적합하다. 또한 (d)는 각층에 분산 · 배치한 경우이다.

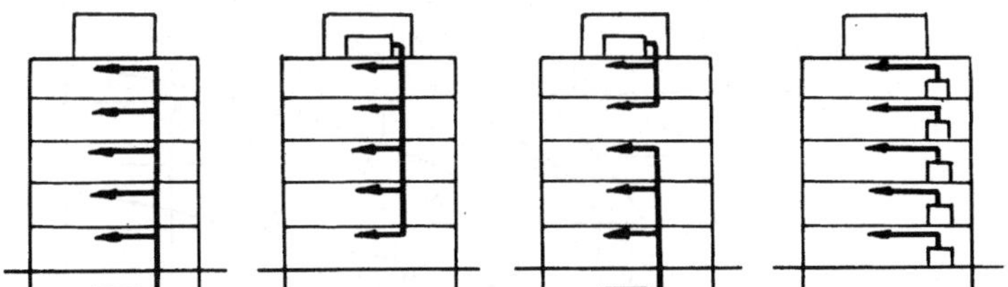

(a) (b) (c) (d)

그림 12-6 ▸ 공기조화기의 배치 예

(7) 주요 기기의 선정

공기조화방식, 열원기기 및 그 위치가 결정되면 다음에는 주요 기기를 선정한다. 앞에서 설명한 약부하계산으로 구한 개략부하에 의해 공기조화기, 송풍기, 냉각탑, 펌프, 탱크 등의 주요 기기를 결정한다. 이들의 기기에 필요한 동력, 냉수량, 배수량 등은 전기, 위생설비의 계획자에게 통보하고 상호간의 보조를 맞추도록 해야 한다.

### (8) 공기조화용 기계실의 스페이스

주요기기를 선정한 다음 기기를 평면도 위에 배치하여 기계실의 크기를 구해나간다. 공기조화용 기계실은 기본구상, 계획과 건물 전체 계획의 흐름에 따라 각 과정별로 기계실을 검토하고 최종적인 소요 스페이스가 구체화되도록 한다.

기계실을 구성하는 실들은 다음과 같은 것들이 있으며, 일반적으로는 지하실에 설치되지만 옥상이나 옥탑층에 냉각탑의 설치 스페이스가 있어야 한다.

- 열원기계실
- 펌프실
- 컨트롤실
- 공조기실
- 환기팬실
- 오일탱크실

그림 12-7은 연면적에 대한 기계실의 소요면적을 나타낸 것으로, 이 표는 초기의 계획단계에서 면적배분에 사용되어야 하며, 계획이 진행되고, 기기배치가 실시됨에 따라 수정되어야 한다.

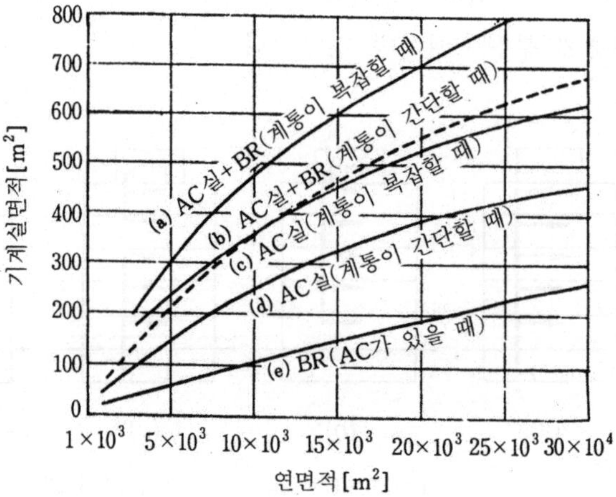


주 : (a), (b)는 공조실과 보일러실을 포함, 즉 (a)=(c)+(e), (b)=(d)+(e),
(c), (d)는 공조실 뿐(공조기, 냉동기, 공조용 펌프를 포함)
BR : 보일러, 냉동기

그림 12-7 ▸ 공조기계실의 바닥면적[$m^2$]

기계실의 필요한 스페이스로서는 모터나 기기 등의 교체, 반출입 또는 운전자의 활동을 위한 충분한 통로를 확보해야 한다. 또한 보일러, 냉동기, 열교환기 등 튜브를 빼낼 수 있는 스페이스가 필요한 기기에 대해서는 충분한 그 스페이스를 고려하여 계획할 필요가 있으며, 보일러, 냉동기, 오일탱크 등은 그 용량, 종류 등에 따라 법적인 스페이스 등이 필요하므로 관련법규를 준수해야 한다.

또한, 기기운전 중의 진동이 건축의 구조체에 전달되고 바닥, 벽 등에 2차 진동을 일으키지 않도록 배치계획에서 검토해야 한다. 또한 공조기, 환기용 팬류는 실내·외의 허용 소음레벨에 따라 덕트의 소음스페이스도 확보해야 한다.

기계실의 층높이에 대해서는 기기의 높이 보다는 오히려 천장을 지나는 덕트, 배관 연도의 스페이스에 따라 결정된다. 따라서 이들의 경로를 단선으로 기입하고 그 주요부의 치수를 구하여 이로써 층높이를 정한다.

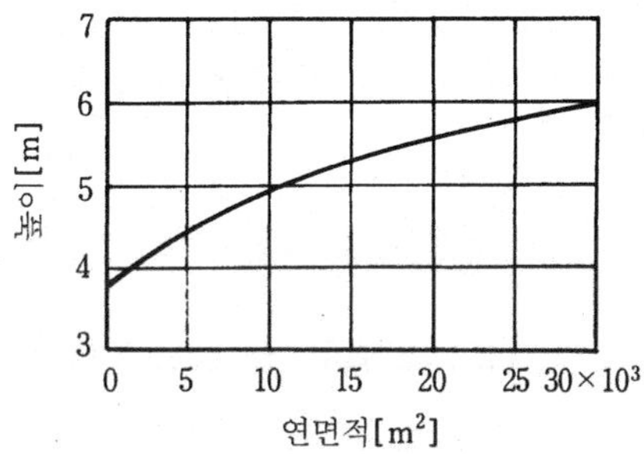


그림 12-8 ▸ 설비기계실의 높이[m]

일반적인 기계실 공간의 기본형은 표 12-10과 같으며 연면적에 대한 층높이는 그림 12-8과 같다.

표 12-10 ▸ 기계실 공간에 기기 배치 예

| 형 식 | 주 용 도 | 실 례(그림) |
|---|---|---|
| (a) 단층형 기계실 | 일반 소규모 건축물의 기계실 | 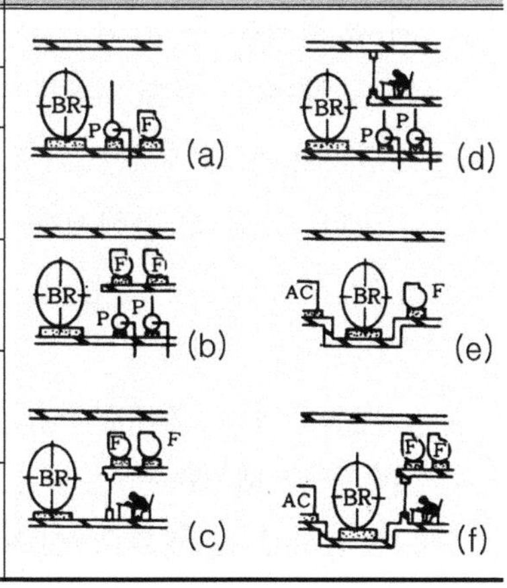 |
| (b) 복층형 기계실 | 중규모 건축물의 기계실, 특수기계실 | |
| (c) 복층하부 콘트롤실형 기계실 | 중규모·대규모 건축물의 기계실 | |
| (d) 복층상부 콘트롤실형 기계실 | 중규모·대규모 건축물의 기계실 | |
| (e) 단층 오목형 기계실 | 병원, 중규모건물, 특수건물의 기계실 | |
| (f) 복합층 복합 기계실 | 대규모 기계실 | |

【주】 BR : 보일러 및 냉동기 등의 열원기기, F : 팬, P : 펌프

기계실의 바닥 아래에 축열조를 설치하는 경우에는 수조의 용량, 축열수가 들어가는 측과 나오는 측 및 물의 흐름방향, 기초보 및 연통관의 위치와 크기, 방습방

법, 단열방법 등을 건축계획자와 협의하여 결정한다. 또한, 축열조 위의 바닥은 공기조화·위생의 기계실로 하고 전기실로는 원칙적으로 사용하지 않는다.

기계실의 배치가 결정되면 주요기기의 중량(운전중량)을 구조계획자에게 연락함과 동시에 소음 및 단열에 대해서도 협의한다.

### (9) 덕트 스페이스 및 파이프 스페이스

다층건물인 경우에는 기준층의 바닥을 관통하는 수직방향의 주덕트 및 배관은 열원기계실, 공기조화기실의 위치 등을 고려하면서 송풍덕트 및 환기덕트와 외기덕트 등을 단선으로 그어가면서 검토한다. 검토결과 공간적으로나 작동상으로 가능한가, 또는 경제적으로 무리하지는 않는가를 판정한다. 특히 덕트 스페이스는 공기조화방식, 공기의 분산도, 송풍량, 덕트 내의 풍속에 크게 좌우되므로 신중하게 검토하여 결정한다.

### (10) 취출구 및 흡입구의 계획

취출구 및 흡입구의 종류는 아네모스탯형, 팬형, 노즐형, 유니버설형, 그릴형 등 여러 가지의 형식이 있으므로 설치하는 장소나 기능 및 의장 등을 검토하여 선정한다.

기능상의 검토는 공기분포(온·습도 분포), 단락유, 소음, 배연효과에 대한 검토사항이며 또 의장상의 검토는 건축디자인, 모듈, 조명 및 기타 전기기구, 스프링클러와의 관련된 사항들을 검토하여 취출구 및 흡입구의 위치 및 종류를 계획하는 것을 말한다.

다시 말하면, 공기분포에 대한 검토사항은 취출기류가 실내에 고루 분포되게 하기 위해서는 도달거리, 확산거리는 적절한가, 취출기류가 보(beam)나 장애물에 닿지는 않는가, 취출기류가 인체나 생산품에 직접 닿지는 않는가를 검토해 본다.

단락유에 대해서는 취출기류가 흡입구에 의해 간섭되지 않는가를 검토한다.

또한, 소음에 관해서는 기류의 속도가 과대하지는 않는가, 소음발생이 큰 취출구를 사용하지는 않는가, 실내·외의 크로스 토킹(cross talking)을 고려했는가(특히 도어그릴) 등이다.

배연효과는 회의실 등 담배를 많이 피우는 장소에 대해서 천장이나 벽상부에 흡입구를 배치하는 등의 고려를 해야 한다.

모듈(module)계획은 실내를 최소사용구역으로 분할하여 흡입구 및 취출구, 기타 조명, 스프링클러헤드 등을 포함시킨다.

조명과의 관련된 계획은 조명기구를 취출구와 일체화시키는 경우가 있으며, 이것은 배열효과가 있다. 기타 전기와의 관련된 사항들은 화재경보기, 비상조명기구, 스피커 등이 배치와도 잘 어울릴 수 있도록 배치한다.

## [8] 개략설비비의 산출

기본계획이 완료되었다 하더라도 그것으로 모든 것이 끝나는 것은 아니다. 계획을 의뢰한 시공주의 자금 및 수지계산의 예산에 설비비가 적정한 가격이 소요되는지를 검토하여 그렇지 못하면 피드백(feed back)하여 기본계획을 처음부터 다시 세울 필요가 있다. 따라서 계획자는 기본계획이 완료되면 계획도를 참고하여 빠른 시간 내에 개략설비비를 산출하고, 계획에 착수하기 전에 시공주와의 협의에서 제시된 개략예산과 대조해 보아야 한다. 기본계획의 개산은 기본구상의 산출방법($m^2$당 또는 평당의 금액에 의하는 방법)과는 다르며 계획도를 근거로 하여 어느 정도는 정확한 값을 산출해야 한다. 여기서, 인건비는 상승률이 비교적 일정하므로 추산하기 어렵지 않으나 기자재비는 수시로 변동하므로 정확한 시장조사에 따라야 하며 물가상승도 감안해야 한다.

개산견적의 산출방법에는 기기류, 부속기구류, 공사비로 각각 나누어 산출하고, 가설비 및 제반 경비를 가산하는 방법을 사용한다. 이때, 각 항목의 산출방법은 다음과 같다.

### (1) 기기류

주요기기(부속품 포함)의 단가, 반입비, 기초설치비, 보온 및 도장비, 시운전 조정비(연료비 포함) 등을 고려하여 산출한다.

### (2) 부속 기구류

부속 기구류란 밸브류, 댐퍼류, 취출구류 등이며, 각 관의 종류 및 지름 또는 종류별로 수량을 개략산출하여 재료, 설치비, 보온 및 도장비, 조정비, 운반비 등을 포함한 가격을 산출한다.

### (3) 공사비

공사비는 덕트 및 배관공사비를 중심으로 제반 설치공사비이며, 각 관의 종류 직경별, 판두께별, 시스템의 구분별로 수량을 산출하고 공사비, 보온 및 도장비, 운반비, 소모잡재료비 등을 포함한 단가에 의해 산출한다.

## [9] 기본계획도서

기본계획도서는 기본계획의 마지막 과정으로 또는 앞으로 진행되는 실시설계의 지침으로서 기본계획의 제반 검토 및 결정된 사항을 정리한 것이다.

즉 기본계획도서의 내용은 다음과 같다.

### (1) 계획개요서

설계조건, 공기조화 · 환기 · 냉열원 · 자동제어 등에 관한 방식, 계통구분, 장치 및 공사개요, 기타 특기사항을 간결하게 기술한 것으로서 특히 계획에 대한 기본 의도를 강조한 약식시방서와 같은 것이다.

### (2) 계획도

일반적으로는 축적 1/200 정도의 건축도를 바탕으로 하여 장치 및 덕트의 레이아웃(lay-out)을 나타낸다. 덕트는 단선으로 하고 치수도 주요 요소만을 기입한다. 배관은 생략하는 경우가 많지만 주배관은 기입하는 것이 바람직하다. 기기에 대해서도 외형치수의 개요를 알 수 있을 정도로 그치고 상세한 작도는 모두 생략해도 된다. 또한, 주요기기에 대하여는 그 운전 중량을 함께 기입하는 것이 바람직하다. 샤프트는 천장 내 및 실내유닛 주위의 마감치수 등에 대해서는 부분상세도가 필요한 경우도 있다.

### (3) 동력표

동력표는 기기동력을 일람표에 통합한 것으로서 전압, 전력, 기동방식 등을 표시하고, 용도별로 정리한다.

### (4) 개략견적서

개략견적서에는 기기 하나하나의 금액 또는 큰 항목별로 구분하여 정리한다. 가능하면 냉동기, 냉각탑, 보일러, 공조기, 배관, 덕트, 자동제어, 환기, 배연시설 등으로 작성하는 것이 예산을 배분하는데 편리하다.

### (5) 경상비

시공주의 요구가 있을 경우에 작성된다. 경상비에는 동력비, 연료비, 인건비, 감가상각비, 금리, 제세공과금, 기타에 대해 요구가 있을 때 작성된다.

### (6) 관공서 관계서류

관계관공서와의 협의 및 인가사항을 정리한다.

# 부 록

# 부록 1 습공기선도

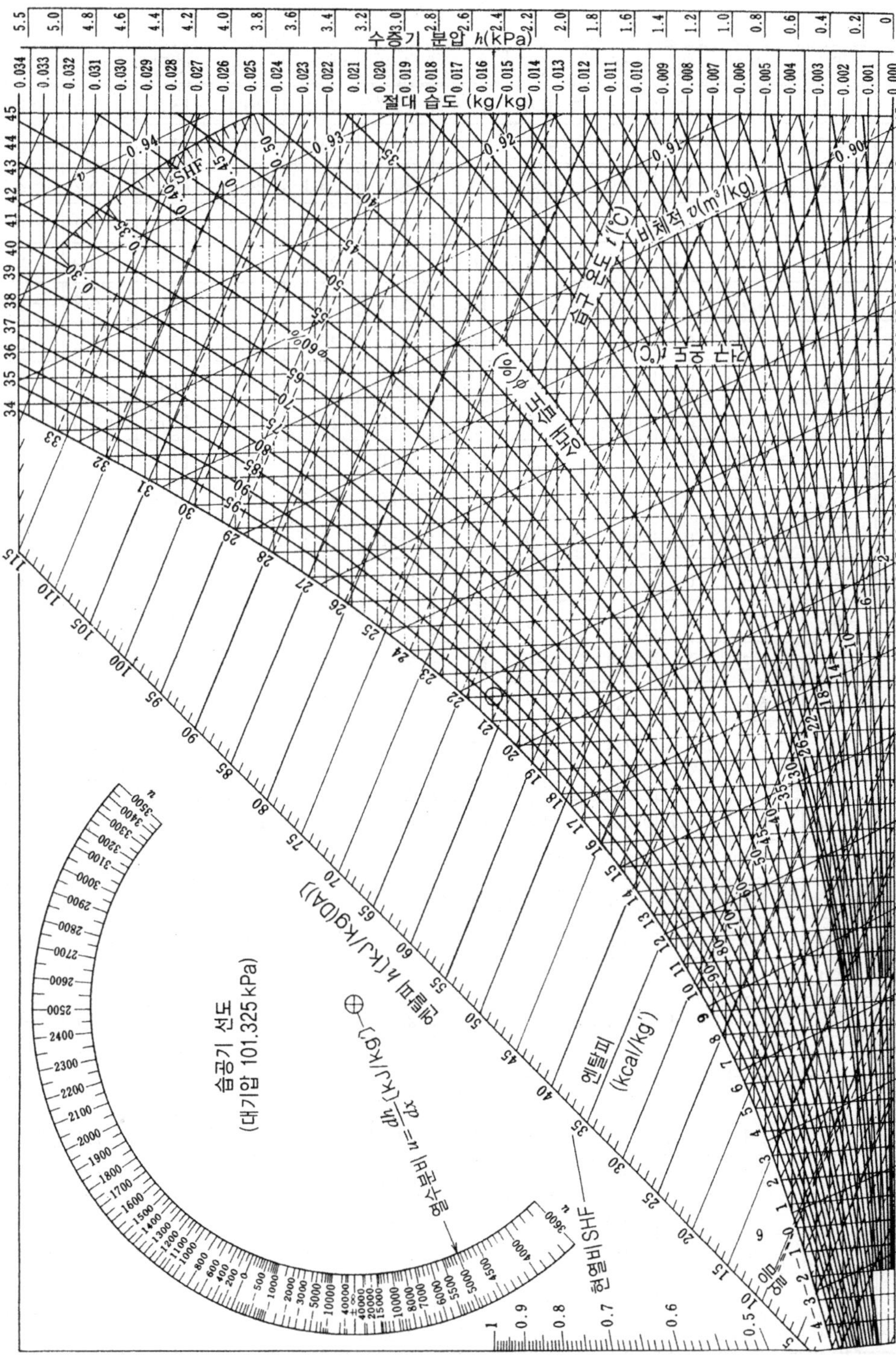
수증기 분압 h(kPa)
절대 습도 (kg/kg)
습구 온도 t'(℃)
비체적 v(m³/kg)
건구 온도 t(℃)
상대 습도 φ(%)
습공기 선도
(대기압 101.325 kPa)
엔탈피 h(kJ/kg(DA))
엔탈피
(kcal/kg')
열수분비 u = dh/dx (kJ/kg')
현열비 SHF
온도 t(℃)
v[m³/kg]

## 부록 2 일평년값(최저기온 ℃)

서울

| | 1월 | 2월 | 3월 | 4월 | 5월 | 6월 | 7월 | 8월 | 9월 | 10월 | 11월 | 12월 |
|---|---|---|---|---|---|---|---|---|---|---|---|---|
| 1일 | −5.0 | −6.5 | −1.7 | 3.3 | 10.8 | 15.4 | 19.7 | 23.8 | 20.4 | 13.8 | 5.5 | −1.6 |
| 2일 | −4.5 | −7.5 | −1.8 | 3.3 | 9.7 | 15.1 | 20.2 | 23.2 | 20.2 | 13.5 | 5.7 | −1.8 |
| 3일 | −5.4 | −6.5 | −1.3 | 3.7 | 10.1 | 15.4 | 20.3 | 23.1 | 20.2 | 13.2 | 6.2 | −2.4 |
| 4일 | −6.8 | −5.6 | −0.6 | 4.6 | 10.3 | 15.9 | 20.5 | 22.9 | 19.5 | 12.9 | 6.7 | −1.8 |
| 5일 | −6.3 | −5.0 | −1.0 | 5.4 | 10.5 | 16.0 | 20.4 | 22.8 | 18.9 | 12.0 | 6.9 | −1.9 |
| 6일 | −5.8 | −4.9 | −1.0 | 5.6 | 10.9 | 16.2 | 20.9 | 22.8 | 19.2 | 11.9 | 6.8 | −1.9 |
| 7일 | −4.6 | −5.6 | 0.2 | 6.2 | 11.5 | 16.3 | 20.9 | 22.7 | 19.0 | 12.0 | 6.2 | −1.1 |
| 8일 | −4.8 | −5.5 | −0.2 | 7.0 | 11.2 | 16.9 | 20.7 | 23.0 | 19.0 | 11.6 | 5.3 | −1.6 |
| 9일 | −4.6 | −5.0 | 0.0 | 6.9 | 11.5 | 17.0 | 20.9 | 23.0 | 18.4 | 11.6 | 5.0 | −1.8 |
| 10일 | −5.4 | −4.8 | −0.3 | 6.4 | 12.3 | 16.9 | 21.0 | 22.6 | 18.0 | 11.4 | 4.6 | −2.1 |
| 11일 | −5.9 | −4.6 | 0.1 | 6.0 | 12.2 | 17.2 | 20.9 | 22.6 | 17.8 | 11.7 | 3.8 | −2.6 |
| 12일 | −5.6 | −3.2 | 0.1 | 6.7 | 12.9 | 17.3 | 20.6 | 22.5 | 17.5 | 11.0 | 4.6 | −4.2 |
| 13일 | −5.9 | −3.6 | 0.5 | 6.6 | 12.7 | 17.7 | 21.1 | 22.7 | 17.1 | 10.2 | 4.7 | −3.0 |
| 14일 | −6.9 | −3.5 | 1.1 | 7.1 | 11.5 | 17.7 | 21.3 | 23.2 | 17.0 | 10.4 | 3.8 | −3.4 |
| 15일 | −6.1 | −3.2 | 1.3 | 7.3 | 12.1 | 18.1 | 21.6 | 22.9 | 16.9 | 10.3 | 3.7 | −3.6 |
| 16일 | −6.0 | −3.7 | 1.6 | 7.4 | 12.2 | 18.5 | 21.7 | 22.5 | 16.5 | 9.7 | 3.1 | −3.0 |
| 17일 | −6.0 | −3.1 | 1.0 | 7.1 | 11.9 | 18.4 | 21.4 | 22.2 | 16.2 | 9.7 | 2.7 | −3.7 |
| 18일 | −7.0 | −2.8 | 1.1 | 7.5 | 12.6 | 18.1 | 22.0 | 22.5 | 16.2 | 8.9 | 1.8 | −4.0 |
| 19일 | −7.2 | −3.1 | 1.7 | 7.8 | 12.8 | 18.2 | 22.1 | 22.0 | 15.4 | 9.4 | 1.3 | −3.6 |
| 20일 | −6.7 | −3.1 | 2.3 | 8.7 | 12.8 | 18.2 | 22.6 | 22.2 | 15.5 | 9.3 | 1.1 | −2.9 |
| 21일 | −6.8 | −3.8 | 2.7 | 9.1 | 13.4 | 18.6 | 22.8 | 21.9 | 15.1 | 8.1 | 0.9 | −3.9 |
| 22일 | −6.4 | −3.5 | 2.5 | 9.2 | 13.6 | 18.8 | 22.6 | 21.6 | 14.7 | 7.1 | 1.0 | −3.8 |
| 23일 | −6.1 | −2.7 | 2.5 | 9.2 | 14.0 | 18.9 | 22.9 | 21.0 | 15.1 | 7.7 | 0.6 | −4.5 |
| 24일 | −5.7 | −3.1 | 1.4 | 9.1 | 14.3 | 19.1 | 23.1 | 20.9 | 15.4 | 8.0 | 0.1 | −4.4 |
| 25일 | −6.2 | −2.9 | 1.3 | 9.3 | 13.9 | 19.4 | 23.0 | 20.8 | 14.4 | 7.2 | 0.0 | −4.9 |
| 26일 | −6.7 | −3.0 | 2.3 | 9.3 | 14.2 | 19.5 | 22.8 | 21.0 | 13.6 | 7.0 | 0.6 | −5.4 |
| 27일 | −7.1 | −2.4 | 3.0 | 9.4 | 14.5 | 19.4 | 23.6 | 20.6 | 13.4 | 7.0 | −1.2 | −4.6 |
| 28일 | −6.9 | −2.2 | 3.7 | 9.8 | 14.8 | 19.6 | 23.5 | 20.4 | 14.0 | 7.5 | −1.5 | −5.0 |
| 29일 | −6.9 | −1.6 | 4.6 | 10.0 | 15.4 | 20.0 | 23.5 | 20.4 | 13.8 | 6.8 | −1.3 | −5.9 |
| 30일 | −7.4 | | 4.3 | 10.7 | 15.3 | 20.0 | 23.5 | 20.7 | 13.6 | 6.8 | −1.1 | −5.1 |
| 31일 | −6.9 | | 3.6 | | 14.9 | | 23.6 | 20.7 | | 5.5 | | −5.1 |
| 평균 | −6.1 | −4.0 | 1.1 | 7.3 | 12.6 | 17.8 | 21.8 | 22.1 | 16.7 | 9.8 | 2.9 | −3.4 |

# 부록 3 일평년값(최고기온 ℃)

서울

| | 1월 | 2월 | 3월 | 4월 | 5월 | 6월 | 7월 | 8월 | 9월 | 10월 | 11월 | 12월 |
|---|---|---|---|---|---|---|---|---|---|---|---|---|
| 1일 | 3.0 | 1.0 | 6.6 | 13.0 | 20.1 | 24.8 | 27.3 | 30.9 | 27.8 | 23.8 | 14.9 | 6.3 |
| 2일 | 2.2 | 1.3 | 6.9 | 12.8 | 20.5 | 24.6 | 27.4 | 29.8 | 27.0 | 22.8 | 15.5 | 6.5 |
| 3일 | 2.0 | 1.5 | 7.7 | 13.6 | 20.6 | 24.5 | 27.0 | 30.3 | 27.4 | 22.6 | 16.3 | 6.0 |
| 4일 | 1.4 | 2.3 | 8.0 | 15.5 | 20.7 | 25.7 | 27.5 | 29.7 | 27.1 | 22.3 | 16.2 | 5.8 |
| 5일 | 0.9 | 3.2 | 8.0 | 15.8 | 21.8 | 26.3 | 28.5 | 30.4 | 27.2 | 21.7 | 16.1 | 6.2 |
| 6일 | 2.5 | 2.5 | 7.8 | 16.3 | 21.2 | 26.5 | 28.5 | 29.9 | 27.6 | 21.7 | 15.9 | 5.6 |
| 7일 | 2.6 | 1.9 | 8.7 | 16.4 | 21.6 | 26.7 | 28.6 | 29.9 | 27.6 | 21.6 | 15.3 | 5.8 |
| 8일 | 2.9 | 2.1 | 9.1 | 16.5 | 21.4 | 26.4 | 27.7 | 30.3 | 27.6 | 22.0 | 14.1 | 6.1 |
| 9일 | 2.7 | 3.1 | 7.9 | 17.2 | 22.8 | 26.2 | 27.9 | 30.4 | 26.5 | 22.4 | 14.0 | 5.6 |
| 10일 | 1.3 | 3.2 | 8.2 | 16.5 | 22.7 | 25.8 | 27.7 | 30.1 | 26.1 | 21.2 | 12.0 | 5.8 |
| 11일 | 1.7 | 3.8 | 8.1 | 17.1 | 22.2 | 27.0 | 27.3 | 30.6 | 25.7 | 21.2 | 12.6 | 4.6 |
| 12일 | 2.0 | 4.4 | 9.5 | 17.5 | 23.0 | 27.1 | 27.7 | 30.9 | 26.1 | 20.6 | 12.8 | 4.3 |
| 13일 | 0.9 | 4.8 | 10.6 | 17.0 | 20.9 | 27.5 | 28.3 | 30.5 | 26.0 | 20.8 | 12.3 | 4.5 |
| 14일 | 1.1 | 5.0 | 10.1 | 17.5 | 21.9 | 27.6 | 28.1 | 30.5 | 25.6 | 20.6 | 12.0 | 3.9 |
| 15일 | 2.2 | 4.0 | 10.3 | 17.6 | 22.3 | 28.0 | 28.4 | 30.0 | 26.0 | 20.3 | 11.7 | 3.8 |
| 16일 | 1.5 | 4.3 | 9.5 | 16.1 | 21.8 | 27.8 | 27.8 | 29.7 | 25.8 | 19.8 | 11.6 | 4.3 |
| 17일 | 1.6 | 5.4 | 10.3 | 17.2 | 22.9 | 27.6 | 28.5 | 29.9 | 24.9 | 19.4 | 10.3 | 3.7 |
| 18일 | 1.2 | 5.0 | 10.7 | 18.5 | 22.0 | 27.1 | 29.6 | 30.0 | 25.4 | 19.6 | 9.9 | 3.6 |
| 19일 | 0.5 | 5.6 | 11.4 | 19.2 | 22.4 | 27.2 | 29.1 | 29.4 | 25.3 | 19.9 | 9.9 | 3.3 |
| 20일 | 1.1 | 4.9 | 12.0 | 19.6 | 23.3 | 26.5 | 29.2 | 28.8 | 25.1 | 19.1 | 10.2 | 3.9 |
| 21일 | 1.0 | 4.5 | 12.1 | 20.2 | 24.0 | 27.8 | 29.5 | 29.1 | 24.4 | 18.4 | 8.6 | 4.1 |
| 22일 | 1.7 | 5.1 | 12.0 | 18.7 | 24.5 | 27.6 | 29.4 | 29.5 | 25.5 | 18.0 | 9.4 | 3.7 |
| 23일 | 1.7 | 5.1 | 11.1 | 19.9 | 25.1 | 27.8 | 30.2 | 28.5 | 24.5 | 17.9 | 8.8 | 2.9 |
| 24일 | 1.2 | 5.1 | 9.6 | 19.5 | 24.1 | 27.6 | 29.8 | 28.4 | 24.6 | 17.0 | 8.4 | 3.5 |
| 25일 | 1.3 | 5.5 | 10.9 | 20.0 | 22.6 | 27.2 | 29.2 | 27.7 | 24.2 | 16.9 | 8.7 | 2.7 |
| 26일 | 1.5 | 6.3 | 12.2 | 19.6 | 24.0 | 27.2 | 30.4 | 28.8 | 23.8 | 17.2 | 8.3 | 2.5 |
| 27일 | 0.9 | 6.6 | 13.3 | 19.8 | 24.6 | 27.1 | 29.6 | 27.7 | 23.7 | 17.6 | 7.5 | 2.2 |
| 28일 | 0.9 | 6.2 | 14.1 | 19.3 | 24.9 | 27.9 | 30.2 | 28.0 | 22.9 | 16.6 | 7.1 | 2.6 |
| 29일 | 1.0 | 5.7 | 13.8 | 20.9 | 25.0 | 27.9 | 30.2 | 27.9 | 23.4 | 16.4 | 6.2 | 1.8 |
| 30일 | 0.7 | | 13.6 | 20.8 | 25.7 | 27.2 | 30.4 | 28.3 | 23.6 | 16.0 | 7.4 | 2.5 |
| 31일 | 1.1 | | 13.0 | | 25.2 | | 31.3 | 27.8 | | 14.7 | | 2.6 |
| 평균 | 1.6 | 4.1 | 10.2 | 17.7 | 22.8 | 26.9 | 28.8 | 29.5 | 25.6 | 19.7 | 11.5 | 4.2 |

# 부록 4 각 지방의 월별 지중온도(℃)

| 지방별 | 깊이 [m] | 월별 | | | | | | | | | | | |
|---|---|---|---|---|---|---|---|---|---|---|---|---|---|
| | | 1 | 2 | 3 | 4 | 5 | 6 | 7 | 8 | 9 | 10 | 11 | 12 | 연평균 |
| 서울 | 지표면 | −2.5 | −0.1 | 5.1 | 12.6 | 19.5 | 24.0 | 26.5 | 27.5 | 22.3 | 14.9 | 6.7 | −0.1 | 13.0 |
| | 0.5 | 1.2 | 0.6 | 3.6 | 10.4 | 16.5 | 21.1 | 24.4 | 26.2 | 23.1 | 17.4 | 10.7 | 4.5 | 13.3 |
| | 1.0 | 4.3 | 2.8 | 4.0 | 9.1 | 14.4 | 18.8 | 22.4 | 24.8 | 23.2 | 19.0 | 13.6 | 7.9 | 13.7 |
| | 1.5 | 7.1 | 5.2 | 5.1 | 8.3 | 12.6 | 16.6 | 19.9 | 22.8 | 22.4 | 19.6 | 15.5 | 10.8 | 13.8 |
| | 3.0 | 13.1 | 11.0 | 9.5 | 9.2 | 10.6 | 12.7 | 15.6 | 18.2 | 19.5 | 19.1 | 17.7 | 15.6 | 14.3 |
| | 5.0 | 15.3 | 14.0 | 12.7 | 11.7 | 11.4 | 11.8 | 13.0 | 14.6 | 16.0 | 16.7 | 16.8 | 16.3 | 14.2 |
| 대전 | 지표면 | −0.7 | 0.7 | 5.4 | 13.1 | 19.1 | 24.0 | 26.4 | 26.9 | 21.8 | 14.9 | 7.1 | 1.1 | 13.3 |
| | 0.5 | 3.1 | 2.9 | 5.6 | 11.3 | 16.6 | 21.1 | 24.1 | 25.8 | 23.0 | 17.9 | 11.7 | 5.9 | 14.1 |
| | 1.0 | 5.9 | 4.7 | 5.9 | 9.7 | 14.4 | 18.5 | 21.8 | 24.2 | 23.1 | 19.4 | 14.5 | 9.2 | 14.3 |
| | 1.5 | 8.4 | 6.6 | 6.7 | 9.2 | 12.8 | 16.2 | 19.3 | 21.9 | 22.1 | 19.8 | 16.2 | 12.0 | 14.3 |
| | 3.0 | 12.8 | 10.6 | 9.4 | 9.5 | 10.9 | 13.0 | 15.3 | 17.6 | 19.0 | 19.1 | 17.8 | 15.5 | 14.2 |
| | 5.0 | 15.4 | 14.3 | 13.1 | 12.3 | 12.0 | 12.3 | 13.0 | 14.1 | 15.2 | 16.1 | 16.4 | 16.2 | 14.2 |
| 대구 | 지표면 | −0.2 | 2.3 | 8.2 | 14.8 | 21.5 | 25.5 | 28.1 | 29.2 | 23.2 | 16.4 | 8.5 | 2.0 | 15.0 |
| | 0.5 | 3.5 | 2.6 | 7.7 | 13.1 | 18.6 | 23.0 | 25.7 | 27.7 | 24.1 | 18.8 | 12.5 | 6.5 | 15.4 |
| | 1.0 | 7.0 | 5.9 | 8.0 | 11.9 | 16.4 | 20.6 | 23.6 | 26.0 | 24.1 | 20.2 | 15.3 | 10.3 | 15.8 |
| | 1.5 | 10.4 | 8.6 | 8.6 | 11.0 | 14.5 | 18.1 | 21.2 | 23.6 | 23.1 | 20.6 | 17.3 | 13.5 | 15.8 |
| | 3.0 | 13.2 | 11.5 | 10.9 | 11.4 | 12.8 | 14.8 | 17.4 | 19.3 | 20.4 | 19.7 | 18.1 | 15.7 | 15.4 |
| | 5.0 | 15.6 | 14.4 | 13.5 | 13.0 | 13.2 | 13.8 | 14.9 | 16.1 | 17.1 | 17.2 | 17.4 | 16.7 | 15.2 |
| 부산 | 지표면 | 2.8 | 5.3 | 9.7 | 14.9 | 20.2 | 23.7 | 27.3 | 29.2 | 23.7 | 18.4 | 11.5 | 5.4 | 16.0 |
| | 0.5 | 5.5 | 5.7 | 8.6 | 12.9 | 17.5 | 21.1 | 24.2 | 26.7 | 24.2 | 19.7 | 14.5 | 8.9 | 15.8 |
| | 1.0 | 8.7 | 7.8 | 9.1 | 12.0 | 15.5 | 18.8 | 21.7 | 24.4 | 23.7 | 20.7 | 16.9 | 12.2 | 16.0 |
| | 1.5 | 11.6 | 10.4 | 10.1 | 11.7 | 14.4 | 17.1 | 19.7 | 22.1 | 22.8 | 21.0 | 18.3 | 14.8 | 16.2 |
| | 3.0 | 15.7 | 14.1 | 13.1 | 12.8 | 13.3 | 14.4 | 16.0 | 17.5 | 18.9 | 19.2 | 18.6 | 17.4 | 15.9 |
| | 5.0 | 16.5 | 15.7 | 14.9 | 14.2 | 13.9 | 14.1 | 14.8 | 15.6 | 16.6 | 17.2 | 17.4 | 17.2 | 15.7 |
| 전주 | 지표면 | 0.6 | 2.5 | 7.4 | 14.7 | 21.0 | 25.3 | 28.2 | 29.1 | 23.5 | 16.7 | 8.9 | 2.9 | 15.1 |
| | 0.5 | 4.0 | 3.7 | 6.4 | 11.3 | 16.5 | 20.8 | 24.4 | 26.4 | 23.6 | 18.6 | 12.9 | 7.5 | 14.7 |
| | 1.0 | 6.9 | 5.7 | 7.1 | 10.4 | 14.5 | 18.3 | 21.6 | 24.0 | 23.1 | 19.7 | 15.3 | 10.5 | 14.8 |
| | 1.5 | 9.7 | 8.0 | 8.3 | 10.2 | 13.3 | 16.4 | 19.5 | 21.6 | 22.1 | 20.3 | 17.1 | 13.2 | 14.9 |
| | 3.0 | 13.5 | 11.7 | 10.7 | 10.8 | 12.0 | 13.7 | 15.8 | 17.9 | 19.3 | 19.1 | 17.9 | 15.9 | 14.9 |
| | 5.0 | 15.8 | 14.7 | 13.7 | 13.1 | 12.9 | 13.3 | 14.1 | 15.1 | 16.2 | 16.8 | 16.9 | 16.6 | 14.9 |

# 부록 5 온도기준 포화증기표

| $t$ | $p_s$ | $v_f \times 10^3$ | $v_g$ | $h_f$ | $h_{fg}$ | $h_g$ |
|---|---|---|---|---|---|---|
| [℃] | [kPa] | [m³/kg] | | [kJ/kg] | | |
| 0.01 | 0.611 | 1.0002 | 206.1 | 0 | 2,500.8 | 2,500.8 |
| 2 | 0.705 | 1.0001 | 179.9 | 8.4 | 2,495.9 | 2,504.3 |
| 4 | 0.813 | 1.0001 | 157.3 | 16.8 | 2,491.3 | 2,508.1 |
| 6 | 0.935 | 1.0001 | 137.8 | 25.2 | 2,486.6 | 2,511.8 |
| 8 | 1.072 | 1.0002 | 121.0 | 33.6 | 2,481.9 | 2,515.5 |
| 10 | 1.123 | 1.0003 | 106.4 | 42.0 | 2,477.2 | 2,519.2 |
| 11 | 1.131 | 1.0004 | 99.90 | 46.2 | 2,474.9 | 2,521.1 |
| 12 | 1.140 | 1.0005 | 93.83 | 50.4 | 2,472.5 | 2,522.9 |
| 13 | 1.150 | 1.0007 | 88.17 | 54.6 | 2,470.2 | 2,524.8 |
| 14 | 1.160 | 1.0008 | 82.89 | 58.8 | 2,467.8 | 2,526.8 |
| 15 | 1.170 | 1.0010 | 77.97 | 62.9 | 2,465.5 | 2,528.4 |
| 16 | 1.182 | 1.0011 | 73.38 | 67.1 | 2,463.1 | 2,530.2 |
| 17 | 1.194 | 1.0012 | 69.09 | 71.3 | 2,460.8 | 2,532.1 |
| 18 | 2.063 | 1.0014 | 65.08 | 75.5 | 2,458.4 | 2,533.9 |
| 19 | 2.210 | 1.0016 | 61.34 | 79.7 | 2,456.0 | 3,535.7 |
| 20 | 2.337 | 1.0018 | 57.84 | 83.9 | 2,453.7 | 2,537.6 |
| 21 | 2.486 | 1.0020 | 54.56 | 88.0 | 2,454.4 | 2,539.4 |
| 22 | 2.642 | 1.0022 | 51.49 | 92.2 | 2,449.0 | 2,541.2 |
| 23 | 2.808 | 1.0024 | 48.62 | 96.4 | 2,446.6 | 2,543.0 |
| 24 | 2.982 | 1.0027 | 45.92 | 100.6 | 2,444.2 | 2,544.8 |
| 25 | 3.166 | 1.0030 | 43.40 | 104.8 | 2,441.8 | 2,546.6 |
| 26 | 3.360 | 1.0033 | 41.03 | 108.9 | 2,439.5 | 2,548.4 |
| 27 | 3.356 | 1.0036 | 38.81 | 113.1 | 2,437.2 | 2,550.3 |
| 28 | 3.778 | 1.0038 | 36.73 | 117.3 | 2,434.8 | 2,552.1 |
| 29 | 4.400 | 1.0041 | 34.77 | 121.5 | 2,432.4 | 2,553.9 |
| 30 | 4.242 | 1.0044 | 32.93 | 125.7 | 2,430.0 | 2,555.7 |
| 32 | 4.754 | 1.0050 | 29.57 | 134.0 | 2,425.2 | 2,559.3 |
| 34 | 5.318 | 1.0056 | 26.60 | 142.4 | 2,420.5 | 2,562.9 |
| 36 | 5.940 | 1.0063 | 23.97 | 150.7 | 2,415.8 | 2,566.5 |
| 38 | 6.624 | 1.0071 | 21.63 | 159.1 | 2,411.0 | 2,570.1 |
| 40 | 7.375 | 1.0079 | 19.55 | 167.5 | 2,406.2 | 2,573.7 |
| 45 | 9.580 | 1.0099 | 15.27 | 188.4 | 2,394.2 | 2,582.6 |
| 50 | 12.33 | 1.012 | 12.04 | 209.3 | 2,382.1 | 2,591.4 |
| 55 | 15.74 | 1.015 | 9.578 | 230.2 | 2,370.1 | 2,600.3 |
| 60 | 19.92 | 1.017 | 7.678 | 251.1 | 2,357.9 | 2,609.0 |
| 65 | 25.01 | 1.020 | 6.201 | 272.0 | 2,345.7 | 2,617.7 |
| 70 | 31.16 | 1.023 | 5.045 | 293.0 | 2,333.3 | 2,626.3 |
| 75 | 38.55 | 1.026 | 4.133 | 313.9 | 2,320.8 | 2,634.7 |
| 80 | 47.36 | 1.029 | 3.408 | 334.9 | 2,308.3 | 2,643.2 |
| 85 | 57.80 | 1.032 | 2.828 | 355.9 | 2,295.6 | 2,651.5 |
| 90 | 70.11 | 1.036 | 2.361 | 376.9 | 2,282.3 | 2,659.7 |
| 95 | 84.53 | 1.040 | 1.982 | 398.0 | 2,269.8 | 2,667.8 |
| 100 | 101.325 | 1.044 | 1.673 | 419.1 | 2,256.7 | 2,675.8 |
| 150 | 476.0 | 1.091 | 0.3928 | 632.2 | 2,114.3 | 2,746.5 |
| 200 | $15.55 \times 10^2$ | 1.157 | 0.1273 | 852 | 1,941 | 2,793 |
| 250 | $69.87 \times 10^2$ | 1.251 | 0.05012 | 1,085 | 1,716 | 2,801 |
| 300 | $85.92 \times 10^2$ | 1.404 | 0.02167 | 1,344 | 1,405 | 2,749 |
| 350 | $165.4 \times 10^2$ | 1.741 | 0.00883 | 1,671 | 895 | 2,566 |
| 374.15 | $221.2 \times 10^2$ | 3.17 | 0.00317 | 2,084 | 0 | 2,084 |

【주】 1mAq = 9.8kPa ≒ 10kPa, 1kPa ≒ 0.1mAq

$t$ : 온도[℃], $p_s$ : 포화증기압력[bar], $v'$ : 포화수의 비체적[m³/kg], $v''$ : 포화증기의 비체적[m³/kg], $h'$ : 포화수의 엔탈피[kJ/kg], $h''$ : 포화증기의 엔탈피[kJ/kg], $\gamma$ : 증발잠열[kJ/kg]

# 부록 6 압력기준 포화증기표

| $p$ [kPa] | $t_s$ [℃] | $v' \times 10^3$ [m³/kg] | $v''$ [m³/kg] | $h'$ [kJ/kg] | $\gamma$ [kJ/kg] | $h''$ [kJ/kg] |
|---|---|---|---|---|---|---|
| 0.6 | 0.01 | 1.0002 | 206.1 | 0 | 2,501 | 2,501 |
| 1 | 7.0 | 1.0001 | 129.2 | 29 | 2,485 | 2,514 |
| 2 | 17.5 | 1.0012 | 67.01 | 73 | 2,460 | 2,533 |
| 3 | 24.1 | 1.0027 | 45.67 | 101 | 2,444 | 2,545 |
| 4 | 29.0 | 1.0040 | 34.80 | 121 | 2,333 | 2,554 |
| 5 | 32.9 | 1.0052 | 28.20 | 138 | 2,423 | 2,561 |
| 6 | 36.2 | 1.0064 | 23.74 | 152 | 2,415 | 2,567 |
| 7 | 39.0 | 1.0074 | 20.53 | 163 | 2,409 | 2,572 |
| 8 | 41.5 | 1.0084 | 18.10 | 174 | 2,402 | 2,576 |
| 9 | 43.8 | 1.0094 | 16.20 | 183 | 2,397 | 2,580 |
| 10 | 45.8 | 1.0102 | 14.67 | 192 | 2,392 | 2,584 |
| 12 | 49.4 | 1.0119 | 12.36 | 207 | 2,383 | 2,590 |
| 14 | 52.6 | 1.0133 | 10.69 | 220 | 2,376 | 2,596 |
| 16 | 55.3 | 1.0147 | 9.432 | 232 | 2,369 | 2,601 |
| 18 | 57.8 | 1.0160 | 8.444 | 242 | 2,363 | 2,605 |
| 20 | 60.1 | 1.0172 | 7.648 | 251 | 2,358 | 2,609 |
| 22 | 62.2 | 1.0183 | 6.994 | 260 | 2,353 | 2,613 |
| 24 | 64.1 | 1.0194 | 6.445 | 268 | 2,348 | 2,616 |
| 26 | 65.9 | 1.0204 | 5.979 | 276 | 2,343 | 2,619 |
| 28 | 67.5 | 1.0214 | 5.578 | 283 | 2,339 | 2,622 |
| 30 | 69.1 | 1.0223 | 5.228 | 289 | 2,336 | 2,625 |
| 32 | 70.6 | 1.0232 | 4.921 | 295 | 2,332 | 2,627 |
| 34 | 72.0 | 1.0240 | 4.649 | 302 | 2,328 | 2,630 |
| 36 | 73.4 | 1.0249 | 4.407 | 307 | 2,325 | 2,632 |
| 38 | 74.7 | 1.0257 | 4.189 | 312 | 2,322 | 2,634 |
| 40 | 75.9 | 1.0265 | 3.992 | 318 | 2,318 | 2,636 |
| 42 | 77.1 | 1.0273 | 3.814 | 323 | 2,315 | 2,638 |
| 44 | 78.2 | 1.0280 | 3.651 | 327 | 2,313 | 2,640 |
| 46 | 79.3 | 1.0287 | 3.502 | 332 | 2,310 | 2,642 |
| 48 | 80.3 | 1.0294 | 3.366 | 336 | 2,308 | 2,644 |
| 50 | 81.3 | 1.0301 | 3.239 | 340 | 2,305 | 2,645 |
| 55 | 83.7 | 1.0317 | 2.964 | 351 | 2,298 | 2,649 |
| 60 | 86.0 | 1.0333 | 2.731 | 360 | 2,293 | 2,653 |
| 65 | 88.0 | 1.0347 | 2.535 | 369 | 2,288 | 2,657 |
| 70 | 90.0 | 1.0361 | 2.364 | 377 | 2,283 | 2,660 |
| 75 | 91.8 | 1.0375 | 2.217 | 384 | 2,278 | 2,662 |
| 80 | 93.5 | 1.0387 | 2.087 | 392 | 2,273 | 2,665 |
| 85 | 95.2 | 1.0399 | 1.972 | 399 | 2,269 | 2,668 |
| 90 | 96.7 | 1.0412 | 1.869 | 405 | 2,266 | 2,671 |
| 95 | 98.2 | 1.0423 | 1.777 | 411 | 2,262 | 2,673 |
| 100 | 99.6 | 1.0434 | 1.694 | 417 | 2,258 | 2,675 |
| 110 | 102.3 | 1.0455 | 1.549 | 429 | 2,251 | 2,680 |
| 120 | 104.8 | 1.0476 | 1.428 | 439 | 2,244 | 2,683 |
| 130 | 107.1 | 1.0495 | 1.325 | 449 | 2,238 | 2,687 |
| 140 | 109.3 | 1.0513 | 1.236 | 458 | 2,232 | 2,690 |
| 150 | 111.4 | 1.0530 | 1.159 | 467 | 2,226 | 2,693 |
| 160 | 113.3 | 1.0547 | 1.091 | 475 | 2,221 | 2,696 |
| 170 | 115.2 | 1.0563 | 1.031 | 483 | 2,216 | 2,699 |

# 부록 6 압력기준 포화증기표(계속)

| $p$ [kPa] | $t_s$ [℃] | $v' \times 10^3$ [m³/kg] | $v''$ [m³/kg] | $h'$ [kJ/kg] | $\gamma$ [kJ/kg] | $h''$ [kJ/kg] |
|---|---|---|---|---|---|---|
| 180 | 116.9 | 1.0579 | 0.9774 | 491 | 2,211 | 2,702 |
| 190 | 118.6 | 1.0594 | 0.9292 | 498 | 2,206 | 2,704 |
| 200 | 120.2 | 1.0608 | 0.8856 | 505 | 2,202 | 2,707 |
| 210 | 121.8 | 1.0623 | 0.8461 | 511 | 2,198 | 2,709 |
| 220 | 123.3 | 1.0636 | 0.8100 | 518 | 2,193 | 2,711 |
| 230 | 124.7 | 1.0649 | 0.7770 | 524 | 2,189 | 2,713 |
| 240 | 126.1 | 1.0663 | 0.7466 | 530 | 2,185 | 2,715 |
| 250 | 127.4 | 1.0676 | 0.7186 | 535 | 2,182 | 2,717 |
| 260 | 128.7 | 1.0688 | 0.6927 | 541 | 2,178 | 2,719 |
| 270 | 130.0 | 1.0700 | 0.6686 | 546 | 2,174 | 2,720 |
| 280 | 131.2 | 1.0712 | 0.6462 | 551 | 2,171 | 2,722 |
| 290 | 132.4 | 1.0724 | 0.6253 | 556 | 2,168 | 2,724 |
| 300 | 133.5 | 1.0735 | 0.6057 | 561 | 2,164 | 2,725 |
| 350 | 138.9 | 1.0789 | 0.5241 | 584 | 2,148 | 2,732 |
| 400 | 143.6 | 1.0839 | 0.4623 | 605 | 2,134 | 2,739 |
| 450 | 147.9 | 1.0885 | 0.4139 | 623 | 2,121 | 2,744 |
| 500 | 151.8 | 1.0928 | 0.3748 | 640 | 2,109 | 2,749 |
| 550 | 155.5 | 1.0969 | 0.3427 | 656 | 2,097 | 2,753 |
| 600 | 158.8 | 1.1009 | 0.3156 | 670 | 2,087 | 2,757 |
| 700 | 165.0 | 1.1082 | 0.2728 | 697 | 2,067 | 2,764 |
| 800 | 170.4 | 1.1150 | 0.2403 | 721 | 2,048 | 2,769 |
| 900 | 175.4 | 1.1214 | 0.2149 | 743 | 2,031 | 2,774 |
| 1,000 | 179.9 | 1.1274 | 0.1944 | 763 | 2,015 | 2,778 |
| 1,100 | 184.1 | 1.1331 | 0.1774 | 781 | 2,000 | 2,781 |
| 1,200 | 188.0 | 1.1386 | 0.1632 | 798 | 1,986 | 2,784 |
| 1,300 | 191.6 | 1.1439 | 0.1512 | 815 | 1,972 | 2,787 |
| 1,400 | 195.0 | 1.1489 | 0.1408 | 830 | 1,960 | 2,790 |
| 1,500 | 198.3 | 1.1539 | 0.1317 | 845 | 1,947 | 2,792 |
| 1,600 | 201.4 | 1.1586 | 0.1237 | 859 | 1,935 | 2,794 |
| 1,700 | 204.3 | 1.1633 | 0.1167 | 872 | 1,923 | 2,795 |
| 1,800 | 207.1 | 1.1678 | 0.1104 | 885 | 1,912 | 2,797 |
| 1,900 | 209.8 | 1.1723 | 0.1047 | 897 | 1,901 | 2,798 |
| 2,000 | 212.4 | 1.1766 | 0.09957 | 909 | 1,890 | 2,799 |
| 2,200 | 217.2 | 1.1850 | 0.09069 | 931 | 1,870 | 2,801 |
| 2,400 | 221.8 | 1.1932 | 0.08323 | 952 | 1,850 | 2,802 |
| 2,600 | 226.0 | 1.2011 | 0.07689 | 972 | 1,831 | 2,803 |
| 2,800 | 230.0 | 1.2088 | 0.07142 | 991 | 1,812 | 2,803 |
| 3,000 | 233.3 | 1.2163 | 0.06665 | 1,008 | 1,795 | 2,803 |
| 3,200 | 237.4 | 1.2237 | 0.06246 | 1,025 | 1,778 | 2,803 |
| 3,400 | 240.9 | 1.2310 | 0.05875 | 1,042 | 1,761 | 2,803 |
| 3,600 | 244.2 | 1.2381 | 0.05544 | 1,058 | 1,744 | 2,802 |
| 3,800 | 247.3 | 1.2351 | 0.05246 | 1,073 | 1,729 | 2,802 |
| 4,000 | 250.3 | 1.2521 | 0.04977 | 1,087 | 1,714 | 2,801 |
| 4,200 | 253.2 | 1.2589 | 0.04732 | 1,102 | 1,698 | 2,800 |
| 4,400 | 256.0 | 1.2657 | 0.04509 | 1,115 | 1,683 | 2,798 |
| 4,600 | 258.8 | 1.2725 | 0.04305 | 1,129 | 1,668 | 2,797 |
| 4,800 | 261.4 | 1.2792 | 0.04117 | 1,142 | 1,654 | 2,796 |

# 부록 6 압력기준 포화증기표(계속)

| $p$ [kPa] | $t_s$ [℃] | $v' \times 10^3$ [m³/kg] | $v''$ [m³/kg] | $h'$ [kJ/kg] | $\gamma$ [kJ/kg] | $h''$ [kJ/kg] |
|---|---|---|---|---|---|---|
| 5,000 | 263.9 | 1.2858 | 0.03944 | 1,155 | 1,639 | 2,794 |
| 5,500 | 269.9 | 1.3023 | 0.03563 | 1,185 | 1,605 | 2,790 |
| 6,000 | 275.6 | 1.3187 | 0.03244 | 1,214 | 1,570 | 2,784 |
| 6,500 | 280.8 | 1.3350 | 0.02972 | 1,241 | 1,538 | 2,779 |
| 7,000 | 285.8 | 1.3513 | 0.02737 | 1,267 | 1,505 | 2,772 |
| 7,500 | 290.5 | 1.3677 | 0.02532 | 1,293 | 1,473 | 2,766 |
| 8,000 | 295.0 | 1.3842 | 0.02352 | 1,317 | 1,441 | 2,758 |
| 8,500 | 299.2 | 1.4009 | 0.02192 | 1,341 | 1,410 | 2,751 |
| 9,000 | 303.3 | 1.4179 | 0.02048 | 1,364 | 1,379 | 2,743 |
| 9,500 | 307.2 | 1.4351 | 0.01919 | 1,386 | 1,348 | 2,734 |
| 10,000 | 311.0 | 1.4526 | 0.01802 | 1,408 | 1,317 | 2,725 |
| 10,500 | 314.6 | 1.4702 | 0.01696 | 1,429 | 1,286 | 2,715 |
| 11,000 | 318.0 | 1.4887 | 0.01598 | 1,450 | 1,255 | 2,705 |
| 11,500 | 321.4 | 1.5072 | 0.01508 | 1,471 | 1,224 | 2,695 |
| 12,000 | 324.6 | 1.5268 | 0.01426 | 1,491 | 1,194 | 2,685 |
| 12,500 | 327.8 | 1.5472 | 0.01349 | 1,511 | 1,163 | 2,674 |
| 13,000 | 330.8 | 1.5672 | 0.01278 | 1,531 | 1,131 | 2,662 |
| 13,500 | 333.8 | 1.5900 | 0.01211 | 1,551 | 1,099 | 2,650 |
| 14,000 | 336.6 | 1.6106 | 0.01149 | 1,571 | 1,067 | 2,638 |
| 14,500 | 339.4 | 1.6340 | 0.01090 | 1,591 | 1,034 | 2,625 |
| 15,000 | 342.1 | 1.6579 | 0.01035 | 1,610 | 1,001 | 2,611 |
| 15,500 | 344.8 | 1.6830 | 0.00982 | 1,630 | 967 | 2,597 |
| 16,000 | 347.3 | 1.7103 | 0.00932 | 1,650 | 932 | 2,582 |
| 16,500 | 349.8 | 1.7380 | 0.00884 | 1,670 | 895 | 2,565 |
| 17,000 | 352.3 | 1.7696 | 0.00838 | 1,690 | 858 | 2,548 |
| 17,500 | 354.6 | 1.8020 | 0.00794 | 1,711 | 819 | 2,530 |
| 18,000 | 357.0 | 1.8399 | 0.00751 | 1,732 | 778 | 2,510 |
| 18,500 | 359.2 | 1.8790 | 0.00709 | 1,754 | 735 | 2,489 |
| 19,000 | 361.4 | 1.9260 | 0.00668 | 1,777 | 689 | 2,466 |
| 19,500 | 363.6 | 1.9776 | 0.00627 | 1,801 | 639 | 2,440 |
| 20,000 | 365.7 | 2.0370 | 0.00585 | 1,827 | 584 | 2,411 |
| 20,200 | 366.5 | 2.0639 | 0.00569 | 1,838 | 560 | 2,398 |
| 20,400 | 367.4 | 2.0931 | 0.00552 | 1,849 | 535 | 2,384 |
| 20,600 | 368.2 | 2.1252 | 0.00534 | 1,861 | 508 | 2,369 |
| 20,800 | 369.0 | 2.1609 | 0.00517 | 1,874 | 479 | 2,353 |
| 21,000 | 369.8 | 2.2015 | 0.00498 | 1,889 | 447 | 2,336 |
| 21,200 | 370.6 | 2.2488 | 0.00479 | 1,904 | 412 | 2,316 |
| 21,400 | 371.4 | 2.3061 | 0.00458 | 1,921 | 378 | 2,294 |
| 21,600 | 372.1 | 2.3792 | 0.00436 | 1,940 | 328 | 2,268 |
| 21,800 | 372.9 | 2.4832 | 0.00409 | 1,965 | 270 | 2,235 |
| 22,000 | 373.7 | 2.6709 | 0.00368 | 2,008 | 170 | 2,178 |
| 22,120 | 374.15 | 3.1700 | 0.00317 | 2,084 | 0 | 2,084 |

【주】 $1\,\text{bar} = 1 \times 10^5\,\text{Pa} = 100\,\text{kPa}$

$p$ : 압력[kPa], $t_s$ : 포화온도, $v'$ : 포화수의 비체적[m³/kg], $v''$ : 포화증기의 비체적[m³/kg]

$h'$ : 포화수의 엔탈피[kJ/kg], $h''$ : 포화증기의 엔탈피[kJ/kg], $\gamma$ : 증발잠열[kJ/kg]

# 부록 7 단위 환산표

| 양 | SI 단위 | | SI 이외의 미터계 단위 | | | | |
|---|---|---|---|---|---|---|---|
| | 명 칭 | 기 호 | CGS계 | 중력계 | 기 타 | 기 호 | SI 단위 환산율 |
| 길이 | 미터 | m | | | 미크론 | $\mu$ | $10^{-6}$ |
| | | | | | 옹스트롬 | Å | $10^{-10}$ |
| 면적 | 제곱미터 | $m^2$ | | | 아르 | a | $10^2$ |
| 체적 | 세제곱미터 | $m^3$ | | | 리터 | L | $10^{-3}$ |
| 질량 | 킬로그램 | kg | | | 톤 | t | $10^3$ |
| 시간 | 초 | s | | | 분 (分) | min | 60 |
| | | | | | 시 (時) | h | 3,600 |
| | | | | | 일 (日) | d | 86,400 |
| 주파수, 진동수 | 헤르츠 | Hz | | | 사이클 | $S^{-1}$ | 1 |
| 회전수 | 회매초 | $S^{-1}$ | | | 회매분 | rpm | 1/60 |
| 가속도 | 미터 매초매초 | $m/s^2$ | 갈 | | | Gal | $10^{-2}$ |
| | | | | | 지 | G | 9.80665 |
| 각도 | 라디안 | rad | | | 도 (度) | ° | $\pi$ /180 |
| | | | | | 분 (分) | ′ | $\pi$ /10,800 |
| | | | | | 초 (抄) | ″ | $\pi$ /648,000 |
| 입체각 | 스테라디안 | sr | | | | | |
| 힘 | 뉴턴 | N | 다인 | | | dyn | $10^{-5}$ |
| | | | | 중량킬로그램 | | kgf | 9.80665 |
| | | | | | 중량톤 | tf | 9,806.65 |
| 압력 | 파스칼 | Pa | | 중량킬로그램 매제곱미터 | | $kgf/m^2$ | 9.80665 |
| | | | | 중량킬로그램 매제곱센티미터 | | $kgf/cm^2$ | $9.80665 \times 10^4$ |
| | | | | | 수주밀리미터 | $mmH_2O$ | 9.806653 |
| | | | | | 바 | bar | $10^5$ |
| | | | | | 대기압 | atm | 101,325 |
| | | | | | 수은주밀리미터 | mmHg | 101,325/760 |
| | | | | | 토르 | Torr | 101,325/760 |

# 부록 7 단위 환산표(계속)

| 양 | SI 단위 | | SI 이외의 미터계 단위 | | | | |
|---|---|---|---|---|---|---|---|
| | 명 칭 | 기 호 | CGS계 | 중력계 | 기 타 | 기 호 | SI 단위 환산율 |
| 응력 | 파스칼<br>뉴턴매제곱미터 | Pa<br>N/$m^2$ | | 중량킬로그램<br>매제곱미터 | | kgf/$m^2$ | 9.80665 |
| 온도 | 켈빈 | K | | | 셀시우스도 | ℃ | +273.15 |
| 비열 | | kJ/(kg · K) | | 킬로칼로리 매중량<br>킬로그램 매셀시우스도 | | kcal/kgf/℃ | 4.1868 |
| 열전도계수 | 와트 매미터<br>매켈빈 | W/(m · K) | | 킬로칼로리 매미터<br>매시 매셀시우스도 | | kcal/m · h · ℃ | 1.163 |
| 열전달계수 | 와트 매제곱미터<br>매켈빈 | W/($m^2$ · K) | | 킬로칼로리 매제곱<br>미터 매시 매셀시우스도 | | kcal/$m^2$ · h · ℃ | 1.163 |
| 에너지,<br>열량,<br>일량<br>엔탈피 | 줄 | J | 에르그 | | | erg | $10^{-7}$ |
| | | | | 중량킬로그램 · 미터 | | kgf · m | 9.80665 |
| | | | | | 칼로리 | cal | 4.1868 |
| | | | | | 와트시 | W · h | 3,600 |
| | | | | | (프) 마력시 | ps · h | $2.6478\times10^{6}$ |
| 동력, 전력,<br>냉동, 냉각,<br>가열능력 | 와트 | W | | 중량킬로그램 · 미터매초 | | kgf · m/s | 9.80665 |
| | | | | | (프) 마력시 | ps | 735.5 |
| | | | | | 킬로칼로리 매시 | kcal/h | 1.163 |
| | | | | | 미국냉동톤 | US Rt | 3,516 |
| | | | | | 일본냉동톤 | J Rt | 3,860 |
| 점성계수 | 파스칼 · 초 | Pa · s | 포아즈 | | | P | $10^{-1}$ |
| | | | | | | kgf · s/$m^2$ | 9.80665 |
| 동점성계수 | 제곱미터 매초 | $m^2$/s | 스토크스 | | | St | $10^{-4}$ |

# ◈ 그리스 문자 ◈

| 명 | 칭 | 그리스 문자 | | 대응되는 로마자 |
|---|---|---|---|---|
| | | 대문자 | 소문자 | |
| alpha | 알파 | $A$ | $\alpha$ | A |
| béta | 베타, 비타 | $B$ | $\beta$ | B |
| gamma | 감마 | $\Gamma$ | $\gamma$ | C |
| delta | 델타 | $\Delta$ | $\delta$ | D |
| epsilon | 엡실론, 입실론 | $E$ | $\epsilon$, $\varepsilon$ | short E |
| zêta | 제타, 지타 | $Z$ | $\zeta$ | Z(DZ) |
| êta | 에타, 이타 | $H$ | $\eta$ | long E, Y |
| thêta | 세타, 시타 | $\Theta$ | $\theta$, $\vartheta$ | TH |
| iota | 요타 | $I$ | $\iota$ | I |
| kappa | 카파 | $K$ | $\kappa$ | K |
| lambda | 람다 | $\Lambda$ | $\lambda$ | L |
| mu | 뮤 | $M$ | $\mu$ | M |
| nu | 뉴 | $N$ | $\nu$ | N |
| xi | 크시 | $\Xi$ | $\xi$ | X |
| omicron | 오미크론 | $O$ | $o$ | short O |
| pi | 파이 | $\Pi$ | $\pi$, $\bar{\omega}$ | P |
| rhô | 로 | $R$ | $\rho$ | R |
| sigma | 시그마 | $\Sigma$ | $\sigma$ | S |
| tau | 타우 | $T$ | $\tau$ | T |
| upsilon | 입실론 | Y | $\upsilon$ | U |
| phi | 피, 화이 | $\Phi$ | $\varphi$, $\phi$ | PH |
| chi | 키 | $X$ | $\chi$ | CH |
| psi | 프시 | $\Psi$ | $\psi$, $\psi$ | PS |
| oméga | 오메가 | $\Omega$ | $\omega$ | long O |

SI단위 **공기조화설비**

2005 년 2월 20일 개정판 1쇄
2026 년 2월 10일 개정판 19 쇄

**저 자** 신 치 웅
**발 행 처** 기 문 당
**주 소** 서울 성동구 무학봉28길 4-1
**전 화** 02)2295-6171~2
**팩 스** 02)6971-8188
**홈페이지** http : // www.kimoondang.com
**I S B N** 978-89-7086-689-5 93540

***Good Readers make Good Leaders.***

불법 복제물로부터 얻은 지식, 올바른 성장이라고 할 수 있을까요?
이 시대 리더로의 올바른 성장, 올바른 도서구매로 시작하세요.